中国科学院大学研究生教材系列

气体动力学

胡宗民　姜宗林　等　编著

科学出版社

北京

内 容 简 介

本书基于中国科学院大学研究生课程积累，以可压缩气体动力学为主线，从气体可压缩流动的基本概念与基本方程组出发，涵盖了一维定常流动、膨胀波与斜激波、一维非定常流动等气体动力学经典知识架构；在此基础上，融合了激波相互作用、风洞气体动力学、气体动力学实验等较为深入的细化专业领域；最后对高超声速气体流动以及高温热化学反应气体流动展开详细阐述。本书共9章，包括绪论、基本概念、基本方程组、一维定常流动、膨胀波与斜激波、一维非定常流动、高超声速气体流动、高温热化学反应气体流动、气体动力学实验等。

本书可作为理工科院校流体力学相关专业的研究生教材，也可供相关专业本科生、科教人员和工程研发人员参考。

图书在版编目(CIP)数据

气体动力学/胡宗民等编著. —北京：科学出版社，2023.5
中国科学院大学研究生教材系列
ISBN 978-7-03-075053-2

I. ①气⋯ II. ①胡⋯ III. ①气体动力学–研究生–教材 IV. ①O354

中国国家版本馆 CIP 数据核字(2023)第 038703 号

责任编辑：周 涵 郭学雯／责任校对：彭珍珍
责任印制：吴兆东／封面设计：陈 敬

科 学 出 版 社 出版
北京东黄城根北街16号
邮政编码：100717
http://www.sciencep.com
北京建宏印刷有限公司印刷
科学出版社发行 各地新华书店经销

*

2023年5月第 一 版　开本：720×1000　B5
2025年1月第二次印刷　印张：25 1/2
字数：511 000
定价：198.00 元
(如有印装质量问题，我社负责调换)

前　言

本书是作者在中国科学院大学工程科学学院多年来使用的《气体动力学基础》讲义的基础上，按照科教融合的指导思想，经过不断完善、整理编著而成的。

本书共 9 章，以可压缩气体动力学为主线，从气体可压缩流动的基本概念与基本方程组出发，涵盖了一维定常流动、膨胀波与斜激波、一维非定常流动等气体动力学经典知识架构；在此基础上，融合了激波相互作用、风洞气体动力学、气体动力学实验等较为深入的细化专业领域；最后在高超声速气体流动以及高温热化学反应气体流动泼墨良多，这是与 21 世纪最初二十多年来我国在高超声速飞行领域的研究热潮相契合的。从本质上讲，气体动力学是关于气体可压缩流动的数理方程及其求解方法的集合，繁杂的公式推导在所难免。本书在编著过程中，作者力求将复杂公式背后的物理内涵解释清楚，并结合丰富的插图加以阐释，把多年讲授课程的心得体会也尽量融会其中；还借助了计算机图形处理技术、计算流体力学等工具，力求将晦涩的公式以形象的曲线直观地表达出来，使问题易于理解。同时，关于气体动力学的最新研究进展，也以科教融合方式在某些章节的扩展阅读部分加以综述，以期为即将踏入本领域的研究生提供较为翔实的背景知识。

本书由胡宗民、姜宗林等编著，其中胡宗民编写了各章的基础知识部分，姜宗林重点编写了科教融合部分，主要涵盖了大型高超声速激波风洞研究进展等相关章节内容。另外，本书部分附录是由彭俊博士整理的。全书由罗长童老师作了精心审订，进行了公式与插图编辑，书中也反映了他的大量建设性意见。

本书在申请中国科学院大学研究生教材立项的过程中，收到了通信评审专家以及会议评审专家的建设性的宝贵意见。本书从构思、撰写到完善的过程中，也有幸收到了余永亮教授、孙泉华研究员等专家的宝贵意见。本书的主要素材来自于《气体动力学基础》讲义，在多年讲述这门课程的过程中，得到了中国科学院大学工程科学学院广大研究生的支持，他们不仅是第一批读者，也是最早的审阅人。在此，作者向他们一并表示衷心的感谢！最后，感谢中国科学院大学教材出版中心对本书出版的资助！

  由于作者水平有限，经验不足，书中不当之处在所难免，恳请读者不吝斧正。

编著者

中国科学院力学研究所

2023 年 1 月

目 录

前言
第 1 章 绪论 ·· 1
1.1 气体动力学研究范畴 ·· 1
1.2 气体动力学发展史 ··· 1
1.2.1 航海时代与水动力学 (—1870) ··· 2
1.2.2 低速航空时代与气体动力学的奠基 (1870—1935) ······················ 2
1.2.3 高速航空时代与气体动力学的大发展 (1935—1950) ··················· 6
1.2.4 高超声速航天时代与气动热力学和气动热化学的大发展 (1950—今) ····· 9
1.3 气体动力学研究方法 ··· 15
1.4 本书结构 ··· 19
参考文献 ·· 19
第 2 章 基本概念 ··· 20
2.1 气体可压缩性 ·· 20
2.2 连续介质假设 ·· 21
2.3 热完全气体与真实气体 ·· 22
2.4 气体热力学基本定律与基本方程 ·· 23
2.4.1 热力学状态与过程 ··· 23
2.4.2 热力学势函数 ··· 25
2.4.3 热力学第一定律 ·· 27
2.4.4 热力学第二定律 ·· 28
2.4.5 热力学基本方程 ·· 29
2.5 热完全气体的热力学特性 ··· 30
2.5.1 热完全气体的量热状态方程 ··· 30
2.5.2 热完全气体的等熵关系式 ·· 34
2.6 声速与马赫数 ·· 35
2.6.1 声速 ··· 35
2.6.2 马赫数 ·· 37
2.6.3 小扰动传播特性 ·· 38

复习思考题 ··· 40
第 3 章 基本方程组 ·· 42
3.1 引言 ··· 42
3.2 气体运动的两种描述观点 (方法) ·· 46
3.2.1 拉格朗日描述观点 (方法) ·· 46
3.2.2 欧拉描述观点 (方法) ·· 46
3.2.3 物理量的物质导数的变换关系 (微分形式) ······················ 47
3.2.4 有限质量系统积分形式的物质导数 ································ 48
3.3 气体动力学基本方程组 ·· 51
3.3.1 连续性方程——质量守恒方程 ······································ 51
3.3.2 理想气体的动力学方程 ··· 52
3.3.3 理想气体的能量方程 ·· 55
3.3.4 理想气体动力学基本方程组汇总 ··································· 57
复习思考题 ··· 59
第 4 章 一维定常流动 ·· 61
4.1 引言 ··· 61
4.2 绝热流与等熵流的基本关系 ··· 62
4.2.1 一维绝热流动能量方程及其特征常数 ······························ 62
4.2.2 无量纲速度 ··· 65
4.2.3 沿流线的绝热流和等熵流关系式 ··································· 65
4.3 广义一维定常流动的基本方程组 ··· 67
4.3.1 制约因素与控制方程 ·· 67
4.3.2 基本方程组 ··· 72
4.3.3 流动特性参数的微分关系式 ··· 73
4.4 变截面等熵流动 ·· 74
4.5 定常正激波 ··· 83
4.5.1 定常正激波的形成 ··· 83
4.5.2 定常正激波的基本关系式 ·· 85
4.5.3 定常正激波关系的应用 ··· 91
4.5.4 拉瓦尔喷管的流动特征 ··· 93
4.6 等截面绝热摩擦管流 ·· 99
4.6.1 等截面绝热摩擦管流控制方程 ······································ 99
4.6.2 等截面绝热摩擦管流参数计算 ······································ 101
4.6.3 等截面绝热摩擦管流的最大管长和摩擦壅塞 ···················· 104

- 4.7 等截面加热管流 ·· 106
  - 4.7.1 等截面加热管流的基本控制方程 ··· 106
  - 4.7.2 等截面加热管流的参数计算 ·· 108
  - 4.7.3 等截面加热管流的壅塞 ··· 111
- 4.8 简单添质管流 ·· 112
- 复习思考题 ··· 115

第 5 章 膨胀波与斜激波 ··· 121
- 5.1 膨胀波 ··· 121
  - 5.1.1 P-M 膨胀波流动特征与基本关系 ·· 121
  - 5.1.2 P-M 膨胀波流动几何解法 ··· 122
- 5.2 斜激波 ··· 124
  - 5.2.1 激波的由来 ··· 124
  - 5.2.2 斜激波的工程实例 ·· 125
  - 5.2.3 斜激波与正激波的关系 ··· 126
  - 5.2.4 斜激波基本关系式 ·· 128
  - 5.2.5 激波极线 ·· 133
  - 5.2.6 斜激波的熵增与总压损失 ·· 136
- 5.3 激波反射与相互作用 ·· 138
  - 5.3.1 激波反射问题 ·· 138
  - 5.3.2 定常流动中激波反射结构的分类与转捩准则 ································ 140
  - 5.3.3 激波马赫反射结构 ·· 143
  - 5.3.4 非对称激波反射 ··· 144
  - 5.3.5 激波反射转捩的迟滞现象 ·· 150
  - 5.3.6 三维激波反射现象 ·· 153
- 复习思考题 ··· 156
- 参考文献 ··· 161

第 6 章 一维非定常流动 ··· 165
- 6.1 特征线理论、控制方程及其相容关系 ··· 165
  - 6.1.1 特征线理论简介 ··· 165
  - 6.1.2 一维非定常流动特征线方程及其相容关系 ···································· 168
- 6.2 一维非定常均熵流动 ·· 170
  - 6.2.1 一维非定常均熵流动特征线及其相容关系 ···································· 170
  - 6.2.2 简单波 ·· 173
- 6.3 间断流动 ·· 174
  - 6.3.1 一维运动激波 ·· 174

    6.3.2 一维运动激波的反射 ·············· 178
  6.4 激波管/风洞原理 ····················· 180
 复习思考题 ······························ 193
 参考文献 ································ 196

第 7 章 高超声速气体流动 ························ 197
  7.1 引言 ································ 197
  7.2 高超声速流动特征 ····················· 200
    7.2.1 薄激波层 ···················· 200
    7.2.2 熵层 ······················· 201
    7.2.3 黏性干扰 ···················· 202
    7.2.4 高温效应 ···················· 203
    7.2.5 低密度效应 ·················· 207
  7.3 高超声速流动中的斜激波与膨胀波 ········ 208
  7.4 高超声速无黏流动的简化求解方法：局部物面倾角法 ··· 211
    7.4.1 牛顿方法 ···················· 211
    7.4.2 切楔法与切锥法 ··············· 217
  7.5 高超声速无黏流动的近似求解方法 ········ 218
    7.5.1 高超声速无黏流动控制方程 ······· 218
    7.5.2 马赫数无关原理 ··············· 219
    7.5.3 高超声速小扰动方程 ············ 222
    7.5.4 高超声速细长体流动相似律 ······· 226
    7.5.5 高超声速细长体流动的近似求解 ···· 229
    7.5.6 高超声速流动等效原理 ·········· 231
    7.5.7 高超声速流动爆炸波理论 ········· 235
    7.5.8 高超声速流动薄激波层理论 ······· 240
  7.6 高超声速黏性流动 ····················· 244
    7.6.1 黏性流动控制方程与相似参数 ····· 244
    7.6.2 高超声速边界层流动控制方程 ····· 247
    7.6.3 高超声速边界层流动自相似解 ····· 250
 参考文献 ································ 261

第 8 章 高温热化学反应气体流动 ···················· 263
  8.1 引言 ································ 263
  8.2 气体热化学 ··························· 263
  8.3 化学反应动力学 ······················· 267
    8.3.1 化学反应质量作用定律 ·········· 267

8.3.2　化学反应速率常数理论 ································ 269
　　　8.3.3　链式反应机制 ·· 271
　8.4　化学反应气体流动实例与数值模拟方法——气相爆轰 ········ 273
　　　8.4.1　气相爆轰气体动力学基础理论 ·························· 274
　　　8.4.2　气相爆轰热化学过程的数学模型 ······················· 278
　　　8.4.3　气相爆轰基元反应控制方程与数值算法 ················ 280
　　　8.4.4　气相爆轰数值模拟与分析案例 ··························· 285
　参考文献 ··· 290

第 9 章　气体动力学实验 ·· 292
　9.1　引言 ·· 292
　9.2　风洞及其发展简史 ·· 292
　　　9.2.1　风洞的诞生 ·· 293
　　　9.2.2　亚声速风洞 ·· 295
　　　9.2.3　跨声速风洞 ·· 296
　　　9.2.4　超声速风洞 ·· 298
　　　9.2.5　高超声速风洞 ·· 300
　　　9.2.6　世界主要风洞群 ··· 301
　9.3　风洞结构及其空气动力学 ·· 302
　9.4　气动实验与测量 ··· 308
　　　9.4.1　压力测量 ·· 308
　　　9.4.2　温度与热流测量 ··· 311
　　　9.4.3　速度测量 ·· 316
　　　9.4.4　气动力测量 ··· 317
　　　9.4.5　流场显示 ·· 319
　　　9.4.6　高超声速气动试验案例 ··································· 321
　9.5　大型高超声速激波风洞研究进展 ································ 325
　　　9.5.1　概述 ·· 325
　　　9.5.2　高焓流动设备研制进展 ··································· 327
　　　9.5.3　高焓流动测量与诊断技术 ································ 346
　　　9.5.4　展望 ·· 352
　参考文献 ··· 353

附录 ··· 358
　附录 1　一维等熵流动参数表 (量热完全气体，$\gamma = 1.4$) ········ 358
　附录 2　正激波气流参数表 (量热完全气体，$\gamma = 1.4$) ········ 365
　附录 3　斜激波气流参数表 (量热完全气体，$\gamma = 1.4$) ········ 370

附录 4　二维超声速等熵流动参数表 (量热完全气体，$\gamma=1.4$) ·········387
附录 5　等截面绝热摩擦管流参数表 (量热完全气体，$\gamma=1.4$) ·········389
附录 6　等截面无摩擦加热管流参数表 (量热完全气体，$\gamma=1.4$) ·······391
附录 7　大气参数表··393

第 1 章 绪　　论

1.1　气体动力学研究范畴

在自然界中物质存在的形态包括固体、液体、气体，以及等离子体，气体是其中之一。气体不同于固体和液体的一个典型特质是其可压缩性，在我们的生活中，会遇到这样一些场景，例如，我们在高山顶上喝了些矿泉水，然后拧紧瓶盖，当我们下到山底的时候 (山底气压比山顶高)，会发现矿泉水瓶被压瘪一些，而没被喝过的矿泉水瓶却变化不大。这其中的缘由就是空瓶里的空气比满瓶里的矿泉水更容易被压缩。关于气体的可压缩性，将在第 2 章讲述，本处暂不展开，而仅仅给出这一课程的概貌。

本书气体动力学，是研究可压缩流体高速运动规律及其与固体的相互作用。严格来讲，应该称为可压缩气体动力学。

气体动力学关注的问题，按照解决问题的先后步骤，可以分为正问题和反问题。所谓正问题的提法，是指给定物体的外形和流场的边界条件和初始条件，求解物体周边的流动参数，特别是作用在物体表面上的气动力与气动热特性。反问题的提法则是，给定部分流动条件，为实现气动力与气动热指标，求解最佳物体外形，也可称为优化求解问题。

根据气体流动本身的特征，也可以有若干分类方法，例如，内流问题与外流问题，可压缩流动问题与不可压缩流动问题，亚声速、跨声速、超声速及高超声速流动问题，反应气体流动问题与惰性气体流动问题，层流问题与湍流问题，定常流动问题与非定常流动问题，等等。

1.2　气体动力学发展史

气体动力学是流体力学 (fluid dynamics) 的一个分支，它是流体力学不断发展和细化的产物。流体力学通常分为水动力学 (hydrodynamics) 和气体动力学 (gas dynamics)。随着科学细分以及应用领域细分，还派生出空气动力学 (aerodynamics)、不可压缩气体动力学 (incompressible gas dynamics)、可压缩气体动力学 (compressible gas dynamics)、高温气体动力学 (high-temperature gas dynamics)、稀薄气体动力学 (rarefied gas dynamics)、多相流体动力学 (multiphase fluid dynamics)、等离子流体动力学 (plasma fluid dynamics)、生物流体力学 (biological fluid mechanics)、环境流体力学 (environmental fluid mechanics)、磁流体力学 (magneto fluid mechanics) 等细分学科或分支。

1.2.1 航海时代与水动力学 (—1870)

水动力学的发展始于航海时代,其应用牵引是造船技术。西班牙曾经依靠其强大的造船技术而崛起于地中海,沿岸国家无不臣服。1588 年,伊丽莎白一世时期的英格兰,意欲脱离西班牙王国的统治,这引来了西班牙王国的无敌舰队 (Armada)。然而,英格兰小巧、快速、灵活的小型战船最终战胜了无敌舰队,这一战成为英格兰历史上由弱到强的转折点。

1588 年英格兰海战这一历史事件,引起了学者对造船技术的兴趣,如何减小阻力成为设计者追求的目标。牛顿在 1687 年出版的著作《自然哲学的数学原理》中阐述了他的船阻牛顿公式,即阻力正比于 $\sin^2\theta$,其中,θ 为船首半锥角,如图 1.1 所示。牛顿公式推导的流动图像假设是错误的,但在高超声速流动中其成为经典而又高效的计算公式。因此,在讲解气体动力学的时候,大家都要提一下牛顿公式,虽然那不是牛顿的本意。

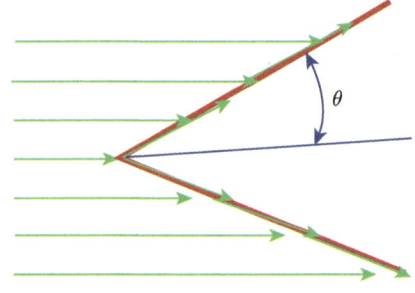

图 1.1　西班牙无敌舰队战船及牛顿流动图像

水动力学与气体动力学的应用是相互融合的,一个典型的案例就是空泡 (cavitation) 流动,就是在液体环境中的气体动力学问题。在高速旋转的水轮叶尖,气体泡的产生、演化及猝灭对叶片表面产生破坏,称为气蚀现象,如图 1.2 所示。空泡流动及气蚀现象是水动力学与气体动力学交叉研究领域的一个重要方向。

1.2.2 低速航空时代与气体动力学的奠基 (1870—1935)

人类对飞行的梦想源于对飞鸟的模仿,而飞鸟是对气体动力学感知最为敏锐的自然界生物,远胜于人类。例如,图 1.3 中的几种鸟:啄木鸟、信天翁、飞燕、鹰,经过悠远的自然选择,它们都有一对适应生存环境的翅膀。啄木鸟的椭圆形

1.2 气体动力学发展史

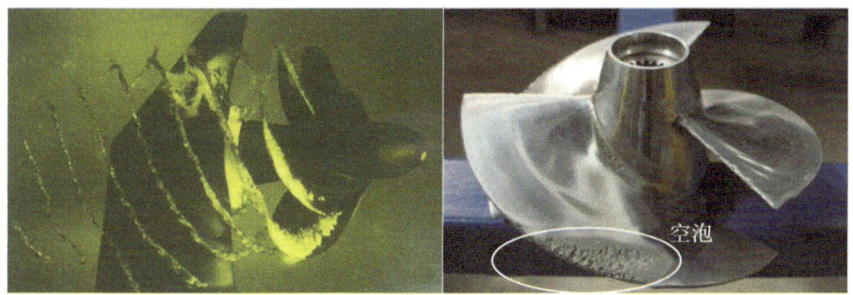

图 1.2　水动力学与空泡流动

翅膀易于控制，适合在树木间机动飞行；信天翁的细长翅膀可以产生大升力，适合在高空翱翔；飞燕的后掠型翅膀阻力小，适合随季节迁徙的长途飞行；鹰作为飞禽食物链的最顶端，其翅膀综合了以上各种飞鸟的优势。

图 1.3　飞鸟翅膀与空气动力学

自左向右依次为啄木鸟、信天翁、飞燕、鹰

还有一个例子能充分证明飞鸟对气体动力学的感知——雁阵的"人"字形编队飞行，见图 1.4。阵型中的后雁能感知前雁产生的翼尖涡，并充分利用翼尖涡产生的上升气流。

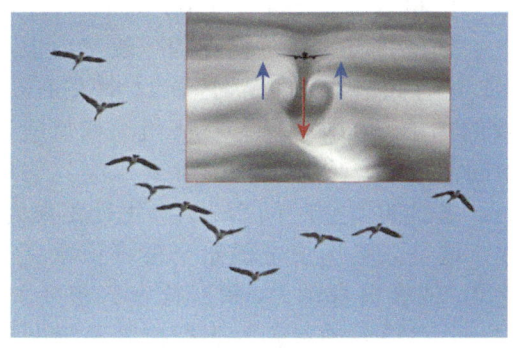

图 1.4　雁群飞行与空气动力学

在具备空气动力学最基本的认识后，人类开始模仿鸟类飞行，德国工程师和滑翔飞行家李林达尔(Otto Lilienthal，1848—1896)及其滑翔飞行器(图1.5)就是典型代表之一。李林达尔于1889年发表了《鸟类飞行——航空的基础》一书，提出了飞行器的最初的机翼构型理论——弓形截面增大升力。在1891—1896年期间，他在柏林附近的试飞场地进行了2000次以上的滑翔飞行试验，并把滑翔的经验与翼型升阻性能数据编写成书：《飞翔中的实际试验》。1896年8月9日清晨，在试验一个新操纵技术时发生失速，李林达尔摔断脊椎，在送往医院的途中，他对泪流满面的弟弟说的最后一句话是："牺牲是必需的"，体现了他献身科学的奉献精神。

图1.5　德国飞行家李林达尔与滑翔飞行器

李林达尔的飞行故事激励了若干工程师和飞行践行者，他们前仆后继，延续人类飞行的梦想，莱特(Wright)兄弟(图1.6)就是其中的典型代表。他们吸取了李林达尔的教训，首先对后者的翼型升阻性能数据进行风洞试验修正，并进行了一千多次滑翔飞行试验考核，提高了机翼的展弦比，从而提高了机翼效率，设计出了较大升力的机翼截面形状。1903年12月17日清晨，天气阴冷，寒风刺骨，在美国北卡罗来纳州的基蒂霍克的一块空地上，莱特兄弟使用他们制造的"飞行者1号"进行第一次试飞。上午11时左右，发动机经过暖机后，通过掷币赢得首飞权的弟弟奥维尔·莱特在飞机上俯伏就位，然后哥哥帮助启动发动机，飞机开始向前滑动，"飞行者1号"终于晃晃悠悠地升空了，实现了人类首次带动力飞行。飞机的留空时间为12 s，飞行距离为37 m，高度为3 m，飞行速度为45 km/h。这是人类历史上的第一架真正意义上的飞机，其具有以下四大特征：完全受控、依靠自身动力、机身比空气密度大、持续滞空，这是历史上最伟大的发明之一。莱特兄弟首创的飞行控制系统为飞机的实用化奠定了基础。

图 1.6　莱特兄弟与人类首次带动力飞行

在这一历史背景下，与气体动力学息息相关的具体工程问题或学科问题包括气象学、螺旋桨飞机、蒸汽机、爆炸技术，促进了量热完全气体动力学的理论发展。按照时间顺序，具有里程碑的理论与技术如下所述。

1870 年，苏格兰工程师、物理学家威廉·约翰·麦夸恩·兰金 (Rankine) 与法国工程师、物理学家皮埃尔·昂利·于戈尼奥 (Hugoniot) 分别独立推导了量热完全气体可压缩流动满足欧拉方程的定常激波关系，确定了可压缩流动中的最重要流动现象——激波间断结构的理论解，称为兰金–于戈尼奥 (Rankine-Hugoniot) 激波关系。

1882—1888 年，瑞典发明家拉瓦尔 (Gustaf de Laval) 为了提高蒸汽机的效率，发明了拉瓦尔喷管 (de Laval nozzle, 亦称渐缩渐阔喷管 (convergent-divergent nozzle))，其通过热能转化为动能，将蒸汽加速到超声速。后来，拉瓦尔喷管被广泛用作蒸汽涡轮机及火箭发动的机喷管、超声速喷气发动机的喷管，以及超声速和高超声速风洞。

1887 年，奥地利–捷克物理学家恩斯特·马赫 (Ernst Mach) 推导了马赫角关系，并提出了激波反射理论，发现定常激波反射包括规则反射 (regular reflection, RR) 和马赫反射 (Mach reflection, MR) 两种类型。

1896 年，英国物理学家约翰·威廉·斯特拉特 (John William Strutt，后被尊称瑞利男爵三世, Third Baron Rayleigh)，发表了《声学理论》(Theory of Sound)。瑞利是一个学术天才，研究几乎涉及物理学的各个方面，如光学和振动系统的数学、声学、波的理论、彩色视觉、电动力学、电磁学、光的散射、流体动力学、气体的密度、黏滞性、毛细作用、弹性和照相术。

1904 年，德国物理学家路德维希·普朗特 (Ludwig Prandtl) 提出了著名的边界层理论及其求解方法，另外，他在风洞实验技术、机翼理论、湍流理论等方面都做出了重要的贡献，是近代力学的奠基人之一，是力学领域哥廷根学派的代表人物。我国的空气动力学专业的主要奠基者之一陆世嘉就师从于普朗特。

1908 年,普朗特和迈耶 (Meyer) 分别开展拉瓦尔喷管流动实验,并提出了斜激波理论和膨胀波理论。

1910—1920 年,普朗特提出了机翼升力线理论 (lifting-line theory),处理有限翼展流动的三维效应。

1915—1932 年,英国力学家泰勒 (Geoffrey Ingram Taylor) 提出了大气湍流和湍流扩散理论,是力学领域剑桥学派的创始人。

1928 年,德国力学家布斯曼 (Adolf Busemann) 提出了圆锥激波的图解法。1933 年,泰勒得到了圆锥激波的数值解。

1934 年,杜兰 (William Frederick Durand) 发表《空气动力学理论》(*Aerodynamic Theory*),成为气体动力学第一发展阶段的总结。

1.2.3 高速航空时代与气体动力学的大发展 (1935—1950)

气体动力学的这一发展阶段起始于一次学术会议。1935 年,在罗马举行的一次学术会议上,来自欧美的科学家召开了一个小分会,会议的议题是"航空中的高速问题:可压缩效应",参会人员包括普朗特、布斯曼、冯卡门 (von Karman)、阿克雷特 (Jakob Ackeret,瑞士人)、泰勒等。

在这个会议上,提出了诸多关于高速飞行的新观点,与会顶尖学者之间碰撞出了许多火花。布斯曼提出了高速飞行的后掠翼理论,另一个例子是美国国家航空航天局 (NASA) 兰利 (Langley) 研究中心的雅各布 (Eastman Jacobs) 发表的试验研究成果,发现在高亚声速条件下,美国国家航空咨询委员会 (NACA) 翼型上出现了激波结构这一强烈的可压缩效应现象。虽然这些新观点和新发现后来成为高速飞行气动设计的重要理论基础之一,但在当时并没有得到与会学者的认可和重视。可以想象,在当时高速气体动力学正经历日新月异的发展,连当时最顶尖的气体动力学家都来不及理解和接受。

这一时期,最重要的气体动力学问题就是"声障"(sonic/sound barrier),而在工程上的难题就是跨过声速,实现超声速飞行。所谓声障是指飞行器速度接近声速时阻力迅速增加的现象,如图 1.7 所示。这一现象的根本原因就是雅各布通过试验发现的强可压缩效应——翼型激波[1],如图 1.8 所示。翼型的截面变化形成了一个渐缩-渐扩通道,在接近声速飞行时,空气流动从亚声速加速到超声速,空气流动可压缩性增强,出现激波这一间断结构,增加了气动阻力。相关气体动力学知识将在后续章节的变截面流动和跨声速流动中介绍。

1.2 气体动力学发展史

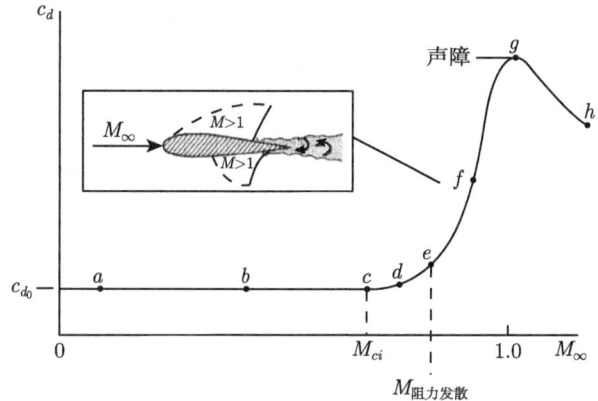

图 1.7 翼型气动阻力与飞行马赫数的关系

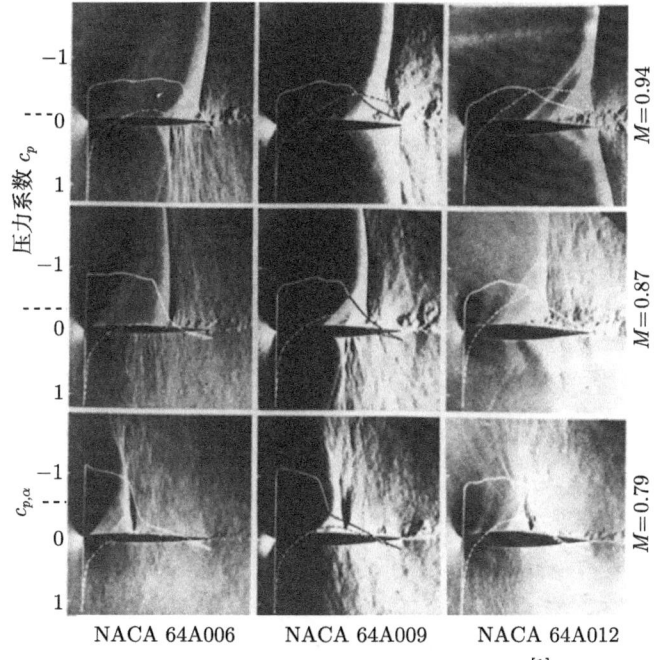

图 1.8 高亚声速流动与翼型激波试验[1]

在工程上,就是如何克服 "声障" 问题,实现高亚声速或者超声速飞行。在这一时期,气体动力学界提出一系列的新方法、新技术和新概念。例如,减小翼型的厚度与弦长之比 t/c(厚度 t 和弦长 c 等翼型参数见图 1.9) 可以将出现 "声障" 的极限马赫数大大提高,如图 1.10 所示,高速飞机的机翼变薄,就是这个道理。另外一个概念就是在罗马学术会议上布斯曼提出的后掠翼,其中的机制是提高了等效机翼厚度与弦长比值,t'/c。典型案例是美国舰载机 F-14 采用了可变后掠翼

(swept wing) 概念，如图 1.11 所示，在正常高速巡航期间，为减小气动阻力，机翼后掠，实现等效 $t'/c=0.05$；而在起飞降落时，为了增加可控性，机翼展向平直布置，等效 $t'/c=0.09$。目前，后掠翼已经是高速飞机设计的基本要求。美国 NASA 兰利研究中心工程师 Whitcomb 提出的面积律 (area rule)，也是克服"声障"实现超声速飞行的关键技术。如图 1.12 所示，面积律要求飞机横截面积沿机身方向的变化平缓，降低跨声速飞行时诱导激波的强度，从而降低"声障"阻力。当然，后期还有超临界翼型 (supercritical airfoil) 等设计概念，都是为了应对跨声速"声障"问题，这里不再展开。

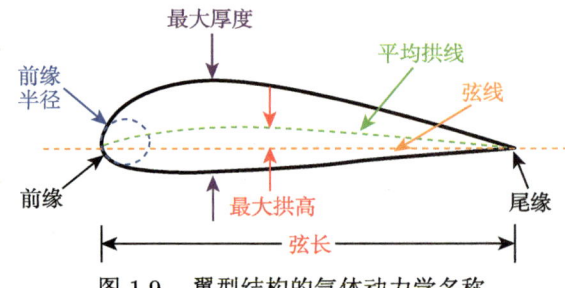

图 1.9 翼型结构的气体动力学名称

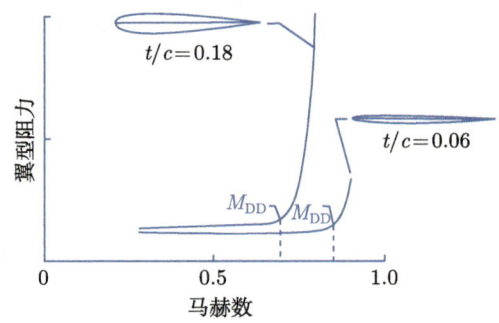

图 1.10 跨声速飞行气体动力学相关技术——翼型厚度/弦长

图 1.11 高速飞机——翼型厚度/弦长

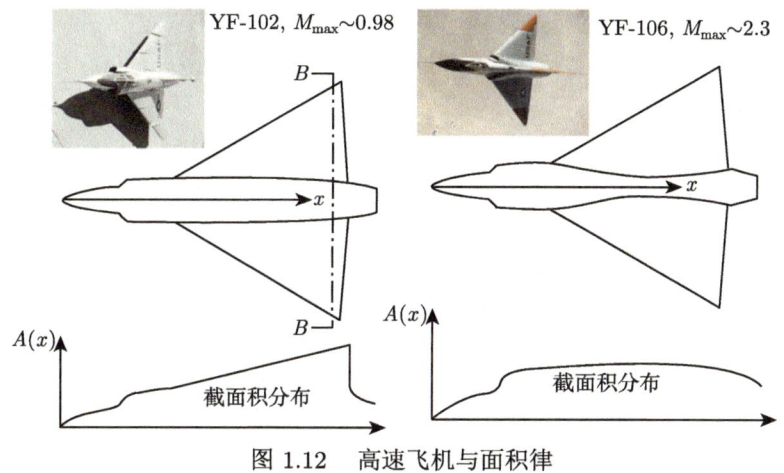

图 1.12　高速飞机与面积律

在这一历史背景下，与气体动力学息息相关的具体工程问题或学科问题包括燃气轮机、喷气飞机、火箭推进等，都促进了气动热力学的发展。在这一阶段，气体介质的热力学特性已经偏离量热完全气体假设，而与温度相关，呈现出强烈的非线性特征。这一时期的气体动力学也可以称为超声速气体动力学或者可压缩气体动力学，经典论著有 Shapiro 的 *The Dynamics and Thermodynamics of Compressible Fluid Flow*(《可压缩流的动力学与热力学》)，以及普林斯顿大学出版的 *High Speed Aerodynamics and Jet Propulsion*(《高速空气动力学和喷气推进》) 系列专著。

1.2.4　高超声速航天时代与气动热力学和气动热化学的大发展 (1950—今)

从 20 世纪 50 年代开始，世界的两大军事集团展开激烈的军备与战略竞赛，催生了战略武器、空间技术和新型高超声速飞行器的研发。由于气流速度的改变，引起了气体介质和流动现象的本质改变，我国科学家钱学森提出了高超声速 (hypersonic) 流动的概念，以区别于一般的超声速气体流动。高超声速 ($M \geqslant 5$) 飞行和超高速 ($V \geqslant 5 \text{ km/s}$) 再入问题的一个典型气动问题就是气体介质的进一步复杂化，发生多原子气体分子的振动激发、解离反应、复合反应、电离、辐射等，上述复杂的物理化学过程引起飞行器气动性能偏离量热完全气体假设下的值，即所谓的高温气体效应 (high temperature gas effect)。气流流动的控制方程发生根本性的变化，引入了与热化学反应、辐射等过程相关的多个物理化学尺度，并与飞行器表面发生了复杂的相互作用：强激波反射与相互作用、激波-边界层相互作用、湍流与热化学反应之间的复杂相互作用、表面材料与高温气体之间的复杂物理化学进程。在这一时期，气体动力学发展成为气动热化学，是一门气体动力学与热化学的交叉学科。

1949 年 2 月 24 日，在美国白沙导弹试验靶场，V-2/WAC "下士号"两级火箭发射升空，创造了人造飞行器速度的世界纪录：8240 km/h(2290 m/s)，这也是人类的首次高超声速飞行。V-2/WAC "下士号"两级火箭，如图 1.13 所示，也是人类历史上的第一枚两级火箭，它的第一级是第二次世界大战结束后从德国运来的 V-2 火箭中的一枚，而第二级则为新加的 WAC Corpral。

图 1.13　美国 V-2/WAC"下士号" 两级火箭发射 (1949-02-24)

美国 V-2/WAC 火箭的成功发射揭开了人类高超声速飞行的新时代，也按下了太空技术竞赛的按钮。在冷战时期的另一端，苏联于 1961 年 4 月 12 日，利用 "东方号"(Vostok) 多级火箭将宇宙飞船送入太空，唯一的乘客是加加林 (Gagarin)，并安全返回地面，宇宙飞船返回地球的最高速度达到 30000 km/h(8000 m/s)。这是人类历史上第一次将人类送入太空并安全返回。七年之后，美国使用 "土星五号"(Saturn V) 大推力火箭将 "阿波罗号"(Apollo) 及航天员阿姆斯特朗 (Neil Armstrong) 与奥尔德林 (Buzz Aldrin) 送上月球并成功返回，这是人类首次进入非地星球。

由于气动热化学和高温气体流动的复杂性，科学界对高超声速流动研究与认知没有跟上工程需求的脚步。由于对高温高超声速流动机制的认知缺失 (unknown unknowns)，这一期间也发生了几次灾难性事故，例如，1961 年 6 月 23 号，美国火箭推进高超声速飞机 X-15 号折戟沉沙；1986 年和 2003 年，美国航天飞机 (space shuttle) 发生两次空难，造成巨大人员伤亡。上述事故与高超声速流动中的强激波相互作用、气动热环境密切相关，对事故原因的探求过程，也促进了高温高超声速气体动力学的发展。

同一时期，在大气层内的高速飞行领域，气体动力学也得到高速发展。在传统飞行领域，超临界翼型 (supercritical airfoil) 和超声速翼型 (图 1.14) 的出现，

1.2 气体动力学发展史

就是对跨声速流动、变截面流动以及激波动力学充分认知的结果。

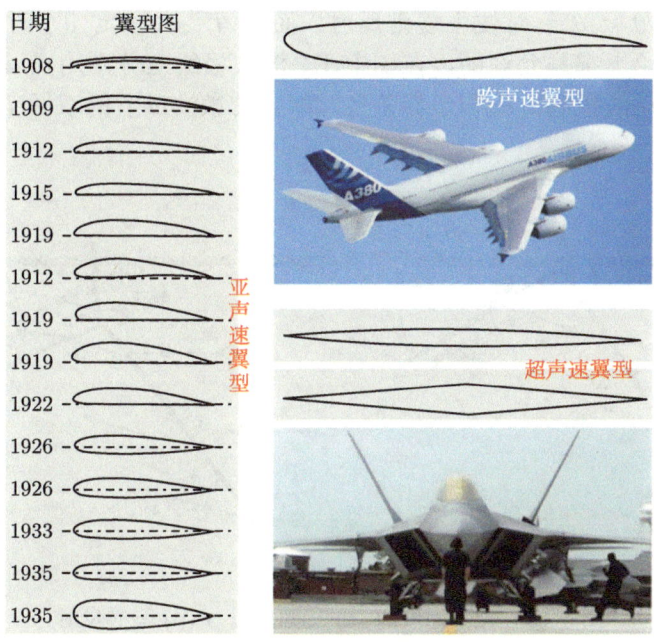

图 1.14 飞机翼型的进化

2004 年 11 月 16 日,由氢燃料超燃冲压发动机 (scramjet) 推进的 NASA X-43A 乘波飞行器 (图 1.15(a)) 在美国试验成功,其最高飞行马赫数达到 9.6(3260 m/s),创造了喷气推进飞机新的世界纪录。2010 年 5 月 26 日,碳氢燃料超燃冲压发动机推进的新一代高超声速飞机 X-51A(图 1.15(b)) 实现首飞成功,飞行马赫数超过 5。X-51 经过后续多次试飞,在世界范围内掀起了高超声速吸气飞行器研究的热潮。

(a) X-43A   (b) X-51A

图 1.15 高超声速吸气飞行器

基于高超声速飞行工程需求,气体动力学理论方面也得到了发展,例如激波动力学的新发现。定常流动中的激波反射根据气流偏转角 θ 与马赫数可以分为规则反射和马赫反射,如图 1.16 所示。对于激波规则反射与马赫反射之间的转变,理

论上存在脱体准则 θ^D(detachment criterion) 和冯·诺伊曼准则 θ^{vN}(von Neumann criterion)，在图 1.17 中分别用 ◆ 和 ■ 标出的两个点表示。当 $\theta > \theta^D$ 时，发生马赫反射，当 $\theta < \theta^{vN}$ 时发生规则反射，而当 $\theta^{vN} \leqslant \theta \leqslant \theta^D$ 时，规则反射和马赫反射在理论上都是允许的，在图中 R_3 激波极线上分别用点 ▲ 和点 • 表示，都满足气体流动的控制方程和边界条件，即定常激波反射的双解 (dual-solution) 现象。

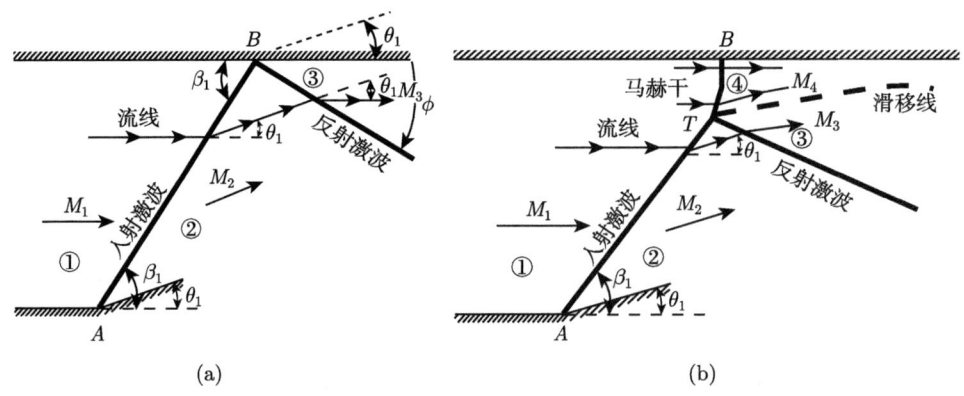

图 1.16 定常激波的 (a) 规则反射与 (b) 马赫反射

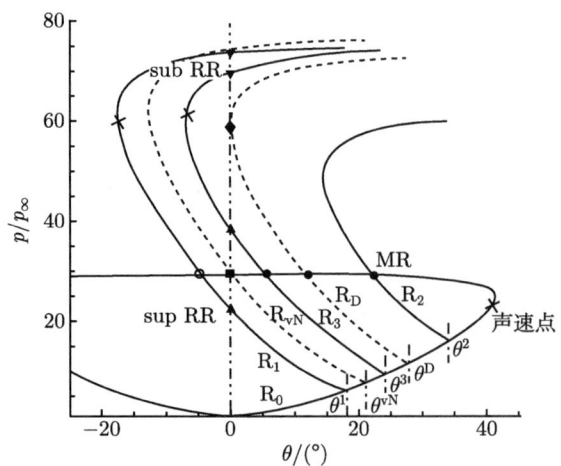

图 1.17 定常激波反射的波形转变准则与双解现象

R_D：脱体准则对应的激波极线

Hornung 等通过理论研究发现，规则–马赫反射相互转变时会出现迟滞现象 [2]。如图 1.18 所示，当楔角逐渐增大时，规则反射向马赫反射的转变会发生

在 θ^D；而当楔角逐渐减小时，马赫反射向规则反射的转变会发生在 θ^{vN}。但当时由于风洞实验中存在的流场扰动的影响，迟滞现象无法得到证实。十几年后，静音风洞技术得到发展，迟滞现象在 Chpoun 等的试验研究中得到证实[3]。图 1.19 给出了迟滞现象的试验结果，在相同的气流偏转角条件下，由于历史时刻不同，流场结构存在显著差异[4]。也就是说，在双解区，激波反射结构与历史进程有关。

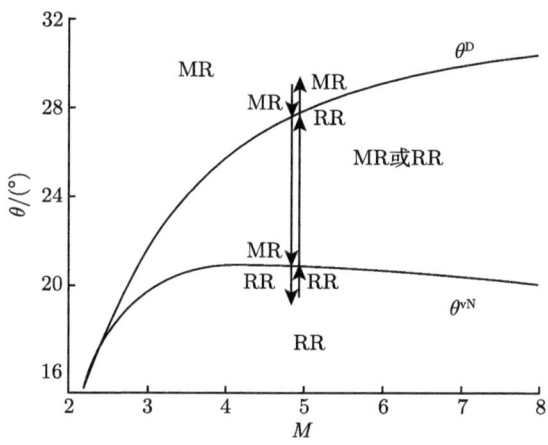

图 1.18　定常激波反射波形转变的迟滞现象

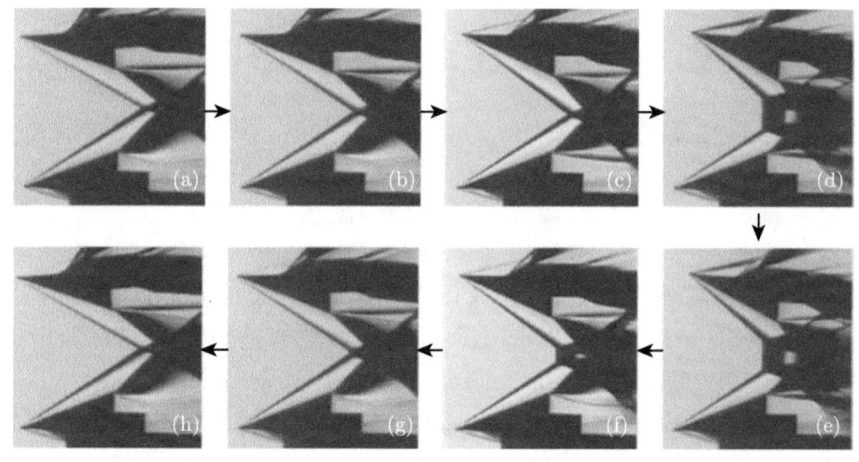

图 1.19　试验验证定常激波反射波形转变的迟滞现象 (竖排图中气流偏转角相等)[4]

除了强激波现象，强烈的热化学反应是高超声速气体动力学的另外一个特征。例如，航天器以超高速再入大气层过程中，通过与空气分子碰撞与摩擦，航天器飞行速度逐渐减小，把自己的能量传递给周边的空气。空气接收到的能量，其中一部分以内能（包括平动能、转动能和振动能）的形式储存起来，气体温度升高；而另外一部分则用于断开分子内部的化学键或者使粒子电离，如图 1.20 所示。由于高超声速可压缩流动特征，上述能量交换过程仅仅限制在航天器周边有限的空气薄层——激波层内。激波层内高温气体，又以传导和辐射的方式把热量传递给航天器，引起严酷的气动加热问题。其中由热传导引起的头部加热率 $\dot{q}$ 正比于航天器速度的立方 V^3、空气密度的平方根 $\sqrt{\rho}$，并与头部半径的平方根 $\sqrt{R_N}$ 成反比，即 $\dot{q} \propto V^3 \sqrt{\dfrac{\rho}{R_N}}$。这就是返回式航天器的外形都是大钝体的根本原因。

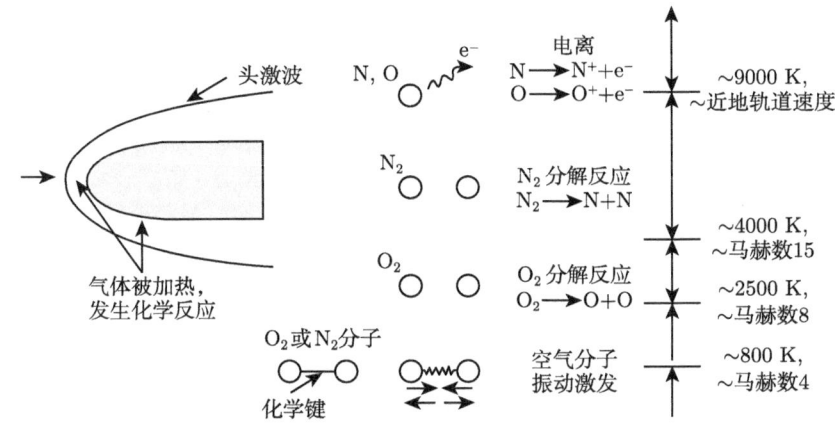

图 1.20　高超声速飞行器头部强激波层的热化学反应

强激波与热化学反应的另外一个案例是爆轰波。爆燃波和爆轰波是预混可燃气体中存在的两种不同的燃烧形式。它们的传播机制不同，其中爆轰波是一种具有自持传播特性的燃烧波。爆轰波通过前导激波压缩波前的可燃混合气体，使得其温度达到着火点从而点燃，迅速燃烧释放的能量继续维持激波的传播。在大气压强环境中，通常燃料/空气混合气体的爆速可达 1500~2000 m/s，而压强可以达到 15~20 atm(1 atm = 1.01325×10^5 Pa)。强激波传播与反射、热点 (hot spot)、火焰面变形及火焰加速 (flame acceleration)、RM(Richtmyer-Meshkov) 不稳定性等是爆燃转爆轰 (deflagration-to-detonation transition, DDT) 问题的气体动力学机制[5]，如图 1.21 所示，气体动力学与化学动力学耦合的流动图像非常丰富多彩。

高超声速航天时代的强激波与气动热化学等方面的基础研究进展在此处是无法概括的，而且，它仍然是一个开放的领域，值得进一步探究。

1.3 气体动力学研究方法

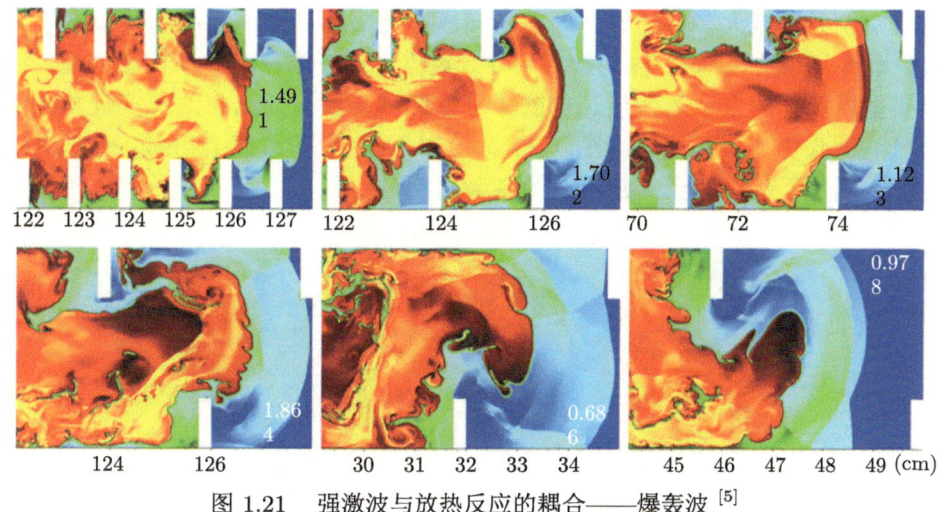

图 1.21 强激波与放热反应的耦合——爆轰波[5]

1.3 气体动力学研究方法

理论分析、数值模拟与试验 (包括地面风洞试验和飞行试验) 研究是力学的基本方法，也是研究气体动力学的主要方法。理论分析是气体动力学发展初期和中期最为有效的研究途径，因为那时候没有足够的试验能力和数值计算能力。伴随着气体动力学的高度发展和高速气体流动问题的日益复杂，理论研究已经非常困难，而数值计算和试验研究已经成为主要的研究手段。随着计算机硬件与软件资源的巨大发展，数值计算、风洞试验和飞行试验在高超声速飞行器研发中的作用发生深刻变化，前者日益成为主力研究手段，见图 1.22。

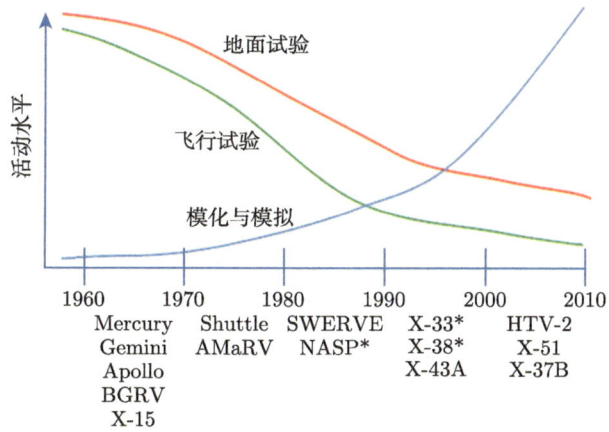

图 1.22 数值模拟、飞行试验和地面试验研究在高超声速飞行器研发中的贡献[6]

航空航天领域大多数的气体动力学问题通常需要借助地面风洞试验来研究和考核，解决复杂的气动力/热问题。另外，数值计算所依赖的数学物理方程、物理化学模型以及计算方法的考核，也需要可靠的试验数据。因此，试验研究特别是地面风洞试验仍然不可或缺。图 1.23 是美国 NASA 艾姆斯 (Ames) 研究中心的风洞群，涵盖了从低速到高超声速的各种风洞。

图 1.23　美国 NASA 艾姆斯研究中心的风洞群

能够提供高温高超声速试验能力的设备被称为高焓风洞，一般为高焓激波风洞，以脉冲方式运行。例如，模拟"阿波罗号"月球探测飞船返回地球的速度为 11.4 km/s，而火星探测飞船返回地球的速度高达 14 km/s，两者对应的总焓分别为 66 MJ/kg 和 98 MJ/kg。这些数据难以直观理解，但是，参考以下生活中常见的数据：水的沸腾焓值为 2.2 MJ/kg、碳的蒸发焓值为 60.5 MJ/kg，就不难理解在地面风洞中模拟高焓试验条件的困难与挑战。任何材料和装置都无法长时间承受如此的高温高焓环境，因此，高焓激波风洞都以脉冲方式运行，其运行时间与焓值成反比，其量值一般在数十微秒到数十毫秒。

图 1.24 给出了高焓激波风洞的结构示意图，主要包括驱动段、被驱动段、喷管段、试验段四个部分。基本工作原理就是非定常波动力学过程：① 利用预装在驱动段的高温高压驱动气体，在被驱动段内产生右行入射激波，同时在驱动段内产生左行的非定常膨胀波；② 入射激波在被驱动段末端反射形成反射激波；③ 利用左行膨胀波的非定常膨胀，以及入射激波-反射激波的两个梯次的非定常压缩，将驱动气体的储能瞬间转移到试验气体，产生高温高压的试验气源；④ 通过喷管的定常膨胀加速，将试验气源的内能转化为动能，在试验段形成高速试验气流。简单来说，高焓激波风洞就是利用两次非定常激波压缩、一次非定常膨胀和一次定常膨胀，实现能量的"乾坤大挪移"，将驱动气体内能瞬间转换为试验气体动能。

1.3 气体动力学研究方法

图 1.24 高焓激波风洞的结构示意图

显然，在试验气体确定后，决定高焓激波风洞性能的根本因素就是驱动气体储能及其热力学特性，其中关键参数之一就是驱动气体声速 c，或者说是决定声速的气体常数 R 和温度 T。一方面驱动气体总焓 $h = \dfrac{\gamma R T}{\gamma - 1} = \dfrac{c^2}{\gamma - 1}$，这决定了驱动气体的储能水平；另一方面，膨胀波相对于气流以当地声速传播，声速越高，能量从驱动气体转移到试验气体的速率就越高。

高焓激波风洞的研制就是从如何获得高声速驱动气体入手。活塞驱动技术利用高速运动的重活塞压缩产生高温驱动气体，即活塞动能转化为驱动气体内能。美国卡尔斯班研究中心发展的轻气体驱动技术，是从气体常数 R 入手，选用大 R 值的氢气或氦气作为驱动气体，并进行加热适当提高温度。爆轰驱动技术的核心原理就是利用氢氧混合气体的爆轰产物作为驱动气体，它的气体常数 R 和温度 T 都非常理想。该类风洞的优点是易于尺寸放大，运行成本低廉，克服了活塞驱动和轻气体驱动技术的不足，而且试验气流品质优秀。

从中国科学院力学研究所的俞鸿儒先生开始，我国的爆轰驱动技术已经发展五十多年了，先后建成并运行了一系列爆轰驱动高焓激波风洞，如 JF-10 爆轰驱动高焓激波风洞 (1997 年)、JF-16 正向爆轰驱动膨胀风洞 (2008 年)、JF-12 复现风洞 (2012 年) 等，以及即将在 2023 年投入使用的 JF-22 超高速风洞，见图 1.25。这些风洞分别具有航天器不同速域条件的模拟能力，其集成覆盖了高超声速宇航飞行器的飞行走廊。其中，JF-12 复现风洞的关键参数：有效实验时间 (>100 ms) 和试验区尺度 (ϕ2500 mm) 远超目前国际上的同类风洞。JF-12 复现风洞一个典型的试验状态是马赫数 7，总压和总温分别是 3.95 MPa 和 2026 K。在该条件下，试验气流对应的功率为 255 MW，与一个中小型城市的总耗电功率差不多！值得一提的是，JF-12 复现风洞是以反向爆轰驱动模式来实现上述试验条件的，仅仅利用了爆轰波尾端含能并不是最高的静止气体，而在爆轰波头，其正向传播阵面携带的高能需要卸掉，该处气流折算功率为 10000 MW！这一数字的惊人程度很难直观想象，但与三峡水电站总装机容量 22400 MW 作比较，就很容易理解。

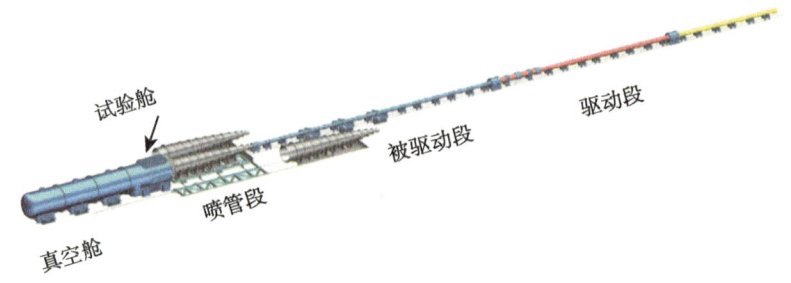

图 1.25　JF-22 爆轰驱动超高速高焓激波风洞

高焓激波风洞，以及针对性研发的气动热与气动力等测量系统共同组成了高超声速试验技术。风洞试验就是通过风洞模拟高超声速飞行环境，并应用光学流场显示系统、气动力与气动热感应元件 (气动天平和热流传感器) 获得模型流场结构、气动力、气动热数据。图 1.26 给出了其中一个案例，是火星着陆探测器高焓气动试验。试验气流参数为马赫数 7.3，实验气体成分是火星大气的 CO_2。图 1.27 分

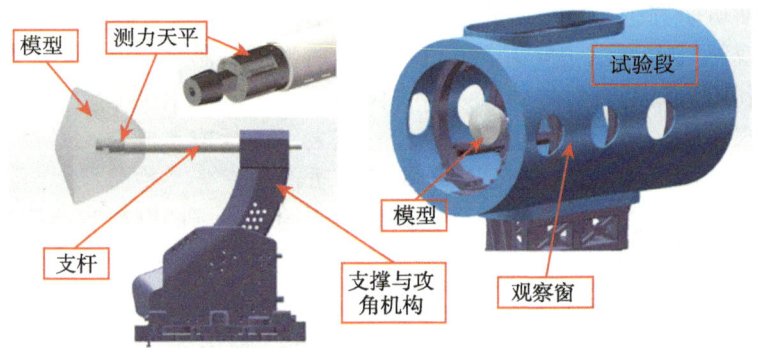

图 1.26　在 JF-12 风洞中开展火星着陆探测器高焓气动试验

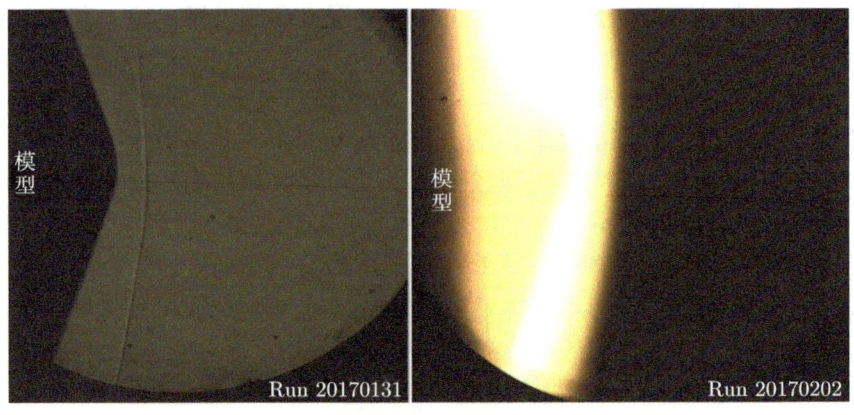

图 1.27　火星探测器高焓气动试验流场 ($M = 7.3$)

别给出了马赫数 7.3，总温 1300 K(Run 20170131) 和 2000 K(Run 20170202) 的头部激波结构，高总温条件下强烈自发光现象反映出激波层内强烈的热化学反应进程。热化学反应进程独立于模型尺度，这是航天器高速区段试验验证的相似性难题。

1.4 本书结构

本章作为《气体动力学》的绪论，给出了该学科的研究范畴，并回顾了气体动力学的发展史以及气体动力学的研究方法。限于篇幅，浅尝辄止，详细内容在后续章节中逐渐深入展开。

参 考 文 献

[1] Becker J V. The high-speed fronteier. NASA SP-445, 1980.
[2] Hornung H G, Oetel H, Sandemann R J. Transition to Mach reflection of shock waves in steady and pseudosteady flow with and without relaxation. J. Fluid Mech., 1979, 90: 541-560.
[3] Chpoun A, Passerel D, Li H, et al. Reconsideration of oblique shock wave reflections in steady flows. Part 1. Experimental investigation. J. Fluid Mech., 1995, 301: 19-35.
[4] Sudani N, Sato M, Karasawa T, et al. Irregular effects on the transition from regular to Mach reflection of shock waves in wind tunnel flow. J. Fluid Mech., 2002, 459: 167-185.
[5] Gamezo V N, Ogawa T, Oran E S. Flame acceleration and DDT in channels with obstacles: Effect of obstacle spacing. Combustion and Flame, 2008, 155: 302-315.
[6] Rutledge W. Hypersonics in the USA: New partnerships in the 21st century//17th AIAA International Space Planes and Hypersonic Systems and Technologies Conference, 2011.

第 2 章 基 本 概 念

2.1 气体可压缩性

在我们的生活中,会遇到这样一些场景,例如,我们在高山顶上喝了些矿泉水,然后拧紧瓶盖,当我们下到山底的时候,会发现矿泉水瓶瘪下去一些,而没被喝过的矿泉水瓶却变化不大。这是因为,被喝过了水的瓶子里的空气更容易被压缩,山底比山顶的大气压高,其差为 Δp,这个压强增加使得瓶中空气被压缩,比容 (容积) 减小,其相对变化量为 $-\Delta v/v$,流体力学中将这两个变化量的比值定义为流体的体积模量 K,即

$$K = \lim_{\Delta p \to 0}\left(\frac{\Delta p}{-\Delta v/v}\right) = -v\frac{\mathrm{d}p}{\mathrm{d}v} \tag{2.1}$$

上式中的负号只是为了保证流体的体积模量这个物性参数为正。流体的可压缩系数 τ 则表示为体积模量的倒数,即流体比容相对变化率与压应力变化的比值:

$$\tau = \frac{1}{K} = -\frac{1}{v}\frac{\mathrm{d}v}{\mathrm{d}p} = \frac{1}{\rho}\frac{\mathrm{d}\rho}{\mathrm{d}p} \tag{2.2}$$

流体的可压缩系数 τ 与压缩过程相关,比如说等温或等熵压缩过程,则对应的等温可压缩系数和等熵可压缩系数分别为 τ_T 和 τ_s。空气在一个标准大气压条件下 $\tau_T = 10^{-5} \mathrm{m}^2/\mathrm{N}$,而水为 $\tau_T = 5\times 10^{-10} \mathrm{m}^2/\mathrm{N}$。可见,空气的等温可压缩系数比水大 4 个量级,更容易被压缩,这就是本节开头提到的"没被喝过的矿泉水瓶却变化不大"的原因。在生活中,我们经常看到使用高压空气驱动的气动工具,如气锤、气钻、气枪等,但很少看到水动工具,因为水是很难被压缩的。

将式 (2.2) 简单改写可以得到

$$\frac{\mathrm{d}\rho}{\rho} = \tau \mathrm{d}p \tag{2.3}$$

对于实际工程问题,一般认为 $\left|\dfrac{\mathrm{d}\rho}{\rho}\right| \geqslant 5\%$ 时就必须考虑气体流动的可压缩性特征。

需要指出的是，流体的可压缩系数 τ 反映的是流体可压缩性，是流体的物性参数，但并不是说，可压缩气体的流动就必须考虑可压缩效应。对于气体来说，其可压缩系数 τ 比较大，另外，气体的高速运动过程中，经常会伴随着较大的压力的空间变化或 $\mathrm{d}p$ 较大，由式 (2.3) 可知，气体的高速流动往往会使得其密度变化远大于 5%的下限，从而使得气流的可压缩效应不可忽略。这就是气体动力学要解决的问题。也就是说，表征气体流动可压缩效应的参数与气体流动速度有关，本章后文将讨论，实际上这个表征量就是无量纲参数马赫数 M，即气流速度与当地声速的比值，$M = V/c$。

2.2 连续介质假设

气体动力学研究的问题基于若干假设，其中，最基本的假设就是连续介质假设。以下是关于连续介质假设的重要描述。

(1) 气体质点连续无间隙地充满其所占空间，质点所具有的宏观物理量满足一定的物理定律，是空间位置 (x, y, z) 及时间 (t) 的连续函数。

(2) 空间质点指的是微观上充分大、宏观上充分小的分子/原子团。在微观角度上看，质点是充分大的，大到无须考虑质点内部分子或原子运动的个体行为和属性，只需关注质点内所有粒子的平均属性。

(3) 时间基于统计平均理论，要求它是微观充分长、宏观充分短的。

(4) 从质点动力学到"场"的观点与理论。如图 2.1 所示，连续介质假设，使得我们研究气体动力学的观点可以采用欧拉或者场的观点，降低解决问题的难度。

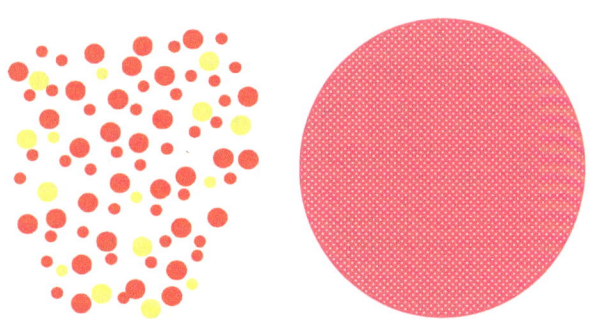

图 2.1　连续介质假设示意图

随着力学领域的不断发展和完善，学界也定义了"连续介质力学"这一广度更大的力学范畴，指一切基于连续介质假设的力学学科。当然，连续介质假设有它的判据，即克努森 (Knudsen) 数：

$$Kn = \lambda/L \tag{2.4}$$

即分子平均自由程 (mean molecular free path)λ 与气体动力学问题的特征尺度 L 之比。

气体动力学关注的气体流动限于满足连续介质假设的气体流动问题，即 $Kn < 0.01$ 的气体流动问题。不满足连续介质假设的气体流动，$Kn \geqslant 0.01$，这类流动的研究称为稀薄气体动力学，在宇宙飞船进入大气层外边缘的时候，就属于稀薄气体动力学的范畴，此时，大气相当稀薄，空气分子平均自由程与飞船尺度可比，连续介质假设显然不成立。表 2.1 为克努森数与流动机制。

表 2.1　克努森数与流动机制

克努森数	流动机制
$Kn < 0.01$	连续流 (continuum)
$0.01 \leqslant Kn < 0.10$	滑移流 (slip flow)
$0.10 \leqslant Kn < 3.00$	过渡流 (transition regime)
$Kn \geqslant 3.00$	自由分子流 (free molecular flow)

2.3　热完全气体与真实气体

这里需要分清理想气体、热完全气体的概念。习惯上，理想气体是指无黏性、无导热性的气体，与之对应的是黏性气体。

热完全气体 (thermally perfect gas) 有时候也称为理想气体 (ideal gas)，但与上面提到的无黏无导热的理想气体不同，它是指满足以下假设的气体：忽略气体分子的自身体积，将分子看成是有质量的几何点；忽略分子间作用力，分子之间及分子与容器壁面之间发生的碰撞是完全弹性的，不造成能量损失。

一般气体在压强不太大、温度不太低的条件下，它们的性质非常接近于热完全气体。热完全气体的热力学参数满足以下关系式 (克拉珀龙 (Clapeyron), 1834 年)：

$$p = \rho RT \quad \text{或} \quad pv = RT \tag{2.5}$$

该方程即热完全气体状态方程 (state equation of thermally perfect gas)，有时又称为理想气体状态方程 (state equation of ideal gas) 或理想气体定律 (ideal gas law)，是由法国物理学家克拉珀龙总结前人的研究成果 (玻意耳定律 (Boyle's law), 查理定律 (Charles' law), 阿伏伽德罗定律 (Avogadro's law) 和盖吕萨克定律 (Gay-Lussac's law)) 得到的。这类公式并非出自严格的数学推导，而是基于大量实验观察得出的结论，是实践证明的科学定律。热完全气体之中还有一类更加简化的气体模型，即量热完全气体 (calorically perfect gas)，这将在本章后文讲解。

在压强特别高或者温度特别低的条件下，气体分子自身的容积和分子间相互作用不能忽略，这类气体热力学参数不再适用热完全气体假设，而被称为真实气体 (real gas)，需要相对复杂的气体状态方程，例如范德瓦耳斯 (van der Waals) 真实气体方程。

在另外一些情形下，气体温度特别高，气体分子热运动与碰撞非常剧烈，可能发生分子解离 (dissociation) 反应、多原子分子的振动激发 (vibration excitation)、复合 (combination) 反应、电离 (ionization) 等复杂的热化学过程，显然这类气体将是多种组元的混合物，虽然每一种组元还可以用热完全气体状态方程，但整体而言，其热力学特性已经不同于隶属单元系统的热完全气体，而是一种均匀多元系统，通常称为高温真实气体，将在第 7 章高超声速气体流动部分论述。

2.4 气体热力学基本定律与基本方程

2.4.1 热力学状态与过程

1. 热力学系统

在解决流体力学或热力学问题时，通常取一部分物质或区域作为研究对象，称为热力学系统。与热力学系统相毗邻的区域称为环境，系统与环境之间可以存在相互作用，如传热、传质或做功。

系统又可以分为封闭系统、绝热系统和孤立系统等。与环境之间没有质量交换的系统，称为封闭系统，与其相反的系统则称为开口系统。与环境之间没有热量交换的封闭系统，称为绝热系统。与环境之间没有任何相互作用的系统即为孤立系统。

以后章节会讲到描述气体运动的不同观点，即随体观点或者拉格朗日方法 (Lagrangian approach)、当地观点或欧拉方法 (Eulerian approach)。封闭系统的概念对应于随体观点，而开口系统则对应于当地观点。在第 3 章将详细讨论这两种描述观点或方法。

另外，按照系统内物质的构成，系统可分为：均质系统或单相系统，即完全均质的物质系统；与其相反的系统则称为非均质系统或多相系统。根据系统内的化学成分，还可以把系统分为：单元系统，即由一种化学组分构成的系统；与其相反的系统则称为多元系统。在本书范围内，气体动力学研究的问题主要是均质系统，而且通常把气体混合物简化为一种单元系统，即以系统的平均热力学参数为研究对象。

2. 热力学状态

孤立系统建立之后，在经过足够长的时间后，其热力学特性达到一个稳定的状态，不再变化，这个状态就是热力学平衡态。完整描述热力学系统的全部热力学特性需要两类状态方程：一类是气体热状态方程 (或简称状态方程)，另一类是量热状态方程。一个处于热力学平衡态的系统，其热力学特性可以用若干状态量来描述，如温度、压强、比容、密度、内能、焓、熵等，其符号通常为 T, p, v, ρ, e, h, s 等。注意，这里只提到了强度量，即单位量所对应的状态参数，与其对应的广延量，即系统内状态量对应的总量，这里不再赘述。

上述热力学状态量并不是彼此孤立的，而是存在一定的关系。比如气体的状态方程和量热状态方程，就描述了上述状态变量的相互关系，其中，前者是由实验测定而建立的，后者则是通过热力学定律以及气体状态方程联合推导而来的，将在后续章节中论述。

均匀系统的气体状态方程是根据实验测量而得到的，其函数形式如下：

$$p = p(v, T), \quad p = p(\rho, T) \tag{2.6a}$$

2.3 节提到热完全气体的状态方程，即式 (2.5)，显然这是一种特殊的气体状态方程，式 (2.6a) 也可以表示为

$$F(p, v, T) = 0, \quad F(p, \rho, T) = 0 \tag{2.6b}$$

式 (2.6a) 和式 (2.6b) 中的状态量都是可以测量的。均匀系统的量热状态方程，可以表示为以下形式：

$$e = e(v, T) = e(p, T) \tag{2.7a}$$

$$h = h(v, T) = h(p, T) \tag{2.7b}$$

$$s = s(v, T) = s(p, T) \tag{2.7c}$$

式 (2.7a)~ 式 (2.7c) 中的内能、焓、熵都是不可测量的，因此，这些关系式只能通过热力学定律和气体状态方程导出。

3. 热力学过程

热力学系统的变化过程称为热力学过程，其伴随着系统状态量的变化。热力学过程，通常分为可逆过程 (reversible process) 和不可逆过程 (irreversible process)。

可逆过程是一种理想化的热力学过程,在封闭系统中,过程的每一步正向变化之后,都可以在相反的方向进行,而不会对系统和环境引起任何其他变化。

自然界的任何自发过程都是不可逆的。例如,由速度梯度和黏性引起的动量输运过程、由温度梯度和热传导引起的能量输运过程、由浓度梯度和扩散引起的物质输运过程,都是不可逆过程。上述变量的输运,通常称为"通量"(flux) 或者"流"(rate),凡是存在"流"的热力学过程,都是不可逆的。在热力学过程中,存在一种缓变过程,即系统过程是连续且变化速率无限小的准静态过程,则该系统可以被认为始终处于热力学平衡态。

4. 过程量

在热力学过程中,系统的热力学状态量在变化,但是,它们的值只取决于过程的终态,与过程的路径无关。上面提到的温度、压强、比容、密度、内能、焓、熵都是状态量。在热力学过程中还存在另一种量,它们取决于热力学过程进行的具体情况,不能仅仅根据过程的初态和终态来确定,而与过程路径有关,称为过程量,如功和热。

通常,将系统对环境所做的功定义为正功,而将环境对系统所做的功定义为负功。系统与环境的热交换,通常通过传导、对流和辐射来进行,将由环境传入系统的热量定义为正。

与能量有关的状态量,如内能和焓,是构成系统的分子或原子以热运动的形式存储下来的,是系统内在属性。而功和热,虽然也是能量的一种形式,但是它们只存在于过程,是过程的瞬态量,不可存储。

2.4.2 热力学势函数

在热力学或者化学热力学中有四个非常实用的物理量或状态函数,即所谓的"热力学势"(thermodynamic potential),包括内能 e(internal energy)、焓 h(enthalpy)、亥姆霍兹自由能 f(Helmholtz free energy) 和吉布斯自由能 g(Gibbs free energy)。

1. 内能 e

内能是一个系统的热力学状态函数,是指系统内气体分子或原子随机无序热运动的动能 e_k (kinetic energy)、分子间相互作用相关的势能 e_p (potential energy),以及分子或原子内部能量 e_m(包括化学能 (chemical energy)、电子能 (electrical energy)、核能 (nuclear energy)) 之总和。系统内能的升高必然伴随着系统温度的增加或者相变。内能的广延量形式通常用符号 E 或 U 代表,而以系统总量归一化的强度量则通常用符号 e 代表。

前面提到**热完全气体**假设,被假定只有原子或分子的热运动,不考虑分子间相互作用力 (即忽略势能),也不考虑分子自身的体积,通常也不考虑原子或分子内部的能量。因此,热完全气体内能就只考虑其热运动的动能 e_k,包括分子的平动能 e_{tr} (translational energy),如果是多原子分子,还包括转动能平动能 e_{rot} (rotational energy) 和振动能平动能 e_{vib} (vibrational energy)。例如,对于由双原子分子构成的热完全气体来说,其内能包括三个部分,即

$$e = e_k = e_{tr} + e_{rot} + e_{vib} \tag{2.8a}$$

其中,

$$e_{tr} = \frac{3}{2}RT, \quad e_{rot} = RT, \quad e_{vib} = \frac{RT_{vib}}{e^{T_{vib}/T} - 1} \tag{2.8b}$$

由此可见,当 $T \ll T_{vib}$ 时,$e_{vib} \to 0$;反之,当 $T \gg T_{vib}$ 时,$e_{vib} \to RT$。气体、液体和固体的内能参见图 2.2。

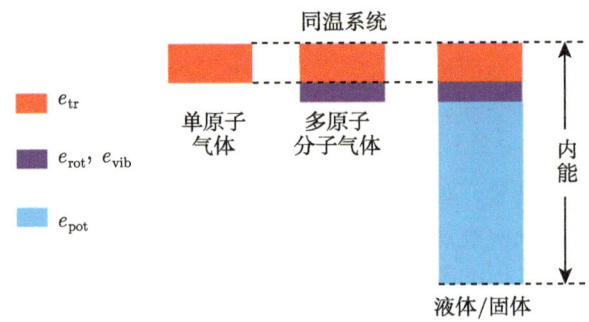

图 2.2 不同物质的内能

2. 焓 h

如果创建系统的同时,伴随着系统容积的变化,那么系统就对外做功 pv(膨胀功),创建该系统就需要更多的能量,该能量即为焓。因此,内能和焓存在以下关系:

$$h = e + pv \tag{2.9}$$

3. 亥姆霍兹自由能 f

内能 e 可以看成在温度或容积不变的条件下创建一个系统所需要的能量,即构成系统的分子/原子微观热运动的能量。但是,如果系统在温度为 T 的环境中创建,那么,创建这一系统的过程的同时,系统从环境中通过热传递获得一部分

能量。如果系统终态的比熵为 s，那么，这部分能量即为 Ts。亥姆霍兹自由能 f 就定义为内能与这部分能量的差值，即

$$f = e - Ts \tag{2.10}$$

如果系统终态的熵 s 越大，即系统终态越无序，则创建该系统所需要的能量就越少。亥姆霍兹自由能即为在考虑环境–系统热传递的条件下创建某一系统所需要的能量。

4. 吉布斯自由能 g

如果创建系统的同时，伴随着系统容积的变化和环境–系统之间的热传递，则创建该系统所需要的能量就为吉布斯自由能 g：

$$g = e + pv - Ts = h - Ts \tag{2.11}$$

在化学反应动力学中，吉布斯自由能有着重要的含义，即粒子反应的驱动力，这两个驱动力的平衡关系决定了粒子反应的方向。吉布斯自由能变小的反应是自发 (favorable 或 spontaneous) 反应，比如焓 h 变小而熵 s 增大的反应。相反，吉布斯自由能增大的反应就是非自发的，需要附加条件才可以实现。

需要指出的是，以上讨论都使用了比能量的概念，即强度量，它是系统总能量 (广延量) 相对于系统总质量的比值。四个热力学势函数之间的关系如图 2.3 所示。关于四个热力学势函数，特别需要指出的是，在解决实际问题时，热力学势函数的绝对值没有意义，其在不同状态之间的变化值，即 Δe, Δh, Δf, Δg，才是解决问题的重要参数。

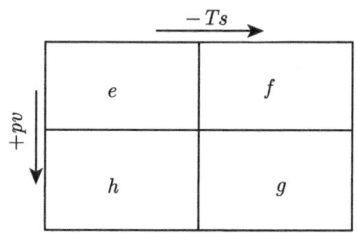

图 2.3　热力学势函数之间的关系

2.4.3　热力学第一定律

热力学第一定律 (the first law of thermodynamics) 是热力学过程的能量守恒定律。若环境向某封闭系统传递热量 δq，则一方面使系统内能增加 de，另一方面

使系统对环境做功 δw，那么三者存在以下关系：

$$\mathrm{d}e = \delta q - \delta w = \delta q - p\mathrm{d}v \tag{2.12}$$

根据焓的定义，$h = e + pv$，我们还可以得到

$$\mathrm{d}h = \delta q + v\mathrm{d}p \tag{2.13}$$

显然，分别用内能和焓表达的热力学第一定律，只有其中一个是独立的。热力学第一定律有多种表述，例如，孤立系统的总能量守恒；能量在不同物体或在不同形式之间传递与转换，在其过程中，总能量保持不变；封闭系统内能的改变等于环境传给系统的热量减去系统对环境做的功，等等。

热力学第一定律并不是严格地由理论推导而来的，而是在 19 世纪中期，经过迈耶 (Mayer)、焦耳 (Joule) 等多位物理学家验证，在长期生产实践和大量科学实验的基础上，才以科学定律的形式被确立的。

有必要引入比热容的概念，即特定的热力学过程，单位量的气体温度升高 1 ℃ 所需吸入的热量。根据定义以及热力学第一定律，等容过程和等压过程分别表示为

$$c_v = \left(\frac{\delta q}{\mathrm{d}T}\right)_v = \left(\frac{\partial e}{\partial T}\right)_v \tag{2.14a}$$

$$c_p = \left(\frac{\delta q}{\mathrm{d}T}\right)_p = \left(\frac{\partial h}{\partial T}\right)_p = \left(\frac{\partial e}{\partial T}\right)_p + p\left(\frac{\partial v}{\partial T}\right)_p \tag{2.14b}$$

2.4.4 热力学第二定律

上文提到，自然界的任何自发过程都是不可逆的。为了判断过程进行的方向，热力学引入了另外一个状态函数，熵 s。我们仍然用熵的**强度量**来讲述，而不用其**广延量** (即系统熵的总和) 形式。

热力学过程中，熵变化 $\mathrm{d}s$ 可分为两部分，一部分是环境对系统输入或吸走物质与能量而引起的熵流项 $d_e s$，它可正可负；另一部分是由系统内部的不可逆过程产生的熵增项 $d_i s$。

系统内部的熵流项是可以计算得到的，若某一封闭系统以准静态过程的方式吸收热流 δq，那么

$$d_e s = \frac{\delta q}{T} \tag{2.15a}$$

如果是开口系统，还要考虑物质进出而引起的熵流。

系统内部的熵增项 $d_i s$ 遵循以下准则。

可逆过程，平衡态：
$$d_i s = 0 \tag{2.15b}$$

不可逆过程：
$$d_i s > 0 \tag{2.15c}$$

综上所述，热力学第二定律 (the second law of thermodynamics) 表述为，对于封闭系统，
$$ds \geqslant \frac{\delta q}{T} \tag{2.16}$$

上式中，等号对应可逆过程，大于号对应不可逆过程。可逆过程有
$$\delta q = T ds \tag{2.16a}$$

成立，是后续公式推导中常用的热力学第二定律的一种形式。

2.4.5 热力学基本方程

由热力学第一定律与第二定律联合得到关于内能或焓与其他状态参数在**封闭均匀系统可逆过程**条件下的热力学基本方程：

$$de = Tds - pdv \tag{2.17a}$$

$$dh = Tds + vdp \tag{2.17b}$$

把亥姆霍兹自由能 f 和吉布斯自由能 g 的定义分别代入式 (2.17a) 和式 (2.17b)，我们可以得到封闭均匀系统可逆过程条件下的另外一对热力学基本方程：

$$df = -sdT - pdv \tag{2.17c}$$

$$dg = -sdT + vdp \tag{2.17d}$$

需要指出的是，以上列出的四个热力学基本方程，其实只有一个是独立的，其他三个都可以通过热力学势函数的定义并根据独立关系式推导得到。

根据四个热力学基本方程的全微分运算，我们很容易得到以下热力学基本关系式：

$$T = \left(\frac{\partial e}{\partial s}\right)_v = \left(\frac{\partial h}{\partial s}\right)_p \tag{2.18a}$$

$$p = -\left(\frac{\partial e}{\partial v}\right)_s = -\left(\frac{\partial f}{\partial v}\right)_T \tag{2.18b}$$

$$v = \left(\frac{\partial h}{\partial p}\right)_s = \left(\frac{\partial g}{\partial p}\right)_T \tag{2.18c}$$

$$s = -\left(\frac{\partial f}{\partial T}\right)_v = -\left(\frac{\partial g}{\partial T}\right)_p \tag{2.18d}$$

利用全微分关系式交叉偏导数的等式关系，例如，前两个关系式的二阶交叉偏导数如下：

$$\left(\frac{\partial T}{\partial v}\right)_s = \frac{\partial^2 e}{\partial s \partial v} \tag{2.19a}$$

$$\left(\frac{\partial p}{\partial s}\right)_v = -\frac{\partial^2 e}{\partial v \partial s} \tag{2.19b}$$

我们可以得到**麦克斯韦关系**之一，同理，并不难得到其他关系式：

$$\left(\frac{\partial T}{\partial v}\right)_s = -\left(\frac{\partial p}{\partial s}\right)_v \tag{2.20a}$$

$$\left(\frac{\partial T}{\partial p}\right)_s = \left(\frac{\partial v}{\partial s}\right)_p \tag{2.20b}$$

$$\left(\frac{\partial p}{\partial T}\right)_v = \left(\frac{\partial s}{\partial v}\right)_T \tag{2.20c}$$

$$\left(\frac{\partial v}{\partial T}\right)_p = -\left(\frac{\partial s}{\partial p}\right)_T \tag{2.20d}$$

麦克斯韦关系非常有用，在后续章节中推导热力学量热状态方程时会用到，在这些公式推导中，运用**麦克斯韦关系**可以把关于熵 s 的偏导数很巧妙地转化为关于 T, p, v, ρ 等常用热力学状态参数的偏导数，便于进一步应用热完全气体状态方程 $p = \rho RT$ 进行简化推导。需要特别重申一次，上述关系式适用于**封闭均匀系统可逆过程**。

2.5 热完全气体的热力学特性

2.5.1 热完全气体的量热状态方程

热完全气体的热状态方程由式 (2.5) 给出，前面曾经提到，描述系统的热力学属性还需要另外一种状态方程，即量热状态方程。一般气体的量热状态方程由式 (2.7a) ~ 式 (2.7c) 给出，通过在热完全气体假设条件下成立的式 (2.5)，我们可以简化量热状态方程。

2.5 热完全气体的热力学特性

由一般气体的量热状态方程 (2.7c) $s = s(v, T)$,可以得到熵函数的全微分算式:

$$ds = \left(\frac{\partial s}{\partial T}\right)_v dT + \left(\frac{\partial s}{\partial v}\right)_T dv \tag{2.21a}$$

将上式代入封闭均匀系统可逆过程的热力学基本方程 (2.17a),我们可以得到

$$de = T\left(\frac{\partial s}{\partial T}\right)_v dT + \left[T\left(\frac{\partial s}{\partial v}\right)_T - p\right] dv \tag{2.21b}$$

将麦克斯韦关系 (2.20c) 代入式 (2.21b) 中,可以得到

$$de = T\left(\frac{\partial s}{\partial T}\right)_v dT + \left[T\left(\frac{\partial p}{\partial T}\right)_v - p\right] dv \tag{2.21c}$$

由一般气体的量热状态方程 (2.7a),$e = e(v, T)$,可以得到内能的全微分算式:

$$de = \left(\frac{\partial e}{\partial T}\right)_v dT + \left(\frac{\partial e}{\partial v}\right)_T dv = c_v dT + \left(\frac{\partial e}{\partial v}\right)_T dv \tag{2.21d}$$

根据全微分的定义,显然式 (2.21c) 和式 (2.21d) 是等价的,微分 dT 和 dv 的系数应该分别对应相等,即

$$c_v = \left(\frac{\partial e}{\partial T}\right)_v = T\left(\frac{\partial s}{\partial T}\right)_v \tag{2.21e}$$

$$\left(\frac{\partial e}{\partial v}\right)_T = T\left(\frac{\partial p}{\partial T}\right)_v - p \tag{2.21f}$$

因此,我们可以得到一般气体的量热状态方程:

$$de = c_v dT + \left[T\left(\frac{\partial p}{\partial T}\right)_v - p\right] dv \tag{2.21g}$$

对于热完全气体,由热状态方程 (2.5) 可以得到 $\left(\frac{\partial p}{\partial T}\right)_v = \frac{p}{T}$,将它代入式 (2.21g) 中发现等式右侧第二项可以消掉,就可以得到热完全气体的量热状态方程:

$$de = c_v dT \quad 或 \quad e = \int_{T_0}^{T} c_v dT + e_0 \tag{2.21h}$$

对于量热完全气体来说，等容比热容为一常数，因此式 (2.21h) 可进一步简化得

$$e = c_v T \tag{2.21i}$$

同理，从一般气体的量热状态方程 (2.7b)、(2.7c) 的 $s = s(p, T)$ 形式出发，并利用麦克斯韦关系 (2.20d)，我们也可以得到关于焓的量热状态方程，对于一般气体而言，有

$$\mathrm{d}h = c_p \mathrm{d}T + \left[v - T\left(\frac{\partial v}{\partial T}\right)_p\right] \mathrm{d}p \tag{2.21j}$$

$$c_p = \left(\frac{\partial h}{\partial T}\right)_p = T\left(\frac{\partial s}{\partial T}\right)_p \tag{2.21k}$$

$$\left(\frac{\partial h}{\partial p}\right)_T = v - T\left(\frac{\partial v}{\partial T}\right)_p \tag{2.21l}$$

对热完全气体而言，则有

$$\mathrm{d}h = c_p \mathrm{d}T \quad \text{或} \quad h = \int_{T_0}^{T} c_p \mathrm{d}T + h_0 \tag{2.21m}$$

对于量热完全气体来说，等容比热容为一常数，因此式 (2.21m) 可进一步简化得

$$h = c_p T \tag{2.21n}$$

由式 (2.21h) 和式 (2.21m) 我们可以得出，对于热完全气体，状态函数内能和焓都是温度的单值函数，与其他变量无关。根据统计热力学，式 (2.8b) 给出的气体双原子分子的平动能、转动能和振动能是温度的单值函数，这也验证了上述结论。

对量热状态方程 $e = e(v, T) = e(v(p, T), T)$ 求偏导，我们可以得到

$$\left(\frac{\partial e}{\partial T}\right)_p = \left(\frac{\partial e}{\partial T}\right)_v + \left(\frac{\partial e}{\partial v}\right)_T \left(\frac{\partial v}{\partial T}\right)_p = c_v + \left(\frac{\partial e}{\partial v}\right)_T \left(\frac{\partial v}{\partial T}\right)_p \tag{2.22a}$$

由焓的定义式 (2.9)，可以得到

$$c_p = \left(\frac{\partial h}{\partial T}\right)_p = \left(\frac{\partial e}{\partial T}\right)_p + p\left(\frac{\partial v}{\partial T}\right)_p \tag{2.22b}$$

把式 (2.22a) 代入式 (2.22b) 有

$$c_p - c_v = \left[\left(\frac{\partial e}{\partial v}\right)_T + p\right]\left(\frac{\partial v}{\partial T}\right)_p \tag{2.22c}$$

2.5 热完全气体的热力学特性

然后把式 (2.21f) 代入式 (2.22c)，得一般气体等压比热容与等容比热容的关系：

$$c_p - c_v = T \left(\frac{\partial p}{\partial T}\right)_v \left(\frac{\partial v}{\partial T}\right)_p \tag{2.22d}$$

对于热完全气体，利用其热状态方程，我们有 $\left(\frac{\partial p}{\partial T}\right)_v = \frac{R}{v}$，$\left(\frac{\partial v}{\partial T}\right)_p = \frac{R}{p}$，代入式 (2.22d) 并简化，我们可以得到热完全气体的等压比热容 c_p 与等容比热容 c_v 的关系，它们就差一个气体常数 R。气体常数 $R = \frac{Ru}{M_W}$，其中，$Ru = 8.314 \text{ J/(mol·K)}$，为普适气体常数；$M_W$ 为气体分子的摩尔质量。空气的气体常数为 $R = 287 \text{ J/(kg·K)}$。

$$c_p - c_v = R \tag{2.22e}$$

气体动力学中，定义一个无量纲参数，即比热比 γ，表示为等压比热容 c_p 与等容比热容 c_v 的比值 (ratio of specific heats)：

$$\gamma = \frac{c_p}{c_v} \tag{2.22f}$$

那么，也有以下关系：

$$c_p = \frac{\gamma}{\gamma - 1} R, \quad c_v = \frac{1}{\gamma - 1} R \tag{2.22g}$$

比热比 γ 是气体动力学中反映气体热力学性能的一个重要的无量纲参数，有时也称为绝热指数 (adiabatic index/exponent)、等熵膨胀因子 (isentropic expansion factor) 或者等熵指数 (isentropic exponent)。

对于热完全气体来讲，等压比热容 c_p、等容比热容 c_v 以及比热比 γ 都是温度 T 的函数。量热完全气体是热完全气体在一定温度范围内的进一步近似，在温度不太高、分子振动能 e_{vib} 没有被激发的条件下成立，其等压比热容 c_p、等容比热容 c_v 以及比热比 γ 都是常数。比如双原子的量热完全气体，其内能包括平动能和转动能，由式 (2.8b) 给出，显然，此时 $c_v = \frac{5}{2}R$，$c_p = \frac{7}{2}R$，$\gamma = 1.4$。

对于量热完全气体，比热比 γ 是可以表示为分子自由度 (degrees of freedom) D_F 的函数：

$$\gamma = \frac{D_F + 2}{D_F} \tag{2.22h}$$

单原子分子有 3 个平动自由度，所以 $D_F = 3$；双原子分子除了 3 个平动自由度之外，还有 2 个转动自由度，所以 $D_F = 5$；三原子分子有 3 个平动自由度和 3

个转动自由度，所以 $D_\mathrm{F}=6$。单原子分子、双原子分子和三原子分子的比热比分别为 $\gamma=\dfrac{5}{3}=1.67$，$\gamma=\dfrac{7}{5}=1.4$，$\gamma=\dfrac{8}{6}=1.33$。

显然，对于双原子分子的量热完全气体，其内能和焓有以下关系式：

$$e=c_vT=\frac{1}{\gamma-1}RT, \quad h=c_pT=\frac{\gamma}{\gamma-1}RT \tag{2.22i}$$

2.5.2 热完全气体的等熵关系式

将麦克斯韦关系 (2.20c) 以及 2.5.1 节推导得到的式 (2.21e) 代入熵的全微分式 (2.21a) 可以得到一般气体的关系式：

$$\mathrm{d}s=\frac{c_v}{T}\mathrm{d}T+\left(\frac{\partial p}{\partial T}\right)_v\mathrm{d}v \tag{2.23a}$$

对于热完全气体，显然有 $\left(\dfrac{\partial p}{\partial T}\right)_v=\dfrac{R}{v}$，代入式 (2.23a) 得到热完全气体熵的全微分：

$$\mathrm{d}s=\frac{c_v}{T}\mathrm{d}T+\frac{R}{v}\mathrm{d}v \tag{2.23b}$$

如果用积分形式，则式 (2.23b) 可写成

$$s=\int c_v\frac{\mathrm{d}T}{T}+R\ln v+\mathrm{const.} \tag{2.23c}$$

对于量热完全气体，等容比热容为常数，则式 (2.23c) 可进一步简化为

$$s=c_v\ln T+R\ln v+\mathrm{const.}=c_v\ln\left(Tv^{\gamma-1}\right)+\mathrm{const.} \tag{2.24}$$

同理，从一般气体的量热状态方程式 (2.7c) 的 $s=s(p,T)$ 形式出发可以得到

$$\mathrm{d}s=\left(\frac{\partial s}{\partial p}\right)_T\mathrm{d}p+\left(\frac{\partial s}{\partial T}\right)_p\mathrm{d}T \tag{2.25a}$$

将麦克斯韦关系 (2.20d) 以及 2.5.1 节推导得到的式 (2.21k) 代入式 (2.25a)，得

$$\mathrm{d}s=-\left(\frac{\partial v}{\partial T}\right)_p\mathrm{d}p+\frac{c_p}{T}\mathrm{d}T \tag{2.25b}$$

对于热完全气体，有 $\left(\frac{\partial v}{\partial T}\right)_p = \frac{R}{p}$，代入式 (2.25b) 得到热完全气体的熵全微分关系式：

$$\mathrm{d}s = -R\frac{\mathrm{d}p}{p} + c_p\frac{\mathrm{d}T}{T} \tag{2.25c}$$

如果写为积分形式，有

$$s = -R\ln p + \int c_p\frac{\mathrm{d}T}{T} \tag{2.25d}$$

对于量热完全气体，等压比热容 c_p 为常数，式 (2.25d) 可继续简化为

$$s = -R\ln p + c_p\ln T + \text{const.} = c_p\ln Tp^{-\frac{\gamma-1}{r}} + \text{const.} \tag{2.26}$$

代入热完全气体状态方程，我们还可以得到

$$s = c_v\ln pv^\gamma + \text{const.} = c_v\ln p\rho^{-\gamma} + \text{const.} \tag{2.27}$$

式 (2.24)、式 (2.26)、式 (2.27) 为量热完全气体的熵函数表达式。

由热力学第二定律知，封闭系统的绝热过程是等熵过程，即

$$\mathrm{d}s = \frac{\delta q}{T} \tag{2.28}$$

对于量热完全气体，等熵关系可由式 (2.24)、式 (2.26)、式 (2.27) 得

$$Tv^{\gamma-1} = \text{const.} \tag{2.29a}$$

$$Tp^{-\frac{\gamma-1}{r}} = \text{const.} \tag{2.29b}$$

$$pv^\gamma = p\rho^{-\gamma} = \text{const.} \tag{2.29c}$$

2.6 声速与马赫数

2.6.1 声速

17 世纪，声波通过空气以一定的速度传播，已经被广泛地认同。事实上，在牛顿 1687 年出版的《自然哲学的数学原理》第一辑的时候，火炮测试已经显示声速大概是 1140 ft/s(1 ft = 0.3048 m)。这些测验是这样完成的：站在一个与加农炮已知的远距离处，记录下从炮口闪光到发出声波之间的时间延迟。在他的《自然哲学的数学原理》第二辑的第五十个专题中，牛顿正确地建立了声速和空气的

弹性模量 (压缩系数的倒数) 相关的理论。但是，他作出声波是一个等温过程的错误假设，得出了下面关于声速的错误的表达式：

$$c = \sqrt{\frac{1}{\rho \tau_T}} \tag{2.30}$$

其中，τ_T 是等温可压缩系数。更让牛顿气馁的是，他从这个表达式中算出一个 979 ft/s 的数值，比现有的射击数据低 15%。他继续用误差是由大气中存在固体灰尘颗粒和水蒸气引起的来解释。这个误解在一个世纪后被法国著名的数学家皮埃尔-西蒙·拉普拉斯 (Pierre-Simon Laplace) 侯爵更正过来，他在 *Annales de Chimie et de Physique* (1816) 中一篇名为 "Sur la vitesse du son dansl'air et danl'eau" 的文章里，正确地假定声波是绝热的，而不是等温的，其理由是流体质点因受声波作用而产生的压缩或膨胀过程极其短暂，来不及与环境发生热交换。拉普拉斯继而得出合理的表达式：

$$c = \sqrt{\frac{1}{\rho \tau_s}} = \sqrt{\left(\frac{\partial p}{\partial \rho}\right)_s} \tag{2.31}$$

其中，τ_s 是绝热可压缩系数，至此，声波在气体里传播的过程和关系已经被完全理解了。近代研究表明，声波属于等熵过程的假设只适应于低频声波的情况，这时由声波引起的热力学变量的梯度很小，因而可以不计黏性耗散带来的不可逆效应。

这里需要注意，声波传播过程是等熵过程这一结论不同于气体流动过程是否等熵，在任何等熵或不等熵的流动过程中，小扰动以声速传播的过程都可视为等熵过程。式 (2.31) 中压强和密度一般都是时间和空间的函数，因而，流场中不同空间位置和时间的声速是不同的，因此声速是指当地声速。

由热完全气体的**等熵关系**，如式 (2.25c)，可以进一步推导声速。将热完全气体状态方程代入该式，可得

$$ds = -R\frac{dp}{p} + c_p \frac{dT}{T} = (c_p - R)\frac{dp}{p} - c_p \frac{d\rho}{\rho} = 0 \tag{2.32}$$

对于热完全气体，有 $c_p - R = c_v, c_p/c_v = \gamma$，代入式 (2.32) 可以得到

$$dp - \gamma \frac{p}{\rho} d\rho = 0 \tag{2.33}$$

因此，热完全气体在等熵条件下，有以下表达式成立：

$$\left(\frac{\partial p}{\partial \rho}\right)_s = \gamma \frac{p}{\rho} \tag{2.34}$$

那么热完全气体声速为

$$c = \sqrt{\left(\frac{\partial p}{\partial \rho}\right)_s} = \sqrt{\gamma \frac{p}{\rho}} = \sqrt{\gamma RT} \qquad (2.35)$$

以上推导只用到了等熵关系和热完全气体假设，此时，比热比 γ 是温度的单值函数，因此，声速 c 也是温度的单值函数。对于量热完全气体，声速公式 (2.35) 也适用，此时比热比 γ 不再是温度的函数，而是与气体分子结构相关的常数。

不同气体的声速是不同的，主要原因是气体的常数 R 各不相同，在相同温度条件下，分子量越小的气体，其声速越大，如氢气；相反，分子量越大的气体，声速越小，如氟利昂 (CCl_2F_2)。

声波是通过对热运动分子的扰动传播的，而扰动是通过分子碰撞实现传播的，因此，声速不会超过气体分子热运动的平均速度。当然，声速的平方与分子热运动的能量 (内能) 成正比，是分子热运动能量的一个度量参数。

2.6.2 马赫数

气体动力学有一个重要的无量纲参数——马赫数 (Mach number)，表示为气体宏观运动速度与声速的比值，即

$$M = \frac{V}{c} \qquad (2.36)$$

把声速计算式 (2.35) 以及量热完全气体内能计算式 (2.22h) 代入马赫数的平方：

$$M^2 = \frac{V^2}{\gamma RT} = \frac{2}{\gamma(\gamma-1)} \times \frac{V^2/2}{e} \qquad (2.37)$$

从式 (2.37) 可以看出，马赫数平方实际上代表了气体宏观运动的动能与微观随机热运动的内能之比。当 $V \ll c$ 时，$M \to 0$，气体宏观运动动能与分子微观热运动内能相比小到可以忽略不计，这就是说低速流动中，我们无须考虑热力学关系；而随着马赫数的增大，宏观流动动能的变化对热力学状态的影响越来越大，热力学定律成为高速气体动力学不可分割的基础，气体动力学和热力学结合，称为气动热力学 (aerothermodynamics)。因此，马赫数 M 是无黏可压缩流动中的一个重要的无量纲参数或相似参数，它表征了气体流动的可压缩效应。而当 $M > 5$ 时，气体宏观运动的动能的改变，往往会引起气体分子内能的剧烈改变，即气体分子热运动或温度的剧烈变化，甚至诱发分子的振动激发、解离、复合、电离等热化学反应，这一领域称为气动热化学 (aerothermochemistry)。

气体流动的分类方法有很多种，其中，根据气流速度或者马赫数可以分为：不可压缩流动 (incompressible flow)、亚声速流动 (subsonic flow)、跨声速流动

(transonic flow)、超声速流动 (supersonic flow)、高超声速流动 (hypersonic flow) 以及超高速流动 (hypervelocity flow)。如图 2.4 所示,我们日常生活中的气体流动绝大部分为低速不可压缩流动,例如,与气候相关的风,即便是强度极大的龙卷风、台风或飓风,也属于不可压缩流动范畴;再比如螺旋桨发动机驱动的飞行器的绕流以及运行时速超过 300 km/s 的高铁绕流,也属于不可压缩流动。大部分的商业飞机的流动问题,属于不可压缩流动的范畴 (随着飞行马赫数的提高,有时需要可压缩修正)。一般的与喷气推进的战斗机飞行有关的流动属于跨声速流动或者超声速流动,马赫数超过 5 的流动,属于高超声速或超高速流动,本书第 7 章内容将专门讨论。

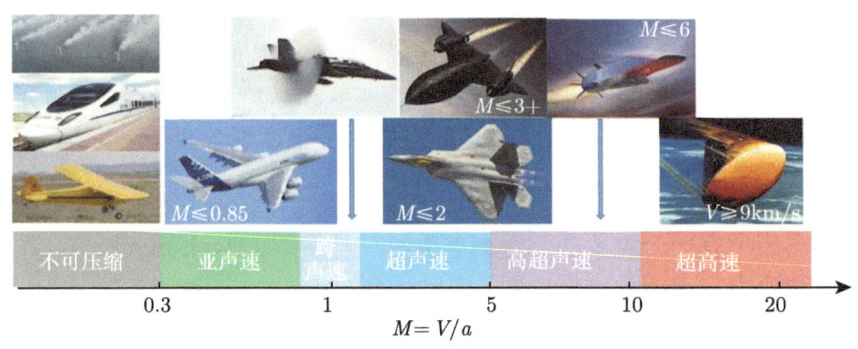

图 2.4 以马赫数为判据的气体流动分类

2.6.3 小扰动传播特性

前面提到,小扰动在气体中以声速传播,而且传播过程是等熵的。如图 2.5(a) 所示,如果气体是静止的,那么,在不同时刻声波传播的波阵面将是以扰动源为球心的一系列同心球面,扰动可以传播全场。如果气体是运动的 (或者,气体静止而扰动源运动,这时可以把坐标系固定在扰动源上,在新的坐标系里,扰动源固定,而气体流动),那么,小扰动传播的速度,将是声速 c 叠加一个气流速度 V。如图 2.5(b) 所示,当 $V < c$ 或 $M < 1$ 即气流为亚声速时,在不同时刻声波传播的波阵面将是一系列偏心球面,在顺流方向,声波传播快,而在逆流方向,声波传播慢,但是声波仍能传遍全场。如图 2.5(c) 所示,当 $V = c$ 或 $M = 1$ 时,沿逆流方向,声波传播的速度与气流速度抵消,声波无法传播到扰动源之上游的区域,在不同时刻,声波传播的波阵面将是限制在扰动源下游的一系列内切球面,也就是说,声波仅能在半场传播。当 $V > c$ 或 $M > 1$ 即气流为超声速时,气流或者扰动源的传播速度超过声速,因此,经过相同的时间 t,扰动源传播的距离 Vt 超过了声波传播的距离 ct,即扰动源轨迹超出了在这一时刻声波传播的波阵面,如图 2.5(d) 所示,声波传播的阵面被限制在一个以扰动源为顶点,以扰动或气流流动方向为轴线的锥形区域内，其半锥角为 $\mu = \arcsin\dfrac{c}{V} = \arcsin\dfrac{1}{M}$。这个锥形区域称为马赫锥，半锥角 μ 称为马赫角，锥面母线为马赫线。

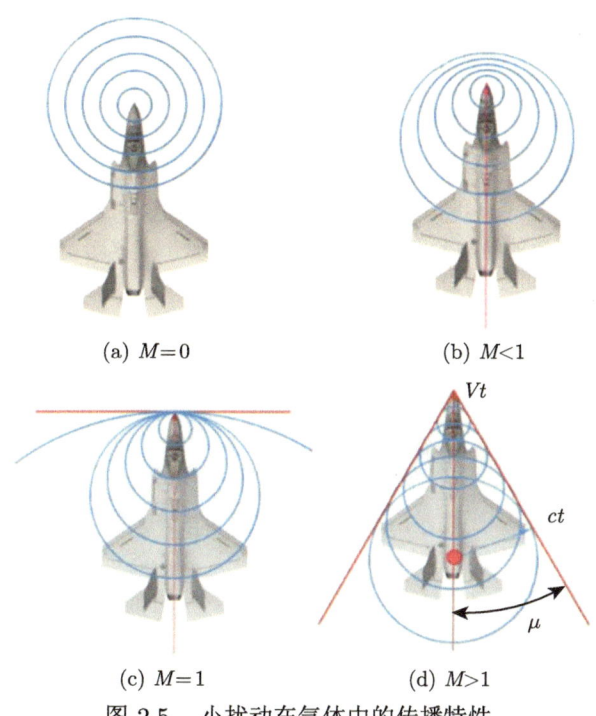

图 2.5　小扰动在气体中的传播特性

综上所述，在亚声速流场中，小扰动或者声波可以传遍全场，而超声速流场中的小扰动或声波的传播却被限制在向流动下游开口的马赫锥内。这两者的根本区别就在于，亚声速和超声速流动在控制方程的数学形式上及其流动规律都具有本质的不同。

亚声速和超声速流动的本质区别，在自然界中有时也会体现出来。如图 2.6

图 2.6　自然界的流场显示

所示，在湿度较大接近饱和的环境中，比如浅海风电场或者海平面附近高速飞行的飞机，运动物体的扰动足以带来水汽的凝结，以白雾结构刻画出受干扰的流动图像，这两种流动现象差异就反映出低速流动和高速流动的本质不同，以后的章节将对此展开讨论。

复习思考题

2.1 如题 2.1 图所示，超声速风洞是用来产生超声速试验气流的地面试验设备，如果喷管出口直径为 D，均匀气流的马赫数为 $M>1$，那么从喷管出口算起，粗略估计马赫数为 M 的均匀试验气流区 (提示：喷管出口可视为扰动源)。

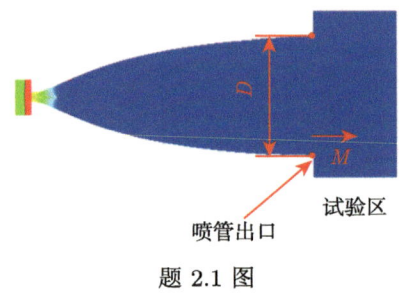

题 2.1 图

2.2 如题 2.2 图所示，一架飞机在 10km 高空飞行，此高度的大气压强 $p_\infty=26400$ Pa、温度 $T_\infty=223$ K。假设机翼上的流动是等熵的，在机翼某处测得压强 $p=22000$ Pa，求此处的气流温度 T。

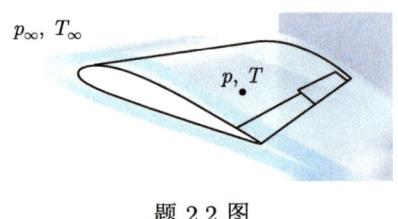

题 2.2 图

2.3 连续介质假设指出"气体质点连续无间隙地充满其所占空间"，而热完全气体假设则"忽略气体分子的自身体积"，上述表述是否矛盾？简述你的理解。

2.4 简述流体的可压缩性与流动的可压缩效应，其表征参数分别是什么？

2.5 结合马赫数的定义以及量热完全气体内能的定义，从能量转化角度简单分析用马赫数这一无量纲参数来表征高速流动可压缩性的本质内涵。

2.6 从热力学基本方程和关系式出发，推导证明麦克斯韦关系：

$$\left(\frac{\partial T}{\partial v}\right)_s = -\left(\frac{\partial p}{\partial s}\right)_v, \quad \left(\frac{\partial T}{\partial p}\right)_s = \left(\frac{\partial v}{\partial s}\right)_p$$

$$\left(\frac{\partial p}{\partial T}\right)_v = \left(\frac{\partial s}{\partial v}\right)_T, \quad \left(\frac{\partial v}{\partial T}\right)_p = -\left(\frac{\partial s}{\partial p}\right)_T$$

2.7 从完全气体状态方程出发，结合麦克斯韦关系，证明以下热力学关系式：

$$c_v = \left(\frac{\partial e}{\partial T}\right)_v = T\left(\frac{\partial s}{\partial T}\right)_v, \quad \left(\frac{\partial e}{\partial v}\right)_T = T\left(\frac{\partial p}{\partial T}\right)_v - p, \quad c_p - c_v = T\left(\frac{\partial p}{\partial T}\right)_v\left(\frac{\partial v}{\partial T}\right)_p$$

并在热完全气体假设下进行简化。

2.8 从完全气体状态方程出发，结合题 2.6 和题 2.7 的结论，证明等熵关系式：

$$\mathrm{d}s = c_v \frac{\mathrm{d}T}{T} + R\frac{\mathrm{d}v}{v}, \quad \mathrm{d}s = c_p \frac{\mathrm{d}T}{T} + R\frac{\mathrm{d}p}{p}$$

并在量热完全气体假设下对上式进行简化。

2.9 结合题 2.6 结论，证明：(1) 热完全气体的比内能仅是温度的函数，与比容无关，比焓仅是温度的函数，而与压强无关；(2) 对于范德瓦耳斯气体 (非热完全气体，气体分子所占空间不可忽略，其状态方程可以表示为 $p = \dfrac{RT}{v-b} - \dfrac{a}{v^2}$，其中 a, b 为与气体种类有关的非负常数)，其比内能则随着比容的增大而增大。

2.10 针对量热完全气体，用声速 c 来表达气体比内能 e、比焓 h。

2.11 存放于室温 298 K 的高压容器中装满空气，其压强为 50 atm，容器出现一小孔，空气泄漏。假设空气为量热完全气体，忽略容器内的熵增，计算容器内最终的温度。

第 3 章 基本方程组

3.1 引　言

气体动力学问题的解决一般要从气体流动所遵循的**基本方程组**出发，按照给定的物体外形、流场边界条件和初始条件，求解流场的流动参数，特别是求出作用在物面上的气动力特性(压力、阻力、温度、热流等)。这就是所谓正问题的提法，如图 3.1 所示，对于给定的飞机外形，依据控制方程和特定边界条件，求解流场参数，进而求得飞机的气动性能。

图 3.1　气体动力学正问题的求解

本章讨论的基本方程组特指理想气体运动的基本方程组。

在确定气体运动基本方程组之前，我们首先要解答以下问题：气体介质属性、流动机制、流动的空间特性、流动的时间特性、研究问题的观点或方法等。

(1) 气体介质属性：这里要解答气体的热力学属性和输运属性问题。

气体的热力学属性即第 2 章讨论的确定气体热状态方程和量热状态方程所依据的气体模型，包括热完全气体、量热完全气体和真实气体等。正如第 2 章所论，热完全气体是指忽略分子间作用力和分子体积假设下的气体模型，其对立面是真实气体模型。

针对气体的输运属性，主要是指是否要考虑黏性、导热和扩散。这里所谓的理想气体是指忽略黏性、导热性和扩散效应的气体，这与热完全气体的概念不同。理想气体的对立面则是黏性气体。

(2) 流动机制：是否需要考虑气体流动的耗散机制，包括质量、动量和能量的耗散或输运。这个问题需要从两个方面考虑，一个方面是气体是无黏的还是有黏性的，这是上文气体介质属性的讨论范畴；另外一个方面是流场中是否存在速度、

3.1 引言

温度、气体组分的梯度,因为这三种物理量的梯度是动量耗散、能量耗散和气体组分扩散等输运过程的内在驱动力。上述三种输运效应由三个无量纲参数来表征,即雷诺数、普朗特数和施密特数。

动量耗散与表征动量黏性耗散的无量纲参数或相似参数——雷诺数 Re(Reynolds number):

$$Re = \frac{\rho V L}{\mu} \tag{3.1a}$$

雷诺数表征惯性力和黏性力的比值,在流动中,前者可以用三个参数的乘积来衡量,即 $\rho V \frac{\mathrm{d}V}{\mathrm{d}x}$,而后者可以用 $\mu \frac{\mathrm{d}^2 V}{\mathrm{d}x^2}$ 衡量,其中,μ 为动力学黏性系数 (dynamic viscosity coefficient)。如果再引入流动的特征长度 L 和特征速度 V,即可得到式 (3.1a) 给出的相似参数,其值越高表明黏性力越小,越接近无黏流动。

能量耗散与表征能量耗散的无量纲参数——普朗特数 Pr(Prandtl number):

$$Pr = \frac{\mu c_p}{k} \tag{3.1b}$$

普朗特数表征动量扩散系数 (momentum diffusivity coefficient,又称运动学黏性系数 (kinematic viscosity coefficient)) 与热扩散系数 (thermal diffusivity coefficient) 的比值。普朗特数是介质属性参数,与具体流动及几何条件无关。普朗特数越小表明热扩散主导,相反,普朗特数越大则表明动量扩散占优。例如,水银的普朗特数为 0.025,因此非常适合作温度计的工作介质。表 3.1 给出了常见介质的普朗特数。

表 3.1 常见介质的普朗特数

流体介质	运动学黏性系数 $\nu/(\mathrm{m}^2/\mathrm{s})$	普朗特数 Pr
空气	16.96×10^{-6}	0.699
CO_2	9.294×10^{-6}	0.76
H_2	118.6×10^{-6}	0.684
水	0.657×10^{-6}	4.34
水银	223×10^{-6}	0.025

组分扩散与表征组分扩散的无量纲参数——施密特数 Sc (Schmidt number):

$$Sc = \frac{\mu}{\rho D} \tag{3.1c}$$

如图 3.2 所示,在翼型表面附近,黏性导致边界层存在速度梯度,在边界层外可以用无黏流动来近似，不用考虑动量耗散，而在边界层内，就必须要考虑黏性耗散和动量输运过程。

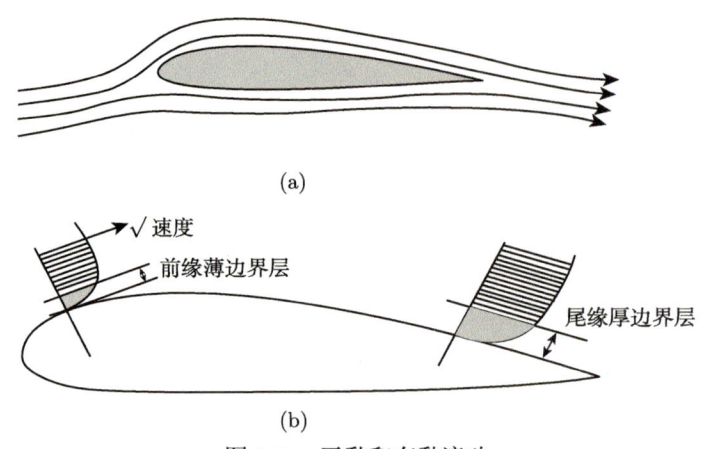

图 3.2　无黏和有黏流动

(3) 流动的空间特性：自然界的气体流动都是三维的，一个典型的三维流动就是飓风的流场结构，如图 3.3 所示。三维流动的理论描述非常复杂，而且实际工程中，某些维度上流动较另外一些维度的流动，是无关紧要的，或者说可以用低维度流动来近似，例如，二维流动（流动参数是关于两个空间变量的函数 $u_i = f(x, y, t)$）或者一维流动（流动参数是仅仅关于一个空间变量的函数，$u_i = f(x, t)$）。低维度流动的理论描述就相对容易一些，例如天然气输送管道内的流动，可以用一维流动来近似。

图 3.3　自然界中的三维流动——飓风

(4) 流动的时间特性：流动参数不仅是空间变量的函数，有时候还随着时间的

推进而改变 (图 3.4(b))，这种流动就是非定常流动。相反，流动参数与时间无关而仅与空间有关的流动则为定常流动，如图 3.4(a) 所示。例如，二维非定常流动的流场参数为 $u_i = f(x,y,t)$，如果是定常流动，则为 $u_i = f(x,y)$。

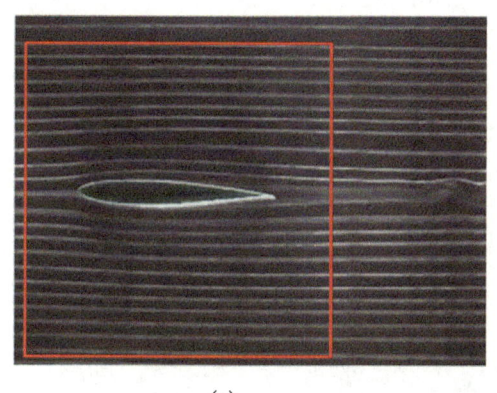 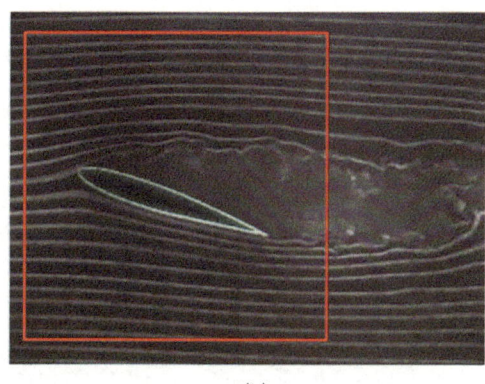

(a) (b)

图 3.4　定常流动和非定常流动

(5) 研究问题的观点或方法：在回答以上四个问题，即气体介质属性 (状态方程或物性方程)、流动机制 (对流或对流–耗散)、流动的空间特性 (维度变量)、流动的时间特性 (定常或非定常) 后，就确定了气体流动的未知变量和基本方程组，连同初边值条件，最终构成定解问题。在回答上述问题确定基本方程组的过程中，所依据的是三个方面的物理定律，即运动学方面的质量守恒定律、动力学方面的牛顿定律，以及热力学方面的第一/第二定律和气体状态方程。当然，这些定律在流体力学中有其合适的表达形式。

在解决热力学问题时，通常取一部分物质或区域作为研究对象，称为热力学系统；在解决流体力学问题时，同样需要选取研究对象，作为基本方程组所描述的对象。基于两种不同的出发点，有两种流体模型。一种是随体观点的模型，选取某个有确定质量的流体团为研究对象，即封闭系统；另一种是当地观点 (或场观点) 的模型，选取流体空间某一个固定的控制面所包围的区域作为研究对象，即开口系统。针对上述两种描述观点和流体模型，3.2 节将展开描述。

选取研究对象后，描述其流动特征的基本方程组还有两种数学表达形式，即关于有限质量 (体积) 系统的积分形式的基本方程组，以及关于微元质量 (体积) 系统的微分形式的基本方程组。前者可以用于存在间断结构的流场，后者适用于连续流场。

3.2 气体运动的两种描述观点 (方法)

3.2.1 拉格朗日描述观点 (方法)

随体观点又称为拉格朗日描述观点 (Lagrangian approach), 研究对象为一封闭系统, 具有确定流体质量, 系统的体积和界面随时变化, 通过界面只有能量交换, 而没有质量交换。

随体观点关注的是物理量的随体变化。

因为需要跟踪大量质点, 而且系统界面变形, 界面甚至会破裂, 如图 3.5 所示的气泡落到仙人掌上的破裂过程, 原界面破碎之后形成更多界面, 这给流动的随体数学描述带来挑战。拉格朗日描述观点在流体力学中很难应用, 特别是包含涡结构的流动。

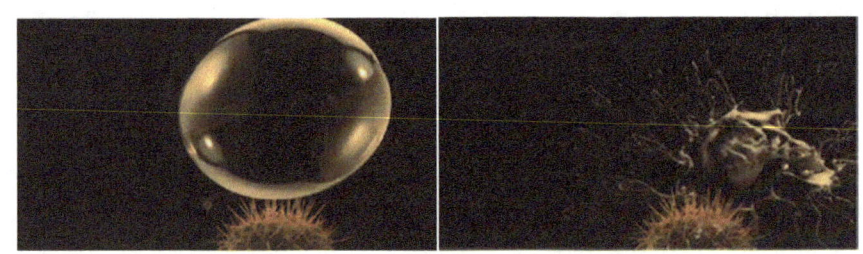

图 3.5 气泡运动与破裂

3.2.2 欧拉描述观点 (方法)

当地观点又称为欧拉描述观点 (Eulerian approach), 研究对象为空间某一个固定的控制面所包围的区域 (开口系统)。系统的体积和界面不变, 界面上既可以有能量交换也可以有质量交换。如图 3.6 所示, 我们可以把航空发动机内流场作为研究对象, 关注发动机不同位置或功能模块内的气体参数变化。

当地观点属于场的范畴, 关注物理量的空间变化, 但不能显式描述具体质点的物理特性。

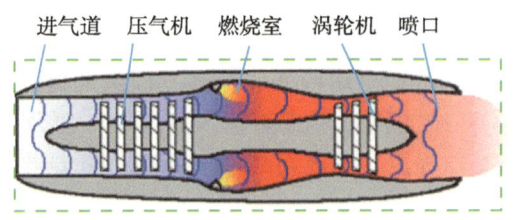

图 3.6 航空发动机内的气体流动

3.2.3 物理量的物质导数的变换关系 (微分形式)

基本方程所依据的物理定律是以确定的物质系统为研究对象的,即随体观点。所谓随体导数 (或物质导数),是指某个封闭系统中的流体在运动过程中,它所具有的物理量 N(例如,$V, p, \rho, T, \cdots$) 对时间的变化率。

$$\left(\frac{\mathrm{d}N}{\mathrm{d}t}\right)_{\text{particle}} = \lim_{\Delta t \to 0} \frac{\Delta N}{\Delta t} \tag{3.2a}$$

对于气体流动,系统边界随时间变形或破裂,难以确定,通常将适用于封闭系统 (Lagrangian) 的基本定律转换为适用于开口系统 (Eulerian) 的形式,需要建立物质导数的变换关系。

式 (3.2a) 为 Δt 内物理量 N 的变化率,可以写为

$$\left(\frac{\mathrm{d}N}{\mathrm{d}t}\right)_{\text{particle}} = \lim_{\Delta t \to 0} \frac{N(t_0 + \Delta t) - N(t_0)}{\Delta t} \tag{3.2b}$$

对 $N(t_0 + \Delta t)$ 进行一阶泰勒级数展开得到

$$N(t_0 + \Delta t) = N(t_0) + \left(\frac{\partial N}{\partial t}\right)_{t_0} \Delta t + \left(\frac{\partial N}{\partial x}\right)_{t_0} \Delta x + \left(\frac{\partial N}{\partial y}\right)_{t_0} \Delta y + \left(\frac{\partial N}{\partial z}\right)_{t_0} \Delta z \tag{3.2c}$$

将式 (3.2c) 代入式 (3.2a) 并省略下标得到

$$\frac{\mathrm{d}N}{\mathrm{d}t} = \frac{\partial N}{\partial t} + \frac{\partial N}{\partial x} \lim_{\Delta t \to 0} \left(\frac{\Delta x}{\Delta t}\right) + \frac{\partial N}{\partial y} \lim_{\Delta t \to 0} \left(\frac{\Delta y}{\Delta t}\right) + \frac{\partial N}{\partial z} \lim_{\Delta t \to 0} \left(\frac{\Delta z}{\Delta t}\right) \tag{3.2d}$$

我们有以下简单的数学表达式:

$$\lim_{\Delta t \to 0} \left(\frac{\Delta x}{\Delta t}\right) = u, \quad \lim_{\Delta t \to 0} \left(\frac{\Delta y}{\Delta t}\right) = v, \quad \lim_{\Delta t \to 0} \left(\frac{\Delta z}{\Delta t}\right) = w \tag{3.2e}$$

那么式 (3.2d) 可以进一步化简为

$$\frac{\mathrm{d}N}{\mathrm{d}t} = \frac{\partial N}{\partial t} + \left[u\frac{\partial N}{\partial x} + v\frac{\partial N}{\partial y} + w\frac{\partial N}{\partial z}\right] \tag{3.2f}$$

式 (3.2f) 左侧为拉格朗日观点的物质或随体导数 (substantial or particle derivative),表示某确定流体微团的物理量 N 随时间的变化率。

物质导数式 (3.2f) 右侧可以分为两部分,括弧外的一项为**当地时间导数** (local change rate),表示微团流过的空间某固定点上物理量的时间变化率,反映流动的

非定常性。而括弧内的三项为**对流导数**或**迁移导数** (convective change)，表示微团在流场中移动位置时所引起的速度变化率，反映流场的空间非均匀性。例如，图 3.3 所示的飓风就反映了含水大气的强对流。

需要指出的是，式 (3.2f) 中物理量 N 既可以是某个标量，如密度、能量等，也可以是一个矢量，如速度矢量 V 或动量矢量 $M = \rho V$。如果用运算符，该式可以改写为

$$\frac{dN}{dt} = \frac{\partial N}{\partial t} + (V \cdot \nabla) N \tag{3.2g}$$

其中，微分算子

$$\nabla = i\frac{\partial}{\partial x} + j\frac{\partial}{\partial y} + k\frac{\partial}{\partial z} \tag{3.2h}$$

3.2.4 有限质量系统积分形式的物质导数

回顾以下随体观点的研究对象——封闭系统和当地观点的研究对象——开口系统。如图 3.7 所示，封闭系统控制体 Ω 在其界面 S 上没有质量交换，控制体 Ω 及其界面 S 随流体运动，并随时间变化，但系统总质量不变。开口系统控制体 Ω 在其界面 S 固定不变，在系统界面 S 上可以有质量交换。

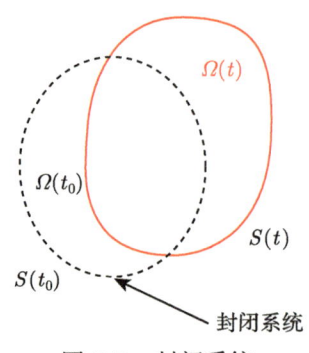

图 3.7 封闭系统

物理量 N 的物质导数式随体观点和当地观点的关系可以用式 (3.2f) 给出，这是微分形式。那么，对于有限质量系统 $\iiint_{\Omega(t)} N(t) \, d\omega$ 积分形式的物质导数又如何呢？可不可以像式 (3.3) 那样，只要把微分算符从积分算符之外移动到积分算符之内？

$$\frac{d}{dt} \iiint_{\Omega(t)} N \, d\omega = \iiint_{\Omega(t)} \frac{dN}{dt} \, d\omega \tag{3.3}$$

3.2 气体运动的两种描述观点 (方法)

我们仍然用极限的概念来处理，如图 3.8 所示把 t 时刻封闭界面 $ABCD$(虚线) 所包围的控制体 $\Omega(t)$ 作为随体观点的研究对象，在 $t+\Delta t$，$\Delta t \to 0$ 时刻其界面变为 $AB'CD'$(实线), 控制体内物理量 N 的积分在两个时刻的值分别标记为 $(ABCD)_t$ 和 $(AB'CD')_{t+\Delta t}$，则有

$$\frac{\mathrm{d}}{\mathrm{d}t}\iiint_{\Omega(t)} N \,\mathrm{d}\omega = \lim_{\Delta t \to 0}\frac{(AB'CD')_{t+\Delta t} - (ABCD)_t}{\Delta t}$$

$$= \lim_{\Delta t \to 0}\frac{(AB'CD)_{t+\Delta t} - (AB'CD)_t}{\Delta t}$$

$$+ \lim_{\Delta t \to 0}\frac{(ADCD')_{t+\Delta t} - (ABCB')_t}{\Delta t} \tag{3.4a}$$

式 (3.4a) 右侧第一项表示 t 和 $t+\Delta t$ 时刻共有封闭界面 $AB'CD$ 所包围控制体内物理量的时间变化率，考虑到 $\Delta t \to 0$，两个时刻界面趋于重合，$AB'CD \to ABCD$，也可以说，这部分界面是与封闭系统界面 $ABCD$ 重合的当地观点开口系统的控制体界面，那么有

$$\lim_{\Delta t \to 0}\frac{(AB'CD)_{t+\Delta t} - (AB'CD)_t}{\Delta t} = \iiint_{\Omega(t)} \frac{\partial N}{\partial t}\mathrm{d}\omega \tag{3.4b}$$

式 (3.4a) 右侧第二项的两部分则分别表示 t 到 $t+\Delta t$ 时刻通过界面 ADC 和 ABC 流出和流进的物理量 N 的总和，那么有

$$\lim_{\Delta t \to 0}\frac{(ADCD')_{t+\Delta t} - (ABCB')_t}{\Delta t}$$

$$= \iint_{\Sigma ADC} N_D \boldsymbol{V}_D \cdot \boldsymbol{n}_D \mathrm{d}\sigma + \iint_{\Sigma ABC} N_B \boldsymbol{V}_B \cdot \boldsymbol{n}_B \mathrm{d}\sigma$$

$$= \oiint_{\Sigma ABCD} N\boldsymbol{V}\cdot\boldsymbol{n}\mathrm{d}\sigma \tag{3.4c}$$

其中，$\boldsymbol{n}$ 为外法线矢量。综合式 (3.4b) 和式 (3.4c) 得到

$$\frac{\mathrm{d}}{\mathrm{d}t}\iiint_{\Omega(t)} N \,\mathrm{d}\omega = \iiint_{\Omega(t)} \frac{\partial N}{\partial t}\,\mathrm{d}\omega + \oiint_{\Sigma} N\boldsymbol{V}\cdot\boldsymbol{n}\mathrm{d}\sigma \tag{3.4d}$$

式 (3.4d) 表明，在有限质量的封闭系统内，某流体物理量总和的随体导数等于与该封闭系统重合的开口系统中该物理量的当地导数的总和，加上通过该开口系统控制面净流出的该物理量的流通量。根据关于体积分和面积分关系的高斯公式，

式 (3.4d) 也可以写为

$$\frac{\mathrm{d}}{\mathrm{d}t}\iiint_{\Omega(t)} N\,\mathrm{d}\omega = \iiint_{\Omega(t)} \frac{\partial N}{\partial t}\,\mathrm{d}\omega + \iiint_{\Omega(t)} \nabla\cdot(N\boldsymbol{V})\,\mathrm{d}\omega$$

$$= \iiint_{\Omega(t)} \left[\frac{\partial N}{\partial t} + \nabla\cdot(N\boldsymbol{V})\right]\mathrm{d}\omega \tag{3.4e}$$

式 (3.4e) 即为雷诺输运公式 (Reynolds transport equation)。式 (3.4d) 和式 (3.4e) 是物质导数关系的两种形式，分析具体问题时，可以选用某一种更方便的形式。

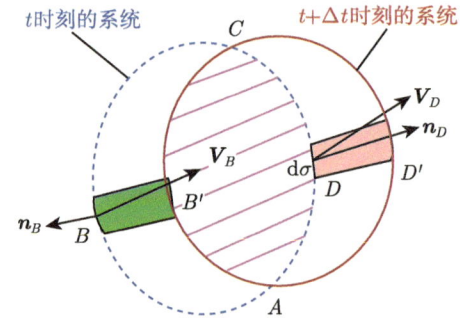

图 3.8 有限质量系统积分形式的物质导数

在式 (3.4e) 中，因为

$$\nabla\cdot(N\boldsymbol{V}) = (\boldsymbol{V}\cdot\nabla)N + N(\nabla\cdot\boldsymbol{V}) \tag{3.4f}$$

所以

$$\frac{\partial N}{\partial t} + \nabla\cdot(N\boldsymbol{V}) = \left[\frac{\partial N}{\partial t} + (\boldsymbol{V}\cdot\nabla)N\right] + N(\nabla\cdot\boldsymbol{V}) \tag{3.4g}$$

依据微分形式的物质导数的关系式 (3.2g)，式 (3.4g) 可以改写为

$$\frac{\partial N}{\partial t} + \nabla\cdot(N\boldsymbol{V}) = \frac{\mathrm{d}N}{\mathrm{d}t} + N(\nabla\cdot\boldsymbol{V}) \tag{3.4h}$$

将式 (3.4h) 代入式 (3.4e) 得

$$\frac{\mathrm{d}}{\mathrm{d}t}\iiint_{\Omega(t)} N\,\mathrm{d}\omega = \iiint_{\Omega(t)}\left[\frac{\mathrm{d}N}{\mathrm{d}t} + N(\nabla\cdot\boldsymbol{V})\right]\mathrm{d}\omega \tag{3.4i}$$

对比式 (3.4i)，现在回顾式 (3.3) 的疑问，可以看出，后者成立是需要条件的，即控制体内速度散度为零，$\nabla\cdot\boldsymbol{V} = 0$。

3.3 气体动力学基本方程组

3.3.1 连续性方程——质量守恒方程

连续性方程的基础是连续性假设和质量守恒定律。质量守恒定律用随体观点可以描述为某一封闭系统的流体总质量守恒,既不产生,也不消失。质量守恒定律用当地观点可以表述为:在流场某一控制面内,在没有源和汇存在的条件下,某时间间隔内控制面内流体质量的增加 (或减少) 应该等于同一时间内通过控制面流入 (或流出) 的质量。

针对随体观点的封闭系统,连续性方程或质量守恒方程表示为

$$\frac{dm}{dt} = \frac{d}{dt}\iiint_{\Omega(t)} \rho \, d\omega = 0 \tag{3.5}$$

显然,把雷诺输运公式中的物理量 N 替换为密度 ρ,根据式 (3.5) 即可得到当地观点的连续性方程的几种相互等价的形式:

$$\iiint_{\Omega(t)} \left[\frac{d\rho}{dt} + \rho(\nabla \cdot \boldsymbol{V})\right] d\omega = 0 \tag{3.5a}$$

$$\iiint_{\Omega(t)} \left[\frac{\partial \rho}{\partial t} + \nabla \cdot (\rho \boldsymbol{V})\right] d\omega = 0 \tag{3.5b}$$

$$\iiint_{\Omega(t)} \frac{\partial \rho}{\partial t} \, d\omega + \oiint_{\Sigma} \rho \boldsymbol{V} \cdot \boldsymbol{n} d\sigma = 0 \tag{3.5c}$$

以上为积分形式的连续性方程,当然,通过式 (3.5a) 和式 (3.5b) 可以得到微分形式的连续性方程,即

$$\frac{d\rho}{dt} + \rho(\nabla \cdot \boldsymbol{V}) = 0 \tag{3.5d}$$

$$\frac{\partial \rho}{\partial t} + \nabla \cdot (\rho \boldsymbol{V}) = 0 \tag{3.5e}$$

在直角坐标系,上述方程中式 (3.5b) 和式 (3.5e) 可以分别写为

$$\iiint_{\Omega(t)} \left[\frac{\partial \rho}{\partial t} + \frac{\partial (\rho u)}{\partial x} + \frac{\partial (\rho v)}{\partial y} + \frac{\partial (\rho w)}{\partial z}\right] d\omega = 0 \tag{3.5f}$$

$$\frac{\partial \rho}{\partial t} + \frac{\partial (\rho u)}{\partial x} + \frac{\partial (\rho v)}{\partial y} + \frac{\partial (\rho w)}{\partial z} = 0 \tag{3.5g}$$

在以上欧拉观点的各种形式的连续性方程中，把当地导数赋 0，$\dfrac{\partial \rho}{\partial t} = 0$，即可得到定常流动的连续性方程。如图 3.9 所示，通过流管的定常流动，根据式 (3.5c) 我们可以得到

$$\oiint_{\Sigma} \rho \boldsymbol{V} \cdot \boldsymbol{n} \mathrm{d}\sigma = 0 \tag{3.6a}$$

因为沿流管壁质量流为 0，则有

$$\iint_{\Sigma_1} \rho \boldsymbol{V} \cdot \boldsymbol{n} \mathrm{d}\sigma + \iint_{\Sigma_2} \rho \boldsymbol{V} \cdot \boldsymbol{n} \mathrm{d}\sigma = 0 \tag{3.6b}$$

其中，$\boldsymbol{n}$ 为流管出入口截面外法线单位矢量。上式表明，定常管流通过各截面的质量流量相等。如果将定常管流近似为一维流动，设出入口截面的平均速度分别为 V_1 和 V_2、平均密度分别为 ρ_1 和 ρ_2、截面积分别为 Σ_1 和 Σ_2，那么管流各截面的平均质量流量为

$$\dot{m} = \rho_1 V_1 \Sigma_1 = \rho_2 V_2 \Sigma_2 \tag{3.6c}$$

在后续章节中，关于准一维流动的理论分析，式 (3.6c) 是最常用的质量守恒方程，特别是等截面流动，式 (3.6c) 可进一步简化为

$$\frac{\dot{m}}{\Sigma} = \rho_1 V_1 = \rho_2 V_2 \tag{3.6d}$$

即定常等截面流动的比流量密度恒定。

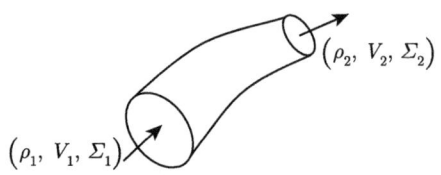

图 3.9　通过流管的定常流动

3.3.2　理想气体的动力学方程

气体的动力学方程的依据是牛顿第二定律，即

$$\frac{\mathrm{d}(m\boldsymbol{V})}{\mathrm{d}t} = \boldsymbol{F} \tag{3.7}$$

即流体动量的时间变化率等于作用在流体上的外力。流体的作用力可大体上分为体积力 $\boldsymbol{F}_B$(或质量力) 和面积力 $\boldsymbol{F}_S$，前者为外场对流体的作用，其作用点在流体

3.3 气体动力学基本方程组

微团上，如重力、电磁力、惯性力等；后者为周围接触物体对流体的作用力，其作用点在接触面上，如压力、摩擦力等。理想气体动力学方程中，一般只考虑压力这种面积力，忽略其他外力，因此有

$$\boldsymbol{F} = \boldsymbol{F}_B + \boldsymbol{F}_S = -\oiint_{\Sigma} p\boldsymbol{n}\mathrm{d}\sigma \tag{3.7a}$$

随体观点的积分形式的动量方程为

$$\frac{\mathrm{d}}{\mathrm{d}t}\iiint_{\Omega(t)} \rho\boldsymbol{V}\,\mathrm{d}\omega = -\oiint_{\Sigma} p\boldsymbol{n}\mathrm{d}\sigma \tag{3.7b}$$

利用雷诺输运公式 (3.4e) 和 (3.4d) 就可以得到理想气体当地观点积分形式的动量方程：

$$\iiint_{\Omega(t)} \frac{\partial(\rho\boldsymbol{V})}{\partial t}\,\mathrm{d}\omega + \oiint_{\Sigma} \rho\boldsymbol{V}(\boldsymbol{V}\cdot\boldsymbol{n})\,\mathrm{d}\sigma = -\oiint_{\Sigma} p\boldsymbol{n}\mathrm{d}\sigma \tag{3.7c}$$

对于定常流动，式 (3.7c) 可以简化为

$$\oiint_{\Sigma}[\rho\boldsymbol{V}(\boldsymbol{V}\cdot\boldsymbol{n})+p\boldsymbol{n}]\,\mathrm{d}\sigma = 0 \tag{3.7d}$$

如果是一维定常等截面光滑管流，动量方程可进一步简化：

$$\rho_1 V_1^2 + p_1 = \rho_2 V_2^2 + p_2 \tag{3.7e}$$

速度矢量可以写为 (x,y,z) 三个方向的分量形式，即

$$\boldsymbol{V} = u\cdot\boldsymbol{i} + v\cdot\boldsymbol{j} + w\cdot\boldsymbol{k} \tag{3.8}$$

而根据高斯公式有

$$\oiint_{\Sigma} p\boldsymbol{n}\mathrm{d}\sigma = \iiint_{\Omega(t)} \nabla p\,\mathrm{d}\omega \tag{3.9a}$$

$$\oiint_{\Sigma}[\rho\boldsymbol{V}(\boldsymbol{V}\cdot\boldsymbol{n})]\,\mathrm{d}\sigma = \iiint_{\Omega(t)} \nabla\cdot(\rho\boldsymbol{V}\boldsymbol{V})\,\mathrm{d}\omega \tag{3.9b}$$

根据高斯公式和速度分量式 (3.8)，积分形式的动量方程式 (3.7c) 也可以分解成 (x,y,z) 三个方向的分量形式：

$$\iiint_{\Omega(t)}\left[\frac{\partial(\rho u)}{\partial t} + \nabla\cdot(\rho u\boldsymbol{V}) + \frac{\partial p}{\partial x}\right]\mathrm{d}\omega = 0 \tag{3.10a}$$

$$\iiint_{\Omega(t)} \left[\frac{\partial (\rho v)}{\partial t} + \nabla \cdot (\rho v \boldsymbol{V}) + \frac{\partial p}{\partial y} \right] \mathrm{d}\omega = 0 \qquad (3.10\text{b})$$

$$\iiint_{\Omega(t)} \left[\frac{\partial (\rho w)}{\partial t} + \nabla \cdot (\rho w \boldsymbol{V}) + \frac{\partial p}{\partial z} \right] \mathrm{d}\omega = 0 \qquad (3.10\text{c})$$

或者

$$\iiint_{\Omega(t)} \left[\frac{\partial (\rho u)}{\partial t} + \frac{\partial (\rho u^2 + p)}{\partial x} + \frac{\partial (\rho uv)}{\partial y} + \frac{\partial (\rho uw)}{\partial z} \right] \mathrm{d}\omega = 0 \qquad (3.10\text{d})$$

$$\iiint_{\Omega(t)} \left[\frac{\partial (\rho v)}{\partial t} + \frac{\partial (\rho uv)}{\partial x} + \frac{\partial (\rho v^2 + p)}{\partial y} + \frac{\partial (\rho vw)}{\partial z} \right] \mathrm{d}\omega = 0 \qquad (3.10\text{e})$$

$$\iiint_{\Omega(t)} \left[\frac{\partial (\rho w)}{\partial t} + \frac{\partial (\rho uw)}{\partial x} + \frac{\partial (\rho vw)}{\partial y} + \frac{\partial (\rho w^2 + p)}{\partial z} \right] \mathrm{d}\omega = 0 \qquad (3.10\text{f})$$

微分形式的动量方程可由式 (3.10a)~式 (3.10f) 得到

$$\frac{\partial (\rho u)}{\partial t} + \nabla \cdot (\rho u \boldsymbol{V}) + \frac{\partial p}{\partial x} = 0 \qquad (3.11\text{a})$$

$$\frac{\partial (\rho v)}{\partial t} + \nabla \cdot (\rho v \boldsymbol{V}) + \frac{\partial p}{\partial y} = 0 \qquad (3.11\text{b})$$

$$\frac{\partial (\rho w)}{\partial t} + \nabla \cdot (\rho w \boldsymbol{V}) + \frac{\partial p}{\partial z} = 0 \qquad (3.11\text{c})$$

或者

$$\frac{\partial (\rho u)}{\partial t} + \frac{\partial (\rho u^2 + p)}{\partial x} + \frac{\partial (\rho uv)}{\partial y} + \frac{\partial (\rho uw)}{\partial z} = 0 \qquad (3.11\text{d})$$

$$\frac{\partial (\rho v)}{\partial t} + \frac{\partial (\rho uv)}{\partial x} + \frac{\partial (\rho v^2 + p)}{\partial y} + \frac{\partial (\rho vw)}{\partial z} = 0 \qquad (3.11\text{e})$$

$$\frac{\partial (\rho w)}{\partial t} + \frac{\partial (\rho uw)}{\partial x} + \frac{\partial (\rho vw)}{\partial y} + \frac{\partial (\rho w^2 + p)}{\partial z} = 0 \qquad (3.11\text{f})$$

以上积分式 (3.10a)~式 (3.10f) 和微分式 (3.11a)~式 (3.11f) 形式的动量方程在计算流体力学中非常有用,分别是有限体积法 (FVM) 和有限差分法 (FDM) 的基本控制方程。以上各形式的动量方程属于守恒型,未知变量可以表示为 (x,y,z) 三个方向的动量分量,即 $(\rho u, \rho v, \rho w)$。

根据连续性方程 (3.7e)，可以把动力学方程改写为微分形式，称为运动微分方程或欧拉方程：

$$\frac{\partial \boldsymbol{V}}{\partial t} + (\boldsymbol{V} \cdot \nabla) \boldsymbol{V} = -\frac{1}{\rho} \nabla p \tag{3.12}$$

上述方程为非守恒型。

3.3.3 理想气体的能量方程

能量方程的依据为能量守恒定律，即单位时间内，由环境传输给某个封闭系统的热量 $\dot{Q}$ 和环境对系统做功 $\dot{W}$(体积力做功和表面力做功) 之和等于该系统的总能量变化，即

$$\frac{\mathrm{d} E_V}{\mathrm{d} t} = \dot{W} + \dot{Q} \tag{3.13}$$

而封闭系统的总能量 E 为

$$E_V = \iiint_{\Omega(t)} \rho \left(e + \frac{V^2}{2} \right) \mathrm{d}\omega \tag{3.13a}$$

其中，e 为单位质量的气体内能；$\dfrac{V^2}{2}$ 为单位质量的气体动能，$V^2 = u^2 + v^2 + w^2$。关于气体内能在第 2 章有相关描述。单位时间内体积力做功和表面力做功之和以及环境传输热量分别写为

$$\dot{W} = \iiint_{\Omega(t)} \rho \boldsymbol{f} \cdot \boldsymbol{V} \, \mathrm{d}\omega - \oiint_{\Sigma} p \boldsymbol{n} \cdot \boldsymbol{V} \mathrm{d}\sigma \tag{3.13b}$$

$$\dot{Q} = \iiint_{\Omega(t)} \rho \dot{q} \cdot \mathrm{d}\omega \tag{3.13c}$$

将式 (3.13a)~ 式 (3.13c) 代入式 (3.13) 即可得到随体观点的封闭系统的能量方程

$$\frac{\mathrm{d}}{\mathrm{d} t} \iiint_{\Omega(t)} \rho \left(e + \frac{V^2}{2} \right) \mathrm{d}\omega = \iiint_{\Omega(t)} \rho \boldsymbol{f} \cdot \boldsymbol{V} \, \mathrm{d}\omega - \oiint_{\Sigma} p \boldsymbol{n} \cdot \boldsymbol{V} \mathrm{d}\sigma + \iiint_{\Omega(t)} \rho \dot{q} \cdot \mathrm{d}\omega \tag{3.13d}$$

为了形式简化，将式 (3.13d) 右侧各项用 RHS 表示。显然，将雷诺输运公式 (3.4e) 中物理量 N 替换为 $\rho \left(e + \dfrac{V^2}{2} \right)$ 并代入式 (3.13d) 即可得到当地观点开口系统的能量方程，即

$$\iiint_{\Omega(t)} \frac{\partial}{\partial t} \left[\rho \left(e + \frac{V^2}{2} \right) \right] \mathrm{d}\omega + \iiint_{\Omega(t)} \nabla \cdot \left[\rho \left(e + \frac{V^2}{2} \right) \boldsymbol{V} \right] \mathrm{d}\omega = \mathrm{RHS} \tag{3.14}$$

如果忽略体积力在做功以及环境热传输，式 (3.14) 可以进一步简化为

$$\iiint_{\Omega(t)} \frac{\partial}{\partial t}\left[\rho\left(e+\frac{V^2}{2}\right)\right] \mathrm{d}\omega + \iiint_{\Omega(t)} \nabla \cdot \left[\rho\left(e+\frac{V^2}{2}+\frac{p}{\rho}\right)V\right] \mathrm{d}\omega = 0$$
(3.14a)

在直角坐标系，上式可写为

$$\iiint_{\Omega(t)} \frac{\partial E}{\partial t} + \frac{\partial\left[(E+p)u\right]}{\partial x} + \frac{\partial\left[(E+p)v\right]}{\partial y} + \frac{\partial\left[(E+p)w\right]}{\partial z} \mathrm{d}\omega = 0 \quad (3.14\mathrm{b})$$

其中，$E = \rho\left(e+\frac{V^2}{2}\right)$。式 (3.14a) 是气体动力学最常用的能量方程。利用高斯公式，我们还可以得到以下形式：

$$\iiint_{\Omega(t)} \frac{\partial}{\partial t}\left[\rho\left(e+\frac{V^2}{2}\right)\right] \mathrm{d}\omega + \oiint_{\Sigma}\left[\rho\left(e+\frac{V^2}{2}+\frac{p}{\rho}\right)V \cdot n\right] \mathrm{d}\sigma = 0 \quad (3.14\mathrm{c})$$

对于定常流动而言，式 (3.14c) 可以进一步简化为

$$\iiint_{\Omega(t)} \nabla \cdot \left[\rho\left(e+\frac{V^2}{2}+\frac{p}{\rho}\right)V\right] \mathrm{d}\omega = \oiint_{\Sigma}\left[\rho\left(e+\frac{V^2}{2}+\frac{p}{\rho}\right)V \cdot n\right] \mathrm{d}\sigma = 0$$
(3.14d)

式 (3.14d) 是气体动力学理论分析常用的能量方程。

根据高斯公式，能量方程可以改写为

$$\iiint_{\Omega(t)} \left\{\frac{\partial}{\partial t}\left[\rho\left(e+\frac{V^2}{2}\right)\right] + \nabla \cdot \left[\rho\left(e+\frac{V^2}{2}\right)V\right]\right\} \mathrm{d}\omega$$
$$= \iiint_{\Omega(t)} \left[\rho \boldsymbol{f} \cdot \boldsymbol{V} - \nabla \cdot (p\boldsymbol{V}) + \rho\dot{q}\right] \mathrm{d}\omega \quad (3.14\mathrm{e})$$

从而可以得到微分形式的能量方程

$$\frac{\partial}{\partial t}\left[\rho\left(e+\frac{V^2}{2}\right)\right] + \nabla \cdot \left[\rho\left(e+\frac{V^2}{2}\right)V\right] = \rho \boldsymbol{f} \cdot \boldsymbol{V} - \nabla \cdot (p\boldsymbol{V}) + \rho\dot{q} \quad (3.15)$$

如果不考虑体积力做功和热量传输，则有

$$\frac{\partial}{\partial t}\left[\rho\left(e+\frac{V^2}{2}\right)\right] + \nabla \cdot \left[\rho\left(e+\frac{V^2}{2}+\frac{p}{\rho}\right)V\right] = 0 \quad (3.15\mathrm{a})$$

能量方程 (3.15) 与为微分形式的连续性方程 (3.5e) 联立可以得到另一种形式的能量方程：

$$\frac{\mathrm{d}}{\mathrm{d}t}\left(e+\frac{V^2}{2}\right) = \boldsymbol{f}\cdot\boldsymbol{V} - \frac{1}{\rho}\nabla\cdot(p\boldsymbol{V}) + \dot{q} \qquad (3.15\mathrm{b})$$

由包含体积力 $\boldsymbol{f}$ 的欧拉方程

$$\frac{\mathrm{d}\boldsymbol{V}}{\mathrm{d}t} = \frac{\partial \boldsymbol{V}}{\partial t} + (\boldsymbol{V}\cdot\nabla)\boldsymbol{V} = \boldsymbol{f} - \frac{1}{\rho}\nabla p \qquad (3.16\mathrm{a})$$

的两侧乘以 $\boldsymbol{V}$ 可以得到

$$\frac{\mathrm{d}}{\mathrm{d}t}\left(\frac{V^2}{2}\right) = \boldsymbol{f}\cdot\boldsymbol{V} - \frac{1}{\rho}(\boldsymbol{V}\cdot\nabla)p \qquad (3.16\mathrm{b})$$

将式 (3.16b) 代入式 (3.15b) 得到

$$\frac{\mathrm{d}e}{\mathrm{d}t} = -\frac{p}{\rho}\nabla\cdot\boldsymbol{V} + \dot{q} \qquad (3.17\mathrm{a})$$

将连续性方程 (3.5d) 代入式 (3.17a) 可以得到

$$\frac{\mathrm{d}e}{\mathrm{d}t} + p\frac{\mathrm{d}}{\mathrm{d}t}\left(\frac{1}{\rho}\right) = \frac{\mathrm{d}e}{\mathrm{d}t} + p\frac{\mathrm{d}\nu}{\mathrm{d}t} = \dot{q} \qquad (3.17\mathrm{b})$$

由此，能量方程 (3.15b) 分解成式 (3.16b) 和式 (3.17b) 两部分，即气体能量方程可以分解为宏观运动机械能平衡方程和微观运动热能平衡方程。

3.3.4 理想气体动力学基本方程组汇总

理想气体动力学基本方程组，包括连续性方程、动量方程和能量方程，汇总如下。

积分形式：

$$\iiint_{\Omega(t)} \left[\frac{\partial \rho}{\partial t} + \nabla\cdot(\rho\boldsymbol{V})\right] \mathrm{d}\omega = 0 \qquad (3.5\mathrm{b})$$

$$\iiint_{\Omega(t)} \left[\frac{\partial(\rho u)}{\partial t} + \nabla\cdot(\rho u\boldsymbol{V}) + \frac{\partial p}{\partial x}\right] \mathrm{d}\omega = 0 \qquad (3.10\mathrm{a})$$

$$\iiint_{\Omega(t)} \left[\frac{\partial(\rho v)}{\partial t} + \nabla\cdot(\rho v\boldsymbol{V}) + \frac{\partial p}{\partial y}\right] \mathrm{d}\omega = 0 \qquad (3.10\mathrm{b})$$

$$\iiint_{\Omega(t)} \left[\frac{\partial(\rho w)}{\partial t} + \nabla\cdot(\rho w\boldsymbol{V}) + \frac{\partial p}{\partial z}\right] \mathrm{d}\omega = 0 \qquad (3.10\mathrm{c})$$

$$\iiint_{\Omega(t)} \frac{\partial}{\partial t}\left[\rho\left(e+\frac{V^2}{2}\right)\right] \mathrm{d}\omega + \iiint_{\Omega(t)} \nabla \cdot \left[\rho\left(e+\frac{V^2}{2}+\frac{p}{\rho}\right)\boldsymbol{V}\right] \mathrm{d}\omega = 0 \tag{3.14a}$$

微分形式:

$$\frac{\partial \rho}{\partial t} + \nabla \cdot (\rho \boldsymbol{V}) = 0 \tag{3.5e}$$

$$\frac{\partial (\rho u)}{\partial t} + \nabla \cdot (\rho u \boldsymbol{V}) + \frac{\partial p}{\partial x} = 0 \tag{3.11a}$$

$$\frac{\partial (\rho v)}{\partial t} + \nabla \cdot (\rho v \boldsymbol{V}) + \frac{\partial p}{\partial y} = 0 \tag{3.11b}$$

$$\frac{\partial (\rho w)}{\partial t} + \nabla \cdot (\rho w \boldsymbol{V}) + \frac{\partial p}{\partial z} = 0 \tag{3.11c}$$

$$\frac{\partial}{\partial t}\left[\rho\left(e+\frac{V^2}{2}\right)\right] + \nabla \cdot \left[\rho\left(e+\frac{V^2}{2}+\frac{p}{\rho}\right)\boldsymbol{V}\right] = 0 \tag{3.15a}$$

在直角坐标系,积分形式:

$$\iiint_{\Omega(t)} \left[\frac{\partial \rho}{\partial t} + \frac{\partial (\rho u)}{\partial x} + \frac{\partial (\rho v)}{\partial y} + \frac{\partial (\rho w)}{\partial z}\right] \mathrm{d}\omega = 0 \tag{3.5f}$$

$$\iiint_{\Omega(t)} \left[\frac{\partial (\rho u)}{\partial t} + \frac{\partial (\rho u^2 + p)}{\partial x} + \frac{\partial (\rho u v)}{\partial y} + \frac{\partial (\rho u w)}{\partial z}\right] \mathrm{d}\omega = 0 \tag{3.10d}$$

$$\iiint_{\Omega(t)} \left[\frac{\partial (\rho v)}{\partial t} + \frac{\partial (\rho u v)}{\partial x} + \frac{\partial (\rho v^2 + p)}{\partial y} + \frac{\partial (\rho v w)}{\partial z}\right] \mathrm{d}\omega = 0 \tag{3.10e}$$

$$\iiint_{\Omega(t)} \left[\frac{\partial (\rho w)}{\partial t} + \frac{\partial (\rho u w)}{\partial x} + \frac{\partial (\rho v w)}{\partial y} + \frac{\partial (\rho w^2 + p)}{\partial z}\right] \mathrm{d}\omega = 0 \tag{3.10f}$$

$$\iiint_{\Omega(t)} \frac{\partial E}{\partial t} + \frac{\partial [(E+p)u]}{\partial x} + \frac{\partial [(E+p)v]}{\partial y} + \frac{\partial [(E+p)w]}{\partial z} \mathrm{d}\omega = 0 \tag{3.14b}$$

微分形式:

$$\frac{\partial \rho}{\partial t} + \frac{\partial (\rho u)}{\partial x} + \frac{\partial (\rho v)}{\partial y} + \frac{\partial (\rho w)}{\partial z} = 0 \tag{3.5g}$$

$$\frac{\partial (\rho u)}{\partial t} + \frac{\partial (\rho u^2 + p)}{\partial x} + \frac{\partial (\rho u v)}{\partial y} + \frac{\partial (\rho u w)}{\partial z} = 0 \tag{3.11d}$$

$$\frac{\partial(\rho v)}{\partial t}+\frac{\partial(\rho u v)}{\partial x}+\frac{\partial(\rho v^2+p)}{\partial y}+\frac{\partial(\rho v w)}{\partial z}=0 \qquad (3.11e)$$

$$\frac{\partial(\rho w)}{\partial t}+\frac{\partial(\rho u w)}{\partial x}+\frac{\partial(\rho v w)}{\partial y}+\frac{\partial(\rho w^2+p)}{\partial z}=0 \qquad (3.11f)$$

$$\frac{\partial E}{\partial t}+\frac{\partial[(E+p)u]}{\partial x}+\frac{\partial[(E+p)v]}{\partial y}+\frac{\partial[(E+p)w]}{\partial z}=0 \qquad (3.18)$$

上述理想气体动力学基本方程组联合第 2 章讲述的气体状态方程和量热状态方程，例如

$$p=\rho RT \qquad (2.5)$$

$$e=c_v T \qquad (2.21i)$$

就构成了封闭的理想气体流动控制方程，如果再给定初始条件和边界条件，就可以求解气体流动问题了，理论分析或者数值模拟皆如此。

复习思考题

3.1 有一具有均匀速度 V_∞ 和均匀密度 ρ_∞ 的气流通过一静止平板，由于黏性作用，流体流线如题 3.1 图所示。平板末端处平行于平板的速度分量为

$$u=V_\infty f\left(\frac{y}{y_0}\right)$$

其中，y_0 是从平板到 $u=V_\infty$ 处的位置。假定压强为常数，试利用连续性方程和动量方程证明：单位宽度的平板受到的阻力是

$$D=\int_0^{y_0}\rho(V_\infty-u)u\mathrm{d}y$$

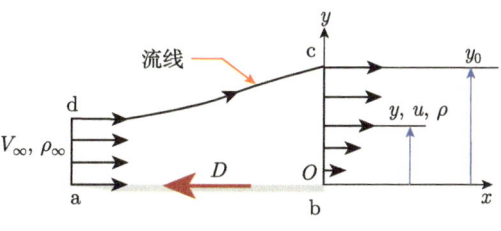

题 3.1 图

3.2 在题 3.1 中，假设速度剖面沿 y 方向符合幂次分布，即 $f\left(\dfrac{y}{y_0}\right)=\left(\dfrac{y}{y_0}\right)^n$，$\overline{ab}=x$，$y_0=\dfrac{5x}{\sqrt{Re_x}}$，单位宽度平板的摩擦阻力系数 $C_f=\dfrac{D}{0.5\rho_\infty V_\infty^2 x}=\dfrac{1.328}{\sqrt{Re_x}}$。求解 n 的数值，画出并分析平板流动出口处的速度剖面。

3.3 对于有限质量系统 $\Omega(t)$ 及该系统的某物理量 $f(x_i,t)$，以下关系式是否确定成立？如否，成立的条件是什么？

$$\frac{\mathrm{d}}{\mathrm{d}t}\iiint_{\Omega(t)} f(x_i,t)\,\mathrm{d}\omega = \iiint_{\Omega(t)} \frac{\mathrm{d}}{\mathrm{d}t} f(x_i,t)\,\mathrm{d}\omega$$

3.4 一个 U 形管，管内径 0.1 m，密度为 1.2 kg/m^3 的空气以 100 m/s 的速度进入 U 形管的入口一支，并以大小相等的速度从出口一支流出，U 形管的出口和入口皆为环境大气条件。计算 U 形管受到的气流的作用力。

3.5 如题 3.5 图，将二维翼模型放置于风洞中，如果不在模型上安装任何传感器，也不安装直接测量气动力的天平等装置，如何通过其他测量间接评估模型的升力和阻力？从积分形式的动量方程出发给出分析过程。

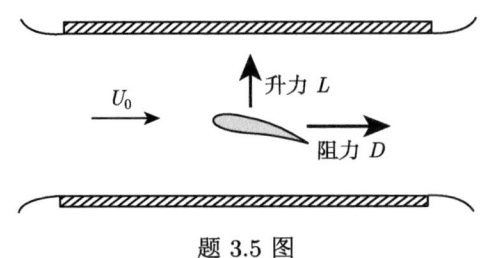

题 3.5 图

第 4 章 一维定常流动

4.1 引言

一般情况下,气体流动的物理量是三个空间坐标 (x,y,z) 和时间 (t) 的函数。在某些特殊流动中,物理量只在某一个特定方向上变化显著,在其他空间方向上以及时间上的变化可以忽略,或者仅关注其他坐标方向的均值,这样的流动可以简化为一维定常流动或准一维定常流动。所谓的一维定常流动是指气体流动的物理量是一个空间坐标的函数,与其他坐标和时间都无关,即 $u_i = f(x)$。

研究一维定常流动的意义在于,在某些特定情况下,或者经过特定的坐标转化,一维定常流动可以给出解析解或者半解析解,易于得出直观的流动规律或曲线关系。工程中的复杂气体流动问题,通常很难得到解析解,通过一维简化得到近似解,然后再通过实验等手段进行三维修正,往往事半功倍。当然,一维定常流动近似也有其局限性,对于旋涡流动或者处于发展阶段的流动,是无法应用的。

研究一维定常流动或准一维定常流动有其应用背景,比如说管道内的流动,存在以下场景。

1. 变截面管流

在管内流动中,可以通过管道截面的变化实现流动参数的变化,例如,加速、膨胀、降温、降压,或者减速、压缩、升温、加压等。在日常生活中,汽车排气管的消音器、空调或冰箱制冷剂的膨胀、飞机发动机推力喷管、低速风洞 (图 4.1)、高速风洞、火箭发动机推力喷管 (图 4.2) 等,都是应用管道截面变化实现了气体流动的温度、速度、压力等参数的改变。在这些流动中,管道截面就是流动的控制因素,可以简化为准一维流动来处理。

2. 摩擦管流

气体在管道中流动时,管壁对气流的摩擦阻力不可以忽略,例如,我国西气东输工程的天然气管道,经过一定距离间隔就要配套加压泵站,以实现天然气的连续输送。在这类流动中,管壁摩擦是流动的控制因素,对气体流动的动量方程和能量方程产生影响。

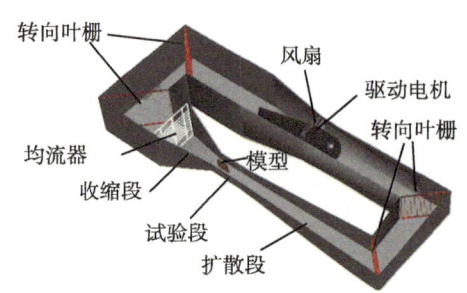 

图 4.1 低速风洞与变截面管流

图 4.2 火箭发动机推力喷管和高超声速风洞中的变截面管流

3. 加热管流

比如工业上常用的非接触式换热器、发动机燃烧室内的气体流动。在这类流动中,加热率是流动的控制因素,对气体流动的能量方程产生影响。

4. 添质管流

比如固体火箭燃料柱内壁面通过燃烧释放的高温产物不断补充到主流中。

一维定常正激波,是一维定常可压缩流动中存在的典型流动结构,虽然是一种间断现象,但可以通过一维绝热流动的控制方程来求解。在超声速流动中,由于截面变化、管壁摩擦、加热等作用,有可能诱发一维定常正激波的产生。

4.2 绝热流与等熵流的基本关系

4.2.1 一维绝热流动能量方程及其特征常数

基于第 3 章给出的一维定常绝热流动的基本方程:

$$h + \frac{V^2}{2} = \text{const.}$$

4.2 绝热流与等熵流的基本关系

对于量热完全气体，气体的焓可以写成多种形式，如

$$h = c_p T = \frac{\gamma}{\gamma-1} RT = \frac{c^2}{\gamma-1} = \frac{\gamma}{\gamma-1}\frac{p}{\rho} \tag{4.1}$$

那么，能量方程也可以写为多种形式：

$$h + \frac{V^2}{2} = c_p T + \frac{V^2}{2} = \frac{\gamma}{\gamma-1} RT + \frac{V^2}{2} = \frac{c^2}{\gamma-1} + \frac{V^2}{2} = \frac{\gamma}{\gamma-1}\frac{p}{\rho} + \frac{V^2}{2} = \text{const.} \tag{4.2}$$

上式中最右边的常数通常用某一参考状态的能量来表示，称为特征常数。常用的参考状态有：① 气流速度为 0 的滞止状态或驻点状态，参数用下标 "0" 表示；② 温度达到 0 K 时的气流速度 $V_{\max}$；③ 气流速度等于当地声速的临界状态，气流参数用上标 "*" 表示。气体一维定常流动的任何一个状态，都可以假想通过等熵过程转变为对应的参考状态，用来表征流动的能量，而不管实际流动是否等熵。

1. 滞止参数或驻点参数 (stagnation)

滞止状态或驻点状态在实际流动中是可以存在的，例如，风洞的驻室或者飞行器头部顶点等，当然，实际流动中也可以不存在这样的状态点，但我们仍然可以用这样一个假想状态的参数来表征气流的能量。

$$h + \frac{V^2}{2} = h_0 = c_p T_0 = \frac{\gamma}{\gamma-1} RT_0 = \frac{c_0^2}{\gamma-1} = \frac{\gamma}{\gamma-1}\frac{p_0}{\rho_0} \tag{4.3}$$

此处，h_0，T_0，p_0 分别为总焓、总温、总压，以区别于静焓 h、静温 T、静压 p。这里"静"的含义是指站在与流体质点一起同速运动的坐标上，相对于气体是静止的观测参数。c_0，ρ_0 分别为驻点声速和驻点密度。上述特征参数均可表征气流的能量 (图 4.3)。

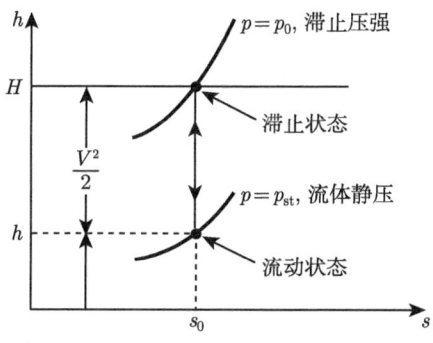

图 4.3 滞止状态的能量关系

2. 最大气流速度 $V_{\max}$

当气流膨胀到极限情况时,温度和静焓趋于 0,此时的速度为最大速度 $V_{\max}$。实际流动中并不存在这样一个状态。

$$h + \frac{V^2}{2} = \frac{V_{\max}^2}{2} \tag{4.4}$$

根据式 (4.3) 我们可以求得最大速度与滞止参数的关系,即

$$V_{\max} = \sqrt{2h_0} = \sqrt{\frac{2\gamma}{\gamma-1}RT_0} = \sqrt{\frac{2\gamma}{\gamma-1}\frac{p_0}{\rho_0}} = \sqrt{\frac{2}{\gamma-1}c_0^2} \tag{4.5}$$

3. 临界参数

假设气流中存在某一截面,气流速度等于当地声速,即 $V = c^*$。这个状态就是临界状态,这个截面上的所有参数都称为临界参数,如临界速度 c^*、临界压强 p^*、临界温度 T^* 等。因此,能量方程可以用临界参数来表征:

$$h_0 = \frac{V^2}{2} + h = \frac{V^2}{2} + \frac{c^2}{\gamma-1} = \frac{c^{*2}}{2} + \frac{c^{*2}}{\gamma-1} = \frac{\gamma+1}{\gamma-1}\frac{c^{*2}}{2} \tag{4.6}$$

4. 绝热不可逆过程的特征常数

气体一维定常流动的能量方程可以应用到一维绝热不可逆过程,例如,存在不可逆现象的截面 1 和截面 2 之间,因而能量方程在截面 1 的特征参数必然等于截面 2 的特征参数,即

$$h_{01} = h_{02}, \quad T_{01} = T_{02}, \quad c_{01} = c_{02}, \quad \frac{p_{01}}{\rho_{01}} = \frac{p_{02}}{\rho_{02}}, \quad V_{\max 1} = V_{\max 2}, \quad c_1^* = c_2^* \tag{4.7}$$

由式 (4.7) 可知,在存在不可逆过程的截面 1 和截面 2 处,虽然驻点压强与驻点密度的比值相等,但是,驻点压强并不相等。量热完全气体熵的表达式为

$$s = -R\ln p + c_p \ln T + \text{const.} \tag{2.26}$$

因此有

$$s_2 - s_1 = s_{02} - s_{01} = c_p \ln \frac{T_{02}}{T_{01}} - R\ln \frac{p_{02}}{p_{01}} \tag{4.8}$$

注,此时下标 01 和 02 分别为状态 1 对应的滞止状态和状态 2 对应的滞止状态,因此有 $s_2 = s_{02}, s_1 = s_{01}$。

4.2 绝热流与等熵流的基本关系

对于绝热过程，有 $T_{01} = T_{02}$，而不可逆过程有 $s_2 > s_1$，那么必然有总压恢复系数：

$$\sigma_p = \frac{p_{02}}{p_{01}} < 1 \tag{4.9}$$

可见，伴随着不可逆熵增过程，总压总是降低的，也就是说，在绝热不可逆过程中，有部分机械能转化为热能，机械能的可利用率降低了。

4.2.2 无量纲速度

在气体流动的某些情况下，有时引入无量纲速度 λ 会使问题的表达非常方便：

$$\lambda = \frac{V}{c^*} \tag{4.10}$$

把式 (4.10) 代入能量方程 $\dfrac{V^2}{2} + \dfrac{c^2}{\gamma - 1} = \dfrac{\gamma + 1}{\gamma - 1} \dfrac{c^{*2}}{2}$ 中，可以得到

$$\frac{c^2}{c^{*2}} = \frac{\gamma + 1}{2} - \frac{\gamma - 1}{2} \lambda^2 \tag{4.11}$$

把式 (4.11) 代入 $M^2 = \dfrac{V^2}{c^2} = \dfrac{V^2}{c^{*2}} \dfrac{c^{*2}}{c^2} = \lambda^2 \dfrac{c^{*2}}{c^2}$ 中，有

$$M^2 = \frac{\lambda^2}{1 - \dfrac{\gamma - 1}{2}(\lambda^2 - 1)} \quad \text{或} \quad \lambda^2 = \frac{M^2}{1 + \dfrac{\gamma - 1}{\gamma + 1}(M^2 - 1)} \tag{4.12}$$

在亚声速区，$M < \lambda < 1$；在超声速区，$M > \lambda > 1$。而且，当 $M \to \infty$ 时，$\lambda \to \sqrt{\dfrac{\gamma + 1}{\gamma - 1}}$，即不同于气流马赫数 M，无量纲速度 λ 是有界的。在后续章节的一维定常摩擦管流和一维定常正激波中，无量纲速度 λ 可以使问题的讨论得以简化。

4.2.3 沿流线的绝热流和等熵流关系式

我们把热完全气体的状态方程，量热完全气体的定压比热、声速、马赫数代入一维定常绝热流动的能量方程 $h_0 = h + \dfrac{1}{2} V^2$ 中，有

$$\frac{\gamma}{\gamma - 1} RT_0 = \frac{\gamma}{\gamma - 1} RT + \frac{1}{2} M^2 \gamma RT$$

化简上式可得一维定常绝热流动的总温与定温和气流马赫数的关系

$$\frac{T_0}{T} = 1 + \frac{\gamma - 1}{2} M^2 \tag{4.13}$$

对于等熵流动，我们还可以利用第 2 章的等熵关系式求得其他参数，即

$$\frac{p_0}{p} = \left(\frac{T_0}{T}\right)^{\gamma/(\gamma-1)} = \left(1 + \frac{\gamma-1}{2}M^2\right)^{\gamma/(\gamma-1)} \quad (4.14)$$

$$\frac{\rho_0}{\rho} = \left(\frac{T_0}{T}\right)^{1/(\gamma-1)} = \left(1 + \frac{\gamma-1}{2}M^2\right)^{1/(\gamma-1)} \quad (4.15)$$

在图 4.4(a) 中把式 (4.13)~ 式 (4.15) 的倒数分别画成曲线，上述三式的指数显然有 $\frac{\gamma}{\gamma-1} > \frac{1}{\gamma-1} > 1$，即压强比随马赫数的变化最为剧烈，其次是密度比，最后是温度比。高焓风洞的建设面临着巨大挑战，其总温可以通过运动激波压缩或燃烧来实现，但是其总压却很难保证，原因就在于总压与定压强之比正比于 $M^{\frac{2\gamma}{\gamma-1}}$。

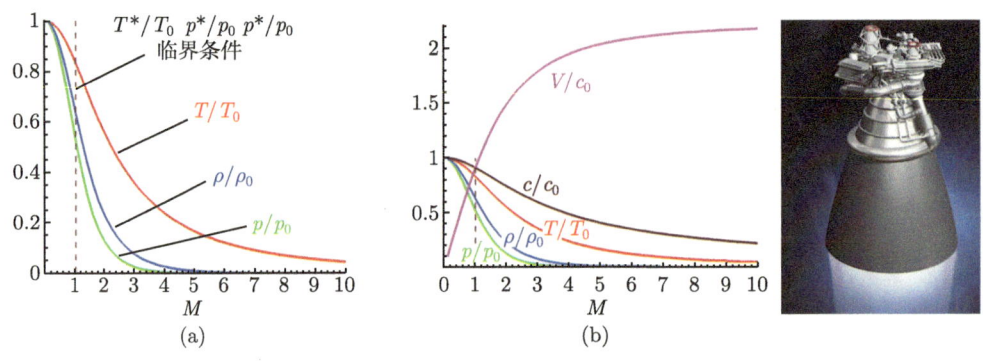

图 4.4 等熵流动关系曲线 ($\gamma = 1.4$)

将式 (4.13)~ 式 (4.15) 中取 $M = 1$，或者在图 4.4(a) 中画一条 $M = 1$ 的直线，通过该直线与各曲线的交点，我们可以求得临界参数与滞止参数的关系，即

$$\frac{T*}{T_0} = \frac{2}{\gamma+1}, \quad \frac{p*}{p_0} = \left(\frac{2}{\gamma+1}\right)^{\frac{\gamma}{\gamma-1}}$$

$$\frac{\rho*}{\rho_0} = \left(\frac{2}{\gamma+1}\right)^{\frac{1}{\gamma-1}}, \quad \frac{V*}{c_0} = \frac{c*}{c_0} = \left(\frac{2}{\gamma+1}\right)^{0.5} \quad (4.16)$$

对于给定滞止参数的气流来说，我们可以通过式 (4.16) 计算其临界参数，反之亦然。对于空气而言，由于 $\gamma = 1.4$，所以有 $\frac{T*}{T_0} = 0.833$，$\frac{p*}{p_0} = 0.528$，$\frac{\rho*}{\rho_0} = 0.634$。

在第 3 章动量方程的应用部分，我们推出火箭的推力计算式如下：

$$T = \dot{m}V_e + (p_e - p_0)S_e$$

上式表明，在火箭流量一定的条件下，火箭推力正比于推力喷管出口的气流速度。利用等熵膨胀流动实现的速度有

$$\frac{V}{c_0} = \frac{M}{\sqrt{1 + \dfrac{\gamma - 1}{2} M^2}} \tag{4.17}$$

将式 (4.17) 添加到等熵关系曲线中，如图 4.4(b) 所示，可见，在马赫数较高时，通过等熵膨胀加速，实现的速度增益显著降低，但是为实现膨胀而加长的喷管结构，势必增加质量负载并带来强度问题，因而是得不偿失的。实际上，推力喷管的设计在适当长度位置就需要截断，而不是过度加长。

4.3 广义一维定常流动的基本方程组

4.1 节中提到，在可以简化为一维定常流动的问题中，截面变化、管壁摩擦、加热、添质等因素可以在一维控制方程中得以体现，是气体流动的控制因素。本节讨论其具体形式。

4.3.1 制约因素与控制方程

1. 变截面管流

根据连续性方程 (3.6c)，有

$$\dot{m} = \rho V \Sigma = \text{const.} \tag{4.18a}$$

由其微分形式 $\mathrm{d}\dot{m} = 0$，得

$$\frac{\mathrm{d}\rho}{\rho} + \frac{\mathrm{d}V}{V} + \frac{\mathrm{d}\Sigma}{\Sigma} = 0 \tag{4.18b}$$

对于面积为 Σ 的非圆形管道，可以转化为当量圆截面计算，定义水力学直径：

$$D = \frac{4\Sigma}{C_\mathrm{W}} \tag{4.18c}$$

其中，C_W 为浸润周长，即非圆截面的周长。

以上关系还可以通过变截面管流微元的连续性方程来推导，如图 4.5 所示，沿管流轴向取一长度为 $\mathrm{d}x$ 的微元作为开口系统的控制体，其入口和出口的变量在图中给出，根据连续性方程有

$$\oiint_{\Sigma} \rho \boldsymbol{V} \cdot \boldsymbol{n} \mathrm{d}\sigma = 0 \tag{4.19a}$$

所以
$$(\rho + d\rho)(V + dV)(\Sigma + d\Sigma) - \rho V \Sigma = 0 \tag{4.19b}$$

此式展开，去掉高阶小量，我们可以得到
$$V\Sigma d\rho + \rho \Sigma dV + \rho V d\Sigma = 0 \tag{4.19c}$$

此等式两侧除以 $\rho V \Sigma$，同样可以得到式 (4.18b)。

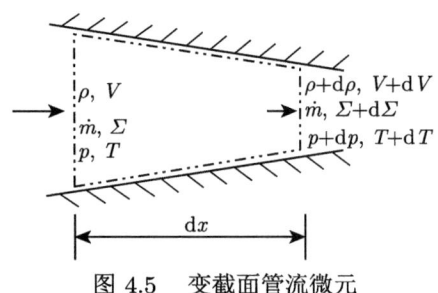

图 4.5　变截面管流微元

2. 摩擦管流

如图 4.6 所示，对于管流的摩擦作用，定义摩擦引起的剪切应力 $\tau_{\rm w}$ 为
$$\tau_{\rm w} = \frac{1}{2}\rho V^2 \cdot f \tag{4.20a}$$

其中，$\frac{1}{2}\rho V^2$ 通常称为动压；而 f 为摩阻系数。$\tau_{\rm w}$ 的量纲与动压相同，即 $\rm N/m^2$。沿着微元圆周面上流体受到的总摩阻为
$$\delta R_f = -\tau_{\rm w} C_{\rm w} \frac{dx}{\cos\theta} \tag{4.20b}$$

那么，在管流轴线方向上分量为
$$\delta R_{fx} = \delta R_f \cos\theta = -\tau_{\rm w} C_{\rm w} dx \tag{4.20c}$$

把式 (4.18c) 和式 (4.20a) 代入，则
$$\delta R_{fx} = -\tau_{\rm w} C_{\rm w} dx = -\frac{2f\rho V^2 \Sigma}{D} dx \tag{4.20d}$$

4.3 广义一维定常流动的基本方程组

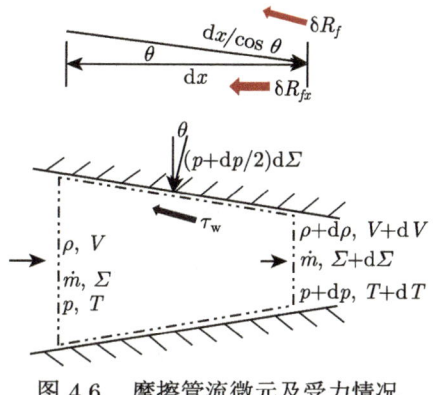

图 4.6 摩擦管流微元及受力情况

根据管流的动量方程，有

$$\oiint_{\Sigma} \rho \boldsymbol{V}(\boldsymbol{V} \cdot \boldsymbol{n})\mathrm{d}\sigma = \oiint_{\Sigma} -p\boldsymbol{n}\mathrm{d}\sigma + R_f \qquad (4.20\mathrm{e})$$

代入微元出入口变量，则有

$$\dot{m}(V+\mathrm{d}V)-\dot{m}V = -(p+\mathrm{d}p)(\Sigma+\mathrm{d}\Sigma)+p\Sigma+(p+\mathrm{d}p/2)\mathrm{d}\Sigma + \delta R_{fx} \quad (4.20\mathrm{f})$$

与微元控制体的连续性方程联立，即

$$\dot{m} = \rho V \Sigma = (\rho+\mathrm{d}\rho)(V+\mathrm{d}V)(\Sigma+\mathrm{d}\Sigma) \qquad (4.20\mathrm{g})$$

由式 (4.20f) 和式 (4.20g) 联立，并略去高阶小量，可以求解得到

$$V\mathrm{d}V + \frac{\mathrm{d}p}{\rho} + \frac{2fV^2}{D}\mathrm{d}x = 0 \quad \text{或} \quad \frac{\mathrm{d}V}{V} + \frac{\mathrm{d}p}{\rho V^2} + \frac{2f\mathrm{d}x}{D} = 0 \qquad (4.20\mathrm{h})$$

把关系式 $V^2 = M^2 c^2 = M^2 \gamma \dfrac{p}{\rho}$ 代入以上方程，得到变截面摩擦管流控制方程：

$$\frac{\mathrm{d}V}{V} + \frac{1}{\gamma M^2}\frac{\mathrm{d}p}{p} + \frac{2f\mathrm{d}x}{D} = 0 \qquad (4.20\mathrm{i})$$

摩擦管流仍然是绝热的，因此一维绝热流动的能量方程仍然适用：

$$\mathrm{d}\left(h+\frac{V^2}{2}\right)=0 \qquad (4.21\mathrm{a})$$

把关系式 $V^2 = M^2 c^2 = M^2 \gamma RT$ 和 $\mathrm{d}h = Cp\mathrm{d}T = \dfrac{\gamma}{\gamma-1}R\mathrm{d}T$ 代入式 (4.21a)，可以得到

$$\frac{\mathrm{d}V}{V} + \frac{1}{(\gamma-1)M^2}\frac{\mathrm{d}T}{T} = 0 \qquad (4.21\mathrm{b})$$

至此，对于变截面摩擦管流，我们得到其控制方程为式 (4.18b)、式 (4.20i)、式 (4.21b)，分别对应连续性方程、动量方程和能量方程。

3. 加热管流

如图 4.7 所示，对于加热管流，设 δq 和 $\dot q$ 分别为开口系统内单位质量气体的加热量和加热率，$\dot Q$ 为开口系统内气体的总加热率，则

$$\delta q = \frac{\dot q \mathrm{d}x}{V} \tag{4.22a}$$

$$\dot Q = \rho \dot q \Sigma \, \mathrm{d}x = \rho V \Sigma \, \delta q \tag{4.22b}$$

显然，对管流加热，并不影响连续性方程和动量方程，它们分别为

$$\frac{\mathrm{d}\rho}{\rho} + \frac{\mathrm{d}V}{V} + \frac{\mathrm{d}\Sigma}{\Sigma} = 0 \tag{4.22c}$$

$$\frac{\mathrm{d}V}{V} + \frac{1}{\gamma M^2}\frac{\mathrm{d}p}{p} = 0 \tag{4.22d}$$

根据能量方程，

$$\oiint_{\Sigma}\left[\left(E + \frac{p}{\rho}\right)\rho \boldsymbol{V}\cdot\boldsymbol{n}\right]\mathrm{d}\sigma = \dot Q \tag{4.22e}$$

把图 4.7 中的变量代入上述方程，化简去掉高阶小量，得

$$\mathrm{d}\left(e + \frac{V^2}{2} + \frac{p}{\rho}\right) = \mathrm{d}\left(h + \frac{V^2}{2}\right) = \delta q \tag{4.22f}$$

即

$$\frac{\mathrm{d}V}{V} + \frac{1}{(\gamma-1)M^2}\frac{\mathrm{d}T}{T} = \frac{\delta q}{V^2} = \frac{\dot q}{V^3}\mathrm{d}x \tag{4.22g}$$

后续章节中将再继续讨论。

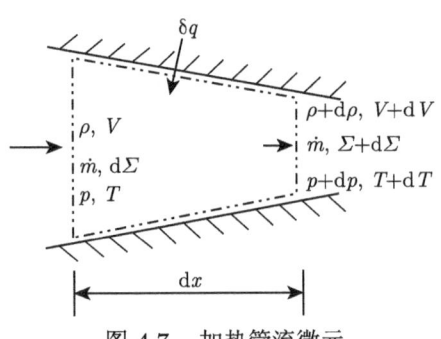

图 4.7 加热管流微元

4. 添质管流

如图 4.8 所示，此处仅考虑简单添质流动，即将微元添质 $d\dot{m}$ 垂直于主流方向，且添质和主流为同一气体，热力学变量也彼此等值，即压强、温度、密度和比热等参数都相同。显然，添质流将对主流的连续性方程、动量方程和能量方程都有所改变。

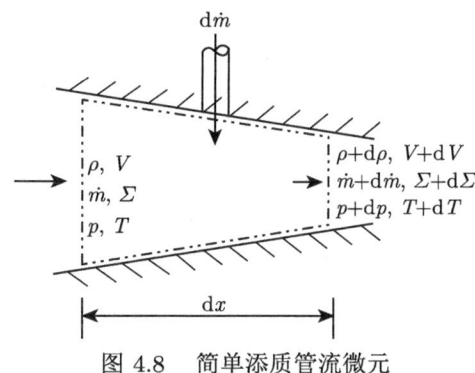

图 4.8 简单添质管流微元

连续性方程为

$$\frac{d\dot{m}}{\dot{m}} = \frac{d\rho}{\rho} + \frac{dV}{V} + \frac{d\Sigma}{\Sigma} \tag{4.23a}$$

动量方程为

$$V dV = -\frac{dp}{\rho} - V^2 \frac{d\dot{m}}{\dot{m}} \tag{4.23b}$$

或由 $\rho V^2 = \rho M^2 \gamma \frac{p}{\rho} = M^2 \gamma p$，将上式变化为

$$\frac{dV}{V} + \frac{1}{M^2 \gamma} \frac{dp}{p} + \frac{d\dot{m}}{\dot{m}} = 0 \tag{4.23c}$$

能量方程为

$$d\left(h + \frac{V^2}{2}\right) = -(h_0 - h_{0i}) \frac{d\dot{m}}{\dot{m}} \tag{4.23d}$$

或

$$\frac{dV}{V} + \frac{1}{(\gamma-1)M^2} \frac{dT}{T} = -\frac{(h_0 - h_{0i})}{V^2} \frac{d\dot{m}}{\dot{m}} \tag{4.23e}$$

其中，h_0, h_{0i} 分别为主流和添质流的总焓，如果它们的值也相等，那么添质对主流的能量方程没有影响。

4.3.2 基本方程组

把截面变化、管壁摩擦、加热、添质等因素叠加在一起，就可以得到广义一维定常流动的基本方程组。

连续性方程

$$\frac{\mathrm{d}\dot{m}}{\dot{m}} = \frac{\mathrm{d}\rho}{\rho} + \frac{\mathrm{d}V}{V} + \frac{\mathrm{d}\Sigma}{\Sigma} \tag{4.24a}$$

动量方程

$$\frac{\mathrm{d}V}{V} + \frac{1}{\gamma M^2}\frac{\mathrm{d}p}{p} + 2f\frac{\mathrm{d}x}{D} + \frac{\mathrm{d}\dot{m}}{\dot{m}} = 0 \tag{4.24b}$$

能量方程

$$\mathrm{d}\left(h + \frac{V^2}{2}\right) = \delta q - (h_0 - h_{0i})\frac{\mathrm{d}\dot{m}}{\dot{m}} = \mathrm{d}h_0 \tag{4.24c}$$

对于量热完全气体，我们把 $\mathrm{d}h = C_p\mathrm{d}T = \frac{\gamma}{\gamma-1}R\mathrm{d}T$，$\mathrm{d}h_0 = C_p\mathrm{d}T_0 = \frac{\gamma}{\gamma-1}R\mathrm{d}T_0$，以及 $V^2 = M^2c^2 = M^2\gamma RT$ 代入式 (4.24c)，可以得到

$$\frac{\mathrm{d}V}{V} + \frac{1}{(\gamma-1)M^2}\frac{\mathrm{d}T}{T} = \frac{1}{(\gamma-1)M^2}\frac{\mathrm{d}T_0}{T} \tag{4.24d}$$

而且由式 (4.13) 可以得到

$$\frac{1}{T} = \left(1 + \frac{\gamma-1}{2}M^2\right)\frac{1}{T_0} \tag{4.24e}$$

将式 (4.24e) 代入式 (4.24d)，我们可以得到能量方程：

$$(\gamma-1)M^2\frac{\mathrm{d}V}{V} + \frac{\mathrm{d}T}{T} - \left(1 + \frac{\gamma-1}{2}M^2\right)\frac{\mathrm{d}T_0}{T_0} = 0 \tag{4.24f}$$

由热完全气体的热状态方程 $p = \rho R T$，我们可以得到其微分形式：

$$\frac{\mathrm{d}p}{p} - \frac{\mathrm{d}\rho}{\rho} - \frac{\mathrm{d}T}{T} = 0 \tag{4.24g}$$

显然，由式 (4.24a)、式 (4.24b)、式 (4.24f)、式 (4.24g) 联立就构成了以 $\frac{\mathrm{d}p}{p}, \frac{\mathrm{d}\rho}{\rho}, \frac{\mathrm{d}T}{T}, \frac{\mathrm{d}V}{V}$ 为未知变量的封闭的线性方程组，只要给定变截面、摩擦、加热和添质等制约因素以及边界条件就可以求解问题。

4.3.3 流动特性参数的微分关系式

有时候根据马赫数的定义 $M^2 = \dfrac{V^2}{\gamma RT}$，可以得到微分形式：

$$\frac{\mathrm{d}V}{V} = \frac{\mathrm{d}M}{M} + \frac{\mathrm{d}T}{2T} \tag{4.24h}$$

把该式和未知数 M 也加入方程组中，方便解决问题。将式 (4.24h) 代入式 (4.24b) 和式 (4.24f)，我们有

$$\frac{\mathrm{d}M}{M} + \frac{\mathrm{d}T}{2T} + \frac{1}{\gamma M^2}\frac{\mathrm{d}p}{p} + 2f\frac{\mathrm{d}x}{D} + \frac{\mathrm{d}\dot{m}}{\dot{m}} = 0 \tag{4.24i}$$

$$(\gamma - 1)M^2 \frac{\mathrm{d}M}{M} + \left(1 + \frac{\gamma-1}{2}M^2\right)\frac{\mathrm{d}T}{T} - \left(1 + \frac{\gamma-1}{2}M^2\right)\frac{\mathrm{d}T_0}{T_0} = 0 \tag{4.24j}$$

对式 (4.14) 取对数并求微分得到总压的微分式：

$$\frac{\mathrm{d}p_0}{p_0} = \frac{\mathrm{d}p}{p} + \frac{\gamma M^2}{1 + \dfrac{\gamma-1}{2}M^2}\frac{\mathrm{d}M}{M} \tag{4.24k}$$

在喷气推进问题中，冲量函数是一个重要参数，对于任意截面，它的定义为

$$F = p\Sigma + \dot{m}V = p\Sigma\left(1 + \frac{\gamma V^2}{\gamma p/\rho}\right) = p\Sigma\left(1 + \gamma M^2\right) \tag{4.24l}$$

对式 (4.24l) 求微分可得

$$\frac{\mathrm{d}F}{F} = \frac{\mathrm{d}p}{p} + \frac{\mathrm{d}\Sigma}{\Sigma} + \frac{2\gamma M^2}{1 + \gamma M^2}\frac{\mathrm{d}M}{M} \tag{4.24m}$$

把熵表达式 (2.25c) 改写为

$$\frac{\mathrm{d}s}{c_p} = \frac{\mathrm{d}T}{T} - \frac{\gamma-1}{\gamma}\frac{\mathrm{d}p}{p} \tag{4.24n}$$

以上我们得到了 8 个独立的微分方程，即式 (4.24a)，式 (4.24g)~式 (4.24k)，式 (4.24m)，式 (4.24n)，其中包含 8 个流动特性参数的微分变量 $\dfrac{\mathrm{d}p}{p}, \dfrac{\mathrm{d}\rho}{\rho}, \dfrac{\mathrm{d}T}{T}, \dfrac{\mathrm{d}V}{V}$, $\dfrac{\mathrm{d}M}{M}, \dfrac{\mathrm{d}p_0}{p_0}, \dfrac{\mathrm{d}F}{F}, \dfrac{\mathrm{d}s}{c_p}$，又包含了 4 个制约因素的微分变量，即 $\dfrac{\mathrm{d}\Sigma}{\Sigma}, 4f\dfrac{\mathrm{d}x}{D}, \dfrac{\mathrm{d}T_0}{T_0}, \dfrac{\mathrm{d}\dot{m}}{\dot{m}}$。

于是，我们可以把这 4 个制约因素作为自变量，将 8 个流动特性参数作为未知变量，来求解这 8 个方程联立的线性微分方程组，其结果列于表 4.1。

表 4.1　量热完全气体广义一维定常流动的影响系数

	$\dfrac{\mathrm{d}\Sigma}{\Sigma}$	$4f\dfrac{\mathrm{d}x}{D}$	$\dfrac{\mathrm{d}T_0}{T_0}$	$\dfrac{\mathrm{d}\dot{m}}{\dot{m}}$
$\dfrac{\mathrm{d}p}{p}$	$\dfrac{\gamma M^2}{1-M^2}$	$-\dfrac{\gamma M^2\left[1+(\gamma-1)M^2\right]}{2(1-M^2)}$	$-\dfrac{\gamma M^2\left(1+\dfrac{\gamma-1}{2}M^2\right)}{1-M^2}$	$-\dfrac{2\gamma M^2\left(1+\dfrac{\gamma-1}{2}M^2\right)}{1-M^2}$
$\dfrac{\mathrm{d}V}{V}$	$-\dfrac{1}{1-M^2}$	$\dfrac{\gamma M^2}{2(1-M^2)}$	$\dfrac{1+\dfrac{\gamma-1}{2}M^2}{1-M^2}$	$\dfrac{1+\gamma M^2}{1-M^2}$
$\dfrac{\mathrm{d}\rho}{\rho}$	$\dfrac{M^2}{1-M^2}$	$-\dfrac{\gamma M^2}{2(1-M^2)}$	$-\dfrac{1+\dfrac{\gamma-1}{2}M^2}{1-M^2}$	$-\dfrac{(\gamma+1)M^2}{1-M^2}$
$\dfrac{\mathrm{d}T}{T}$	$\dfrac{(\gamma-1)M^2}{1-M^2}$	$-\dfrac{\gamma(\gamma-1)M^4}{2(1-M^2)}$	$\dfrac{(1-\gamma M^2)\left(1+\dfrac{\gamma-1}{2}M^2\right)}{1-M^2}$	$-\dfrac{(\gamma-1)M^2(1+\gamma M^2)}{1-M^2}$
$\dfrac{\mathrm{d}M}{M}$	$-\dfrac{1+\dfrac{\gamma-1}{2}M^2}{1-M^2}$	$\dfrac{\gamma M^2\left(1+\dfrac{\gamma-1}{2}M^2\right)}{2(1-M^2)}$	$\dfrac{(1+\gamma M^2)\left(1+\dfrac{\gamma-1}{2}M^2\right)}{2(1-M^2)}$	$\dfrac{(1+\gamma M^2)\left(1+\dfrac{\gamma-1}{2}M^2\right)}{1-M^2}$
$\dfrac{\mathrm{d}p_0}{p_0}$	0	$-\dfrac{\gamma M^2}{2}$	$-\dfrac{\gamma M^2}{2}$	$-\gamma M^2$
$\dfrac{\mathrm{d}F}{F}$	$\dfrac{1}{1+\gamma M^2}$	$-\dfrac{\gamma M^2}{2(1+\gamma M^2)}$	0	0
$\dfrac{\mathrm{d}s}{c_p}$	0	$\dfrac{(\gamma-1)M^2}{2}$	$1+\dfrac{\gamma-1}{2}M^2$	$(\gamma-1)M^2$

4.4　变截面等熵流动

在航空航天推进技术中，如图 4.9 所示，无论是涡喷发动机 (turbojet)、涡扇发动机 (turbofan)、涡桨发动机 (turboprop)、冲压发动机 (ramjet)、火箭发动机 (rocket engine)，还是目前处于研发阶段的超燃冲压发动机 (scramjet)，都巧妙地利用了变截面管流的气体动力学原理。

变截面等熵流动的提法是，给定入口 p_1, ρ_1, T_1, V_1 等流动参数，根据截面变化规律 $\Sigma(x)$，求解任意截面上的 p_2, ρ_2, T_2, V_2 等流动参数。

从 4.3 节讨论的广义一维定常流动的控制方程，不难得到量热完全气体变截面等熵流动的控制方程：

$$\dfrac{\mathrm{d}\rho}{\rho}+\dfrac{\mathrm{d}V}{V}+\dfrac{\mathrm{d}\Sigma}{\Sigma}=0 \tag{4.25a}$$

$$\dfrac{\mathrm{d}p}{p}+\gamma M^2\dfrac{\mathrm{d}V}{V}=0 \tag{4.25b}$$

4.4 变截面等熵流动

$$\frac{\mathrm{d}T}{T} + (\gamma - 1) M^2 \frac{\mathrm{d}V}{V} = 0 \tag{4.25c}$$

$$\frac{\mathrm{d}p}{p} - \frac{\mathrm{d}\rho}{\rho} - \frac{\mathrm{d}T}{T} = 0 \tag{4.25d}$$

$$\frac{\mathrm{d}M}{M} - \frac{\mathrm{d}V}{V} + \frac{\mathrm{d}T}{2T} = 0 \tag{4.25e}$$

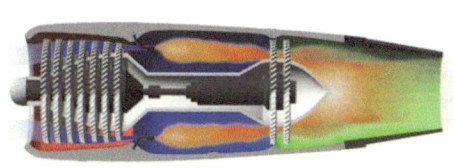

(a) 涡喷发动机

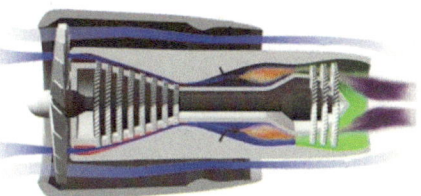

(b) 涡扇发动机

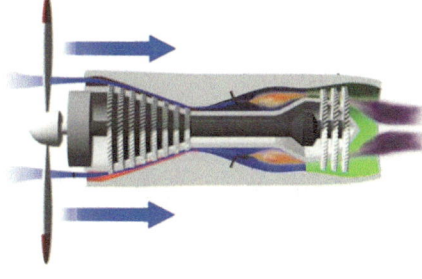

(c) 涡桨发动机

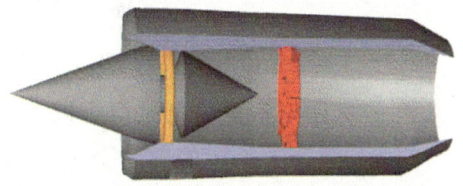

(d) 冲压发动机

(e) 火箭发动机

(f) 超燃冲压发动机

图 4.9 变截面管流在航空航天推进中的应用

从以上方程组，不难得到各流动参数与截面变化的微分关系，也可以从表 4.1 中直接提取，即

$$\frac{\mathrm{d}p}{p} = \frac{\gamma M^2}{1-M^2}\frac{\mathrm{d}\Sigma}{\Sigma} \tag{4.26a}$$

$$\frac{\mathrm{d}\rho}{\rho} = \frac{M^2}{1-M^2}\frac{\mathrm{d}\Sigma}{\Sigma} \tag{4.26b}$$

$$\frac{\mathrm{d}T}{T} = \frac{(\gamma-1)M^2}{1-M^2}\frac{\mathrm{d}\Sigma}{\Sigma} \tag{4.26c}$$

$$\frac{\mathrm{d}V}{V} = \frac{1}{M^2-1}\frac{\mathrm{d}\Sigma}{\Sigma} \tag{4.26d}$$

$$\frac{\mathrm{d}M}{M} = \frac{1+\dfrac{\gamma-1}{2}M^2}{M^2-1}\frac{\mathrm{d}\Sigma}{\Sigma} \tag{4.26e}$$

从以上微分关系式，可以得到以下流动参数随截面变化的规律。

(1) 以上微分关系式的前三个 (式 (4.26a)~ 式 (4.26c)) 与后两个 (式 (4.26d) 和式 (4.26e)) 符号刚好相反，这说明截面变化对热力学参数 (p, ρ, T) 和运动学参数 (V, M) 的影响是相反的。

(2) 在亚声速流动中 ($M < 1$)，截面积的增加 (减小)，必然引起气流速度和马赫数的减小 (增大)，压强增加 (减小)，密度增加 (减小)，温度增加 (减小)。这与不可压缩流动在性质上是一致的。

(3) 在超声速流动中 ($M > 1$)，截面积的增加 (减小)，必然引起气流速度和马赫数的增加 (减小)，压强减小 (增大)，密度减小 (增大)，温度减小 (增大)。

(4) 在声速流的位置 ($M = 1$)，如果该处的速度仍有变化，$\mathrm{d}V \neq 0$，那么必须 $\mathrm{d}\Sigma = 0$，即截面积变化率为零。以此可以推断，声速必然出现在截面积最小的位置处 (喷管的喉道，nozzle throat)。亚声速气流在趋近于最小截面时加速 (直到声速)，而超声速气流在趋近于最小截面时将减速 (直到声速)，因此，一维定常变截面等熵流动中，声速只能出现在喉道处。

(5) 在管道最大或最小截面处 ($\mathrm{d}\Sigma = 0$)，如果不出现声速，$M \neq 1$，则必须 $\mathrm{d}V = 0$。即此处气流速度达到极值，是最大还是最小，要结合具体情况确定。

表 4.2 给出了变截面管道中，在亚声速和超声速流动条件下，气流热力学参数和运动参数的变化情况。

4.4 变截面等熵流动

表 4.2　截面变化对流动参数的影响

	$\dfrac{\mathrm{d}\Sigma}{\mathrm{d}x}$	M	$\dfrac{\mathrm{d}V}{\mathrm{d}x}, \dfrac{\mathrm{d}M}{\mathrm{d}x}$	$\dfrac{\mathrm{d}p}{\mathrm{d}x}, \dfrac{\mathrm{d}\rho}{\mathrm{d}x}, \dfrac{\mathrm{d}T}{\mathrm{d}x}$
收缩管	$\dfrac{\mathrm{d}\Sigma}{\mathrm{d}x} < 0$	<1	>0	<0
		>1	<0	>0
扩张管	$\dfrac{\mathrm{d}\Sigma}{\mathrm{d}x} > 0$	<1	<0	>0
		>1	>0	<0

通过上述分析可知,通过一个截面先减小然后再增大的管道,即收缩-扩张管道,可以实现气流从亚声速向超声速加速,同时实现气流热力学参数的降低 (膨胀、降温)。这种喷管是瑞典工程师拉瓦尔在 1889 年发明的,又称为拉瓦尔喷管,拉瓦尔喷管极大地提高了蒸汽轮机的功率 (图 4.10)。现在,拉瓦尔喷管已经应用到很多领域,如图 4.2 提到的火箭发动机、高超声速风洞等。

图 4.10　拉瓦尔与他发明的拉瓦尔喷管蒸汽轮机

当然,拉瓦尔喷管只是提供了气流从亚声速向超声速加速的几何条件,但并不是充分条件,这里还需要气动条件——沿流线绝热等熵流动的驻室条件,即式 (4.13)~ 式 (4.15)。

由式 (4.26e) 稍作变换可得到

$$\frac{\mathrm{d}M}{M} = \frac{1 + \dfrac{(\gamma-1)}{2}M^2}{M^2 - 1}\frac{\mathrm{d}\Sigma}{\Sigma} = \left[\frac{(\gamma-1)}{2} + \frac{\gamma+1}{2}\frac{1}{M^2-1}\right]\frac{\mathrm{d}\Sigma}{\Sigma} \qquad (4.26\mathrm{f})$$

结合式 (4.26d) 和式 (4.26f),可以看出,在马赫数接近时,$M \to 1$,上述两式中 $\dfrac{1}{M^2-1}$ 将是一个比较大的量,也就是说,在声速附近,较小的截面积增加,也会引起速度和马赫数的相当可观的增加。相反，当 $M \gg 1$ 时，$\dfrac{1}{M^2-1}$ 将是一个比较小的量，此时，截面积变化带来的速度和马赫数增益，效果很不显著。在火箭发动机推力喷管设计时，虽然根据推力公式 $T = \dot{m}V_e + (p_e - p_0)S_e$ 简单看，增大喷管出口截面积可以增大出口气流速度，从而增加发动机推力。但是，式 (4.26d) 和式 (4.26f) 又告诉我们，在喷管出口处 ($M \gg 1$)，增大截面对出口速度和马赫数的增益效果不大，这就是火箭发动机喷管并不是越长越好的原因。实际上，火箭发动机推力喷管的设计是一个需要优化的过程。

我们定义比流量密度：

$$\rho V = \frac{\dot{m}}{\Sigma} \tag{4.27}$$

表示单位时间内通过单位截面积的质量流量，量纲为 $\text{kg}/(\text{s}\cdot\text{m}^2)$。

由式 (4.26b) 和式 (4.26d) 可以得到以下关系：

$$\frac{\mathrm{d}\rho/\rho}{\mathrm{d}V/V} = -M^2 \tag{4.28}$$

可以看出，随着截面的变化，密度和速度的变化方向相反。当 $M < 1$ 时，面积减小，气流膨胀加速；密度减小，速度增加，马赫数逐渐增加 (从 $M < 1$ 趋近于 $M = 1$)，但是由式 (4.28) 看出，密度减小量小于速度增加量，比流量密度 ρV 增加。当 $M > 1$ 时，面积增大，气流膨胀加速；密度减小，速度增加，马赫数逐渐增加 (从 $M = 1$ 增加到 $M > 1$)，密度减小量大于速度增加量，比流量密度 ρV 减小。因此，在临界截面处，比流量密度 ρV 最大，此时 $M = 1$，代入临界参数与驻点参数的关系 (4.16)，得到临界截面处的比流量密度：

$$\rho^* V^* = \left(\frac{2}{\gamma+1}\right)^{\frac{\gamma+1}{2(\gamma-1)}} \sqrt{\frac{\gamma p_0^2}{RT_0}} \tag{4.29}$$

我们再定义无量纲比流量密度：

$$\pi = \frac{\rho V}{\rho^* V^*} = \frac{\rho/\rho_0}{\rho^*/\rho_0}\lambda = M\left[\frac{2}{\gamma+1}\left(1+\frac{\gamma-1}{2}M^2\right)\right]^{-\frac{\gamma+1}{2(\gamma-1)}} \tag{4.30}$$

显然，在 $M = 1$ 时，$\pi = 1$。将式 (4.30) 绘制成曲线，连同 $\dfrac{\rho}{\rho^*}$ 和 $\dfrac{V}{V^*}$ 曲线，制作成图 4.11，可以直观地看出比流量密度随截面变化 (马赫数变化) 的规律。

4.4 变截面等熵流动

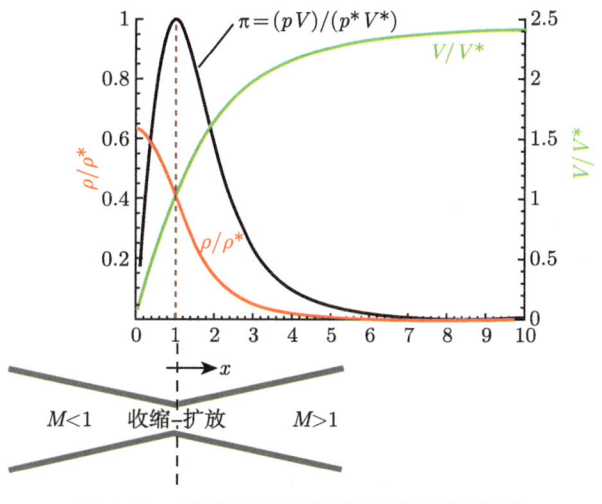

图 4.11 变截面流动的无量纲比流量密度

至此,一维变截面等熵流动问题就可以解决了,即已知变截面流动入口的流动参数和截面参数 $(\rho_1, p_1, T_1, M_1, V_1, \Sigma_1)$,在任意截面处 (截面积 Σ_2 已知),求解流动参数 $(\rho_2, p_2, T_2, M_2, V_2)$。

$$\rho_1, p_1, T_1, M_1, V_1, \Sigma_1 \xrightarrow{\Sigma_2} \rho_2, p_2, T_2, M_2, V_2$$

由连续性方程和驻点关系得到

$$\frac{\Sigma_2}{\Sigma_1} = \frac{\rho_1 V_1}{\rho_2 V_2} = \frac{\rho_1 M_1 c_1}{\rho_2 M_2 c_2} = \frac{\rho_0/\rho_2}{\rho_0/\rho_1} \frac{M_1}{M_2} \left(\frac{T_0/T_2}{T_0/T_1}\right)^{\frac{1}{2}} = \frac{M_1}{M_2} \left(\frac{1+\frac{\gamma-1}{2}M_2^2}{1+\frac{\gamma-1}{2}M_1^2}\right)^{\frac{\gamma+1}{2(\gamma-1)}}$$

(4.31)

由此,可以求解得到待解截面处的马赫数 M_2,其他参数也就很容易得到,例如

$$\frac{T_2}{T_1} = \frac{T_0/T_1}{T_0/T_2} = \frac{1+\frac{\gamma-1}{2}M_1^2}{1+\frac{\gamma-1}{2}M_2^2} \tag{4.32a}$$

$$\frac{\rho_2}{\rho_1} = \frac{\rho_0/\rho_1}{\rho_0/\rho_2} = \frac{\left(1+\frac{\gamma-1}{2}M_1^2\right)^{\frac{1}{\gamma-1}}}{\left(1+\frac{\gamma-1}{2}M_2^2\right)^{\frac{1}{\gamma-1}}} \tag{4.32b}$$

$$\frac{p_2}{p_1} = \frac{p_0/p_1}{p_0/p_2} = \frac{\left(1+\frac{\gamma-1}{2}M_1^2\right)^{\frac{\gamma}{\gamma-1}}}{\left(1+\frac{\gamma-1}{2}M_2^2\right)^{\frac{\gamma}{\gamma-1}}} \qquad (4.32c)$$

将临界参数作为参考值，可以使上述关系简化，并有利于制成图表，代入 $M=1$ 和临界参数即有

$$\frac{\Sigma}{\Sigma^*} = \frac{1}{M}\left[\frac{2}{\gamma+1}\left(1+\frac{\gamma-1}{2}M^2\right)\right]^{\frac{\gamma+1}{2(\gamma-1)}} \qquad (4.33a)$$

$$\frac{T}{T^*} = \frac{c^2}{c^{*2}} = \left[\frac{2}{\gamma+2}\left(1+\frac{\gamma-1}{2}M^2\right)\right]^{-1} \qquad (4.33b)$$

$$\frac{\rho}{\rho^*} = \left[\frac{2}{\gamma+2}\left(1+\frac{\gamma-1}{2}M^2\right)\right]^{-\frac{1}{\gamma-1}} \qquad (4.33c)$$

$$\frac{p}{p^*} = \left[\frac{2}{\gamma+2}\left(1+\frac{\gamma-1}{2}M^2\right)\right]^{-\frac{\gamma}{\gamma-1}} \qquad (4.33d)$$

将式 (4.33a) 绘制成图 4.12，可以看出，对应某一个截面比，有两个马赫数，一个为亚声速，另一个为超声速，具体为哪一个，取决于喷管出、入口的压比。

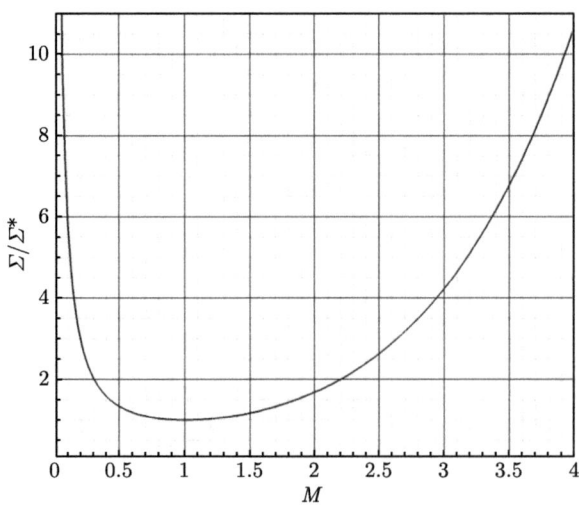

图 4.12 拉瓦尔喷管型面与马赫数的关系 ($\gamma = 1.4$)

4.4 变截面等熵流动

式 (4.33b)~式 (4.33d) 也可以绘制成图 4.13。上述关系也被制成等熵流动函数表，以备查用。参考值也可以不选用临界参数，而选用驻点参数 (只要将式 (4.32a)~式 (4.32c) 中的 M_1 取值为 0 即可)，使用驻点参数为参考的等熵流动关系曲线在图 4.4 中给出。查表计算时，流动中可以没有这些参考点的实际存在，只需假想存在这些参考状态即可。计算中，也无须计算参考状态的值，它们只出现在比例中，例如，$\dfrac{p_2}{p_1} = \dfrac{p_0/p_1}{p_0/p_2} = \dfrac{p_2/p^*}{p_1/p^*}$，$\dfrac{\rho_2}{\rho_1} = \dfrac{\rho_0/\rho_1}{\rho_0/\rho_2} = \dfrac{\rho_2/\rho^*}{\rho_1/\rho^*}$，$\dfrac{T_2}{T_1} = \dfrac{T_0/T_1}{T_0/T_2} = \dfrac{T_2/T^*}{T_1/T^*}$。

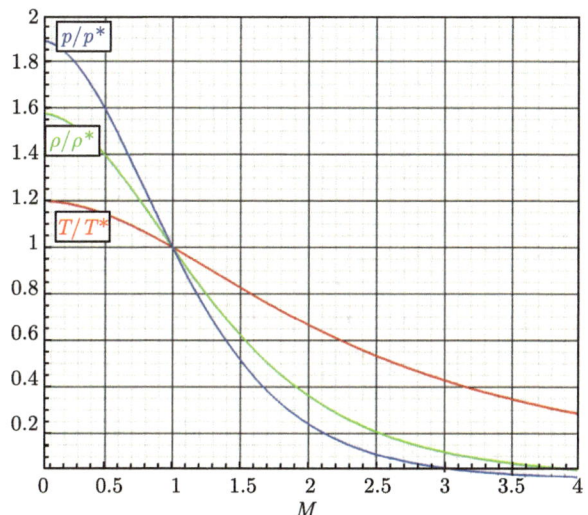

图 4.13 变截面等熵流动热力学参数与马赫数的关系 ($\gamma = 1.4$)

使用变截面喷管有两个目的，一个目的是获得一定的速度，例如，风洞需要一个确定的均匀的试验流场，以容纳试验模型；另一个目的是获得一定的质量流量，例如，喷气发动机的推力跟质量流量和出口速度成正比。

给定喷管上游驻点参数，p_0, ρ_0, T_0，喷管出口压强为 p_e，出口截面积为 Σ_e。根据一维绝热流动能量方程和等熵关系式，可以推导出喷管等熵流动出口的速度和马赫数：

$$V_e = \sqrt{\dfrac{2\gamma}{\gamma - 1} \dfrac{p_0}{\rho_0} \left[1 - \left(\dfrac{p_e}{p_0} \right)^{\frac{\gamma-1}{\gamma}} \right]} = \sqrt{\dfrac{2\gamma}{\gamma - 1} R T_0 \left[1 - \left(\dfrac{p_e}{p_0} \right)^{\frac{\gamma-1}{\gamma}} \right]}$$

$$= \sqrt{\frac{2c_0^2}{\gamma - 1}\left[1 - \left(\frac{p_e}{p_0}\right)^{\frac{\gamma-1}{\gamma}}\right]} \tag{4.34a}$$

$$M_e = \frac{V_e}{c_e} = \sqrt{\frac{2}{\gamma - 1}\frac{c_0^2}{c_e^2}\left[1 - \left(\frac{p_e}{p_0}\right)^{\frac{\gamma-1}{\gamma}}\right]} = \sqrt{\frac{2}{\gamma - 1}\left[\left(\frac{p_0}{p_e}\right)^{\frac{\gamma-1}{\gamma}} - 1\right]} \tag{4.34b}$$

因此，喷管等熵流的质量流量为

$$\dot{m} = \rho_e V_e \Sigma_e = \Sigma_e \rho_0 \left(\frac{p_e}{p_0}\right)^{\frac{1}{\gamma}} \sqrt{\frac{2\gamma}{\gamma - 1}\frac{p_0}{\rho_0}\left[1 - \left(\frac{p_e}{p_0}\right)^{\frac{\gamma-1}{\gamma}}\right]}$$

$$= \Sigma_e \rho_0 \left(\frac{p_e}{p_0}\right)^{\frac{1}{\gamma}} \sqrt{\frac{2c_0^2}{\gamma - 1}\left[1 - \left(\frac{p_e}{p_0}\right)^{\frac{\gamma-1}{\gamma}}\right]}$$

或

$$\dot{m} = \Sigma_e \rho_0 c_0 \sqrt{\frac{2}{\gamma - 1}} \sqrt{\left(\frac{p_e}{p_0}\right)^{\frac{2}{\gamma}} - \left(\frac{p_e}{p_0}\right)^{\frac{\gamma+1}{\gamma}}} \tag{4.34c}$$

但是，在一定总温和总压条件下，喷管流量是有极限值的，只要喷管出现了临界截面 Σ^*，那么流量就达到了最大值，由式 (4.29) 可得到

$$\dot{m}_{\max} = \rho^* V^* \Sigma^* = \Sigma^* \left(\frac{2}{\gamma + 1}\right)^{\frac{\gamma+1}{2(\gamma-1)}} \sqrt{\frac{\gamma p_0^2}{RT_0}} \tag{4.34d}$$

从式 (4.34d) 可以看出，对于给定形状的喷管，其允许的最大质量流量正比于气流总压，反比于总温的平方根，也反比于气体常数，并且与气体的比热比有关。

在变截面喷管流动中存在壅塞 (chock) 现象，即在喷管喉道一旦形成临界截面，其最大流量就被管道中给定的总温、总压以及喉道截面积限定了，无论怎样降低背压 p_e，也不会使流量增加。回想一下第 2 章关于小扰动传播特性的内容，图 2.5(c) 告诉我们，当气流速度为当地声速时，来自下游的小扰动将无法向上游传播。当变截面等熵流动出现临界截面时，即当截面的气流速度等于当地声速时，在管流下游降低压强 p_e，产生的扰动到达临界截面处就停止，无法向临界截面以上传播，无法改变临界截面以上的流动状态，这不难理解，通过管流的质量流量也就无法增加了。

在实际工程中通常利用变截面喷管流动的壅塞现象来控制流量，只要保证一定的入口-出口压比，喷管流量就保持恒定，不再受下游环境的影响。

4.5 定常正激波

在等熵流动中,气流参数沿流线是连续变化的。然而,可压缩气体流动中存在一种间断现象,称为激波 (shock wave)。气流通过激波这种间断后,气流参数发生突跃,并伴随着机械能 (总压) 的损失,是一个不可逆过程。

所谓正激波,是指气体流动方向与激波阵面 (shock front) 垂直的一种特殊形态的激波,以便于与其他形态的激波加以区分,如斜激波 (oblique shock wave) 和弓形激波 (bow shock wave) 等,斜激波将在第 5 章讲解。

4.5.1 定常正激波的形成

第 2 章提到,小扰动在气流中的传播总是以当地声速向四周传播,当运动物体或扰动源运动速度 (或者气流流速) 达到超声速以后,扰动 (信息) 的传播将被抑制在后向马赫锥内。也就是说,信息无法向上游传播,扰动源附近的气体介质来不及对扰动产生反应,就被运动物体及附着其头部的气体分子直接撞击,激波就随之产生。激波的厚度通常与气体分子自由程相当。

有人以滑雪人群遇阻和高速公路收费站来形象地说明激波的形成过程,如图 4.14 所示,障碍物前滑雪者运动太快、收费站上游汽车运行速度太快,使得信息无法上传,以致后来的滑雪者或汽车就堆积在一起,产生流动间断。在空气湿度较大甚至接近饱和的大气中,高速飞行的物体周围产生雾状结构,该结构通常会戛然而止,如图 4.15 所示,在雾状结构停止处,就是正激波的位置。图 2.6 也给出类似的流场结构,低速的风电场和高速飞行的飞机,流动图像的巨大差异,也反映了超声速流动和亚声速流动的本质差异——超声速流动中激波的存在。

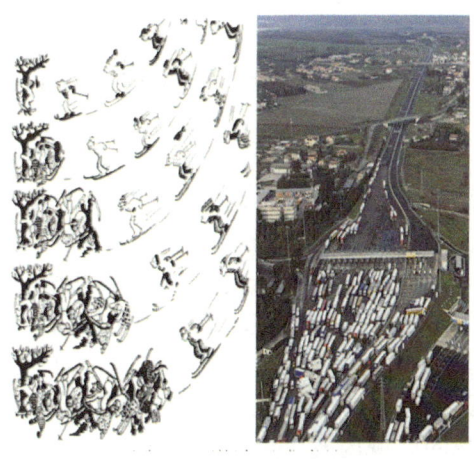

图 4.14 激波形成的类比

图 4.15　特殊飞行条件下正激波的出现

关于正激波的形成过程，是一个非定常流动问题，这里用活塞运动产生的压缩波叠加过程来说明正激波的形成过程，如图 4.16 所示。

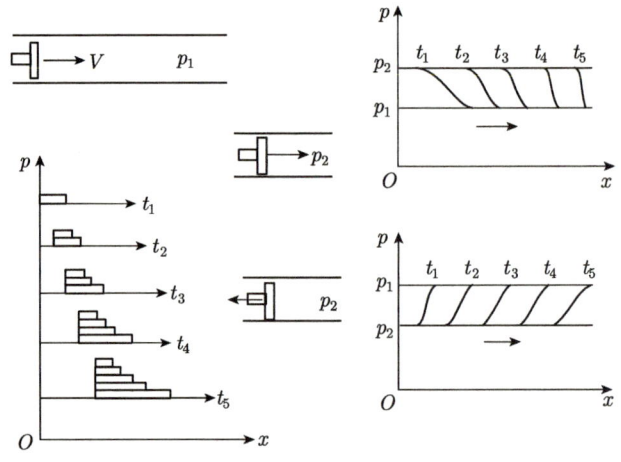

图 4.16　活塞运动与正激波的形成过程

在零时刻，活塞右边的气体处于静止状态，压强和温度分别为 p_1 和 T_1。现在让活塞向右移动，瞬间达到速度 V，将气体压缩，压强和温度提高到 p_2 和 T_2。如图 4.16 右上子图所示，如果我们将 $p_2 - p_1$ 的值分解为无数个小扰动叠加，则每个小扰动都以当地声速的波速向右传播。在活塞绝热压缩的条件下，因为后面的气体经过更多的压缩波的压缩，温度较高，声速较大，所以，后面的压缩波传播速度较前面的要高。于是，后面的压缩波不断赶上前面的压缩波，使得原先压强较平缓变化的波阵面变为越来越陡的波阵面。最后，压缩波叠加成为一道正激波，使气流参数在很窄的区域内发生剧烈的突跃。

如图 4.16 右下子图所示，如果让活塞向左移动，瞬间达到速度 V，将产生一

4.5.2 定常正激波的基本关系式

正激波是一种间断结构，需要使用积分形式的基本方程。取一个包含正激波的开口系统，如图 4.17 所示，用下标 1 和 2 分别表示波前和波后的参数。显然，其适用一维绝热流动的控制方程，包括连续性方程、动量方程和能量方程：

$$\rho_1 V_1 = \rho_2 V_2 = \dot{m}_A \tag{4.35a}$$

$$p_1 + \rho V_1^2 = p_2 + \rho_2 V_2^2 \tag{4.35b}$$

$$h_1 + \frac{V_1^2}{2} = h_2 + \frac{V_2^2}{2} \tag{4.35c}$$

另外，热状态方程和量热完全气体的量热状体方程都需要（为方便，此处列出并重新编号）：

$$p = \rho R T \tag{4.35d}$$

$$h = Cp\,T = \frac{\gamma}{\gamma - 1} RT = \frac{\gamma}{\gamma - 1} \frac{p}{\rho} \tag{4.35e}$$

事实上，当激波较强时，例如，波前马赫数 $M_1 > 4$ 时，激波后的温度将超过空气分子的振动弛豫温度，此时分子振动激发将不可忽略，当温度更高时，还可能产生分子解离甚至电离等复杂的热化学反应，此时量热完全气体假设将不成立，这类情况必须考虑高温真实气体效应。本章只涉及中等强度以下的激波和量热完全气体假设仍适用的情形。

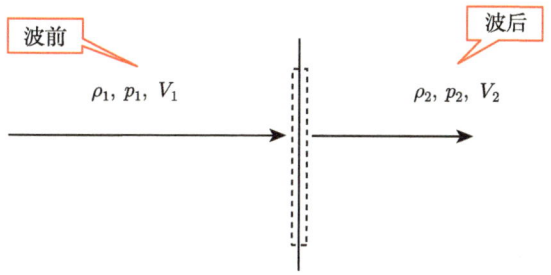

图 4.17 包含定常正激波的开口系统

由动量方程 (4.35b) 得

$$p_2 - p_1 = \rho_1 V_1^2 - \rho_2 V_2^2 = \dot{m}_A (V_1 - V_2) = \frac{\rho_1^2 V_1^2}{\rho_1} - \frac{\rho_2^2 V_2^2}{\rho_2} = \dot{m}_A^2 \left(\frac{1}{\rho_1} - \frac{1}{\rho_2} \right) \tag{4.36}$$

这表明经过激波阵面，压强增加必然伴随着气流速度的减小和密度的增加。由能量方程 (4.35c) 和量热状态方程 (4.35e) 得

$$\frac{\gamma}{\gamma-1}\left(\frac{p_2}{\rho_2}-\frac{p_1}{\rho_1}\right) = \frac{1}{2}\left(\frac{\dot{m}^2}{\rho_1^2}-\frac{\dot{m}^2}{\rho_2^2}\right) = \frac{1}{2}\dot{m}_A^2\left(\frac{1}{\rho_1}-\frac{1}{\rho_2}\right)\left(\frac{1}{\rho_1}+\frac{1}{\rho_2}\right) \quad (4.37)$$

将式 (4.36) 代入式 (4.37) 得

$$\frac{\gamma}{\gamma-1}\left(\frac{p_2}{\rho_2}-\frac{p_1}{\rho_1}\right) = \frac{1}{2}(p_2-p_1)\left(\frac{1}{\rho_1}+\frac{1}{\rho_2}\right) \quad (4.38)$$

化简得到

$$\frac{p_2}{p_1} = \frac{\dfrac{\gamma+1}{\gamma-1}\dfrac{\rho_2}{\rho_1}-1}{\dfrac{\gamma+1}{\gamma-1}-\dfrac{\rho_2}{\rho_1}} \quad (4.39a)$$

$$\frac{\rho_2}{\rho_1} = \frac{\dfrac{\gamma+1}{\gamma-1}\dfrac{p_2}{p_1}+1}{\dfrac{\gamma+1}{\gamma-1}+\dfrac{p_2}{p_1}} \quad (4.39b)$$

此式即为兰金-于戈尼奥关系，简称 R-H 关系。

将激波 R-H 关系 (4.39a) 和等熵压缩关系 (4.40) 共同绘制成图 4.18。

$$\frac{p_2}{p_1} = \left(\frac{\rho_2}{\rho_1}\right)^\gamma \quad (4.40)$$

可以看出，针对相同的 $\dfrac{\rho_2}{\rho_1}$，激波的压强突跃 $\dfrac{p_2}{p_1}$ 要大于等熵压缩的对应值。但是，在 $\dfrac{p_2}{p_1}<2$ 的范围内，两者差别很小，即激波较弱时，激波压缩接近等熵压缩。激波 R-H 关系曲线有一个渐近线，即 $\dfrac{p_2}{p_1}\to\infty$，$\dfrac{\rho_2}{\rho_1}=\dfrac{\gamma+1}{\gamma-1}$，也就是说，气流通过激波压缩后，压强可以达到无穷大，而密度却是有限的，最多只能增加到 $\dfrac{\gamma+1}{\gamma-1}$ 倍。若气体比热比 $\gamma=1.4$，则 $\dfrac{\rho_2}{\rho_1}=\dfrac{\gamma+1}{\gamma-1}=6$(实际上，当激波强度很高时，波后气流高温诱发振动激发、分子解离等热化学反应，此时的比热比将减小，激波压缩比会高得多)。

4.5 定常正激波

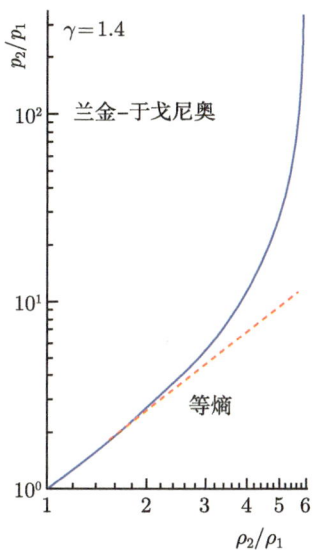

图 4.18 激波 R-H 曲线和等熵压缩曲线 ($\gamma = 1.4$)

根据量热完全气体的熵关系，在气体状态 1 和 2 的熵差为

$$s_2 - s_1 = c_p \ln\left(\frac{T_2}{T_1}\right) - R \ln\left(\frac{p_2}{p_1}\right)$$

$$= \frac{R}{\gamma-1}\left[\ln\left(\frac{p_2}{p_1}\right) - \gamma \ln\left(\frac{\rho_2}{\rho_1}\right)\right] = \frac{R}{\gamma-1} \ln\left[\frac{\left(\dfrac{p_2}{p_1}\right)}{\left(\dfrac{\rho_2}{\rho_1}\right)^\gamma}\right] \tag{4.41}$$

显然，对于等熵压缩过程，由式 (4.40) 和式 (4.41) 可知，此时必然有 $s_2 - s_1 = 0$。当通过激波压缩时，如图 4.18 所示，$\left(\dfrac{p_2}{p_1}\right)_{\text{R-H}} > \left(\dfrac{\rho_2}{\rho_1}\right)^\gamma$，此时必然有 $s_2 - s_1 > 0$。即激波一定是熵增过程，也可以说，只有压缩突跃的激波才得以存在；没有膨胀突跃的激波，因为膨胀突跃会使得 $s_2 - s_1 < 0$。

由能量方程 (4.35c) 以及量热完全气体状态方程可得

$$\frac{V_1^2}{2} + \frac{c_1^2}{\gamma-1} = \frac{V_2^2}{2} + \frac{c_2^2}{\gamma-1} = \frac{\gamma+1}{\gamma-1}\frac{c^{*2}}{2} \tag{4.42}$$

由动量方程 (4.35b) 两边都除以 $\dot{m}_A$，即

$$\frac{p_1 + \rho_1 V_1 V_1}{\dot{m}_A} = \frac{p_2 + \rho_2 V_2 V_2}{\dot{m}_A}$$

稍作改变即可得

$$V_2 - V_1 = \frac{p_1}{\dot{m}_A} - \frac{p_2}{\dot{m}_A} = \frac{p_1}{\rho_1 V_1} - \frac{p_2}{\rho_2 V_2} = \frac{c_1^2}{\gamma V_1} - \frac{c_2^2}{\gamma V_2} \qquad (4.43)$$

将式 (4.42) 代入式 (4.43)，消掉 c_1^2 和 c_2^2 继而得到

$$(V_2 - V_1)\left(1 - \frac{c^{*2}}{V_1 V_2}\right) = 0 \qquad (4.44)$$

显然，激波前后气流速度不应该等值，因此只会有

$$V_1 \cdot V_2 = c^{*2} \quad \text{或} \quad \lambda_1 \cdot \lambda_2 = \frac{V_1}{c^*}\frac{V_2}{c^*} = 1 \qquad (4.45)$$

该式被称为普朗特关系。这个关系说明，作为压缩突跃的激波，$V_1 > V_2$，则必然有激波前 $\lambda_1 > 1$，而激波后 $\lambda_2 < 1$，也就是说，定常正激波的波前一定是超声速的，而波后一定是亚声速的。

普朗特关系为求解激波关系带来了极大的便利。由连续性方程 (4.35a) 得

$$\frac{\rho_2}{\rho_1} = \frac{V_1}{V_2} = \frac{V_1^2}{V_1 V_2} = \frac{V_1^2}{c^{*2}} = \lambda_1^2 = \frac{M_1^2}{1 + \dfrac{\gamma-1}{\gamma+1}(M_1^2 - 1)} \qquad (4.46\text{a})$$

将此式代入 R-H 关系式 (4.39a) 可得

$$\frac{p_2}{p_1} = \frac{2\gamma}{\gamma+1} M_1^2 - \frac{\gamma-1}{\gamma+1} \qquad (4.46\text{b})$$

根据热完全气体的状态方程，可得

$$\frac{T_2}{T_1} = \frac{c_2^2}{c_1^2} = \frac{\dfrac{p_2}{\rho_2}}{\dfrac{p_1}{\rho_1}} = \frac{[2\gamma M_1^2 - (\gamma-1)][(\gamma-1)M_1^2 + 2]}{(\gamma+1)^2 M_1^2} \qquad (4.46\text{c})$$

激波前后的马赫数关系有

$$\frac{M_2^2}{M_1^2} = \left(\frac{V_2}{V_1}\right)^2 \left(\frac{c_1}{c_2}\right)^2 = \left(\frac{V_2}{V_1}\right)^2 \frac{T_1}{T_2}$$

代入式 (4.46a) 和式 (4.46c) 并化简得

$$M_2^2 = \frac{1 + \dfrac{\gamma-1}{2} M_1^2}{\gamma M_1^2 - \dfrac{\gamma-1}{2}} \qquad (4.46\text{d})$$

4.5 定常正激波

将定常正激波关系式 (4.46a)∼ 式 (4.46d) 绘制成图 4.19。由式 (4.46a)∼ 式 (4.46d) 和图 4.19 可以得到定常正激波有以下特征。

(1) 正激波前后的热力学参数大小关系：$\rho_2 > \rho_1, p_2 > p_1, T_2 > T_1$，经过定常正激波，压强、温度、密度突跃增加，而且压强的相对增加量高于温度和密度。

(2) 正激波前后的运动学参数关系：$V_2 < V_1, M_2 < 1 < M_1$，经过定常正激波，速度和马赫数突跃降低，而且波前是超声速流动，波后是亚声速流动。

(3) 正激波波后、波前压强和温度比 $\dfrac{p_2}{p_1}, \dfrac{T_2}{T_1}$ 没有上限，随着波前气流马赫数 M_1 的增加而不断增强；而 $\dfrac{\rho_2}{\rho_1}$ 和 M_2 则分别存在极大值和极小值，在 $M_1 \to \infty$ 时，$\dfrac{\rho_2}{\rho_1} \to \dfrac{\gamma+1}{\gamma-1}$，这与 R-H 关系式得出的结论是一致的，而 $M_2 \to \sqrt{\dfrac{\gamma-1}{2\gamma}}$。

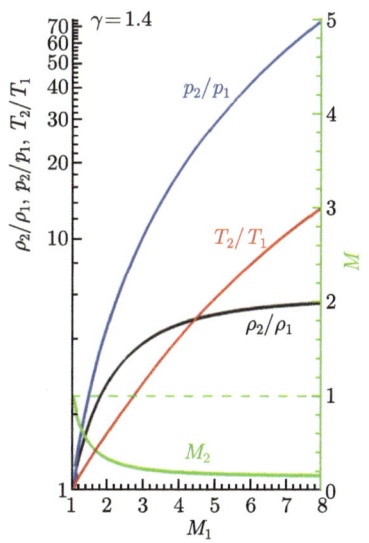

图 4.19　定常正激波前后的参数变化关系 ($\gamma = 1.4$)

将波后等熵流压强关系、激波前后压强关系以及激波前等熵流压强关系联立，可以求得激波前后的总压关系：

$$\frac{p_{02}}{p_{01}} = \frac{p_{02}}{p_2} \frac{p_2}{p_1} \frac{p_1}{p_{01}} = \frac{\left[\dfrac{(\gamma+1) M_1^2}{2+(\gamma-1) M_1^2}\right]^{\frac{\gamma}{\gamma-1}}}{\left(\dfrac{2\gamma}{\gamma+1} M_1^2 - \dfrac{\gamma-1}{\gamma+1}\right)^{\frac{1}{\gamma-1}}} \quad (4.47\text{a})$$

激波过程是绝热的，因此激波前后总温保持不变，这个结论可以由激波的能量方程得到，即 $T_{01} = T_{02}$，而且 $\dfrac{p_{02}}{\rho_{02}} = \dfrac{p_{01}}{\rho_{01}} = RT_{01} = RT_{02}$。根据量热完全气体

熵的公式：
$$s = c_p \ln T - R \ln p + \text{const.} = c_p \ln T_0 - R \ln p_0 + \text{const.}$$

我们有激波前后的熵关系：

$$s_2 - s_1 = s_{02} - s_{01} = c_p \ln \frac{T_{02}}{T_{01}} - R \ln \frac{p_{02}}{p_{01}} \tag{4.47b}$$

因为激波前后总温不变，$T_{01} = T_{02}$，式 (4.47b) 可以继续化简为

$$\frac{s_2 - s_1}{R} = \ln \frac{p_{01}}{p_{02}} = \ln \left\{ \left[\frac{2\gamma}{\gamma+1} M_1^2 - \frac{\gamma-1}{\gamma+1} \right]^{\frac{1}{\gamma-1}} \left[\frac{2 + (\gamma-1) M_1^2}{(\gamma+1) M_1^2} \right]^{\frac{\gamma}{\gamma-1}} \right\} \tag{4.47c}$$

式 (4.47c) 过于复杂，很难直观看出激波前后熵的变化，把式 (4.47c)、式 (4.47a) 跟激波波后马赫数式 (4.66d) 绘制成图 4.20，可以看出，当 $M_1 > 1$ 时，有 $\frac{p_{02}}{p_{01}} < 1$，且 $\frac{s_2 - s_1}{R} > 0$，这说明，定常正激波是熵增过程，总压降低；当 $M_1 < 1$ 时，有 $\frac{p_{02}}{p_{01}} > 1$，且 $\frac{s_2 - s_1}{R} < 0$，显然，此时熵减，也就是说，定常正激波波前亚声速是不可能的。综上所述，图 4.20 中 $M_1 \leqslant 1$ 部分是没有意义的。定常正激波波后参数已经被制作成表，可供查算。

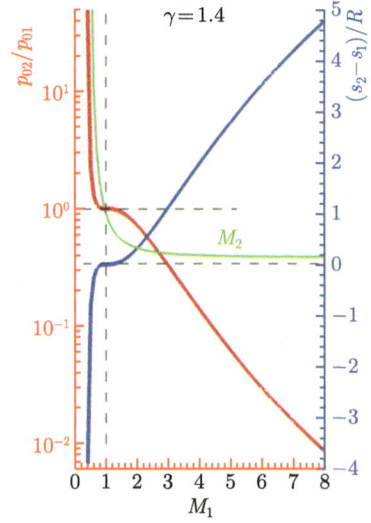

图 4.20　定常正激波的熵（$\gamma = 1.4$）

现在回看第 2 章中的图 2.6，战斗机跨声速飞行在湿度接近饱和的大气中，飞机外形实际上构成了一个收缩-扩张流道（上下各半个收缩-扩张流场），跨声速飞

行使得飞机外形出现了临界截面，产生超声速区域，气流温度降低至凝结温度以下，水蒸气凝结成雾，雾状体呈后向锥型，这就是马赫锥，根据第 2 章内容，半锥角 $\mu = \arcsin\dfrac{1}{M}$。后向锥型在机尾某区戛然而止形似锥底，这个锥底结构就是正激波。雾状锥体内含有丰富水滴，通过正激波后，气流温度发生突跃增加，超过了凝结温度，其中的水雾重新汽化，构成锥底。这是超声速气流特有的流动特征，海上风电场就没有这种流动特征。

4.5.3 定常正激波关系的应用

风速管是用来测量气流速度的装置，如图 4.21 所示，又称皮托管 (Pitot tube)。风速管正对气流为总压测孔，侧面垂直气流设置一静压孔，静压孔的位置离开入口的距离 $L > (4 \sim 6)D$ 时其测量值就为来流静压 p_1。

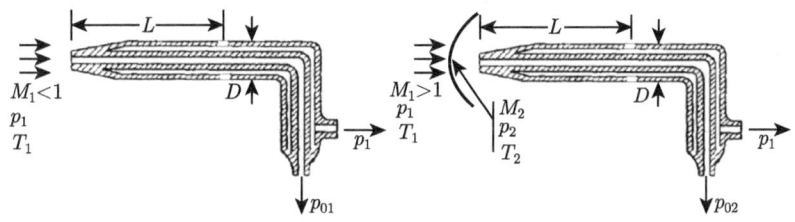

图 4.21　风速管测速原理示意图

对于亚声速气流，风速管的总压管所测量值就是来流总压 p_{01}，可根据等熵流动的总压–静压关系 (公式在前面已经给出，这里再次给出，以便阅读)

$$p_{01} = p_1\left(1 + \frac{\gamma-1}{2}M_1^2\right)^{\frac{\gamma}{\gamma-1}} \quad (4.48a)$$

求得 M_1。来流静温 T_1 很容易测量，因此就可以获得来流速度 $V_1 = M_1\sqrt{\gamma R T_1}$。

对于超声速气流，风速管的总压管入口处将出现一道激波，在入口中心处激波近似为正激波，因此，此时总压管测量值为正激波波后气流的总压 p_{02}。我们有

$$\frac{p_{02}}{p_1} = \frac{p_{02}}{p_2}\frac{p_2}{p_1} \quad (4.48b)$$

波后气流总压关系有

$$\frac{p_{02}}{p_2} = \left(1 + \frac{\gamma-1}{2}M_2^2\right)^{\frac{\gamma}{\gamma-1}} \quad (4.48c)$$

式 (4.48c) 中的 M_2^2 可由式 (4.46d) 求得，而式 (4.48a) 中的 $\dfrac{p_2}{p_1}$ 可由正激波关系

式 (4.46b) 来计算，将各式代入 (4.48a)，化简可得

$$\frac{p_{02}}{p_1} = \frac{p_{02}}{p_2}\frac{p_2}{p_1} = \frac{\left(\dfrac{\gamma+1}{2}M_1^2\right)^{\frac{\gamma}{\gamma-1}}}{\left(\dfrac{2\gamma}{\gamma+1}M_1^2 - \dfrac{\gamma-1}{\gamma+1}\right)^{\frac{1}{\gamma-1}}} \tag{4.48d}$$

因此，通过总压测孔值 p_{02} 和静压测孔值 p_1，我们就可以计算出激波前来流的气流马赫数 M_1，继而计算出来流的速度 $V_1 = M_1\sqrt{\gamma R T_1}$。

在事先已知被测气流是亚声速或是超声速的条件下，利用式 (4.48a) 或式 (4.48d) 就可计算气流马赫数和速度。但是，问题来了，如果事先未知气流性质，计算速度到底是使用式 (4.48a) 还是式 (4.48d)？

这个问题也不是问题。我们把关系式 (4.48a) 和式 (4.48d) 绘制成图 4.22。曲线 $\dfrac{p_{02}}{p_1}$ 显然只有在 $M_1 \geqslant 1$ 区域才有意义，在 $M_1 = 1$ 处 (即为临界状态)，与曲线 $\dfrac{p_{01}}{p_1}$ 相切，而由式 (4.48a) 和式 (4.48d) 可知：

$$\frac{p_{01}}{p_1} \xrightarrow{M_1 \to 1} \frac{p_{01}}{p^*} = \left(\frac{\gamma+1}{2}\right)^{\frac{\gamma}{\gamma-1}} = 1.89 \tag{4.49a}$$

$$\frac{p_{02}}{p_1} \xleftarrow{1 \leftarrow M_1} \left(\frac{\gamma+1}{2}\right)^{\frac{\gamma}{\gamma-1}} = 1.89 \tag{4.49b}$$

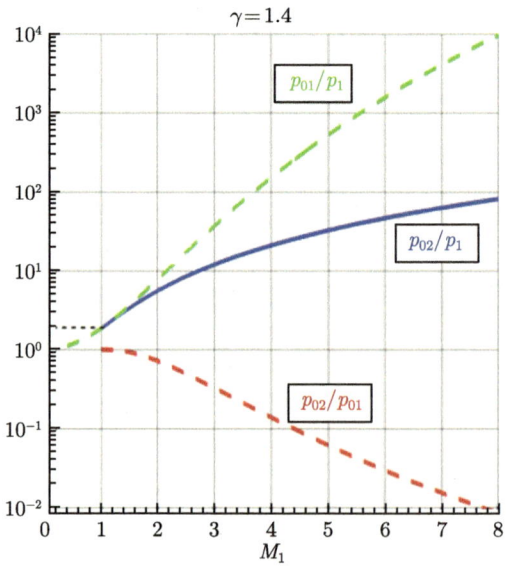

图 4.22 风速管测速的曲线图 ($\gamma = 1.4$)

以上两式告诉我们,只要风速管两个测量孔的测量结果之比值超过 1.89,就用含正激波的风速管公式 (4.48d) 来计算气流马赫数和速度,反之,则用式 (4.48a)。

4.5.4 拉瓦尔喷管的流动特征

前文提及,拉瓦尔喷管为实现气流由亚声速加速到超声速提供几何条件,实际上,拉瓦尔喷管的流动很复杂,在不同压比条件下,其流动特性存在显著差异。本节将在给定喷管几何型线条件下分工况讨论喷管流动,假设给定喷管上游气流总压 p_0,改变喷管出口背压 p_B,也就是说改变压力 $\dfrac{p_0}{p_B}$。

1. 全亚声速工况

可以想象到,当背压 p_B 等于喷管上游总压 p_0 时,不会有气流产生。当缓慢降低背压时,喷管内将有气流通过,气体将缓慢加速。在这一过程中,存在某一临界的背压 $p_B = p_{II}$,使得喷管喉道成为临界截面,即此时在喉道处,气流速度等于当地声速,而压强 $\dfrac{p^*}{p_0} = \left(\dfrac{2}{\gamma+1}\right)^{\frac{\gamma}{\gamma-1}}$,对于双原子分子构成的热完全气体来说,此值为 0.528。只要下式成立:

$$p_B \geqslant p_{II} \quad \text{或者} \quad \dfrac{p_0}{p_B} \leqslant \dfrac{p_0}{p_{II}} \tag{4.50a}$$

喷管内流动就全部是亚声速流动,而且是等熵流动。既然是全亚声速流动,那么降低背压 p_B,产生的扰动就可以向喷管入口传播,改变流动参数,使得气流加速。在喉道上游,流道截面逐渐收缩,亚声速气流膨胀加速,热力学参数 (ρ, p, T) 降低,运动学参数 (M, V) 增加;在喉道下游,则相反。图 4.23 给出了全亚声速流动工况的 a,b,c 三种情形,$p_{Ba} > p_{Bb} > p_{Bc} = p_{II}$。此时,喷管出口参数即为背景参数,$p_e = p_B$。

在这种工况中,喷管出口气流参数可以用等熵流动关系和出口截面来计算,或者用式 (4.34a)~ 式 (4.34c) 计算出口速度和质量流量,也可以查询等熵流动表,这里不再赘述。对于临界工况 c,我们可以首先通过等熵流动的截面与马赫数关系:

$$\dfrac{\Sigma_e}{\Sigma^*} = \dfrac{1}{M_{eII}} \left[\dfrac{2}{\gamma+1}\left(1+\dfrac{\gamma-1}{2}M_{eII}^2\right)\right]^{\frac{\gamma+1}{2(\gamma-1)}} \tag{4.50b}$$

计算得到该工况对应的出口气流马赫数 M_{eII}(注意,此式可以得到两个有意义的解,此处自然要选小于 1 的那个解),然后按照等熵流动关系计算其他气流参数,例如,第 II 临界出口压强 p_{II}。此时,喷管质量流量达到极大值 $\dot{m}_{max}$,可由式 (4.34d) 计算得到。

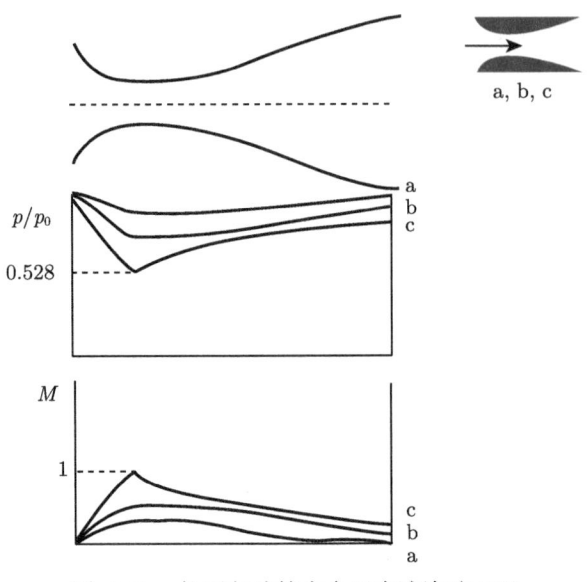

图 4.23 拉瓦尔喷管内全亚声速流动工况

2. 管内出现正激波工况

上文提到,当 $p_B = p_{II}$ 时喷管喉道都达到临界状态,进一步降低背压,喷管扩张段将出现局部超声速区,但是却不足以让整个扩张段都变为超声速流动,局部超声速区与其下游的亚声速区之间,由一道定常正激波过渡。在喷管喉道上游为亚声速等熵流动,喉道出现临界状态,在喉道与正激波之间,为超声速流动,至此,气流完成了由亚声速到超声速的等熵膨胀加速;通过正激波的绝热熵增压缩,气流总压降低,但是静压、静温和密度增加,流动也由超声速变为亚声速;在正激波和喷管出口之间,流动为亚声速的扩张流动,气流静压、静温和密度继续增加,速度和马赫数继续降低,直至与出口参数匹配。当背压降至某一临界值 p_{III} 时,正激波与出口截面重合。在下式规定的压比范围内,就对应着喷管扩张段出现正激波的工况,即

$$p_{III} \leqslant p_b \leqslant p_{II} \quad \text{或者} \quad \frac{p_0}{p_{III}} \geqslant \frac{p_0}{p_b} \geqslant \frac{p_0}{p_{II}} \tag{4.50c}$$

如图 4.24 所示给出了该工况的两种情形,d 和 f,其中 f 工况对应第 III 临界背压 $p_B = p_{III}$。此时,除去出口处的正激波以外,喷管内部流动为等熵流动,即由收缩-扩张管道实现的亚声速-超声速等熵膨胀加速流动。因此,正激波波前的压强为 p_I,即由喷管型线和上游总压决定的超声速等熵流动的压强,而正激波后为 p_{III}。确定 p_I 和 p_{III} 的方法如下。

4.5 定常正激波

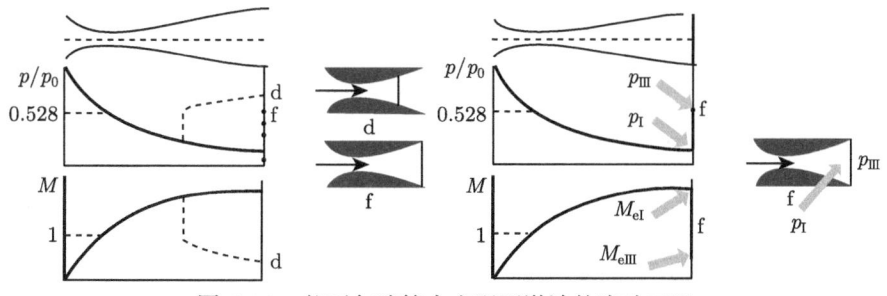

图 4.24 拉瓦尔喷管内出现正激波的流动工况

根据喷管型线参数 Σ_e/Σ^*，按照等熵流动关系式 (4.50b) 计算得到 M_{eI}，注意，式 (4.50b) 会给出两个有意义的解，两解的值分别小于 1 和大于 1，此处选用大于 1 的那个解即为 M_{eI}。将 M_{eI} 代入等熵流动关系式：

$$\frac{p_0}{p_I} = \left(1 + \frac{\gamma - 1}{2} M_{eI}^2\right)^{\gamma/(\gamma-1)} \tag{4.50d}$$

即可得到 p_I 以及其他参数。然后再根据激波关系，计算波后压强 p_{III}：

$$\frac{p_{III}}{p_I} = 1 + \frac{2\gamma}{\gamma + 1}\left(M_{eI}^2 - 1\right) \tag{4.50e}$$

其他气流参数也就很容易得到了。当然，以上计算过程也可以查等熵流动表和正激波关系表。

以上极限情况比较容易求解，但是在 $p_{III} < p_b < p_{II}$ 时，即正激波在喷管扩张段内部时 (参见该工况的情形 d)，如何确定正激波位置以及流场参数呢？

$$\frac{V^*}{V_e} = \frac{c^*}{M_e c_e} = \frac{1}{M_e}\left(\frac{T^*}{T_e}\right)^{\frac{1}{2}} \tag{4.51a}$$

$$\frac{\rho^*}{\rho_e} = \frac{\rho_0^* \left(\frac{T^*}{T_0^*}\right)^{\frac{1}{\gamma-1}}}{\rho_{0e}\left(\frac{T_e}{T_{0e}}\right)^{\frac{1}{\gamma-1}}} \tag{4.51b}$$

注意，上式在临界状态和出口流动状态分别应用了等熵流动关系 $\dfrac{\rho}{\rho_0} = \left(\dfrac{T}{T_0}\right)^{\frac{1}{\gamma-1}}$。在喷管内虽然存在正激波，但流动仍然是绝热的，因此可以应用绝热

流动关系，即

$$\frac{p_0^*}{\rho_0^*} = \frac{p_{0e}}{\rho_{0e}}, \quad T_0^* = T_{0e} \tag{4.51c}$$

激波上游为等熵流动，因此有

$$p_0^* = p_0, \quad \rho_0^* = \rho_0, \quad T_0^* = T_0 \tag{4.51d}$$

将式 (4.51c)、式 (4.51d) 代入式 (4.51b) 可以得到

$$\frac{\rho^*}{\rho_e} = \frac{p_0}{p_{0e}} \left(\frac{T^*/T_0}{T_e/T_{0e}} \right)^{\frac{1}{\gamma-1}} \tag{4.51e}$$

将式 (4.51a)、式 (4.51e) 代入喉道和出口的连续性方程中：

$$\frac{\Sigma_e}{\Sigma^*} = \frac{\rho^*}{\rho_e} \frac{V^*}{V_e} = \frac{p_0}{p_{0e}} \frac{1}{M_e} \left(\frac{T^*/T_0}{T_e/T_{0e}} \right)^{\frac{\gamma+1}{2(\gamma-1)}} \tag{4.51f}$$

而

$$p_{0e} = p_e \left(1 + \frac{\gamma-1}{2} M_e^2\right)^{\frac{\gamma}{\gamma-1}}, \quad T_e/T_{0e} = \left(1 + \frac{\gamma-1}{2} M_e^2\right)^{-1}, \quad T^*/T_0 = \frac{2}{\gamma+1} \tag{4.51g}$$

将式 (4.51g) 代入式 (4.51f) 并整理得

$$\frac{p_e \Sigma_e}{p_0 \Sigma^*} = \frac{1}{M_e} \left(\frac{2}{\gamma+1} \right)^{\frac{\gamma+1}{2(\gamma-1)}} \left(1 + \frac{\gamma-1}{2} M_e^2\right)^{-\frac{1}{2}} \tag{4.51h}$$

式 (4.51h) 即可确定喷管出口气流马赫数 M_e。由此可进一步计算出喷管出口总压 p_{0e}，即正激波波后总压。而正激波波前的总压 p_0 已给定。将激波总压关系式 (4.47a) 稍加改写，得到

$$\frac{p_{0e}}{p_0} = \frac{\left[\frac{(\gamma+1) M_s^2}{2 + (\gamma-1) M_s^2} \right]^{\frac{\gamma}{\gamma-1}}}{\left(\frac{2\gamma}{\gamma+1} M_s^2 - \frac{\gamma-1}{\gamma+1} \right)^{\frac{1}{\gamma-1}}} \tag{4.51i}$$

应用式 (4.51i) 即可计算出正激波波前的超声速气流马赫数 M_s。

根据激波波前与喉道之间的等熵流动关系：

$$\frac{\Sigma_s}{\Sigma^*} = \frac{1}{M_s} \left[\frac{2}{\gamma+1} \left(1 + \frac{\gamma-1}{2} M_s^2\right) \right]^{\frac{\gamma+1}{2(\gamma-1)}} \tag{4.51j}$$

4.5 定常正激波

可以计算出激波处的截面 Σ_{s},继而确定激波位置。激波前后的流动参数也迎刃而解,这里不再赘述。

3. 管外出现斜激波工况

当背压等于第 III 临界背压 ($p_{\mathrm{B}} = p_{\mathrm{III}}$) 时,正激波出现在喷管出口截面处,进一步降低背压,使得

$$p_{\mathrm{I}} < p_{\mathrm{b}} < p_{\mathrm{III}}, \quad 或者 \frac{p_0}{p_{\mathrm{I}}} \geqslant \frac{p_0}{p_{\mathrm{b}}} \geqslant \frac{p_0}{p_{\mathrm{III}}} \tag{4.52}$$

此时,喷管出口下游将出现斜激波。如图 4.25 所示给出了该工况的两种情形,g 和 h。此时,流动结构呈现出显著的二维特征,本章的一维定常流动方法无法处理,将在第 5 章讨论。

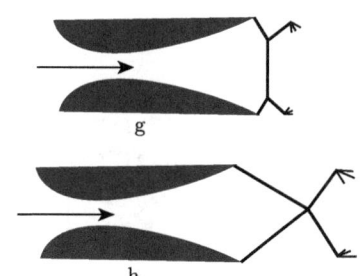

图 4.25 拉瓦尔喷管外出现斜激波的流动工况

4. 设计工况

喷管出口背压进一步降低至 $p_{\mathrm{B}} = p_{\mathrm{I}}$,整个喷管流场不再出现间断结构,此时对应喷管的设计工况。设计工况的气流参数实际上在喷管出口出现正激波的工况 (即 $p_{\mathrm{B}} = p_{\mathrm{III}}$ 时) 中已经解出,参见式 (4.50d) 等。实际上,在激波离开喷管出口截面以后,整个喷管流动都是超声速的,背压降低产生的小扰动将无法上传,因此喷管出口及其附近区域的流动参数将不再改变。

5. 管外出现膨胀波工况

当喷管出口背压进一步降低至 $p_{\mathrm{B}} < p_{\mathrm{I}}$ 时,那么,喷管出口下游将出现膨胀波,此时,流动结构呈现出显著的二维流动特征,本章的一维定常流动方法无法处理,也将在第 5 章讨论。

拉瓦尔喷管内各工况的流动特征汇总于图 4.26。求解拉瓦尔喷管流动的关键是确定三个临界背压,即 p_{I},p_{II} 和 p_{III},求解三个参数的过程可以用图 4.27 清晰

表示出来。图中有三条关键曲线，即等熵流动的截面关系曲线 $\dfrac{\Sigma_e}{\Sigma^*}$、等熵流动压强与总压关系曲线 $\dfrac{p_e}{p_0}$，以及激波压强关系曲线 $\dfrac{p_s}{p_0}$。其计算式再次汇总如下：

$$\frac{\Sigma_e}{\Sigma^*} = \frac{1}{M_e}\left[\frac{2}{\gamma+1}\left(1+\frac{\gamma-1}{2}M_e^2\right)\right]^{\frac{\gamma+1}{2(\gamma-1)}} \tag{4.53a}$$

$$\frac{p_0}{p_e} = \left(1+\frac{\gamma-1}{2}M_e^2\right)^{\gamma/(\gamma-1)} \tag{4.53b}$$

$$\frac{p_s}{p_e} = \frac{2\gamma}{\gamma+1}M_e^2 - \frac{\gamma-1}{\gamma+1}, \quad \frac{p_s}{p_0} = \frac{p_s}{p_e}\frac{p_e}{p_0} \tag{4.53c}$$

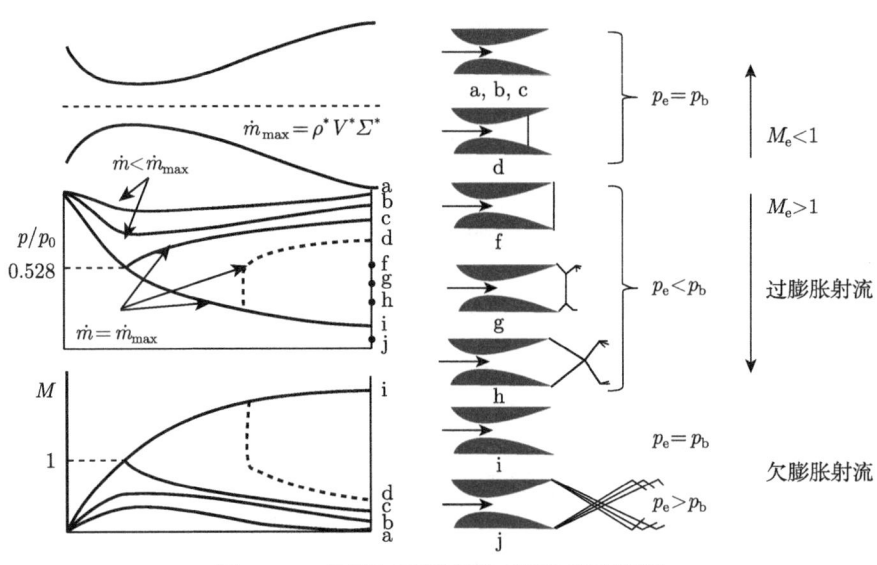

图 4.26 拉瓦尔喷管流动工况及流动特征

具体求解过程：

根据给定的喷管型线参数 $\dfrac{\Sigma_e}{\Sigma^*}$，可以确定两个马赫数，即 M_I，M_II，分别对应设计工况出口马赫数和喉道出现临界状态的出口马赫数。$M_e = M_\mathrm{II}$ 竖直线与 $\dfrac{p_e}{p_0}$ 曲线的交点即为 p_II。$M_e = M_\mathrm{I}$ 竖直线与 $\dfrac{p_e}{p_0}$ 曲线的交点即为 p_I，而与 $\dfrac{p_s}{p_0}$ 曲线的交点即为 p_III。

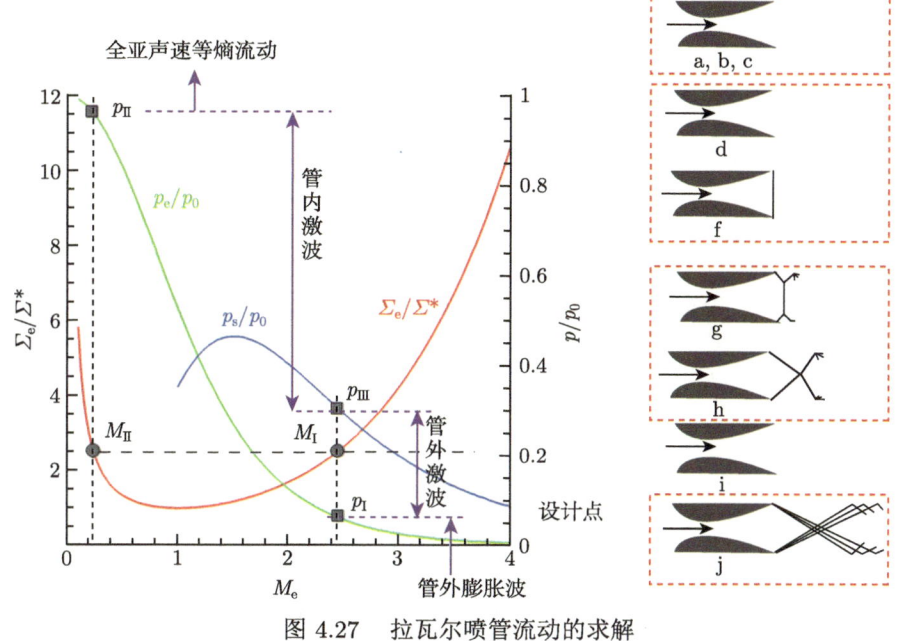

图 4.27 拉瓦尔喷管流动的求解

4.6 等截面绝热摩擦管流

气体在管道内高速流动时，如果管道较长，那么管壁摩擦带来的阻滞作用不可忽略，例如，天然气输送管道，在一定间隔处要加装加压泵站。为了便于分析摩擦阻力的影响机制，现简化问题如下。

只考虑等截面管道内的有摩擦定常流动；假定管壁是绝热的，气流与外界没有能量交换；只关注流动参数在管道截面的均值的一维流动问题。

以上简化的目的在于，探讨等截面绝热摩擦管流中流动参数沿管道轴向的变化规律。

4.6.1 等截面绝热摩擦管流控制方程

在前文讨论的广义一维定常流动控制方程组中，去除截面变化、加热、传质等影响因素，只保留摩擦因素，就得到等截面绝热摩擦管流的基本控制方程组：

$$\frac{\mathrm{d}\rho}{\rho} + \frac{\mathrm{d}V}{V} = 0 \tag{4.54a}$$

$$\frac{\mathrm{d}p}{p} + \gamma M^2 \left(\frac{\mathrm{d}V}{V} + 2f\frac{\mathrm{d}x}{D} \right) = 0 \tag{4.54b}$$

$$\frac{dT}{T} + (\gamma - 1)M^2 \frac{dV}{V} = 0 \tag{4.54c}$$

$$\frac{dp}{p} - \frac{d\rho}{\rho} - \frac{dT}{T} = 0 \tag{4.54d}$$

$$\frac{dM}{M} = \frac{dV}{V} - \frac{dT}{2T} \tag{4.54e}$$

分别为连续性方程、动量方程、能量方程、热状态方程和马赫数定义公式的微分形式。从上述基本方程组，不难导出流动参数与摩擦的微分关系，也可以直接从表 4.1 中提取：

$$\frac{d\rho}{\rho} = -\frac{\gamma M^2}{2(1-M^2)} 4f \frac{dx}{D} \tag{4.55a}$$

$$\frac{dp}{p} = -\frac{\gamma M^2 [1 + (\gamma-1)M^2]}{2(1-M^2)} 4f \frac{dx}{D} \tag{4.55b}$$

$$\frac{dT}{T} = -\frac{\gamma(\gamma-1)M^4}{2(1-M^2)} 4f \frac{dx}{D} \tag{4.55c}$$

$$\frac{dV}{V} = +\frac{\gamma M^2}{2(1-M^2)} 4f \frac{dx}{D} \tag{4.55d}$$

$$\frac{dM}{M} = +\frac{\gamma M^2 \left(1 + \frac{\gamma-1}{2} M^2\right)}{2(1-M^2)} 4f \frac{dx}{D} \tag{4.55e}$$

$$\frac{dp_0}{p_0} = -\frac{\gamma M^2}{2} 4f \frac{dx}{D} \tag{4.55f}$$

$$\frac{ds}{c_p} = +\frac{(\gamma-1)M^2}{2} 4f \frac{dx}{D} \tag{4.55g}$$

从微分关系式 (4.55a)~ 式 (4.55e) 可以看出，摩擦作用对热力参数和运动学参数微分关系的符号相反，其影响趋势是相反的，这与截面变化的影响趋势是一致的。由微分关系式 (4.55f) 和式 (4.55g) 得出，不管是亚声速流动还是超声速流动，摩擦对总压的影响符号总是"$-$"，而对熵的影响符号总是"$+$"。具体影响特性如下所述。

(1) 亚声速等截面绝热摩擦流动条件下，因管壁摩擦作用，气流的热力学参数：压强、温度、密度降低，而运动学参数：速度和马赫数增加。

(2) 超声速等截面绝热摩擦流动条件下，因管壁摩擦作用，气流的热力学参数：压强、温度、密度增加，而运动学参数：速度和马赫数降低。

4.6 等截面绝热摩擦管流

(3) 摩擦作用总是使气流速度趋于声速。单纯靠摩擦作用，气流不可能由亚声速加速至超声速，也不可能由超声速降至亚声速 (除非是出现壅塞而产生激波)。

(4) 由于摩擦作用，沿管道流动方向，总压是下降的，熵是增加的。摩阻总是引起机械能的损失。

(5) 摩擦作用对总压和熵的影响系数与马赫数平方成正比，因此，在相同的摩擦因子条件下，超声速管流的总压损失率及熵增率远高于亚声速管流。

4.6.2 等截面绝热摩擦管流参数计算

由前文讨论的等截面绝热摩擦管流微分关系式，比较容易看出摩擦对流动参数的影响趋势，但不易于计算具体的数值。为了方便计算，需将微分关系式变成积分关系式，以马赫数为独立变量。针对微分关系 (4.55e) 进行积分：

$$\int_0^{L_{\max}} \frac{4f}{D} \mathrm{d}x = \int_{M_1}^1 \frac{2(1-M^2)}{\gamma M^3 \left(1 + \frac{\gamma-1}{2}M^2\right)} \mathrm{d}M \tag{4.56a}$$

此处定义了最大管长参数 $L_{\max}$：对应给定管道入口 ($x=0$) 马赫数 M_1 的最大管长，此时，使管道出口处 ($x=L_{\max}$) 马赫数达到 1，即临界状态，见图 4.28。同时，定义平均摩阻因子 $\bar{f} = \dfrac{1}{L_{\max}} \displaystyle\int_0^{L_{\max}} f \mathrm{d}x$。

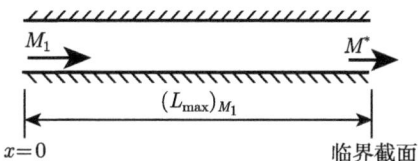

图 4.28 等截面绝热摩擦管流的最大管长

将式 (4.56a) 积分便可得到

$$4\bar{f}\frac{L_{\max}}{D} = \frac{1-M_1^2}{\gamma M_1^2} + \frac{\gamma+1}{2\gamma} \ln \frac{(\gamma+1)M_1^2}{2\left(1 + \frac{\gamma-1}{2}M_1^2\right)} \tag{4.56b}$$

具体求解管道处 $x = L < L_{\max}$ 的流动参数过程，可以 $x = L_{\max}$ 最大管长处参数作为参考状态，如图 4.29 所示，间接求解。因为最大管长只是入口马赫数的函数，所以，针对管道出口 ($x=L$, $M=M_2$)，假想附加一段相同摩阻因子的

管流，使得气流马赫数从 M_2 变为 1，达到最大管长状态。因此有

$$4\bar{f}\frac{L}{D} = \left(4\bar{f}\frac{L_{\max}}{D}\right)_{M_1} - \left(4\bar{f}\frac{L_{\max}}{D}\right)_{M_2}$$

$$= \frac{M_2^2 - M_1^2}{\gamma M_1^2 M_2^2} + \frac{\gamma+1}{2\gamma}\ln\left[\frac{M_1^2\left(1+\dfrac{\gamma-1}{2}M_2^2\right)}{M_2^2\left(1+\dfrac{\gamma-1}{2}M_1^2\right)}\right] \qquad (4.56c)$$

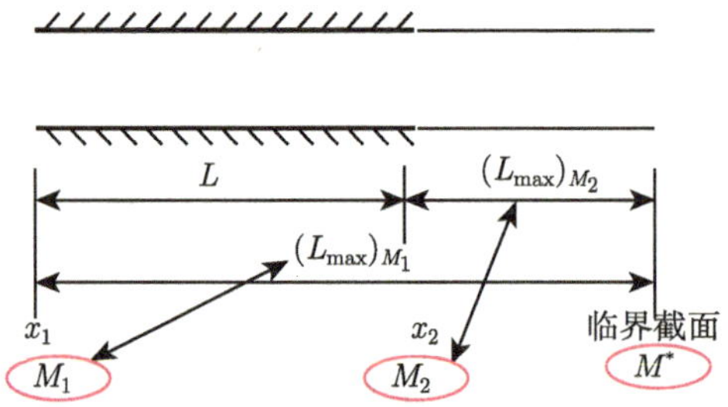

图 4.29 等截面绝热摩擦管流参数计算过程示意图

通过式 (4.56c)，我们可以在已知管长 L 的条件下计算出口气流马赫数 M_2，或者在知道出口马赫数 M_2 的条件下，计算管长 L。求得 M_2 后，其他气流参数就可以迎刃而解，例如，由式 (4.55a) 和式 (4.55e) 得

$$\frac{\mathrm{d}\rho}{\rho} = -\frac{1}{1+\dfrac{\gamma-1}{2}M^2}\frac{\mathrm{d}M}{M} \qquad (4.57)$$

对上式积分，积分域 $(\rho \mapsto \rho^*; M \mapsto 1)$，$\displaystyle\int_\rho^{\rho^*}\frac{\mathrm{d}\rho}{\rho} = -\int_M^1 \frac{1}{1+\dfrac{\gamma-1}{2}M^2}\frac{\mathrm{d}M}{M}$，我们可以得到

$$\frac{\rho}{\rho^*} = \frac{1}{M}\sqrt{\frac{2\left(1+\dfrac{\gamma-1}{2}M^2\right)}{\gamma+1}} \qquad (4.58a)$$

同理，积分可以得到

$$\frac{p}{p^*} = \frac{1}{M}\sqrt{\frac{\gamma+1}{2\left(1+\dfrac{\gamma-1}{2}M^2\right)}} \qquad (4.58b)$$

$$\frac{T}{T^*} = \frac{a}{a^{*2}} = \frac{\gamma+1}{2\left(1+\dfrac{\gamma-1}{2}M^2\right)} \tag{4.58c}$$

$$\frac{V}{V^*} = \frac{\rho^*}{\rho} \tag{4.58d}$$

$$\frac{p_0}{p_0^*} = \frac{1}{M}\sqrt{\left[\frac{2\left(1+\dfrac{\gamma-1}{2}M^2\right)}{\gamma+1}\right]^{\frac{\gamma+1}{\gamma-1}}} \tag{4.58e}$$

将式 (4.58a)~ 式 (4.58e) 绘制成图 4.30，可以直观地看出等截面绝热摩擦管流的流动参数的变化规律 (注：图中亚声速管流入口在左侧，而超声速管流入口在右侧，管壁摩擦作用总是使气流趋于声速，即该摩擦管流所对应的临界状态)。基于以上积分式 (4.58a)~ 式 (4.58e)，我们就可以根据给定管道入口参数和管道长度 L，以及由式 (4.56c) 得到的出口气流马赫数 M_2，计算出口的流动参数，例如，

$$\frac{\rho_2}{\rho_1} = \frac{\rho_2/\rho^*}{\rho_1/\rho^*} = \frac{\dfrac{1}{M_2}\sqrt{\dfrac{2\left(1+\dfrac{\gamma-1}{2}M_2^2\right)}{\gamma+1}}}{\dfrac{1}{M_1}\sqrt{\dfrac{2\left(1+\dfrac{\gamma-1}{2}M_1^2\right)}{\gamma+1}}} = \frac{M_1}{M_2}\sqrt{\dfrac{1+\dfrac{\gamma-1}{2}M_2^2}{1+\dfrac{\gamma-1}{2}M_1^2}} \tag{4.59}$$

同理可得其他参数。

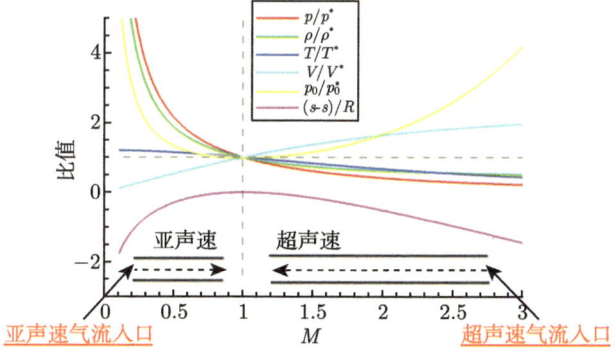

图 4.30　等截面绝热摩擦管流参数的变化规律

4.6.3 等截面绝热摩擦管流的最大管长和摩擦壅塞

对于给定入口参数和管壁摩擦因子的等截面绝热摩擦流动，最大管长由式 (4.56b) 给出。我们利用马赫数 M_1 与无量纲速度 λ_1 的关系，$M^2 = \dfrac{\lambda^2}{1 - \dfrac{\gamma-1}{2}(\lambda^2 - 1)}$，把马赫数替换成无量纲速度，得

$$4\bar{f}\frac{(L_{\max})_{M_1}}{D} = \frac{\gamma+1}{2\gamma}\left(\frac{1}{\lambda_1^2} - 1 - \ln\frac{1}{\lambda_1^2}\right) \tag{4.60}$$

那么，式 (4.56c) 可改写为

$$\left(\frac{1}{\lambda_1^2} - \frac{1}{\lambda^2}\right) - \ln\frac{\lambda^2}{\lambda_1^2} = \frac{2\gamma}{\gamma+1} 4\bar{f}\frac{L}{D} = X \tag{4.61}$$

式中，X 定义为折合管长，它与管长 L 只差一个比例系数，该系数取决于气体比热比 γ、平均摩阻因子 $\bar{f}$、管径 D；λ 即管道出口的无量纲速度。

将式 (4.61) 绘制成图 4.31(a)，图中六个不同的入口速度 λ_1 分别对应六条曲线，其中，三条实线分别代表三个不同 $\lambda_1 > 1$ 的入口超声速情形，三条虚线分别代表三个不同 $\lambda_1 < 1$ 的入口亚声速情形。显然，对于入口亚声速情形，$\lambda_1 < \lambda_1'$，即 $M_1 < M_1'$；入口超声速情形则相反，$\lambda_1 > \lambda_1'$，即 $M_1 > M_1'$。对于亚声速入口情形，$\lambda_1 < 1$，出口速度 λ 随着 X 的增大而增大，但最多增大到 $\lambda = 1$；对于超声速入口情形，$\lambda_1 > 1$，出口速度 λ 随着 X 的增大而减小，但最多减小到 $\lambda = 1$。当 $\lambda = 1$ 时，即在最大折合管长 $X_{\max}$ 处，因此有

$$X_{\max} = \frac{2\gamma}{\gamma+1} 4\bar{f}\frac{L_{\max}}{D} = \left(\frac{1}{\lambda_1^2} - 1\right) - \ln\frac{1}{\lambda_1^2} \tag{4.62}$$

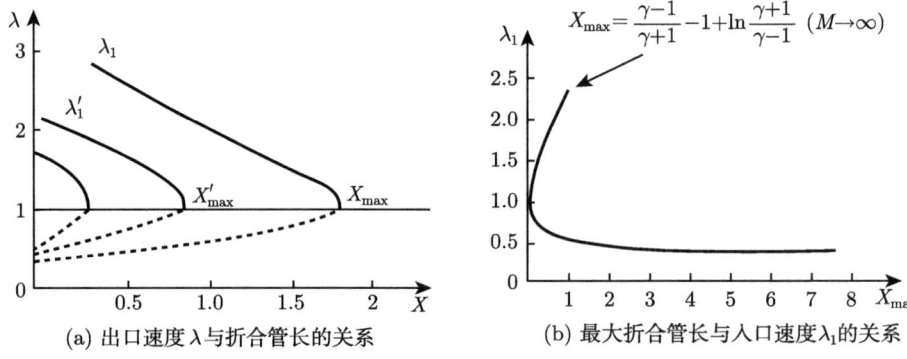

(a) 出口速度 λ 与折合管长的关系 (b) 最大折合管长与入口速度 λ_1 的关系

图 4.31 等截面绝热摩擦管流特性

4.6 等截面绝热摩擦管流

将此式绘制成图 4.31(b)，该曲线说明摩擦作用总是使气流向临界状态靠近。对于给定的入口速度 λ_1 或马赫数 M_1 总有一个最大折合管长 $X_{\max}$ 或最大管长 $L_{\max}$ 与之对应，其值分别由式 (4.62) 或式 (4.60) 决定。对于亚声速入口情形，$\lambda_1 \to 0$ 时 $X_{\max}$ 可至无穷大；对于超声速入口情形，当 $\lambda_1 \to \lambda_{\max} = \sqrt{\dfrac{\gamma+1}{\gamma-1}}$ 时，$X_{\max} = \dfrac{\gamma-1}{\gamma+1} - 1 + \ln\dfrac{\gamma+1}{\gamma-1}$，是个有限值。这说明，对于相同的平均摩阻因子 $\bar{f}$，摩擦作用对超声速气流的总压损失比亚声速情形更大，这与式 (4.58e) 给出的趋势是一致的。

对于给定的入口速度 λ_1，其最大折合管长 $X_{\max}$ 或最大管长 $L_{\max}$ 就已确定，如果实际管长超过了最大管长，$X > X_{\max}$ 或 $L > L_{\max}$，那么即使出口背压再低，在出口处也无法流出 λ_1 对应的质量流量，流动必然发生壅塞现象。此时，在 $x = L_{\max}$ 处，流动已经达到临界状态，比流量密度达到极值。

对于亚声速入口情形 $\lambda_1 < 1$(图 4.32)，当管道内出现壅塞现象后，将在 $x = L_{\max}$ 处发生气体堆积，并产生扰动，扰动在亚声速气流中向上游传播，直至入口并导致溢流，使得入口速度降低，$\lambda_1' < \lambda_1$，与 λ_1' 对应的最大管长将增大，$L_{\max}' > L_{\max}$。这个过程一直发生，直至最大管长增大到实际管长为止，即 $L_{\max}'' = L$ 时，出口达到临界状态，$\lambda_2'' = 1$。

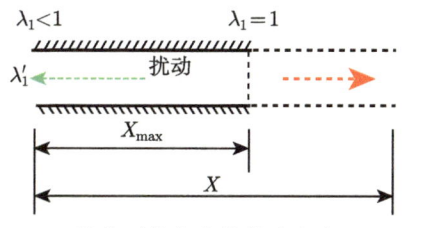

图 4.32 等截面绝热摩擦管流壅塞 ($\lambda_1 < 1$)

对于超声速入口情形 $\lambda_1 > 1$(图 4.33)，在 $x = L_{\max}$ 处产生壅塞，壅塞之前气流为超声速，因此扰动无法上传，此时，此地将产生一道激波，波后气流是亚声速的，与波后速度对应的最大管长显然大于超声速气流情形，摩擦作用对亚声速气流的总压损失低于超声速情形，管道出口总压和流速提高，达到临界状态，$\lambda_2 = 1$，与 λ_1 对应的质量流量得以流出管道。也就是说，对于入口超声速情形，如果管内出现激波，可以不减小质量流量，这与亚声速入口情形不同。在激波处 $(x = X_s)$，波前波后气流速度存在以下关系：$\lambda_{s1}\lambda_{s2} = 1$，设激波波前气流速度 $\lambda_{s1} = \lambda_s$，显然 $\lambda_s > 1$，则波后 $\lambda_{s2} = 1/\lambda_s$。入口、激波以及出口速度存在以下关系：

$$\frac{1}{\lambda_1^2} - \frac{1}{\lambda_s^2} - \ln\frac{\lambda_s^2}{\lambda_1^2} = X_s \tag{4.63a}$$

$$\lambda_s^2 - 1 - \ln\lambda_s^2 = X - X_s \tag{4.63b}$$

联立求解上述方程组，即可得到两个未知数 (X_s, λ_s)。

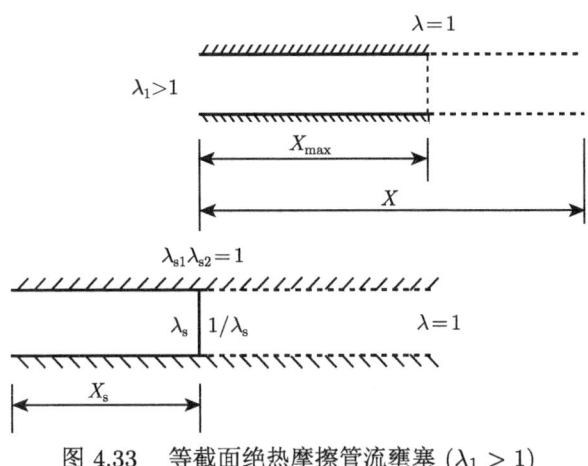

图 4.33　等截面绝热摩擦管流壅塞 $(\lambda_1 > 1)$

4.7　等截面加热管流

在实际工程中，存在有加热的管道流动，例如，发动机燃烧室因化学反应释热而加热气流，在超声速喷管流动，有时候也会因为凝结释放潜热而加热气流。为了便于总结加热对管道流动的影响规律，我们对加热管流做以下简化：

(1) 气体沿一维等截面管道做有传热的定常流动；

(2) 气体在加热过程中，成分、比热比、质量流量不变；

(3) 加热过程被看作简单的总温变化：

$$\delta q = c_p \mathrm{d}T_0 \tag{4.64a}$$

或者

$$\Delta q = h_{02} - h_{01} = c_p(T_{02} - T_{01}) \tag{4.64b}$$

4.7.1　等截面加热管流的基本控制方程

显然，根据上述简化，加热对等截面管流的影响将只体现在能量方程，其控制方程组如下：

$$\frac{\mathrm{d}\rho}{\rho} + \frac{\mathrm{d}V}{V} = 0 \tag{4.65a}$$

4.7 等截面加热管流

$$\frac{\mathrm{d}p}{p} + \gamma M^2 \frac{\mathrm{d}V}{V} = 0 \tag{4.65b}$$

$$\frac{\mathrm{d}T}{T} + (\gamma - 1) M^2 \frac{\mathrm{d}V}{V} + \left(1 + \frac{\gamma - 1}{2} M^2\right) \frac{\mathrm{d}T_0}{T_0} = 0 \tag{4.65c}$$

$$\frac{\mathrm{d}p}{p} - \frac{\mathrm{d}\rho}{\rho} - \frac{\mathrm{d}T}{T} = 0 \tag{4.65d}$$

$$\frac{\mathrm{d}M}{M} = \frac{\mathrm{d}V}{V} - \frac{\mathrm{d}T}{2T} \tag{4.65e}$$

求解上述微分关系式，我们可以得到

$$\frac{\mathrm{d}\rho}{\rho} = -\frac{1 + \frac{\gamma - 1}{2} M^2}{1 - M^2} \frac{\mathrm{d}T_0}{T_0} \tag{4.66a}$$

$$\frac{\mathrm{d}p}{p} = -\frac{\gamma M^2 \left[1 + \frac{(\gamma - 1)}{2} M^2\right]}{1 - M^2} \frac{\mathrm{d}T_0}{T_0} \tag{4.66b}$$

$$\frac{\mathrm{d}V}{V} = \frac{\left(1 + \frac{\gamma - 1}{2} M^2\right)}{1 - M^2} \frac{\mathrm{d}T_0}{T_0} \tag{4.66c}$$

$$\frac{\mathrm{d}M}{M} = \frac{(1 + \gamma M^2) \left(1 + \frac{\gamma - 1}{2} M^2\right)}{2(1 - M^2)} \frac{\mathrm{d}T_0}{T_0} \tag{4.66d}$$

$$\frac{\mathrm{d}T}{T} = \frac{(1 - \gamma M^2) \left(1 + \frac{\gamma - 1}{2} M^2\right)}{1 - M^2} \frac{\mathrm{d}T_0}{T_0} \tag{4.66e}$$

$$\frac{\mathrm{d}p_0}{p_0} = -\frac{\gamma M^2}{2} \frac{\mathrm{d}T_0}{T_0} \tag{4.66f}$$

$$\frac{\mathrm{d}s}{c_p} = \left(1 + \frac{\gamma - 1}{2} M^2\right) \frac{\mathrm{d}T_0}{T_0} \tag{4.66g}$$

从以上微分关系可以看出等截面加热管流的流动特征。

(1) 亚声速气流加热，压强和密度降低，速度和马赫数增加。

(2) 超声速气流加热，压强、密度增加，速度和马赫数降低。

(3) 单纯靠加热，不可能将亚声速流加速至超声速，也不可能将超声速流减速到亚声速 (除非是出现壅塞而产生激波)。

(4) 亚声速加热，当 $M^2 < 1/\gamma$ 时，静温增加，而当 $M^2 > 1/\gamma$ 后，静温降低 (此时动能的增加比静焓更快)，因此亚声速等截面气流加热存在静温的极大值。

(5) 超声速气流加热，温度增加。

(6) 加热总是使总压降低，熵增加，能量可利用率降低。

4.7.2 等截面加热管流的参数计算

求解等截面加热管流的参数，我们需要积分形式的控制方程：

$$\rho_1 V_1 = \rho_2 V_2 = \dot{m}_A \tag{4.67a}$$

$$p_1 + \rho V_1^2 = p_2 + \rho_2 V_2^2 \tag{4.67b}$$

$$h_1 + \frac{V_1^2}{2} + \Delta q = h_2 + \frac{V_2^2}{2} \tag{4.67c}$$

另外，热状态方程和量热完全气体的量热状体方程都需要 (为方便，此处列出并重新编号)：

$$p = \rho R T \tag{4.67d}$$

$$h = c_p T = \frac{\gamma}{\gamma - 1} R T = \frac{\gamma}{\gamma - 1} \frac{p}{\rho} \tag{4.67e}$$

由动量方程 (4.67b) 得

$$\frac{p_2}{p_1} = \frac{1 + \gamma M_1^2}{1 + \gamma M_2^2} \tag{4.68a}$$

由连续性方程得

$$\frac{\rho_2}{\rho_1} = \frac{V_1}{V_2} = \frac{M_1 c_1}{M_2 c_2} = \frac{M_1 \sqrt{\frac{p_1}{\rho_1}}}{M_2 \sqrt{\frac{p_2}{\rho_2}}} = \frac{M_1}{M_2} \sqrt{\frac{p_1 \rho_2}{p_2 \rho_1}}$$

把式 (4.68a) 代入上式得

$$\frac{\rho_2}{\rho_1} = \frac{V_1}{V_2} = \frac{M_1^2}{M_2^2} \frac{1 + \gamma M_2^2}{1 + \gamma M_1^2} \tag{4.68b}$$

根据状态方程，以及式 (4.68a) 和式 (4.68b) 我们有

$$\frac{T_2}{T_1} = \frac{M_2^2}{M_1^2} \left(\frac{1 + \gamma M_1^2}{1 + \gamma M_2^2} \right)^2 \tag{4.68c}$$

4.7 等截面加热管流

以及其他关系式

$$\frac{p_{02}}{p_{01}} = \frac{p_{02}}{p_2}\frac{p_2}{p_1}\frac{p_1}{p_{01}} = \frac{1+\gamma M_1^2}{1+\gamma M_2^2}\left[\frac{1+\dfrac{\gamma-1}{2}M_2^2}{1+\dfrac{\gamma-1}{2}M_1^2}\right]^{\frac{\gamma}{\gamma-1}} \quad (4.68\text{d})$$

$$\frac{T_{02}}{T_{01}} = \frac{T_{02}}{T_2}\frac{T_2}{T_1}\frac{T_1}{T_{01}} = \frac{M_2^2}{M_1^2}\left(\frac{1+\gamma M_1^2}{1+\gamma M_2^2}\right)^2\left(\frac{1+\dfrac{\gamma-1}{2}M_2^2}{1+\dfrac{\gamma-1}{2}M_1^2}\right) \quad (4.68\text{e})$$

$$\frac{s_2-s_1}{R} = \ln\left[\left(\frac{M_2^2}{M_1^2}\right)^{\frac{\gamma}{\gamma-1}}\left(\frac{1+\gamma M_1^2}{1+\gamma M_2^2}\right)^{\frac{\gamma+1}{\gamma-1}}\right] \quad (4.68\text{f})$$

如果给定管道出入口加热量 Δq，由式 (4.64b) 得

$$\Delta q = c_p(T_{02}-T_{01}) = c_p T_{01}\left(\frac{T_{02}}{T_{01}}-1\right) \quad (4.68\text{g})$$

所以，把式 (4.68e) 代入式 (4.68g) 有

$$\frac{\Delta q}{c_p T_{01}} = \frac{M_2^2}{M_1^2}\left(\frac{1+\gamma M_1^2}{1+\gamma M_2^2}\right)^2\left(\frac{1+\dfrac{\gamma-1}{2}M_2^2}{1+\dfrac{\gamma-1}{2}M_1^2}\right) - 1 \quad (4.68\text{h})$$

由此式就可以计算出管道出口的马赫数 M_2，然后通过式 (4.68a)～式 (4.68f) 计算得到其他流动参数。上述计算比较烦琐，我们仍然可以选取临界状态为参考，间接求解问题。只要把 $M_1=1$ 代入式 (4.68a)～式 (4.68f) 及式 (4.68h) 即可得到

$$\frac{\rho}{\rho^*} = \frac{1+\gamma M^2}{(1+\gamma)M^2} \quad (4.69\text{a})$$

$$\frac{p}{p^*} = \frac{1+\gamma}{1+\gamma M^2} \quad (4.69\text{b})$$

$$\frac{T}{T^*} = \frac{a^2}{a^{*2}} = \frac{(1+\gamma)^2 M^2}{(1+\gamma M^2)^2} \quad (4.69\text{c})$$

$$\frac{V}{V^*} = \frac{(1+\gamma)M^2}{1+\gamma M^2} \quad (4.69\text{d})$$

$$\frac{p_0}{p_0^*} = \frac{1+\gamma}{1+\gamma M^2} \left[\frac{1+\frac{\gamma-1}{2}M^2}{\frac{\gamma+1}{2}} \right]^{\frac{\gamma}{\gamma-1}} \tag{4.69e}$$

$$\frac{T_0}{T_0^*} = \frac{2(1+\gamma)M^2}{(1+\gamma M^2)^2} \left(1+\frac{\gamma-1}{2}M^2\right) \tag{4.69f}$$

$$\frac{s-s^*}{R} = \ln\left(M^{\frac{2\gamma}{\gamma-1}} \left[\frac{\gamma+1}{1+\gamma M^2} \right]^{\frac{\gamma+1}{\gamma-1}} \right) \tag{4.69g}$$

将式 (4.69a)~ 式 (4.69g) 绘制成图 4.34,可以直观地看出等截面加热管流的参数变化规律 (注意,途中气流入口,对于亚声速情形在左侧,对于超声速情形,则入口在右侧)。与一维定常正激波控制方程一样,其连续性方程和动量方程,即式 (4.67a)~ 式 (4.67b) 可以导出

$$p_2 - p_1 = \rho_1 V_1^2 - \rho_2 V_2^2 = \dot{m}_A^2 \left(\frac{1}{\rho_1} - \frac{1}{\rho_2} \right) \tag{4.70a}$$

由能量方程 (4.67c) 和连续性方程 (4.67a) 得

$$h_2 - h_1 = \Delta q + \frac{\dot{m}_A^2}{2} \left(\frac{1}{\rho_1} - \frac{1}{\rho_2} \right) \left(\frac{1}{\rho_1} + \frac{1}{\rho_2} \right) \tag{4.70b}$$

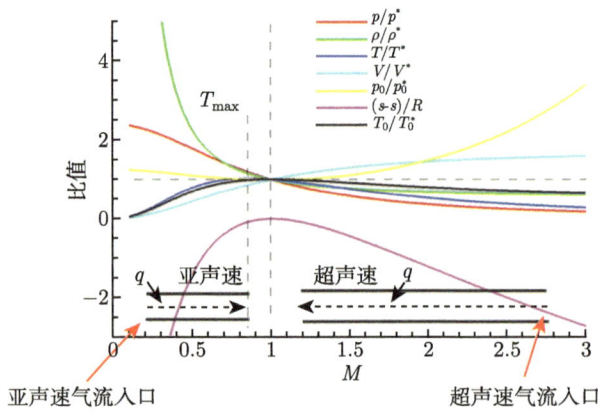

图 4.34 等截面加热管流参数变化规律

将式 (4.70a) 代入式 (4.70b) 得

$$h_2 - h_1 = \Delta q + \frac{1}{2}(p_2 - p_1) \left(\frac{1}{\rho_1} + \frac{1}{\rho_2} \right) \tag{4.70c}$$

将量热完全气体的量热状态方程 (4.67e) 变形得

$$h_2 - h_1 = \frac{\gamma}{\gamma - 1}\left(\frac{p_2}{\rho_2} - \frac{p_1}{\rho_1}\right) = \frac{\gamma}{\gamma - 1}\frac{1}{\rho_1\rho_2}\frac{1}{2}[(p_2 - p_1)(\rho_1 + \rho_2) - (p_2 + p_1)(\rho_2 - \rho_1)]$$

将上式代入式 (4.70c) 并化简可得

$$\frac{p_2}{p_1} = \frac{\dfrac{\gamma+1}{\gamma-1} - \dfrac{\rho_1}{\rho_2} + \dfrac{2\gamma}{\gamma-1}\dfrac{\Delta q}{c_p T_1}}{\dfrac{\gamma+1}{\gamma-1}\dfrac{\rho_1}{\rho_2} - 1} \tag{4.70d}$$

此式即为等截面加热管流的兰金–于戈尼奥关系，令 $\Delta q = 0$，就是激波的兰金–于戈尼奥关系。式 (4.70d) 是爆轰波 (detonation wave) 的重要关系式，爆轰波是正激波与燃烧放热的强耦合结构，将在第 8 章讨论。

4.7.3 等截面加热管流的壅塞

等截面亚声速气流加热，将使马赫数增加，但至多只能加速到声速；超声速等截面气流加热，使马赫数降低，但是至多降低到声速。气流加速或减速，与加热量有一定的关系。

依据式 (4.68h) 有

$$\frac{\Delta q}{c_p T_{01}} = \frac{M_2^2}{M_1^2}\left(\frac{1+\gamma M_1^2}{1+\gamma M_2^2}\right)^2\left(\frac{1+\frac{\gamma-1}{2}M_2^2}{1+\frac{\gamma-1}{2}M_1^2}\right) - 1$$

取 $\mathrm{d}\left(\dfrac{\Delta q}{c_p T_{01}}\right)\Big/\mathrm{d}M_2 = 0$ 得 $M_2 = 1$，即将入口马赫数为 M_1 的气流加热到临界状态，就得到最大加热量。把 $M_2 = 1$ 代入式 (4.68h) 得

$$\frac{\Delta q_{\max}}{c_p T_{01}} = \left[\frac{1+\gamma M_1^2}{(1+\gamma)M_1}\right]^2\left[\frac{\gamma+1}{2+(\gamma-1)M_1^2}\right] - 1 \tag{4.71}$$

将式 (4.71) 绘制成图 4.35 可见，在亚声速流中加热，$\dfrac{\Delta q_{\max}}{c_p T_{01}}$ 随着入口马赫数 M_1 的提高而迅速下降，超声速情形则相反。如果实际加热量超过 $\dfrac{\Delta q_{\max}}{c_p T_{01}}$，管道中将发生热壅塞现象。管道入口马赫数越接近声速，就越容易发生热壅塞。由图 4.35 还可以看出，在超声速气流中加热，相对于亚声速气流加热更加困难，在超声速气流中加热，更容易发生热壅塞现象，这也是目前超声速燃烧冲压发动机的研制非常困难的原因之一。

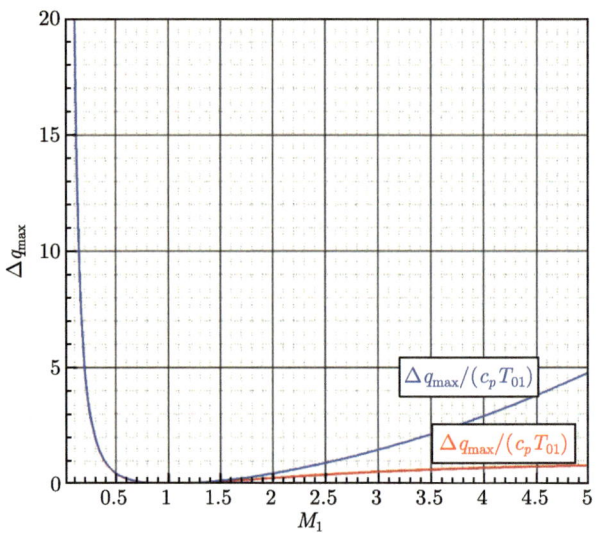

图 4.35 等截面加热管流最大加热量与入口马赫数的关系

如果亚声速气流因加热超过最大加热量而发生壅塞，则产生的扰动将向上游传播，从而改变入口气流参数，导致溢流，通过调整，使得壅塞位置向下游移动，直至管道出口。对于超声速气流，则将产生正激波，不改变入口气流参数，但是使得波后亚声速气流容纳更多加热量。这类似于等截面摩擦管流发生壅塞的情况。

4.8 简单添质管流

仅考虑简单添质流动，即将微元添质 $\mathrm{d}\dot{m}$ 垂直于主流方向，且添质和主流为同一气体，热力学变量也彼此等值，即压强、温度、密度和比热等参数都相同。显然，添质流将对主流的连续性方程、动量方程和能量方程都有所改变。同时还需假定气体沿一维等截面管道做定常、无摩擦、无传热流动，添质流入后，即达到平衡态均匀系统，不考虑混合具体过程。微分形式的控制方程如下：

$$\frac{\mathrm{d}\rho}{\rho} + \frac{\mathrm{d}V}{V} = \frac{\mathrm{d}\dot{m}}{\dot{m}} \tag{4.72a}$$

$$\frac{\mathrm{d}p}{p} + \gamma M^2 \left(\frac{\mathrm{d}V}{V} + \frac{\mathrm{d}\dot{m}}{\dot{m}} \right) = 0 \tag{4.72b}$$

$$\frac{\mathrm{d}T}{T} + (\gamma - 1) M^2 \frac{\mathrm{d}V}{V} = 0 \tag{4.72c}$$

$$\frac{\mathrm{d}p}{p} - \frac{\mathrm{d}\rho}{\rho} - \frac{\mathrm{d}T}{T} = 0 \tag{4.72d}$$

4.8 简单添质管流

$$\frac{\mathrm{d}M}{M} = \frac{\mathrm{d}V}{V} - \frac{\mathrm{d}T}{2T} \tag{4.72e}$$

求解上述微分方程组可得

$$\frac{\mathrm{d}\rho}{\rho} = -\frac{(1+\gamma)M^2}{(1-M^2)}\frac{\mathrm{d}\dot{m}}{\dot{m}} \tag{4.73a}$$

$$\frac{\mathrm{d}p}{p} = -\frac{2\gamma M^2 \left[1+\frac{\gamma-1}{2}M^2\right]}{1-M^2}\frac{\mathrm{d}\dot{m}}{\dot{m}} \tag{4.73b}$$

$$\frac{\mathrm{d}T}{T} = -\frac{(1+\gamma M^2)(\gamma-1)M^2}{1-M^2}\frac{\mathrm{d}\dot{m}}{\dot{m}} \tag{4.73c}$$

$$\frac{\mathrm{d}V}{V} = \frac{1+\gamma M^2}{1-M^2}\frac{\mathrm{d}\dot{m}}{\dot{m}} \tag{4.73d}$$

$$\frac{\mathrm{d}M}{M} = \frac{(1+\gamma M^2)\left(1+\frac{\gamma-1}{2}M^2\right)}{1-M^2}\frac{\mathrm{d}\dot{m}}{\dot{m}} \tag{4.73e}$$

$$\frac{\mathrm{d}p_0}{p_0} = -\gamma M^2 \frac{\mathrm{d}\dot{m}}{\dot{m}} \tag{4.73f}$$

$$\frac{\mathrm{d}s}{c_p} = -\frac{\gamma-1}{\gamma}\frac{\mathrm{d}p_0}{p_0} = (\gamma-1)M^2\frac{\mathrm{d}\dot{m}}{\dot{m}} \tag{4.73g}$$

通过式 (4.73a)~式 (4.73e) 可以看出简单添质流有以下特征。
(1) 亚声速气流添质，速度增加，压强、温度、密度降低。
(2) 超声速气流添质，速度降低，压强、温度、密度增加。
(3) 单纯靠添质，亚声速流不可能加速至超声速，也不可能使超声速气流减速到亚声速 (除非是出现壅塞而产生激波)。
(4) 沿管道流动方向，总压是下降的，熵是增加的。"添质损失"指能量的可利用率降低，但是可利用的总能量增加了。

下面我们来推导积分形式的关系式，由式 (4.73e) 从任意截面至临界状态积分，即

$$\int_{\dot{m}}^{\dot{m}_{\max}}\frac{\mathrm{d}\dot{m}}{\dot{m}} = \int_M^1 \frac{1-M^2}{(1+\gamma M^2)\left(1+\frac{\gamma-1}{2}M^2\right)}\frac{\mathrm{d}M}{M}$$

得到

$$\frac{\dot m}{\dot m^*} = \frac{\rho V}{\rho^* V^*} = \frac{M\left[2(\gamma+1)\left(1+\dfrac{\gamma-1}{2}M^2\right)\right]^{\frac{1}{2}}}{1+\gamma M^2} \tag{4.74a}$$

对于其他参数，可以不用直接积分，因为添质绝热管流的能量方程并无特别之处，$T_0 = \text{const.}$ 仍然成立。因此，

$$\frac{T}{T^*} = \frac{T/T_0}{T^*/T_0} = \frac{\gamma+1}{2\left(1+\dfrac{\gamma-1}{2}M^2\right)} \tag{4.74b}$$

$$\frac{V}{V^*} = M\frac{c}{c^*} = M\left(\frac{T}{T^*}\right)^{\frac{1}{2}} = M\left[\frac{\gamma+1}{2\left(1+\dfrac{\gamma-1}{2}M^2\right)}\right]^{\frac{1}{2}} \tag{4.74c}$$

因为 $\dot m = \rho V \Sigma = \dfrac{p}{RT}V\Sigma$，所以

$$\frac{p}{p^*} = \frac{\dot m}{\dot m^*}\frac{T}{T^*}\frac{V^*}{V} = \frac{\gamma+1}{1+\gamma M^2} \tag{4.74d}$$

从热状态方程，我们便有

$$\frac{\rho}{\rho^*} = \frac{p}{p^*}\frac{T^*}{T} = \frac{2\left(1+\dfrac{\gamma-1}{2}M^2\right)}{1+\gamma M^2} \tag{4.74e}$$

利用总压关系我们有

$$\frac{p_0}{p_0^*} = \frac{\gamma+1}{1+\gamma M^2}\left[\frac{2}{\gamma+1}\left(1+\frac{\gamma-1}{2}M^2\right)\right]^{\frac{\gamma}{\gamma-1}} \tag{4.74f}$$

将式 (4.73g) 积分得

$$\frac{s-s^*}{R} = -\ln\frac{p_0}{p_0^*} \tag{4.74g}$$

将式 (4.74a)～式 (4.74g) 绘制成图 4.36，可见等截面绝热添质管流的参数变化规律。

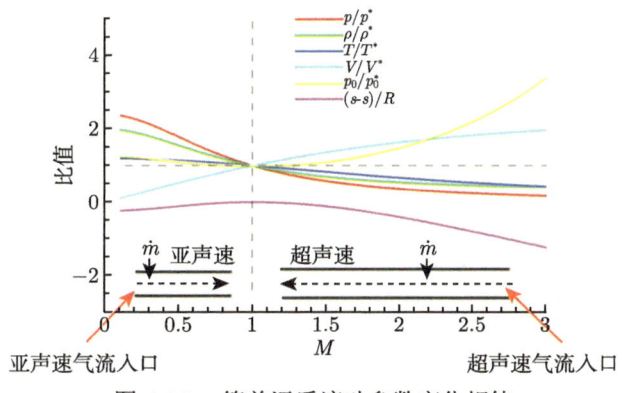

图 4.36　简单添质流动参数变化规律

复习思考题

4.1 如题 4.1 图所示，证明一维定常等熵流动中存在以下关系式，并简要说明对第 (6) 式的理解。

(1) $\dfrac{\mathrm{d}\rho}{\rho} = -M^2 \dfrac{\mathrm{d}V}{V}$；

(2) $\dfrac{\mathrm{d}p}{p} = -\gamma M^2 \dfrac{\mathrm{d}V}{V}$；

(3) $\dfrac{\mathrm{d}T}{T} = -(\gamma-1)M^2 \dfrac{\mathrm{d}V}{V}$；

(4) $\dfrac{\mathrm{d}c}{c} = -\dfrac{\gamma-1}{2}M^2 \dfrac{\mathrm{d}V}{V}$；

(5) $\dfrac{\mathrm{d}M}{M} = \left(1+\dfrac{\gamma-1}{2}M^2\right)\dfrac{\mathrm{d}V}{V}$；

(6) $\dfrac{\mathrm{d}\Sigma}{\Sigma} = \dfrac{M^2-1}{1+\dfrac{\gamma-1}{2}M^2}\dfrac{\mathrm{d}M}{M}$。

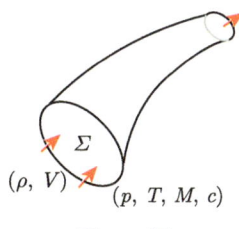

题 4.1 图

4.2 如题 4.2 图所示，已知一架高亚声速飞机在 8 km 高空飞行，速度为 900 km/h，此处大气温度为 236 K。

(1) 求该机机翼前缘驻点的温度；

(2) 若机翼上表面前缘附近某点的流速为 400 m/s，求该点气流的静温。假设气流沿机翼表面的流动为等熵流动。

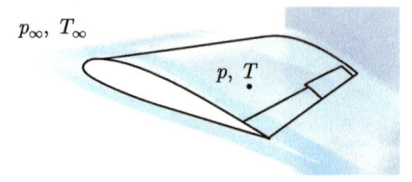

题 4.2 图

4.3 如题 4.3 图所示，冲压发动机是一种结构简单的吸气式推进装置，没有旋转部件，主要结构如图所示。冲压发动机在超声速状态工作，因此其进气道前侧附近形成一个定常正激波。其工作过程如下：空气从左侧穿过正激波，然后在进气道 (inlet) 中被等熵压缩和减速，继而进入燃烧室 (combustor) 与燃料混合并燃烧，高温燃烧产物在喷管 (nozzle) 中膨胀加速喷出，产生推力。假设来流条件为 10 km 高空条件，即 $p_\infty=26500$ Pa，$T_\infty=223$ K，空气为量热完全气体，且进气道出口点 2 处的流动马赫数始终保持为 $M_2=0.3$，请在 $M_\infty=3$ 和 $M_\infty=7$ 两种条件下求解以下问题：

(1) 激波后点 1 处的总压恢复系数 $p_{01}/p_{0\infty}$；
(2) 进气道出口点 2 处的气流静压和静温。

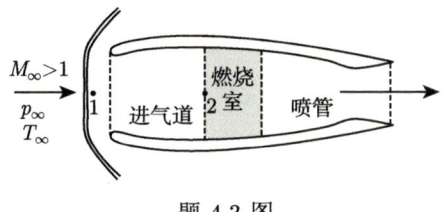

题 4.3 图

4.4 如题 4.4 图所示，储气罐压强 $p_0=1.01\times10^5$ Pa，温度 $T_0=300$ K，通过一简单收缩管将空气放出，收缩管最小截面 (喉部) 面积为 0.1 m²，如果环境背压 p_b 分别为 (1) 0.608×10^5 Pa；(2) 0.203×10^5 Pa；(3) 0.01×10^5 Pa，试求喉部的气流速度和质量流量。

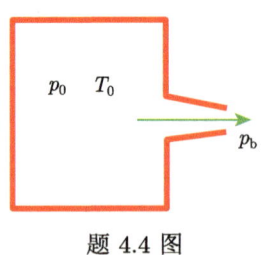

题 4.4 图

4.5 如题 4.5 图所示，一模型放置于超声速空气流中，气流马赫数为 M_1，温度为 300 K，压强为 1 atm。沿对称线上分别布三个点，分别代表来流、激波后以及模型驻点。

(1) $M_1=2$，分别计算三点处的气流的单位质量总能量，即单位质量的内能与动能之和。
(2) 分析气流通过上述三点的流动过程中能量的转换机制。
(3) 如果 $M_1=3$，重复第 (1) 题的计算，并进行对比分析。

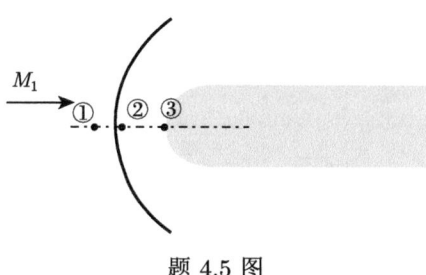

题 4.5 图

4.6 如题 4.6 图所示，空气流经一渐扩通道，出口与入口的面积比为 2，入口① 处的气流温度为 500 K。通过壁面分布式加入热量 10 J/kg，使得出口处与入口处的气流平均速度相等。计算 T_2/T_1，p_2/p_1，ρ_2/ρ_1，$(s_2 - s_1)/c_p$。

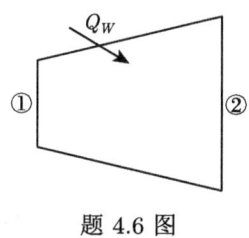

题 4.6 图

4.7 针对极弱驻定正激波，即波前气流马赫数接近 1，$M_1 = 1+\varepsilon$，$\varepsilon \ll 1$。推导此时的激波关系式 $(p_2 - p_1)/p_1$，$(T_2 - T_1)/T_1$，$(u_2 - u_1)/a_1$，$(p_{02} - p_{01})/p_{01}$（结果中最多保留 ε 最低阶项）。

4.8 气罐中充满初始压强为 $p_1 = 1$ atm、温度为 $T_1 = 270$ K 的空气，假设空气为量热完全气体，通过一喷管加速到 $V = 50$ m/s。

(1) 分别基于不可压缩流动假设和可压缩流动假设计算此时的压强 p_{incomp} 和 p_{comp}，以及两者的比值 $p_{\text{comp}}/p_{\text{incomp}}$。

(2) 如果 $V = 200$ m/s、300 m/s，重复上述计算并针对压强比值对比分析。

(3) 其他参数不变而仅仅提高 p_1，是否对第 (2) 题的对比结果产生影响，为什么？

(4) 其他参数不变而仅仅提高 T_1，是否对第 (2) 题的对比结果产生影响，为什么？

4.9 风洞通过拉瓦尔喷管可以将高温高压的驻室气体加速到超声速。现分别应用氦气（$\gamma = 1.66$）、空气（$\gamma = 1.4$）和二氧化碳（$\gamma = 1.25$）为实验气体，请计算实现马赫数 4 的超声速实验气流需要的喷管出口与喉道的面积比 A_{exit}/A^*，并简单分析实现火星大气 (主要成分是二氧化碳) 高速进入实验环境的困难。

4.10 液氢液氧火箭主要结构如题 4.10 图所示，其推力可由公式 $T = \dot{m} V_e + (p_e - p_\infty) A_e$ 计算。为了达到最佳推力性能，尽量保证 $p_e = p_\infty$。液氢液氧在燃烧室内反应后的产物 $p_t = 30$ atm，$T_t = 3500$ K，$\gamma = 1.25$，$R = 520$ J/(kg·K)。火箭喷管喉道面积为 0.4 m^2。

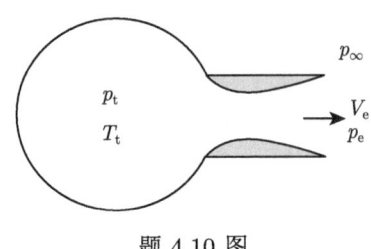

题 4.10 图

(1) 如果在大气 20 km 处 p_∞=5530 Pa，计算火箭推力 T。
(2) 计算喷管出口面积 A_e。
(3) 火箭燃烧室状态稳定，那么火箭在较低或较高高度时，火箭喷管流场与 20 km 处相比有何变化？

4.11 通过拉瓦尔喷管等熵流动将空气加速到超声速，驻室和出口的压强分别为 1 atm 和 0.314 atm，计算喷管出口与喉道处的截面积之比。

4.12 将皮托管置于超声速喷管出口处，读数为 89200 Pa，驻室压强为 2 atm，计算喷管出口与喉道处的截面积之比。

4.13 需要设计一超声速风洞，实现马赫数 2 的实验气流，实验段空气气流压强为 1 atm，温度为 270 K，实验气流流量为 1 kg/s。
(1) 理想设计工况运行时，计算所需要的驻室温度与压强，喷管喉道面积与出口面积。
(2) 如果想要在喷管出口出现正激波，计算所需的背压 p_b 以及此时激波波后的气流速度 V_b。

4.14 使用风速管测得气流静压强为 1.36 atm，总压与静压之差为 0.66 atm，气流总温度为 300 K。(1) 假设空气为不可压缩；(2) 假设空气可压缩，分别计算气流速度。

4.15 某拉瓦尔喷管上游气流参数 p_0 给定且稳定，缓慢调整喷管下游压强 p_b 可以得到某种稳定流场，例如，喷管喉道下游出现正激波（如题 4.15 图所示）；如果下游压强 p_b 出现一个微小的增加 δp，($0<\delta p \ll p_b$)，请结合小扰动在气流中的传播特性，简述喷管内流动的变化过程。

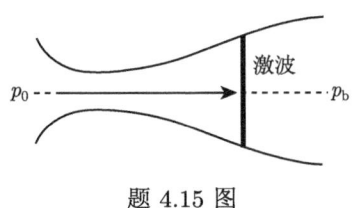

题 4.15 图

4.16 如题 4.16 图所示，大型高压空气罐通过一条直管输送空气，p_t/p_∞=1.5，直管 L/D=100，摩擦系数 $c_f = 0.01$。计算 M_1，M_2 和 p_{te}/p_t。

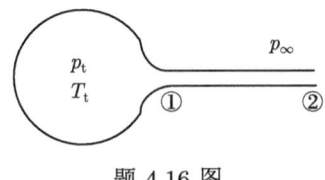

题 4.16 图

4.17 量热完全气体通过一变截面无摩擦管道加热，通过调整壁面和加热方式，使得管道内的静压保持恒定。入口和出口的总温比 $\tau = T_{t2}/T_{t1}$。

(1) 建立出口马赫数 M_2 与 M_1，γ 和 τ 的函数关系。

(2) 证明：$\dfrac{A_2}{A_1} = \tau + \dfrac{\gamma - 1}{2} M_1^2 (\tau - 1)$，$\dfrac{p_{t2}}{p_{t1}} = \left(\tau \dfrac{A_1}{A_2} \right)^{\frac{\gamma}{\gamma-1}}$。

4.18 如题 4.18 图所示等截面加热管流，不考虑管壁摩擦，介质为符合量热完全近似的空气。入口处气流温度 $T_1 = 400\ \text{K}$，针对 $M_1=0.5$ 和 2 两种情形分别计算最大加热量 (单位质量气体) 以及管道内气流的最高总焓。

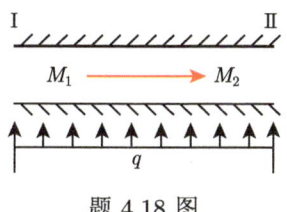

题 4.18 图

4.19 氢氧爆轰驱动激波风洞是一种提供高焓高超声速实验气流的地面试验装置，例如，中国科学院力学研究所的 JF-12 风洞。如题 4.19 图所示，是该风洞的驱动段及氢氧充填系统，充填系统的目的是将爆轰驱动段 (detonation driver) 按照化学恰当比 ($\text{H}_2 : \text{O}_2 = 2 : 1$) 和所需压强 p_{4i} 充满氢气和氧气，作为建立驱动爆轰波的可燃气体混合物。风洞的某个实验条件如下：

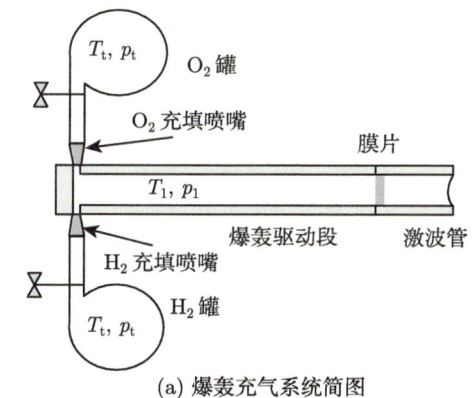

(a) 爆轰充气系统简图

(b) 爆轰驱动激波风洞JF-12实物图

题 4.19 图

$T_1 = T_t = 290$ K,$p_t=5$ MPa,$p_1=10$ Pa,需要将爆轰驱动段充气达到 $p_{4i}=2$ MPa,充气过程中可以保证氢气和氧气罐内状态稳定不变,氢气和氧气充气同步开关,并且充气过程可以近似为准定常和等熵的,忽略传热和摩擦等不可逆过程。渐缩结构的充填喷嘴 (filling nozzle) 如图所示,H_2 充填喷嘴喉部内径为 6 mm,爆轰驱动段的内径为 0.4 m,其长度为 80 m。

(1) 为保证混合气体的化学恰当比,计算所需的 O_2 充填喷嘴喉部的内径;

(2) 粗略计算充满爆轰驱动段所需时间。

第 5 章 膨胀波与斜激波

5.1 膨 胀 波

在第 4 章讲到，当拉瓦尔喷管的出口压强高于环境压强，即 $p_\mathrm{I} > p_\mathrm{b}$ 时，喷管出口的超声速气流会继续膨胀，形成如图 5.1 所示的流场结构。如果用纹影照相，可以观察到喷管气流离开出口后界面积增大，如图中虚线所示。从喷管出口壁端起始的两组实线区域在相交之前就是普朗特-迈耶膨胀波 (Prandtl-Meyer expansion wave，P-M 膨胀波)。通过 P-M 膨胀波，可实现超声速气流从高压 p_I 到低压 p_b 之间的匹配，通过这个区域，气流密度、温度也逐渐降低，速度逐渐增加，即通过膨胀波实现了能量从内能向动能的转变。

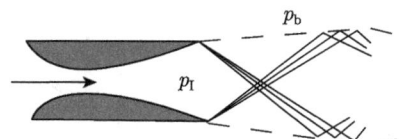

图 5.1 喷管出口出现膨胀波的情形

5.1.1 P-M 膨胀波流动特征与基本关系

定常平面超声速气流绕凸角的流动，形成如图 5.2 所示的 P-M 膨胀波结构，这是膨胀波中最简单的单向波。上游均匀气流马赫数 $M_1 > 1$，方向平行于壁面 AO，在 O 点由于壁面向外转折一个角度 $\Delta\theta$，相当于流通截面积增大，从而超声速气流逐渐膨胀加速，并伴随着逐渐转向，最后气流达到马赫数 $M_2 > M_1$，且方向平行于壁面 OB，整个过程发生在 L_1OL_2 包围的扇形区域内，所以这类 P-M 膨胀波有时候称为膨胀扇 (expansion fan)，上述过程是等熵的。

O 点相当于一个扰动源，L_1OL_2 膨胀扇可以认为是由从 O 点起始的无数条马赫波构成的，其中第一条马赫波 OL_1 所对应的马赫数为 M_1，最后一条马赫波 OL_2 对应的马赫数为 M_2，OL_1 和 OL_2 与当地气流方向的夹角可由马赫角公式得到，分别为 $\mu_1 = \arcsin(1/M_1)$，$\mu_2 = \arcsin(1/M_2)$，因为 $M_2 > M_1$，所以 $\mu_2 < \mu_1$。

因为膨胀扇上游超声速气流是均匀的，所以第一条马赫波 OL_1 是直线，通过该直线，流速和偏转角均有微小增加，而且两者增量沿 OL_1 线不变，因此，OL_1

后的气流也是均匀的。由此得到 OL_1 后的所有马赫波都是直线,而且每条马赫波后气流也都均匀。不难看出,通过每条马赫波对气流产生的扰动仅发生在马赫波法向,而切向未受影响,整个 L_1OL_2 膨胀扇是均熵的。

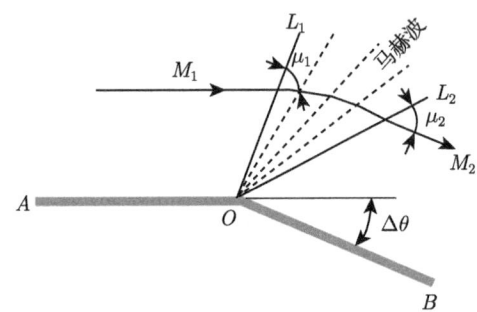

图 5.2　平面超声速气流绕凸角的流场结构 $(M_1 > 1)$

5.1.2　P-M 膨胀波流动几何解法

根据上述分析,P-M 膨胀波区的流动与马赫波切向尺度无关,只是由于气流转角微小增量 $\mathrm{d}\theta$ 的单一扰动,产生马赫波,使波后气流参数产生微小变化,所以原二维平面流动问题可以简化为一个关于单个自变量 θ 的自相似解问题。

我们可以利用速度图法来分析通过某一条马赫波的变量变化关系。在某一马赫波波前的气流速度为 V,该处马赫角(马赫波与波前气流的夹角)为 μ,通过马赫波波后,产生一个微小的流动转角 $\mathrm{d}\theta$,速度发生微小增量 $\mathrm{d}V$,这个增量只包括马赫波法线方向分量 $\mathrm{d}u$,而切线方向分量 v 保持不变。上述几何关系可以在图 5.3 中描述,以 V 为半径作一条弧线,可以把 $\mathrm{d}V$,$\mathrm{d}u$,μ 和 $\mathrm{d}\theta$ 联系起来,由于 $\mathrm{d}\theta \to 0$,$\mathrm{d}V \to 0$,由几何关系可知

$$\mathrm{d}\theta = \frac{\mathrm{d}V/\tan\mu}{V} \tag{5.1a}$$

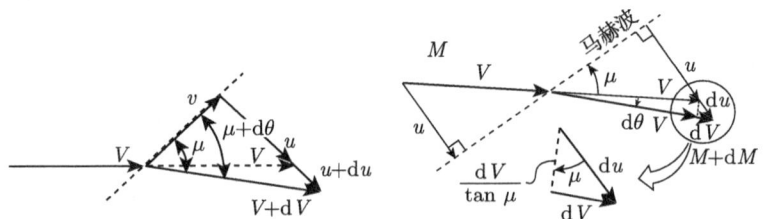

图 5.3　通过某条 P-M 膨胀波后气流速度的增量的几何关系

根据马赫角的性质,$\sin\mu = \dfrac{1}{M}$,以及三角函数关系,有

$$\frac{1}{\tan \mu} = \frac{\cos \mu}{\sin \mu} = \sqrt{\frac{1}{\sin^2 \mu} - 1} = \sqrt{M^2 - 1} \tag{5.1b}$$

因此，式 (5.1a) 可以改写为

$$d\theta = \sqrt{M^2 - 1} \frac{dV}{V} \tag{5.1c}$$

由式 (5.1c) 可以看出，在超声速气流中的膨胀波是等熵加速过程。根据量热完全气体的定常绝热关系式：

$$\frac{dM}{M} = \left(1 + \frac{\gamma - 1}{2} M^2\right) \frac{dV}{V} \tag{5.1d}$$

我们可以得到

$$d\theta = \frac{\sqrt{M^2 - 1}}{1 + \frac{\gamma - 1}{2} M^2} \frac{dM}{M} \tag{5.1e}$$

式 (5.1e) 即 P-M 膨胀波的微分关系式。可以假设 P-M 膨胀波中某条马赫波波前的流动状态 (θ, M) 是从 $(\theta = 0, M = 1)$ 处开始膨胀加速得到的，那么我们有积分关系：

$$\int_0^\theta d\theta = \int_1^M \frac{\sqrt{M^2 - 1}}{1 + \frac{\gamma - 1}{2} M^2} \frac{dM}{M}$$

由此可以得到

$$\theta = \upsilon(M) = \sqrt{\frac{\gamma + 1}{\gamma - 1}} \arctan \sqrt{\frac{\gamma - 1}{\gamma + 1}(M^2 - 1)} - \arctan \sqrt{M^2 - 1} \tag{5.1f}$$

即任意一条马赫波与波前马赫数的关系。如图 5.2 所示的 P-M 膨胀波，波头马赫波 OL_1、波前马赫数 M_1、波尾马赫波 OL_2、波后马赫数 M_2 和转角 $\Delta \theta$ 之间的关系就可以确定，即

$$\Delta \theta = \theta_2 - \theta_1 = \upsilon(M_2) - \upsilon(M_1) \tag{5.1g}$$

一般情况下 M_1 和 $\Delta \theta$ 已知，那么就很容易根据式 (5.1g) 计算得到 M_2。为便于计算，膨胀波计算可以查"二维等熵流动函数表"。进一步地，P-M 膨胀波的几何结构也可以确定，即

$$\angle L_1 O L_2 = \mu_1 - \mu_2 + \Delta \theta = \arcsin \frac{1}{M_1} - \arcsin \frac{1}{M_2} + \Delta \theta \tag{5.1h}$$

当然，利用计算程序也可以很方便地计算 P-M 膨胀波流动参数，把计算式 (5.1f) 绘制成曲线，见图 5.4；然后，通过①～③三步确定膨胀波下游马赫数 M_2。由此可进一步利用量热完全气体的等熵关系式得到其他流场参数，即

$$\frac{T_2}{T_1} = \frac{T_0/T_1}{T_0/T_2} = f(M_1, M_2) = \frac{1 + \dfrac{\gamma-1}{2}M_1^2}{1 + \dfrac{\gamma-1}{2}M_2^2} \tag{5.1i}$$

$$\frac{\rho_2}{\rho_1} = \left(\frac{T_2}{T_1}\right)^{\frac{1}{\gamma-1}} \tag{5.1j}$$

$$\frac{p_2}{p_1} = \left(\frac{T_2}{T_1}\right)^{\frac{\gamma}{\gamma-1}} \tag{5.1k}$$

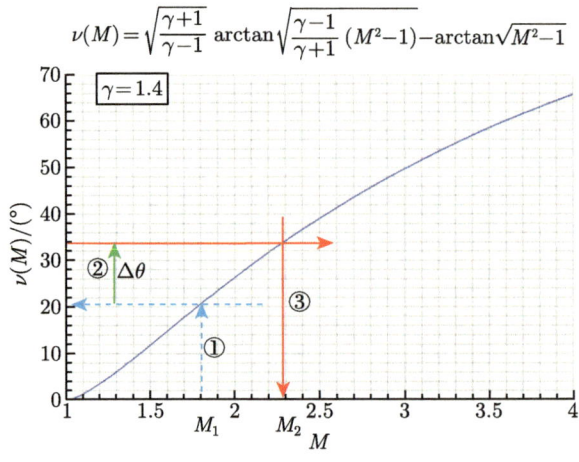

图 5.4　膨胀波计算图

5.2　斜　激　波

5.2.1　激波的由来

17 世纪，学术界已经广泛接受声波通过空气以一定的速度传播这一事实。牛顿在 1687 年出版《自然哲学的数学原理》的时候，火炮测试已经表明声速大概是 1140 ft/s，测试过程如下：站在一个与加农炮已知距离处，记录下从炮口闪光到听到声音之间的时间延迟，两者相除即是声速。后来，牛顿正确地建立了声速和空气弹性模量相关的理论。但是，他作出声波传播是一个等温过程的错误假设，得出声速表达式：$a = \sqrt{\dfrac{1}{\rho \tau_T}}$，其中 τ_T 是等温压缩系数 (与弹性模量互为倒数)。从这个表达式，牛顿得到声速值为 979 ft/s，比当时的实测数据低 15%，他认为这个误差是由大气中存在的固体灰尘颗粒和水蒸气引起的。这个误解在一个世纪后被法国著名的数学家拉普拉斯更正过来，他正确地假定声波是绝热的，而不是等温的。拉普拉斯继而得出声速表达式 $a = \sqrt{\dfrac{1}{\rho \tau_s}}$，其中 τ_s 是绝热压缩系数，从此以后，声波在气体里传播的过程和物理关系被完全理解了。

激波也是在这个时代被认识到的，随着拉普拉斯成功计算出声速，德国数学家波恩哈德·黎曼在 1858 年第一次尝试去计算激波特性，他也是假设激波是等熵的。当然，这注定是要失败的。1870 年，苏格兰工程师威廉·约翰·兰金取得了激波理论的第一次重大突破，他在《皇家社会哲学学报》上发表研究论文："关于波的有限纵向扰动的热力学理论"，兰金给出了关于质量、动量、能量的正激波方程组，此外，兰金还假设激波的内部结构不是等熵的，而是一个耗散区。兰金在该论文中还有另外一个学术贡献：定义了比热比 γ，即 $\gamma = \dfrac{c_p}{c_v}$，并沿用至今。

兰金获得的方程式后来被法国弹道学家皮埃尔·亨利·于戈尼奥重新发现。由于不知道前者的工作，于戈尼奥于 1887 年在 *Journal de l'Ecole Polytechnique* 上发表了一篇名为 *Memoire sur la Propagation du Mouvement dans les Corps et Specialement dans les Gases Parfaits* 的论文，在这篇论文里介绍了关于正激波热力学性质的方程式，实质上就是目前教科书中使用的方程式。因此，激波关系式通常被命名为兰金–于戈尼奥关系式。

但是，兰金和于戈尼奥的共同工作没有确立穿过激波的变化趋势，直到 1910 年，瑞利和泰勒先后利用热力学第二定律去说明兰金–于戈尼奥关系式只有应用到压缩波时，在物理上才是合理的。瑞利认为只有当气体从一个较少压缩的状态传向一个较多压缩的状态时，介质耗散才能够用来保持结构的稳定。

兰金、于戈尼奥、瑞利和泰勒关于激波的研究在当时被认为是一个有趣的基础力学问题，直到 30 多年后的第二次世界大战中，伴随着人们对超声速交通工具兴趣的增加，这项理论的应用才开始快速发展。在后来，由于激波理论已经建立并得到充分发展和应用，从而使超声速飞行成为现实。

5.2.2 斜激波的工程实例

前面提到的正激波其阵面与波前气流方向垂直，而所谓斜激波是指激波面与波前气流方向存在倾斜角的平面结构的激波。如果某一渐缩–渐扩喷管 (拉瓦尔喷管) 的出口处环境压强 p_b 大于喷管超声速等熵流动出口压强 p_I，在喷管出口下游将出现交叉的斜激波结构，如图 5.5 所示。如果用纹影来进行流场显示，气体离开喷管出口后，喷管射流的流动截面积将缩小，如图 5.5 中的虚线所示；而且，由于 $p_b > p_I$，压强的增加是通过两道斜激波来实现的，如图 5.5 中的实线所示，也就是说，在超声速气流中，由低压区向高压区的过渡，一定需要激波这种间断结构来搭桥匹配。

在超声速气流中放置一楔型物体时，可能在顶端出现两道贴体的斜激波，如

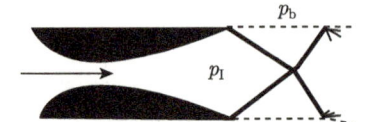

图 5.5　喷管流动出现管外斜激波的情形

图 5.6 所示。在激波上游,气流没有什么变化;而在激波后,气流压强突跃。现代超声速飞机就是利用斜激波波后压强提高这一特征,来对发动机进气进行压缩,部分代替涡轮压缩机的功能,如图 5.7 所示,在最新发展的高超声速飞行器中,例如美国空军研发的 X-51,已经利用斜激波压缩来完全代替了压缩机。

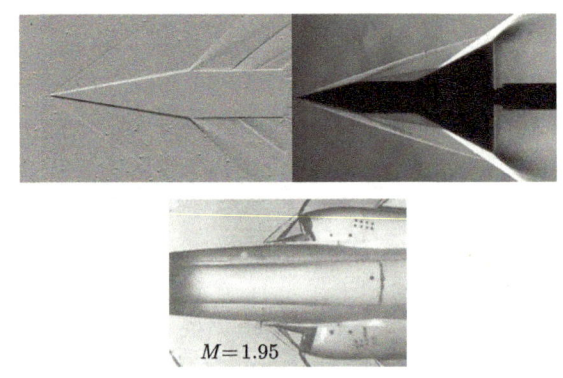

图 5.6　超声速气流中楔体结构诱导的斜激波

图 5.7　超声速飞行器利用斜激波对发动机进气增压

5.2.3　斜激波与正激波的关系

斜激波与正激波各有特点,也有共性。我们可以通过找出两者的联系,利用正激波理论来推导斜激波的关系式。

如图 5.8 所示,取一段包裹斜激波的流动控制体 (图中虚线),则可以得到连续性方程、动量方程和能量方程。

5.2 斜激波

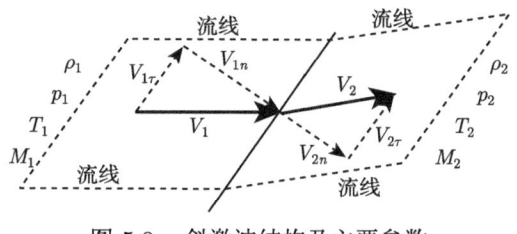

图 5.8 斜激波结构及主要参数

(1) 连续性方程：

$$\rho_1 V_{1n} = \rho_2 V_{2n} \tag{5.2}$$

(2) 动量方程在波阵面的法向和切向的分量分别为

$$\begin{cases} \rho_1 V_{1n}^2 + p_1 = \rho_2 V_{2n}^2 + p_2 \\ (-\rho_1 V_{1n}) V_{1\tau} + (\rho_2 V_{2n}) V_{2\tau} = 0 \end{cases} \tag{5.3}$$

由式 (5.2) 和式 (5.3) 可以很容易得到

$$V_{1\tau} = V_{2\tau} = V_\tau \tag{5.4}$$

从式 (5.4) 可以看出，气流穿过斜激波后，气流切向分量保持不变，产生突跃变化的仅有气流沿波阵面的法向分量。

(3) 能量方程 (热完全气体假设)：

$$\left(h_1 + \frac{1}{2}V_1^2\right)\rho_1 V_{1n} = \left(h_2 + \frac{1}{2}V_2^2\right)\rho_2 V_{2n} \tag{5.5}$$

把式 (5.2) 代入式 (5.5)，我们可以得到

$$h_1 + \frac{1}{2}V_1^2 = h_2 + \frac{1}{2}V_2^2 \tag{5.6}$$

式中，由于 $V_1^2 = V_{1n}^2 + V_{1\tau}^2$；$V_2^2 = V_{2n}^2 + V_{2\tau}^2$，且由式 (5.4)，我们可以得到

$$h_1 + \frac{1}{2}V_{1n}^2 = h_2 + \frac{1}{2}V_{2n}^2 \tag{5.7}$$

将式 (5.2)、式 (5.3)、式 (5.7) 与正激波基本方程对比，只要把斜激波的波前和波后的两个法向速度分量分别代替正激波方程中的波前和波后速度，这两组方程是完全一样的。由此可以得出以下结论：斜激波前后气流在波阵面的法向分量符合正激波的流动规律，或者说，斜激波是由一个正激波与一个流速为 V_τ 的均匀气流叠加而成的。所以斜激波与正激波在本质上没有区别，只是站在不同的参考系上观察流动而引起的差异而已，如图 5.9 所示。

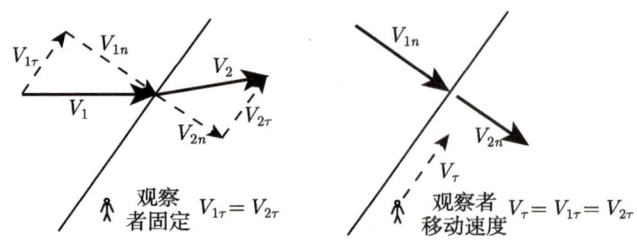

图 5.9 不同参考系下的斜激波结构与参数

由此,我们可以很容易地从正激波的关系式中导出斜激波的关系,只要把 V_1, V_2 换成 V_{1n}, V_{2n},观察图 5.10 有以下关系:

$$V_{1n} = V_1 \sin\beta, \quad V_{2n} = V_2 \sin(\beta - \theta) \tag{5.8}$$

或

$$M_{1n} = M_1 \sin\beta, \quad M_{2n} = M_2 \sin(\beta - \theta) \tag{5.9}$$

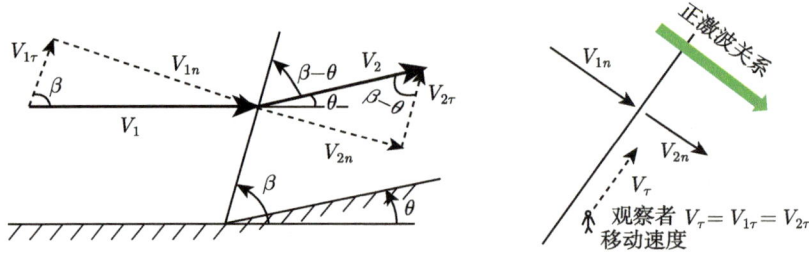

图 5.10 斜激波速度分量关系

斜激波与正激波的不同之处在于新引入了两个角度,其一是激波阵面与波前气流方向的夹角 β;另一个是波前和波后气流的夹角 θ。根据式 (5.4),从图 5.10 可以得到

$$V_\tau = V_{1n} \cot\beta = V_{2n} \cot(\beta - \theta) \tag{5.10}$$

由于 $V_{1n} > V_{2n}$,故 $\beta > \beta - \theta$,所以 $\theta > 0$。

式 (5.10) 说明,气流通过斜激波后,向贴近激波阵面的一侧偏转。实际上,斜激波波后的气流流动方向与物面平行,如图 5.10 所示,这是由流动边界条件决定的,物面与波前气流方向的夹角 θ 即气流通过斜激波后的偏转角。

5.2.4 斜激波基本关系式

1. 兰金–于戈尼奥关系式

如前所述,斜激波可以通过参考系的变换简化为正激波,而参考系变换不会

带来热力学参数的改变，因此斜激波的兰金–于戈尼奥关系式与正激波相同，即

$$\frac{\rho_2}{\rho_1} = \frac{\dfrac{\gamma+1}{\gamma-1}\dfrac{p_2}{p_1} + 1}{\dfrac{\gamma+1}{\gamma-1} + \dfrac{p_2}{p_1}} \tag{5.11a}$$

或

$$\frac{p_2}{p_1} = \frac{\dfrac{\gamma+1}{\gamma-1}\dfrac{\rho_2}{\rho_1} - 1}{\dfrac{\gamma+1}{\gamma-1} - \dfrac{\rho_2}{\rho_1}} \tag{5.11b}$$

由上式可知，如果经过斜激波后密度比相同，那么其压强比也相同。

兰金–于戈尼奥关系式揭示了激波前后压强比、密度比等热力学参数之间的关系，即标量关系。实际上，从斜激波前后的连续方程、动量方程和能量方程也可以直接导出兰金–于戈尼奥关系式。推导过程用到了气体状态方程 $p = \rho RT$ 和量热完全气体能量方程 $h = c_p T$。这里不再给出详细推导过程，可参见正激波基本关系式的推导。上述关系式适用于气体温度不太高的情况。对于高温气体流动，高温引起的热学反应，使得介质状态发生改变，例如，气体比热以及比热比不再是常数，而是温度的复杂函数，气体常数也将随温度变化，上述关系将变得异常复杂，很难得到如式 (5.11a,b) 所示的简洁表达式，而通常通过数值解法实现。

我们知道，等熵压缩关系式为

$$\frac{p_2}{p_1} = \left(\frac{\rho_2}{\rho_1}\right)^\gamma \tag{5.12}$$

我们把斜激波压缩关系 (5.11b) 和等熵压缩关系 (5.12) 在图 5.11 中同时画出来，其中利用了对数坐标，由该图可以看出，把相同的气体压缩到相同的压缩比 (密度比)，利用激波压缩需要的压强比明显高于等熵压缩，即等熵压缩的效率更高，压缩比越大，其差别也越大。实际上，斜激波压缩效率低于等熵压缩，根本上是因为激波这种强间断结构是熵增的，即在激波层内气体运动发生了剧烈的不可逆过程，从而引起了熵增。在压缩比较小的时候，其差别很小，说明弱斜激波是接近等熵的。

利用弱斜激波熵增小的特点，现代超声速飞行器设计时为了得到更低的进气总压损失，其进气道设计放弃了如图 5.7 所示的直线楔体结构，而使用了渐变型面进气道增压器，如图 5.12 所示，例如美国的 F-35 战机和我国的"枭龙"战机。

2. 普朗特关系式

普朗特关系式给出了斜激波前后速度关系，正激波的普朗特关系式为

$$V_1 \cdot V_2 = c^{*2}, \quad \lambda_1 \cdot \lambda_2 = 1 \tag{5.13}$$

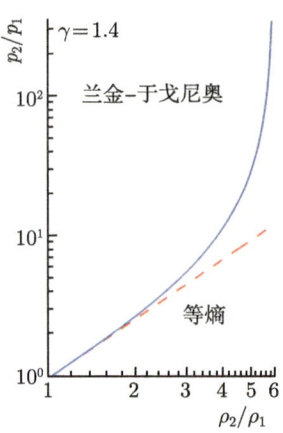

图 5.11　激波压缩与等熵压缩的比较

图 5.12　高总压恢复性能的渐变型面进气道

根据式 (5.6) 和式 (5.7) 可以得到

$$\frac{c_1^2}{\gamma-1}+\frac{V_{1n}^2}{2}=\frac{c_2^2}{\gamma-1}+\frac{V_{2n}^2}{2}=\frac{\gamma+1}{\gamma-1}\frac{c_n^{*2}}{2} \qquad (5.14a)$$

$$\frac{c_1^2}{\gamma-1}+\frac{V_1^2}{2}=\frac{c_2^2}{\gamma-1}+\frac{V_2^2}{2}=\frac{\gamma+1}{\gamma-1}\frac{c^{*2}}{2} \qquad (5.14b)$$

上述两式相减得到

$$c_n^{*2}=c^{*2}-\frac{\gamma-1}{\gamma+1}V_\tau^2$$

于是得到斜激波的普朗特关系式：

$$V_{1n} \cdot V_{2n} = c_n^{*2} = c^{*2} - \frac{\gamma-1}{\gamma+1}V_\tau^2 \tag{5.15a}$$

$$\lambda_{1n} \cdot \lambda_{2n} = \frac{c_n^{*2}}{c^{*2}} = 1 - \frac{\gamma-1}{\gamma+1}\frac{V_\tau^2}{c^{*2}} \tag{5.15b}$$

对于斜激波，由式 (5.15b) 可知，由于 $\lambda_{1n} > 1$，所以必然有 $\lambda_{2n} < 1 (V_{2n} < c^*)$，即斜激波波前速度法向分量为超声速，而波后速度法向分量为亚声速，这与正激波的情况相同。至于 λ_{1n} 和 λ_{2n} 的差别，除了要看前者比 1 大多少之外，还要看 $\frac{V_\tau^2}{c^{*2}}$ 的大小，即切向速度分量的大小。需要注意的是，虽然 $V_{2n} < c^*$，但是并不代表 $V_2 < c_2$，实际上，$V_2 \geqslant c_2$ 是可能的，即斜激波波后的气流可以是超声速的，也可以是亚声速的。

3. 斜激波的波前波后参数关系

根据正激波理论所得到的关系式，将马赫数的法向分量，$M_{1n} = M_1 \sin\beta$ 和 $M_{2n} = M_2 \sin(\beta - \theta)$ 分别代入，即可得到斜激波的以下关系：

$$\frac{\rho_2}{\rho_1} = \frac{(\gamma+1)M_1^2 \sin^2\beta}{2 + (\gamma-1)M_1^2 \sin^2\beta} \tag{5.16a}$$

$$\frac{p_2}{p_1} = 1 + \frac{2\gamma}{\gamma+1}\left(M_1^2 \sin^2\beta - 1\right) \tag{5.16b}$$

$$\frac{T_2}{T_1} = \frac{\left[2\gamma M_1^2 \sin^2\beta - (\gamma-1)\right]\left[(\gamma-1)M_1^2 \sin^2\beta + 2\right]}{(\gamma+1)^2 M_1^2 \sin^2\beta} \tag{5.16c}$$

$$M_{2n}^2 = \frac{2 + (\gamma-1)M_1^2 \sin^2\beta}{2\gamma M_1^2 \sin^2\beta - (\gamma-1)} \tag{5.16d}$$

$$M_2 = M_{2n}/\sin(\beta - \theta) \tag{5.16e}$$

$$\frac{p_{02}}{p_{01}} = \left[1 + \frac{2\gamma}{\gamma+1}\left(M_1^2 \sin^2\beta - 1\right)\right]^{-\frac{1}{\gamma-1}} \left[\frac{(\gamma+1)M_1^2 \sin^2\beta}{2 + (\gamma-1)M_1^2 \sin^2\beta}\right]^{\frac{\gamma}{\gamma-1}} \tag{5.17a}$$

$$\frac{s_2 - s_1}{R} = -\ln\left(\frac{p_{02}}{p_{01}}\right) \tag{5.17b}$$

上述关系式看似简洁，但是很难用于直接计算，因为激波角 β 往往事先未知，而波前和波后气流的夹角，即气流偏转角 θ 通常是已知的，因此有必要找出斜激波 β 和 θ 的关系。

4. 斜激波角 β 与气流转角 θ 的关系

从图 5.6 可以得到

$$\tan\beta = \frac{V_{1n}}{V_{1\tau}}, \quad \tan(\beta-\theta) = \frac{V_{2n}}{V_{2\tau}} \tag{5.18}$$

且有 $V_{1\tau} = V_{2\tau} = V_\tau$，以及连续性方程 (5.2) 和斜激波关系式 (5.16a)，我们可以推出

$$\frac{\tan\beta}{\tan(\beta-\theta)} = \frac{V_{1n}}{V_{2n}} = \frac{\rho_2}{\rho_1} = \frac{(\gamma+1)M_1^2\sin^2\beta}{2+(\gamma-1)M_1^2\sin^2\beta} \tag{5.19}$$

再利用三角关系可以得到

$$\tan\theta = 2\cot\beta \frac{M_1^2\sin^2\beta - 1}{2+(\gamma+\cos 2\beta)M_1^2} \tag{5.20}$$

式 (5.20) 给出了斜激波角 β 与气流转角 θ 的关系，有时候人们把该类曲线定义为激波极曲线，简称激波极线。对于给定的斜激波波前气流马赫数和气体比热比 γ，就有唯一一条激波极线与之对应。该曲线限定了某给定波前气流马赫数条件下，任何一个楔角或气流偏转角 θ 对应的斜激波角 β。如果画成曲线，则如图 5.13 所示。由式 (5.20) 和图 5.13 可以看出，当 $\beta \to \arcsin\dfrac{1}{M_1}$ 或者 $\beta \to \dfrac{\pi}{2}$ 时，气流偏转角 $\theta = 0$。其中前者对应于斜激波弱化为马赫波的情形，而后者则对应于正激波。对于某一确定的 θ 值，存在两个激波角，即 β_1 和 β_2，这两个激波角在理论上都是可能的，其激波结构如图 5.14 所示，分别对应 (a) 和 (b)。其中前者波后气流速度为超声速，通常称为斜激波弱解 (weak solution)，而后者波后气流速度为亚声速，称为斜激波强解 (strong solution)。显然，斜激波解 (b) 的存在需要特殊的下游边界条件。在具体问题中究竟发生哪种解，是强激波解还是弱激波解，这要由产生斜激波的具体条件——气流来流条件和边界条件来决定，有下列三种情况。

(1) 由气流偏转角定义的斜激波。这类情况出现在外部流动问题中。当来流穿过斜激波后，气流方向应该平行于楔面才能满足物面边界条件，因此这类斜激波是由来流马赫数 M_1 和气流偏转角 θ 决定的。如图 5.13 所示，虽然理论上存在两个解，但通常情况下由楔角或气流偏转角 θ 决定的激波都是弱激波解，即图 5.14(a)。

(2) 由压强条件决定的斜激波。这涉及具有自由边界的一类问题，例如拉瓦尔喷管流动，如图 5.5 所示。如果出口处的环境压强 p_b 大于喷管超声速等熵流动出口压强 p_I，在喷管出口下游将出现交叉的斜激波结构。图 5.5 中的虚线即所谓的

5.2 斜激波

自由面，是喷管内气体与环境气体的间断面。这类激波是由出口气流马赫数和压强比 p_b/p_1 来决定的，其解也是唯一的，可能是强解，也可能是弱解。

(3) 由流动壅塞决定的斜激波。这种激波不同于上述两种情况，而是由最大流量的极限条件决定的，其解也是唯一的。

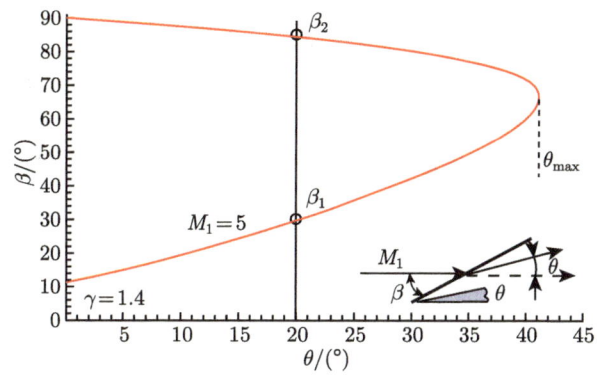

图 5.13　斜激波角 β 与气流转角 θ 的关系曲线

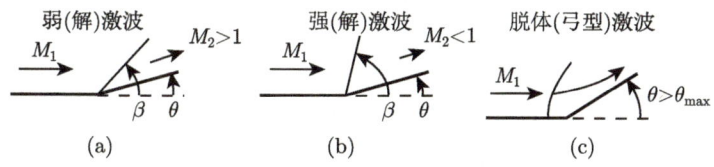

图 5.14　贴体斜激波与脱体曲激波

从图 5.13 中的曲线还可以看出，存在一个最大气流偏转角 $\theta_{\max}$，当楔角或气流偏转角 θ 超过了这个值，贴体的斜激波就不可能存在了，而相应的解则变为一个脱体曲激波，如图 5.14(c) 所示。这类激波无法通过本节介绍的方法来求解。

5. 斜激波速度关系

由式 (5.16d)、式 (5.16e) 和式 (5.19) 可以推出

$$M_2^2 = \frac{2/(\gamma-1) + M_1^2}{[2\gamma/(\gamma-1)] M_1^2 \sin^2\beta - 1} + \frac{M_1^2 \cos^2\beta}{[2/(\gamma-1)] M_1^2 \sin^2\beta + 1} \tag{5.21}$$

从式 (5.21) 可以看出，对于给定的波前气流马赫数 M_1，如果激波角 β 增大，那么波后气流马赫数 M_2 减小。

5.2.5 激波极线

前面提到过激波极线的概念，图 5.13 给出的斜激波角 β 与气流转角 θ 的关系曲线就是激波极线的一种，实际上，利用关系式 (5.16a) ～ 式 (5.16e) 和式 (5.20) 可

以得到一系列的曲线,即在给定波前气流马赫数 M_1 条件下,p_2/p_1、ρ_2/ρ_1、T_2/T_1、M_2 与气流转角 θ 的关系曲线,它们都是激波极线。当然,由斜激波前后的速度关系也可以得到一类激波极线,通常称为速度极曲线,本节只介绍前者,后者可参考相关教材。

图 5.15 分别给出了斜激波角 β、波后气流马赫数 M_2、波前波后压强比 p_2/p_1、温度比 T_2/T_1 与气流转角 θ 的关系曲线。可以看出,除了马赫数呈倒心形之外,其他曲线都是一个正放的心形曲线。在图 5.15(a) 中,每条极线都被最大偏转角 $\theta_{\max}$ 点分成了两部分,分别用实线和虚线代表。其中,虚线部分对应波后马赫数 $M_2 < 1$,代表斜激波的强解支 (strong branch),激波结构见图 5.14(b);实线部分对应波后马赫数大部分情形下都大于 1(极小区域内也小于 1),代表斜激波的弱解支 (weak branch),激波结构见图 5.14(a)。需要指出,波后马赫数 $M_2 = 1$ 的点并非最大偏转角 $\theta_{\max}$,而是在该点下方,在图 5.15(b) 可以看到。

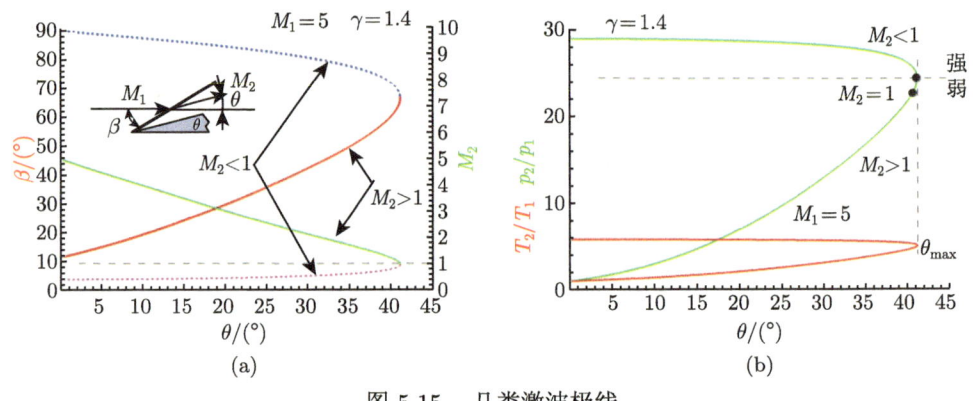

图 5.15 几类激波极线

激波极线可以用来很直观地判断激波的相交与反射等问题,是解决该类问题的一种很有效的理论方法。本书主要使用压强和马赫数极线,当然其他参数的极线也可以。

例如,图 5.16 分别给出斜激波的规则反射 (a) 和马赫反射 (b) 两种情形,其中前者相对简单,由入射激波 (incident shock) 和反射激波 (reflected shock) 构成;而后者相对复杂,包括入射激波、反射激波、马赫干 (Mach stem),以及一条滑移线 (slip line)。

利用激波极线求解斜激波反射问题的过程如下所述。

在 $\theta = \theta_1$ 处作垂直于 x 轴的直线,此线与由来流 (①区) 马赫数 M_1 决定的极线 (简称马赫数极线 R_{1M} 和压强极线 R_{1p}) 的交点即是入射激波波后 (②区) 状态,其中与马赫数极线 R_{1M} 的交点即为 M_2,而与压强极线 R_{1p} 的交点则为波后

5.2 斜激波

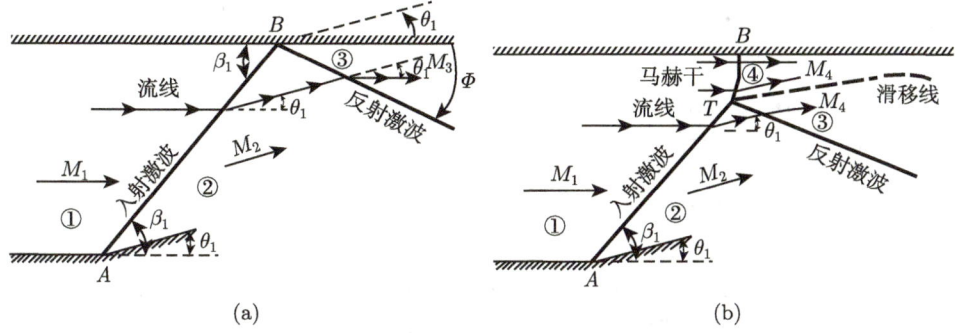

图 5.16　斜激波的 (a) 规则反射和 (b) 马赫反射

压强比 p_2/p_1。以上述交点为新的极线原点，并以 M_2 作两条新的极线，R_{2M} 和 R_{2p}。如果新极线与由来流马赫数 M_1 决定的极线的对称线相交，那么激波反射为规则反射 (regular reflection)，见图 5.17(a)；相反，则为马赫反射 (Mach reflection)，见图 5.17(b)。对于规则反射情形，交点就对应反射波波后的参数。对于马赫反射，

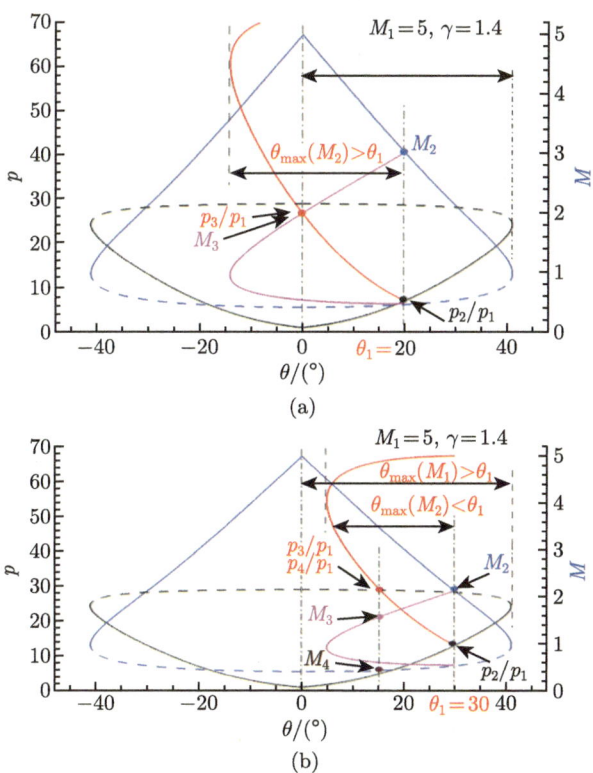

图 5.17　斜激波反射的极线解：(a) 规则反射和 (b) 马赫反射

R_{2M} 和 R_{2p} 必然与来流极线 R_{1M} 和 R_{1p} 的强解支相交,该交点即为马赫干和反射激波后的状态。

本节仅给出激波反射极线解法的简单描述,关于激波反射和相互作用的更详细的内容将在 5.3 节介绍。

5.2.6 斜激波的熵增与总压损失

斜激波波后包括密度、温度和压强等热力学标量参数,见关系式 (5.16a) ~ 式 (5.16c),与坐标系无关,其强度只取决于波前气流马赫数的法向分量 $M_{1n} = M_1 \sin\beta$,即沿斜激波波阵面法向的正激波强度;而沿波阵面切向的均匀流场,对上述热力学标量的间断关系没有贡献。

另外,斜激波的总压关系与熵增,由式 (5.17a) 和式 (5.17b) 给出,也只与 M_{1n} 相关,而与切向分量 $M_{1\tau}$ 无关。这从物理本质上也很容易理解,毕竟沿波阵面切向的均匀流场不会引起熵增和总压损失。在斜激波查表计算总压恢复系数的过程中,也是基于这一显而易见的结论。下文将通过公式推导,给出严格证明。将斜激波的部分关系式再次列出:

$$V_{1\tau} = V_{2\tau} = V_\tau$$

$$h_1 + \frac{1}{2}V_1^2 = h_2 + \frac{1}{2}V_2^2$$

由式 (5.6) 知斜激波仍然是一个绝热流动问题,对于量热完全气体,波阵面前后的气流总温保持不变,即

$$T_{01} = T_{02} \tag{5.22}$$

因此,

$$\frac{a_1^2}{a_2^2} = \frac{T_1}{T_2} = \frac{\dfrac{T_1}{T_{01}}}{\dfrac{T_2}{T_{02}}} = \frac{1 + \dfrac{\gamma-1}{2}M_2^2}{1 + \dfrac{\gamma-1}{2}M_1^2} \tag{5.23}$$

由式 (5.4) 得

$$\frac{\dfrac{\gamma-1}{2}M_{2\tau}^2}{\dfrac{\gamma-1}{2}M_{1\tau}^2} = \frac{M_{2\tau}^2}{M_{1\tau}^2} = \frac{\dfrac{V_{2\tau}^2}{a_2^2}}{\dfrac{V_{1\tau}^2}{a_1^2}} = \frac{a_1^2}{a_2^2} \tag{5.24}$$

显然,由式 (5.23) 和式 (5.24) 可以得出

$$\frac{1 + \dfrac{\gamma-1}{2}M_2^2}{1 + \dfrac{\gamma-1}{2}M_1^2} = \frac{\dfrac{\gamma-1}{2}M_{2\tau}^2}{\dfrac{\gamma-1}{2}M_{1\tau}^2} \tag{5.25}$$

根据等比关系的特性：$\dfrac{a}{b}=\dfrac{c}{d} \Leftrightarrow \dfrac{a}{b}=\dfrac{c}{d}=\dfrac{a-c}{b-d}$，式 (5.25) 可以改写为

$$\frac{1+\dfrac{\gamma-1}{2}M_2^2}{1+\dfrac{\gamma-1}{2}M_1^2} = \frac{1+\dfrac{\gamma-1}{2}M_2^2 - \dfrac{\gamma-1}{2}M_{2\tau}^2}{1+\dfrac{\gamma-1}{2}M_1^2 - \dfrac{\gamma-1}{2}M_{1\tau}^2} = \frac{1+\dfrac{\gamma-1}{2}M_{2n}^2}{1+\dfrac{\gamma-1}{2}M_{1n}^2} \tag{5.26}$$

对于斜激波：

$$\frac{p_{02}}{p_{01}} = \frac{p_{02}}{p_2}\frac{p_1}{p_{01}}\frac{p_2}{p_1} = \left(\frac{1+\dfrac{\gamma-1}{2}M_2^2}{1+\dfrac{\gamma-1}{2}M_1^2}\right)^{\frac{\gamma}{\gamma-1}} \left(\frac{2\gamma}{\gamma+1}M_{1n}^2 - \frac{\gamma-1}{\gamma+1}\right) \tag{5.27}$$

上式应用了斜激波关系式 (5.16b)。对于斜激波波阵面法向分量对应的正激波：

$$\frac{p_{02n}}{p_{01n}} = \frac{p_{02n}}{p_{2n}}\frac{p_{1n}}{p_{01n}}\frac{p_{2n}}{p_{1n}} = \left(\frac{1+\dfrac{\gamma-1}{2}M_{2n}^2}{1+\dfrac{\gamma-1}{2}M_{1n}^2}\right)^{\frac{\gamma}{\gamma-1}} \left(\frac{2\gamma}{\gamma+1}M_{1n}^2 - \frac{\gamma-1}{\gamma+1}\right) \tag{5.28}$$

因为式 (5.26) 成立，所以式 (5.27) 和式 (5.28) 等号右端项显然相等，即 $\dfrac{p_{02}}{p_{01}} = \dfrac{p_{02n}}{p_{01n}}$，即斜激波的总压恢复系数等于该波阵面法向分量对应的正激波的总压恢复系数。

实际上，利用等熵关系和绝热关系可以更简单地证明上述结论，因为

$$\frac{p_{02}}{p_2} = \left(\frac{T_{02}}{T_2}\right)^{\frac{\gamma}{\gamma-1}}, \quad \frac{p_{01}}{p_1} = \left(\frac{T_{01}}{T_1}\right)^{\frac{\gamma}{\gamma-1}} \tag{5.29}$$

所以，

$$\frac{p_{02}}{p_{01}} = \left(\frac{T_{02}}{T_{01}}\right)^{\frac{\gamma}{\gamma-1}} \left(\frac{T_1}{T_2}\right)^{\frac{\gamma}{\gamma-1}} \frac{p_2}{p_1} = \left(\frac{T_1}{T_2}\right)^{\frac{\gamma}{\gamma-1}} \frac{p_2}{p_1} \tag{5.30}$$

将式 (5.16b) 和式 (5.16c) 代入上式可以得到斜激波总压恢复系数，即式 (5.17a)。

图 5.7 给出超声速飞行器利用斜激波增压的进气道工作方式，其通常利用多级斜激波来实现，这是符合气体动力学原理的。由激波特性可知，激波总压损失与其强度成正比，因此，在保证总体气流偏转角的条件下，利用多级斜激波压缩，可以将斜激波强度降低，减小总压损失。如图 5.18 所示，分别通过单楔和双楔实现 $M_1 = 3$ 的超声速气流偏转 ($\theta = 20°$)，利用斜激波体系来增压。斜激波波后的气流参数在图 5.19 的激波极线给出，左侧是双楔进气道的解，右侧是单楔进气道的解，可以看出，通过双楔进气道压缩，总压恢复系数显著高于单楔进气道。

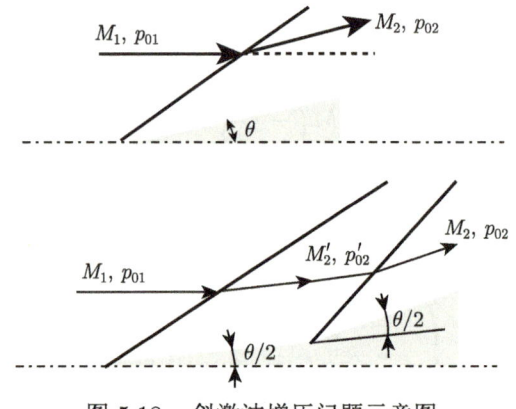

图 5.18 斜激波增压问题示意图

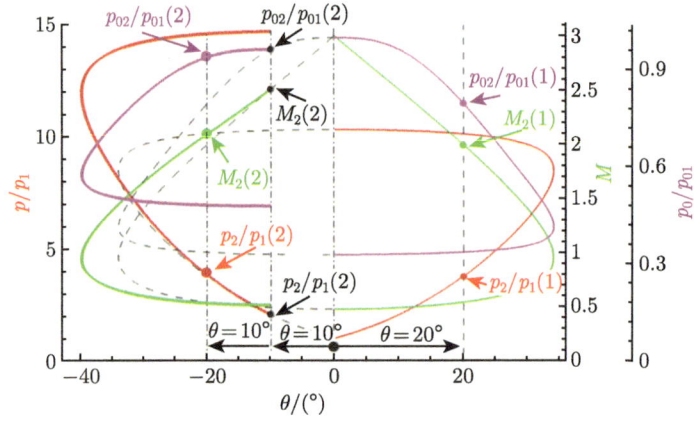

图 5.19 斜激波增压与总压恢复特性的激波极线解

5.3 激波反射与相互作用

5.3.1 激波反射问题

1949 年 2 月 24 日，在美国新墨西哥州的白沙靶场，V-2/WAC Corporal 两级火箭发射成功，一、二级火箭分别达到 1550 m/s(马赫数 4.6) 和 2300 m/s(马赫数 6.7)，该试验标志着人类进入有意义的高超声速飞行时代[1]。随后在大气高超声速飞行和天地往返两个方面逐渐进入发展高潮，世界各国竞相开展了各类概念的高超声速飞行器研究计划，如美国的 X-Plane[2]、NASP[3] 和 AOTV[4]，欧洲的 SANGER[5]、HERMES[6] 和 HOTOL[7]，以及日本的 HOPE[8] 等。最具代表性的大气高超声速飞行器是美国的 X-15、X-43 和 X-51。其中前者是火箭推进，可达大气层外边缘，最大速度为马赫数 6.7(1967 年)，至今仍保持着人控大气飞行器的最快纪录；后两者为吸气式超燃冲压发动机推进的乘波飞行器，特别是 X-51 于 2013 年 5 月 1 日的第四次试验以马赫数 5 飞行了 210s，创造了吸气推进飞行器的最长飞行纪录 [9]。

伴随着高超声速飞行器试验验证机的发展，关于高超声速流动现象与规律的基础研究也不断加深。根据流动速度和声速的关系可将气体流动分为亚声速、跨声速、超声速和高超声速流动。而根据可压缩性也可以把气体流动分为不可压缩流动或者可压缩流动，相应地，空气动力学也可以根据研究对象的不同分为不可压空气动力学和可压缩空气动力学。高超声速——hypersonic 一词由我国科学家钱学森首先提出 [10]，一般是指马赫数超过 5 的流动，虽然没有严格的定义，但是由于其丰富的物理化学过程以及世界学术界对高超声速飞行技术的不懈探索，而使高超声速空气动力学 (hypersonic aerodynamics 或 hypersonics) 从可压缩空气动力学 (compressible aerodynamics) 中独立出来，成为空气动力学中的一个重要分支。

高超声速流动的主要特征是飞行器周围的气流温度高到一定值后，气体物理化学过程变得非常重要，不得不考虑其影响。在高超声速下界，分子振动激发，这将影响到空气作用在飞行器表面上的力；在高超声速上界，分子键断裂而引起化学反应，甚至发生原子的电离，从而使飞行器周围气体变成带电离子层或等离子层。上述现象称为高温真实气体效应。另外，在高超声速流场中，由于强激波和膨胀波的存在，密度和压强沿飞行器表面变化剧烈；高超声速飞行器表面边界层通常较厚，必须考虑黏性干扰效应。这些高超声流动特有的流动现象和特征，使得飞行器气动力特性发生不同于超声速飞行器的变化，也对飞行器表面气动加热带来显著影响，从而使得高超声速飞行器的设计不同于以往的低速飞行器。图 5.20 给出了各种高超声速飞行器所面临的气动热力学现象与问题 [11]。

在高超声速飞行器的设计与发展历程中，由于对高超声速流动现象的认识不足而在飞行试验中发生多次致命问题 [12,13]。例如，X-15 飞行试验中由于强激波相互作用而引起的腹鳍损坏；由于在地面模拟实验中所用的高超声速风洞无法模拟真实飞行条件下的真实气体效应，依据 ADDB(aerodynamic design data book) 气动设计手册计算得到的航天飞机 40° 攻角再入时的襟翼配平攻角比实际飞行实验值低 53% [14,15]；"阿波罗" 2、4、6 号飞船飞行实验中，指挥舱的配平攻角比风洞实验的预测值大 2°~4°，其原因也是地面实验的所用高超声速风洞无法模拟空气解离等真实气体效应。2003 年 2 月 1 日，"哥伦比亚号" (Columbia) 航天飞机在返回时解体，机组人员全部遇难，这不断提醒着后来学者：高超声速飞行器的气动热现象是多么的严峻 [13]。

人们通过理论与数值分析以及试验研究，逐渐加深了对高超声速流动现象与规律的认识，并伴随着吸气式超燃推进飞行器——波音 X-51A 以及天地往返无

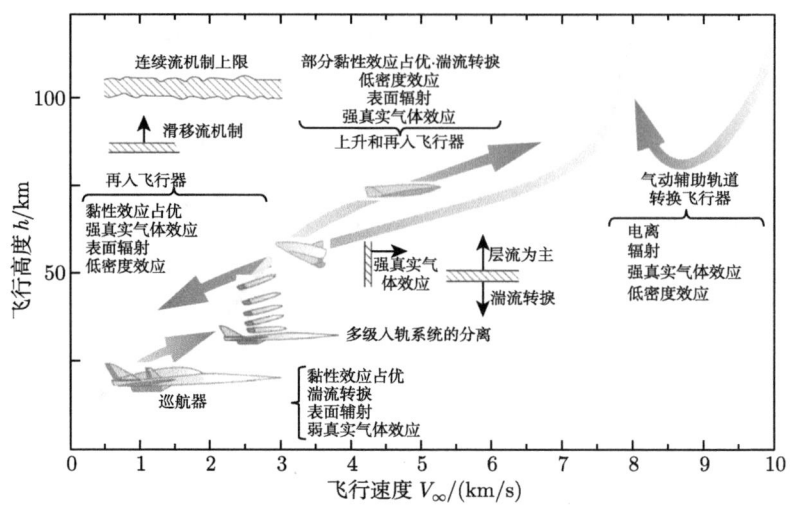

图 5.20 高超声速飞行器与主要气动热效应 [11]

人飞行器——波音 X-37B 的飞行试验的成功。关于高超声速流动现象与规律的研究，也不断有相关专著问世 [1,16,17]，加速了人们对高超声速流动的认识。本章并不尝试包罗万象，将主要综述高超声速流动现象与规律的近期相关研究进展。

5.3.2　定常流动中激波反射结构的分类与转捩准则

激波反射现象是气体动力学中一个重要的基础性问题。早在 19 世纪末，马赫就对激波反射现象做出了最初的研究。他通过实验研究发现了激波反射结构的两种类型：规则反射和马赫反射 [18]。冯·诺依曼于 20 世纪 40 年代对激波反射现象做出了深入研究，自此之后人们认识到马赫反射还可以分为各种不同的反射结构 [19,20]。随后，各种激波反射结构不断被发现，同时各种理论分析方法不断被提出，人们对激波反射现象的认识日臻完善。关于超声速流动中的普遍激波现象，请参见书籍和文献 [21] ~ [25]，本节将不赘述，而集中讨论定常高超声速流动中的激波反射现象，特别是近几十年来，随着高超声速飞行技术的发展而被不断揭示的激波反射现象，关于这些现象的研究，不仅具有重要的理论意义，而且有着很强的工程背景。

定常流动中的激波反射主要可以分为规则反射 (regular reflection, RR) 和马赫反射 (Mach reflection, MR)，如图 5.21 所示。规则反射结构由两道激波组成：入射激波 i 和反射激波 r。马赫反射由三道激波 (入射激波 i、反射激波 r 以及马赫干 m) 和一道滑移线 s 组成，这四道间断线共同会聚于三波点 T。运动激波的马赫反射还可以分为更多种反射结构类型，如过渡马赫反射 (transitional-Mach reflection, TMR) 及双马赫反射 (double-Mach reflection, DMR) 等 [26,27]，这些不是本节讨论的内容，Ben-Dor 对运动激波马赫反射结构的分类及转捩准则进行了详细综述[25]。

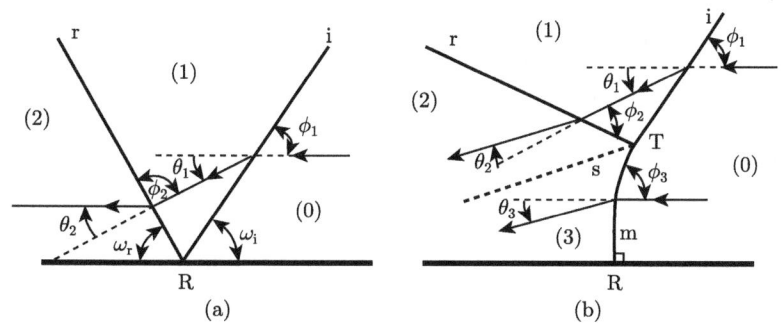

图 5.21　激波反射结构示意图：(a) 规则反射 (RR) 和 (b) 马赫反射 (MR)

冯·诺依曼首先提出了用于分析激波规则反射的两激波理论和用于分析激波马赫反射的三激波理论[20]。Henderson 和 Menikoff 又进一步提出了三激波的熵理论，对各种激波反射结构的稳定性和合理性进行了理论分析[28]，他们认为在噪声较强的试验环境中，试验通常得到熵增最大的反射结构。如图 5.21 所示，该理论假设流动耗散可以忽略，并且在反射点 R 或三波点 T 附近的激波为直线。通过求解跨各激波的流动守恒方程组，并结合相对应的边界条件，即可得出流场中的各变量的值。规则反射所对应的边界条件为

$$\theta_1 - \theta_2 = 0$$

表示经过两道激波压缩后气流将平行于壁面。马赫反射所对应的边界条件为

$$\theta_1 - \theta_2 = \theta_3, \quad p_2 = p_3$$

表示滑移线 s 两侧的气流速度方向平行，同时静压相等。

由于限制激波反射求解的边界条件是气流转角和静压，所以可以用激波极曲线来表示和分析激波反射过程。过去几十年的研究表明，利用求解两激波理论和三激波理论方程组可以解决激波反射中的绝大部分问题，而利用激波极曲线表示激波反射过程则可以大大简化人们对该问题的分析。

图 5.22 是利用激波极曲线分别表示的激波规则反射解和马赫反射解，其中横坐标为气流经过激波后的转角，纵坐标为气流经过激波后的静压，R_0 和 R_j ($j=1,2,3,D,vN$) 分别代表入射激波和多条反射激波极曲线。每条极曲线上都有一个声速点 × 和其上不远处一个点◂，对应最大气流偏转角 (MD)。该声速点把极曲线分成两部分，其下为弱解支 (weak branch)，其上为强解支 (strong branch)。

当反射激波曲线的弱解支与极曲线 R_0 对称轴相交时形成规则反射,例如图 5.22 中的反射激波极曲线 R_1,该反射对应点 ▲,其激波结构为图 5.21 中规则反射,其反射波波后气流为超声速;而当反射激波曲线与极曲线 R_0 的强解支相交时则形成马赫反射,例如图 5.22 中的反射激波极曲线 R_2,该反射对应点 ●,其激波结构见图 5.21 中的马赫反射。

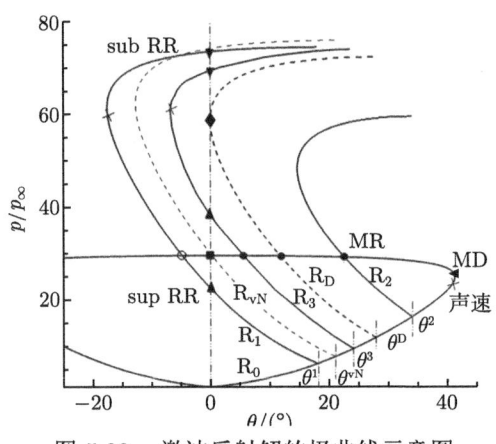

图 5.22 激波反射解的极曲线示意图

需要指出的是,反射激波极曲线 R_1 的强解支与 R_0 对称轴也有一个交点 ▼,对应的反射激波波后气流为亚声速,此亚声速规则反射结构需要特殊的下游边界条件,在对称激波反射或者单激波物面反射中一般不会出现。仔细观察激波极曲线 R_2 的反射点 ●,可以看出 $\theta_2 < \theta_1$,该关系在马赫反射 (图 5.21) 激波结构表现为:滑移线 s 与物面之间构成了一个渐缩的通道,该通道使得马赫干后的亚声速气流逐渐加速,以便与超声速环境流动相匹配,从而保持反射结构的稳定,该马赫反射结构称为正马赫反射,简称 diMR。正马赫反射结构的马赫干形状凸向流场下游。反射激波极曲线 R_1 的弱解支与 R_0 强解支也有一个交点 ○,此点对应的马赫反射结构与图 5.21 的马赫反射有一点不同,即滑移线 s 与物面之间构成的通道是渐扩的,这使得马赫干后的亚声速气流无法与超声速环境流动匹配,该点 ○ 对应的马赫反射解不能稳定存在;如果给定适定的下游边界条件,该解也能成立,即反马赫反射 (inMR)。反马赫反射结构的马赫干形状凸向流场上游,与正马赫反射相反。

对于激波规则反射与马赫规则反射之间的转换 (RR↔MR),常用的理论判断准则有脱体准则 (detachment criterion)、声速准则 (sonic criterion) 以及冯·诺依曼准则 (von Neumann criterion) [20]。其中脱体准则和冯·诺依曼准则在图 5.22 中分别为用 ◆ 和 ■ 标出的两个点。脱体准则 ◆ 对应极曲线 R_D(虚线) 与 R_0 对称轴的切点，冯·诺依曼准则 ■ 是极曲线 R_{vN}(虚线) 与 R_0 对称轴的交点，说明此时可以发生规则反射；另外，上述 R_D 和 R_{vN} 两条极曲线与 R_0 强解支也各有一个交点，分别用 ● 和 ■ 标识，说明此时也可以发生马赫反射。因此，两条虚线对应的区域即为双解区 (dual-solution domain)。声速准则即极曲线与 R_0 对称轴的交点刚好是该极曲线的声速点，该准则点与脱体准则点非常接近，在对称反射或单激波壁面反射中一般不予区分。当入射激波后的气流偏转角进一步加大至 $\theta_1 > \theta^D$ 时，反射激波极曲线将会向右移动致其与纵轴再无切点或交点，此时将无法形成规则反射，得到唯一的马赫反射解。因此，脱体准则 θ^D 是当波后气流转角达到形成规则反射情况下的理论最大值，规则反射 → 马赫反射间转变必然发生。上面提到 R_D 和 R_{vN} 两条极曲线之间为双解区，当双解区的马赫反射后气流偏转角进一步减小至 $\theta_1 < \theta^{vN}$ 时，反射激波极曲线向左移动至 R_{vN} 左侧，稳定的马赫反射解不可能出现，因此冯·诺依曼准则 θ^{vN} 是形成马赫反射的理论最小气流偏转角。

5.3.3 激波马赫反射结构

Ben-Dor 等指出，对于定常激波反射，如何确定马赫干高度，将是一个需要解决的问题[24]。如图 5.23 所示，对于一定的来流马赫数和楔面倾角，马赫干存在多个可能的理论高度值，而这些结果都符合传统的三激波理论。Azevedo 等[29,30] 首先对这个问题建立了理论模型，如图 5.24 (a) 所示。该模型将滑移线 s 和反射壁面近似为收缩喷管，其中的流动近似为准一维等熵流动，并假定滑移线为直线且喷管喉道 (声速点) 发生在膨胀波的第一道马赫波 (RBE) 与滑移线相交的位置 (EK)，通过应用三激波理论和该等熵流动的守恒关系即可得出马赫干的高度。Schotz 等[31] 改进了 Azevedo 等的理论模型，在该模型中加入了下游流场对马赫干高度的影响，得出了改进后的解析方法。

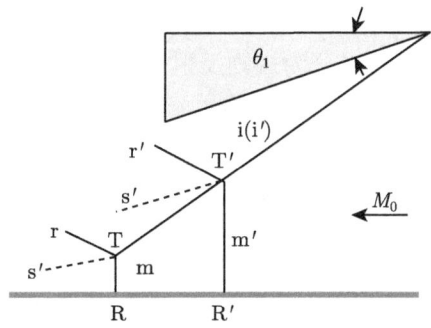

图 5.23 激波马赫反射结构示意图

相比于前两种模型，Li 等 [32] 提出了更为合理的模型，如图 5.24(b) 所示。他们认为 Azevedo 等的模型的最大缺陷在于强制喉道发生在第一道马赫波与滑移线相交处，因此在 Li 等的模型中去掉了该假设，同时认为马赫干、反射激波和滑移线都是曲线且曲率很小，但该模型忽略了透射膨胀波和滑移线的相互作用。Mouton 等 [33] 考虑了规则–马赫反射转变过程中马赫干高度与三波点运动速度的关系，得出了在该转变过程中马赫干高度随时间的变化规律。同时，他们假定马赫干 m、反射激波 r、滑移线 s 和膨胀波始终为直线，求解一系列几何关系及守恒关系得出马赫干的高度，如图 5.24(c) 所示。虽然在该模型中各间断面都被假设为直线结构，但结果表明，该模型得出的结果比之前的模型都更为接近于实验或数值结果。然而，高波 [34] 指出，当马赫干高度值较大时，该模型给出的理论值也将会严重偏高。Gao 等 [35] 通过数值研究发现反射激波后三波点附近流场具有明显的非均匀性，因此滑移线上表面会形成一系列膨胀波。他们建立了更为复杂的理论分析模型，其中包括各激波、膨胀波以及滑移线之间的相互作用。结果显示，该模型不仅得出了比其他模型更为准确的马赫干高度值，同时也很好地预测了反射激波和滑移线的位置与形状。对于定常激波反射中马赫干的形状，Tan 等 [36] 做出了理论研究。他们通过在马赫干后的亚声速流场应用小扰动势流方程，并结合几何条件，推导出马赫干的形状是一段圆弧，且其底部垂直于壁面，其表达式为

$$\left\{ x + \left[\left(\frac{\alpha H_m}{\beta} \right)^2 - H_m^2 \right]^{0.5} \right\}^2 + y^2 = \left(\frac{\alpha H_m}{\beta} \right)^2$$

其中，$\alpha = \dfrac{2(M_0^2 - 1)}{2 + (\gamma - 1)M_0^2}$；$\beta$ 为滑移线 s 与反射壁面的夹角。

5.3.4 非对称激波反射

对于两个非对称激波，其反射结构比以上提到的对称激波反射结构复杂得多，对于其整体波结构来说，也可以分为规则反射 oRR 和马赫反射 oMR，如图 5.25 所示。前文中提到，在对称马赫反射或者单激波马赫反射中，如果没有特殊的下游边界，理论上允许的反射结构只能是正马赫反射，即 diMR。然而对于非对称马赫反射，情况却不同。Li 等 [37] 通过理论分析和实验研究探讨了两个非对称楔面间的定常激波反射问题，发现了两道入射激波相互作用后形成的各种激波反射组合结构。在非定常激波反射中才会形成的反马赫反射结构在非对称激波反射中可以出现，但是，此反马赫反射结构只能是两个非对称激波发射结构之一，另外一个反射结构则必须是正马赫反射。从物理上讲，这种反–正组合马赫反射结构稳定存在的条件是：两条滑移线构成一个缩放流管结构，如图 5.25 (b) 中两条滑移线 s_1 和 s_2 组成的流管结构，以便实现马赫干下游亚声速区与全域超声速区的流动匹配。

5.3 激波反射与相互作用

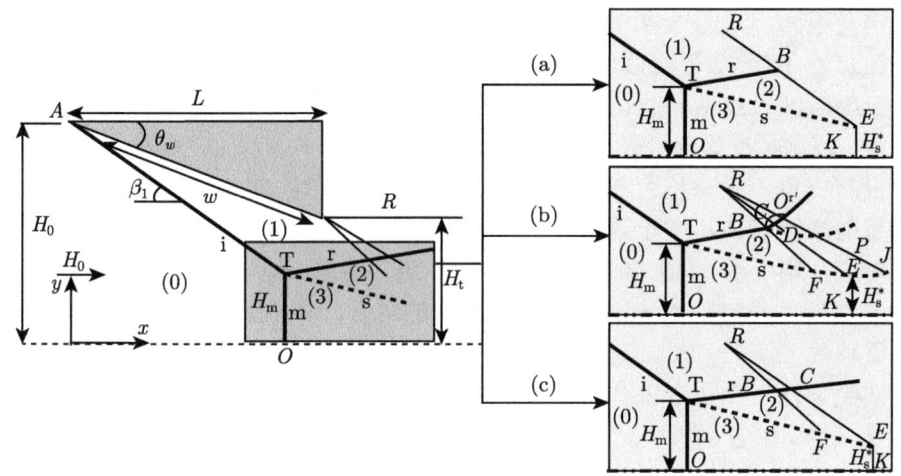

图 5.24 定常激波马赫反射结构简化模型：(a) Azevedo[29,30]；(b) Li[32]；(c) Mouton[33]

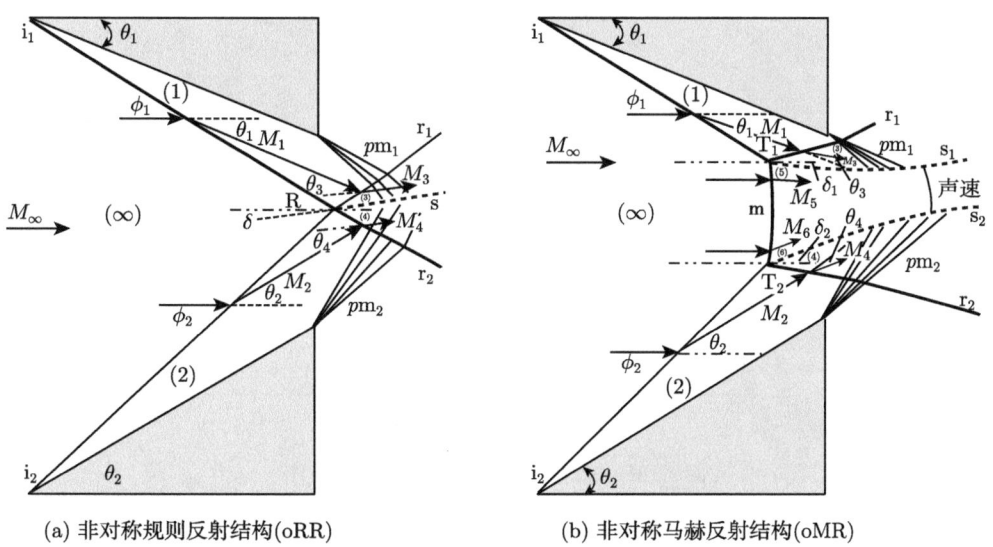

(a) 非对称规则反射结构(oRR)　　(b) 非对称马赫反射结构(oMR)

图 5.25 非对称激波反射结构示意图

如果固定图 5.25 中的上楔体的楔角 θ_1 不变，逐渐增大下楔体的楔角 θ_2(θ_2^1, θ_2^{vN}, θ_2^2, θ_2^D, θ_2^3) 可以分别得到一系列的激波反射结构，其激波极线如图 5.26 所示[38]。该图中上入射激波 i_1 的反射激波 r_1 的极线为 R_1，对应下楔体楔角 $\theta_2 = \theta_2^1$, θ_2^{vN}, θ_2^2, θ_2^D, θ_2^3 的系列反射激波极线分别为 R_2^1, R_2^{vN}, R_2^2, R_2^D, R_2^3。与对称激波反射或者单激波反射的冯·诺依曼准则和脱体准则相对应，Li 等[37] 的研究表明非对称激波的反射同样存在两个准则点，即冯·诺依曼准则 θ_2^{vN} 和脱体准则 θ_2^D，但

是其定义不同。如图 5.26 所示，冯·诺依曼准则点为上反射激波极线 R_1 与下反射激波极线 R_2^{vN} 交于极线 R_0 强解支上点 b；脱体准则点为上反射激波极线 R_1 与下反射激波极线 R_2^D 的切点 d。对于 R_2^1，$\theta_2^1 < \theta_2^{vN}$，两条反射激波极线交于 R_0 内部点 a，此时反射激波结构为规则反射 oRR；对于 R_2^3，$\theta_2 > \theta_2^D$ 两条反射激波极线没有交点，此时反射激波结构为马赫反射 oMR；对于 R_2^2，$\theta_2^{vN} < \theta_2^2 < \theta_2^D$，两条反射激波极线相交于点 c，同时它们与 R_0 强解支分别交于点 b 和点 g，这分别对应规则反射 oRR 和马赫反射 oMR 两种激波反射结构，即存在双解。点 b 和点 g 对应的马赫反射为两个正马赫反射的组合，即 oMR(diMR+diMR)，此时两条滑移线 s_1 和 s_2 都向 (∞) 区流动方向靠近并组成一渐缩流管，符合马赫干后流动匹配条件，如图 5.25(b) 所示，因此此解可以稳定存在。

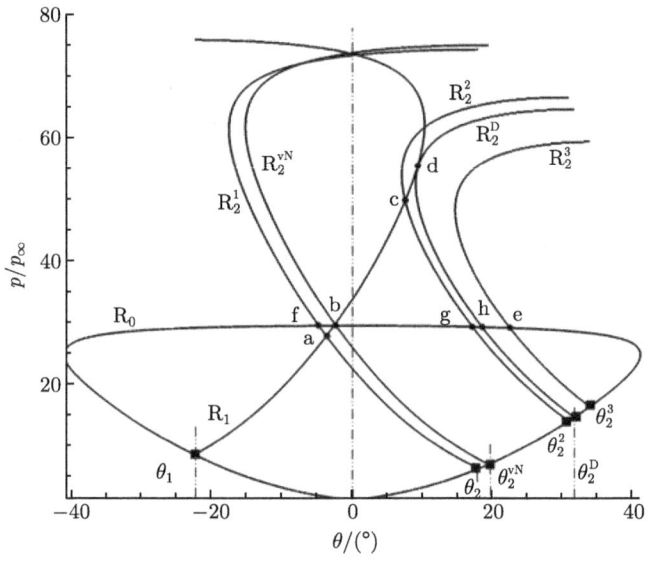

图 5.26 非对称激波反射极线解示意图

不难理解两个反马赫组合结构 oMR(inMR+inMR) 理论上不成立，因为其两条滑移线 s_1 和 s_2 都远离 (∞) 区流动方向，如图 5.27 (a) 所示，不可能组成渐缩流管，不满足马赫干后的流动匹配条件。可以注意到反射激波极线 R_1 和 R_2^1 分别与 R_0 强解支交于点 b 和点 f，此两点对应的马赫反射结构为正马赫反射 diMR 和反马赫反射 inMR 的组合，即 oMR(diMR+inMR)，如图 5.27(b) 所示，此时滑移线 s_1 向 (∞) 区流动方向靠近，但是 s_2 远离 (∞) 区流动方向太多，它们最终组成一渐扩流管，无法满足马赫干后的流动匹配条件，因此此解也不成立。研究表明并非所有组合马赫反射 oMR(diMR+inMR) 结构都不成立，如图 5.27 (c) 所示，如果组合马赫反射 oMR(diMR+inMR) 中的正马赫反射的滑移线 s_1 向 (∞)

区流动方向靠近，而反马赫反射的滑移线 s_2 偏离 (∞) 区流动方向较小，使得 s_1 和 s_2 仍能组成一个渐缩流管，那么此组合马赫反射 oMR(diMR+inMR) 仍能稳定存在。此组合马赫反射如果用图 5.26 激波极线表示，那么此时的下楔角 θ_2 略大于 θ_2^{vN}，使得反射激波极线与 R_0 强解支的交点落在点 b 和对称轴之间。此种正反马赫组合反射结构得到 Li 等[37] 的试验验证，这是非对称马赫反射与对称马赫反射的不同之处。

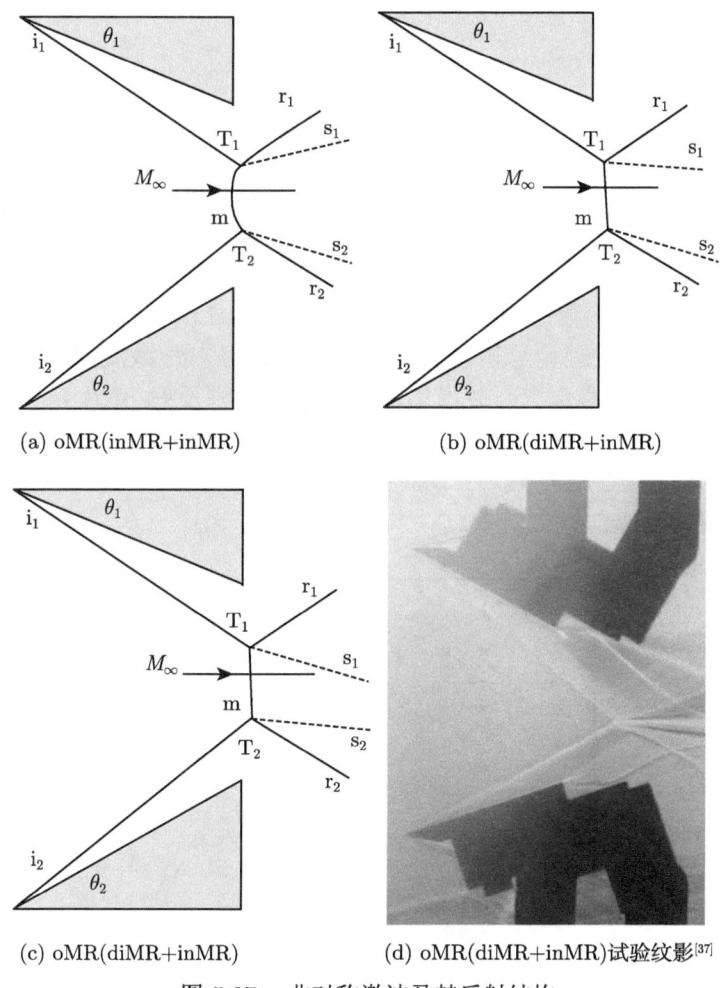

图 5.27 非对称激波马赫反射结构

当然，对称和非对称反射还有一个不同之处，如图 5.28 所示，组合规则反射的两个反射波之间存在一个滑移线 s，而且此滑移线两侧的流动可以分别为超声速和亚声速。如图 5.26 中的反射激波 r_1 的极线 R_1 与反射激波 r_2 的极线 R_2^2 交于 c 点，对应一个组合规则反射结构，c 点位于 R_1 声速点之下却在 R_2^2 声速点之上，即反射激波 r_1 之后的流动为超声速，而 r_2 之后的流动为亚声速。此时，反射点附近的反射激波不再是直线，r_2 之后存在一个亚声速区，Hu 等[38] 的数值模拟得到了这种组合反射结构。

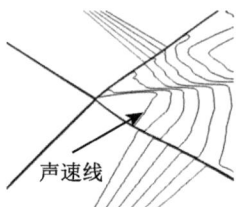

图 5.28　非对称激波规则反射结构中的 sub RR [38]

Li 等[37] 给出了非对称激波反射的转捩准则，见图 5.29 中的 θ_2^{vN} 和 θ_2^D，但是试验发现，oRR→oMR 转捩在接近对称反射的楔角参数范围内易发生提前转捩，而在偏离对称反射的参数范围内，易发生转捩延迟。Li 等认为是流场三维效应引起的。Hu 等[38] 通过理论分析和数值模拟发现，非对称激波反射转捩延迟一般不超过最大转角准则线 θ_2^{MD}，并指出非对称组合规则反射 oRR (subsonic RR + supersonic RR) 的 M 形稳定曲线，越偏离对称反射条件，组合规则反射 oRR 就越稳定，因此较易发生转捩延迟；而越接近对称反射条件，组合规则反射 oRR 就越不稳定，更容易提前发生转捩。

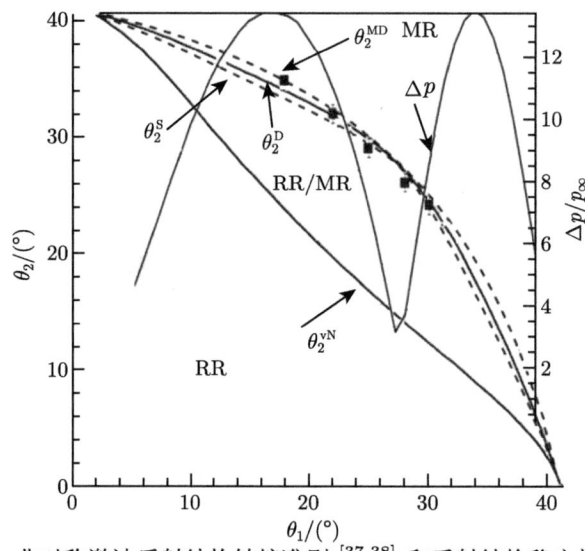

图 5.29　非对称激波反射结构转捩准则[37,38] 和反射结构稳定性曲线 Δp
θ_2^{vN} 和 θ_2^D 分别代表冯·诺依曼准则和脱体准则，■ 为试验结果

Ben-Dor 等[39] 对下游流场的影响做出了理论分析和数值研究,发现下游流场对前方马赫干的影响与 p_w 和 p_c 之间的大小关系有关,其中,p_w 为楔尾分离区的压强,p_c 为气动喉道处的马赫波与反射激波相交处的压强。若 $p_w < p_c$,则下游流场对马赫干没有影响;若 $p_w > p_c$,则马赫干的高度会随着 p_w 的增大而增大。当 p_w 进一步增大时,下游流场会形成更为复杂的波系结构,同时形成了之前在定常激波反射中从未发现的反转马赫反射结构。Hu 等[40] 通过数值模拟高超声速双楔面流动,发现在特定的几何条件下,一个双反马赫反射组合结构 oMR(inMR + inMR) 也可以稳定存在。如图 5.30(a) 所示,将楔角分别为 θ_1 和 θ_2 的双楔结构置于 $M_\infty=9$ 高超声速流动中,从两个楔顶点发出的两道斜激波 LSW1、LSW2 以及弓形激波 BSW 之间发生复杂的激波相互作用,随着楔角的变化,激波作用波形还将发生多种作用波形间的转捩[41,42]。对应特定楔角组合 ($M_\infty = 9, \theta_1 = 27°, \theta_2 = 45.5°$) 的激波极线解和数值解分别如图 5.30 (b) 和 (c) 所示,极线图给出 LSW2 和 SW3 两条激波相交于极线 R_1 之内的点 4,根据冯·诺伊曼准则,理论上只允许有组合规则反射 oRR,但是数值模拟结果可以得到一

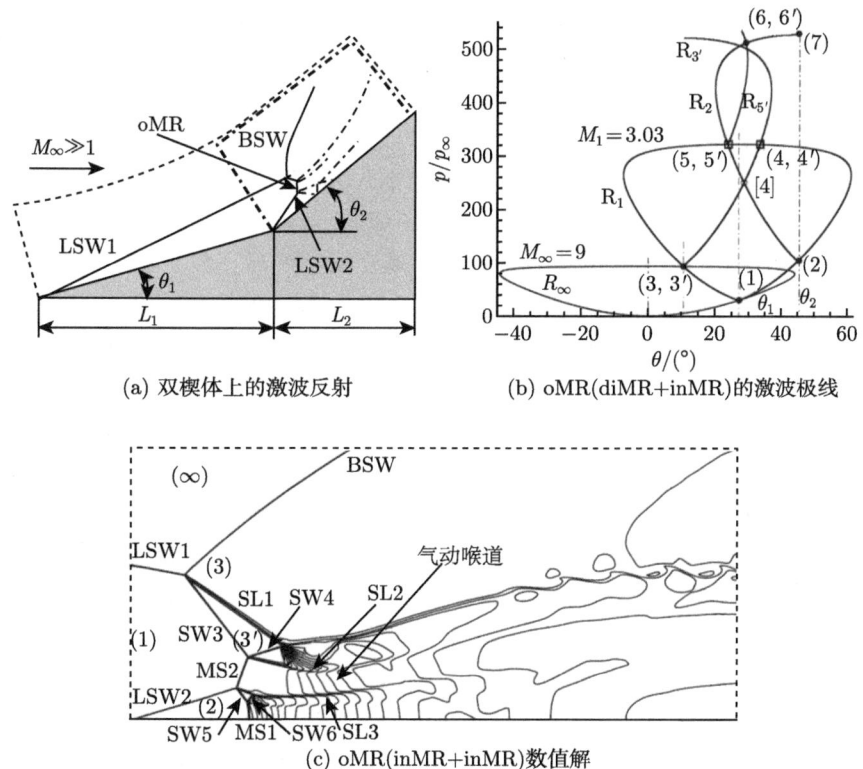

(a) 双楔体上的激波反射   (b) oMR(diMR+inMR)的激波极线

(c) oMR(inMR+inMR)数值解

图 5.30 双楔体双反马赫反射结构 ($M_\infty = 9, \theta_1 = 27°, \theta_2 = 45.5°$)[40]

个双反马赫反射的组合结构 oMR(inMR+inMR)。如图 5.30(c) 所示,马赫干 MS2 的滑移线 SL2 和 SL3 都偏离 (1) 区的流动方向,组成渐扩流管,但是 SL3 受到激波 SW6 的碰撞后改变了方向,使其与 SL2 组成的流管重新收缩,形成一个气动"喉道"结构,因此,马赫干后的流场匹配条件得到满足[40],此解可以稳定存在。

5.3.5 激波反射转捩的迟滞现象

对于激波规则–马赫反射之间的相互转变,冯·诺依曼提出了脱体准则和冯·诺依曼准则[19,20]。图 5.31 为定常激波反射类型随来流马赫数及楔面倾角的形成区域,其中 θ^D 表示脱体准则,而 θ^{vN} 表示冯·诺依曼准则,这两个准则是 M 和 γ 的函数。当 $\theta > \theta^D$ 时,只可能出现马赫反射;而当 $\theta < \theta^{vN}$ 时,只可能出现规则反射;当 $\theta^{vN} < \theta < \theta^D$ 时,规则反射及马赫反射理论上都有可能出现,即形成所谓的双解区。Hornung 等[43] 提出,规则–马赫反射相互转变时会出现迟滞现象。如图 5.31 所示,他们认为当楔角逐渐增大时,规则反射向马赫反射的转变会发生在 θ^D;而当楔角逐渐减小时,马赫反射向规则反射的转变会发生在 θ^{vN}。然而,在随后的实验中,Hornung 等[44] 发现规则–马赫反射间的相互转变都发生在 θ^{vN},而预测中的迟滞现象并没有出现。他们将此现象归结为风洞实验中存在的流场扰动的影响,并认为该迟滞现象是"无法证实的"。十几年后,在静音风洞技术得到发展之后,迟滞现象在 Chpoun 等[45] 的实验研究中得到证实,同时 Ivanov 等[46] 的数值模拟也得到验证。Chpoun 等通过实验发现,规则反射向马赫反射转变,角度比脱体准则小 2°;而马赫反射向规则反射转变,角度与冯·诺依曼准则相符。图 5.32 为 Chpoun 等的实验结果,来流马赫数为 $M_0=4.96$,这是首次在实验过程中证实了 Hornung 等[43] 提出的激波反射迟滞现象。随后的许多数值结果也都证实了迟滞现象的存在[47-50],并与 Hornung 等的预测基本吻合。Fomin 等[51]、Ivanov 等[52] 以及 Sudani 等[53] 在封闭试验段风洞以及自由射流风洞中对该问题进行了实验研究,发现在自由射流风洞中也证实了迟滞现象,而封闭风洞实验中迟滞现象或有或无,与风洞噪声水平相关。

值得注意的是,对于数值研究而言,比较容易发现与 Hornung 等[43] 的预测相吻合的迟滞现象;而对于风洞实验而言,不论采用哪一种风洞,虽然也可能发现迟滞现象,但实验结果总是与 Hornung 等[43] 的预测存在着较大的差别,即规则反射向马赫反射转变的角度明显低于 θ^D。对于风洞实验的偏差问题,现阶段人们公认有两个方面的影响:风洞噪声以及实验中的三维效应,而 Hu 等[38] 则通过理论和数值分析发现,对称规则反射稳定性低于非对称反射,更容易发生提前转捩。

Li 等[54] 运用最小熵增原理理论分析了规则反射及马赫反射的稳定性,发现在双解区的绝大部分区域,规则反射及马赫反射都是稳定的,他们认为,当流场

5.3 激波反射与相互作用

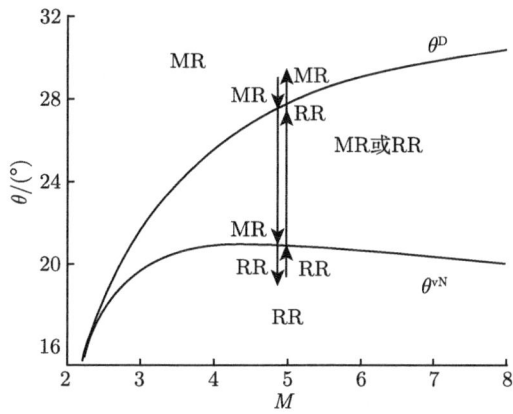

图 5.31 定常对称激波反射 RR↔MR 转捩的迟滞现象示意图

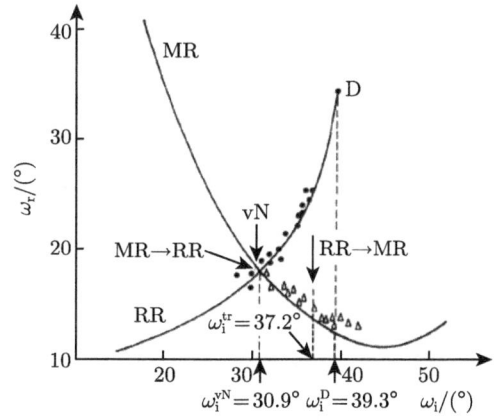

图 5.32 定常激波反射 RR↔MR 转捩迟滞现象的试验[46]

$M_0=4.96$，▲：MR 结构，●：RR 结构

完全无扰动时，oRR→oMR 转捩位置将会很靠近脱体准则 θ^D，而当流扰动足够强时，转捩可能在双解区任何位置发生。Hornung[55] 通过对规则反射及马赫反射的激波极曲线的分析得出了类似的观点。Ivanov 等[56] 的数值模拟研究表明，在反射点下游附近的扰动更易导致激波反射转捩的提前发生。Sudani 等[57] 通过数值模拟验证了 Hornung 的观点，并研究了改变反射点下游反射壁面角度对两种激波反射结构间相互转变的影响。因此在具有气流扰动的风洞实验中，规则反射向马赫反射转变的位置取决于该扰动的大小。随后，为了证实该观点，Ivanov 等[58] 在低噪风洞中进行了实验，发现了与 Hornung 等[43] 的理论预测基本一致的迟滞现象。

以上对气流扰动作用的研究解释了风洞实验中难以观察到完整迟滞现象的原

因，同时，风洞中对迟滞现象的实验还会受到三维效应的影响。Skews[59] 对风洞实验中三维效应对激波反射结构间转变的影响进行了深入分析，他给出了规则反射实验中可以避免三维效应影响的最小的楔面长展比 (inlet aspect ratio)。随后，Skews[60]、Ivanov 等 [61] 和 Brown 等 [62] 通过风洞实验研究了三维情况下的激波反射结构不同于二维反射的现象，并提出，对于明显的二维反射，即使受到很小程度的三维效应影响，其转变和迟滞特性也会与理论预测产生很大的差别。

非对称楔面间激波定常反射比对称反射更加复杂，同样也存在复杂的迟滞现象 [37,38,63]，Li 等 [37] 通过理论分析指出，对于非对称楔面间的激波定常反射同样会形成双解区，提出在双解区同样会形成类似于对称楔面间激波定常反射的迟滞现象，并通过实验研究证实了该现象的存在。Hu 等 [38] 通过理论分析和数值模拟发现，非对称激波反射 oRR→oMR 转捩必然经过一个 oRR (subsonic RR + supersonic RR) 组合规则反射结构，并指出该反射具有 "M" 形稳定曲线，越偏离对称反射条件，该组合规则反射结构就越稳定，因此较易发生转捩延迟；而越接近对称反射条件，该组合规则反射 oRR 就越不稳定，更容易提前发生转捩，见图 5.29。Ivanov 等 [63] 通过数值模拟验证了 Li 等 [37] 的结论。Sudani 等 [64] 的风洞实验中，通过改变楔角或者改变两楔距离 (即改变长展比) 都能引起 oRR↔oMR 的转捩及迟滞现象，分别如图 5.33 和图 5.34 所示。

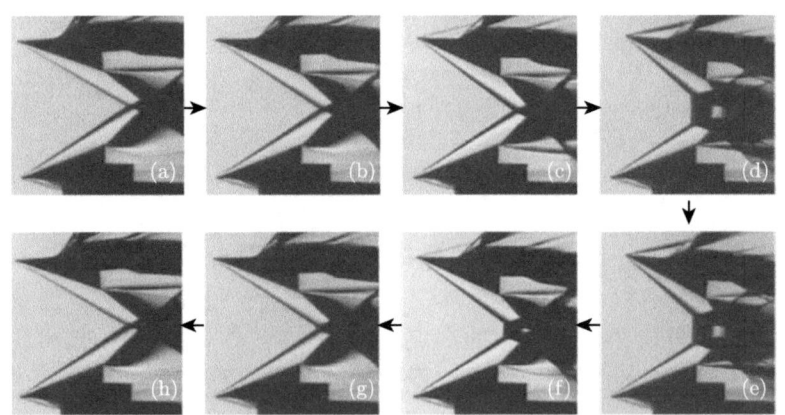

图 5.33　改变下楔角引起的双楔激波反射转捩及迟滞现象 [64]

$M_\infty = 4.015$；$\theta_{\text{lower}} = 22.6°$；(a), (h) $\theta_{\text{upper}} = 17.0°$；(b), (g) $\theta_{\text{upper}} = 20.0°$；(c), (f) $\theta_{\text{upper}} = 22.8°$；(d), (e) $\theta_{\text{upper}} = 27.0°$；图中箭头代表楔角改变顺序

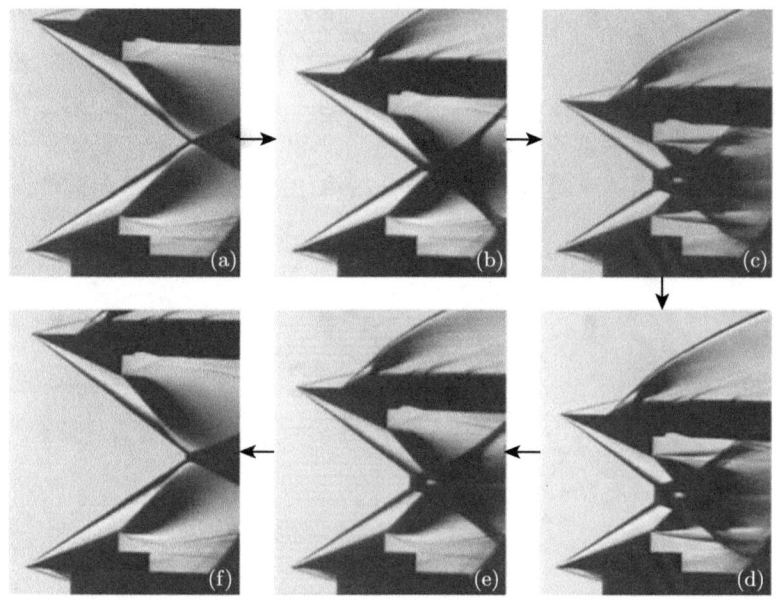

图 5.34　改变双楔距离引起的激波反射转捩及迟滞现象[64]
$M_\infty = 4.015$；$\theta_{\text{lower}} = 22.6°$；(a)，(f) $w/h = 1.09$；(b)，(e) $w/h = 1.41$；(c)，(d) $w/h = 1.68$；
图中箭头代表楔距改变顺序

5.3.6　三维激波反射现象

最近几十年来，各国学者利用各种方法对激波反射问题展开了广泛研究，取得了显著的进展；特别是对于几个研究热点问题进行了深入探讨，取得了重大突破，使得人们对激波反射问题的理解和认识更加系统和全面。然而上述研究仅限于二维流动，对于三维激波反射问题，由于流场复杂，理论分析方法难以直接应用，实验研究也受到流场显示的限制，因此相关工作比较少见。对于三维激波相互反射，在垂直于来流的方向上，不同位置的二维截面内的激波结构具有自相似性；而对于二维运动激波楔面反射，在不同时刻内的激波结构同样具有自相似性。因此可以将此三维定常问题转化为二维非定常问题进行分析。

图 5.35(a) 为定常超声速流动在三维楔面上形成的定常斜激波示意图，其中深色部分表示不同位置上垂直于斜激波波面的二维截面，各截面相互平行。截面与斜激波波面的交线表示在截面空间内的二维激波。该三维流场空间坐标系为 (x,y,z)，其中 (x,z) 可以绕 y 轴旋转，得到转变后的三维坐标系 (x',y,z')。转变后的 x' 轴垂直于各二维截面且平行于斜激波面，z' 轴平行于二维截面且垂直于斜激波面。气流在 x' 方向的分量全流场相同，因此在该方向上空间位置改变带来的 (y,z') 二维空间内流场的变化可以看作时间改变带来的影响，即三维空间坐标系 (x,y,z) 转变为了二维空间坐标系 (y,z') 以及时间坐标 t，由此可以将一个三

维定常问题转变成为二维非定常问题。图 5.35 (b) 为将各截面重叠后的二维空间，其中黑色实线表示各截面与斜激波面的交线，即转变后二维空间内二维激波在不同时刻的位置。这里值得注意的是，只要 z' 轴在某二维平面内，该二维平面即垂直于斜激波面，因此垂直于斜激波波面的二维截面的方向并不是唯一的，即转变后的二维非定常问题并不是唯一的，但分析得出的结果一定是相同的。

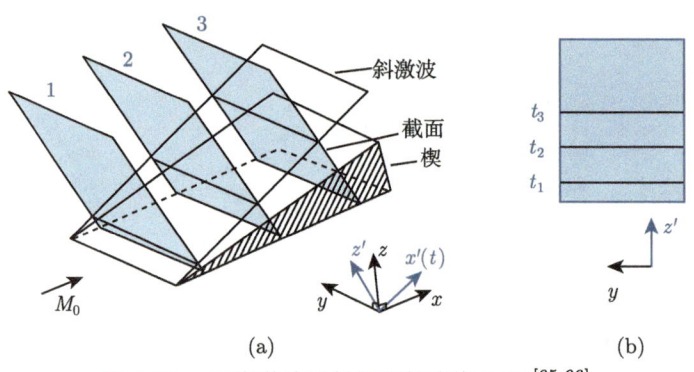

图 5.35　三维激波反射问题的降维处理 [65,66]

近年来，杨旸等 [65,66] 利用上述的降维方法开展了三维激波反射的理论分析研究，同时结合了数值模拟研究。研究发现，对于三维双楔面激波反射，无论是对称还是非对称反射，都不会形成类似二维定常激波反射中的迟滞现象。形成的激波结构与楔面倾角变化方向和历史无关，oRR↔oMR 反射波型间的相互转捩仅遵循冯·诺依曼准则 θ^{vN}，见图 5.36。图中，(1) 对应规则反射波形，(2) 和 (4) 对应冯·诺依曼准则点，(3) 则对应马赫反射波形。其中 θ_1, θ_2 分别为两个楔面的倾角，ν 为双楔间夹角，χ_1, χ_2 分别为双楔各自的后掠角。

图 5.37(a) 为理论分析及数值验证结果，横坐标为来流马赫数 M_0，纵坐标为楔面倾角，此时双楔间夹角 $\nu = 60.0°$。图中，曲线代表通过理论分析得出的各种激波反射结构的分界线，其中规则–马赫反射分界线由冯·诺伊曼准则得出，即图中虚线。单马赫–过渡马赫反射以及过渡马赫–双马赫反射之间的分界线分别由其转变准则 $M_2^{\mathrm{T}} = 1$ 以及 $M_2^{\mathrm{T}'} = 1 + \varepsilon(\varepsilon \to 0)$ 得出。各图标分别表示在各来流马赫数和楔面倾角组合下的数值模拟结果。

双楔间夹角 $\nu = 90.0°$ 时，各种激波反射结构的形成范围与不垂直双楔面 $\nu = 60.0°$ 的结果有所不同。图 5.37(b) 为垂直双楔时各种激波反射结构的分布范围的理论分析结果及数值模拟验证。可以看到，两楔面间夹角不同，二维截面上各种激波反射结构出现的范围也有所差异。研究表明，随着双楔间夹角的减小，单马赫–过渡马赫反射以及过渡马赫–双马赫反射的分界线朝着来流小马赫数方向

5.3 激波反射与相互作用

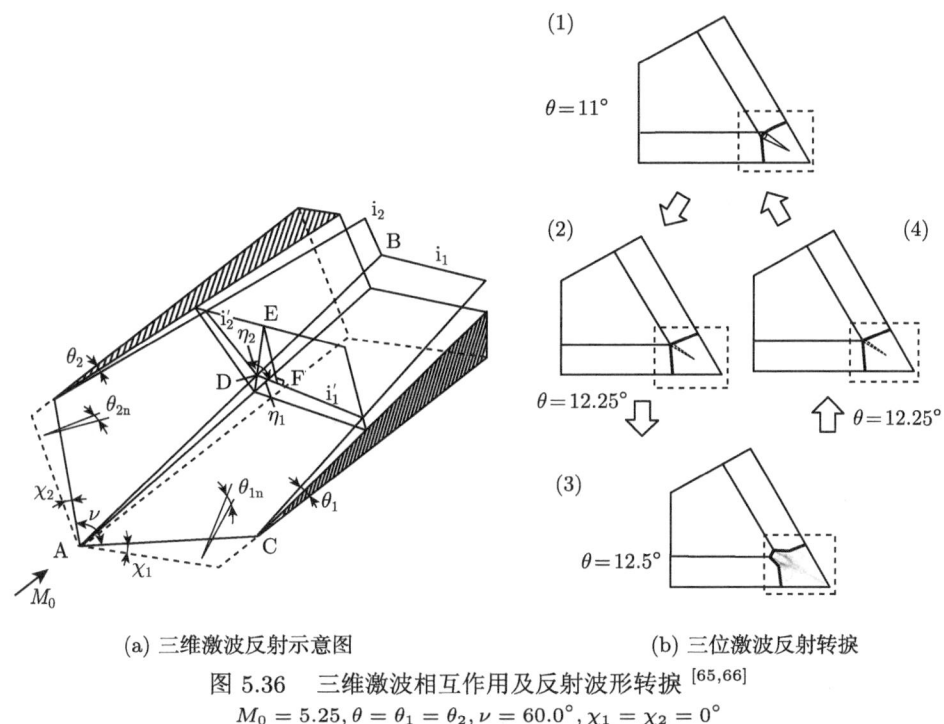

(a) 三维激波反射示意图

(b) 三位激波反射转捩

图 5.36 三维激波相互作用及反射波形转捩 [65,66]

$M_0 = 5.25, \theta = \theta_1 = \theta_2, \nu = 60.0°, \chi_1 = \chi_2 = 0°$

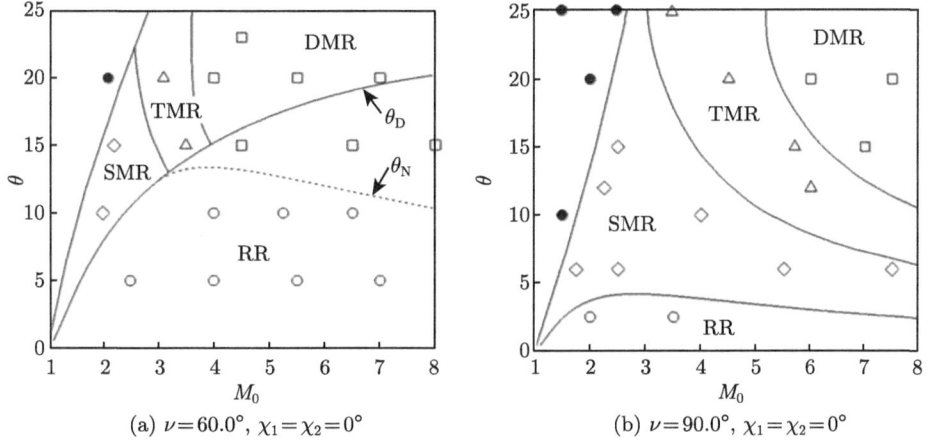

(a) $\nu = 60.0°, \chi_1 = \chi_2 = 0°$

(b) $\nu = 90.0°, \chi_1 = \chi_2 = 0°$

图 5.37 三维激波反射波形转捩的理论与数值计算结果 [65]

符号 ○ 和 RR 代表规则反射，◇ 和 SMR 代表单马赫反射，△ 和 TMR 代表过渡马赫反射，□ 和 DMR 代表双马赫反射，● 代表脱体反射波

移动，而马赫–规则反射分界线朝大楔面倾角方向移动。在该图中，规则–马赫反射的实线分界线遵循脱体准则。冯·诺依曼准则要求来流马赫数大于 2.2，当双楔

夹角为 90° 时，各种来流马赫数和楔面倾角组合下二维截面内来流马赫数均小于此值；而当 $\nu = 60°$ 时，部分组合下截面内来流马赫数超过了此值，因此可以得出该情况下的冯·诺伊曼准则[65]。

本章节简单介绍了斜激波的基础理论以及激波反射等问题，关于激波相互作用及其工程应用的更多细节，杨基明等[67]于 2019 年编著的新书——《高超声速流动中的激波及相互作用》中有详细而又深入的论述。

复习思考题

5.1 如题 5.1 图所示，超声速气流分别绕流单楔和双楔结构，已知 $M_1 = 3$，$\theta = 20°$，求两种流动的总压恢复系数 $\sigma_p = p_{02}/p_{01}$。并阐述对结果的理解。

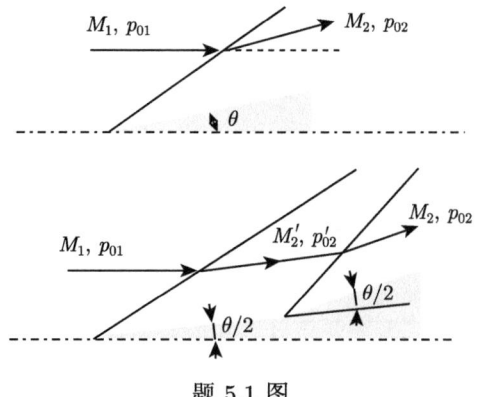

题 5.1 图

5.2 如题 5.2 图所示，超声速风洞气流 $M_1 = 2$，对称楔形试验模型的半顶角 $\theta_1 = 5°$，风洞试验段高度 $H = 470 \text{mm}$。为了避免激波在风洞壁面的反射波落在试验模型表面上引起干扰，请计算允许的模型最大长度 L。

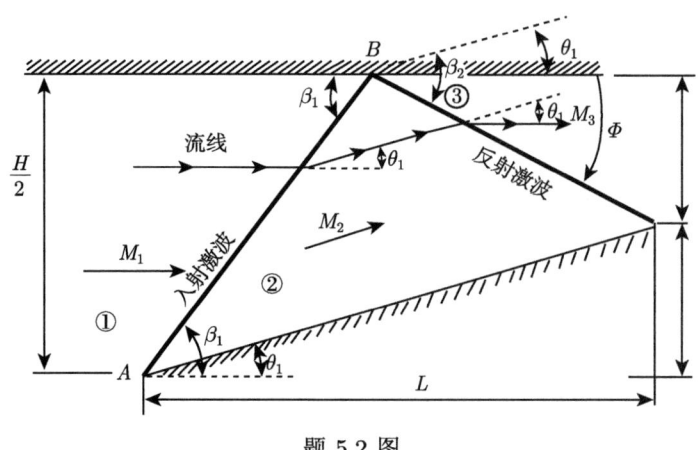

题 5.2 图

5.3 如题 5.3 图所示，一道驻定斜激波波前气流马赫数为 M_1，跨过该激波的总压恢复系数为 p_{02}/p_{01}；该斜激波的波前气流马赫数在斜激波法向分量为 M_{1n}。波前气流马赫数为 M_{1n} 的正激波，其总压恢复系数为 p_{02n}/p_{01n}。请简单证明 $p_{02}/p_{01} = p_{02n}/p_{01n}$。

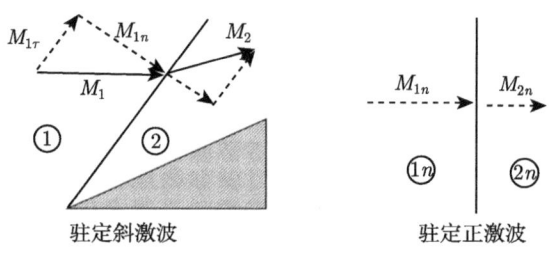

题 5.3 图

5.4 如题 5.4 图所示超声速翼型 $M_1 = 2$，$\theta = 5°$。计算翼型的波阻系数 $C_D = \dfrac{D}{0.5\rho_1 u_1^2 a}$。

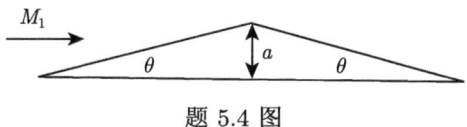

题 5.4 图

5.5 如果马赫数为 3 的气流通过膨胀波，计算该气流可以实现的最大偏转角。

5.6 如题 5.6 图所示，超声速气流 $M_1=2$，$P_1=2$ atm，$T_1=300$ K，管口外气压为 $p_\infty=1$ atm。计算管口外流线偏转角 θ 以及 M_2，V_2，ε。

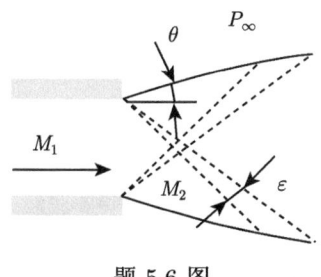

题 5.6 图

5.7 如题 5.7 图所示，将一个外折角为 $\Delta\theta$ 的结构放置于马赫数为 $M_1=1.7$ 的超声速气流中，通过中心膨胀波 L_1OL_2 将气流加速到 $M_2=2.2$，计算 $\Delta\theta$(结合配图估算)，请在图中粗略画出求解过程，并计算中心膨胀波的角度 $\angle L_1OL_2$ 的值 (图中纵坐标变量参见式 (5.1f))。

5.8 如题 5.8 图所示，斜激波的马赫反射结构，请比较三波点 T 附近③区和④区的流动参数，即马赫数 M_3 和 M_4 以及总压 p_{03} 和 p_{04} 的大小关系。上述马赫反射结构的激波极线求解过程在右图中给出，请在图中标注 p_2、p_3 和 p_4 对应的点，并标出②区气流通过斜激波可以实现的最大偏转角 $\Delta\theta_{2\max}$，阐释出现马赫反射结构的原因。

5.9 如题 5.9 图所示，将单楔和双楔两种结构放于 $M_1=2$ 的超声速气流中，$\theta_2=20°$，$\theta_1=11°$。两种结构都能使来流 (即①区) 通过一道或者两道斜激波偏转相同的角度 (20°)，得到③区状态。

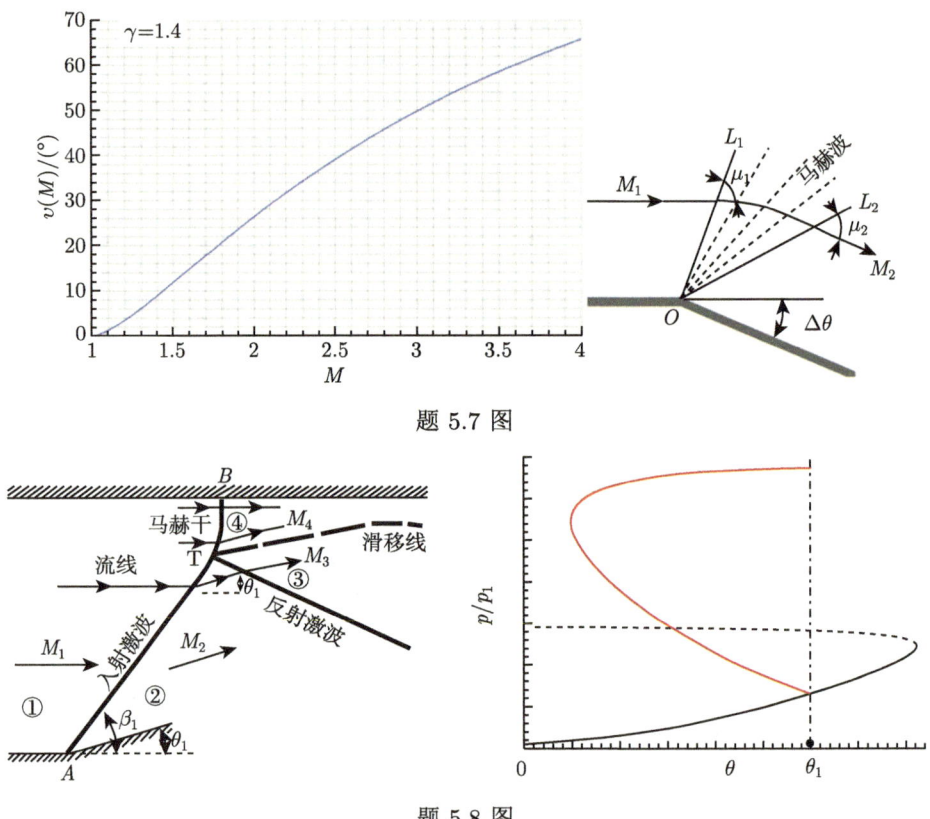

题 5.7 图

题 5.8 图

(1) 分别求解两种情形中③区与①区的总压比。

(2) 对第 (1) 题结果进行简要分析。

(3) 如图所示，C 点是一个复杂多波结构的交会点，除了激波 AC，BC 以及 CH 之外，还有两道流场结构 CD 和 CF。已知波结构 CD 是一道膨胀波，CD 在楔面反射得到另一道波结构 DE，DE 与流场结构 CF 交于 E，并反射得到结构 EG。(a) 请直接给出 CF, DE, EG 三

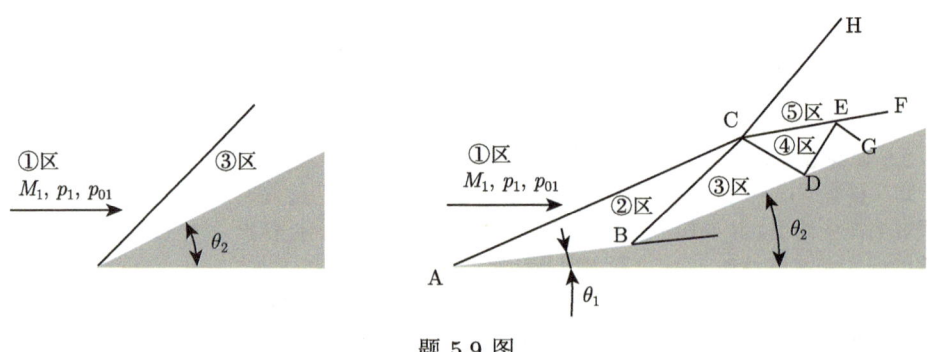

题 5.9 图

道流场结构的类型 (滑移线、膨胀波或斜激波)。(b) 假设流场结构 CE 是直线,其与①区流动方向之间的夹角 (锐角) 为 θ_{CE},请直接给出 θ_{CE} 与 θ_2 的大小关系。(c) 请直接给出③区、④区和⑤区的总压 p_{03}, p_{04}, p_{05} 的大小关系。

5.10 如题 5.10 图所示,马赫盘是火箭喷管出口常见的流场结构。$M_1=4$ 的超声速均匀气流 (气体近似为空气,量热完全气体),$p_1=0.0978$ atm,$T_1=700$ K,$p_\infty=1$ atm。计算过程中马赫盘结构近似为直线 (实际结构为弧线)。

(1) 计算②区气流方向与喷管出口气流方向的夹角,②区温度和压强,③区的气流温度和压强,并解释右图马赫盘结构后面高亮度的原因。

(2) 如果将环境压强降低到 $p_\infty=0.47$ atm,简单给出喷管出口附近流场的大致结构。

(3) 大致画出第 (1) 和 (2) 题中流线经过各区的情形。

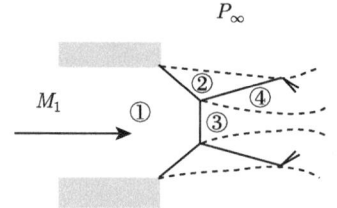

题 5.10 图

5.11 拟将马赫数为 $M_1=4$,$p_1=1$ atm 的超声速空气气流减速为亚声速,方法如下: (1) 通过一道正激波;(2) 通过一道斜激波,其气流偏转角为 25.3°,其后紧跟一道正激波;(3) 通过两道斜激波,其气流偏转角分别为 25.3° 和 20°,其后紧跟一道正激波。计算上述三种方法的总压恢复系数,并简单分析。

5.12 如题 5.12 图所示,超声速扩压器是超声速风洞的重要组成部件之一,其功能是将试验舱后的超声速试验气流通过激波系统压缩增压。$M_1=3$,气流介质为空气。

(1) 设计合适的几何尺寸 h_2/h_1 和 l/h_1,以实现如图所示的流场结构,即斜激波与下游的正激波联合增压系统。

(2) 计算此时各区的总压恢复系数 $p_{02}/p_{01}, p_{03}/p_{01}$。

(3) 如果只用一道正激波扩压,计算扩压器进出口的总压恢复系数,并与 (2) 结果进行对比分析。

计算分析中,忽略摩擦和传热等过程。

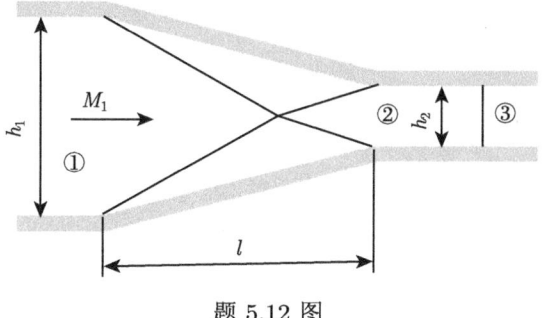

题 5.12 图

5.13 如题 5.13 图所示，某飞行在地球大气中的高超声速飞行器的进气道结构，$p_1=0.01$ atm，$T_1=230$ K，$M_1=5$，$\theta=10°$，气流介质为空气。计算②、③区的气流温度、压强、马赫数，以及③区的总压恢复系数 p_{03}/p_{01}。

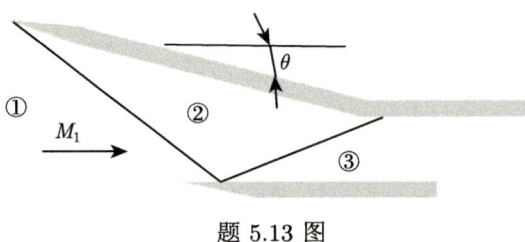

题 5.13 图

5.14 如题 5.14 图所示，某一空气的超声速通道，$M_1=3$，$\theta=10°$，则该通道内最多可以出现多少次规则反射？不计摩擦与传热等过程。

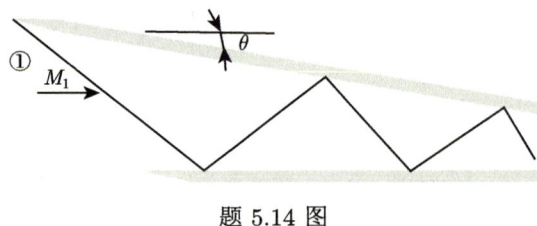

题 5.14 图

5.15 $M_1=5$ 的超声速空气流中放置斜板，如题 5.15 图所示，在不同斜板角度可能存在的激波反射结构所对应的极线解法，即在 $\theta_1=20°$ 时有 A、B，在 $\theta_1=30°$ 时有 C 这些可能的解，即图中用实心圆 ● 标出的点。请分别大致画出这三种解的流场结构，并说明它们稳定存在的条件。

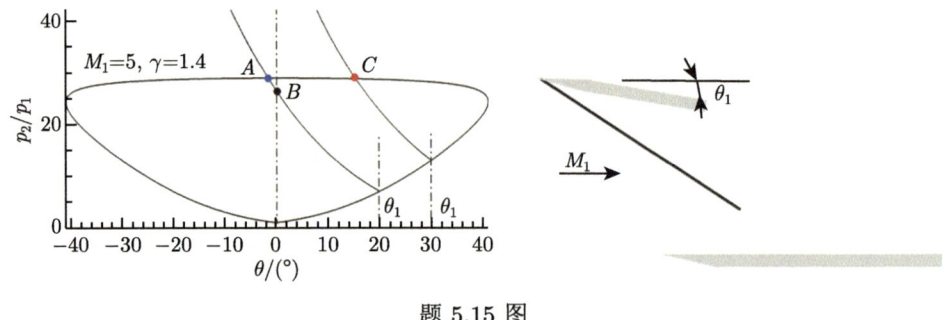

题 5.15 图

5.16 超声速空气流中楔体诱导斜激波，随着楔角即 θ 的改变，将出现贴体激波与脱体激波两种构型，如题 5.16 图所示。根据公式 (5.20) 推导保证贴体激波的最大楔角或气流偏转角。

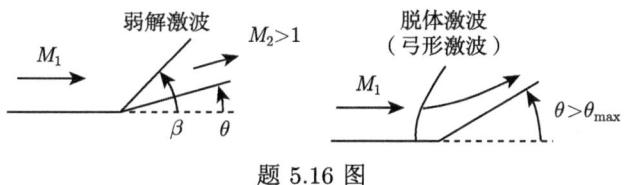

题 5.16 图

参 考 文 献

[1] Anderson J D Jr. Hypersonic and High Temperature Gas Dynamics. New York: McGraw-Hill Book Company, 1989.

[2] Saltzman E J, Darwin J G. Summary of full-scale lift and drag characteristics of the X-15 airplane. NASA TN D-3343, 1966.

[3] Barthelemy R. The national aero-space plane program. AIAA Paper 89-5001, 1989.

[4] Park C. Calculation of nonequilibrium radiation in AOTV flight regimes. AIAA Paper 84-0306, 1984.

[5] Hogenauer E, Koelle D. Sanger the German aerospace vehicle program. AIAA Paper 89-5007, 1989.

[6] Cazin P. A space plane research from Hermes to trans-atmospheric vehicles. AIAA Paper 89-5020, 1989.

[7] Conchie P. Hotol-A future launcher for Europe. AIAA Paper 89-5008, 1989.

[8] Yamanaka Y. Space plane research activities in Japan, AIAA Paper 89-5068, 1989.

[9] Boeing X-51A waverider sets record with successful 4th flight, 2013.

[10] Tsien H S. Similarity laws of hypersonic flows. Journal of Mathematical Physics, 1946, 25: 247-251.

[11] Hirschel E H. Viscous effects//Space Course 1991: 12-1-35.

[12] Bertin J J, Cummings R M. Fifty years of hypersonic: where we've been, where we're going. Progress in Aerospace Sciences, 2003, 39: 511-536.

[13] Bertin J J, Cummings R M. Critical hypersonic aerothermodynamic phenomena. Annual Review of Fluid Mechanics, 2006, 38: 129-157.

[14] Woods W C, Arrington J P, Hamilton H H. A review of preflight estimates of real-gas effects on the space shuttle aerodynamic characteristics//Arrington J P, Jone J J. Shuttle Performance: Lessons Learned, part 1, NASA CP-2283, 1983: 308-346.

[15] Maus J R, Griffith B J, Szema K Y, et al. Hypersonic Mach number and real-gas effects on space shuttle aerodynamics. J. Spacecr. Rockets, 1984, 21: 136-141.

[16] Hayes W D. Hypersonic Flow Theory. New York: Academic Press, 1966.

[17] Bertin J J. Hypersonic Aerothermodynamics. American Institute of Aeronautics and Astronautics, 1994.

[18] Mach E. Uber den Verlauf von Funkenwellen in der Ebene und im Raume. Sitzugsbr Akad Wiss Wien, 1878, 78: 819-838.

[19] von Neumann J. Oblique reflection of shocks. Explos Res Rep 12, Navy Dept Bureau of ordinance, Washington DC, USA, 1943.

[20] von Neumann J. Refraction, intersection and reflection of shock waves. NAVORD Rep 203-45, Navy Dept Bureau of ordinance, Washington DC, USA, 1943.

[21] Ben-Dor G. Shock Wave Reflection Phenomena. Berlin: Springer, 1991.

[22] Ben-Dor G. Handbook of Shock Waves. Berlin: Springer, 2001.

[23] 童秉纲, 孔祥言, 邓国华. 气体动力学. 2版. 北京: 高等教育出版社, 2011.

[24] Ben-Dor G, Takayama K. The phenomena of shock wave reflection-a review of unsolved problems and future research needs. Shock Waves, 1992, 2: 211-223.

[25] Ben-Dor G. A state-of-the-knowledge review on pseudo-steady shock-wave reflections and their transition criteria. Shock Waves, 2006, 15: 277-294.

[26] Smith L G. Photographic investigation of the reflection of plane shocks in air. OSRD Rep 6271, Off Sci Res Dev, Washington DC, USA, 1945.

[27] White D R. An experimental survey of the Mach reflection of shock waves. Department of Physics, Princeton University Technical Report No.II-10, 1951.

[28] Henderson L F, Menikoff R. Triple-shock entropy theorem and its consequences. J. Fluid Mech., 1998, 366: 179-210.

[29] Azevedo D J. Analytic prediction of shock patterns in a high-speed, wedge-bounded duct. Ph.D. Thesis. Buffalo: State University of New York, 1989.

[30] Azevedo D J, Liu C S. Engineering approach to the prediction of shock patterns in bounded high-speed flows. AIAA J., 1993, 31(1): 83-90.

[31] Schotz M, Levy A, Ben-Dor G, et al. Analytical prediction of the wave configuration size in steady flow Mach reflections. Shock Waves, 1997, 7(6): 363-372.

[32] Li H, Ben-Dor G. A parametric study of Mach reflection in steady flows. J. Fluid Mech., 1997, 341(1): 101-125.

[33] Mouton C A, Hornung H G. Mach stem height and growth rate predictions. AIAA J., 2007, 45(8): 1977-1987.

[34] 高波. 二维定常超音速流中激波马赫反射的波系结构与转捩研究. 北京: 清华大学, 2010.

[35] Gao B, Wu Z N. A study of the flow structure for Mach reflection in steady supersonic flow. J. Fluid Mech., 2010, 656: 29-50.

[36] Tan L H, Ren Y X, Wu Z N. Analytical and numerical study of the near flow field and shape of the Mach stem in steady flows. J. Fluid Mech., 2006, 546: 341-362.

[37] Li H, Chpoun A, Ben-Dor G. Analytical and experimental investigations of the reflection of asymmetric shock waves in steady flows. J. Fluid Mech., 1999, 390: 25-43.

[38] Hu Z M, Myong R S, Kim M S, et al. Downstream flow condition effects on the RR→MR transition of asymmetric shock waves in steady flows. J. Fluid Mech., 2009, 620: 43-62.

[39] Ben-Dor G, Elperin T, Li H, et al. The influence of the downstream pressure on the shock wave reflection phenomenon in steady flows. J. Fluid Mech., 1999, 386: 213-232.

[40] Hu Z M, Wang C, Zhang Y, et al. Computational confirmation of an abnormal Mach reflection configuration. Phys. Fluids, 2009, 21, 011702.

[41] Olejniczak J, Wright W J, Candler G V. Numerical study of inviscid shock interactions on double-wedge geometries. J. Fluid Mech., 1997, 352: 1-25.

[42] Edney B. Anomalous heat transfer and pressure distributions on blunt bodies at hypersonic speeds in the presence of an impinging shock. Rep.115, The Aerospace Research Institute of Sweden, Stockholm, Sweden, 1968.

[43] Hornung H G, Oetel H, Sandemann R J. Transition to Mach reflection of shock waves in steady and pseudosteady flow with and without relaxation. J. Fluid Mech., 1979, 90: 541-560.

[44] Hornung H G, Robinson M L. Transition from regular to Mach reflection of shock waves. Part 2. The steady-flow criterion. J. Fluid Mech., 1982, 123: 155-164.

[45] Chpoun A, Passerel D, Li H, et al. Reconsideration of oblique shock wave reflections in steady flows. Part 1. Experimental investigation. J. Fluid Mech., 1995, 301: 19-35.

[46] Ivanov M S, Gimelshein S F, Beylich A E. Hysteresis effect in stationary reflection of shock waves. Phys. Fluids, 1995, 7(4): 685-687.

[47] Chpoun A, Ben-Dor G. Numerical confirmation of the hysteresis phenomena in the regular to the Mach reflection transition in steady flows. Shock Waves, 1995, 5(4): 199-204.

[48] Ivanov M S, Zeitoun D, Vuilon J, et al. Investigation of the hysteresis phenomena in steady shock reflection using kinetic and continuum methods. Shock Waves, 1996, 5(6): 341-346.

[49] Hadjadj A, Kudryavtsev A N, Ivanov M S, et al. Numerical investigation of hysteresis effects and slip surface instability in the steady Mach reflection//Proc. of 21st Int. Symp. on Shock Waves, 1998, 2: 841-847.

[50] Ivanov M S, Markelov G N, Kudryavtsev A N, et al. Numerical analysis of shock wave reflection transition in steady flows. AIAA J., 1998, 36(11): 2079-2086.

[51] Fomin V M, Ivanov M S, Kharitonov A M, et al. The study of transition between regular and Mach reflection of shock waves in different wind tunnel//Proc. of 12th Int. Mach Reflection Symp., 1996: 137-151.

[52] Ivanov M S, Klemenkov G P, Kudryavtsev A N, et al. Experimental and numerical study of the transition between regular and Mach reflections of shock waves in steady flows//Proc. of 21st Int. Symp. on Shock Waves, 1998, 2: 819-824.

[53] Sudani N, Sato M, Watanabe M, et al. Three-dimensional effects on shock wave reflections in steady flows. AIAA Paper 99-0148, 1999.

[54] Li H, Ben-Dor G. Application of the principle of minimum entropy production to shock wave reflection. I. Steady flows. J. Appl. Phys., 1996, 80(4): 2027-2037.

[55] Hornung H G. On the stability of steady-flow regular and Mach reflection. Shock Waves, 1997, 7: 123-125.

[56] Ivanov M S, Gimenlshein S F, Markelov G N, Beylich A E. Numerical investigation of shock –wave reflection problems in steady flows//Proc. of 20st Int. Symp. on Shock Waves, 1996: 471-476.

[57] Sudani N, Hornung H G. Stability and analogy of shock wave reflection in steady flow. Shock Waves, 1998, 8: 367-374.

[58] Ivanov M S, Kudryavtsev A N, Nikiforov S B, et al. Experiments on shock wave reflection transition and hysteresis in low-noise wind tunnel. Phys. Fluids, 2003, 15(6): 1807-1810.

[59] Skews B W. Aspect ratio effects in wind tunnel studies of shock wave reflection transition. Shock Waves, 1997, 7: 373-383.

[60] Skews B W. Three-dimensional effects in wind tunnel studies of shock wave reflection. J. Fluid Mech., 2000, 407: 85-104.

[61] Ivanov M S, Vandromme D, Fomin V M, et al. Transition between regular and Mach reflection of shock waves: new numerical and experimental results. Shock Waves, 2001, 11: 199-207.

[62] Brown Y A, Skews B W. Three-dimensional effects on regular reflection in steady supersonic flows. Shock Waves, 2004, 13: 339-349.

[63] Ivanov M S, Ben-Dor G, Elperin T, et al. The reflection of asymmetric shock waves in steady flows: a numerical investigation. J. Fluid Mech., 2002, 469: 71-87.

[64] Sudani N, Sato M, Karasawa T, et al. Irregular effects on the transition from regular to Mach reflection of shock waves in wind tunnel flow. J. Fluid Mech., 2002, 459: 167-185.

[65] 杨旸. 三维激波相互作用的复杂流动研究. 北京: 中国科学院力学研究所, 2012.

[66] Yang Y, Teng H, Jiang Z, et al. Numerical investigation on three-dimensional shock wave reflection over two perpendicularly intersecting wedges. Shock Waves, 2012, 22: 151-159.

[67] 杨基明, 李祝飞, 朱雨健, 等. 高超声速流动中的激波及相互作用. 北京: 国防工业出版社, 2019.

第 6 章 一维非定常流动

本章介绍一维非定常流动，气流参数是一个空间变量和一个时间变量的二元函数，即 $q = q(x,t)$。前面讲到声波传播是非定常的，那是小扰动波或小振幅波的传播，可用线化方法来求解。本章讨论的是强扰动波或有限振幅波的传播，属于非线性问题，例如，膨胀波、压缩波和激波，以及它们与壁面或者相互之间的相互作用现象。其中，膨胀波和压缩波属于连续流 (等熵波)，而激波则是间断流 (伴随熵增)。除了激波，间断流还包括接触间断等流场结构。

6.1 特征线理论、控制方程及其相容关系

6.1.1 特征线理论简介

偏微分方程的相关概念。关于未知函数 $u = u(x_1, \cdots, x_n)$ 的微分方程：

$$F\left(x_1, \cdots, x_n, u, \frac{\partial u}{\partial x_1}, \cdots, \frac{\partial u}{\partial x_n}, \cdots, \frac{\partial^\alpha u}{\partial x_1^{\alpha_1} \cdots \partial x_n^{\alpha_n}}\right) = 0 \tag{6.1}$$

其阶数即偏导数的最高阶数，即 $\alpha = \alpha_1 + \alpha_2 + \cdots + \alpha_n$。如果 $n = 1$，则为常微分方程，如果 $n \geqslant 2$，则为偏微分方程。其中，自变量 $x_1, \cdots, x_n$ 可以是空间变量，也可以是时间变量。如果全部为空间变量，则为定常偏微分方程，如果含有时间变量，则为非定常偏微分方程。例如，一维波动方程 (6.2) 就是包含一个时间变量和一个空间变量的非定常偏微分方程。此方程的未知函数和未知函数的所有偏导数或组合偏导数的幂次数都是一次的，因此属于线性偏微分方程的范畴。相反，如果幂次高于一次，就是非线性偏微分方程，如式 (6.3)。所谓拟线性偏微分方程是指这样一类方程，对于未知函数的所有最高阶偏导数而言是线性的，但其系数及非齐次项是自变量和未知函数的函数，如式 (6.4)。

$$\frac{\partial u}{\partial t} + c\frac{\partial u}{\partial x} = 0 \tag{6.2}$$

$$\frac{\partial u}{\partial t} + u\frac{\partial u}{\partial x} = 0 \tag{6.3}$$

$$A(x,y,u)\frac{\partial^2 u}{\partial x^2} + 2B(x,y,u)\frac{\partial^2 u}{\partial x \partial y} + C(x,y,u)\frac{\partial^2 u}{\partial y^2}$$
$$+a(x,y,u)\frac{\partial u}{\partial x} + b(x,y,u)\frac{\partial u}{\partial y} + c(x,y,u) = 0 \tag{6.4}$$

特征线是数学上针对拟线性偏微分方程提出的概念，源于柯西 (Cauchy) 问题：对于某一关于未知函数 $u = u(x,t)$ 的拟线性偏微分方程，如式 (6.5) 和图 6.1。

$$F(x,t,u)\frac{\partial u}{\partial x} + G(x,t,u)\frac{\partial u}{\partial y} = H(x,t,u) \tag{6.5}$$

其中，未知函数 u 是自变量 (x,t) 的连续函数，在 (x,t) 平面上沿某个起始曲线 L_0 上的各函数值 u_0，如不能确定该曲线附近曲线 L_1 上各点 $u(x,t)$ 的值，即函数本身沿曲线法向是连续的，但其法向导数可能是间断的，那么曲线即为弱间断线。这些弱间断线就定义为拟线性偏微分方程 (6.5) 的特征线。

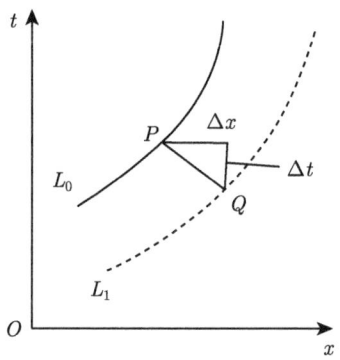

图 6.1 柯西问题与特征线

如图 6.1 所示，设点 $P(x_0, t_0)$ 为曲线 L_0 上任意一点，$Q(x,t)$ 为其邻域曲线 L_1 上的一点，并位于通过 P 点的曲线 L_0 法线方向上，两点坐标微小增量分别为 $(\Delta x, \Delta t)$。将函数 u 在 P 点的邻域展开成泰勒级数：

$$u(x,t) = u_0 + \left(\frac{\partial u}{\partial x}\right)_0 \Delta x + \left(\frac{\partial u}{\partial t}\right)_0 \Delta t + \cdots \tag{6.6}$$

由式 (6.6) 可知，如果根据 P 点的函数值 $u_0 = u(x_0, t_0)$ 能够唯一地确定该点处函数各阶导数 $\left(\frac{\partial u}{\partial x}\right)_0, \left(\frac{\partial u}{\partial t}\right)_0, \cdots$，那么代入式 (6.6) 就可以唯一确定在点 Q 的函数值 $u(x_0 + \Delta x, t_0 + \Delta t)$。相反，如果仅根据 P 点的函数值 u_0 不能确定

L_0 上的导数,那么 L_0 就是弱间断线,也就是方程 (6.5) 在 (x,t) 平面上的一条特征线。

$$\left(\frac{\partial u}{\partial t}\right)_0 dt + \left(\frac{\partial u}{\partial x}\right)_0 dx = du_0 \qquad (6.7a)$$

$$F(t_0, x_0, u_0)\left(\frac{\partial u}{\partial t}\right)_0 + G(t_0, x_0, u_0)\left(\frac{\partial u}{\partial x}\right)_0 = H(t_0, x_0, u_0) \qquad (6.7b)$$

我们在 P 点把函数 $u = u(x,t)$ 沿法线方向的全微分以及拟线性偏微分方程 (6.5) 联立,即式 (6.7a) 和式 (6.7b),则可以得到函数 u 在 P 点的一阶导数为

$$\left(\frac{\partial u}{\partial t}\right)_0 = \frac{\Delta_t}{\Delta}, \quad \left(\frac{\partial u}{\partial x}\right)_0 = \frac{\Delta_x}{\Delta} \qquad (6.8)$$

其中,各行列式如下:

$$\begin{aligned}\Delta_t &= \begin{vmatrix} H & G \\ du_0 & dx \end{vmatrix} = F du_0 - H dx \\ \Delta_x &= \begin{vmatrix} F & H \\ dt & du_0 \end{vmatrix} = H dt - G du_0 \\ \Delta &= \begin{vmatrix} F & G \\ dt & dx \end{vmatrix} = F dt - G dx \end{aligned} \qquad (6.9)$$

由式 (6.8) 可知,能够由点 P 函数值单值确定 L_0 上的导数 $\left(\frac{\partial u}{\partial x}\right)_0, \left(\frac{\partial u}{\partial t}\right)_0$ 的充分必要条件是分母行列式 $\Delta \neq 0$,这就是柯西定理。反之,如果是特征线问题,即曲线 L_0 是未知函数 $u = u(x,t)$ 在 (x,t) 平面上的一条特征线,那么式 (6.8) 分母行列式必为 0,即 $\Delta = 0$。利用这一特性,可以作为求解特征线问题的一条蹊径。由式 (6.8) 分母行列式为 0 可以得到特征线方程

$$\lambda = \frac{dt}{dx} = \frac{G}{F} \qquad (6.10)$$

即特征线的斜率。

对于给定的拟线性偏微分方程 (6.5),根据分母行列式 Δ 是否为 0,就可以利用两种途径来求解方程。如果分母行列式 $\Delta \neq 0$,那么只要已知起始曲线 L_0 曲线上的函数值,就可以利用有限差分法求得数值解。反之,如果分母行列式 $\Delta = 0$,则可以利用特征线法来求解。需要指出的是,上文描述的未知函数 $u = u(x,t)$ 是在 (x,t) 平面上的一维非定常问题,当然,如果未知函数是在 (x,y) 平面上的二维定常问题,以上论述也自然适用。

利用特征线法求解拟线性偏微分方程的过程如下：首先在 (x,t) 平面上找到特征线，即满足分母行列式 $\Delta = 0$ 的曲线或曲线族，也就是特征线方程 (6.10)。使得导数 (6.8) 不定而又不失物理意义，式 (6.8) 中的分子行列式须为 0，即

$$\Delta_t = \begin{vmatrix} H & G \\ \mathrm{d}u_0 & \mathrm{d}x \end{vmatrix} = F\mathrm{d}u_0 - H\mathrm{d}x = 0$$
$$\Delta_x = \begin{vmatrix} F & H \\ \mathrm{d}t & \mathrm{d}u_0 \end{vmatrix} = H\mathrm{d}t - G\mathrm{d}u_0 = 0 \tag{6.11}$$

式 (6.11) 就是所谓的未知函数沿特征线的相容关系，由此可以进一步得到

$$\mathrm{d}u = \frac{H}{G}\mathrm{d}x \quad \text{或} \quad \mathrm{d}u = \frac{H}{F}\mathrm{d}t \tag{6.12}$$

根据特征线方程 (6.10) 不难导出相容关系 (6.12) 中的两种表述是等价的，而且是一个常微分方程。也就是说，求解拟线性偏微分方程就变为沿特征线求解常微分方程。那么，根据上文，特征线也可以如下定义：即这样一族曲线，沿着该族曲线，原拟线性偏微分方程可以简化为常微分方程。

6.1.2 一维非定常流动特征线方程及其相容关系

直角坐标系下一维非定常流动的控制方程包括以下方程，即

连续性方程

$$\frac{\partial \rho}{\partial t} + V\frac{\partial \rho}{\partial x} + \rho\frac{\partial V}{\partial x} = 0 \tag{6.13a}$$

动量方程

$$\frac{\partial V}{\partial t} + V\frac{\partial V}{\partial x} + \frac{1}{\rho}\frac{\partial p}{\partial x} = 0 \tag{6.13b}$$

对于量热完全气体，由能量方程 $\dfrac{\partial(\rho E)}{\partial t} + \dfrac{\partial[(\rho E + p)V]}{\partial x} = 0$、量热状态方程 $\rho E = \dfrac{p}{\gamma - 1} + \dfrac{1}{2}\rho V^2$ 以及声速公式 $a^2 = \gamma\dfrac{p}{\rho}$，并与连续方程和动量方程联立，可以得到能量方程的以下形式：

$$\frac{\partial p}{\partial t} + V\frac{\partial p}{\partial x} - a^2\left(\frac{\partial \rho}{\partial t} + V\frac{\partial \rho}{\partial x}\right) = 0 \tag{6.13c}$$

或者

$$\frac{\partial p}{\partial t} + V\frac{\partial p}{\partial x} + \rho a^2\frac{\partial V}{\partial x} = 0 \tag{6.13d}$$

式 (6.13a) ~ 式 (6.13c) 即为一维非定常流动的拟线性控制方程组，未知函数 ρ, p, V 是自变量 (x, t) 的函数。根据特征线理论及分析方法可以得到以下特征值方程：

$$(\lambda V - 1)\left[(\lambda V - 1)^2 - a^2\lambda^2\right] = 0 \tag{6.14}$$

由此可以得到一维非定常流动的三族特征线方程及其相容关系。

(1) C_0 族特征线：

$$\lambda_0 = \left(\frac{\mathrm{d}t}{\mathrm{d}x}\right)_0 = \frac{1}{V} \tag{6.15a}$$

$$\mathrm{d}p - a^2 \mathrm{d}\rho = 0 \tag{6.15b}$$

(2) C_+ 族特征线：

$$\lambda_+ = \left(\frac{\mathrm{d}t}{\mathrm{d}x}\right)_+ = \frac{1}{V+a} \tag{6.15c}$$

$$\rho a \mathrm{d}V + \mathrm{d}p = 0 \tag{6.15d}$$

(3) C_- 族特征线：

$$\lambda_- = \left(\frac{\mathrm{d}t}{\mathrm{d}x}\right)_- = \frac{1}{V-a} \tag{6.15e}$$

$$-\rho a \mathrm{d}V + \mathrm{d}p = 0 \tag{6.15f}$$

显然，C_0 族特征线就是迹线方程。在图 6.2 中分别给出了亚声速和超声速一维非定常流动的上述三族特征线。平面定常流动只有超声速流动情形下才有实特征线，而对于一维非定常流动来说，无论是亚声速还是超声速，在 (x, t) 平面上都存在实特征线。这是由流动控制方程的数学特性决定的。

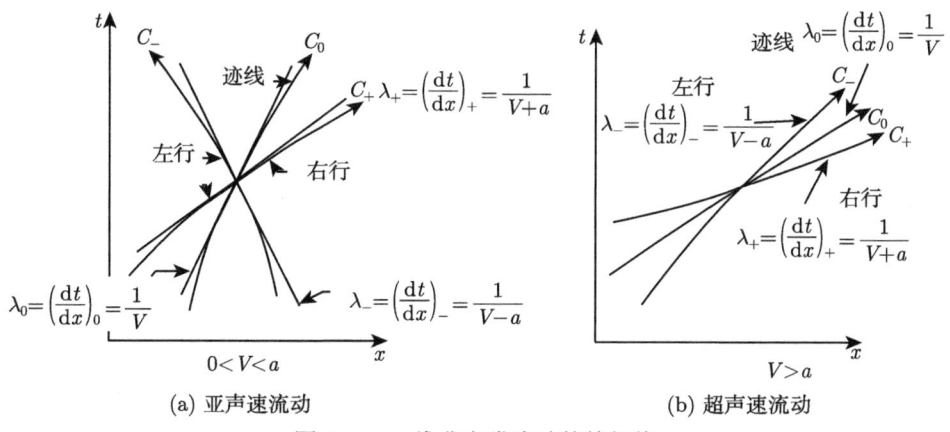

图 6.2 一维非定常流动的特征线

在图 6.2 中将 C_+ 族特征线定义为右行特征线，而将 C_- 族特征线定义为左行特征线，将观察者置于迹线上并目视流线方向，那么从左手侧前行的特征线即为左行特征线，而另一侧就是右行特征线。从图中很容易看出，特征线的斜率与流动速度相关。如果流动方向自左向右，对于亚声速流动 $V < a$ 来说，左行特征线斜率为负，其他为正；对于超声速流动 $V > a$ 来说，所有特征线斜率都为正。

特征线可以看作在流动中信息 (扰动) 传播的轨迹，沿 C_+ 和 C_- 族特征线，信息传播的速度分别为 $\left(\dfrac{\mathrm{d}x}{\mathrm{d}t}\right)_+ = \dfrac{1}{\lambda_+} = V + a$ 和 $\left(\dfrac{\mathrm{d}x}{\mathrm{d}t}\right)_- = \dfrac{1}{\lambda_-} = V - a$。由此看出，相对于运动流体，信息 (扰动) 传播的速度为声速，这一特性跟平面定常超声速流动的马赫线相同。

利用特征线法求解一维非定常流动的过程见图 6.3，首先将问题在 (x,t) 平面上进行网格划分，网格线就是特征线，然后从已知点出发逐点求解格点上相容关系，层层推进至整个平面。

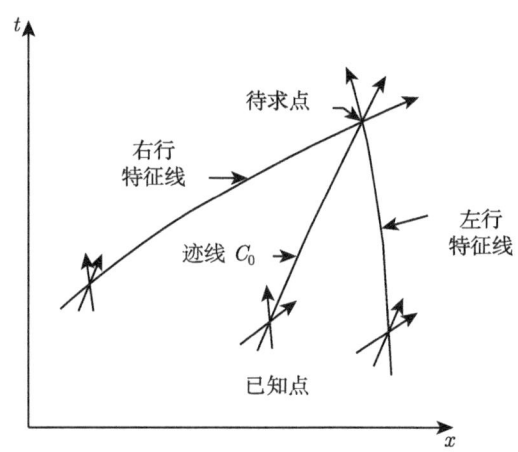

图 6.3　求解一维非定常流动的特征线法示意图

6.2　一维非定常均熵流动

6.2.1　一维非定常均熵流动特征线及其相容关系

等熵流动是指流动过程中熵的物质导数为 0，即 $\dfrac{\mathrm{d}s}{\mathrm{d}t} = \dfrac{\partial s}{\partial t} + V\dfrac{\partial s}{\partial x} = 0$，而均熵流动是指熵的空间梯度为 0，即 $\nabla s = 0$。对于一维非定常流动来说，由上述关系显然可以得到 $\dfrac{\partial s}{\partial t} = \dfrac{\partial s}{\partial x} = 0$，即整个流场和整个过程中，熵均为常数。

可以用活塞在充满气体的直管中运动产生扰动来说明波的传播特性。如图 6.4

所示，初始活塞静止，管中气体也静止，活塞瞬间以微小速度 δu 向右匀速运动。这将使得靠近活塞的气体首先产生小扰动，而此小扰动逐渐向右传播，即分别形成左行的膨胀波和右行的压缩波。波后气体 (受扰动气体) 流动参数发生微量改变，速度由静止变成与活塞同向的微量 δu，而小扰动波的传播速度为 $\delta u + a$，即相对于运动流体以当地声速传播。

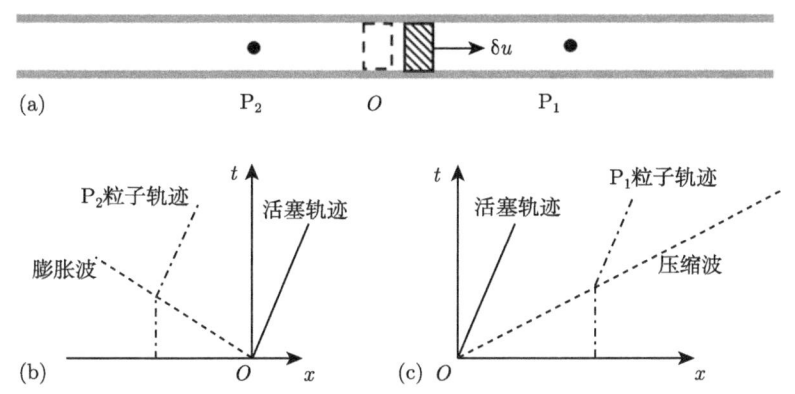

图 6.4 活塞运动引起的扰动 (活塞速度微增，然后匀速运动，产生小扰动)

对于大扰动情形，如图 6.5(a) 所示，活塞加速运动，速度有限增量。如果活塞加速向右运动，引起管中左侧气流向右加速运动 (即 $u > 0$，并且在增大)，其运动轨迹如图中点划线所示，同时，诱导一道左行膨胀波。我们知道，膨胀波波后气体温度下降，也就是说当地声速 a 降低。而膨胀波相对于运动气体以当地声速传播，左行膨胀波 (特征线) 的斜率为 $\dfrac{\mathrm{d}x}{\mathrm{d}t} = \dfrac{1}{u-a}\,(u<a)$，那么，随着时间的推进，该斜率的绝对值将逐渐增大，因此，正如图 6.5(a) 所示，整个左行膨胀波是呈发散形的。相反，活塞向右加速运动，将在右侧气流中产生右行压缩波，压缩波波后气体温度将升高，即当地声速增大，同时，压缩波波后气体也向右运动，即 $u > 0$。这使得右行压缩波 (特征线) 的斜率 $\dfrac{\mathrm{d}x}{\mathrm{d}t} = \dfrac{1}{u+a}$ 逐渐减小，整个压缩波的形状呈收敛形，如图 6.5(b) 所示。

如果上述加速过程是在瞬间完成的 (瞬间加速然后匀速运动)，那么在活塞左右将分别产生左行中心膨胀波和右行激波，如图 6.6(a) 和 (b) 所示，后者不再是均熵流动，因为激波总是伴随着熵增。

对于量热完全气体的一维非定常均熵流动来说，对于全流场和全过程来说，等熵关系均成立，即
$$Tp^{-(\gamma-1)/\gamma} = \text{const.} \tag{6.16}$$
由于 $T = a^2/\gamma R$，那么可以得到

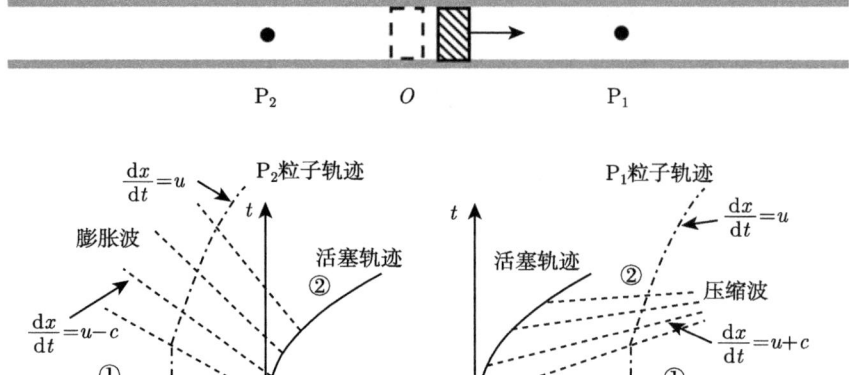

图 6.5 活塞运动引起的扰动 (活塞加速运动，速度有限增量，产生大扰动)

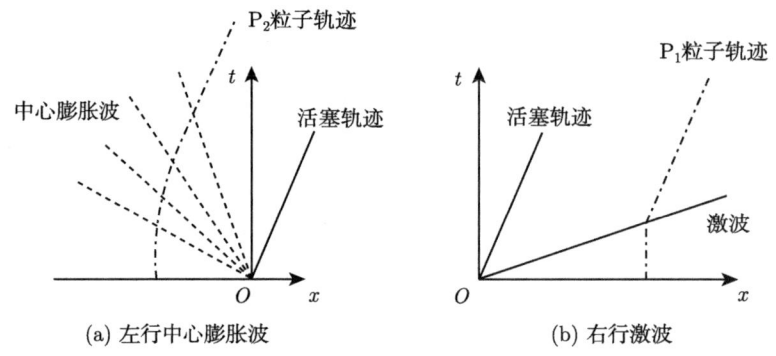

图 6.6 活塞运动引起的扰动 (活塞瞬间运动，速度有限增量)

$$a^2 p^{-(\gamma-1)/\gamma} = \text{const.} \qquad (6.17)$$

对式 (6.17) 进行微分运算可以得到

$$2\frac{\mathrm{d}a}{a} - \frac{\gamma-1}{\gamma}\frac{\mathrm{d}p}{p} = 0 \quad \rightarrow \quad \mathrm{d}p = \frac{2\gamma}{\gamma-1}\frac{p}{a}\mathrm{d}a \qquad (6.18)$$

将式 (6.18) 代入右行特征线的相容关系式 (6.15d) 中，得到

$$\mathrm{d}V + \frac{2}{\gamma-1}\frac{\gamma p}{\rho a^2}\mathrm{d}a = 0 \qquad (6.19)$$

引入声速公式将式 (6.19) 化简即可得到

$$\mathrm{d}V + \frac{2}{\gamma-1}\mathrm{d}a = 0 \qquad (6.20\mathrm{a})$$

如果将式 (6.18) 代入左行特征线的相容关系,也可以得到

$$-\mathrm{d}V + \frac{2}{\gamma - 1}\mathrm{d}a = 0 \qquad (6.20\mathrm{b})$$

在 (x,t) 平面上,通过式 (6.20a) 和式 (6.20b),我们容易分别得到 C_+ 和 C_- 族特征线的相容关系,即 C_+ 族特征线 (或第 I 族) 及相容关系:

$$\lambda_+ = \left(\frac{\mathrm{d}t}{\mathrm{d}x}\right)_+ = \frac{1}{V+a} \qquad (6.21\mathrm{a})$$

$$V + \frac{2}{\gamma - 1}a = C_\mathrm{I} \qquad (6.21\mathrm{b})$$

C_- 族特征线 (或第 II 族) 及相容关系:

$$\lambda_- = \left(\frac{\mathrm{d}t}{\mathrm{d}x}\right)_- = \frac{1}{V-a} \qquad (6.22\mathrm{a})$$

$$V - \frac{2}{\gamma - 1}a = C_\mathrm{II} \qquad (6.22\mathrm{b})$$

式 (6.21b) 和式 (6.22b) 中 C_I 和 C_II 即为一维非定常均熵流动问题在 (x,t) 平面上或物理平面上的黎曼不变量,它们沿一条特征线分别是常数,一般来说,不同的特征线,其黎曼不变量的值是不同的。

由式 (6.20) 也可以得到在 (V,a) 平面上或状态平面上特征线为直线,即

$$\left(\frac{\mathrm{d}a}{\mathrm{d}V}\right)_\mathrm{I} = -\frac{\gamma - 1}{2}, \quad \left(\frac{\mathrm{d}a}{\mathrm{d}V}\right)_\mathrm{II} = \frac{\gamma - 1}{2}$$

6.2.2 简单波

现在回到图 6.5 所示的由活塞向右加速运动引起的扰动情形,我们会发现每张图中只有一族特征线。图 6.5(a) 为在活塞左侧管道内传播的左行膨胀波,对应 C_- 族或第 II 族特征线,其特征线方程与相容关系分别为式 (6.22a) 和式 (6.22b),而且这些特征线都是直线,其黎曼不变量为 C_II。图 6.5(b) 是在活塞右侧管道内传播的右行压缩波,对应 C_+ 族或第 I 族特征线,其特征线方程和相容关系为式 (6.21a) 和式 (6.21b)。

如果活塞向左加速运动,则会在活塞左右分别形成左形压缩波和右行膨胀波,分别对应第 II 族和第 I 族特征线。

如果活塞瞬间加速到恒定值,如图 6.6(a) 所示,活塞右行,则会在左侧管道内形成左行中心膨胀波,对应 C_- 族或第 II 族特征线;如果活塞左行,则会在右

侧管道内形成右行中心膨胀波,对应 C_+ 族或第 I 族特征线。这些中心膨胀波的起点重合,即 $(x=0, t=0)$。

上述一维非定常均熵流动问题都属于简单波流动,所谓的简单波仅有一族特征线及其相容关系,而另一族 (左行) 特征线退化,即其对应的相容关系黎曼不变量全区为普适常数。这一特性为求解简单波带来了极大的便利。在数学上,出现简单波流动的必要条件是控制方程为齐次偏微分方程,且各项系数仅与因变量有关,一维非定常流动的控制方程式 (6.13a) ∼ 式 (6.13c) 符合上述条件。

除了有一族特征线在简单波全区退化之外,简单波流动还有以下性质:所有特征线为直线,沿着任一条特征线,其上所有流场参数均为常值。沿不同特征线,上述常值不同;与均匀区毗邻的非均匀区一定是简单波区。

图 6.5(a) 所示的左行膨胀波,其第 I 族特征线退化,对应黎曼不变量在全区为同一常数,即 $C_I = C_0$。当然,如图 6.5(b) 所示,对于右行简单波来说,第 II 族特征线退化,其对应的黎曼不变量全区为同一常数,$C_{II} = C_0$。图 6.5 中波前和波后区域,即①区和②区,则没有特征线,此区为均匀区,两族特征线均退化。图 6.6(a) 给出的左行中心膨胀波也是简单波,通常称为中心简单波。

6.3 间 断 流 动

一维气体非定常流动中,常见两种间断阵面结构,分别是运动激波和接触间断面。类似于一维定常正激波,运动激波波阵面两侧的气流参数存在尖锐梯度,而接触间断面两侧的某些气流参数也是如此。

6.3.1 一维运动激波

如图 6.7 所示,对于运动激波,如式 (6.23a) 所示,波后密度、压强和温度高于波前参数,而接触间断为物质界面,其两侧的密度、温度和气体成分可以不同,但压强和速度是连续的。

$$\rho_2 > \rho_1, \quad p_2 > p_1, \quad T_2 > T_1, \quad \frac{|u_2 - u_s|}{a_2} < 1 < \frac{|u_1 - u_s|}{a_1} \tag{6.23a}$$

$$p_2 = p_1, \quad \rho_2 \neq \rho_1, \quad T_2 \neq T_1, \quad u_2 = u_1 \tag{6.23b}$$

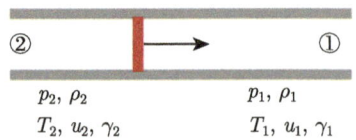

图 6.7　一维间断面:运动激波或者接触间断

6.3 间断流动

如图 6.8(a) 所示，直管中一道激波相对于波前气体以速度 W 向右传播，在实验室坐标系下，波前气体速度为 V_1，波后气体速度为 V_2，激波的运动速度为 V_1+W。如果观察者固定在激波坐标系上，如图 6.8(b) 所示，那么波前和波后的气体速度 $V^{(1)}$ 和 $V^{(2)}$ 的绝对值分别为

$$V^{(1)} = W \tag{6.24a}$$

$$V^{(2)} = W + V_1 - V_2 \tag{6.24b}$$

如果激波是左行的，如图 6.9 所示，则有

$$V^{(1)} = W \tag{6.25a}$$

$$V^{(2)} = W - V_1 + V_2 \tag{6.25b}$$

经过上式的变换，实验室坐标系下的非定常激波就变为激波坐标系下的定常正激波。我们将运动激波相对于波前的运动速度与波前气体声速的比值定义为运动激波马赫数 M_s，即

$$M_s = \frac{W}{a_1} \tag{6.26}$$

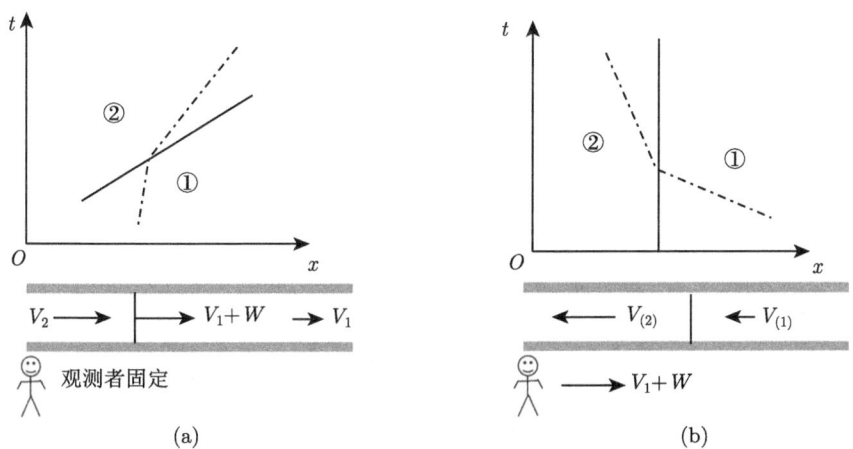

图 6.8　(a) 实验室坐标系和 (b) 激波坐标系条件下的右行激波

由于坐标系变换不影响热力学参数，在激波坐标系下，波前气流马赫数 $M^{(1)}$ 为

$$M^{(1)} = \frac{V^{(1)}}{a_1} = M_s \tag{6.27}$$

在激波坐标系下，定常正激波的基本关系式仍适用，即

$$\dot{m}_s = \rho_1 V^{(1)} = \rho_2 V^{(2)} \tag{6.28a}$$

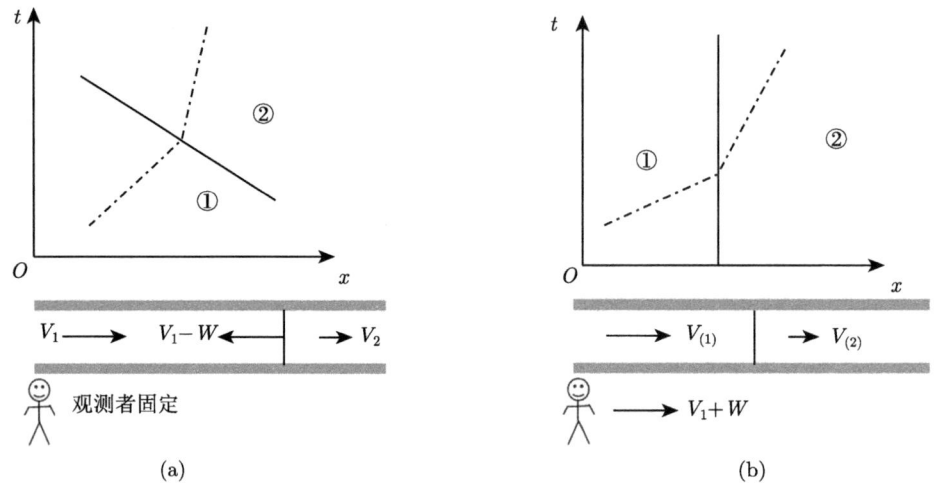

图 6.9 (a) 实验室坐标系和 (b) 激波坐标系条件下的左行激波

$$p_2 - p_1 = \dot{m}_s \left(V^{(1)} - V^{(2)} \right) = \dot{m}_s^2 \left(\frac{1}{\rho_1} - \frac{1}{\rho_2} \right) \tag{6.28b}$$

同理，兰金–于戈尼奥关系也成立，即

$$\frac{p_2}{p_1} = \frac{\dfrac{\gamma+1}{\gamma-1}\dfrac{\rho_2}{\rho_1} - 1}{\dfrac{\gamma+1}{\gamma-1} - \dfrac{\rho_2}{\rho_1}} \tag{6.28c}$$

$$\frac{\rho_2}{\rho_1} = \frac{\dfrac{\gamma+1}{\gamma-1}\dfrac{p_2}{p_1} + 1}{\dfrac{\gamma+1}{\gamma-1} + \dfrac{p_2}{p_1}} \tag{6.28d}$$

$$\left(\frac{a_2}{a_1} \right)^2 = \frac{T_2}{T_1} = \frac{p_2}{p_1} \left(\frac{\gamma+1}{\gamma-1} + \frac{p_2}{p_1} \right) \left(\frac{\gamma+1}{\gamma-1}\frac{p_2}{p_1} + 1 \right)^{-1} \tag{6.28e}$$

而将定常正激波热力学参数关系中的波前气流马赫数换为运动激波马赫数，就可以得到运动激波的热力学关系式，其中热力学参量 $\dfrac{p_2}{p_1}, \dfrac{\rho_2}{\rho_1}, \dfrac{T_2}{T_1}$ 在激波坐标系和实验室坐标系下具有相同的形式：

$$\frac{p_2}{p_1} = \frac{2\gamma}{\gamma+1} M_s^2 - \frac{\gamma-1}{\gamma+1} \tag{6.29a}$$

$$\frac{\rho_2}{\rho_1} = \frac{V^{(1)}}{V^{(2)}} = \frac{M_s^2}{1 + \dfrac{\gamma-1}{\gamma+1}(M_s^2 - 1)} \tag{6.29b}$$

$$\frac{T_2}{T_1} = \left(\frac{a_2}{a_1}\right)^2 = \frac{[2\gamma M_s^2 - (\gamma - 1)][(\gamma - 1)M_s^2 + 2]}{(\gamma + 1)^2 M_s^2} \quad (6.29c)$$

$$\frac{p_{02}}{p_{01}} = \left[\frac{(\gamma+1)M_s^2}{2+(\gamma-1)M_s^2}\right]^{\frac{\gamma}{\gamma-1}} \left(\frac{2\gamma}{\gamma+1}M_s^2 - \frac{\gamma-1}{\gamma+1}\right)^{-\frac{1}{\gamma-1}} \quad (6.29d)$$

气流速度与坐标系有关，将激波坐标系下的连续性方程 (6.28a) 中的速度代入实验室坐标系的值，则有

$$\rho_1 W = \rho_2 [W \pm (V_1 - V_2)] \quad (6.30a)$$

把式 (6.29b) 代入式 (6.30a) 可以得到

$$\frac{V_2 - V_1}{a_1} = \pm \left(\frac{W}{a_1} - \frac{W}{a_1}\frac{\rho_1}{\rho_2}\right) = \pm \frac{2}{\gamma+1}\left(M_s - \frac{1}{M_s}\right) \quad (6.30b)$$

式 (6.30b) "±" 中的 "+" 表示右行激波，"−" 表示左行激波。

如果右行激波的波前为静止气体，即 $V_1 = 0$，那么在实验室坐标系下波后气体速度 V_2 和当地马赫数 M_2 以及激波坐标系下的波后马赫数 $M_2^{(2)}$ 分别为

$$\frac{V_2}{a_1} = \frac{2}{\gamma+1}\left(M_s - \frac{1}{M_s}\right) \quad (6.31a)$$

$$M_2 = \frac{V_2}{a_2} = \frac{2(M_s^2 - 1)}{\sqrt{[2\gamma M_s^2 - (\gamma-1)][(\gamma-1)M_s^2 + 2]}} \quad (6.31b)$$

$$M_2^{(2)} = \frac{W - V_2}{a_2} = \frac{W}{a_1}\frac{a_1}{a_2} - M_2 = M_s\sqrt{\frac{T_1}{T_2}} - M_2 < 1 \quad (6.31c)$$

将上述关系式绘制成曲线，见图 6.10，其中压强、温度和密度等热力学参数与定常正激波相同，而运动激波的波后马赫数 M_2 显然不同，其值可以大于 1。对于空气等两原子分子气体而言，当 $M_s \geqslant 2.07$ 时，即有 $M_2 \geqslant 1$，而在激波坐标系下得到的 $M_2^{(2)}$ 仍然小于 1，这与定常正激波一致，即相对于激波阵面，波后气体运动仍然是亚声速的。

由式 (6.29a) 和式 (6.31a) 可以得到，运动激波前后的压强比与 M_s^2 成正比，波后气流速度与 M_s 成正比，即气流动能也与 M_s^2 成正比，这是运动激波具有极强破坏力的根源。

由式 (6.29a) 和式 (6.30b) 可以得到运动激波的关系式：

$$\frac{V_2 - V_1}{a_1} = \pm \frac{1}{\gamma}\left(\frac{p_2}{p_1} - 1\right)\left(\frac{\gamma+1}{2\gamma}\frac{p_2}{p_1} + \frac{\gamma-1}{2\gamma}\right)^{-\frac{1}{2}} \quad (6.32)$$

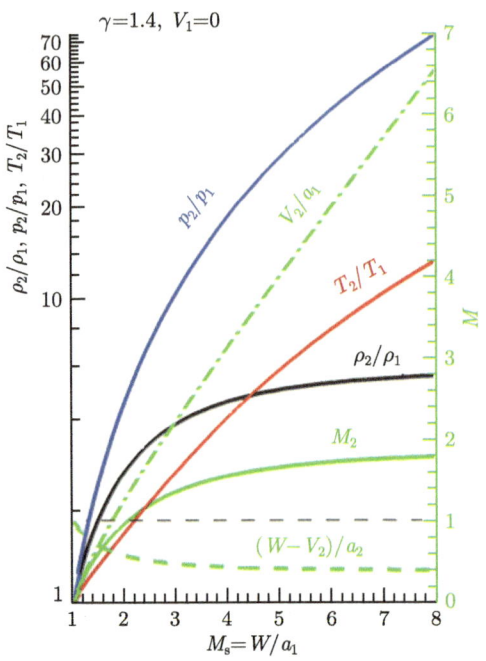

图 6.10 运动激波参数与激波马赫数的关系 ($V_1 = 0$)

此式在 $\dfrac{p_2}{p_1}$ 已知时使用更为方便。式中 "±" 中的 "+" 表示右行激波,"−" 表示左行激波。

6.3.2 一维运动激波的反射

右行运动激波在直管中的运动和反射过程见图 6.11 和图 6.12,反射之前运动激波一般称作入射激波 (incident shock),反射之后则为反射激波 (reflected shock)。右行入射激波波前和波后的气流速度分别为 V_{i1} 和 V_{i2},入射激波相对于波前速度为 W_i,即实验室坐标系下其速度为 $W_i + V_{i1}$。反射激波则为左行激波,其波前波后参数分别为 V_{r1} 和 V_{r2},反射激波相对于反射激波波前的速度为 W_r,则实验室坐标系下,反射激波速度为 $W_r + V_{r1}$。假设入射激波波前气体静止,则有 $V_{i1} = 0$,如果右行入射激波在固壁反射,则由壁面边界条件可以得到 $V_{r2} = 0$。显然,反射激波波前状态就是入射激波的波后状态,所以 $V_{r1} = V_{i2} = V_2$。

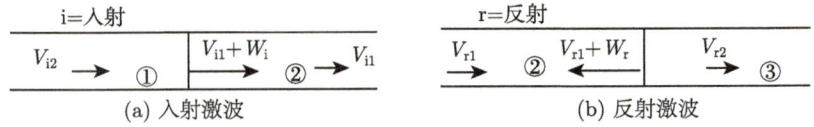

图 6.11 运动激波在固壁反射过程的参数

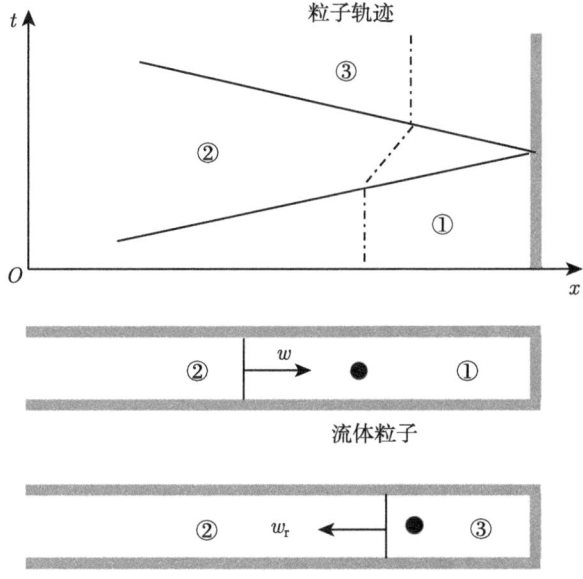

图 6.12 运动激波在固壁反射波图

将式 (6.32) 分别应用到入射激波和反射激波，则

$$\frac{V_2}{a_1} = +\frac{1}{\gamma}\left(\frac{p_2}{p_1} - 1\right)\left(\frac{\gamma+1}{2\gamma}\frac{p_2}{p_1} + \frac{\gamma-1}{2\gamma}\right)^{-0.5} \tag{6.33a}$$

$$\frac{-V_2}{a_2} = -\frac{1}{\gamma}\left(\frac{p_3}{p_2} - 1\right)\left(\frac{\gamma+1}{2\gamma}\frac{p_3}{p_2} + \frac{\gamma-1}{2\gamma}\right)^{-0.5} \tag{6.33b}$$

利用 $A=$ 式 (6.33b)、$B=$ 式 (6.33a) 和 $C=$ 式 (6.28e) 的组合运算 $\frac{A^2C}{B^2}=1$ 可以得到

$$\frac{p_3}{p_2} = \frac{\dfrac{3\gamma-1}{\gamma-1}\dfrac{p_2}{p_1} - 1}{\dfrac{\gamma+1}{\gamma-1} + \dfrac{p_2}{p_1}} \tag{6.34a}$$

$$\frac{p_3 - p_2}{p_2 - p_1} = 1 + \frac{\dfrac{\gamma-1}{\gamma+1} + 1}{\dfrac{\gamma-1}{\gamma+1} + \dfrac{p_1}{p_2}} \tag{6.34b}$$

由式 (6.29a) 和式 (6.34a) 也可以得到用激波马赫数 M_s 表达的压强比值 $\frac{p_3}{p_2}$，$\frac{p_3}{p_1}$，将这些表达式绘制成曲线图 6.13，可以清晰看出其参数关系。显然，由该图和式 (6.34a) 可以得到 $\frac{p_3}{p_2}$ 存在极值，即

$$\lim_{\frac{p_2}{p_1}\to\infty}\frac{p_3}{p_2}=8\quad(\gamma=1.4)$$
$$\lim_{\frac{p_2}{p_1}\to\infty}\frac{p_3}{p_2}=12.7\quad(\gamma=1.3)$$
(6.35)

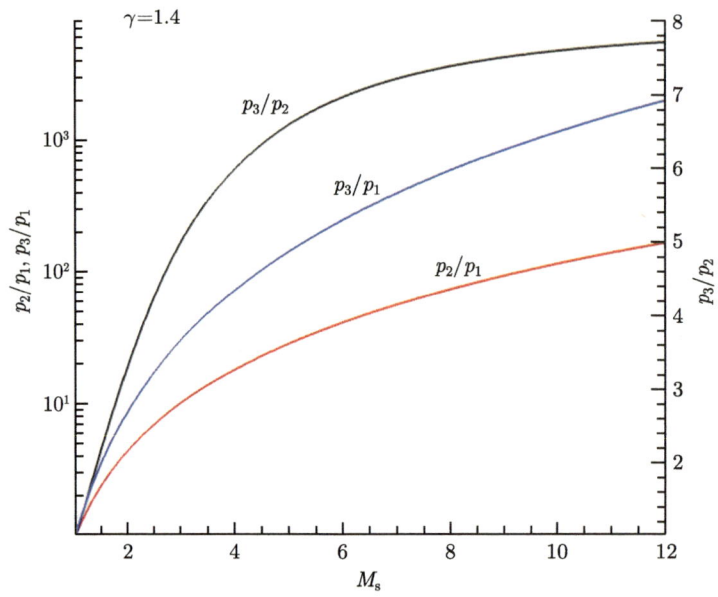

图 6.13 运动激波在固壁反射参数曲线

运动激波波后参数 $\dfrac{p_2}{p_1}$ 由式 (6.29a) 给定，显然，该参数对气体比热比 γ 不敏感。但是，与 $\dfrac{p_2}{p_1}$ 不同，运动激波的固壁反射参数 $\dfrac{p_3}{p_2}$ 对气体比热比 γ 非常敏感，γ 越小，$\dfrac{p_3}{p_2}$ 越高。通过运动激波反射，可以得到压强和温度非常高的气体，这是冲击波破坏与损伤的气体动力学理论基础，也是反射类激波风洞的基本运行原理，后者将在下文中讲述。

6.4 激波管/风洞原理

风洞是一种试验装置，通过人工产生并控制气流，用来研究空气流过物体 (风洞模型) 产生的空气动力学效应，而激波风洞则是一种能够产生高焓试验气流的脉冲式风洞装置，其结构见图 6.14。激波风洞产生试验气流的主体结构主要包括以下三个部分，即驱动端 (driver)、被驱动段或者激波管段 (shock tube)，以及喷管 (nozzle)。如果去掉喷管，通常被称为激波管，也就是说，激波风洞是激波管末

6.4 激波管/风洞原理

端串联一个拉瓦尔喷管的结构。本节简要讲述激波管/风洞的工作原理，更为详细的知识请参考文献 [1] ~ [4]。

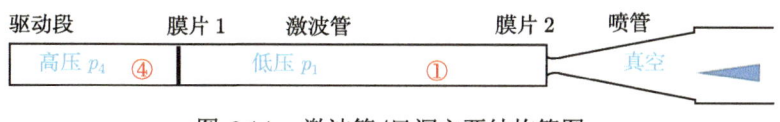

图 6.14 激波管/风洞主要结构简图

如图 6.14 所示，在激波管/风洞运行初期，驱动段和被驱动段之间由膜片 1 隔开，而被驱动段和喷管之间由膜片 2 隔开，每段的初始压强或者填充气体不同，驱动段和被驱动段通常标注为④区和①区，④区内的气体为驱动气体，①区内气体为被驱动气体或者试验气体，其初期压强分别用 p_4, p_1 来表述，且 $p_4 \gg p_1$，有时候，④区气体温度也远高于①区，其中缘由将在后文讲述。

激波管/风洞启动后，膜片 1 瞬间破裂，将产生中心膨胀波 (central expansion wave, EW)、接触间断面 (contact surface, CS) 和入射激波 (incident shock wave, ISW) 共三种气动结构，如图 6.15 所示，它们各自的气动特征已在上文讲述。其中，中心膨胀波是左行的，而接触间断面和入射激波则是右行的。通常，中心膨胀波和接触间断面之间的均匀区标注为③区，接触间断面和入射激波之间的均匀区标注为②区。当入射激波到达被驱动段末端后，将产生运动激波在固壁的反射，正如 6.3 节讲述，激波反射将产生高温高压的气体，该区通常表述为⑤区，这就是高焓试验气源，如图 6.16 所示。激波反射一方面将产生反射激波 (reflected shock wave, RSW)，反射波波后就是高温高压的⑤区；另一方面，膜片 2 瞬间破裂，高温高压试验气源将在拉瓦尔喷管中膨胀加速，按照喷管几何结构的限制进行定常膨胀加速，得到要求的试验状态。喷管中的定常膨胀流动已经在一维定常变截面流动理论中讲述。

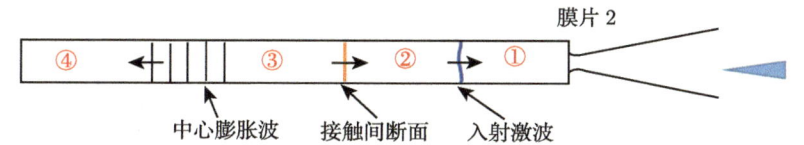

图 6.15 激波管运行主要气动结构——中心膨胀波、接触间断面、入射激波

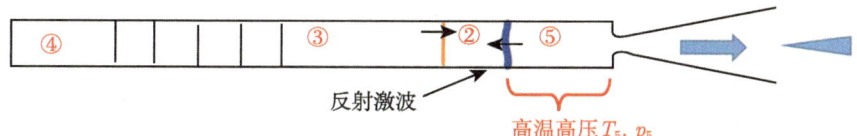

图 6.16 激波管/风洞运行中的主要气动结构——反射激波

通过④区～①区的初始间断，产生左行膨胀波和右行运动激波结构，如图 6.15 所示，这一过程的气体参数分布由图 6.17 给出，驱动气体通过中心膨胀波后到达③区，将加速和膨胀，气流压强、温度和密度降低，而速度和马赫数将增加，这一过程发生气体内能向动能的转换。接触间断和入射激波之间的②区是初始①区试验气体经过入射激波压缩后的试验气体，其温度和压强显著提高，而运动速度与③区相同（接触间断面两侧速度相同），显然，其总焓将提高，如图 6.17 中的 H_2 所示，从能量角度上讲，这部分试验气体总焓的提高，来自于③区和中心膨胀波区内驱动气体总焓的降低，而总的能量必须是守恒的。这就是激波管运行原理中的总焓转移机制，它是通过中心膨胀波和运动激波的非定常传播而实现的。如果被驱动段末端不接拉瓦尔喷管，这就是激波管运行模式，②区内均匀的高温高压高速气体就是试验气体。然而，这段气体的温度一般高于环境气体，平稳的有效试验时间也很短，难以满足飞行器气动试验需求，除非按照激波风洞模式运行。

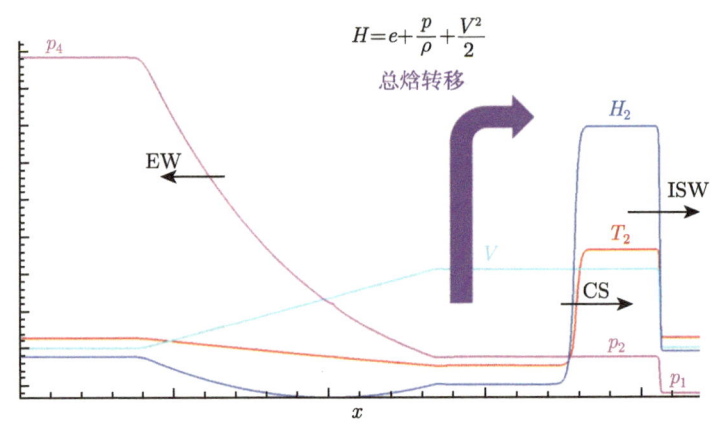

图 6.17　激波管/风洞运行中总焓的转移——中心膨胀波与运动激波

激波风洞模式运行时，入射激波将在被驱动段末端反射，进而产生高温高压但是驻止的驱动气源，即⑤区，并在拉瓦尔喷管中发生气体的定常等熵膨胀，实现膨胀加速，如图 6.18 所示。根据 6.3 节讲述，运动激波反射波后⑤区的气体压强和温度显著高于入射激波的波后参数，其总焓进一步增加，即图中的 H_5。这部分能量的提高，则主要来自于运动激波的波后高速气体的驻止，是动能向内能的转换。这是运动激波发射的典型特征，与定常激波的反射显著不同，后者反射前后的气体总焓是不变的。

描述激波管/风洞运行原理的波图（t-x 图）见图 6.19，它描述了非定常波传播过程的时空关系。波图上的几个流动分区编号的物理意义与上文相同。④区和①区

6.4 激波管/风洞原理

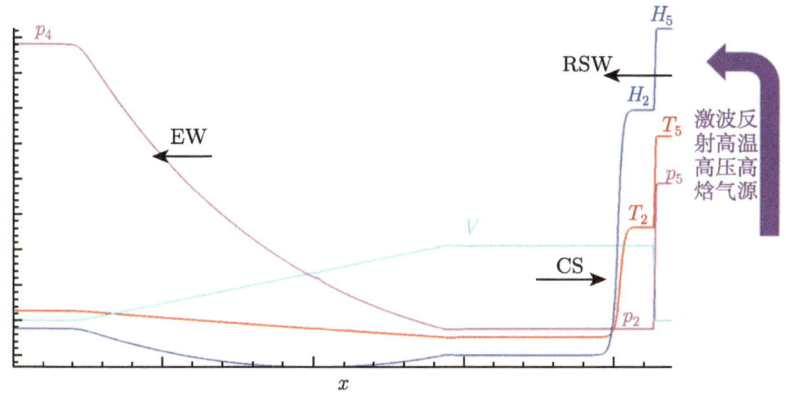

图 6.18 激波管/风洞运行中高温高压高焓的产生——运动激波反射

为初始静止气体，其主要参数有

$$V_1 = 0, \quad V_4 = 0 \tag{6.36}$$

而其他热力学参数也是已知的，即①区的 $\rho_1, p_1, T_1, \gamma_1, a_1$ 和④区的 $\rho_4, p_4, T_4, \gamma_4, a_4$。

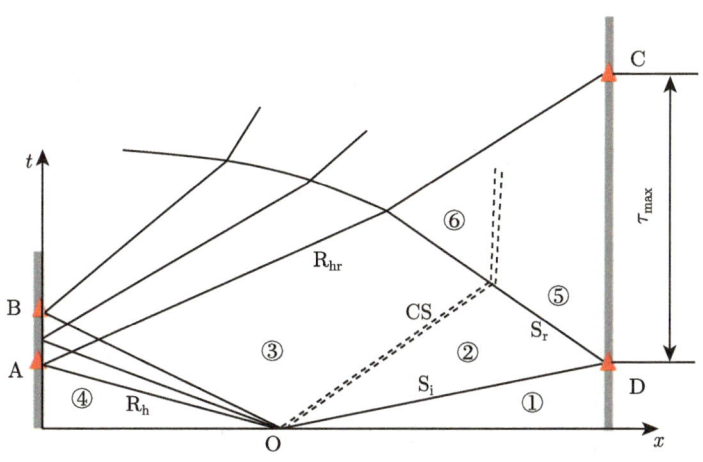

图 6.19 激波管/风洞运行原理的波图（t-x 图）

④区和③区之间是左行中心膨胀波，即图中的⑥区，根据前文讲述，其 C_+ 族特征线退化，则有退化相容关系如下：

$$V_4 + \frac{2}{\gamma_4 - 1}a_4 = V_3 + \frac{2}{\gamma_4 - 1}a_3 = C_0 \tag{6.37a}$$

由式 (6.36) 和式 (6.37a) 可以得到

$$\frac{a_3}{a_4} = 1 - \frac{\gamma_4 - 1}{2}\frac{V_3}{a_4} \tag{6.37b}$$

中心膨胀波为均熵流动，所以④区、③区和⑥区的熵时时刻刻相等，上述区内气体成分相同，在量热完全气体假设下，其比热比也相同，可以利用等熵关系，即

$$\frac{p_3}{p_4} = \left(\frac{T_3}{T_4}\right)^{\frac{\gamma_4}{\gamma_4 - 1}} = \left(\frac{a_3}{a_4}\right)^{\frac{2\gamma_4}{\gamma_4 - 1}} \tag{6.37c}$$

将式 (6.37b) 代入式 (6.37c) 中得到

$$\frac{p_3}{p_4} = \left(1 - \frac{\gamma_4 - 1}{2}\frac{V_3}{a_4}\right)^{\frac{2\gamma_4}{\gamma_4 - 1}} \tag{6.37d}$$

在③区和②区之间的结构是接触间断，其主要参数关系有

$$V_2 = V_3, \quad p_2 = p_3 \tag{6.38}$$

在②区和①区之间是右行入射激波，波前气体静止，因此由运动激波关系式可以得到以下关系：

$$\frac{V_2}{a_1} = \frac{2}{\gamma_1 + 1}\left(M_s - \frac{1}{M_s}\right) = \frac{V_3}{a_1} \tag{6.39a}$$

$$\frac{p_2}{p_1} = \frac{2\gamma_1}{\gamma_1 + 1}M_s^2 - \frac{\gamma_1 - 1}{\gamma_1 + 1} = \frac{p_3}{p_1} \tag{6.39b}$$

把式 (6.39a) 代入式 (6.37d) 得

$$\frac{p_3}{p_4} = \left[1 - \frac{\gamma_4 - 1}{2}\frac{V_3}{a_4}\right]^{\frac{2\gamma_4}{\gamma_4 - 1}} = \left[1 - \frac{\gamma_4 - 1}{\gamma_1 + 1}\frac{a_1}{a_4}\left(M_s - \frac{1}{M_s}\right)\right]^{\frac{2\gamma_4}{\gamma_4 - 1}} \tag{6.40}$$

因为 $\frac{p_4}{p_1} = \frac{p_4}{p_3}\frac{p_3}{p_1}$，我们把式 (6.40) 和式 (6.39b) 代入，可以得到

$$\frac{p_4}{p_1} = \left[1 - \frac{\gamma_4 - 1}{\gamma_1 + 1}\frac{a_1}{a_4}\left(M_s - \frac{1}{M_s}\right)\right]^{-\frac{2\gamma_4}{\gamma_4 - 1}}\left(\frac{2\gamma_1}{\gamma_1 + 1}M_s^2 - \frac{\gamma_1 - 1}{\gamma_1 + 1}\right) \tag{6.41}$$

式 (6.41) 反映了激波风洞性能，激波强度由激波马赫数决定，而反射激波后的参数也由入射激波马赫数决定，因此，确定了激波马赫数，就确定了激波风洞的总焓和总压等关键性能参数。由式 (6.41) 可以看出，激波马赫数在试验气体参数给定的条件下，显然与驱动气体参数直接相关，其中包括驱动气体的声速、比热比和压强，即 a_4, γ_4, p_4。将式 (6.41) 绘制成曲线，见图 6.20，可以更加直观地理解激波风洞的性能特征。如果试验气体为空气，要获得某一马赫数的入射激波，

6.4 激波管/风洞原理

在驱动气体相同的前提下，用热气体作驱动气体，对压强比 $\frac{p_4}{p_1}$ 的要求比用冷气体作驱动气体相对低一些，更容易实现。另外，在相同温度条件下，用氢气作驱动气体，对压强比 $\frac{p_4}{p_1}$ 的要求比用空气作驱动气体相对低一些，更容易实现。总之，用声速高的气体作驱动气体是比较理想的选择，如氢气、氦气等小分子量的气体，有时候对驱动气体加热或者燃烧放热，提高驱动气体温度，也能达到间接提高驱动气体声速的目的，同样也可以提高驱动气体的驱动能力。

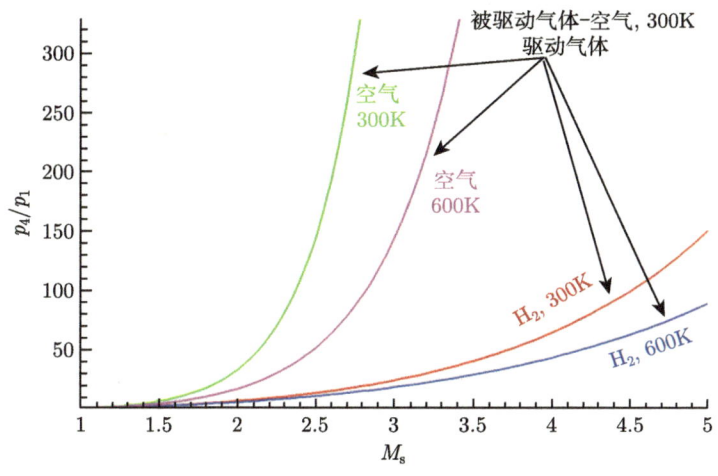

图 6.20 激波管/风洞驱动性能

从能量方面讲，激波风洞的运行原理包括两步焓增过程，即通过运动激波的传播，使实验气体得到初步焓增，即图 6.16 及图 6.19 中的②区，并通过运动激波的反射，产生高焓实验气源，即图 6.16 及图 6.19 中的⑤区。

对于②区气流来说，其总温 (实验室坐标系下的绝对总温) 可由绝热关系及式 (6.31b) 得到

$$\frac{T_{02}}{T_1} = \frac{T_{02}}{T_2}\frac{T_2}{T_1} = \left(1 + \frac{\gamma_1 - 1}{2} M_2^2\right) \frac{T_2}{T_1} = \frac{2(\gamma_1 - 1)}{\gamma_1 + 1} M_s^2 + \frac{3 - \gamma_1}{\gamma_1 + 1} \tag{6.42}$$

⑤区气流参数的计算相对复杂，图 6.11 和图 6.12 的运动激波在固壁的反射问题就反映了运动激波在激波风洞驻室的反射过程，图 6.12 中的③区即为激波风洞驻室条件或⑤区。由式 (6.34a) 改写成激波风洞⑤区参数，即可得到

$$\frac{p_5}{p_2} = \frac{\dfrac{3\gamma_1 - 1}{\gamma_1 - 1}\dfrac{p_2}{p_1} - 1}{\dfrac{\gamma_1 + 1}{\gamma_1 - 1} + \dfrac{p_2}{p_1}} \tag{6.43a}$$

同时，运动激波关系 (6.29a) 运用到反射激波得

$$\frac{p_5}{p_2} = \frac{2\gamma_1}{\gamma_1+1}M_r^2 - \frac{\gamma_1-1}{\gamma_1+1} \tag{6.43b}$$

通过运动激波关系 (6.29a) 以及式 (6.43a) 和式 (6.43b) 联立可以求得入射激波与反射激波马赫数的关系：

$$M_r^2 = \frac{2\gamma_1 M_s^2 - (\gamma_1-1)}{(\gamma_1-1)M_s^2 + 2} \tag{6.44a}$$

式 (6.44a) 可以改写为

$$M_r^2 = 1 + \frac{(\gamma_1+1)(M_s^2-1)}{(\gamma_1-1)M_s^2 + 2} \tag{6.44b}$$

因为，$M_s^2 > 1$，所以必然有 $M_r^2 > 1$。

当然，分别应用入射激波关系式 (6.39a) 和式 (6.29c)，以及左行反射激波 S_r 的关系式 (波前为②区，波后为⑤区，$V_5 = 0$)：

$$\left(\frac{a_2}{a_1}\right)^2 = \frac{[2\gamma_1 M_s^2 - (\gamma_1-1)][(\gamma_1-1)M_s^2+2]}{(\gamma_1+1)^2 M_s^2} \tag{6.29c}$$

$$\frac{V_2}{a_1} = \frac{2}{\gamma_1+1}\left(M_s - \frac{1}{M_s}\right) \tag{6.39a}$$

$$\frac{-V_2}{a_2} = -\frac{2}{\gamma_1+1}\left(M_r - \frac{1}{M_r}\right) \tag{6.45}$$

由式 (6.29c) × 式 (6.45)/式 (6.39a)=1 也可以得到 M_r 的 M_s 关系表达式，即式 (6.44a)，当然，该方程式的另一个小于 1 的解要去掉。

将式 (6.44a) 应用到反射激波关系，并联合入射激波关系可以得到激波风洞⑤区气流参数与入射激波马赫数的关系，即

$$\frac{T_{05}}{T_1} = \frac{T_5}{T_1} = \frac{[2(\gamma_1-1)M_s^2 - (\gamma_1-3)][(3\gamma_1-1)M_s^2 - 2(\gamma_1-1)]}{(\gamma_1+1)^2 M_s^2} \tag{6.46a}$$

$$\frac{p_{05}}{p_1} = \frac{p_5}{p_1} = \frac{[2\gamma_1 M_s^2 - (\gamma_1-1)][(3\gamma_1-1)M_s^2 - 2(\gamma_1-1)]}{(\gamma_1+1)[(\gamma_1-1)M_s^2+2]} \tag{6.46b}$$

$$\frac{\rho_{05}}{\rho_1} = \frac{\rho_5}{\rho_1} = \frac{[2\gamma_1 M_s^2 - (\gamma_1-1)]\left[(\gamma_1+1)^2 M_s^2\right]}{[2(\gamma_1-1)M_s^2 - (\gamma_1-3)][(\gamma_1-1)M_s^2+2]} \tag{6.46c}$$

6.4 激波管/风洞原理

式 (6.42) 以及式 (6.46a) 和式 (6.46b) 反映了激波风洞的高总焓与高总压的获得机制，将这些公式绘制成曲线，如图 6.21 所示，可以直观地看出激波风洞性能与激波马赫数的关系。当然，上述公式是基于量热完全气体假设的，实际上在较高激波马赫数时，气体分子发生振动激发甚至解离等热化学反应，使得气体热力学特性偏离量热完全气体假设，以上各式需要应用高温真实气体热力学物性参数来修正。

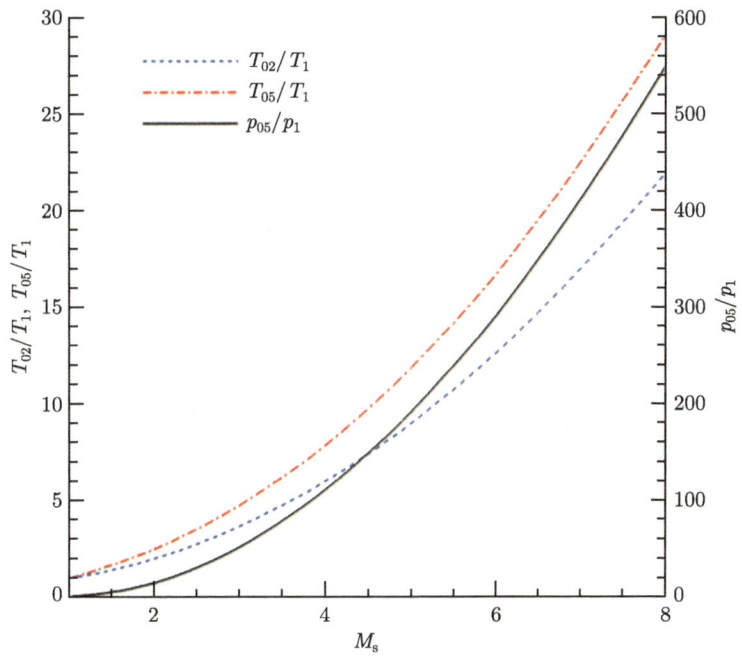

图 6.21 激波风洞的总温、总压与激波马赫数的关系

获得高总温高总压的⑤区实验气体是反射型激波风洞的重要目的之一，在反射波左行遇到接触间断面 (CS) 之时，如图 6.19 所示，其与激波管末端之间的⑤区气体是实验可用气体，设这部分实验气体的质量为 m_{lim}。根据式 (4.34d) 的拉瓦尔喷管临界流量得

$$\dot{m}_{\max} = \rho^* V^* \Sigma^* = \Sigma^* \left(\frac{2}{\gamma_1 + 1} \right)^{\frac{\gamma+1}{2(\gamma-1)}} \sqrt{\frac{\gamma_1 p_5^2}{RT_5}} \qquad (6.47)$$

那么，由式 (6.47) 即可大致计算出激波风洞的理论有效实验时间：

$$\tau_{\text{eff}} = m_{\text{lim}} / \dot{m}_{\max} \qquad (6.48)$$

但是，实际的有效实验时间还受到多个因素的影响，往往达不到上式给出的极值。其中，如图 6.19 所示，有两个因素至关重要。其一，左行膨胀波在驱动段末端反射后右行到达⑤区，另一个是反射激波与接触间断面相互作用产生的右行波。这两个因素都将改变⑤区状态，使其难以稳定并偏离实验状态。上述两个因素涉及两个经典的一维非定常流动问题，即膨胀波在固壁的反射、激波与接触间断面的相互作用问题。

图 6.22(a) 和 (b) 分别给出了左行膨胀波和左行中心膨胀波在固壁反射问题的波图，为了便于分析，各区的编号遵循激波风洞波图 (图 6.19) 的顺序。对于单个膨胀波的反射，我们可以利用退化的特征线求解各区流动参数。针对入射波，波后速度 $u_3 = \delta u$，波前④区气体静止，由其退化的右行特征线相容关系得到

$$\frac{2}{\gamma_4 - 1}a_4 = \delta u + \frac{2}{\gamma_4 - 1}a_3 \tag{6.49a}$$

化简得

$$\frac{a_3}{a_4} = 1 - \frac{\gamma_4 - 1}{2}\frac{\delta u}{a_4} \tag{6.49b}$$

根据等熵关系可计算得到③区参数，即

$$\frac{p_3}{p_4} = \left(\frac{T_3}{T_4}\right)^{\frac{\gamma_4}{\gamma_4-1}} = \left(\frac{a_3}{a_4}\right)^{\frac{2\gamma_4}{\gamma_4-1}} = \left(1 - \frac{\gamma_4 - 1}{2}\frac{\delta u}{a_4}\right)^{\frac{2\gamma_4}{\gamma_4-1}} \tag{6.49c}$$

对于反射膨胀波，其波后⑦区气流必须满足固壁边界条件，即当地气体速度 $u_7 = 0$，其波前为③区。类似地，对于右行反射膨胀波，利用退化得左行特征线相容关系：

$$-\frac{2}{\gamma_4 - 1}a_7 = \delta u - \frac{2}{\gamma_4 - 1}a_3 \tag{6.50a}$$

$$\frac{a_7}{a_3} = 1 - \frac{\gamma_4 - 1}{2}\frac{\delta u}{a_3} \tag{6.50b}$$

$$\frac{p_7}{p_3} = \left(\frac{T_7}{T_3}\right)^{\frac{\gamma_4}{\gamma_4-1}} = \left(\frac{a_7}{a_3}\right)^{\frac{2\gamma_4}{\gamma_4-1}} = \left(1 - \frac{\gamma_4 - 1}{2}\frac{\delta u}{a_3}\right)^{\frac{2\gamma_4}{\gamma_4-1}} \tag{6.50c}$$

对于中心膨胀波的反射，如图 6.22(b) 所示，也可以将其简化成若干条单一的膨胀波，然后利用式 (6.49a) ∼ 式 (6.49c) 和式 (6.50a) ∼ 式 (6.50c) 求得各条膨胀波对应的气流参数。入射波波后为③区，其气流速度为 u_3，声速为 a_3，该区同时为反射波的波前，反射波波后为⑦区，$u_7 = 0$，则各区气流参数如下：

$$\frac{a_3}{a_4} = 1 - \frac{\gamma_4 - 1}{2}\frac{u_3}{a_4} \tag{6.51a}$$

$$\frac{p_3}{p_4} = \left(\frac{T_3}{T_4}\right)^{\frac{\gamma_4}{\gamma_4-1}} = \left(\frac{a_3}{a_4}\right)^{\frac{2\gamma_4}{\gamma_4-1}} = \left(1 - \frac{\gamma_4 - 1}{2}\frac{u_3}{a_4}\right)^{\frac{2\gamma_4}{\gamma_4-1}} \tag{6.51b}$$

$$\frac{a_7}{a_3} = 1 - \frac{\gamma_4 - 1}{2}\frac{u_3}{a_3} \tag{6.51c}$$

$$\frac{p_7}{p_3} = \left(\frac{T_7}{T_3}\right)^{\frac{\gamma_4}{\gamma_4-1}} = \left(\frac{a_7}{a_3}\right)^{\frac{2\gamma_4}{\gamma_4-1}} = \left(1 - \frac{\gamma_4-1}{2}\frac{u_3}{a_3}\right)^{\frac{2\gamma_4}{\gamma_4-1}} \tag{6.51d}$$

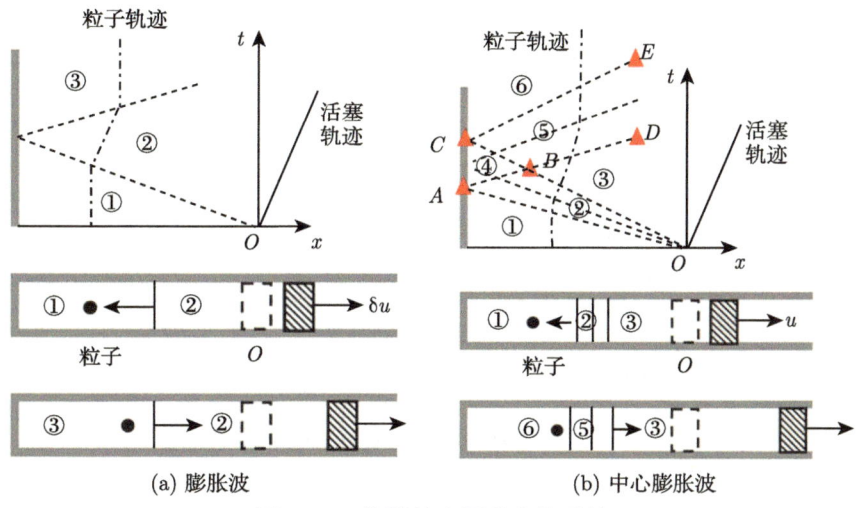

图 6.22 膨胀波在固壁上的反射

式 (6.51d) 中的气流速度 u_3，声速 a_3，对于激波管/风洞来说，就是③区参数，如果激波风洞的入射激波马赫数 M_s 给定，就可以根据式 (6.39a) 和式 (6.37b) 分别求得。中心膨胀波的波头在左侧管壁反射后首先到达激波风洞的驻室，对实验时间影响最为关键。入射膨胀波的波头到达左端面反射之前，位于简单波区，OA 为直线；在 A 点反射后与后续膨胀波相交，产生非简单波区，在与入射膨胀波的波尾相交于 B 点后，再次进入简单波区，BD 也为直线。简单说来，中心膨胀波的波头以速度 a_4 向左传播到达驱动段左端壁，在端壁反射后以速度 $u_3 + a_3$ 向右传播。通过这两个速度，可以大致计算出膨胀波的波头到达驻室端壁的时间。一般情况下，激波风洞的驱动气体声速 a_4 较高，通过中心膨胀波后气体声速 a_3 也比较高，这对激波风洞的有效实验时间是不利的，但是，由式 (6.41) 和图 6.20 可知，高声速的驱动气体对获得高焓实验条件又是最佳选择。

上文提到，另一个影响激波风洞有效实验时间的因素是反射激波与接触间断面相互作用产生的右行波，它到达驻室末端，也将使实验气流状态发生改变，有效实验时间停止。反射激波与接触间断面相遇后，根据接触间断面两侧的热力学条件，可能有三种情况发生。其一，如图 6.23(a) 所示，左行反射激波 S_r（此时，作为激波–接触间断面相互作用问题的入射激波）穿过接触间断面后，形成一道左行

透射激波 S_t，其强度低于 S_r，同时从接触间断面上反射一道波 R_r，此时是一道右行中心膨胀波；其二，左行反射激波 S_r 穿过接触间断面后，形成一道透射激波 S_t，其强度高于 S_r，同时从接触间断面上反射一道波 R_r，此时是一道右行激波；其三，左行反射激波 S_r 穿过接触间断面后，形成一道透射激波 S_t，其强度与 S_r 相同，同时从接触间断面上不反射任何波。前两种情况，R_r 到达激波管右端壁，有效实验就终止了，而最后一种情况，称为"缝合界面条件"，此条件下，实验时间由式 (6.48) 确定，即实验气体的流尽时间，是激波风洞最理想的运行工况。

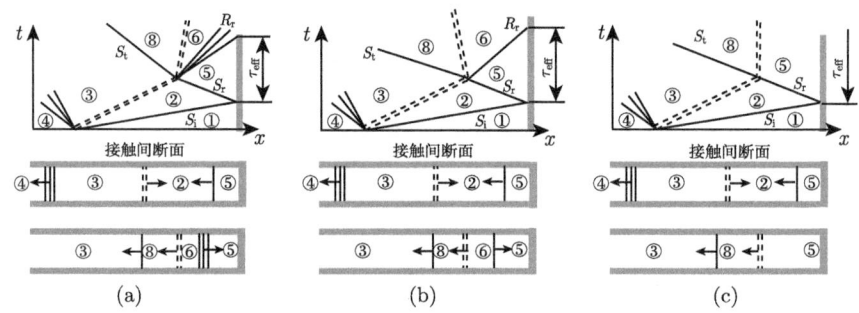

图 6.23　激波与接触间断面的相互作用

对于"缝合界面条件"，我们再次应用反射激波的关系式 (6.45)(反射激波的波前为②区，波后为⑤区)：

$$\frac{V_5 - V_2}{a_2} = -\frac{2}{\gamma_1 + 1}\left(M_r - \frac{1}{M_r}\right)$$

$$\frac{p_5}{p_2} = \frac{2\gamma_1}{\gamma_1 + 1}M_r^2 - \frac{\gamma_1 - 1}{\gamma_1 + 1}$$

将式 (6.44a) 代入式 (6.43b) 并化简得

$$\frac{p_5}{p_2} = \frac{(3\gamma_1 - 1)M_s^2 - 2(\gamma_1 - 1)}{(\gamma_1 - 1)M_s^2 + 2} \tag{6.52a}$$

透射激波的关系为 (透射激波的波前为③区，波后为⑧区)

$$\frac{V_8 - V_3}{a_3} = -\frac{2}{\gamma_4 + 1}\left(M_t - \frac{1}{M_t}\right) \tag{6.52b}$$

$$\frac{p_8}{p_3} = \frac{2\gamma_4}{\gamma_4 + 1}M_t^2 - \frac{\gamma_4 - 1}{\gamma_4 + 1} \tag{6.52c}$$

6.4 激波管/风洞原理

同时，②区和③区满足接触间断相容关系，⑤区和⑧区满足接触间断相容关系，而且⑤区满足驻室端壁边界条件，即 $V_3 = V_2$，$p_3 = p_2$，$V_8 = V_5 = 0$，$p_8 = p_5$，因此，由式 (6.52a) 和式 (6.52c) 以及 $\dfrac{p_5}{p_2} = \dfrac{p_8}{p_3}$ 可以求得透射激波马赫数：

$$M_t^2 = \frac{(2\gamma_1\gamma_4 + \gamma_1 - \gamma_4) M_s^2 + (2\gamma_4 - \gamma_1 - \gamma_1\gamma_4)}{\gamma_4 \left[(\gamma_1 - 1) M_s^2 + 2\right]} \tag{6.53}$$

由式 (6.45) 的平方除以式 (6.52b) 的平方得

$$\frac{a_3^2}{a_2^2} = \frac{(\gamma_4 + 1)^2}{(\gamma_1 + 1)^2} \frac{M_r^2 + \dfrac{1}{M_r^2} - 2}{M_t^2 + \dfrac{1}{M_t^2} - 2} \tag{6.54a}$$

将式 (6.44a) 以及式 (6.53) 代入式 (6.54a) 并化简得

$$\frac{a_3^2}{a_2^2} = \frac{\gamma_4 \left[(2\gamma_1\gamma_4 + \gamma_1 - \gamma_4) M_s^2 + (2\gamma_4 - \gamma_1 - \gamma_1\gamma_4)\right]}{\gamma_1^2 \left[2\gamma_1 M_s^2 - (\gamma_1 - 1)\right]} \tag{6.54b}$$

另外，由前文式 (6.37b)、式 (6.39a)

$$\frac{a_3}{a_4} = 1 - \frac{\gamma_4 - 1}{2} \frac{V_3}{a_4} \tag{6.37b}$$

$$\frac{2}{\gamma_1 + 1} \left(M_s - \frac{1}{M_s}\right) = \frac{V_3}{a_1} \tag{6.39a}$$

得

$$\frac{a_3}{a_4} = 1 - \frac{\gamma_4 - 1}{2} \frac{V_3}{a_4} = 1 - \frac{\gamma_4 - 1}{\gamma_1 + 1} \left(M_s - \frac{1}{M_s}\right) \frac{a_1}{a_4} \tag{6.55a}$$

由式 (6.29c) 得

$$\frac{a_2^2}{a_1^2} = \frac{\left[2\gamma_1 M_s^2 - (\gamma_1 - 1)\right] \left[(\gamma_1 - 1) M_s^2 + 2\right]}{(\gamma_1 + 1)^2 M_s^2} \tag{6.55b}$$

因为，

$$\frac{a_3^2}{a_2^2} = \frac{a_3^2}{a_4^2} \frac{a_4^2}{a_1^2} \frac{a_1^2}{a_2^2} \tag{6.55c}$$

将 (6.55a) 和式 (6.55b) 代入式 (6.55c) 中得

$$\frac{a_3^2}{a_2^2} = \left[\frac{a_4}{a_1} - \frac{\gamma_4 - 1}{\gamma_1 + 1} \left(M_s - \frac{1}{M_s}\right)\right]^2 \frac{(\gamma_1 + 1)^2 M_s^2}{\left[2\gamma_1 M_s^2 - (\gamma_1 - 1)\right] \left[(\gamma_1 - 1) M_s^2 + 2\right]} \tag{6.55d}$$

根据式 (6.54b) 和式 (6.55d) 得

$$\left(\frac{a_4}{a_1}\right)_{\text{tic}} = \frac{\gamma_4-1}{\gamma_1+1}\frac{M_s^2-1}{M_s}$$
$$+\frac{\sqrt{\gamma_4\left[(2\gamma_1\gamma_4+\gamma_1-\gamma_4)M_s^2+(2\gamma_4-\gamma_1-\gamma_1\gamma_4)\right]\left[(\gamma_1-1)M_s^2+2\right]}}{\gamma_1(\gamma_1+1)M_s}$$

(6.56)

式 (6.56) 中的下标 "tic" 代表缝合界面条件 (tailored interface condition, TIC), 是保证激波风洞有效实验时间的重要条件之一。如果缝合界面条件得到满足, 并且驱动段足够长, 延缓中心膨胀波到达风洞驻室的时间, 实验时间就可以由式 (6.48) 确定, 即实验气体流尽时间, 这是激波风洞理论上的最长实验时间。图 6.24 给出了由式 (6.56) 确定缝合界面条件, 即驱动-实验气体声速比与入射激波马赫数的关系。由此图可以看出, 驱动气体和实验气体给定以后, 将只有一个缝合马赫数满足条件, 例如, 室温的氢气驱动空气, 缝合马赫数约为 6.2, 而用室温的氦气驱动空气, 缝合激波马赫数约为 3.5; 显然, 用室温的空气驱动空气的话, 将无法满足缝合界面条件。

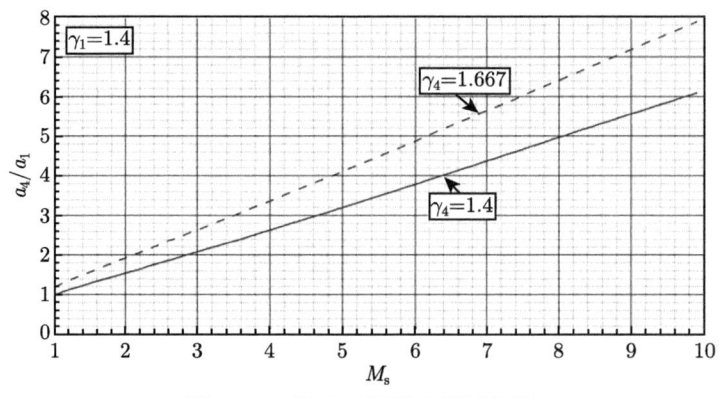

图 6.24　激波风洞缝合界面条件

以上分析, 涉及实验气体, 包括①、②、⑤区, 其比热比都保持不变, 即 γ_1; 涉及驱动气体, 包括③、④、⑧区以及膨胀波区, 其比热比都保持不变, 即 γ_4, 在较低入射激波马赫数 M_s 条件下, 这种近似是合理的, 但是, 在较高马赫数时或者高焓实验条件下, 需要考虑真实气体效应。

图 6.23 给出了前两种情况, 分别称为 "亚缝合" 和 "过缝合", 从接触间断面反射的右行波 R_r (分别是膨胀波和激波), 将迅速改变⑤区气体的平稳性, 有效实验时间也限定在入射激波 S_i 和右行波 R_r 到达驻室端壁的两个时刻, 此时的有效实验时间将远小于由式 (6.48) 确定的气体流尽时间, 大部分高温高压的实验气体

被浪费。

以上关于激波与接触界面的分析是基于一维非定常流动假设的,在此假设下,流场中跨激波的压强梯度和跨接触面的密度梯度方向重合,干扰流场相对简单。实际情况中,激波和接触间断面可能存在弯曲或者变形,导致这两个梯度方向不重合,诱导斜压涡 $-\nabla\left(\dfrac{1}{\rho}\right)\times\nabla p$ 等多维结构的产生,干扰流场将变得非常复杂。

复习思考题

6.1 如题 6.1 图所示,激波风洞是产生高速气流的试验装置,主要由驱动段、被驱动段、喷管/试验段等几部分构成。试验前,驱动段(④区)和被驱动段(①区)由膜片 1 分开,驱动段和被驱动段分别充入高压驱动气体(压强 p_4)和低压试验气体(压强 p_1),而被驱动段和喷管/试验段由膜片 2 分开,喷管/试验段为高真空状态。试验开始后,膜片 1 瞬间破裂,产生右行入射激波、右行接触间断面和左行中心膨胀波,并生成两个均匀区,即图中的②区和③区。当入射激波到达被驱动段的末端(即驻室)并反射,产生左行反射激波以及高温高压但静止的⑤区气体,同时,膜片 2 被打开,⑤区气体通过在拉瓦尔喷管中的定常等熵膨胀和加速,在试验段产生均匀的高速试验气流,即⑥区,⑥区气体参数即为模型试验的来流参数。

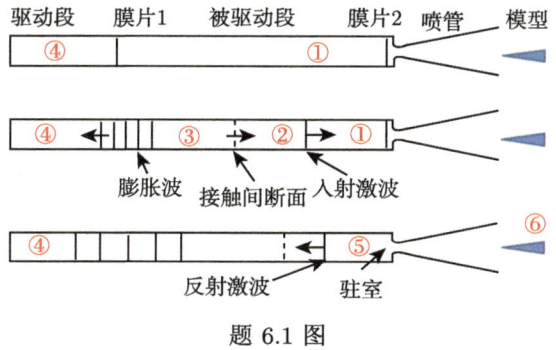

题 6.1 图

根据上述内容,解答以下问题。

(1) 如用 $T_4=600$ K 的氢气(比热比 $\gamma=1.4$、气体常数 $R=4156$ J/(kg·K))作为④区驱动气体开展高超声速试验。某次试验中试验气体为空气,即被驱动段①区初始为空气,$p_1=10^4$ Pa,$T_1=300$ K,通过测量得到入射激波马赫数 $M_s=4$,请计算所需初始压强 p_4,并计算入射激波、接触间断面、膨胀波波头和波尾的传播速度。

(2) 如果将第 (1) 小题中的试验气体由空气换成二氧化碳(比热比 $\gamma=1.29$、气体常数 $R=189$ J/(kg·K)),而压强和温度相同,请计算此种情况所需初始压强 p_4,并计算入射激波、接触间断面、膨胀波波头和波尾的传播速度。

(3) 简要比较和分析第 (1) 小题和第 (2) 小题的计算结果。

(4) 在以空气和二氧化碳为试验气体的试验中,如果需要试验段⑥区的气流马赫数 $M_6=7$,请分别设计所需要的拉瓦尔喷管的重要结构参数,即喷管出口与喉道的面积比。并分别计算⑤区和⑥区的静压比值 p_5/p_6 和静温比值 T_5/T_6。

(5) 简要比较和分析第 (4) 小题的计算结果。

6.2 针对题 6.1 的第 (4) 小题，如果分别以空气和二氧化碳为试验气体开展高超声速 ($M_6=7$) 气动试验，如题 6.2 图所示，用皮托管测量流场参数，假设由 1# 压强传感器测量得到的数值为 1.0×10^3 Pa，请分别估算 2# 压强传感器的最小量程。

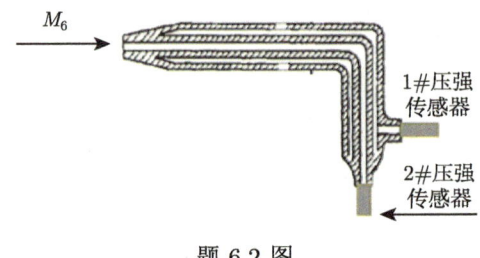

题 6.2 图

6.3 针对题 6.1 的第 (1) 小题，参考系分别固定在实验室和激波阵面上，计算②区和③区气流的总温和总压，并进行简单的对比分析，阐明气流总温和总压与参考系的关系。

6.4 如题 6.4 图所示，一等截面直管，管中有一活塞，直管右端有一缩口结构。初始充满静止空气，即①区，温度和压强分别为 398.3 K 和 500000 Pa，右端缩口关闭。某一时刻，活塞突然以 $U=100$ m/s 的速度匀速左行，同时打开右端缩口。直管中将产生中心膨胀波，①区气体通过缩口结构产生定常膨胀达到④区状态，气流速度 $u_4=100$ m/s。计算③区和④区的温度和压强。

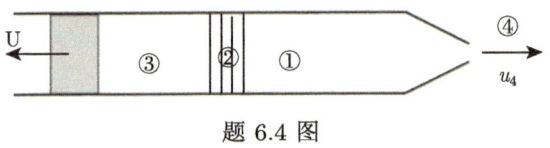

题 6.4 图

6.5 一半锥角 $\theta=10°$ 的二维楔体在空气中以马赫数 $M_1=3$ 向左水平飞行，将在平板上引起激波的反射，流场结构如题 6.5 图所示。$T_1=300$ K，$p_1=1$ atm。

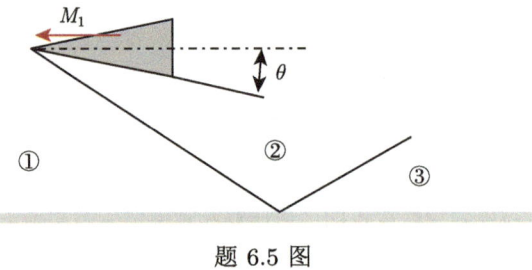

题 6.5 图

(1) 如果将参考坐标系固定在楔体上，计算②区的气流马赫数和方向，以及总温与总压。

(2) 如果参考坐标系相对于波前气体静止，计算②区的气流的水平与垂直方向的速度分量，计算此时的②区气流总温与总压。

6.6 如题 6.6 图所示，管道内放置一活塞，管道初始充满空气，$T_1 = T_4 = 300$ K，$p_1 = p_4 = 1$ atm。活塞启动并瞬间加以 $u=200$ m/s 的速度向左匀速运动。计算活塞左右端面上的压强。

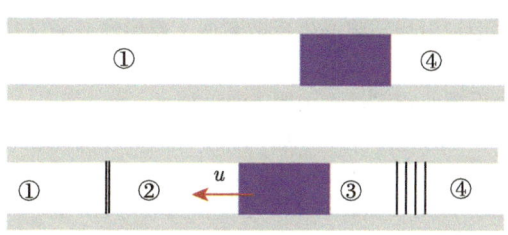

题 6.6 图

6.7 激波管是用来产生高速试验气流的试验装置，如题 6.7 图所示。入射激波和接触面之间的②区气流均匀，是理想的试验气流。①区参数 $T_1= 300$ K，$p_1= 0.1$ atm。

(1) 如果①区气体为空气，需要在模型上获得超声速气流，计算入射激波的最小速度值 U_s。

(2) 如果激波马赫数 $M_s = U_s/a_1 = 5$，①区气体分别为空气 (γ=1.4)、氦气 (γ=1.66) 和二氧化碳 (γ=1.29)，分别计算②区试验气流的马赫数，并进行对比分析。

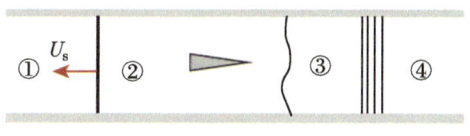

题 6.7 图

6.8 激波管的运行过程如题 6.8 图所示。①区气体为空气，$T_1= 300$ K，$p_1= 0.1$ atm。④区气体为高温氢气，$T_4= 800$ K。

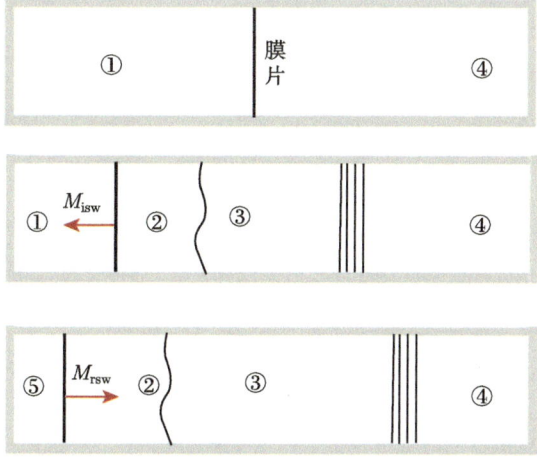

题 6.8 图

(1) 计算所需的氢气压强 p_4 及总焓 h_4。

(2) 某次运行中，膜片破裂产生入射激波，其马赫数 $M_{\text{isw}} = 3$，计算②区气流的速度 V_2、温度 T_2 和总焓 h_2，以及③区气流的速度 V_3、温度 T_3 和总焓 h_3。

(3) 入射激波在左端面反射后，将产生反射激波，反射波后的区域为⑤区。计算⑤区气流的速度 V_5、温度 T_5 和总焓 h_5。

(4) 通过上述结果分析激波管运行的能量传递过程。

(5) 激波管破膜前，膜片到激波管左端面距离为 L_1，反射激波与接触面碰撞瞬间，其位置到激波管左端面距离为 L_5，计算 L_5/L_1。

以上计算将参考坐标系固定在激波管上，氢气和空气以量热完全气体近似。

参 考 文 献

[1] 陈强. 激波管流动的理论和实验技术. 合肥: 中国科学技术大学，1979.

[2] 童秉纲, 孔祥言, 邓国华. 气体动力学. 2 版. 北京: 高等教育出版社，2011.

[3] Anderson J D Jr. Fundamentals of Aerodynamics. 4th ed. New York: McGraw-Hill, 2007.

[4] Shapiro A H. The Dynamics and Thermodynamics of Compressible Fluid flow. New York: The Ronald Press Company, 1954.

第 7 章 高超声速气体流动

7.1 引　　言

随着对跨声速和超声速流动研究的深入以及喷气推进技术的发展，从 20 世纪 50 年代开始，世界主要国家为了满足战略武器和空间技术的需求，所以新型高超声速飞行器得以迅猛发展。我国科学家钱学森于 1946 年在其论文 "Similarity laws in hypersonic flows" 中提出了高超声速 (hypersonic) 流动的概念，以区别于一般的超声速气体流动。高超声速 ($M \geqslant 5$) 飞行和超高速 ($V \geqslant 5\mathrm{km/s}$) 再入问题的一个典型气动问题就是气体介质的热化学特性的复杂化，发生多原子气体分子的振动激发、解离反应、复合反应、电离、辐射等复杂的物理化学过程，从而引起飞行器气动性能偏离量热完全气体假设下的值，这就是所谓的高温气体效应 (high temperature gas effects)。

1949 年 2 月 24 日，在美国白沙导弹试验靶场，V-2/WAC "下士号" 两级火箭发射升空，创造了人造飞行器的世界纪录：8240km/h(2290m/s)，这也是人类的首次高超声速飞行。V-2/WAC 火箭 (图 1.13) 的第一级是二战结束后从德国运来的 V-2 火箭中的一枚，而第二级 WAC Corpral，为一更细小的火箭。V-2/WAC 火箭是人类历史上的第一枚两级火箭。

美国 V-2/WAC 火箭的成功发射，揭开了人类高超声速飞行的新时代，也按下了太空技术竞赛的按钮。在冷战时期的另一端，苏联于 1961 年 4 月 12 日，利用 "东方号" 多级火箭将宇宙飞船送入太空，唯一的乘客是加加林，并安全返回地面，宇宙飞船返回地球的最高速度达到 30000 km/h(8000 m/s)。这是人类历史上第一次将人类送入太空并安全返回。七年之后，美国使用 "土星五号" 大推力火箭将 "阿波罗号" 宇宙飞船及航天员阿姆斯特朗与奥尔德林送上月球并成功返回，这是人类首次进入非地星球。

从美国 V-2/WAC 火箭的发射到目前，在世界范围内，火箭推进技术已经非常成熟，一系列的火箭得到市场的检验，图 7.1 给出了具有代表性的火箭型号。其中最左侧的就是 V-2/WAC 火箭——人类高超声速飞行的起点。在火箭技术日益商业化的今天，其经济性能得到重视，美国商业太空发射公司 Space X 的重复发射技术大大降低了发射成本。2020 年 6 月 23 日，"长征三号" 火箭将我国北斗导航系统的最后一颗卫星送上预定轨道，彻底完成北斗系统的组网。一个月之后，7

月 23 日，我国的火星探测器"天问一号"搭乘"长征五号"大推力火箭，开始了漫长的探火之旅，将依次实现"绕、落、巡"三步探测计划。在超大推力火箭研发方面，我国的"长征九号"火箭也在进行中。"长征三号"的运载能力为同步转移轨道 (GTO)1.5~5 t；"长征五号"的运载能力为近地轨道 (LEO)25 t，同步转移轨道 14 t；"长征九号"的运载能力将达到近地轨道 140 t，地月转移轨道 (LTO)50 t。

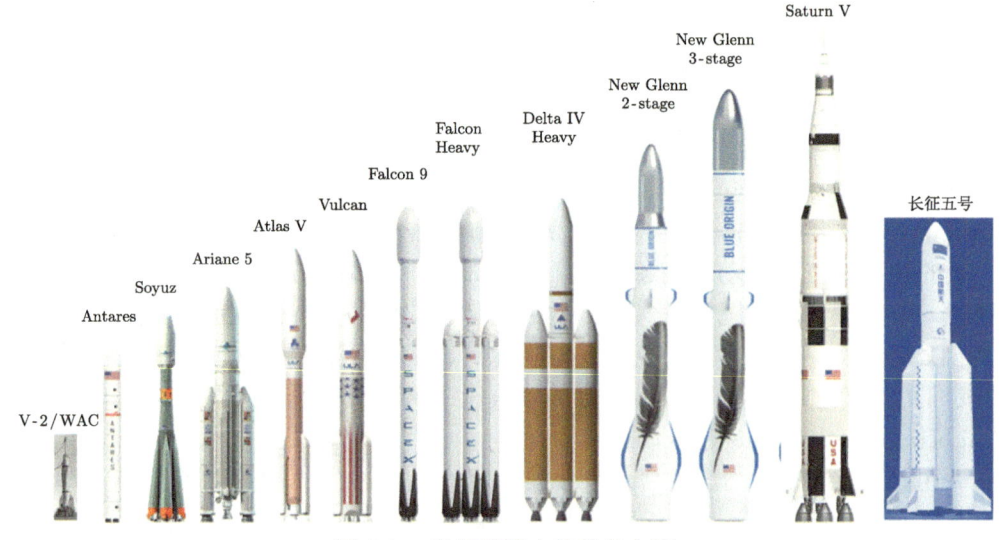

图 7.1　世界范围内的著名火箭

火箭推进的高超声速飞行器，一般需要穿越大气层，实现地外飞行，飞行器的出入大气层实现了高超声速的转移和再入。在大气层内，高超声速飞行一直是人类的梦想，"一小时全球到达"是人们对世界便捷之旅的追求。1967 年 10 月 2 日，美国 NASA 和空军联合研发的火箭推进高超声速飞机 X-15(图 7.2) 达到飞行马赫数 6.7(2300 m/s)，这是迄今为止有人驾驶飞机的最高速度纪录。X-15 共飞行了近 10 年，为后续的"阿波罗"登月飞船和航天飞机 (space shuttle) 等载人飞行工程积累了高超声速飞行经验。

图 7.2　火箭高超声速飞机 X-15

火箭推进的大气层内高超声速飞行器，限于其较差的经济性和可操作性，逐

7.1 引　言

渐退出舞台,而吸气式高超声速飞行平台和推进技术得到重视。2004 年 11 月 16 日,由氢燃料超燃冲压发动机 (scramjet) 推进的 NASA X-43A 乘波飞行器在美国试验成功,最高飞行马赫数达到 9.6(3260 m/s),创造了喷气推进飞机的世界纪录。2010 年 5 月 26 日,碳氢燃料超燃冲压发动机推进的新一代高超声速乘波飞行器波音 X-51A(图 7.3) 实现首飞成功,飞行马赫数超过 5。X-51A 经过后续多次试飞,虽然也发现了一些技术问题,但在世界范围内仍然掀起了高超声速吸气飞行器研究的热潮。与气体动力学直接相关的基础问题有: 激波压缩与进气道设计、气动热防护与管理、气动力与控制等。基于吸气式高超声速推进的组合推进技术,例如 RBCC(rocket-based combined cycle) 或 TBCC(turbine-based combined cycle) 是实现高超声速吸气推进技术工程化的重要方向。

 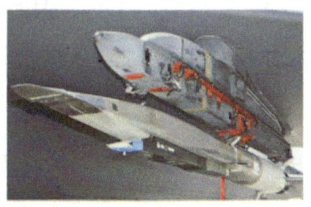

图 7.3　超燃冲压发动机推进的高超声速飞机 X-51A

除了火箭推进/太空飞行器技术以及大气吸气推进/飞行器技术之外,大气层内超高速滑翔飞行器也是当前研究的热点,典型代表是美国自 2008 年气动的 Faclon HTV 超高速飞机计划,实现全球 2 小时到达。但是从试飞的过程来看,气动热防护问题以及控制等方面的技术难题,仍然没有得到完全解决,此项技术尚未成熟。

在高超声速飞行器技术快速发展时期,曾经由于气动热化学和高温气体流动的复杂性,科学界对高超声速流动的研究与认知落后于工程需求的脚步。由于对高温高超声速流动机制的认知缺失 (unknown unknowns),这一期间也发生了几次灾难性事故,例如,1961 年 6 月 23 号,美国火箭推进高超声速飞机 X-15 号折戟沉沙,原因是强激波作用引起的结构热烧蚀问题; 1986 年和 2003 年,美国航天飞机发生两次空难,造成巨大人员伤亡,原因也是气动热防护设施出了问题,图 7.4 给出了飞船典型位置气动热预测的不确定度; X-51 经历了 4 次试飞,第一次试飞 (2010-05-26) 没有达到设计飞行时间而因热管理问题提前终止,第二次试飞 (2011-03-24) 在燃料转换 (液氢转 JP-7) 过程发生了进气道不启动现象,第三次试飞 (2012-08-24) 在与助推火箭分离后失去控制,第四次试飞 (2013-05-01) 以超燃推进模式成功飞行了 370 s,是最成功的一次。上述事故与高超声速流动中的强激波相互作用、气动热环境密切相关,对事故原因的探求过程,也促进了高温高超声速气体动力学的发展。

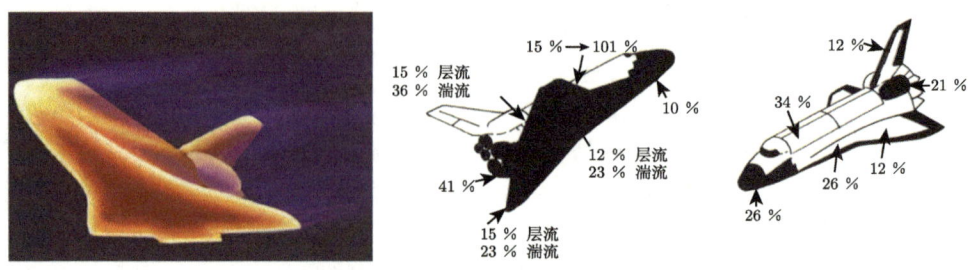

图 7.4 飞行器再入过程的气动热及其预测的不确定度

高超声速飞行器的气动力/热性能与飞行速度直接相关,例如,气动阻力与飞行速度或马赫数的平方成正比,而驻点热流则与速度或马赫数的立方成正比,如式 (7.1) 和式 (7.2) 所示。因此,飞行器速度越高,其气动力与气动热环境就越苛刻,这几乎是高超声速飞行器所有气动问题的根源。当然,高超声速流动也有明显不同于一般超声速流动的复杂特征,这将在 7.2 节阐述。

$$D \propto \rho_\infty u_\infty^2 \propto M_\infty^2 p_\infty \tag{7.1}$$

$$\dot{q}_s \propto \rho_\infty^2 u_\infty^3 \propto M_\infty^3 \sqrt{\rho_\infty p_\infty^3} \tag{7.2}$$

7.2 高超声速流动特征

我们知道,飞行马赫数跨越 1 的时候,飞行器流场产生本质的差异,发生 "声障" (sonic barrier) 问题,气体流动的可压缩效应显现。在马赫数 1 两侧,气体流动控制方程的属性也截然不同。然而,文献中常用的高超声速流动定义为马赫数超过 5 的超声速流动,然而,跨越马赫数 5,流动并没有像跨越马赫数 1 那样发生本质的变化。当然,高超声速流动也存在其典型特征。

7.2.1 薄激波层

如图 7.5 所示楔体诱导的贴体斜激波,通过斜激波关系可以计算得到,随着马赫数的提高,斜激波角将减小。如果是钝体诱导的脱体激波,激波脱体距离 (激波到钝体表面的最小距离) 也将随着马赫数的提高而急剧减小。这是因为,随着马赫数的提高,激波强度增加,波后密度显著提高,通过一定流量的来流气体需要的通道截面显著降低。另外,随着波后温度的增高,气体的高温效应显著增加,可压缩性显著提高,贴体激波的斜激波角或者脱体激波的脱体距离的减小将更为显著,如图 7.6 所示。激波与物面之间的气流通道称为激波层,高超声速流动的一个典型特征就是薄激波层。

7.2 高超声速流动特征

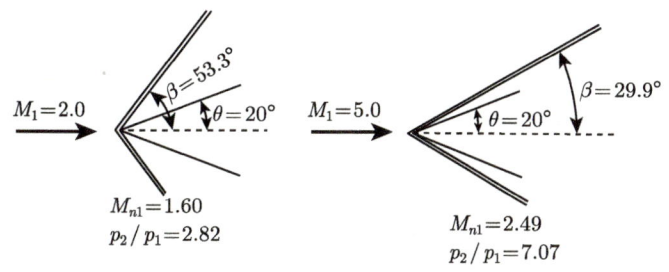

图 7.5 斜激波角与马赫数的关系

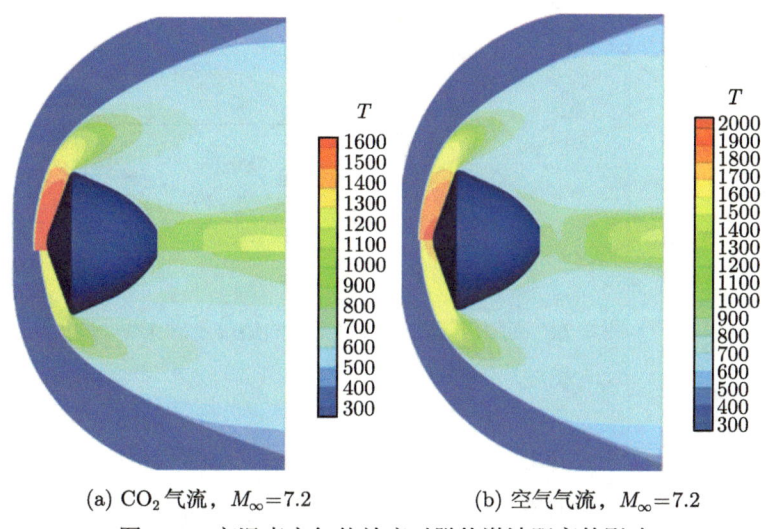

(a) CO_2 气流，$M_\infty = 7.2$ (b) 空气气流，$M_\infty = 7.2$

图 7.6 高温真实气体效应对脱体激波距离的影响
上半图为量热完全气体模型计算结果，下半图为真实气体模型计算结果

高超声速流动的激波贴近物面，引起复杂的物理现象。首先，在低雷诺数条件下，激波层将与边界层非常靠近，引起相互干扰问题，即黏性干扰 (viscous interaction)。另外，在高雷诺数条件下，忽略边界层的影响，流动的理论求解方法可以简化，即所谓的薄激波层理论 (thin shock-layer theory)，例如，牛顿 1687 年提出的牛顿法 (Newtonian theory) 就是可以用来近似求解高超声速流动的一个简单方法。

7.2.2 熵层

如图 7.7 所示，对于一个钝头楔体的高超声速绕流，其头部激波也非常靠近物面，即脱体距离很小。我们知道，气流经过激波将产生熵增，而且激波越强，熵增越大。头部激波呈弓形，越靠近对称中线的激波部分其强度越大，近似一段正激波，而越远离中心的激波部分其强度就越弱。也就是说，气流经过头部激波后，越靠近对称中线，熵增越大，在头部流动中存在极大的熵梯度，这一层流动称为熵层。熵层向下游发展，浸润整个物体。根据 Crocco 方程，熵层也表示流动涡量较大，熵层将与物面边界层相互干扰。熵层的存在，将给边界层理论分析带来困难，因为边界层外缘的流动并不均匀。在高超声速边界层试验时，模型头部由于机械加工的限制，难免留下一定的非预期钝度，这对边界层流动及其转捩过程将产生难以确定的影响。

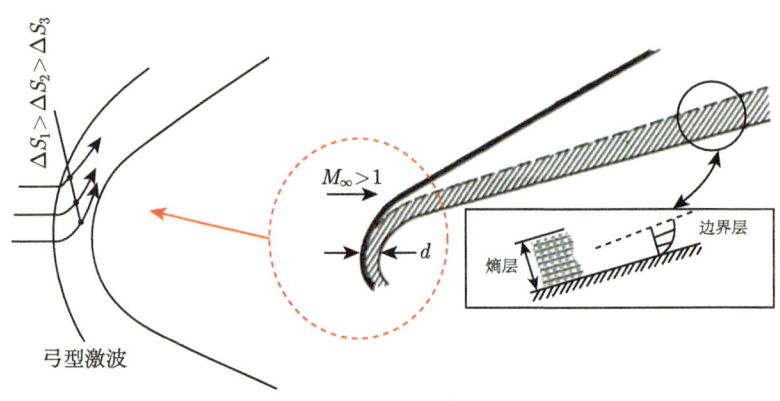

图 7.7 高超声速钝体头部流动的熵层示意图

7.2.3 黏性干扰

高超声速流动携带巨大的动能，在边界层内由于黏性耗散，气体宏观运动的动能将有一部分转变为气体的内能，从而引起气体温度的升高。边界层内的温度将升高，并与物面热边界条件匹配。图 7.8 给出了边界层内典型的温度分布剖面，它引起一系列问题。首先，气体黏性系数随着温度的升高而升高，因此，边界层温度的升高将使得边界层变厚。另外，由于边界层内压强法向恒定，温度的升高将引起密度的等比例降低，那么根据质量流的需求，边界层也会变厚。上述两个方面都导致高超声速边界层厚度的迅速增长。实际上，层流边界层厚度与来流马赫数平方成正比，见式 (7.3)。对应高超声速飞行轨迹，高马赫数飞行速域通常对应低雷诺数区域，这使得边界层迅速发展，黏性干扰愈发重要。

$$\delta \propto \frac{M_\infty^2}{\sqrt{Re_x}} \tag{7.3}$$

高超声速厚边界层将对其外层的无黏流动产生明显的位移效应，使无黏流动区的流动参数发生显著变化，无黏流动区参数又反过来影响边界层的发展。边界层与其外围的无黏流动之间的相互干扰称为黏性干扰。黏性干扰将影响边界层内的压强分布，从而影响到飞行器升力/阻力性能或者稳定性。高超声速厚边界层与激波层的干扰,也将使得经典边界层理论分析方法和经典激波理论分析方法双双失效,给高超声速黏性流动的理论分析带来挑战。

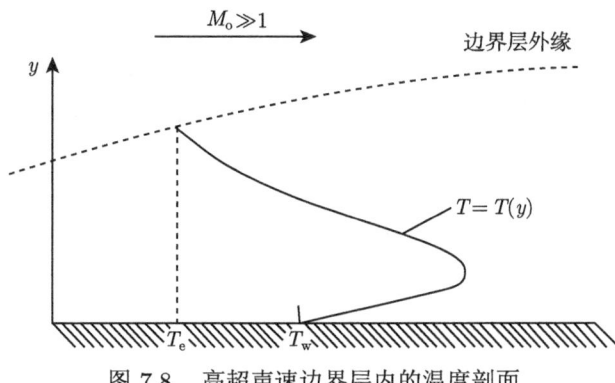

图 7.8 高超声速边界层内的温度剖面

7.2.4 高温效应

高超声速飞行器飞行过程中,头部会形成弓形激波,由于强激波的压缩,波后温度急剧上升,达到几千甚至上万摄氏度,高温引起空气分子振动激发、解离、电离及辐射等一系列复杂的物理、化学现象,气体变成一种不断进行热化学反应的复杂流动介质,传统的量热完全气体假设已不再适应,高超声速流场中气体呈现"非完全气体"特性,通常称为高温真实气体效应。

除了头部激波层内,高超声速飞行器的边界层内也存在高温真实气体效应。正如黏性干扰问题所述,气体高超声速流动的动能在边界层内黏性耗散的作用下,转变为气体内能,气体温度极高,诱导气体发生化学反应,正如头部激波层内的气体一样。

图 1.20 为空气分子振动激发、解离、电离的温度范围。当温度升高到 600 K 时,空气中氧分子和氮分子的振动模态开始变得重要。当温度升高到 2000 K 时,空气中的氧分子将开始解离反应,$O_2 \longrightarrow 2O$ (2000 K < T < 4000 K);至 4000 K 时,氧分子的解离几乎全部完成,而此时,氮分子开始解离;至 9000 K 时,氮分子的解离几乎全部完成,即 $N_2 \longrightarrow 2N$ (4000 K < T < 9000 K)。如果温度继续升高,电离过程将显现,即 $O \longrightarrow O^+ + e^-$,$N \longrightarrow N^+ + e^-$ (T > 9000 K),当然,高能态的分子也将发生电离。

热化学反应对高超声速的最直接影响就是气体介质发生了本质变化,空气介质基于双原子气体的量热完全气体模型不再适用,高温空气实际上已经成为随温度不断变化的混合物,其热力学特性参数、输运特性参数、化学特性参数以及光电学特性参数都在演变中。上述物理化学特性参数随温而变的特征,使其数学模

化非常困难。例如，仅仅由于空气分子的振动激发，其热力学参数之一——内能就变得异常复杂，对单一双原子分子可以写为

$$e(T) = \frac{3}{2}RT + RT + R\frac{T_{\text{ve}}}{e^{T_{\text{ve}}/T} - 1} \tag{7.4}$$

其中，公式右侧的前两项为双原子分子量热完全气体的内能；而第三项就是振动能，T_{ve} 为振动特征温度，一般地，氧气 $T_{\text{ve}} = 2239$ K，氮气 $T_{\text{ve}} = 3395$ K。相应地，考虑振动能的双原子气体的比热比也将改写为

$$c_{\text{v}} = \frac{3}{2}R + R + R\left(\frac{T_{\text{ve}}}{T}\right)^2 \frac{e^{T_{\text{ve}}/T}}{(e^{T_{\text{ve}}/T} - 1)^2} \tag{7.5}$$

$$c_{\text{p}} = c_{\text{v}} + R \tag{7.6}$$

而作为混合物的空气的热力学参数也将按照氧气和氮气的质量分数进行加权处理，例如，

$$c_{\text{v}} = \frac{5}{2}R_{\text{air}} + m_{\text{N}_2} \cdot R_{\text{N}_2}\left(\frac{T_{\text{ve},\text{N}_2}}{T}\right)^2 \frac{e^{T_{\text{ve},\text{N}_2}/T}}{(e^{T_{\text{ve},\text{N}_2}/T} - 1)^2}$$

$$+ m_{\text{O}_2} \cdot R_{\text{O}_2}\left(\frac{T_{\text{ve},\text{O}_2}}{T}\right)^2 \frac{e^{T_{\text{ve},\text{O}_2}/T}}{(e^{T_{\text{ve},\text{O}_2}/T} - 1)^2} \tag{7.7a}$$

$$c_{\text{p}} = c_{\text{v}} + R_{\text{air}} \tag{7.7b}$$

$$\gamma(T) = \frac{c_{\text{p}}(T)}{c_{\text{v}}(T)} \tag{7.7c}$$

此时，比热比显然不再为量热完全气体模型的常数 $\gamma = 1.4$，而成为一个与温度相关的复杂函数。为了便于分析与应用，美国 NASA 对各种气体的热力学参数进行了多项式拟合[1]，例如，

$$\frac{C_{pi}}{R_i} = a_{1i}T^{-2} + a_{2i}T^{-1} + a_{3i} + a_{4i}T + a_{5i}T^2 + a_{6i}T^3 + a_{7i}T^4 \tag{7.8a}$$

$$\frac{h_i}{R_i T} = -a_{1i}T^{-2} + a_{2i}T^{-1}\ln T + a_{3i} + \frac{a_{4i}}{2}T + \frac{a_{5i}}{3}T^2 + \frac{a_{6i}}{4}T^3 + \frac{a_{7i}}{5}T^4 + b_{1i}T^{-1} \tag{7.8b}$$

其中各种气体的拟合常数建立了数据库可供查询，也方便用于数值分析。当然，化学反应引起的空气介质热力学特性参数的变化更为显著。

伴随着气体介质的本质变化，热化学反应对高超声速流动的另一个影响就是激波波后温度的改变。如图 7.9 所示，考虑热化学反应后可以使正激波波后的温度显著降低，这是因为波后气体的动能转化为振动能、化学能以及电子能储存下来，使得平动能的份额降低，从而降低温度 (平动温度)。激波波后温度的改变，对高超声速飞行器的气动热问题来说是有益的，可以缓解热烧蚀。但是，另一方面，

化学反应产生的原子或者离子，在飞行器表面可以复合，金属表面对复合反应还具有催化作用。复合反应是放热的，对气动热问题的影响变得严重。在工程方面，这种激波层内的复杂热化学过程以及飞行器表面热化学反应，使得流场描述、试验测量以及气动热的精确预测变得异常困难。

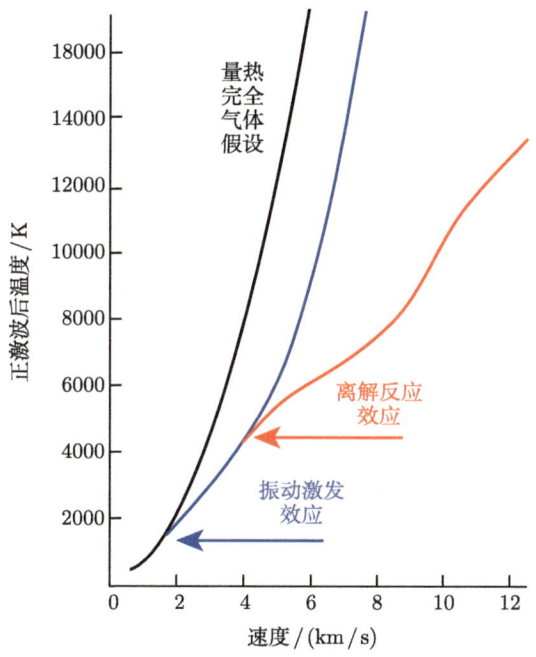

图 7.9　高超声速流动高温效应与正激波后温度 (高度 52km)

激波层或边界层内的高温引起空气分子的分解，使得气体平均分子量由未发生反应的 m_0 减小为 $\tilde{m}$，这一变化将引起气体可压缩性的急剧升高，若引入可压缩因子 $z = \dfrac{m_0}{\tilde{m}}$ 来表征化学反应诱导的可压缩性，那么，气体的状态方程可以改写为

$$p = z\rho RT \tag{7.9}$$

其中，R 为未发生反应的气体常数。图 7.10 给出了空气热化学反应诱导的可压缩性随温度的变化趋势。高温空气流动可压缩性的提高，也是产生薄激波层的根本原因。可压缩性的增强，是高温效应对高超声速流动的重要影响之一。

激波层内高温气体分子或原子通过强烈的碰撞而发生电子跃迁，成为激发态 (excited) 粒子。激发态粒子释放光子，能量以辐射方式向周围传播，即所谓的热辐射。热辐射与温度呈指数相关。对于再入飞行器，速度 10km/s 以下飞行器热流以热传导为主，当速度超过该值时，热辐射的贡献就急剧增大，如图 7.11 所示。热

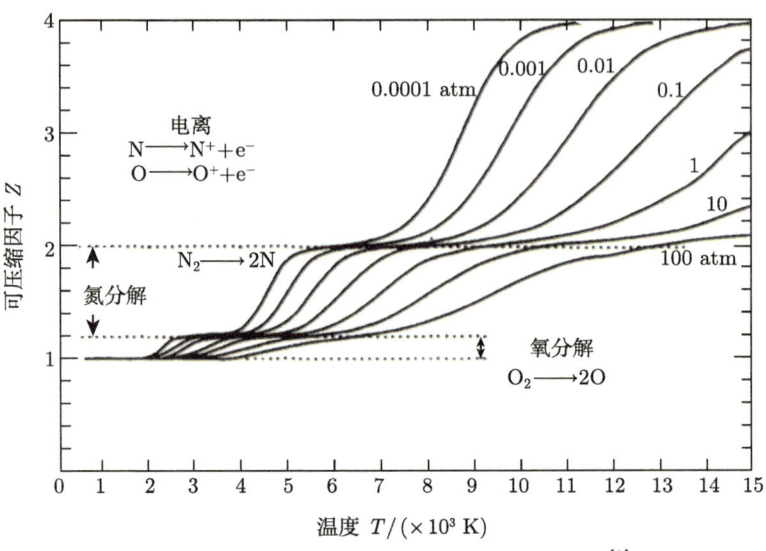

图 7.10　高超声速流动高温效应与可压缩性 [2]

辐射与气体流动耦合，一方面，它使得激波层气体以辐射方式实现降温 (adiabatic cooling)，另一方面，边界层内气体或者飞行器表面也会吸收热辐射能量，成为气动加热的重要根源。

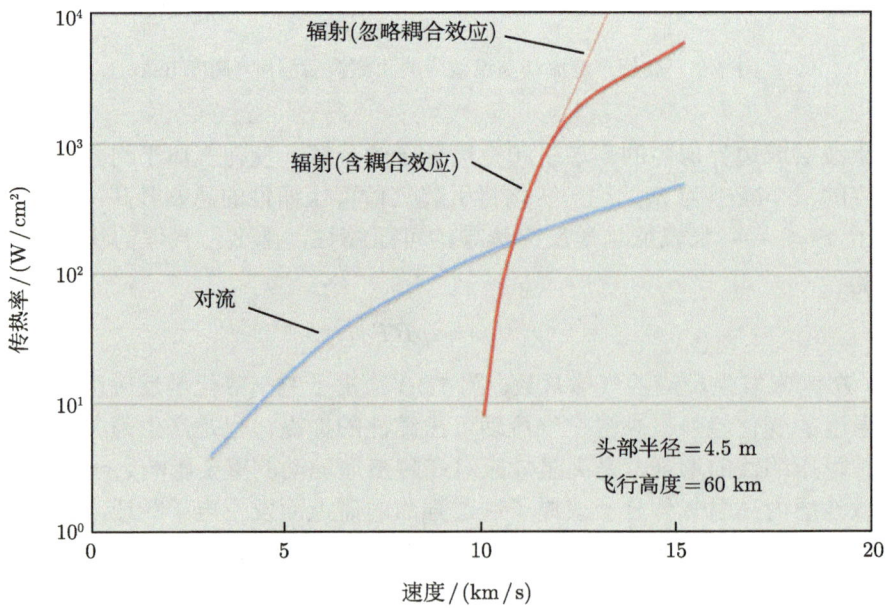

图 7.11　高超声速飞行器驻点对流热流与辐射热流 [3]

7.2 高超声速流动特征

高温效应对高超声速飞行器气动热的影响是直接的，对气动力性能的影响更为复杂。一个经典案例是 20 世纪 80 年代美国航天飞机轨道器的气动异常问题，当轨道器再入大气时，其襟翼配平攻角比地面飞行试验前预测值高出 53%。STS-1 飞行测量结果与地面预估值的比较，在较低马赫数时它们之间的差异不明显，但是在高马赫数时，偏差非常大。研究表明，该配平偏差是由于俯仰力矩的风洞测量值出现了偏差。经过多位学者的研究分析发现，造成上述气动异常现象的根本原因是地面高超声速风洞无法模拟真实飞行条件下的真实气体效应，而高温真实气体效应改变了飞行器表面的气动力分布。对高超声速飞行器来说，高温真实气体效应引起非常可观的抬头力矩 (pitching-up moment)，其影响随着攻角的增大而增大。如图 7.12 所示，高温效应使得激波强解区波后压力显著提高，而使得弱解区波后压力降低，前者对应飞行器头部，而后者对应飞行器头部以下区域，这是造成附加抬头力矩的根本原因。

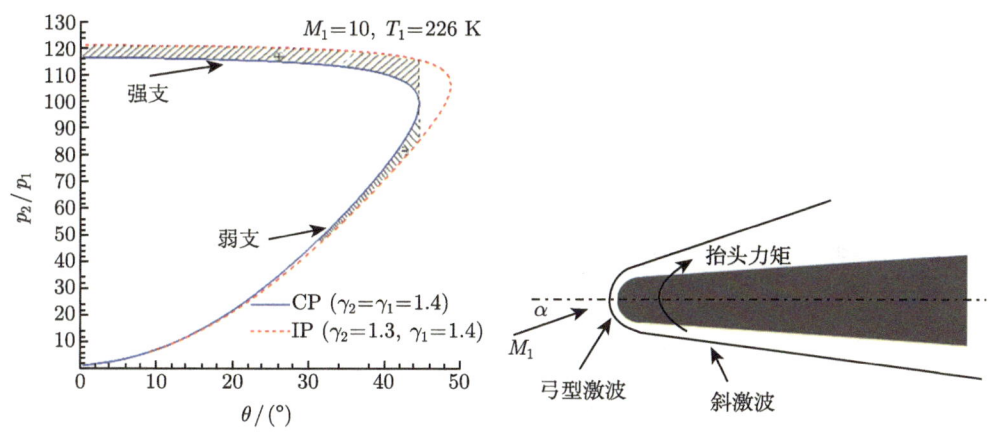

图 7.12　高超声速高温效应对飞行器气动力特性的影响——俯仰异常现象[4]

随着飞行器飞行速度及高度的不断提高，其面临的周围流动环境也发生改变，由简单的冻结流动发展至平衡流动、复杂的非平衡流动。由于高温真实气体效应的存在，气体的微观物理化学现象会通过热力学、激波动力学过程，对飞行器宏观气动力、热规律及周围流场的气动物理特性产生影响，此时经典的气体动力学理论已难以胜任。美国早期航天飞机进行试飞时，未考虑高温真实气体效应，导致配平攻角比理论设计高出一倍多；2003 年，美国"哥伦比亚号"航天飞机在返回地面时爆炸解体，事故原因是左侧机翼前端隔热层破损，正是由于高温真实气体效应，所以气动热的准确预测更为困难。

7.2.5　低密度效应

大气层密度随着高度的增加而减小，例如在海平面，大气密度为 $1.2\,\text{kg/m}^3$，而在 86 km 高度处，大气密度为 5.6×10^{-6} kg/m³。在大气层外缘，即 110 km 处，空气更为稀薄，平均分子自由程为 $\lambda = 0.3$ m，而在海平面处为 $\lambda = 0.6 \times 10^{-7}$ m，此处的空气不再适应连续介质假设，而属于稀薄气体范畴。具体说来，高度 92 km 以下，大气符合连续介质假设；92 km 以上，将逐渐进入滑移流动区、过渡流动区以及自由分子流动区。表征不同流动机制的无量纲参数为克努森数，$kn = \lambda/L$，L 为飞行器特征尺度。稀薄气体动力学已经发展为气体动力学的一个重要分支学科。

7.3 高超声速流动中的斜激波与膨胀波

在高超声速流动条件下，超声速流动中具有理论解的经典问题，例如斜激波和膨胀波，都可以进行简化。如图 7.13 给出的斜激波结构和主要参数，我们有斜激波关系式：

$$\frac{\rho_2}{\rho_1} = \frac{V_{1n}}{V_{2n}} = \frac{(\gamma+1) M_1^2 \sin^2 \beta}{(\gamma-1) M_1^2 \sin^2 \beta + 2} \tag{7.10a}$$

$$\frac{p_2}{p_1} = 1 + \frac{2\gamma}{\gamma+1} \left(M_1^2 \sin^2 \beta - 1 \right) \tag{7.10b}$$

$$C_p = \frac{p_2 - p_1}{\frac{1}{2}\rho V_1^2} = \frac{4}{\gamma+1} \left(\sin^2 \beta - \frac{1}{M_1^2} \right) \tag{7.10c}$$

$$\frac{T_2}{T_1} = \frac{\left(2\gamma M_1^2 \sin^2 \beta - \gamma + 1\right) \left[(\gamma-1) M_1^2 \sin^2 \beta + 2\right]}{(\gamma+1)^2 M_1^2 \sin^2 \beta} \tag{7.10d}$$

$$\tan \theta = \frac{2 \cot \beta \left(M_1^2 \sin^2 \beta - 1 \right)}{2 + (\gamma + \cos 2\beta) M_1^2} \tag{7.10e}$$

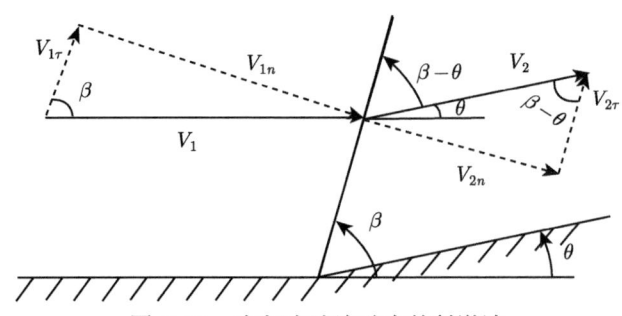

图 7.13 高超声速流动中的斜激波

在高超声速条件下，即 $M_1 \gg 1$，有

$$\frac{\rho_2}{\rho_1} \xrightarrow{M_1 \gg 1} \frac{\gamma+1}{\gamma-1} \tag{7.11a}$$

7.3 高超声速流动中的斜激波与膨胀波

$$\frac{p_2}{p_1} \xrightarrow{M_1 \gg 1} \frac{2\gamma M_1^2 \sin^2 \beta}{\gamma + 1} \tag{7.11b}$$

$$\frac{T_2}{T_1} \xrightarrow{M_1 \gg 1} \frac{2\gamma(\gamma-1)M_1^2 \sin^2 \beta}{(\gamma+1)^2} \tag{7.11c}$$

$$C_p \xrightarrow{M_1 \gg 1} \frac{4 \sin^2 \beta}{\gamma + 1} \tag{7.11d}$$

由式 (7.11a) ~ 式 (7.11d) 可以得到高超声速流动的马赫数无关原理,即斜激波密度比、压强系数与马赫数无关,而波后压强和温度则与马赫数有关。7.5 节将给出锥模型和球模型在弹道靶试验中获得的气动阻力系数 [5],可以看出其马赫数无关特性,即当马赫数较大时,其值基本不变。

对于高超声速细长体飞行器构型,即 $M_1 \gg 1, \theta \ll 1, \beta \ll 1$,关于气流偏转角和激波角我们有下列性质:$\tan\theta \to \theta, \tan\beta \to \beta, \sin\beta \to \beta, \cos 2\beta \to 1$。但是,$M_1 \beta$ 的量级不确定。因此式 (7.10e) 可以改写为

$$M_1^2 \beta^2 - 1 \approx \frac{\gamma+1}{2} M_1^2 \beta \theta \tag{7.12a}$$

由此得到

$$\frac{\beta}{\theta} \approx \frac{\gamma+1}{4} + \sqrt{\left(\frac{\gamma+1}{4}\right)^2 + \frac{1}{M_1^2 \theta^2}} \tag{7.12b}$$

式 (7.10b) 可以改写为

$$\frac{p_2}{p_1} = 1 + \frac{2\gamma}{\gamma+1}\left(M_1^2 \beta^2 - 1\right) \tag{7.13a}$$

将式 (7.12b) 代入式 (7.13a) 可以得到

$$\frac{p_2}{p_1} = 1 + \frac{\gamma(\gamma+1)}{4} M_1^2 \theta^2 + \gamma M_1 \theta \sqrt{\left(\frac{\gamma+1}{4}\right)^2 M_1^2 \theta^2 + 1} \tag{7.13b}$$

定义高超声速细长体的斜激波波后流动的相似参数 $M_1 \theta$,则斜激波波后压强可以表达为相似参数 $M_1 \theta$ 和 γ 的函数。根据式 (7.12a) 和式 (7.12b),式 (7.10c) 可改写为

$$\frac{C_p}{\theta^2} \approx \frac{4}{\gamma+1}\left(\frac{M_1^2 \beta^2 - 1}{M_1^2 \theta^2}\right) \approx \frac{2\beta}{\theta} \approx \frac{\gamma+1}{2} + \sqrt{\left(\frac{\gamma+1}{2}\right)^2 + \frac{4}{M_1^2 \theta^2}} \tag{7.13c}$$

即 $\frac{C_p}{\theta^2}$ 也可以表达为相似参数 $M_1 \theta$ 和 γ 的函数。通过简单推导,斜激波波后波前温度比,即式 (7.10d) 也可以表达为相似参数 $M_1 \theta$ 和 γ 的函数,只是形式更为复杂,此处不给出。

对于具有实际工程意义的高超声速细长体，θ 有限小，使得 $M_1\theta \gg 1$，此时，由式 (7.12b)、式 (7.13b)、式 (7.13c)、式 (7.11c) 以及小扰动解可以得到

$$\beta \approx \frac{\gamma+1}{2}\theta \tag{7.14a}$$

$$\frac{p_2}{p_1} \approx \frac{\gamma(\gamma+1)}{2}M_1^2\theta^2 \tag{7.14b}$$

$$C_p \approx (\gamma+1)\theta^2 \tag{7.14c}$$

$$\frac{T_2}{T_1} \approx \frac{\gamma(\gamma-1)M_1^2\theta^2}{2} \tag{7.14d}$$

$$\frac{\Delta V_x}{V_1} \to -\frac{\gamma+1}{2}\theta^2 \tag{7.14e}$$

$$\frac{\Delta V_y}{V_1} \to \theta \tag{7.14f}$$

对于高超声速细长体来说，由以上各式可以看出其流场参数具有强烈的非线性特征。

如图 7.14 所示膨胀波流场结构，对于膨胀波关系，

$$\theta = \sqrt{\frac{\gamma+1}{\gamma-1}}\left[\arctan\sqrt{\frac{\gamma-1}{\gamma+1}(M_1^2-1)} - \arctan\sqrt{\frac{\gamma-1}{\gamma+1}(M_2^2-1)}\right]$$
$$- \left[\arctan\sqrt{M_1^2-1} - \arctan\sqrt{M_2^2-1}\right]$$

当 $M_1 \gg 1$ 时有

$$\theta \approx \sqrt{\frac{\gamma+1}{\gamma-1}}\left[\arctan\sqrt{\frac{\gamma-1}{\gamma+1}}M_1 - \arctan\sqrt{\frac{\gamma-1}{\gamma+1}}M_2\right] - [\arctan M_1 - \arctan M_2]$$

因为 $\arctan M = \text{arc}\cot\left(\frac{1}{M}\right) = \frac{\pi}{2} - \arctan\left(\frac{1}{M}\right) \approx \frac{\pi}{2} - \frac{1}{M} + \cdots$，上式可以化简为 $\theta \approx \frac{2}{\gamma-1}\left(\frac{1}{M_1} - \frac{1}{M_2}\right)$，或者 $\frac{M_1}{M_2} \approx 1 - \frac{\gamma-1}{2}M_1\theta$，所以有

$$M_2\theta \approx \frac{M_1\theta}{1-\frac{\gamma-1}{2}M_1\theta} \tag{7.15a}$$

$$\frac{p_2}{p_1} = \left(\frac{1+\frac{\gamma-1}{2}M_1^2}{1+\frac{\gamma-1}{2}M_2^2}\right)^{\frac{\gamma}{\gamma-1}} \approx \left(\frac{M_1}{M_2}\right)^{\frac{2\gamma}{\gamma-1}} \approx \left(1-\frac{\gamma-1}{2}M_1\theta\right)^{\frac{2\gamma}{\gamma-1}} \tag{7.15b}$$

$$\frac{\rho_2}{\rho_1} = \left(\frac{1+\frac{\gamma-1}{2}M_1^2}{1+\frac{\gamma-1}{2}M_2^2}\right)^{\frac{1}{\gamma-1}} \approx \left(1-\frac{\gamma-1}{2}M_1\theta\right)^{\frac{2}{\gamma-1}} \quad (7.15c)$$

$$\frac{T_2}{T_1} = \frac{1+\frac{\gamma-1}{2}M_1^2}{1+\frac{\gamma-1}{2}M_2^2} \approx 1-\frac{\gamma-1}{2}M_1\theta \quad (7.15d)$$

$$\frac{C_p}{\theta^2} = \frac{p_2-p_1}{\frac{1}{2}\rho_1 V_1^2} \approx \frac{2}{\gamma}\frac{1}{(M_1\theta)^2}\left[\left(1-\frac{\gamma-1}{2}M_1\theta\right)^{\frac{2\gamma}{\gamma-1}}-1\right] \quad (7.15e)$$

即上述参数都可以表达为相似参数 $M_1\theta$ 和 γ 的函数。

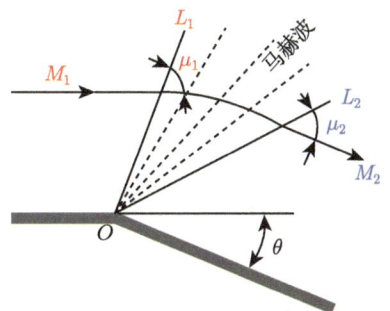

图 7.14　高超声速流动中的膨胀波

7.4　高超声速无黏流动的简化求解方法：局部物面倾角法

正如 7.3 节所述，超声速流动中的经典问题的理论解，在高超声速流动中可以进行简化，实际上，其他高超声速流动问题也可以进行简化求解。

7.4.1　牛顿方法

牛顿于 1687 年在《自然哲学的数学原理》中发表了其研究船阻的牛顿公式，即阻力正比于 $\sin^2\theta$。牛顿公式推导的流动图像假设是错误的，如图 1.1 所示，但在高超声速流动中成为经典的高效的简化计算公式。因此，在讲解气体动力学的时候，大家都要提一下牛顿公式，虽然那不是牛顿的本意。

如图 7.15 所示，高超声速薄激波层的流动非常贴近牛顿想象的流动，根据图示"牛顿流动"控制体和动量方程，我们有

$$N = (\rho_\infty V_\infty A \sin\theta)(V_\infty \sin\theta) = \rho_\infty V_\infty^2 A \sin^2\theta \quad (7.16a)$$

$$p - p_\infty = \frac{N}{A} = \rho_\infty V_\infty^2 \sin^2\theta \quad (7.16b)$$

$$C_p = \frac{p - p_\infty}{\frac{1}{2}\rho_\infty V_\infty^2} = 2\sin^2\theta \tag{7.16c}$$

式 (7.16c) 就是牛顿所谓的压强系数的正弦平方定律，或牛顿公式。牛顿公式在高超声流动简化分析中得到广泛应用，即所谓 "局部物面倾角法" (local surface inclination method)。应用式 (7.16c) 计算物面压强系数时，θ 为当地流动方向与物面切线的夹角，或当地流动偏转角。

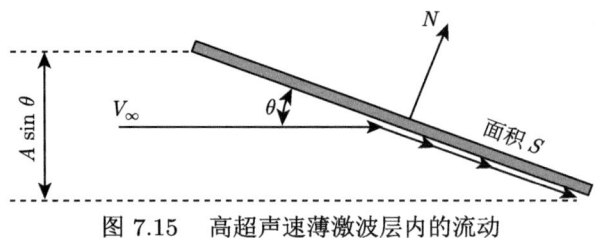

图 7.15 高超声速薄激波层内的流动

对高超声速有限长薄平板流动的受力分析 (不考虑黏性阻力)，如图 7.16 所示，显然有法向力系数

$$C_N = \frac{N}{\frac{1}{2}\rho_\infty V_\infty^2 S} = 2\sin^2\theta \tag{7.17a}$$

其中，S 为平板面积。升力系数和阻力系数分别为

$$C_L = C_N \cos\theta = 2\sin^2\theta\cos\theta \tag{7.17b}$$

$$C_D = C_N \sin\theta = 2\sin^3\theta \tag{7.17c}$$

升阻比 (lift-to-drag ratio) 则为

$$\frac{L}{D} = \frac{C_L}{C_D} = \cot\theta \tag{7.17d}$$

将式 (7.17b)、式 (7.17c) 及式 (7.17d) 绘制成图 7.17。需要注意的是，这是无黏假设条件下的气动力系数。随着攻角的减小，升阻比单调增加，直至 $\alpha \to 0$，$L/D \to \infty$。实际上当 $\alpha \to 0$ 时，黏性引起的摩擦阻力将是气动阻力的主要部分，它使得升阻比趋近 0，即 $L/D \to 0$。随着攻角增加，阻力系数是单调递增的，而升力系数在 $\alpha \approx 55°$ 时达到极值，此极值关系在实际工程中得到应用，例如，航天飞机再入大气层初期的攻角就在该角度附近，这样既可以保证较大的气动阻力使得航天飞机减速，又有足够的升力。另外，从图 7.17 可以看出，在小攻角范围内，升力系数与攻角的关系呈现强非线性，这与亚声速和一般超声速薄板的气动系数显著不同，后者呈现线性关系，例如，低速不可压流动薄翼的升力系数与攻角的关系为 $\mathrm{d}c_L/\mathrm{d}\alpha = 2\pi$。以上现象间接验证了高超声速流动的强非线性特征。

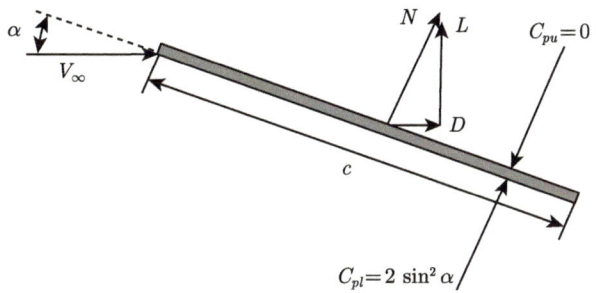

图 7.16 高超声速有限长薄平板流动的气动力 (α 为攻角)

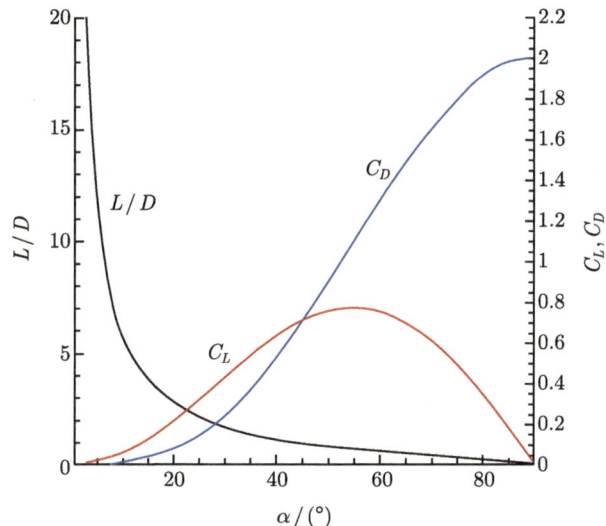

图 7.17 高超声速有限长薄平板流动的气动力系数

对于无限长圆柱，如图 7.18 所示，应用牛顿方法可以得到其阻力系数 (不计摩阻) 为

$$C_{D\text{-cylinder}} = \frac{D}{q_\infty S} = \int_0^\pi \sin^3\theta \mathrm{d}\theta = \int_0^\pi (\cos^2\theta - 1)\mathrm{d}(\cos\theta) = \frac{4}{3} \tag{7.18}$$

其中参考面积 S 为 $2R$。对于圆球模型，应用牛顿方法得到的不计摩阻的阻力系数为

$$C_{D\text{-sphere}} = \frac{D}{q_\infty S} = 1 \tag{7.19}$$

其中参考面积 S 为 πR^2。

上述气动性能的关系式没有显式出现马赫数 (当然要保证是高超声速流动)，这是高超声速流动马赫数无关原理的体现。

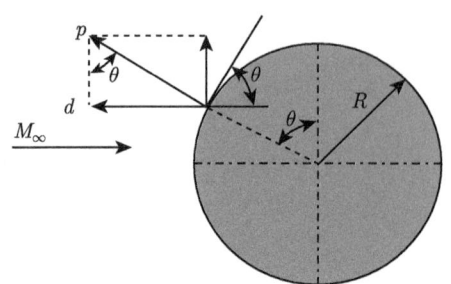

图 7.18　无限长圆柱高超声速流动的气动力

后来，人们对牛顿方法进行改进，正弦函数前的常数修正为正激波波后皮托压力系数，即

$$C_p = C_{p\max}\sin^2\theta \tag{7.20a}$$

其中，$C_{p\max} = \dfrac{p_{02} - p_\infty}{\dfrac{1}{2}\rho_\infty V_\infty^2}$，$p_{02}$ 为相同来流马赫数条件下的正激波波后皮托压力，由瑞利皮托管关系给出：

$$\frac{p_{02}}{p_\infty} = \frac{p_{02}}{p_2}\frac{p_2}{p_\infty} = \left(1 + \frac{\gamma-1}{2}M_2^2\right)^{\gamma/(\gamma-1)}\frac{p_2}{p_\infty}$$

$$= \left[\frac{(\gamma+1)^2 M_\infty^2}{4\gamma M_\infty^2 - 2(\gamma-1)}\right]^{\gamma/(\gamma-1)}\left(\frac{2\gamma}{\gamma+1}M_\infty^2 - \frac{\gamma-1}{\gamma+1}\right) \tag{7.20b}$$

由于 $\dfrac{1}{2}\rho_\infty V_\infty^2 = \dfrac{1}{2}p_\infty M_\infty^2$，因此有

$$C_{p\max} = \frac{2}{\gamma M_\infty^2}\left\{\left[\frac{(\gamma+1)^2 M_\infty^2}{4\gamma M_\infty^2 - 2(\gamma-1)}\right]^{\gamma/(\gamma-1)}\left(\frac{2\gamma}{\gamma+1}M_\infty^2 - \frac{\gamma-1}{\gamma+1}\right) - 1\right\} \tag{7.20c}$$

以上方法由 Lees 给出，成为 Lees 修正牛顿方法 [6]。上式的推导过程中应用了正激波关系式 (4.46d)。显然改进版的牛顿方法引入了马赫数，这不符合马赫数无关原理，但相比牛顿方法更为准确。从式 (7.20c) 出发，当高温高超声速流动时，即 $M_\infty \gg 1, \gamma \to 1$，该式可以得到 $C_{p\max} = 2$，代入式 (7.20a) 可以得到与牛顿方法相同的公式。也就是说牛顿方法是修正牛顿方法在高温高超声速极限条件下的近似，图 7.19 给出了上述近似关系，高马赫数流动条件下的高温气体效应使得气体比热比变小，因此，气流马赫数越高，牛顿近似方法越准确，图 7.20 则给出了某外形在 $\gamma = 1.4, M_\infty = 8$ 气流中，分别应用牛顿方法和修正牛顿方法计算的壁面压力系数分布。

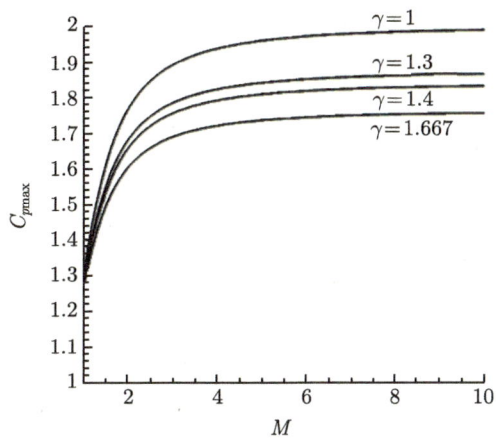

图 7.19 高超声速驻点压力系数

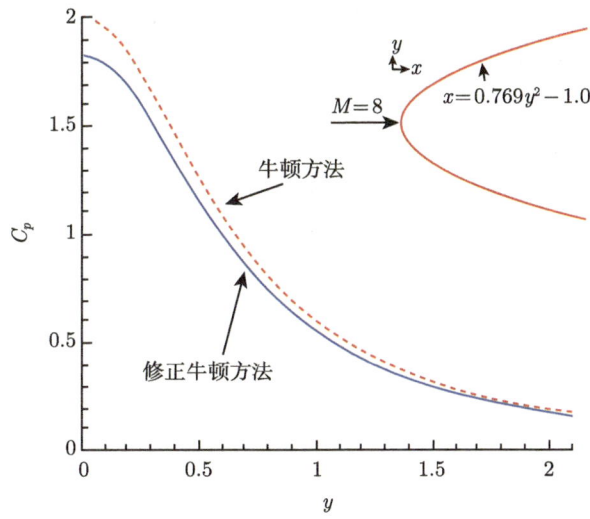

图 7.20 高超声速模型压力系数分布 ($M_\infty = 8$)

当牛顿方法应用到曲面物体时，还存在另一个问题，即离心力的影响，$\frac{\partial p}{\partial n} = \frac{\rho V^2}{R}$，单位体积流体的离心力与压强梯度相互平衡。考虑离心力对物面压强的影响，对轴对称物体表面某点有

$$C_p = 2\sin^2\theta + 2\frac{\mathrm{d}\theta}{\mathrm{d}y}\frac{\sin\theta}{y}\int_0^y y\cos\theta \mathrm{d}y \tag{7.21}$$

其中，θ, y 为该点的当地流动偏转角以及坐标。该方法是由布斯曼 (Busemann)[7] 推导得到的，因此上述方法又称为 Busemann-Newton 理论。

上述三种方法中，通常情况下 Lees 修正牛顿方法最为准确，特别是对于钝体物面。回忆高超声速斜激波简化压强系数计算式 (7.11d)，我们有

$$C_p \xrightarrow{M_\infty \gg 1} \frac{4}{\gamma+1} \sin^2 \beta \xrightarrow{\gamma \to 1, \beta \to \theta} 2\sin^2\theta$$

可以看出，牛顿公式就是高温高超声速 ($M_\infty \gg 1, \gamma \to 1$) 条件下的近似。由式 (7.11a) 得到

$$\frac{\rho_2}{\rho_1} \xrightarrow{M_\infty \gg 1} \frac{\gamma+1}{\gamma-1} \xrightarrow{\gamma \to 1} \infty$$

上式表明，高温高超声速极限条件下，斜激波波后密度无穷大，也就是说气流可以极限贴近物面，激波角极限接近气流转角，由式 (7.14a) 得

$$\beta \approx \frac{\gamma+1}{2}\theta \xrightarrow{\gamma \to 1} \theta$$

图 7.21 给出了半顶角为 15° 的楔和锥面压强的理论解与牛顿方法的对比，可以看出，来流马赫数越大，牛顿方法与理论解越接近。在马赫数相对较低时，偏差非常大，不适合应用牛顿法。另外，相比于楔面，锥体的理论解与牛顿方法更接近，这是因为锥体流动具有三维特性，其诱导斜激波角更小，或者说薄激波更贴近物面，流动结构更接近牛顿流，因此更有利于应用牛顿方法。

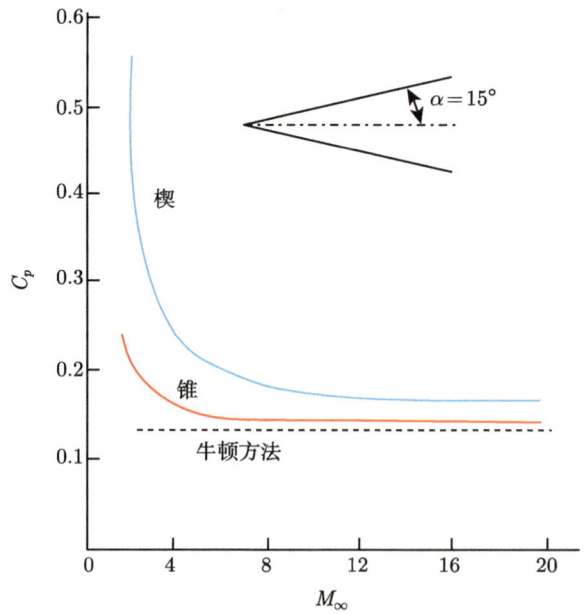

图 7.21　牛顿方法、楔与锥面压强系数对比 [3]

7.4.2 切楔法与切锥法

牛顿法属于高超声速无黏近似求解方法——局部物面倾角法的一种,另外,切楔法和切锥法也属于局部物面倾角法,也是常用的高超声速流动近似求解方法,特别是在高超声速飞行器的初期设计阶段。

针对尖头二维模型,如图 7.22 所示,模型表面在任意点的局部倾角都小于来流马赫数 M_∞ 所决定的最大气流偏转角 $\theta_{\max}$,不会出现激波脱体的情形。物面上某一点 i,该处当地物面倾角为 θ_i,那么如何应用近似方法计算该点处的气流压强 p_i?在该点处作物面切线,即图中的虚线,该切线与来流方向的夹角是 θ_i,可以把该切线假想成置于相同来流中的半锥角为 θ_i 的等效楔面。切楔近似方法假定物面 i 点的壁面压力 p_i 等价于等效楔面的壁面压力,即等效楔面引起的斜激波的波后压力,可由斜激波的准确解来计算,$p_i = f(M_\infty, \theta_i)$。

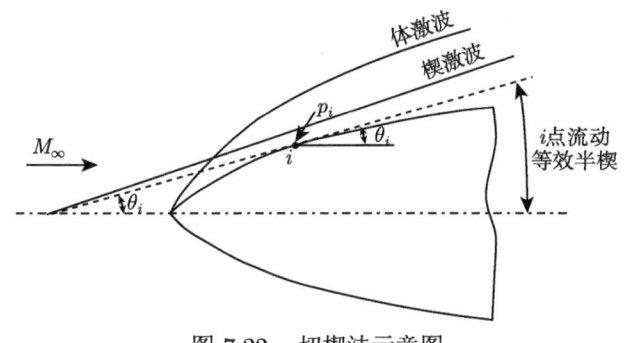

图 7.22 切楔法示意图

针对如图 7.23 所示的回转体模型,与切楔法类似,切锥法在其物面点 i 处作一相切于模型表面的切线,该切线与来流方向夹角为 θ_i,即模型表面当地的物面倾角。根据切锥近似方法,模型点 i 处的压强 p_i 等价于半锥角为 θ_i 的等效锥在点 i 处的锥面压强。这里需要强调一下,圆锥流动的壁面压强不仅与参数 (M_∞, θ_i) 相关,还与具体的位置参数 x_i 有关,需要根据圆锥超声速流动方法来计算。

切楔法和切锥法都是近似方法,虽然它们也可以给出工程上可以接受的近似结果,但是该方法没有确切的理论依据。

上述高超声速流动的简化求解方法都属于当地物面倾角法,没有哪种方法对于任何具体的应用问题都具有最佳近似,其各有优劣。对于细长体,模型各点物面倾角都小于来流马赫数所决定的最大气流偏转角,此时应用切楔法或者切锥法可以得到比较理想的简化解;如果模型钝度较大,超过了最大气流偏转角,那么牛顿方法或者 Lees 修正牛顿方法更为理想。

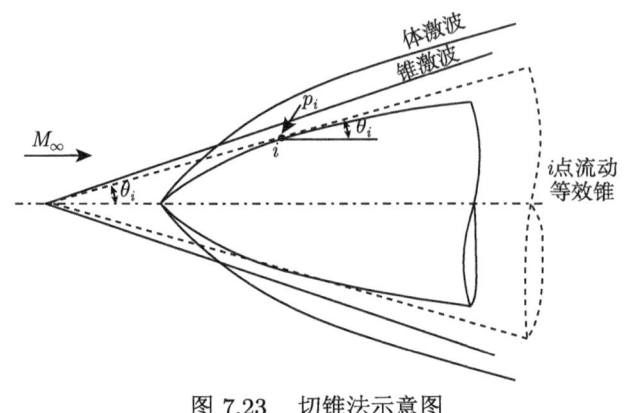

图 7.23　切锥法示意图

7.5　高超声速无黏流动的近似求解方法

7.4 节关于高超声速无黏流动的简化求解——局部物面倾角法，所得到的物面压强只与当地的物面几何特性有关，这种简化显然无法反映整体流场特征以及与整体流场相关的气体动力学参数。本节将关注高超声速无黏流动具体问题的整体流场，需要的求解方法基于流体力学控制方程，并结合一定近似或者假设，因此是一种近似理论方法。此处所谓"近似"，是相对于那些应用电子计算机数值求解完整特征线方程或流体力学控制方程组的准确求解方法而言的。

7.5.1　高超声速无黏流动控制方程

对于无黏绝热 (等熵) 流动，在笛卡儿坐标系下的控制方程组，即欧拉方程组，包括质量守恒方程、动量方程和能量方程 (变形为等熵方程)

$$\frac{\partial \rho}{\partial t} + \frac{\partial (\rho u)}{\partial x} + \frac{\partial (\rho v)}{\partial y} + \frac{\partial (\rho w)}{\partial z} = 0 \tag{7.22}$$

$$\rho \frac{\partial u}{\partial t} + \rho u \frac{\partial u}{\partial x} + \rho v \frac{\partial u}{\partial y} + \rho w \frac{\partial u}{\partial z} + \frac{\partial p}{\partial x} = 0 \tag{7.23a}$$

$$\rho \frac{\partial v}{\partial t} + \rho u \frac{\partial v}{\partial x} + \rho v \frac{\partial v}{\partial y} + \rho w \frac{\partial v}{\partial z} + \frac{\partial p}{\partial y} = 0 \tag{7.23b}$$

$$\rho \frac{\partial w}{\partial t} + \rho u \frac{\partial w}{\partial x} + \rho v \frac{\partial w}{\partial y} + \rho w \frac{\partial w}{\partial z} + \frac{\partial p}{\partial z} = 0 \tag{7.23c}$$

$$\frac{\partial s}{\partial t} + u \frac{\partial s}{\partial x} + v \frac{\partial s}{\partial y} + w \frac{\partial s}{\partial z} = 0 \tag{7.24}$$

式中各参数意义如下：ρ 为密度；p 为压强；s 为熵；u, v, w 分别为三个方向的速度分量。上述欧拉方程组没有考虑体积力，能量方程也以等熵控制方程代替，即

7.5 高超声速无黏流动的近似求解方法

无黏绝热流动沿流线是等熵的。对于量热完全气体绝热流动,沿流线满足等熵条件,那么由等熵关系可以得到组合参数 p/ρ^γ 沿流线也将保持不变,那么等熵方程 (7.24) 可以改写为

$$\frac{\partial}{\partial t}\left(\frac{p}{\rho^\gamma}\right) + u\frac{\partial}{\partial x}\left(\frac{p}{\rho^\gamma}\right) + v\frac{\partial}{\partial y}\left(\frac{p}{\rho^\gamma}\right) + w\frac{\partial}{\partial z}\left(\frac{p}{\rho^\gamma}\right) = 0 \tag{7.24a}$$

针对具体问题,求解上述欧拉方程组,需要合适的初始条件和边界条件。

7.5.2 马赫数无关原理

7.4 节通过牛顿方法计算高超声速无黏流动物面压力系数 C_p 的公式 (7.16c) 中没有包含来流马赫数 M_∞,这表明 C_p 具有马赫数无关特性。实际上,观察图 7.21 给出的半楔 (锥) 角 15° 楔 (锥) 面压强系数,当来流马赫数较大时,两条曲线分别趋近于恒定值,也显示出马赫数无关特性。实际上,在高超声速流动中,升力系数、波阻系数、激波形状等参数也表现出马赫数无关特性。下文将从欧拉方程组出发,讨论高超声速无黏绝热流动的马赫数无关原理。

首先定义以下无量纲参数,以对欧拉方程组式 (7.22) ~ 式 (7.24) 进行无量纲化处理:

$$\begin{aligned}
\bar{x} &= \frac{x}{l}, \quad \bar{y} = \frac{y}{l}, \quad \bar{z} = \frac{z}{l} \\
\bar{u} &= \frac{u}{V_\infty}, \quad \bar{v} = \frac{v}{V_\infty}, \quad \bar{w} = \frac{w}{V_\infty} \\
\bar{p} &= \frac{p}{\rho_\infty V_\infty^2}, \quad \bar{\rho} = \frac{\rho}{\rho_\infty}
\end{aligned} \tag{7.25}$$

其中,l 为高超声速无黏流动问题的特征尺度,各个带下标 "∞" 的参数为相应的来流参数。假定无定常流动问题,那么欧拉方程组式 (7.22) ~ 式 (7.24) 可改写为

$$\frac{\partial(\bar{\rho}\bar{u})}{\partial \bar{x}} + \frac{\partial(\bar{\rho}\bar{v})}{\partial \bar{y}} + \frac{\partial(\bar{\rho}\bar{w})}{\partial \bar{z}} = 0 \tag{7.26}$$

$$\bar{\rho}\bar{u}\frac{\partial \bar{u}}{\partial \bar{x}} + \bar{\rho}\bar{v}\frac{\partial \bar{u}}{\partial \bar{y}} + \bar{\rho}\bar{w}\frac{\partial \bar{u}}{\partial \bar{z}} + \frac{\partial \bar{p}}{\partial \bar{x}} = 0 \tag{7.27a}$$

$$\bar{\rho}\bar{u}\frac{\partial \bar{v}}{\partial \bar{x}} + \bar{\rho}\bar{v}\frac{\partial \bar{v}}{\partial \bar{y}} + \bar{\rho}\bar{w}\frac{\partial \bar{v}}{\partial \bar{z}} + \frac{\partial \bar{p}}{\partial \bar{y}} = 0 \tag{7.27b}$$

$$\bar{\rho}\bar{u}\frac{\partial \bar{w}}{\partial \bar{x}} + \bar{\rho}\bar{v}\frac{\partial \bar{w}}{\partial \bar{y}} + \bar{\rho}\bar{w}\frac{\partial \bar{w}}{\partial \bar{z}} + \frac{\partial \bar{p}}{\partial \bar{z}} = 0 \tag{7.27c}$$

$$\bar{u}\frac{\partial}{\partial \bar{x}}\left(\frac{\bar{p}}{\bar{\rho}^\gamma}\right) + \bar{v}\frac{\partial}{\partial \bar{y}}\left(\frac{\bar{p}}{\bar{\rho}^\gamma}\right) + \bar{w}\frac{\partial}{\partial \bar{z}}\left(\frac{\bar{p}}{\bar{\rho}^\gamma}\right) = 0 \tag{7.28}$$

针对具体问题求解上述方程组，需要特定的边界条件。对于定常无黏流动的物面边界条件即滑移边界条件，壁面处气流速度与壁面相切，即

$$\boldsymbol{V} \cdot \boldsymbol{n} = 0 \tag{7.29}$$

边界条件也须无量纲化，即

$$\bar{u}n_x + \bar{v}n_y + \bar{w}n_z = 0 \tag{7.30}$$

式中，$\boldsymbol{n}$ 为壁面单位法向矢量；n_x, n_y, n_z 为单位法向矢量的三个方向上的分量。

对于高超声速流动问题，需要求解的流动落在有体激波与物面包围的区域，体激波波后参数即可定义为流动的外边界，其流场参数可以由激波关系给出，即

$$\frac{\rho_2}{\rho_\infty} = \frac{(\gamma+1) M_\infty^2 \sin^2\beta}{2 + (\gamma-1) M_\infty^2 \sin^2\beta} \tag{7.31}$$

$$\frac{p_2}{p_\infty} = 1 + \frac{2\gamma}{\gamma+1} \left(M_\infty^2 \sin^2\beta - 1\right) \tag{7.32}$$

$$\frac{u_2}{V_\infty} = 1 - \frac{2\left(M_\infty^2 \sin^2\beta - 1\right)}{(\gamma+1) M_\infty^2} \tag{7.33}$$

$$\frac{v_2}{V_\infty} = \frac{2\left(M_\infty^2 \sin^2\beta - 1\right)\cot\beta}{(\gamma+1) M_\infty^2} \tag{7.34}$$

式中，u_2 和 v_2 分别是激波波后速度在波阵面法向和切向的分量。考虑应用式 (7.25) 所给出的无量纲化参考量，因为 $\frac{p_2}{p_\infty} = \frac{\bar{p}_2 (\rho_\infty V_\infty^2)}{p_\infty} = \frac{\gamma \bar{p}_2 V_\infty^2}{\gamma p_\infty/\rho_\infty} = \frac{\gamma \bar{p}_2 V_\infty^2}{c_\infty^2} = \gamma M_\infty^2 \bar{p}_2$，所以以上式 (7.31) ~ 式 (7.34) 的无量纲形式可写为

$$\bar{\rho}_2 = \frac{(\gamma+1) M_\infty^2 \sin^2\beta}{2 + (\gamma-1) M_\infty^2 \sin^2\beta} \tag{7.35}$$

$$\bar{p}_2 = \frac{1}{\gamma M_\infty^2} + \frac{2}{\gamma+1}\left(\sin^2\beta - \frac{1}{M_\infty^2}\right) \tag{7.36}$$

$$\bar{u}_2 = 1 - \frac{2\left(M_\infty^2 \sin^2\beta - 1\right)}{(\gamma+1) M_\infty^2} \tag{7.37}$$

$$\bar{v}_2 = \frac{2\left(M_\infty^2 \sin^2\beta - 1\right)\cot\beta}{(\gamma+1) M_\infty^2} \tag{7.38}$$

当 $M_\infty \gg 1$ 时，式 (7.35) ~ 式 (7.38) 可以近似简化为

$$\bar{\rho}_2 \to \frac{\gamma+1}{\gamma-1} \tag{7.39}$$

$$\bar{p}_2 \to \frac{2\sin^2\beta}{\gamma+1} \quad (7.40)$$

$$\bar{u}_2 = 1 - \frac{2\sin^2\beta}{\gamma+1} \quad (7.41)$$

$$\bar{v}_2 = \frac{\sin(2\beta)}{\gamma+1} \quad (7.42)$$

对于一般高超声速流动问题，其控制方程组为式 (7.26) ~ 式 (7.28)，边界条件为式 (7.30) 以及式 (7.35) ~ 式 (7.38)，来流马赫数 M_∞ 仅出现在激波处的边界条件式 (7.35) ~ 式 (7.38) 中；对于 $M_\infty \gg 1$ 的高超声速流动问题，其流动控制方程组仍然是式 (7.26) ~ 式 (7.28)，但激波处的边界条件变为式 (7.39) ~ 式 (7.42)，显然，来流马赫数 M_∞ 在该问题的控制方程中不出现，在边界条件中也不复存在，即对于 $M_\infty \gg 1$ 的高超声速流动问题而言，在控制方程组式 (7.26) ~ 式 (7.28) 内的无量纲参数及其衍生的组合参数都将与马赫数无关。因此，由物面压强 $\bar{p}$ 积分得到的压力系数 C_p、升力系数 C_L、波阻系数 C_{DW} 都与马赫数无关。如图 7.24 所示，对于大角度锥柱模型以及球模型，由弹道靶试验测量得到的阻力系数 C_D 在高马赫数范围呈现出明显的马赫数无关特性，特别是球模型，相较于锥柱模型更早达到马赫数无关。需要注意的是，以上具有马赫数无关特性的参数是无量纲参数，对于有量纲参数，比如说温度和压强等参数，如式 (7.32) 所示，显然是马赫数相关的。

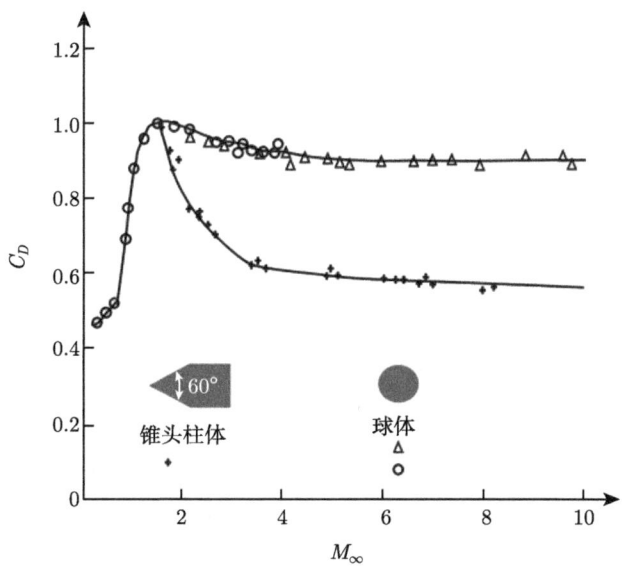

图 7.24 高超声速流动马赫数无关原理 (弹道靶试验) [5]

7.5.3 高超声速小扰动方程

欧拉方法组式 (7.22) ~ 式 (7.24) 适用于任意外形的无黏等熵流动，对于高超声速飞行器常见的细长体外形 (定义细长比 $\frac{d}{l} = \tau \ll 1$)，其控制方程可以进行简化，即高超声速小扰动方程组。在小扰动方程组中的自变量速度将应用扰动速度，即流场速度相对于来流速度的变化量，如图 7.25 所示，流场速度 $\boldsymbol{V}$ 的流向和横向分量可以分别表示为 $u = V_\infty + u'$, $v = v'$，其中 u', v' 为扰动速度，且 $u' \ll V_\infty$, $v' \ll V_\infty$。

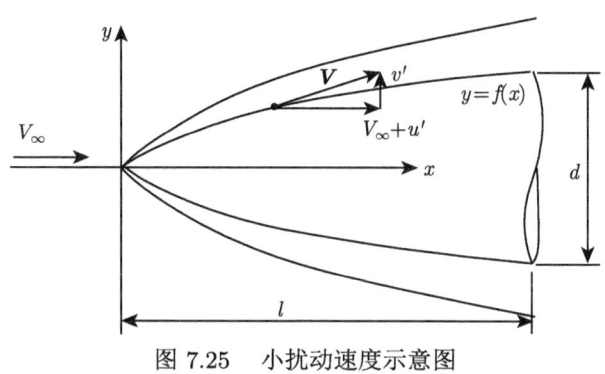

图 7.25 小扰动速度示意图

对于外形函数为 $y = f(x)$ 的细长体，其物面无穿透边界条件表示为

$$\frac{v'}{V_\infty + u'} = \frac{\mathrm{d}y}{\mathrm{d}x} \tag{7.43}$$

因为 $u' \ll V_\infty$，且 $\frac{\mathrm{d}y}{\mathrm{d}x} = \mathrm{O}\left(\frac{d}{l}\right) = \mathrm{O}(\tau)$，式 (7.43) 可以改写为

$$\frac{v'}{V_\infty} = \frac{\mathrm{d}y}{\mathrm{d}x} = \mathrm{O}[\tau] \tag{7.44}$$

引入来流声速 c_∞ 得

$$\frac{v'}{c_\infty} = \frac{V_\infty}{c_\infty}[\tau] = \mathrm{O}[\tau M_\infty] \tag{7.45}$$

式 (7.43) 表明，虽然速度扰动量相比于来流速度 V_∞ 来讲是小量，但是相对于来流声速 c_∞ 来讲并不一定是小量，它的量级取决于组合参数 τM_∞，即模型细长比与来流马赫数的乘积。

将 $u = V_\infty + u'$, $v = v'$ 代入无黏等熵流动欧拉方程组式 (7.22)、式 (7.23a)、式 (7.23b)、式 (7.24a)，仅考虑定常二维流动情形，则有

$$\frac{\partial[\rho(V_\infty + u')]}{\partial x} + \frac{\partial(\rho v')}{\partial y} = 0 \tag{7.46}$$

7.5 高超声速无黏流动的近似求解方法

$$\rho(V_\infty + u')\frac{\partial(V_\infty + u')}{\partial x} + \rho v'\frac{\partial(V_\infty + u')}{\partial y} + \frac{\partial p}{\partial x} = 0 \quad (7.47\text{a})$$

$$\rho(V_\infty + u')\frac{\partial v'}{\partial x} + \rho v\frac{\partial v'}{\partial y} + \frac{\partial p}{\partial y} = 0 \quad (7.47\text{b})$$

$$(V_\infty + u')\frac{\partial}{\partial x}\left(\frac{p}{\rho^\gamma}\right) + v'\frac{\partial}{\partial y}\left(\frac{p}{\rho^\gamma}\right) = 0 \quad (7.48)$$

对于高超声速细长体流动 $M_\infty \gg 1$，$\dfrac{d}{l} = \tau \ll 1$，体激波极限靠近物面，因此，激波角趋近于物面角，即 $\beta \to \theta$，且皆为小量，所以有 $\sin\beta \to \sin\theta \to \theta \to \tau$。体激波波后压强关系 (7.32) 可以改写为

$$\frac{p_2}{p_\infty} \to \frac{2\gamma}{\gamma+1}M_\infty^2 \sin^2\beta \to \mathrm{O}\left[M_\infty^2 \tau^2\right] \quad (7.49)$$

式 (7.49) 表明，高超声速细长体的激波波后-波前压强比的量级是 $M_\infty^2\tau^2$，鉴于此，这类流动波后压强无量纲化的参考量通常选取 $\gamma M_\infty^2 \tau^2 p_\infty$，即

$$\bar{p} = p/\left[\gamma M_\infty^2 \tau^2 p_\infty\right] \quad (7.50)$$

如此，无量纲化流场压强的量级为 $\mathrm{O}[1]$。由式 (7.31) 和式 (7.39)，ρ_∞ 作为流场密度的无量纲化参考量是合理的：

$$\bar{\rho} = \rho/\rho_\infty \quad (7.51)$$

由式 (7.33) 和式 (7.37) 得

$$\frac{\Delta u}{V_\infty} = \frac{V_\infty - u}{V_\infty} \to \frac{2\sin^2\beta}{\gamma+1} \to \mathrm{O}\left[\tau^2\right] \quad (7.52)$$

因此，小扰动速度分量 u' 无量纲化参考量可以选取 $\tau^2 V_\infty$，即

$$\bar{u}' = u'/\left[\tau^2 V_\infty\right] \quad (7.53)$$

由式 (7.34) 和式 (7.42) 得

$$\frac{\Delta v}{V_\infty} = \frac{v_2}{V_\infty} \to \frac{\sin(2\beta)}{\gamma+1} \to \mathrm{O}[\tau] \quad (7.54)$$

小扰动速度分量 v' 无量纲化参考量可以选取 τV_∞，即

$$\bar{v}' = v'/[\tau V_\infty] \quad (7.55)$$

对比式 (7.53) 和式 (7.55) 可知，在高超声速细长体流动中，流向扰动速度分量 u' 相比横向 v' 而言，是更高阶的小量，因为 $\tau \ll 1$，也就是说，高超声速细长体流动的主控因素是横向的速度变化，而不是流向的速度变化。

综上所述，高超声速细长体流动主要参数无量纲化如下：

$$\begin{aligned}&\bar{x} = x/l, \quad \bar{y} = y/[\tau l] \\ &\bar{u}' = u'/[\tau^2 V_\infty], \quad \bar{v}' = v'/[\tau V_\infty] \\ &\bar{p} = p/[\gamma M_\infty^2 \tau^2 p_\infty], \quad \bar{\rho} = \rho/\rho_\infty\end{aligned} \quad (7.56)$$

如果考虑三维流动，那么 z 方向相关参数的处理与 y 向相同。注意，此处的无量纲化方法与式 (7.35) ~ 式 (7.38) 不同。

将上述无量纲化参数代入式 (7.46) ~ 式 (7.48) 得

$$\frac{\partial}{\partial \bar{x}}\left[\bar{\rho}\left(\frac{1}{\tau^2} + \bar{u}'\right)\right]\left[\frac{\rho_\infty V_\infty \tau^2}{l}\right] + \frac{\partial(\bar{\rho}\bar{v}')}{\partial \bar{y}}\left[\frac{\rho_\infty V_\infty \tau}{l\tau}\right] = 0 \quad (7.57)$$

$$\bar{\rho}\left[\left(\frac{1}{\tau^2} + \bar{u}'\right)\right]\frac{\partial}{\partial \bar{x}}\left(\frac{1}{\tau^2} + \bar{u}'\right)\left[\frac{\rho_\infty V_\infty^2 \tau^4}{l}\right] + \bar{\rho}\bar{v}'\frac{\partial}{\partial \bar{y}}\left(\frac{1}{\tau^2} + \bar{u}'\right)\left[\frac{\rho_\infty V_\infty^2 \tau^3}{l\tau}\right]$$
$$+ \frac{\partial \bar{p}}{\partial \bar{x}}\left[\frac{\gamma M_\infty^2 \tau^2 p_\infty}{l}\right] = 0 \quad (7.58a)$$

$$\bar{\rho}\left(\frac{1}{\tau^2} + \bar{u}'\right)\frac{\partial \bar{v}'}{\partial \bar{x}}\left[\frac{\rho_\infty V_\infty^2 \tau^3}{l}\right] + \bar{\rho}\bar{v}'\frac{\partial \bar{v}'}{\partial \bar{y}}\left[\frac{\rho_\infty V_\infty^2 \tau^2}{l\tau}\right] + \frac{\partial \bar{p}}{\partial \bar{y}}\left[\frac{\gamma M_\infty^2 \tau^2 p_\infty}{l\tau}\right] = 0 \quad (7.58b)$$

$$\left(\frac{1}{\tau^2} + \bar{u}'\right)\frac{\partial}{\partial \bar{x}}\left(\frac{\bar{p}}{\bar{\rho}^\gamma}\right)\left[\frac{V_\infty^2 \tau^4 \gamma M_\infty^2 p_\infty}{l\rho_\infty^\gamma}\right] + \bar{v}'\frac{\partial}{\partial \bar{y}}\left(\frac{\bar{p}}{\bar{\rho}^\gamma}\right)\left[\frac{V_\infty^2 \tau^3 \gamma M_\infty^2 p_\infty}{l\tau\rho_\infty^\gamma}\right] = 0 \quad (7.59)$$

由式 (7.57) 化简得到

$$\frac{\partial}{\partial \bar{x}}\left[\bar{\rho}\left(1 + \tau^2 \bar{u}'\right)\right] + \frac{\partial(\bar{\rho}\bar{v}')}{\partial \bar{y}} = 0 \quad (7.60)$$

因为 $\rho_\infty V_\infty^2 = \rho_\infty M_\infty^2 c_\infty^2 = \rho_\infty M_\infty^2 \gamma \frac{p_\infty}{\rho_\infty} = \gamma M_\infty^2 p_\infty$，$\frac{\partial}{\partial \bar{x}}\left(\frac{1}{\tau^2}\right) = \frac{\partial}{\partial \bar{y}}\left(\frac{1}{\tau^2}\right) = 0$，所以式 (7.58a) 和式 (7.58b) 进一步化简为

$$\bar{\rho}\left[(1 + \tau^2 \bar{u}')\right]\frac{\partial}{\partial \bar{x}}(\bar{u}') + \bar{\rho}\bar{v}'\frac{\partial}{\partial \bar{y}}(\bar{u}') + \frac{\partial \bar{p}}{\partial \bar{x}} = 0 \quad (7.61a)$$

$$\bar{\rho}\left(1+\tau^2\bar{u}'\right)\frac{\partial \bar{v}'}{\partial \bar{x}} + \bar{\rho}\bar{v}'\frac{\partial \bar{v}'}{\partial \bar{y}} + \frac{\partial \bar{p}}{\partial \bar{y}} = 0 \tag{7.61b}$$

$$\left(1+\tau^2\bar{u}'\right)\frac{\partial}{\partial \bar{x}}\left(\frac{\bar{p}}{\bar{\rho}^\gamma}\right) + \bar{v}'\frac{\partial}{\partial \bar{y}}\left(\frac{\bar{p}}{\bar{\rho}^\gamma}\right) = 0 \tag{7.62}$$

在以上各式中，各参数无量纲化的目的是使其量级为 O[1]，但是 $\tau^2 \ll 1$，所以式 (7.60) ～ 式 (7.62) 中的高阶小量 $\tau^2\bar{u}'$ 可以直接略掉，并补上 z 方向部分，它与 y 向相关项是对称的：

$$\frac{\partial \bar{\rho}}{\partial \bar{x}} + \frac{\partial (\bar{\rho}\bar{v}')}{\partial \bar{y}} + \frac{\partial (\bar{\rho}\bar{w}')}{\partial \bar{z}} = 0 \tag{7.63}$$

$$\bar{\rho}\frac{\partial}{\partial \bar{x}}(\bar{u}') + \bar{\rho}\bar{v}'\frac{\partial}{\partial \bar{y}}(\bar{u}') + \bar{\rho}\bar{w}'\frac{\partial}{\partial \bar{z}}(\bar{w}') + \frac{\partial \bar{p}}{\partial \bar{x}} = 0 \tag{7.64a}$$

$$\bar{\rho}\frac{\partial \bar{v}'}{\partial \bar{x}} + \bar{\rho}\bar{v}'\frac{\partial \bar{v}'}{\partial \bar{y}} + \bar{\rho}\bar{w}'\frac{\partial \bar{v}'}{\partial \bar{z}} + \frac{\partial \bar{p}}{\partial \bar{y}} = 0 \tag{7.64b}$$

$$\bar{\rho}\frac{\partial \bar{w}'}{\partial \bar{x}} + \bar{\rho}\bar{v}'\frac{\partial \bar{w}'}{\partial \bar{y}} + \bar{\rho}\bar{w}'\frac{\partial \bar{w}'}{\partial \bar{z}} + \frac{\partial \bar{p}}{\partial \bar{z}} = 0 \tag{7.64c}$$

$$\frac{\partial}{\partial \bar{x}}\left(\frac{\bar{p}}{\bar{\rho}^\gamma}\right) + \bar{v}'\frac{\partial}{\partial \bar{y}}\left(\frac{\bar{p}}{\bar{\rho}^\gamma}\right) + \bar{w}'\frac{\partial}{\partial \bar{z}}\left(\frac{\bar{p}}{\bar{\rho}^\gamma}\right) = 0 \tag{7.65}$$

式 (7.63) ～ 式 (7.65) 就是高超声速细长体流动小扰动方程，以上各式可以比较准确地描述高超声速细长体流动，但也仅限于这种流动，因为我们多次应用 $\tau \ll 1$ 这一细长体几何条件以及 $M_\infty \gg 1$ 这一来流条件。

仔细考察式 (7.63) ～ 式 (7.65)，我们会发现流向速度小扰动量 $\bar{u}'$ 只出现在式 (7.64a) 中，也就是说 $\bar{u}'$ 与高超声速细长体小扰动系统解耦了，由式 (7.63)、式 (7.64b)、式 (7.64c) 和式 (7.65) 四个方程就可以确定四个未知量 $\bar{\rho}$、$\bar{p}$、$\bar{v}'$、$\bar{w}'$ 的值，然后通过式 (7.64a) 就可以确定 $\bar{u}'$。$\bar{u}'$ 的解耦符合超声速细长体流动特征，即流向的速度改变量远小于横向的速度的改变量，即式 (7.53) 和式 (7.55) 所表达的物理内涵。

观察式 (7.63) ～ 式 (7.65)，由于各偏导数项前的系数项存在未知参数，该偏微分方程组显然是非线性的，这反映出高超声速流动固有的非线性本质。高超声速细长体流动明显不同于一般亚声速流动 ($M_\infty < 0.8$) 和一般超声速流动 ($1.2 < M_\infty < 3$)，后两者关于细长体或薄体外形的小扰动流动问题是可以被线性化处理的，对于无旋一般亚声速小扰动问题，控制方程组可以线性化为关于小扰动势的二阶椭圆型方程；而无旋一般超声速小扰动问题，控制方程组可以线性化为关于小扰动势的二阶双曲型方程。

7.5.4 高超声速细长体流动相似律

流体力学中的相似概念,即所谓的动力学相似 (dynamically similarity),是指多个不同的流动问题之间存在以下特性:其一,流线形状在几何上相似;其二,流场特性参数在无量纲空间内的变化是相同的。如果多个不同的流动问题相似,那么它们的必要条件是:几何外形相似,另外,由来流参数和流动特征长度组合而成的对流动问题起主控作用的组合参数要相同,这些组合参数就是相似参数 (similarity parameter)。这里介绍高超声速细长体流动的相似性及其重要的相似参数。

高超声速细长体流动的相似性分析首先要从高超声速细长体流动小扰动方程组,即式 (7.63) ~ 式 (7.65) 出发,并将物面无穿透滑移边界条件改写成小扰动形式,即

$$(V_\infty + u') n_x + v' n_y + w' n_z = 0 \tag{7.66}$$

上式按照式 (7.56) 给出的参考量进行无量纲化为

$$(1 + \tau^2 \bar{u}') n_x + \tau \bar{v}' n_y + \tau \bar{w}' n_z = 0 \tag{7.67}$$

在按照式 (7.56) 无量纲化的 $(\bar{x}, \bar{y}, \bar{z})$ 空间内,有

$$\bar{n}_x = n_x / \tau, \quad \bar{n}_y = n_y, \quad \bar{n}_z = n_z \tag{7.68}$$

因此,在 $(\bar{x}, \bar{y}, \bar{z})$ 空间内的无量纲边界条件应为

$$(1 + \tau^2 \bar{u}') \tau \bar{n}_x + \tau \bar{v}' \bar{n}_y + \tau \bar{w}' \bar{n}_z = 0 \tag{7.69a}$$

或

$$(1 + \tau^2 \bar{u}') \bar{n}_x + \bar{v}' \bar{n}_y + \bar{w}' \bar{n}_z = 0 \tag{7.69b}$$

进一步忽略小量 τ^2 得

$$\bar{n}_x + \bar{v}' \bar{n}_y + \bar{w}' \bar{n}_z = 0 \tag{7.69c}$$

对于激波边界,密度无量纲化方法同 7.5.2 节相同,所以式 (7.35) 仍成立,即

$$\bar{\rho}_2 = \frac{\rho_2}{\rho_\infty} = \frac{(\gamma+1) M_\infty^2 \sin^2 \beta}{2 + (\gamma-1) M_\infty^2 \sin^2 \beta} = \left(\frac{\gamma+1}{\gamma-1}\right) \frac{\sin^2 \beta}{\sin^2 \beta + 2/[(\gamma-1) M_\infty^2]} \tag{7.70}$$

对于高超声速细长体流动,有

$$\sin \beta \approx \tan \beta \approx \beta \approx \left(\frac{\mathrm{d}y}{\mathrm{d}x}\right)_\mathrm{s} \approx \tau \left(\frac{\mathrm{d}\bar{y}}{\mathrm{d}\bar{x}}\right)_\mathrm{s} \tag{7.71}$$

7.5 高超声速无黏流动的近似求解方法

其中，$\left(\dfrac{\mathrm{d}y}{\mathrm{d}x}\right)_\mathrm{s}$ 为激波阵面的斜率；而 $\left(\dfrac{\mathrm{d}\bar{y}}{\mathrm{d}\bar{x}}\right)$ 是激波在 $(\bar{x},\bar{y},\bar{z})$ 空间内的阵面斜率。因此，式 (7.70) 可以进一步改写为

$$\bar{\rho}_2 = \left(\frac{\gamma+1}{\gamma-1}\right)\frac{(\mathrm{d}\bar{y}/\mathrm{d}\bar{x})_\mathrm{s}^2}{(\mathrm{d}\bar{y}/\mathrm{d}\bar{x})_\mathrm{s}^2 + 2/[(\gamma-1)\tau^2 M_\infty^2]} \tag{7.72}$$

这里压强无量纲化方法同 7.5.2 节不同，见式 (7.56)，此时无量纲化参量是 $[\gamma M_\infty^2 \tau^2 p_\infty]$，$\bar{p} = p/[\gamma M_\infty^2 \tau^2 p_\infty]$，将此式以及式 (7.71) 代入式 (7.32) 中：

$$\frac{p_2}{p_\infty} = 1 + \frac{2\gamma}{\gamma+1}\left(M_\infty^2 \sin^2\beta - 1\right) \tag{7.35}$$

得 $\dfrac{\bar{p}_2[\gamma M_\infty^2 \tau^2 p_\infty]}{p_\infty} = 1 + \dfrac{2\gamma}{\gamma+1}\left[M_\infty^2 \tau^2 (\mathrm{d}\bar{y}/\mathrm{d}\bar{x})_\mathrm{s}^2 - 1\right]$，进一步化简得到

$$\bar{p}_2 = \frac{2}{\gamma+1}\left[(\mathrm{d}\bar{y}/\mathrm{d}\bar{x})_\mathrm{s}^2 - \frac{\gamma-1}{2\gamma M_\infty^2 \tau^2}\right] \tag{7.73}$$

再考察激波波后速度的两个分量，再次回顾式 (7.33)，式 (7.34) 如下：

$$\frac{u_2}{V_\infty} = 1 - \frac{2\left(M_\infty^2 \sin^2\beta - 1\right)}{(\gamma+1)M_\infty^2} \tag{7.33}$$

$$\frac{v_2}{V_\infty} = \frac{2\left(M_\infty^2 \sin^2\beta - 1\right)\cot\beta}{(\gamma+1)M_\infty^2} \tag{7.34}$$

根据式 (7.56) 给出的速度分量无量纲化方法，有 $u_2 = V_\infty + u_2' = V_\infty + \bar{u}_2'[\tau^2 V_\infty]$，以及 $v_2 = v_2' = \bar{v}_2'[\tau V_\infty]$，将其分别代入式 (7.33) 和式 (7.34) 中得

$$\frac{V_\infty + \bar{u}_2'[\tau^2 V_\infty]}{V_\infty} = 1 - \frac{2}{(\gamma+1)}\left[\tau^2 (\mathrm{d}\bar{y}/\mathrm{d}\bar{x})_\mathrm{s}^2 - \frac{1}{M_\infty^2}\right]$$

$$\frac{\bar{v}_2'[\tau V_\infty]}{V_\infty} = \frac{2}{\gamma+1}\left[\tau^2 (\mathrm{d}\bar{y}/\mathrm{d}\bar{x})_\mathrm{s}^2 - \frac{1}{M_\infty^2}\right]\frac{1}{\tau(\mathrm{d}\bar{y}/\mathrm{d}\bar{x})_\mathrm{s}}$$

将以上两式进一步化简得到

$$\bar{u}_2' = -\frac{2}{(\gamma+1)}\left[(\mathrm{d}\bar{y}/\mathrm{d}\bar{x})_\mathrm{s}^2 - \frac{1}{\tau^2 M_\infty^2}\right] \tag{7.74}$$

$$\bar{v}_2' = \frac{2}{\gamma+1}\left[(\mathrm{d}\bar{y}/\mathrm{d}\bar{x})_\mathrm{s}^2 - \frac{1}{\tau^2 M_\infty^2}\right]\frac{1}{(\mathrm{d}\bar{y}/\mathrm{d}\bar{x})_\mathrm{s}} \tag{7.75}$$

式 (7.72) ~ 式 (7.75) 是在 $(\bar{x}, \bar{y}, \bar{z})$ 空间内的激波边界条件, 这是针对高超声速细长体流动小激波角假设而建立的, 并不要求来流马赫数足够高。

针对高超声速细长体流动, 式 (7.63) ~ 式 (7.65) 是其小扰动流动控制方程, 式 (7.69c) 确定了物面边界条件, 式 (7.72) ~ 式 (7.75) 是激波边界条件, 以上三部分构成了高超声速细长体流动问题的完整封闭系统。在这一系统中, 来流马赫数 M_∞ 和细长比 τ 仅出现在激波边界条件中, 且以两者乘积 τM_∞ 的形式成对出现, 此乘积定义为高超声速细长体流动的相似参数 K:

$$K = \tau M_\infty \tag{7.76}$$

另外一个无量纲参数是 γ。K 和 γ 构成了高超声速细长体流动在式 (7.56) 定义的无量纲参数空间内完整的相似参数系统。两个不同的高超声速细长体流动问题, 只要 K 和 γ 分别保持一致, 细长体几何仿射相似, 那么这两个流动就是相似的。

对于压力系数有 $C_p = \dfrac{p - p_\infty}{\dfrac{1}{2}\rho_\infty V_\infty^2} = \dfrac{2(p - p_\infty)}{\gamma p_\infty M_\infty^2}$, 将 $\bar{p} = p/[\gamma M_\infty^2 \tau^2 p_\infty]$ 代入得

$$\frac{C_p}{\tau^2} = \frac{2(\bar{p}[\gamma M_\infty^2 \tau^2 p_\infty] - p_\infty)}{\gamma p_\infty M_\infty^2} = 2\left(\bar{p} - \frac{1}{\gamma \tau^2 M_\infty^2}\right) \tag{7.77}$$

因此, 对于相似的高超声速细长体流动问题 (二维), C_p/τ^2 的值也保持相等, 细长体的升力系数 C_L 和波阻系数 C_D 也有类似特征, 其相似律可以表达为

$$\frac{C_p}{\tau^2} = f_1(\gamma, \tau M_\infty), \quad \frac{C_L}{\tau^2} = f_2(\gamma, \tau M_\infty), \quad \frac{C_D}{\tau^3} = f_3(\gamma, \tau M_\infty) \tag{7.78a}$$

参考面积为最大流向截面积。对于三维问题, 则稍有不同:

$$\frac{C_L}{\tau} = F_2(\gamma, \tau M_\infty), \quad \frac{C_D}{\tau^2} = F_3(\gamma, \tau M_\infty) \tag{7.78b}$$

以上讨论是针对零攻角的细长体流动。对于存在小攻角 α 的高超声速细长体流动问题, 除了 K 和 γ 两个相似参数外, 还有另外一个相似参数, 即 α/τ, 此处不再展开讨论。

图 7.26 印证了高超声速细长体流动相似律, 相关数据来自于 Neice 和 Dorris[8] 的特征线分析方法。在每个子图中, 保持 K 值不变, 但是其中两个流动问题的 τ, M_∞ 不同, 可以发现压强系数 C_p/τ^2 沿细长体表面分布完全一致。图 7.26(b) 还表达了一个有趣的现象, 在 Neice 和 Dorris 的特征线分析过程中, 是否基于无旋假设, 其得到的结果存在差异, 有旋流动假设下得到的压强系数明显高于无旋假设, 而且这些差异只出现在 K 值较高的情形。回顾高超声速细长体流动小扰动控制方程 (7.63) ~ 式 (7.65) 并没有基于无旋假设条件, 因此高超声速相似律同样适用于有旋的流动问题, 这在图 7.26(b) 中得到印证。

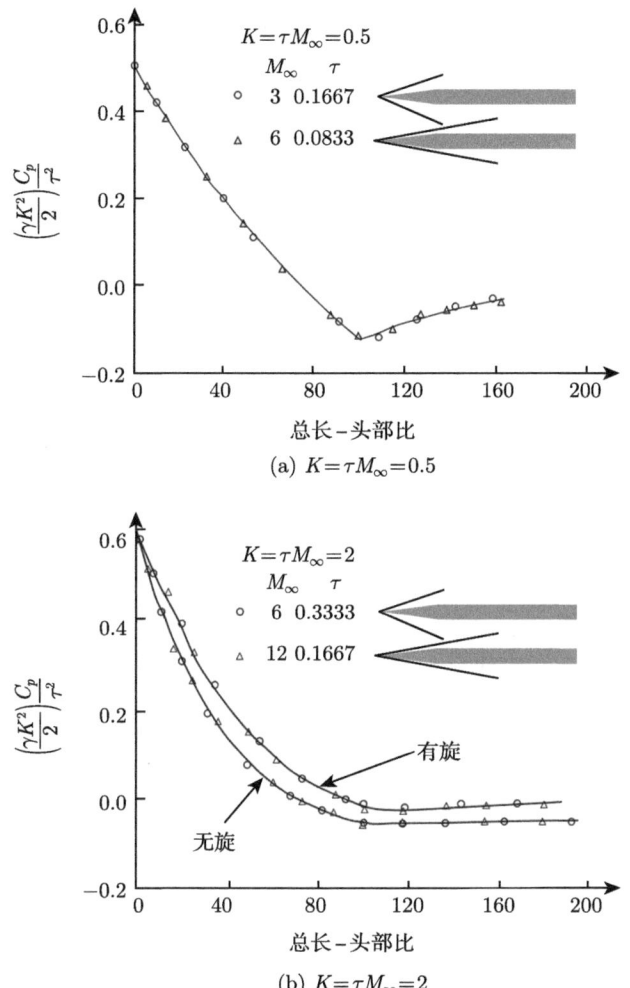

图 7.26　高超声速流动相似律：卵型截面细长柱体的压强分布

这里需要特别指出的是，高超声速流动相似律的概念是我国著名科学家钱学森先生[9]于1946年提出来的，在同一篇论文中，钱学森先生还创造了高超声速(hypersonic)这一新专业术语，以区别于一般超声速(supersonic)流动。

7.5.5　高超声速细长体流动的近似求解

基于小扰动假设的高超声速细长体流动的控制方程在式 (7.63) ~ 式 (7.65) 给出，从该控制方程出发，辅以合适的边界条件就可以求解具体的流动问题了。此处以简单二维高超声速薄体流动为例阐述具体的求解过程。由于流向小扰动速度从整个系统解耦，可以先从式 (7.63)、式 (7.64b)、式 (7.65) 的二维情形出发求

解 $\bar{\rho}$, $\bar{p}$, $\bar{v}'$ 的值，即

$$\frac{\partial \bar{\rho}}{\partial \bar{x}} + \frac{\partial (\bar{\rho}\bar{v}')}{\partial \bar{y}} = 0 \tag{7.79}$$

$$\bar{\rho}\frac{\partial \bar{v}'}{\partial \bar{x}} + \bar{\rho}\bar{v}'\frac{\partial \bar{v}'}{\partial \bar{y}} + \frac{\partial \bar{p}}{\partial \bar{y}} = 0 \tag{7.80}$$

$$\frac{\partial}{\partial \bar{x}}\left(\frac{\bar{p}}{\bar{\rho}^\gamma}\right) + \bar{v}'\frac{\partial}{\partial \bar{y}}\left(\frac{\bar{p}}{\bar{\rho}^\gamma}\right) = 0 \tag{7.81}$$

首先，引入流函数 ψ，其定义为

$$\frac{\partial \psi}{\partial \bar{y}} = \bar{\rho} \tag{7.82}$$

$$\frac{\partial \psi}{\partial \bar{x}} = -\bar{\rho}\bar{v}' \tag{7.83}$$

上述流函数的定义必须符合连续方程，将其代入式 (7.79) 得

$$\frac{\partial}{\partial \bar{x}}\left(\frac{\partial \psi}{\partial \bar{y}}\right) + \frac{\partial}{\partial \bar{y}}\left(-\frac{\partial \psi}{\partial \bar{x}}\right) = \frac{\partial^2 \psi}{\partial \bar{x}\partial \bar{y}} - \frac{\partial^2 \psi}{\partial \bar{y}\partial \bar{x}} \equiv 0 \tag{7.84}$$

显然式 (7.84) 恒成立，因此流函数 ψ 的定义是自洽的。为了书写简便，将式 (7.82) ~ 式 (7.83) 改写成下标的形式，即

$$\bar{\rho} = \psi_{\bar{y}} \tag{7.85}$$

$$\bar{v}' = -\frac{\psi_{\bar{x}}}{\bar{\rho}} = -\frac{\psi_{\bar{x}}}{\psi_{\bar{y}}} \tag{7.86}$$

前文提到在等熵流动中组合参数 $\dfrac{\bar{p}}{\bar{\rho}^\gamma}$ 沿流线保持为常数，而依据流函数 ψ 的定义，它沿流线自然为常数，基于上述特征，定义 $\dfrac{\bar{p}}{\bar{\rho}^\gamma}$ 为流函数 ψ 的单值函数，即

$$\frac{\bar{p}}{\bar{\rho}^\gamma} = \omega(\psi) \tag{7.87a}$$

$$\bar{p} = \bar{\rho}^\gamma \omega = (\psi_{\bar{y}})^\gamma \omega \tag{7.87b}$$

将式 (7.87) 代入能量方程式 (7.81) 中，得

$$\frac{\partial}{\partial \bar{x}}\left(\frac{\bar{p}}{\bar{\rho}^\gamma}\right) + \bar{v}'\frac{\partial}{\partial \bar{y}}\left(\frac{\bar{p}}{\bar{\rho}^\gamma}\right) = \frac{\partial}{\partial \bar{x}}(\omega) + \bar{v}'\frac{\partial}{\partial \bar{y}}(\omega) = \frac{\partial \omega}{\partial \psi}\psi_{\bar{x}} + \bar{v}'\frac{\partial \omega}{\partial \psi}\psi_{\bar{y}}$$

$$= \frac{\partial \omega}{\partial \psi}(\psi_{\bar{x}} + \bar{v}'\psi_{\bar{y}}) \equiv 0$$

7.5 高超声速无黏流动的近似求解方法

上式恒成立，这里用到了式 (7.86)，因此定义函数 $\dfrac{\bar{p}}{\bar{\rho}^\gamma} = \omega(\psi)$ 也是自洽的。

由式 (7.86) 得

$$\frac{\partial \bar{v}'}{\partial \bar{x}} = \frac{-\psi_{\bar{y}}\psi_{\bar{x}\bar{x}} + \psi_{\bar{x}}\psi_{\bar{x}\bar{y}}}{(\psi_{\bar{y}})^2} \tag{7.88}$$

$$\frac{\partial \bar{v}'}{\partial \bar{y}} = \frac{-\psi_{\bar{y}}\psi_{\bar{x}\bar{y}} + \psi_{\bar{x}}\psi_{\bar{y}\bar{y}}}{(\psi_{\bar{y}})^2} \tag{7.89}$$

由式 (7.87) 得

$$\frac{\partial \bar{p}}{\partial \bar{y}} = \gamma\omega(\psi_{\bar{y}})^{\gamma-1}\psi_{\bar{y}\bar{y}} + (\psi_{\bar{y}})^\gamma \frac{\partial \omega}{\partial \bar{y}} \tag{7.90}$$

因为

$$\frac{\partial \omega}{\partial \bar{y}} = \frac{\partial \omega}{\partial \psi}\frac{\partial \psi}{\partial \bar{y}} = \omega'\psi_{\bar{y}} \tag{7.91}$$

将式 (7.91) 代入式 (7.90) 得

$$\frac{\partial \bar{p}}{\partial \bar{y}} = \gamma\omega(\psi_{\bar{y}})^{\gamma-1}\psi_{\bar{y}\bar{y}} + \omega'(\psi_{\bar{y}})^{\gamma+1} \tag{7.92}$$

将式 (7.85)、式 (7.86)、式 (7.88)、式 (7.89)、式 (7.92) 代入动量方程 (7.80) 中，有

$$\psi_{\bar{y}}\frac{-\psi_{\bar{y}}\psi_{\bar{x}\bar{x}} + \psi_{\bar{x}}\psi_{\bar{x}\bar{y}}}{(\psi_{\bar{y}})^2} - \psi_{\bar{x}}\frac{-\psi_{\bar{y}}\psi_{\bar{x}\bar{y}} + \psi_{\bar{x}}\psi_{\bar{y}\bar{y}}}{(\psi_{\bar{y}})^2} + \gamma\omega(\psi_{\bar{y}})^{\gamma-1}\psi_{\bar{y}\bar{y}} + \omega'(\psi_{\bar{y}})^{\gamma+1} = 0 \tag{7.93}$$

进一步化简得

$$(\psi_{\bar{y}})^2\psi_{\bar{x}\bar{x}} - 2\psi_{\bar{x}}\psi_{\bar{y}}\psi_{\bar{x}\bar{y}} + (\psi_{\bar{x}})^2\psi_{\bar{y}\bar{y}} - (\psi_{\bar{y}})^{\gamma+1}\left[\gamma\omega\psi_{\bar{y}\bar{y}} + \omega'(\psi_{\bar{y}})^2\right] = 0 \tag{7.94}$$

综上所述，由式 (7.63)、式 (7.64b)、式 (7.65) 三个方程控制的小扰动方程变换为关于流函数 ψ 的单个方程，求解这个方程在数学意义上就是顺其自然了。以上求解过程适用于二维薄体小扰动高超声速流动问题，对于轴对称流动，求解过程会更加复杂，这里不展开论述，相关内容可参考文献 [3]。

7.5.6 高超声速流动等效原理

再一次考察高超声速流动控制方程组式 (7.22) ~ 式 (7.24)，考虑与流向 (即 x 方向) 垂直的 y,z 平面内的二维非定常流动问题，因为 $u=0$，所以

$$\frac{\partial \rho}{\partial t} + \frac{\partial(\rho v)}{\partial y} + \frac{\partial(\rho w)}{\partial z} = 0 \tag{7.95}$$

$$\rho\frac{\partial v}{\partial t} + \rho v\frac{\partial v}{\partial y} + \rho w\frac{\partial v}{\partial z} + \frac{\partial p}{\partial y} = 0 \tag{7.96a}$$

$$\rho\frac{\partial w}{\partial t} + \rho v\frac{\partial w}{\partial y} + \rho w\frac{\partial w}{\partial z} + \frac{\partial p}{\partial z} = 0 \tag{7.96b}$$

$$\frac{\partial}{\partial t}\left(\frac{p}{\rho^\gamma}\right) + v\frac{\partial}{\partial y}\left(\frac{p}{\rho^\gamma}\right) + w\frac{\partial}{\partial z}\left(\frac{p}{\rho^\gamma}\right) = 0 \tag{7.97}$$

主要参数无量纲化如下：

$$\begin{aligned}&\widetilde{t} = tV_\infty/l \\ &\widetilde{y} = y/l, \quad \widetilde{z} = z/l, \\ &\widetilde{v} = v/V_\infty, \quad \widetilde{w} = w/V_\infty \\ &\widetilde{p} = p/[\rho_\infty V_\infty^2], \quad \widetilde{\rho} = \rho/\rho_\infty\end{aligned} \tag{7.98}$$

将上述无量纲化参数代入方程组式 (7.95)~式 (7.97)，改写为

$$\frac{\partial \widetilde{\rho}}{\partial \widetilde{t}} + \frac{\partial(\widetilde{\rho}\widetilde{v})}{\partial \widetilde{y}} + \frac{\partial(\widetilde{\rho}\widetilde{w})}{\partial \widetilde{z}} = 0 \tag{7.99}$$

$$\widetilde{\rho}\frac{\partial \widetilde{v}}{\partial \widetilde{t}} + \widetilde{\rho}\widetilde{v}\frac{\partial \widetilde{v}}{\partial \widetilde{y}} + \widetilde{\rho}\widetilde{w}\frac{\partial \widetilde{v}}{\partial \widetilde{z}} + \frac{\partial \widetilde{p}}{\partial \widetilde{y}} = 0 \tag{7.100a}$$

$$\widetilde{\rho}\frac{\partial \widetilde{w}}{\partial \widetilde{t}} + \widetilde{\rho}\widetilde{v}\frac{\partial \widetilde{w}}{\partial \widetilde{y}} + \widetilde{\rho}\widetilde{w}\frac{\partial \widetilde{w}}{\partial \widetilde{z}} + \frac{\partial \widetilde{p}}{\partial \widetilde{z}} = 0 \tag{7.100b}$$

$$\frac{\partial}{\partial \widetilde{t}}\left(\frac{\widetilde{p}}{\widetilde{\rho}^\gamma}\right) + \widetilde{v}\frac{\partial}{\partial \widetilde{y}}\left(\frac{\widetilde{p}}{\widetilde{\rho}^\gamma}\right) + \widetilde{w}\frac{\partial}{\partial \widetilde{z}}\left(\frac{\widetilde{p}}{\widetilde{\rho}^\gamma}\right) = 0 \tag{7.101}$$

对比观察以上无量纲方程组式 (7.99) ~ 式 (7.101) 以及式 (7.63) ~ 式 (7.65) (去除式 (7.64a))，除了各无量纲参数上的平线符 "-"、波浪符 "~" 以及关于 $\widetilde{t}$ 或 $\bar{x}$ 偏导数项略有差异之外，两套偏微分方程组在形式上是完全对称的。但是，式 (7.99) ~ 式 (7.101) 反映了二维非定常流动问题，式 (7.63) ~ 式 (7.65) (去除式 (7.64a)) 反映的是小扰动假设条件下的高超声速定常流动问题，是三维流动在流向垂直截面上的分量部分。然而，在数学上两套方程组是完全对称的，表明这两套方程所反映的流动是等效的，这就是所谓的"高超声速等效原理"[10]：定常高超声速细长体流动与一个维数减 1 的非定常流动等效。

进一步观察 $\widetilde{t}$ 和 $\bar{x}$，它们在以上两套方程组的位置是对称的，两者等效，即

$$\bar{x} = \frac{x}{l} = \widetilde{t} = \frac{tV_\infty}{l} \tag{7.102}$$

7.5 高超声速无黏流动的近似求解方法

所以有

$$x = tV_\infty \tag{7.103}$$

图 7.27 阐释了高超声速流动降维等效原理，三维细长体以速度 V_∞ 向左穿过与其运动方向垂直的 y-z 平面 (过 z 轴，且固定)。经过 $t=0$, $t=t_1$, $t=t_2$ 三个时刻，图中右侧三个子图分别记录了细长体外缘与体激波的在该 y-z 平面上的轨迹。在 y-z 平面上，细长体外缘的改变就好像是一个柱面活塞以速度 v_b 向外膨胀，并驱动柱形体激波以速度 v_s 向外传播。高超声速等效原理表明，在 y-z 平面上的二维非定常流动在 $t=0$, $t=t_1$, $t=t_2$ 三个时刻的解 (右侧子图)，与 y-z 平面在三个不同位置 $x=0$, $x_1=V_\infty t_1$, $x_2=V_\infty t_2$ 处的三维定常流动的解 (左侧子图) 是等效的。

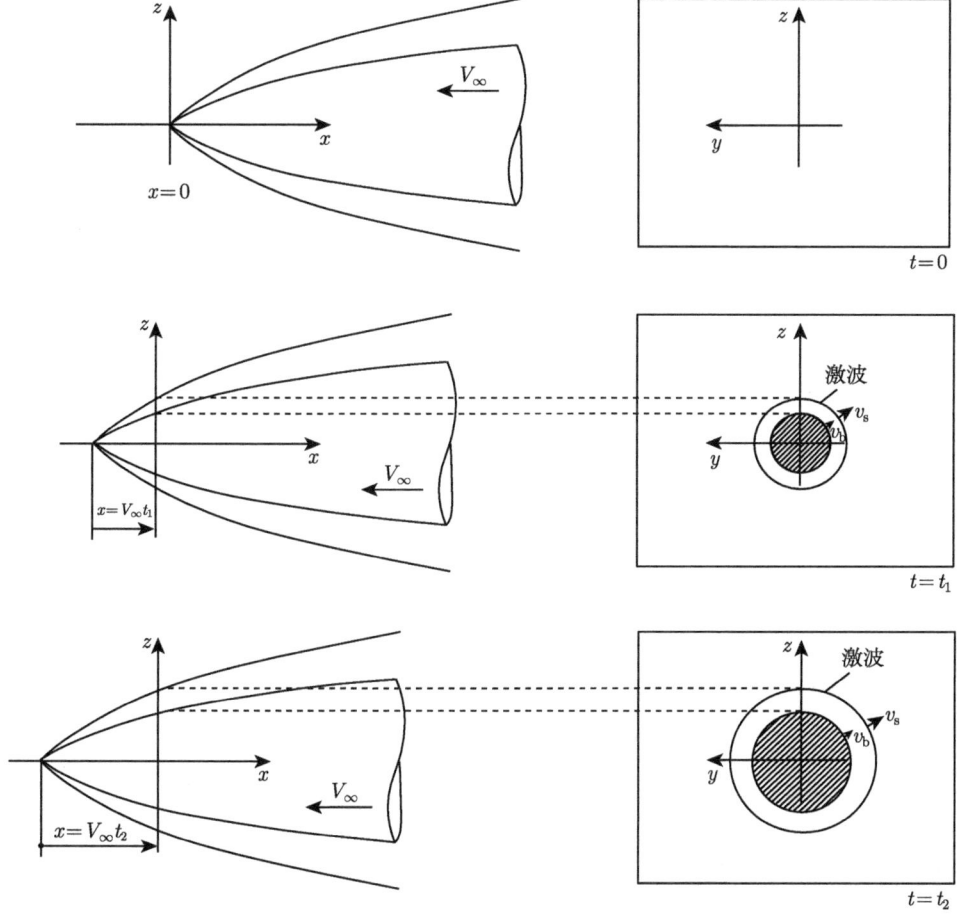

图 7.27　高超声速流动降维等效原理示意图：三维定常流动与二维非定常流动

德国气体动力学家布斯曼用二维翼型流动阐释了高超声速流动的等效原理[7]，如图 7.28(a) 所示，弦长为 c 的二维翼型以速度 $V_\infty \gg a_\infty$ 定常运动，由此诱导了系列激波和马赫波，对应一个绕过二维翼型的定常高超声速流动的解。想象一个固定在 z 轴上与翼型运动方向垂直的狭缝，此流动可以等效成一个活塞穿过该狭缝的一维非定常流动问题，活塞的轨迹与翼型几何等效，如图 7.28(b) 所示的 z-t 波图。式 (7.103) 所定义的时空等效在本问题中仍然成立，即 $x = tV_\infty$。假定翼型型线为 $z = z_{\max} f\left(\dfrac{x}{c}\right)$，那么等效的活塞运动轨迹为

$$z = z_{\max} f\left(\frac{x}{c}\right) = z_{\max} f\left(\frac{tV_\infty}{c}\right) = z_{\max} f\left(\frac{t}{c/V_\infty}\right) = z_{\max} f\left(\frac{t}{t_0}\right) \quad (7.104)$$

此处定义 $t_0 = c/V_\infty$，t 从翼型前缘触及狭缝那一时刻开始计时。在定常二维流动中，定义 w_b 为翼型型线上垂直方向的速度分量，显然

$$w_b = V_\infty \frac{dz}{dx} \quad (7.105)$$

此处，$\dfrac{dz}{dx} = \tan\theta$ 为翼型型线斜率；θ 为翼型型线局部倾角。依据等效原理，w_b 与活塞在 z 向的一维非定常运动速度 w_p 等效，因为 $x = tV_\infty$，所以 $dx = V_\infty dt$，将此关系代入式 (7.105) 中得到

$$w_b = V_\infty \frac{dz}{dx} = V_\infty \frac{dz}{V_\infty dt} = \frac{dz}{dt} = w_p \quad (7.106)$$

式 (7.105) 两侧同除以声速 a_∞ 得

$$\frac{w_b}{a_\infty} = \frac{V_\infty}{a_\infty} \frac{dz}{dx} = M_\infty \tan\theta \quad (7.107)$$

对于薄翼来说，$\tan\theta = \theta$，且 $\theta_{\max}$ 的量级为 $O[z_{\max}/c]$。根据式 (7.106) 和式 (7.107) 有

$$\left(\frac{w_b}{a_\infty}\right)_{\max} = \left(\frac{w_p}{a_\infty}\right)_{\max} = M_\infty \theta_{\max} = O[M_\infty z_{\max}/c] \quad (7.108)$$

定义薄翼型细长比为 $\tau = z_{\max}/c$，代入式 (7.108) 得

$$\left(\frac{w_b}{a_\infty}\right)_{\max} = \left(\frac{w_p}{a_\infty}\right)_{\max} = O[M_\infty \tau] = O[K] \quad (7.109)$$

其中，$K = M_\infty \tau$ 就是前面提到的高超声速相似参数。式 (7.109) 表明，高超声速等效原理的条件与高超声速相似律的条件是统一的，高超声速小扰动方程是两者共同的理论基础。另外，高超声速相似参数 K 拥有自己的物理内涵，它与激波层内最大扰动马赫数 $(w_b/a_\infty)_{\max}$ 具有相同量级。

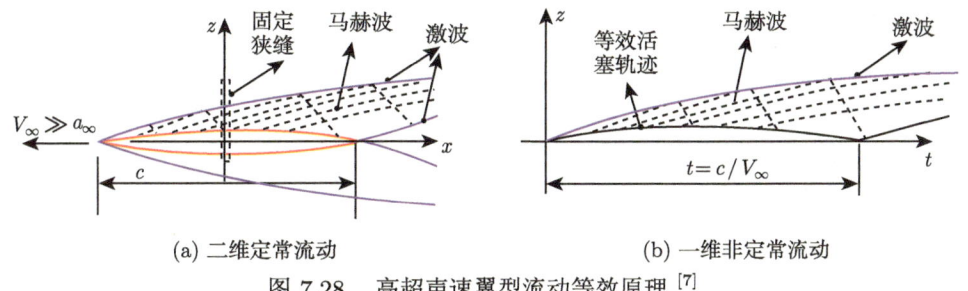

(a) 二维定常流动　　　　　　(b) 一维非定常流动

图 7.28　高超声速翼型流动等效原理[7]

7.5.7　高超声速流动爆炸波理论

回顾图 7.27，三维定常高超声速流动等效为二维非定常流动，右侧子图的非定常流动被视作圆形膨胀活塞驱动的柱形激波非定常传播问题。类似地，在图 7.29 中，三维钝头柱体的定常流动，也可以等效为在原点起始的点爆炸引起的二维非定常流动问题，钝头柱体激波等效为非定常柱形爆炸波，这就是所谓的近似求解高超声速流动的爆炸波理论 (blast wave theory) 或者爆炸波比拟 (blast wave analogy)。爆炸波理论可以近似给出钝头下游柱体平直部分的壁面压强分布，在钝头部分，该理论不能处理。对于钝头平板定常高超声速流动，与其等效比拟的非定常流动为线爆炸诱导的非定常平面爆炸波的传播问题，如图 7.30 所示。

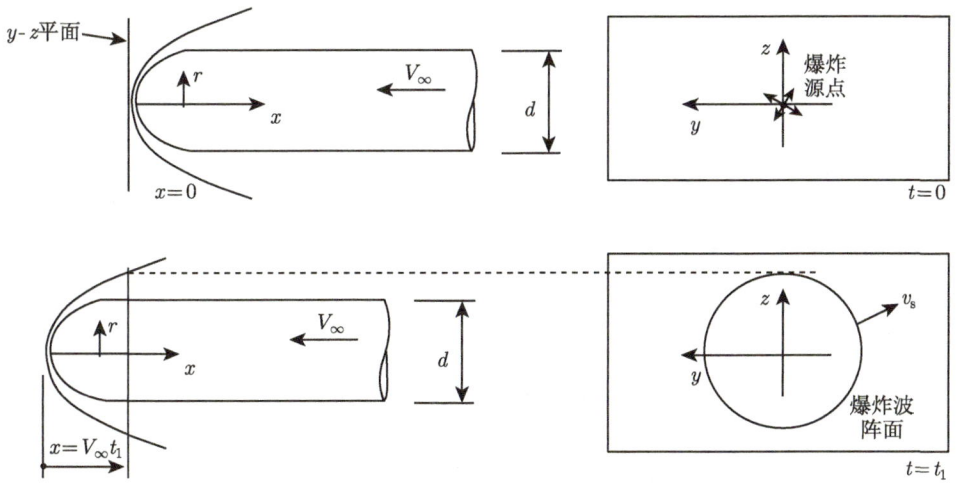

图 7.29　钝头柱体高超声速流动与等效点爆炸比拟示意图

在爆炸波比拟中，爆炸释放的能量与钝体头部的波阻相关。以图 7.31 所示的钝头柱体流动问题为例，钝头柱体沿 x 轴方向以速度 V_∞ 运动，穿过厚度为 $\mathrm{d}x$

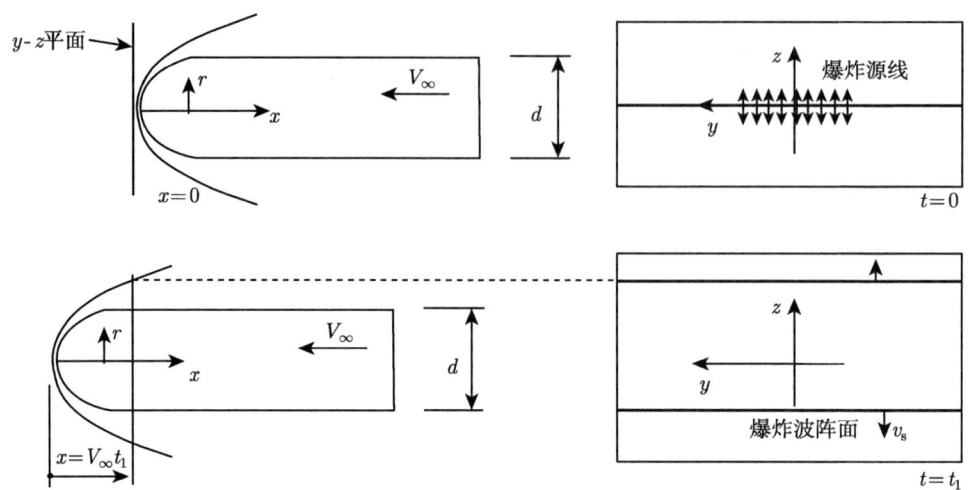

图 7.30 钝头平板高超声速流动与等效线爆炸比拟示意图

的柱型薄片空气。柱体头部波阻 D 对柱型薄片空气做功,使其能量增加 $\mathrm{d}E$,因此

$$\mathrm{d}E = D\,\mathrm{d}x \tag{7.110a}$$

如果钝头柱体沿 x 方向发生单位长度的位移,那么有能量和阻力的关系:

$$E = D(1) = D \tag{7.110b}$$

上式表明,柱体头部波阻等于 x 轴方向单位长度的空气所接收的能量,这部分能量来自于头部波阻对空气的做功。再一次考察图 7.29,在 $t=0$ 时刻的爆炸点源,其实际上是在垂直于 y-z 平面的轴线方向上无限短的线起爆源,而能量 E 就是在该轴线方向单位长度的线起爆源释放的能量,由此能量释放过程产生的激波就是一个柱形爆炸波,并沿径向向四周扩展,形成爆炸波阵面,该柱形阵面在 y-z 平面垂直方向上无限短。

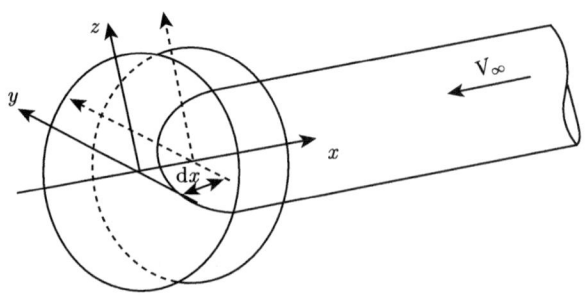

图 7.31 钝头柱体高超声速流动与等效点爆炸比拟

7.5 高超声速无黏流动的近似求解方法

通过上述点源(或线源)爆炸比拟,高超声速钝头柱体(或平板)三维定常流动问题就转化为二维非定常问题,可以应用后者已经成熟的自相似解来简化求解相应问题。例如图 7.29 和图 7.31 所示的点源爆炸和柱面爆炸波,根据自相似解[11],其爆炸波压为

$$p = k_1 \rho_\infty \left(\frac{E}{\rho_\infty}\right)^{1/2} t^{-1} \tag{7.111a}$$

$$k_1 = \frac{\gamma^{[2(\gamma-1)/(2-\gamma)]}}{2^{[(4-\gamma)/(2-\gamma)]}} \tag{7.111b}$$

图 7.30 所示的线源爆炸和平面爆炸波,根据自相似解[11],其波后压强为

$$p = k_2 \rho_\infty \left(\frac{E}{\rho_\infty}\right)^{2/3} t^{-2/3} \tag{7.112a}$$

$$k_2 = \frac{2^{7/3}(2\gamma-1)^{[(5\gamma-4)/3(2-\gamma)]}}{9(\gamma+1)^{[2(\gamma+1)/3(2-\gamma)]}} \tag{7.112b}$$

式 (7.111a) 和式 (7.112a) 给出了爆炸波心的压强随时间的变化。爆炸波传播的尺度 r,即柱面爆炸波(或平面爆炸波)的传播半径(或半长),对柱面爆炸波而言,有

$$r = \left(\frac{E}{\rho_\infty}\right)^{1/4} t^{1/2} \tag{7.113}$$

对平面爆炸波而言,有

$$r = \left(\frac{E}{\rho_\infty}\right)^{1/3} t^{2/3} \tag{7.114}$$

对柱面爆炸波,以上各式中的能量 E 是沿柱形波阵面轴线方向单位长度的能量释放,而头部波阻为

$$D = C_D q_\infty S \tag{7.115a}$$

其中,C_D 为柱体头部波阻系数;$q_\infty = \frac{1}{2}\rho_\infty V_\infty^2$,为来流动压;$S = \frac{1}{4}\pi d^2$,为参考面积,即头部迎风截面积。将式 (7.115a) 代入式 (7.110b) 中得到

$$E = D = \frac{\pi}{8} C_D \rho_\infty V_\infty^2 d^2 \tag{7.115b}$$

根据等效原理式 (7.103) 有

$$t = x/V_\infty \tag{7.116}$$

将式 (7.115b) 和式 (7.116) 代入式 (7.111a) 得

$$p = k_1 \sqrt{\frac{\pi C_D}{8}} \rho_\infty V_\infty^2 \left(\frac{x}{d}\right)^{-1} \tag{7.117a}$$

对于量热完全气体有 $\rho_\infty V_\infty^2 = \rho_\infty M_\infty^2 a_\infty^2 = \rho_\infty M_\infty^2 \gamma p_\infty / \rho_\infty = M_\infty^2 \gamma p_\infty$，因此式 (7.117a) 可以改写为

$$\frac{p}{p_\infty} = k_1 \sqrt{\frac{\pi C_D}{8}} \gamma M_\infty^2 \left(\frac{x}{d}\right)^{-1} \tag{7.117b}$$

对于 $\gamma = 1.4$，有 $k_1 = 0.07768$，式 (7.117b) 可以进一步简化为

$$\frac{p}{p_\infty} = 0.0681 M_\infty^2 C_D^{\frac{1}{2}} \left(\frac{x}{d}\right)^{-1} \tag{7.117c}$$

将式 (7.115b) 和式 (7.116) 代入式 (7.113) 并化简得

$$\frac{r}{d} = 0.792 C_D^{\frac{1}{4}} \left(\frac{x}{d}\right)^{\frac{1}{2}} \tag{7.118}$$

通过高超声速等效原理和爆炸波比拟方法，钝头柱体表面压强 (钝头下游平直部分) 由式 (7.117c) 给出，而体激波形状则由式 (7.118) 给出，都是关于 x 的函数，其中 x 为离开钝头驻点的流向距离。类似地，对于图 7.30 所示钝头平板，有

$$\frac{p}{p_\infty} = 0.127 M_\infty^2 C_D^{\frac{2}{3}} \left(\frac{x}{d}\right)^{-\frac{2}{3}} \tag{7.119}$$

$$\frac{r}{d} = 0.794 C_D^{\frac{1}{3}} \left(\frac{x}{d}\right)^{\frac{2}{3}} \tag{7.120}$$

对以上爆炸波比拟方法，也有进一步的改进，Lukasiewicz 针对钝头柱体高超声速流动的第二近似 [12] 为

$$\frac{p}{p_\infty} = 0.067 M_\infty^2 C_D^{\frac{1}{2}} \left(\frac{x}{d}\right)^{-1} + 0.44 \tag{7.121}$$

$$\frac{r/d}{M_\infty C_D^{1/2}} = 0.795 \sqrt{\frac{x/d}{M_\infty^2 C_D^{1/2}} \left[1 + 3.15 \frac{x/d}{M_\infty^2 C_D^{1/2}}\right]} \tag{7.122}$$

针对钝头平板高超声速流动的第二近似 [12] 为

$$\frac{p}{p_\infty} = 0.121 M_\infty^2 C_D^{\frac{2}{3}} \left(\frac{x}{d}\right)^{-\frac{2}{3}} + 0.56 \tag{7.123}$$

7.5 高超声速无黏流动的近似求解方法

$$\left(\frac{r}{d}\right)\left(M_\infty^2 C_D\right) = \frac{0.774}{M_\infty^2 \left[C_D\left(x/d\right)\right]^{2/3} - 1.09} \tag{7.124}$$

以上改进版的爆炸波比拟法[12] 得到了详细的精确求解方法[13] 以及试验数据[14] 的验证,图 7.32 和图 7.33 分别给出了压强分布以及激波形状的参数关联。

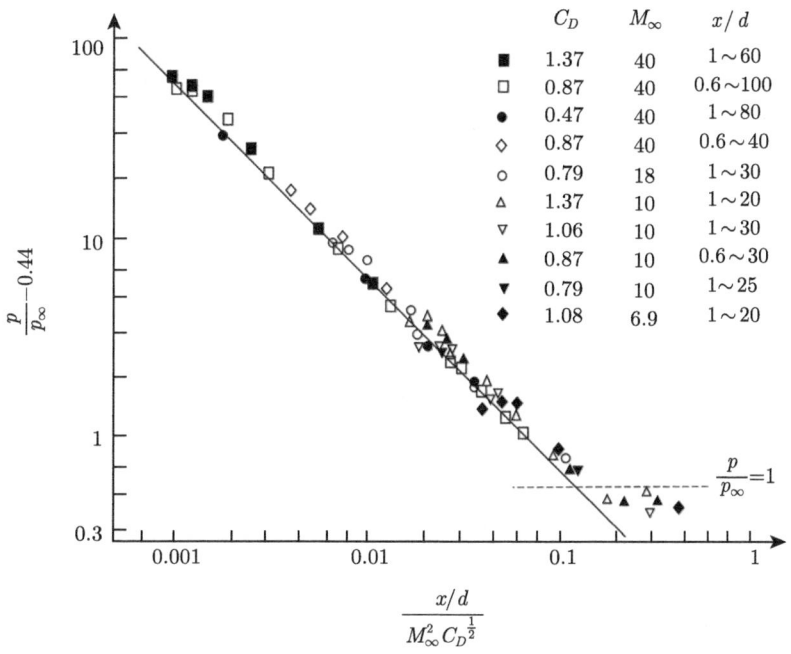

图 7.32　钝头柱体高超声速流动压力分布关联 (点爆炸比拟[12] 与特征线法[13])

爆炸波理论或爆炸波比拟法沿用了经典爆炸波自相似解的能量瞬间释放假设,而且是精确地沿点源或线源瞬间释放能量,但高超声速钝体对气流的能量释放过程并非如此。因此,高超声速钝头细长体的定常流动与非定常爆炸波流场的比拟并非基于坚实的物理基础。式 (7.121) 和式 (7.123) 相比于式 (7.117c) 和式 (7.119) 分别多一个平移或常数项,只有如此才与精确解更为符合,这就反映出,爆炸波比拟法的能量瞬间释放假设是不完备的。

另一方面,定常高超声速细长体流动与降维非定常流动的比拟或高超声速等效原理具有坚实的物理逻辑,这是因为如下事实——定常高超声速细长体流动在横向截面上的速度 v', w' 扰动远高于流向的扰动 u'。在高雷诺数条件下,黏性影响可以忽略,此时爆炸波比拟法可以给出相对精确的压强分布与激波形状的近似解。

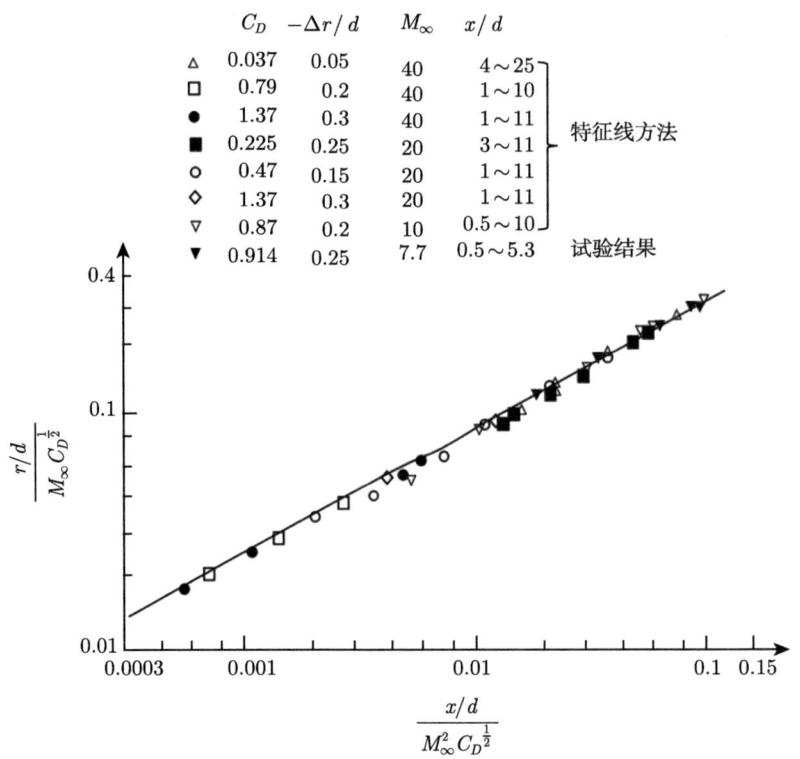

图 7.33 钝头柱体高超声速流动激波形状关联 (点爆炸比拟 [12]、特征线法 [13]、试验 [14])

7.5.8 高超声速流动薄激波层理论

薄激波层是高超声速流动的典型特征之一,这在前文中已经多次提到和应用。基于薄激波层假设建立起来的高超声速流动近似求解方法统称薄激波层理论,这里着重介绍 Maslen 的方法 [15],该方法形式简单,而且不管是细长体流动还是钝头体流动,都可以应用。

考察图 7.34 所示曲线坐标系,坐标轴 x, y 分别平行和垂直于激波阵面,u, v 分别是以上坐标轴方向的速度分量。在薄激波层假设条件下,流线可近似与激波阵面平行。在基于流线的坐标系下,流线法向上的动量方程为

$$\frac{\rho u^2}{R_s} = \frac{\partial p}{\partial y} \tag{7.125}$$

式中,R_s 为激波阵面的曲率半径。定义流函数

$$\rho u = \frac{\mathrm{d}\psi}{\mathrm{d}y} \tag{7.126}$$

将此流函数代入式 (7.125) 得

7.5 高超声速无黏流动的近似求解方法

$$\frac{\rho u^2}{R_s} = \frac{\partial p}{\partial \psi}\frac{\mathrm{d}\psi}{\mathrm{d}y} = \frac{\partial p}{\partial \psi}(\rho u) \tag{7.127a}$$

化简得到

$$\frac{\partial p}{\partial \psi} = \frac{u}{R_s} \tag{7.127b}$$

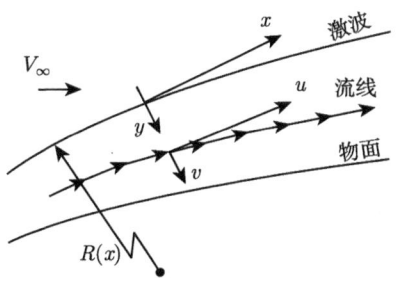

图 7.34 薄激波层分析方法 [15]

基于薄激波层假设，激波层内流体速度 x 分量可以近似为激波波后的速度，即 $u = u_s$，所以式 (7.127b) 可以改写为

$$\frac{\partial p}{\partial \psi} = \frac{u_s}{R_s} \tag{7.128}$$

对式 (7.128) 沿激波层 (层内流函数 ψ，波后流函数 ψ_s) 进行积分得

$$p(x,\psi) = p_s(x) + \frac{u_s(x)}{R_s(x)}[\psi - \psi_s(x)] \tag{7.129}$$

式 (7.129) 就是 Maslen 薄激波层方法 [15] 的关键，应用该方法求解流场的具体步骤如下所述。

(1) 假设激波形状，如图 7.35 所示。该方法是逆向求解，先假设激波形状，再计算诱导该激波的物面形状。

(2) 依据斜激波关系式，激波阵面上一点的流场参数就可以得到，例如，在图 7.35 所示的波阵面上的点 1 处，此点的流函数为

$$\psi_1 = \rho_\infty V_\infty l_1$$

(3) 另选一流函数值，$0 < \psi_2 < \psi_1$，即在激波层内流场中沿 y 方向确定另一点 2，如图 7.35 所示，该点处 $\psi = \psi_2$。

(4) 根据式 (7.129) 计算点 2 处的压强：

$$p_2 = p_1 + \frac{u_1}{R_s}[\psi_2 - \psi_1]$$

(5) 通过点 2 的流线来自激波阵面上点 $2'$ 处，此点的流函数为 $\psi_{2'} = \psi_2$，即

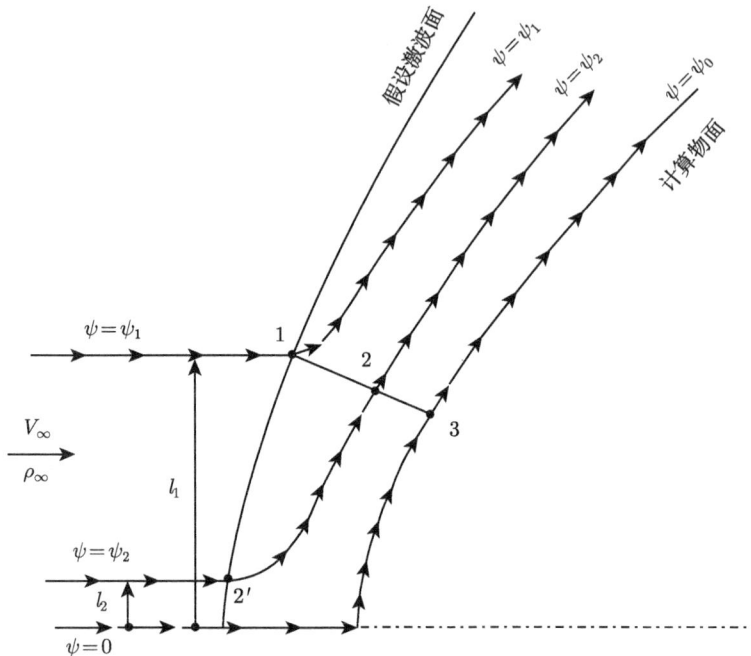

图 7.35 高超声速薄激波层分析方法具体步骤示意图[15]

$$\psi_{2'} = \psi_2 = \rho_\infty V_\infty l_2$$

因此，激波阵面上点 $2'$ 的位置可以如下确定：

$$l_2 = \frac{\psi_2}{\rho_\infty V_\infty} \tag{7.130}$$

此点的熵 $s_{2'}$ 可以通过斜激波关系求得，且沿流线熵不变，即 $s_2 = s_{2'}$。

(6) 根据热力学状态方程计算点 2 的焓值 h_2 和密度 ρ_2：

$$h_2 = h(p_2, s_2), \quad \rho_2 = \rho(p_2, s_2)$$

(7) 沿过点 2 流线应用能量方程 (绝热)，并忽略速度分量 v_2，计算该点速度 u_2：

$$h_0 = h_2 + \frac{1}{2} u_2^2 \to u_2 = \sqrt{2(h_0 - h_2)}$$

式中，$h_0 = h_\infty + \frac{1}{2} V_\infty^2$，为自由来流的总焓。

(8) 通过以上步骤就可求得点 2 处所有流场参数，重复以上步骤计算沿 y 方向上点 1 到点 3 之间所有点的流场参数，此处依据 $\psi_3 = 0$ 来确定物面上的点 3。

(9) 根据流函数的定义式 (7.126)，积分计算流函数 ψ 对应的坐标值 y：

7.5 高超声速无黏流动的近似求解方法

$$y = \int_{\psi}^{\psi_s} \frac{1}{\rho u} \mathrm{d}\psi \tag{7.131}$$

因为 ρ, u 为 ψ 的函数,已经通过上述步骤求得,所以式 (7.131) 可以积分计算坐标 y 值。同理,物面坐标也可以得到

$$y_b = \int_0^{\psi_s} \frac{1}{\rho u} \mathrm{d}\psi \tag{7.132}$$

(10) 重复以上步骤,计算足够多点的流场参数,从而确定流场以及诱导激波的物面的形状。

基于薄激波层假设,在逆解法中,从假设的激波形状出发,按照以上薄激波层理论求解步骤 (1)～(10) 计算得到物面形状,并与已知形状比较,然后反复迭代,直至趋近于给定物面形状,整个流场也就最终确定下来。图 7.36 给出了球头

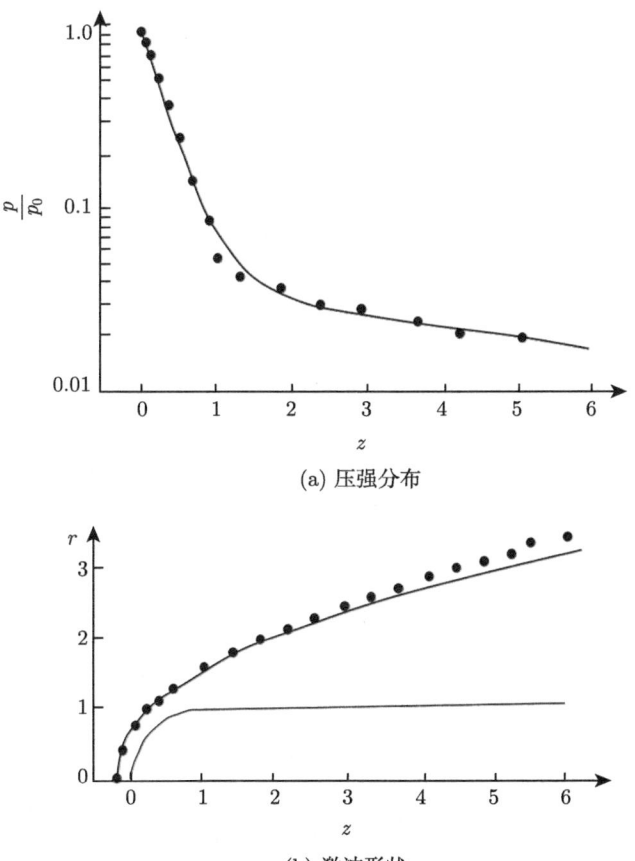

(a) 压强分布

(b) 激波形状

图 7.36 球头柱体高超声速流动薄激波层的理论解[15]与试验结果[16]

柱体高超声速流动薄激波层理论解[15]与试验结果[16]的比较，两者吻合非常好，这是薄激波层理论的一个典型应用案例。该方法计算简单，精度较高，在高超声速无黏流动的计算中得到广泛应用。

以上介绍了高超声速流动的近似求解方法，这些方法是 20 世纪 50~60 年代随着航天技术的巨大需求而迅速发展起来的，这类方法基于物理模型、控制方程、几何形状的简化和近似，得到高超声速无黏流场的理论解。这些方法是经典的，求解效率高，计算精度满足一般工程需求，在目前仍然具有广泛的应用。

另外，随着数值计算能力在软、硬件方面的巨大进步，计算流体力学 (computaional fluid dynamics, CFD) 在 20 世纪下半叶得到迅猛发展，高超声速流动的精确求解成为解决具体工程问题的主流手段。在 CFD 求解过程中，将流场物理域离散成若干节点构成的离散域，然后从给定的初始条件和边界条件出发，逐点求解控制方程。CFD 包括特征线法 (method of charactereistics, MOC)、有限差分法 (finite difference method, FDM)、有限体积法 (finite volume method, FVM) 以及最近盛行的间断伽辽金法 (discontinuity Galerkin method, DGM) 等。CFD 已经成为流体力学的一个重要分支，内容极其广泛而丰富，已经超出本书的范畴。

7.6 高超声速黏性流动

7.4 节和 7.5 节介绍了高超声速无黏流动的简化或近似求解，其中忽略了气体的输运过程，如黏性耗散和热传导，在处理壁面边界条件时，也应用了滑移边界。真实的流动图像并非如此，在微观层面上，气体分子不断进行着无规则热运动，这使得分子间或者分子与物面之间的黏性耗散和热传导无处不在，在壁面上，气体分子也会因为黏性耗散而使宏观运动滞止。

黏性流动构成了流体力学核心内容，特别是湍流，在目前仍然是一个开放的研究方向。黏性流动也是流体力学在真实世界的本质，其内容丰富而复杂，本节并不尝试对其全面展开论述，仅仅给出一些基本概念和流动图像，特别是针对高超声速流动 ($M_\infty \gg 1$) 这一背景。

7.6.1 黏性流动控制方程与相似参数

以定常二维黏性流动为例，其控制方程包括连续方程、动量方程、能量方程：

$$\frac{\partial (\rho u)}{\partial x} + \frac{\partial (\rho v)}{\partial y} = 0 \tag{7.133}$$

$$\rho u \frac{\partial u}{\partial x} + \rho v \frac{\partial u}{\partial y} + \frac{\partial p}{\partial x} = \frac{\partial \tau_{xx}}{\partial x} + \frac{\partial \tau_{yx}}{\partial y} \tag{7.134a}$$

$$\rho u \frac{\partial v}{\partial x} + \rho v \frac{\partial v}{\partial y} + \frac{\partial p}{\partial y} = \frac{\partial \tau_{xy}}{\partial x} + \frac{\partial \tau_{yy}}{\partial y} \tag{7.134b}$$

7.6 高超声速黏性流动

$$\rho u \frac{\partial e}{\partial x} + \rho v \frac{\partial e}{\partial y} + \rho u \frac{\partial e_k}{\partial x} + \rho v \frac{\partial e_k}{\partial y} + \frac{\partial (pu)}{\partial x} + \frac{\partial (pv)}{\partial y}$$
$$= \frac{\partial}{\partial x}(u\tau_{xx} + v\tau_{xy}) + \frac{\partial}{\partial y}(u\tau_{yx} + v\tau_{yy}) + \frac{\partial q_x}{\partial x} + \frac{\partial q_y}{\partial y} \quad (7.135)$$

式中，e 为单位质量气体的内能，由气体的量热力学状态方程给出，$e = c_v T$；$e_k = \dfrac{u^2 + v^2}{2}$，为单位质量气体宏观运动的动能；气体状态方程 $p = \rho R T$；R 为气体常数。式 (7.134) 和式 (7.135) 的右侧各项即为考虑黏性耗散和热传导的贡献项，是比无黏流动控制方程多出的部分，它们仅出现在动量方程和能量方程中，其中，τ_{xx} 和 τ_{yy} 为法向黏性应力，τ_{xy} 和 τ_{yx} 为剪切应力，q_x 和 q_y 为热传导项，有

$$\begin{aligned}
\tau_{xx} &= \lambda\left(\frac{\partial u}{\partial x} + \frac{\partial v}{\partial y}\right) + 2\mu \frac{\partial u}{\partial x} = \mu\left(\frac{4}{3}\frac{\partial u}{\partial x} - \frac{2}{3}\frac{\partial v}{\partial y}\right) \\
\tau_{yy} &= \lambda\left(\frac{\partial u}{\partial x} + \frac{\partial v}{\partial y}\right) + 2\mu \frac{\partial v}{\partial y} = \mu\left(\frac{4}{3}\frac{\partial v}{\partial y} - \frac{2}{3}\frac{\partial u}{\partial x}\right) \\
\tau_{xy} &= \tau_{yx} = \mu\left(\frac{\partial v}{\partial x} + \frac{\partial u}{\partial y}\right) \\
q_x &= k\frac{\partial T}{\partial x}, \quad q_y = k\frac{\partial T}{\partial y}
\end{aligned} \quad (7.136)$$

式中，μ 为动力学黏性系数；k 为热传导系数；λ 为体积黏性系数。根据斯托克斯 (Stokes) 假设，$\lambda = -\dfrac{2}{3}\mu$，这一假设适用于常温和低温气体，对于处于高温环境而诱发复杂热非平衡的多分子气体来说，该假设带来的误差较大。

将流场参数按照以下方法进行无量纲化处理：

$$\begin{aligned}
\bar{x} &= \frac{x}{l}, \quad \bar{y} = \frac{y}{l}, \quad \bar{u} = \frac{u}{V_\infty}, \quad \bar{v} = \frac{v}{V_\infty} \\
\bar{p} &= \frac{p}{p_\infty}, \quad \bar{\rho} = \frac{\rho}{\rho_\infty}, \quad \bar{T} = \frac{T}{T_\infty}, \quad \bar{e} = \frac{e}{c_v T_\infty}, \quad \bar{e}_k = \frac{e_k}{c_v T_\infty} \\
\bar{\mu} &= \frac{\mu}{\mu_\infty}, \quad \bar{k} = \frac{k}{k_\infty}
\end{aligned} \quad (7.137)$$

其中，l 为流动特征长度；气体等容比热 $c_v = R/(\gamma-1)$，这里，$\gamma = c_p/c_v$ 为气体比热比，即气体等压比热 c_p 与等容比热 c_v 的比值；带下标 "∞" 的参数代表来流参数。那么控制方程式 (7.133) ~ 式 (7.135) 将改写为以下无量纲形式：

$$\frac{\partial(\bar{\rho}\bar{u})}{\partial \bar{x}} + \frac{\partial(\bar{\rho}\bar{v})}{\partial \bar{y}} = 0 \quad (7.138)$$

$$\bar{\rho}\bar{u}\frac{\partial \bar{u}}{\partial \bar{x}} + \bar{\rho}\bar{v}\frac{\partial \bar{u}}{\partial \bar{y}} + \left(\frac{p_\infty}{\rho_\infty V_\infty^2}\right)\frac{\partial \bar{p}}{\partial \bar{x}} = \left(\frac{1}{\rho_\infty V_\infty l/\mu_\infty}\right)\left[\frac{\partial \bar{\tau}_{xx}}{\partial \bar{x}} + \frac{\partial \bar{\tau}_{yx}}{\partial \bar{y}}\right] \quad (7.139\mathrm{a})$$

$$\bar{\rho}\bar{u}\frac{\partial \bar{v}}{\partial \bar{x}} + \bar{\rho}\bar{v}\frac{\partial \bar{v}}{\partial \bar{y}} + \left(\frac{p_\infty}{\rho_\infty V_\infty^2}\right)\frac{\partial \bar{p}}{\partial \bar{y}} = \left(\frac{1}{\rho_\infty V_\infty l/\mu_\infty}\right)\left[\frac{\partial \bar{\tau}_{xy}}{\partial \bar{x}} + \frac{\partial \bar{\tau}_{yy}}{\partial \bar{y}}\right] \quad (7.139b)$$

$$\bar{\rho}\bar{u}\frac{\partial \bar{e}}{\partial \bar{x}} + \bar{\rho}\bar{v}\frac{\partial \bar{e}}{\partial \bar{y}} + \left(\frac{V_\infty^2}{c_v T_\infty}\right)\left[\bar{\rho}\bar{u}\frac{\partial \bar{e}_k}{\partial \bar{x}} + \bar{\rho}\bar{v}\frac{\partial \bar{e}_k}{\partial \bar{y}}\right] + \left(\frac{p_\infty}{\rho_\infty c_v T_\infty}\right)\left[\frac{\partial (\bar{p}\bar{u})}{\partial \bar{x}} + \frac{\partial (\bar{p}\bar{v})}{\partial \bar{y}}\right]$$

$$= \left(\frac{\mu_\infty V_\infty}{\rho_\infty c_v T_\infty l}\right)\left[\frac{\partial}{\partial \bar{x}}(\bar{u}\bar{\tau}_{xx} + \bar{v}\bar{\tau}_{xy}) + \frac{\partial}{\partial \bar{y}}(\bar{u}\bar{\tau}_{yx} + \bar{v}\bar{\tau}_{yy})\right]$$

$$+ \left(\frac{k_\infty}{\rho_\infty c_v V_\infty l}\right)\left[\frac{\partial \bar{q}_x}{\partial \bar{x}} + \frac{\partial \bar{q}_y}{\partial \bar{y}}\right] \quad (7.140)$$

对于量热完全气体，气体声速 $a_\infty^2 = \gamma p_\infty/\rho_\infty = \gamma R T_\infty$，

$$\frac{p_\infty}{\rho_\infty V_\infty^2} = \frac{\gamma p_\infty/\rho_\infty}{\gamma V_\infty^2} = \frac{a_\infty^2}{\gamma V_\infty^2} = \frac{1}{\gamma M_\infty^2}$$

$$\frac{V_\infty^2}{c_v T_\infty} = \frac{\gamma(\gamma-1)V_\infty^2}{\gamma R T_\infty} = \frac{\gamma(\gamma-1)V_\infty^2}{a_\infty^2} = \gamma(\gamma-1)M_\infty^2$$

$$\frac{p_\infty}{\rho_\infty c_v T_\infty} = \frac{p_\infty}{\rho_\infty R T_\infty/(\gamma-1)} = \gamma-1$$

并且引入另外两个无量纲数——雷诺数 Re_∞ 和普朗特数 Pr_∞：

$$Re_\infty = \frac{\rho_\infty V_\infty l}{\mu_\infty}, \quad Pr_\infty = \frac{\mu_\infty c_p}{k_\infty}$$

则

$$\frac{\mu_\infty V_\infty}{\rho_\infty c_v T_\infty l} = \frac{1}{\rho_\infty V_\infty l/\mu_\infty}\frac{\gamma(\gamma-1)V_\infty^2}{\gamma R T_\infty} = \frac{\gamma(\gamma-1)M_\infty^2}{Re_\infty}$$

$$\frac{k_\infty}{\rho_\infty c_v V_\infty l} = \frac{\gamma}{\underbrace{\frac{\rho_\infty V_\infty l}{\mu_\infty}}\underbrace{\frac{\mu_\infty c_p}{k_\infty}}} = \gamma\frac{1}{Re_\infty}\frac{1}{Pr_\infty}$$

将以上各式代入式 (7.138) ~ 式 (7.140) 对其进行简化：

$$\bar{\rho}\bar{u}\frac{\partial \bar{u}}{\partial \bar{x}} + \bar{\rho}\bar{v}\frac{\partial \bar{u}}{\partial \bar{y}} + \frac{1}{\gamma M_\infty^2}\frac{\partial \bar{p}}{\partial \bar{x}} = \frac{1}{Re_\infty}\left[\frac{\partial \bar{\tau}_{\bar{x}\bar{x}}}{\partial \bar{x}} + \frac{\partial \bar{\tau}_{\bar{y}\bar{x}}}{\partial \bar{y}}\right] \quad (7.141a)$$

$$\bar{\rho}\bar{u}\frac{\partial \bar{v}}{\partial \bar{x}} + \bar{\rho}\bar{v}\frac{\partial \bar{v}}{\partial \bar{y}} + \frac{1}{\gamma M_\infty^2}\frac{\partial \bar{p}}{\partial \bar{y}} = \frac{1}{Re_\infty}\left[\frac{\partial \bar{\tau}_{\bar{x}\bar{y}}}{\partial \bar{x}} + \frac{\partial \bar{\tau}_{\bar{y}\bar{y}}}{\partial \bar{y}}\right] \quad (7.141b)$$

$$\bar{\rho}\bar{u}\frac{\partial \bar{e}}{\partial \bar{x}} + \bar{\rho}\bar{v}\frac{\partial \bar{e}}{\partial \bar{y}} + \gamma(\gamma-1)M_\infty^2\left[\bar{\rho}\bar{u}\frac{\partial \bar{e}_k}{\partial \bar{x}} + \bar{\rho}\bar{v}\frac{\partial \bar{e}_k}{\partial \bar{y}}\right] + (\gamma-1)\left[\frac{\partial (\bar{p}\bar{u})}{\partial \bar{x}} + \frac{\partial (\bar{p}\bar{v})}{\partial \bar{y}}\right]$$

$$= \frac{\gamma(\gamma-1)M_\infty^2}{Re_\infty}\left[\frac{\partial}{\partial \bar{x}}(\bar{u}\bar{\tau}_{\bar{x}\bar{x}} + \bar{v}\bar{\tau}_{\bar{x}\bar{y}}) + \frac{\partial}{\partial \bar{y}}(\bar{u}\bar{\tau}_{\bar{y}\bar{x}} + \bar{v}\bar{\tau}_{\bar{y}\bar{y}})\right] + \gamma\frac{1}{Re_\infty}\frac{1}{Pr_\infty}\left[\frac{\partial \bar{q}_{\bar{x}}}{\partial \bar{x}} + \frac{\partial \bar{q}_{\bar{y}}}{\partial \bar{y}}\right]$$

$$(7.142)$$

无量纲方程组式 (7.138)、式 (7.141a)、式 (7.141b)、式 (7.142) 与原控制方程组式 (7.133) ∼ 式 (7.135) 对比多出了几个无量参数，即比热比 γ、马赫数 M_∞、雷诺数 Re_∞ 和普朗特数 Pr_∞，其中后两个是由于黏性流动而引入的新无量纲参数。γ 和 Pr_∞ 的构成参数中，只包含了气体介质的热力学属性参数和输运属性参数，因此是介质属性参数；M_∞ 和 Re_∞ 不仅含有气体介质属性参数，还包含流动参数——速度和特征尺度，与气体介质属性和流动属性都相关。显然，上述无量纲参数就是高超声速黏性流动的相似参数。另外需要注意的是，按照式 (7.137) 进行无量纲化的状态方程为 $\bar{p}p_\infty = \bar{\rho}_\infty R\bar{T}T_\infty \rightarrow \bar{p} = \bar{\rho}\bar{T}$，形式上与原状态方程也不同。

高超声速黏性流动，除了控制方程的变化，其边界条件也将不同于无黏流动。后者通常应用滑移速度边界条件，而前者则须应用无滑移边界条件，即速度各分量在壁面上为 0。另外，高超声速黏性流动的温度边界条件较为复杂，通常包括恒温壁与绝热壁或者给定热流等条件，实际上，温度边界条件引入了另外一个相似参数，即壁温比 $\dfrac{T_\mathrm{w}}{T_\infty}$。如果是高超声速流动中耦合了热化学反应，将会引入更多的无量纲参数，这里不展开论述。

7.6.2 高超声速边界层流动控制方程

边界层流动是黏性流动中的经典问题，高超声速黏性流动也同样存在边界层流动问题，如图 7.37 所示，在弹道靶试验中，锥体 (半锥角为 5°) 以马赫数 4.3 超声速飞行，边界层虽然很薄，但清晰可见，并伴有湍流转捩和再层流化、小激波等复杂现象。如图 7.38 所示，边界层包括速度边界层 (厚度 δ) 和温度边界层 (厚度 δ_T)，两者通常并不重合，反映出边界层内黏性耗散与热传导引起的输运差异。上述差异与普朗特数 Pr 相关，当 $Pr < 1$ 时，$\delta_T > \delta$，而当 $Pr < 1$ 时，$\delta_T < \delta$。

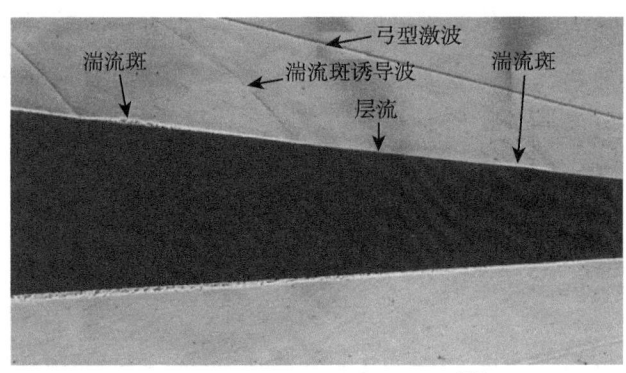

图 7.37 超声速边界层流动 [17]

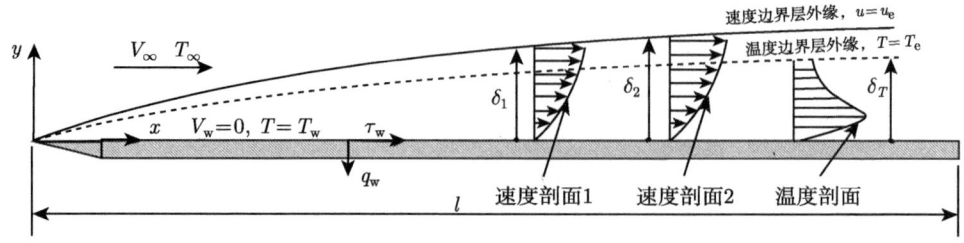

图 7.38 边界层流动示意图

在边界层流动中，$\delta \ll l$，$Re_\infty = \dfrac{\rho_\infty V_\infty l}{\mu_\infty} \gg 1$，薄边界层与薄激波层流动类似，展向速度分量 v 相对于来流速度 V_∞ 来说是小量，其量级为 $\dfrac{v}{V_\infty} = \mathrm{O}\left[\dfrac{\delta}{l}\right]$，再观察黏性流动无量纲控制方程式 (7.141a)、式 (7.141b)、式 (7.142)，黏性耗散项前的系数 $\dfrac{1}{Re_\infty}$ 也是小量，因此，耗散项中关于 v 及其偏导数项可以省去，另外，速度分量 u 的流向偏导数项也是小量，只保留 $\dfrac{\partial u}{\partial y}$ 相关项。回到有量纲形式的控制方程，连续性方程保留，即式 (7.133)，动量方程则可简化，见式 (7.134a) 和式 (7.134b)。

$$\frac{\partial (\rho u)}{\partial x} + \frac{\partial (\rho v)}{\partial y} = 0 \tag{7.143}$$

$$\rho u \frac{\partial u}{\partial x} + \rho v \frac{\partial u}{\partial y} = -\frac{\mathrm{d} p_e}{\mathrm{d} x} + \frac{\partial}{\partial y}\left(\mu \frac{\partial u}{\partial y}\right) \tag{7.144a}$$

$$\frac{\partial p}{\partial y} = 0 \tag{7.144b}$$

y 向动量方程简化成式 (7.144b)，这反映出边界层的压强分布特征，即边界层内沿展向压强保持不变，其值为外缘的压强 p_e，且仅与流向位置相关，$p_e = p(x)$。因此在向动量方程的压强梯度项也直接写作 $\dfrac{\mathrm{d} p_e}{\mathrm{d} x}$，而不再用偏导数形式。关于能量方程，我们不从式 (7.135) 出发，而从另一种等价形式出发，即

$$\begin{aligned}
&\rho u \frac{\partial (e + p/\rho)}{\partial x} + \rho v \frac{\partial (e + p/\rho)}{\partial y} + \rho u \frac{\partial e_k}{\partial x} + \rho v \frac{\partial e_k}{\partial y} \\
&= \frac{\partial}{\partial x}(u \tau_{xx} + v \tau_{xy}) + \frac{\partial}{\partial y}(u \tau_{yx} + v \tau_{yy}) + \frac{\partial q_x}{\partial x} + \frac{\partial q_y}{\partial y}
\end{aligned} \tag{7.145}$$

式 (7.145) 与式 (7.135) 形式上略有不同，将压强相关项与内能相关项合并，并利用连续方程 (7.143) 进行了简化。如此，可以将单位质量气体的热力学焓 h 引入

式 (7.145) 中，即
$$h = e + p/\rho \tag{7.146}$$
另外，关于动能的偏导数项如下：
$$\rho u \frac{\partial e_k}{\partial x} + \rho v \frac{\partial e_k}{\partial y} = \rho u \left(u \frac{\partial u}{\partial x} + v \frac{\partial v}{\partial x} \right) + \rho v \left(u \frac{\partial u}{\partial y} + v \frac{\partial v}{\partial y} \right) \approx u \left(\rho u \frac{\partial u}{\partial x} + \rho v \frac{\partial u}{\partial y} \right)$$

将式 (7.144a) 代入上式得
$$\rho u \frac{\partial e_k}{\partial x} + \rho v \frac{\partial e_k}{\partial y} \approx -u \frac{\mathrm{d}p_e}{\mathrm{d}x} + u \frac{\partial}{\partial y}\left(\mu \frac{\partial u}{\partial y}\right) \tag{7.147}$$

能量方程中的黏性耗散和热传导项，也省去小量，即
$$\frac{\partial}{\partial x}(u\tau_{xx} + v\tau_{xy}) + \frac{\partial}{\partial y}(u\tau_{yx} + v\tau_{yy}) + \frac{\partial q_x}{\partial x} + \frac{\partial q_y}{\partial y} \approx \frac{\partial}{\partial y}\left(u\mu \frac{\partial u}{\partial y}\right) + \frac{\partial q_y}{\partial y}$$
$$= u \frac{\partial}{\partial y}\left(\mu \frac{\partial u}{\partial y}\right) + \mu \left(\frac{\partial u}{\partial y}\right)^2 + \frac{\partial}{\partial y}\left(k \frac{\partial T}{\partial y}\right) \tag{7.148}$$

将式 (7.146)~ 式 (7.148) 代入能量方程 (7.145) 并化简得
$$\rho u \frac{\partial h}{\partial x} + \rho v \frac{\partial h}{\partial y} = u \frac{\mathrm{d}p_e}{\mathrm{d}x} + \mu \left(\frac{\partial u}{\partial y}\right)^2 + \frac{\partial}{\partial y}\left(k \frac{\partial T}{\partial y}\right) \tag{7.149}$$

式 (7.143)、式 (7.144a)、式 (7.144b) 和式 (7.149) 就构成了二维边界层流动的控制方程。另外，还需气体状态方程来封闭边界层流动问题：
$$h = c_p T \tag{7.150}$$
$$p = \rho R T \tag{7.151}$$
以及边界条件，例如，
$$y = 0, \quad u = 0, \quad v = 0, \quad T = T_\mathrm{w}(\text{等温壁}) \text{ 或 } \left(\frac{\partial T}{\partial y}\right)_\mathrm{w} = 0(\text{绝热壁}) \tag{7.152a}$$
$$y = \delta, \quad u = u_\mathrm{e}, \quad T = T_\mathrm{e} \tag{7.152b}$$

注意，边界层厚度 δ 一般是未知的，因此上述边界层外缘条件在实际问题中很难事先确定位置，一般取足够大的 y 值处赋外缘边界条件。

上述边界层流动控制方程没有限制高马赫数，适用于任何可压缩边界层流动，包括亚声速、超声速情形，当然，也包括高超声速情形。但是，如果气流马赫数或总焓太高，气体在物面边界滞止下来，过高的边界层温度将诱发复杂的热化学反应，那么上述控制方程将变得不完备。高温边界层流动问题属于高温气体动力学范畴，可参考文献 [3] 和文献 [18]，已经超出本书的范围。

7.6.3 高超声速边界层流动自相似解

边界层流动的自相似解是 20 世纪 40~50 年代发展起来的，其目的是引入变换空间坐标系 (ξ, η)，分别对应物理空间坐标 (x, y)，使得变换空间内边界层剖面与剖面位置 ξ 无关，而仅是 η 的函数，即 $u = u(\eta)$。该变换关系为

$$\xi = \int_0^x \rho_e u_e \mu_e \mathrm{d}x \tag{7.153}$$

$$\eta = \frac{u_e}{\sqrt{2\xi}} \int_0^y \rho \mathrm{d}y \tag{7.154}$$

其中，下标 "e" 代表边界层外缘流场参数，显然，$\xi = \xi(x)$，与坐标 y 无关。边界层流动控制方程组，即式 (7.143)、式 (7.144a)、式 (7.144b) 和式 (7.149) 需要变换到 (ξ, η) 空间，包括自变量和因变量。

对于偏导数项来说，我们需要偏导数算式：

$$\begin{aligned} \frac{\partial A}{\partial x} &= \frac{\partial A}{\partial \xi}\frac{\partial \xi}{\partial x} + \frac{\partial A}{\partial \eta}\frac{\partial \eta}{\partial x} \\ \frac{\partial A}{\partial y} &= \frac{\partial A}{\partial \xi}\frac{\partial \xi}{\partial y} + \frac{\partial A}{\partial \eta}\frac{\partial \eta}{\partial y} \end{aligned} \tag{7.155}$$

其中，A 为边界层流动的任意流场参数。根据式 (7.153) 和式 (7.154) 以及 $\xi = \xi(x)$ 这一特点，我们有

$$\frac{\partial \xi}{\partial x} = \rho_e u_e \mu_e, \quad \frac{\partial \xi}{\partial y} = 0, \quad \frac{\partial \eta}{\partial y} = \frac{u_e \rho}{\sqrt{2\xi}} \tag{7.156}$$

所以，式 (7.155) 改写为

$$\frac{\partial A}{\partial x} = \rho_e u_e \mu_e \frac{\partial A}{\partial \xi} + \frac{\partial A}{\partial \eta}\frac{\partial \eta}{\partial x} \tag{7.157a}$$

$$\frac{\partial A}{\partial y} = \frac{u_e \rho}{\sqrt{2\xi}} \frac{\partial A}{\partial \eta} \tag{7.157b}$$

引入流函数 ψ：

$$\frac{\partial \psi}{\partial y} = \rho u, \quad \frac{\partial \psi}{\partial x} = -\rho v \tag{7.158}$$

该流函数自动满足连续方程 (7.143)。将流函数引入动量方程 (7.144a) 中：

$$\frac{\partial \psi}{\partial y}\frac{\partial u}{\partial x} - \frac{\partial \psi}{\partial x}\frac{\partial u}{\partial y} = -\frac{\mathrm{d}p_e}{\mathrm{d}x} + \frac{\partial}{\partial y}\left(\mu \frac{\partial u}{\partial y}\right) \tag{7.159}$$

将算式 (7.157) 引入式 (7.159) 中：

$$\frac{u_e\rho}{\sqrt{2\xi}}\frac{\partial\psi}{\partial\eta}\left(\rho_e u_e\mu_e\frac{\partial u}{\partial\xi}+\frac{\partial\eta}{\partial x}\frac{\partial u}{\partial\eta}\right)-\left(\rho_e u_e\mu_e\frac{\partial\psi}{\partial\xi}+\frac{\partial\eta}{\partial x}\frac{\partial\psi}{\partial\eta}\right)\frac{u_e\rho}{\sqrt{2\xi}}\frac{\partial u}{\partial\eta}$$
$$=-\rho_e u_e\mu_e\frac{\mathrm{d}p_e}{\mathrm{d}\xi}+\frac{u_e\rho}{\sqrt{2\xi}}\frac{\partial}{\partial\eta}\left(\mu\frac{u_e\rho}{\sqrt{2\xi}}\frac{\partial u}{\partial\eta}\right) \quad (7.160\mathrm{a})$$

上式两侧同乘以 $\dfrac{\sqrt{2\xi}}{u_e\rho}$ 得

$$\frac{\partial\psi}{\partial\eta}\left(\rho_e u_e\mu_e\frac{\partial u}{\partial\xi}+\frac{\partial\eta}{\partial x}\frac{\partial u}{\partial\eta}\right)-\left(\rho_e u_e\mu_e\frac{\partial\psi}{\partial\xi}+\frac{\partial\eta}{\partial x}\frac{\partial\psi}{\partial\eta}\right)\frac{\partial u}{\partial\eta}$$
$$=-\frac{\sqrt{2\xi}\rho_e\mu_e}{\rho}\frac{\mathrm{d}p_e}{\mathrm{d}\xi}+\frac{\partial}{\partial\eta}\left(\mu\frac{u_e\rho}{\sqrt{2\xi}}\frac{\partial u}{\partial\eta}\right) \quad (7.160\mathrm{b})$$

定义函数 $f(\xi,\eta)$ 使得

$$\frac{u}{u_e}=\frac{\partial f}{\partial\eta}=f' \quad (7.161)$$

因为边界层外缘速度 u_e 只是自变量 x 的函数，即 $u_e=u_e(x)$，从而在变换空间内也只是自变量 ξ 的函数，即 $u_e=u_e(\xi)$，所以

$$\frac{\partial u}{\partial\xi}=f'\frac{\mathrm{d}u_e}{\mathrm{d}\xi}+u_e\frac{\partial f'}{\partial\xi} \quad (7.162)$$

$$\frac{\partial u}{\partial\eta}=u_e f'' \quad (7.163)$$

其中，$f''=\dfrac{\partial^2 f}{\partial\eta^2}$。

由物理空间 (x,y) 内流函数 ψ 的定义式 (7.158)、变换空间 (ξ,η) 内函数 f 的定义式 (7.161) 以及变换关系式 (7.157)，得到函数 ψ 和 f 之间的关系：$\dfrac{u_e\rho}{\sqrt{2\xi}}\dfrac{\partial\psi}{\partial\eta}=\rho u_e f'$，即

$$\frac{\partial\psi}{\partial\eta}=\sqrt{2\xi}f' \quad (7.164)$$

将式 (7.164) 关于 η 进行积分得 $\psi=\sqrt{2\xi}f+F(\xi)$，其中 F 是 ξ 的函数。注意到在壁面上沿流向的任意点的流函数 $\psi(\xi,0)=0$，要满足此条件，函数 F 必须为 0，即 $F(\xi)=0$，所以

$$\psi=\sqrt{2\xi}f \quad (7.165)$$

因此，有流函数 ψ 对变换空间自变量 ξ 的偏导数为

$$\frac{\partial \psi}{\partial \xi} = \sqrt{2\xi}\frac{\partial f}{\partial \xi} + \frac{1}{\sqrt{2\xi}}f \tag{7.166}$$

边界层外缘无黏流动由欧拉方程控制，其中有如下关系：

$$\mathrm{d}p_\mathrm{e} = -\rho_\mathrm{e} u_\mathrm{e} \mathrm{d}u_\mathrm{e} \tag{7.167}$$

将式 (7.162)、式 (7.163)、式 (7.164)、式 (7.166)、式 (7.167) 全部代入 x 方向动量方程 (7.160b) 中并适当化简得

$$\sqrt{2\xi}\rho_\mathrm{e} u_\mathrm{e}\mu_\mathrm{e}\left(f'\right)^2\frac{\mathrm{d}u_\mathrm{e}}{\mathrm{d}\xi} + \sqrt{2\xi}\rho_\mathrm{e} u_\mathrm{e}^2\mu_\mathrm{e}f'\frac{\partial f'}{\partial \xi} + \sqrt{2\xi}u_\mathrm{e}f'f''\frac{\partial \eta}{\partial x} - \sqrt{2\xi}\rho_\mathrm{e} u_\mathrm{e}^2\mu_\mathrm{e}f''\frac{\partial f}{\partial \xi}$$
$$-\frac{\rho_\mathrm{e} u_\mathrm{e}^2\mu_\mathrm{e}}{\sqrt{2\xi}}ff'' - \sqrt{2\xi}u_\mathrm{e}f'f''\frac{\partial \eta}{\partial x} = \frac{\sqrt{2\xi}\rho_\mathrm{e}^2 u_\mathrm{e}\mu_\mathrm{e}}{\rho}\frac{\mathrm{d}u_\mathrm{e}}{\mathrm{d}\xi} + \frac{\partial}{\partial \eta}\left(\frac{u_\mathrm{e}^2\rho\mu}{\sqrt{2\xi}}f''\right) \tag{7.168}$$

式中关于 $\frac{\partial \eta}{\partial x}$ 的第 3 项和第 6 项可以消掉，然后等式两侧同除以 $\sqrt{2\xi}\rho_\mathrm{e} u_\mathrm{e}^2\mu_\mathrm{e}$ 得

$$\frac{(f')^2}{u_\mathrm{e}}\frac{\mathrm{d}u_\mathrm{e}}{\mathrm{d}\xi} + f'\frac{\partial f'}{\partial \xi} - f''\frac{\partial f}{\partial \xi} - \frac{1}{2\xi}ff'' = \frac{\rho_\mathrm{e}}{\rho u_\mathrm{e}}\frac{\mathrm{d}u_\mathrm{e}}{\mathrm{d}\xi} + \frac{\partial}{\partial \eta}\left(\frac{1}{2\xi}\frac{\rho\mu}{\rho_\mathrm{e}\mu_\mathrm{e}}f''\right) \tag{7.169}$$

或

$$\frac{2\xi}{u_\mathrm{e}}\left[(f')^2 - \frac{\rho_\mathrm{e}}{\rho}\right]\frac{\mathrm{d}u_\mathrm{e}}{\mathrm{d}\xi} + 2\xi\left(f'\frac{\partial f'}{\partial \xi} - f''\frac{\partial f}{\partial \xi}\right) = \left(\frac{\rho\mu}{\rho_\mathrm{e}\mu_\mathrm{e}}f''\right)' + ff'' \tag{7.170}$$

上式就是可压缩边界层流动 x 方向动量方程在空间 (ξ, η) 内的变换形式。式 (7.144b) 给出的 y 方向动量方程在空间 (ξ, η) 内为

$$\frac{\partial p}{\partial \eta} = 0 \tag{7.171}$$

定义无量纲热力学焓：

$$g = g(\xi, \eta) = \frac{h}{h_\mathrm{e}} \tag{7.172}$$

可压缩边界层流动能量方程 (7.149) 在空间 (ξ, η) 内的变换形式为

$$2\xi\left[f'\frac{\partial g}{\partial \xi} - g'\frac{\partial f}{\partial \xi} + \frac{\rho_\mathrm{e} u_\mathrm{e}}{\rho h_\mathrm{e}}f'\frac{\mathrm{d}u_\mathrm{e}}{\mathrm{d}\xi}\right] - \frac{\rho\mu}{\rho_\mathrm{e}\mu_\mathrm{e}}\frac{u_\mathrm{e}^2}{h_\mathrm{e}}(f'')^2 = \left(\frac{1}{Pr}\frac{\rho\mu}{\rho_\mathrm{e}\mu_\mathrm{e}}g'\right)' + fg' \tag{7.173}$$

在 (ξ, η) 空间的边界条件如下：

$$\eta = 0, \quad f = f' = 0, \quad g = g_\mathrm{w}\ (\text{等温壁}) \quad \text{或} \quad g' = 0\ (\text{绝热壁}) \tag{7.174a}$$

7.6 高超声速黏性流动

$$\eta \to \infty, \quad f' = 1, \quad g = 1 \tag{7.174b}$$

式 (7.170)、式 (7.171)、式 (7.173)、式 (7.174) 就是可压缩边界层流动控制方程及边界条件在 (ξ, η) 空间内的变换形式,其中 f 和 g 都是 ξ, η 的函数。变换空间内的控制方程仍然是偏微分方程,在形式上看起来比原方程还要复杂。利用上述方程可求得函数 f 和 g,继而可以求得速度与焓在边界层内的分布,即 $u(\xi, \eta) = u_e f'(\xi, \eta), h(\xi, \eta) = h_e g(\xi, \eta)$,而由式 (7.171) 可知压强沿 η 方向分布为常数,即 $p(\xi, \eta) = p_e(\xi)$,根据热力学状态方程,而其他流场参数可以通过 h 和 p 来求得,即 $T = T(h, p), \rho = \rho(h, p)$。

针对边界层流动,在工程中最为值得关注的问题是壁面摩阻和热流,其中当地壁面摩阻系数定义为

$$c_f = \frac{\tau_w}{\frac{1}{2}\rho_e u_e^2} \tag{7.175}$$

式中,τ_w 为壁面剪切应力:

$$\tau_w = \left(\mu \frac{\partial u}{\partial y}\right)_w$$

由式 (7.157b) 和式 (7.161) 得

$$c_f = \frac{2\mu_w \rho_w}{\rho_e \sqrt{2\xi}} f''(\xi, 0) \tag{7.176}$$

当地热流系数一般有努塞特 (Nusselt) 数 Nu 和斯坦顿 (Stanton) 数 C_H:

$$Nu = \frac{q_w x}{k_e (T_{aw} - T_w)} \tag{7.177a}$$

$$C_H = \frac{q_w}{\rho_e u_e (h_{aw} - h_w)} \tag{7.177b}$$

式中,q_w 为当地热流率,即单位时间内通过单位面积壁面传入边界的能量;x 为到边界层前缘的距离;k_e 为边界层外缘的热传导系数;T_{aw}, h_{aw} 分别为绝热 ($q_w = 0$ 时) 壁温和绝热壁焓。对于量热完全气体,$h = c_p T$,则

$$Nu = \frac{q_w}{\rho_e u_e c_p (T_{aw} - T_w)} \frac{\rho_e u_e x}{\mu_e} \frac{\mu_e c_p}{k_e} = C_H Re Pr \tag{7.178a}$$

壁面热流率为

$$q_w = \left[k \frac{\partial T}{\partial y}\right]_w$$

将此式代入式 (7.177b)，并应用式 (7.157b) 和式 (7.172) 得

$$C_H = \frac{1}{\sqrt{2\xi}} \frac{k_w}{c_p} \frac{\rho_w}{\rho_e} \frac{h_e}{(h_{aw} - h_w)} g'(\xi, 0) \tag{7.178b}$$

通常情况下，对于一个非自相似的可压缩边界层流动问题，利用上述 (ξ, η) 空间变换方程及其边界条件得到的边界层内的流场参数分布并非天然具有自相似特征，而且需要求解一个耦合的、非线性偏微分方程控制的双点边值问题。对于平板边界层流动和驻点附近的流动，是自相似的，这是两个经典的自相似边界层流动问题。

对于平板边界层流动 (0 攻角)，u_e, T_e, p_e 等边界层外缘参数为常值，这将使问题简化。在式 (7.170) 和式 (7.173) 中，由于 $\frac{\mathrm{d}u_e}{\mathrm{d}\xi} = 0$，则

$$2\xi \left(f' \frac{\partial f'}{\partial \xi} - f'' \frac{\partial f}{\partial \xi} \right) = \left(\frac{\rho \mu}{\rho_e \mu_e} f'' \right)' + f f'' \tag{7.179a}$$

$$2\xi \left[f' \frac{\partial g}{\partial \xi} - g' \frac{\partial f}{\partial \xi} \right] - \frac{\rho \mu}{\rho_e \mu_e} \frac{u_e^2}{h_e} (f'')^2 = \left(\frac{1}{Pr} \frac{\rho \mu}{\rho_e \mu_e} g' \right)' + f g' \tag{7.179b}$$

此时的控制方程组仍为非线性偏微分方程组。另外，对于平板边界层流动问题，f 和 g 都只是 η 的函数，与 ξ 无关，即 $f = f(\eta)$，$g = g(\eta)$，此时，式 (7.179a) 和式 (7.179b) 中关于 ξ 的偏导数项可以进一步消掉，并引入 Chapman-Rubesin 系数 $C_R = \frac{\rho \mu}{\rho_e \mu_e}$，则有

$$(C_R f'')' + f f'' = 0 \tag{7.180a}$$

$$\left(\frac{C_R}{Pr} g' \right)' + f g' + C_R \frac{u_e^2}{h_e} (f'')^2 = 0 \tag{7.180b}$$

以上两式中不再出现自变量 ξ 的相关项，可压缩平板边界层流动控制方程已经成为常微分方程，η 为其自唯一变量，该边界层是自相似的。注意式 (7.180b) 中 C_R 和 Pr 是当地值，是 η 的函数，前者在高超声速边界层的法线方向上变化很大，可达量级差别，后者变化较小。

求解平板边界层问题通常需要应用"打靶法"，根据式 (7.174a)，在平板壁面上边界条件有 $f(0) = 0$，$f'(0) = 0$，$g(0) = g_w$ (等温壁)，然后开始"打靶"预估 $f''(0)$ 和 $g'(0)$ 的值，积分求解式 (7.180a) 和式 (7.180b)，得到 η 足够大 (即计算点到达边界层外缘) 时 $f'(\eta)$ 和 $g(\eta)$ 的值，判断它们是否为 1，如果是，"打靶"结束；如果否，修正 $f''(0)$ 和 $g'(0)$ 的值，继续以上步骤，直到边界层外缘条件得到满足：$f'(\eta) = 1$，$g(\eta) = 1$。

平板边界层外缘流动参数为常值，根据式 (7.153)，我们有

$$\xi = \rho_e u_e \mu_e x \tag{7.181}$$

将式 (7.181) 代入式 (7.176)，且函数 f 已与自变量 ξ 无关，所以

$$c_f = \frac{2\mu_w \rho_w}{\rho_e \sqrt{2\rho_e u_e \mu_e x}} f''(0) = \sqrt{2} \frac{\mu_w \rho_w}{\rho_e \mu_e} \frac{f''(0)}{\sqrt{\rho_e u_e x/\mu_e}} = \sqrt{2} \frac{\mu_w \rho_w}{\rho_e \mu_e} \frac{f''(0)}{\sqrt{Re_x}} \tag{7.182a}$$

由式 (7.171) 知，边界层内压强沿法向方向为常值，因此，在法向方向上，密度 ρ 将是温度 T 的单值函数，所以有 $\rho_w/\rho_e = T_e/T_w$，而通常气体的动力学黏性系数 μ 也是温度 T 的单值幂函数，如果近似为 $\mu \propto T^n$，那么 $\frac{\rho_w \mu_w}{\rho_e \mu_e} = \left(\frac{T_w}{T_e}\right)^{n-1}$，基于此，式 (7.182a) 可以改写为

$$c_f = \sqrt{2} \left(\frac{T_w}{T_e}\right)^{n-1} \frac{f''(0)}{\sqrt{Re_x}} \tag{7.182b}$$

在式 (7.179b) 中，$\frac{u_e^2}{h_e} = \frac{M_e^2 a_e^2}{c_p T_e} = \frac{M_e^2 \gamma R T_e}{\frac{\gamma}{\gamma-1} R T_e} = (\gamma - 1) M_e^2$，显然，$f$ 和 g 是相似参数 γ，M_e，Pr 的函数，因此可压缩平板边界层流动的摩阻系数 c_f 可以用上述相似参数来描述，即

$$c_f = Re_x^{-\frac{1}{2}} F(\gamma, M_e, Pr, T_w/T_e) \tag{7.183}$$

同理，壁面热流系数即 Stanton 数式 (7.178b) 可以改写为

$$C_H = \sqrt{2} \frac{\mu_w \rho_w}{\rho_e \mu_e} \frac{1}{Pr_w} \frac{1}{(T_{aw}/T_e - T_w/T_e)} \frac{g'(0)}{\sqrt{Re_x}}$$
$$= \sqrt{2} (T_w/T_e)^{n-1} \frac{1}{Pr_w} \frac{1}{(T_{aw}/T_e - T_w/T_e)} \frac{g'(0)}{\sqrt{Re_x}} = Re_x^{-\frac{1}{2}} G(\gamma, M_e, Pr, T_w/T_e) \tag{7.184}$$

图 7.39 给出了平板边界层流动的速度剖面和温度剖面[19]，该流动假设冷壁条件 $T_w/T_e = 0.25$，且 $Pr = 0.75$ 为常值。可以看出，随着马赫数 M_∞ 的增加，速度边界层厚度以及温度边界层厚度迅速增大，由于 $Pr < 1$，速度边界层厚度略大于温度边界层厚度。观察该图温度剖面，自边界层外缘，气流温度先增大，达到极值后迅速减小到给定壁温，边界层内温度极值反映了黏性耗散和热传导的输运效应，而且马赫数 M_∞ 越大，该输运效应越强。

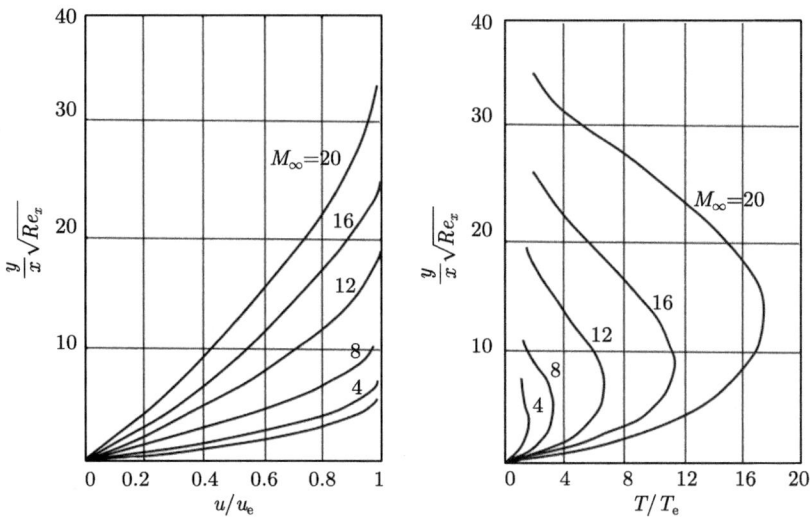

图 7.39 平板边界层速度与温度剖面 [19]

图 7.40 和图 7.41 分别给出了不同壁温比 ($T_w/T_e = 0.25 \sim 6$) 条件下的平板边界层流动的摩阻系数和 Standon 数的分布剖面。随着 M_∞ 的增加,摩阻系数 c_f 和热流系数 C_H 是逐渐减小的,当然,壁面剪应力 τ_w 和热流值 q_w 是显著增大的,因为它们分别与 M_∞ 的平方和三次方成正比。在相同的气流马赫数 M_∞ 条件下,随着壁温比 (T_w/T_e) 的增加,c_f 和 C_H 是减小的,这是因为随着壁温比增加,不管速度边界层还是温度边界层都显著增厚,这使得壁面附近的速度梯度和温度梯度减小,从而降低了 c_f 和 C_H。

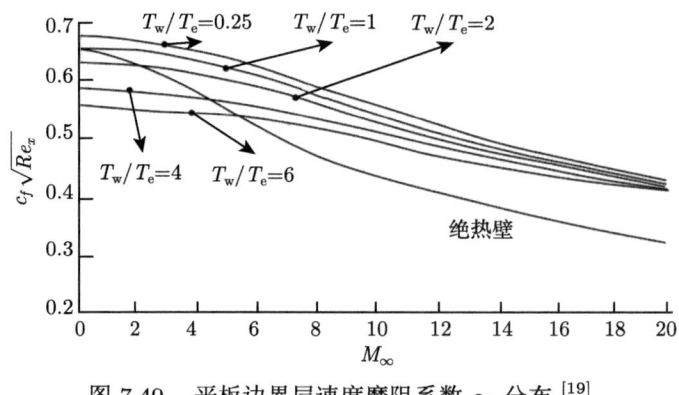

图 7.40 平板边界层速度摩阻系数 c_f 分布 [19]

除了平板边界层外,驻点附近边界层流动也是自相似的。如图 7.42 所示,考虑在二维柱面驻点附近的流动,在该流动中也假设 f 和 g 都只是 η 的函数,与

7.6 高超声速黏性流动

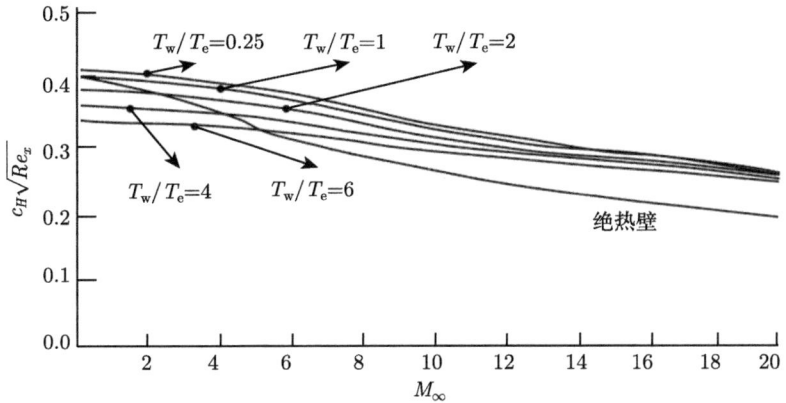

图 7.41 平板边界层速度热流系数 C_H 分布 [19]

ξ 无关，则式 (7.170) 和式 (7.173) 可分别改写为

$$\left[(f')^2 - \frac{\rho_e}{\rho}\right]\frac{2\xi}{u_e}\frac{\mathrm{d}u_e}{\mathrm{d}\xi} = (C_R f'')' + ff'' \tag{7.185}$$

$$2\xi\left[\frac{\rho_e u_e}{\rho h_e}f'\frac{\mathrm{d}u_e}{\mathrm{d}\xi}\right] - C_R\frac{u_e^2}{h_e}(f'')^2 = \left(\frac{C_R}{Pr}g'\right)' + fg' \tag{7.186}$$

以上两式依然与自变量 ξ 相关。在驻点附近，如图 7.42 所示，$u_e \to 0$，而 $h_e = h_{0\infty}$（过驻点附近的正激波为绝热流动，总焓不变），显然针对高超声速流动来说，$h_{0\infty} = \left(1 + \frac{\gamma-1}{2}M_\infty^2\right)c_p T_\infty$，是一个相当大的数值，因此有

$$u_e^2/h_e \approx 0 \tag{7.187}$$

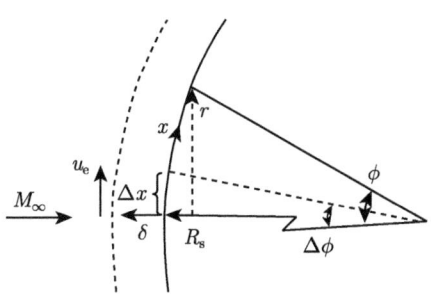

图 7.42 驻点附近的边界层流动

另外，由于 $u_e \to 0$，所以驻点附近的流动呈现出不可压缩流动的特征，例如

$$\frac{u_e}{x} = \left(\frac{\mathrm{d}u_e}{\mathrm{d}x}\right)_s \tag{7.188}$$

$(\mathrm{d}u_e/\mathrm{d}x)_s$ 为驻点附近边界层外缘的速度梯度。将式 (7.188) 代入式 (7.153) 得

$$\xi = \int_0^x \rho_e u_e \mu_e \mathrm{d}x = \int_0^x \rho_e \mu_e \left(\frac{\mathrm{d}u_e}{\mathrm{d}x}\right)_s x \mathrm{d}x = \rho_e \mu_e \left(\frac{\mathrm{d}u_e}{\mathrm{d}x}\right)_s \frac{x^2}{2} \tag{7.189}$$

因此,
$$\frac{\mathrm{d}u_e}{\mathrm{d}\xi} = \frac{\mathrm{d}u_e}{\mathrm{d}x}\frac{\mathrm{d}x}{\mathrm{d}\xi} = \frac{\mathrm{d}u_e/\mathrm{d}x}{\mathrm{d}\xi/\mathrm{d}x} \tag{7.190}$$

由式 (7.153) 知
$$\frac{\mathrm{d}\xi}{\mathrm{d}x} = \rho_e u_e \mu_e \tag{7.191}$$

将式 (7.191) 代入式 (7.190) 中得
$$\frac{\mathrm{d}u_e}{\mathrm{d}\xi} = \frac{1}{\rho_e u_e \mu_e}\frac{\mathrm{d}u_e}{\mathrm{d}x} \tag{7.192}$$

由式 (7.188) 和式 (7.192) 得到在驻点附近边界层外缘的速度梯度:
$$\left(\frac{\mathrm{d}u_e}{\mathrm{d}\xi}\right)_s = \frac{1}{\rho_e \mu_e (\mathrm{d}u_e/\mathrm{d}x)_s x}\left(\frac{\mathrm{d}u_e}{\mathrm{d}x}\right)_s = \frac{1}{\rho_e \mu_e x} \tag{7.193}$$

观察式 (7.185) 左侧中括号外的 $\dfrac{\mathrm{d}u_e}{\mathrm{d}\xi}$ 相关项,应用式 (7.188)、式 (7.189) 和式 (7.193) 得

$$\frac{2\xi}{u_e}\frac{\mathrm{d}u_e}{\mathrm{d}\xi} = \frac{2\left[\rho_e \mu_e \left(\dfrac{\mathrm{d}u_e}{\mathrm{d}x}\right)_s \dfrac{x^2}{2}\right]}{\left[x\left(\dfrac{\mathrm{d}u_e}{\mathrm{d}x}\right)_s\right]}\left[\frac{1}{\rho_e \mu_e x}\right] = 1 \tag{7.194}$$

观察式 (7.186) 中 $\dfrac{\mathrm{d}u_e}{\mathrm{d}\xi}$ 相关项,应用式 (7.188)、式 (7.189) 和式 (7.193) 得

$$2\xi\frac{\rho_e u_e}{\rho h_e}\frac{\mathrm{d}u_e}{\mathrm{d}\xi} = 2\left[\rho_e \mu_e \left(\frac{\mathrm{d}u_e}{\mathrm{d}x}\right)_s \frac{x^2}{2}\right]\frac{\rho_e}{\rho h_e}\left[x\left(\frac{\mathrm{d}u_e}{\mathrm{d}x}\right)_s\right]\left[\frac{1}{\rho_e \mu_e x}\right] = \frac{\rho_e}{\rho h_e}\left(\frac{\mathrm{d}u_e}{\mathrm{d}x}\right)_s^2 x^2 \tag{7.195}$$

在驻点,$x = 0$,所以
$$2\xi\frac{\rho_e u_e}{\rho h_e}\frac{\mathrm{d}u_e}{\mathrm{d}\xi} = 0 \tag{7.196a}$$

式 (7.185) 中 ρ_e/ρ 项为
$$\frac{\rho_e}{\rho} = \frac{p_e}{p}\frac{T}{T_e} = \frac{p_e}{p}\frac{h}{h_e} = \frac{h}{h_e} \equiv g \tag{7.196b}$$

7.6 高超声速黏性流动

把式 (7.187)、式 (7.194)、式 (7.196a) 和式 (7.196b) 代入式 (7.185) 和式 (7.186) 得

$$(f')^2 - g = (C_R f'')' + f f'' \tag{7.197}$$

$$\left(\frac{C_R}{Pr}g'\right)' + fg' = 0 \tag{7.198}$$

式 (7.197) 与式 (7.198) 已与自变量 ξ 无关，因此，可压缩驻点边界层流动也是自相似的。应用"打靶法"可以求解上述方程，一个重要结果是柱面模型驻点热流[20]：

$$q_\mathrm{w} = 0.57 Pr^{-0.6} (\rho_\mathrm{e}\mu_\mathrm{e})^{0.5} \sqrt{\frac{\mathrm{d}u_\mathrm{e}}{\mathrm{d}x}} (h_\mathrm{aw} - h_\mathrm{w}) \tag{7.199}$$

对于球面模型，变换关系式 (7.153) 和式 (7.154) 要稍作改动

$$\xi = \int_0^x \rho_\mathrm{e} u_\mathrm{e} \mu_\mathrm{e} r^2 \mathrm{d}x \tag{7.200}$$

$$\eta = \frac{u_\mathrm{e} r}{\sqrt{2\xi}} \int_0^y \rho \mathrm{d}y \tag{7.201}$$

式中，r 为垂向坐标，如图 7.41 所示。在此变换空间 (ξ, η) 内，球面模型驻点的边界层方程为

$$(C_R f'')' + f f'' = \frac{1}{2}\left[(f')^2 - g\right] \tag{7.202}$$

$$\left(\frac{1}{Pr}C_R g'\right)' + fg' = 0 \tag{7.203}$$

求解上述方程可以得到球面模型驻点热流[20]：

$$q_\mathrm{w} = 0.763 Pr^{-0.6} (\rho_\mathrm{e}\mu_\mathrm{e})^{0.5} \sqrt{\frac{\mathrm{d}u_\mathrm{e}}{\mathrm{d}x}} (h_\mathrm{aw} - h_\mathrm{w}) \tag{7.204}$$

对比式 (7.199) 与式 (7.204)，两者除了常系数不同外，其他项完全对称，显然球面驻点热流高于柱面驻点热流。

再次回忆边界层外缘无黏流动的欧拉方程：

$$\mathrm{d}p_\mathrm{e} = -\rho_\mathrm{e} u_\mathrm{e} \mathrm{d}u_\mathrm{e}$$

因此我们有

$$\frac{\mathrm{d}u_\mathrm{e}}{\mathrm{d}x} = -\frac{1}{\rho_\mathrm{e} u_\mathrm{e}}\frac{\mathrm{d}p_\mathrm{e}}{\mathrm{d}x} \tag{7.205}$$

假设模型表面压强分布符合牛顿理论，即式 (7.16c)，$C_p = 2\sin^2\theta$，此处 θ 为气流偏转角，它与 ϕ 的关系为 $\theta = 90^o - \phi$，角度 ϕ 的定义见图 7.42。所以，$C_p = (p_e - p_\infty)/q_\infty = 2\cos^2\phi$，从而有

$$p_e = 2q_\infty \cos^2\phi + p_\infty \tag{7.206}$$

对式 (7.206) 进行微分运算

$$\frac{\mathrm{d}p_e}{\mathrm{d}x} = -4q_\infty \cos\phi \sin\phi \frac{\mathrm{d}\phi}{\mathrm{d}x} \tag{7.207}$$

将式 (7.207) 代入式 (7.205) 得

$$\frac{\mathrm{d}u_e}{\mathrm{d}x} = \frac{4q_\infty}{\rho_e u_e} \cos\phi \sin\phi \frac{\mathrm{d}\phi}{\mathrm{d}x} \tag{7.208}$$

式 (7.208) 在整个物面都适用。下文针对驻点附近区域讨论，如图 7.42 所示，在驻点附近的微小角度偏移 $\Delta\phi \to 0$ 和位移 $\Delta x \to 0$，则根据式 (7.188) 有

$$u_e = \left(\frac{\mathrm{d}u_e}{\mathrm{d}x}\right)_s \Delta x \tag{7.209}$$

同时，在驻点区域，$\phi \to 0$，所以

$$\cos\phi \approx 1, \quad \sin\phi \approx \phi \approx \Delta\phi \approx \frac{\Delta x}{R_s}, \quad \frac{\mathrm{d}\phi}{\mathrm{d}x} = \frac{1}{R_s} \tag{7.210}$$

式 (7.206) 改写为

$$q_\infty = (p_e - p_\infty)/2 \tag{7.211}$$

将式 (7.209) ~ 式 (7.211) 代入式 (7.208) 得

$$\left(\frac{\mathrm{d}u_e}{\mathrm{d}x}\right)_s = \frac{2(p_e - p_\infty)}{\rho_e \left(\frac{\mathrm{d}u_e}{\mathrm{d}x}\right)_s \Delta x} \frac{\Delta x}{R_s} \frac{1}{R_s}$$

化简得

$$\left(\frac{\mathrm{d}u_e}{\mathrm{d}x}\right)_s = \frac{1}{R}\sqrt{\frac{2(p_e - p_\infty)}{\rho_e}} \tag{7.212}$$

对高超声速流动来说，以上公式所涉及的驻点边界层外缘参数可以用激波波后的滞止参数来近似，例如 p_e 为波后总压，见式 (4.48d)，在此处改写为

$$\frac{p_e}{p_\infty} = \frac{[M_\infty^2(\gamma+1)/2]^{\gamma/(\gamma-1)}}{[2M_\infty^2\gamma/(\gamma+1) - (\gamma-1)/(\gamma+1)]^{1/(\gamma-1)}} \tag{7.213}$$

将式 (7.212) 代入式 (7.199) 和式 (7.204) 可以发现驻点热流与驻点曲率半径的关系，即

$$q_s \propto \sqrt{\frac{1}{R_s}} \tag{7.214}$$

这就是返回式太空飞船或太空飞机的迎风面结构都是钝体，而不是尖锐前缘结构的原因，见图 7.4、图 7.6。实际上在飞行器返回大气层的过程中，头部激波层内气体将发生复杂的热化学反应，以上讨论所用的量热完全气体模型将不适用，Fay-Riddell 公式 [21] 是考虑热化学反应真实气体环境的驻点热流，它同样保持与驻点曲率半径的关系，即式 (7.214)；另外，热辐射等因素也将非常显著，这都超出了本书范围，细节参见文献 [3]。

以上驻点热流的计算比较复杂，涉及较多输入的参数，在实际工程应用中并不方便。Chapman[22] 给出了气体大气环境中的驻点热流公式 (7.215)，各参数采用国际单位制，其中最后一项通常可以省略，驻点热流与关键参数的相关关系被该式清晰表达出来了。

$$q_s = 1.63 \times 10^{-4} \left(\frac{\rho}{R_s}\right)^{1/2} V_\infty^3 \left(1 - \frac{h_w}{h_\infty}\right) \tag{7.215}$$

参 考 文 献

[1] McBride B J, Zehe M J, Gordon S. NASA Glenn coefficients for calculating thermodynamic properties of individual species. NASA/TP 2002-211556, Glenn Research Center, Cleveland, 2002.

[2] Hansen C F. Approximations for the thermodynamics and transport properties of high-temperature air. NACA TR R-50, 1957.

[3] Anderson J D Jr. Hypersonic and High Temperature Gas Dynamics. New York: McGraw-Hill Book Company, 1989.

[4] Hu Z M, Zhou K, Peng J, et al. Shock relations in gases of heterogeneous thermodynamic properties. Sci. China Technol. Sci., 2017, 60:1050.

[5] Cox R N, Crabtree L F. Elementary of Hypersonic Aerodynamics. New York: Academy Press, 1965.

[6] Lees L. Hypersonic flows//The Fifth International Aeronautical Conference, Los Angles, 1955: 241-276.

[7] Busemann A. Flussigkeits- und Gasbewegund, Handworterbuch der Naturwissenschaften. Zweite Auflage, 1933: 275-277.

[8] Neice S E, Dorris M E. Similarity laws for slender bodies of revolution in hypersonic flows. J. Aeronaut. Sci., 1951, 18(8):527-530, 568.

[9] Tsien H S. Similarity laws of hypersonic flows. J. Math. Phys., 1946, 25:247-251.

[10] Hayes W D. On hypersonic similitude. Quart. App. Math., 1947, 5(1):105-106.

[11] Sedov L I. Similarity and Dimensional Methods in Mechanics. New York: Academy Press, 1959.

[12] Lukasiewicz J. Blast-hypersonic flow analogy-theory and applications. American Rocket Soc. J., 1962, 32(9):1341-1346.

[13] van Hise V. Analytic study of induced pressure on long bodies of resolution with varying nose bluntness at hypersonic speeds. NASA TR-R-78, 1960.

[14] Lees L, Tubota T. Inviscid hypersonic flow over blunt-nosed slender bodies. J. Aeronaut. Sci., 1957, 24:195-202.

[15] Maslen S H. Inviscid hypersonic flow past smooth symmetric bodies. AIAA J., 1964, 2(6):1055-1061.

[16] Kubota T. Investigation of flow around simple bodies in hypersonic flow. Graduate Aeronautical Labs, California Institute of Technology Memo 40, 1957.

[17] Steven P S. Hypersonic laminar-turbulent transition on circular cones and scramjet fore-bodies. Prog. Aerosp. Sci., 2004, 40:1-50.

[18] Bertin J J. Hypersonic aerothermodynamics. American Institute of Aeronautics and Astronautics,1994.

[19] van Driest ER. Investigation of laminar boundary layer in compressible fluids using the Crocco method. NACA TN 2579, 1952.

[20] van Driest E R. The problem of aerodynamic heating. Aeronautical Engineering Review, 1956: 26-41.

[21] Fay J A, Riddell F R. Theory of stagnation point heat transfer in dissociated air. J. Aeronaut. Sci., 1958, 25:73-80,121.

[22] Chapman G T. Theoretical laminar convective heat transfer & boundary layer characteristics on cones at speeds to 24 km. NASA TN D-2463, 1964.

第 8 章 高温热化学反应气体流动

8.1 引　　言

在我们的日常生活中，化学反应流动无处不在。如图 8.1 所示，火柴的燃烧，化石燃料电厂的锅炉，森林火灾，燃料电池，涡扇发动机、火箭发动机等高速飞行推进器的燃烧器，以超高速进入大气的飞行器，超新星的形成，等等，都与化学反应有关。特别是后三种场景，化学反应伴随着高速流动，甚至发生复杂相互作用。

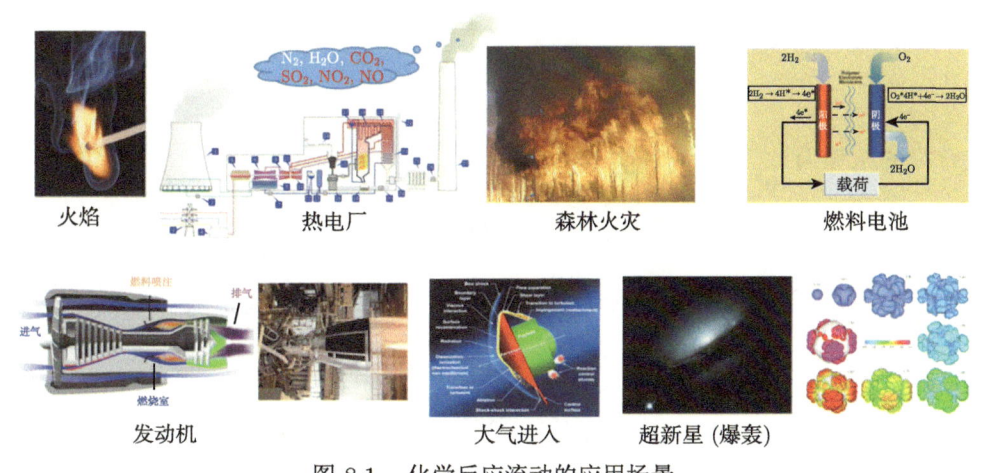

图 8.1　化学反应流动的应用场景

在第 7 章提到的高超声速流动的高温效应，其本质就是强激波后高温热化学反应与高速流动的耦合，图 1.20 和图 1.21 分别给出两种典型高速化学反应流动的案例，即高超声速飞行器头部流动以及爆轰波的爆燃转爆轰 (DDT) 过程，这将是本章的主要讲述对象。化学反应动力学，特别是燃烧学，是一门内容丰富的基础学科，但本章并不尝试包罗万象。

8.2　气体热化学

高速化学反应流动是气体动力学、热力学以及化学反应动力学的多学科交叉，其中热力学基本内容在第 2 章已经有简述，本处不重复。以下仅针对热化学

(thermochemistry) 基本概念略作补充。

气体化学反应系统的构成必然是多种气体或粒子成分的混合物，各种成分都具有各自的热力学参数，如分子量、比热、焓、温度等，并在混合系统中按照道尔顿定律体现各自的分压：

$$p_i = x_i p \tag{8.1}$$

其中，p 为混合物的压强；p_i 为混合系统中第 i 组分的分压；x_i 为混合系统中第 i 组分的摩尔分数或者体积分数。有时候需要质量分数 C_i。摩尔分数和质量分数可以换算：

$$C_i = x_i \frac{\mathrm{MW}_i}{\mathrm{MW}_{\mathrm{mix}}} \tag{8.2}$$

其中，MW_i 为混合系统中第 i 组分的摩尔质量；$\mathrm{MW}_{\mathrm{mix}}$ 为混合物的摩尔质量。由 n 种组分构成的混合物的密度为

$$\rho = \sum_{i=1}^{n} \rho_i = \sum_{i=1}^{n} \rho C_i \tag{8.3}$$

混合物的压强为

$$p = \sum_{i=1}^{n} p_i = \sum_{i=1}^{n} \rho_i R_i T = \sum_{i=1}^{n} p x_i \tag{8.4}$$

其中，R_i 为混合系统中第 i 组分的气体常数。混合物的气体常数为

$$R_{\mathrm{mix}} = \sum_{i=1}^{n} R_i C_i \tag{8.5}$$

混合物的摩尔质量为

$$\mathrm{MW}_{\mathrm{mix}} = \sum_{i=1}^{n} x_i \mathrm{MW}_i = \frac{1}{\sum_{i=1}^{n} (C_i / \mathrm{MW}_i)} \tag{8.6}$$

反应混合系统的化学恰当比 (stoichiometric ratio)，如碳氢化合物燃烧反应：

$$\mathrm{C}_x \mathrm{H}_y + a(\mathrm{O}_2 + 3.76 \mathrm{N}_2) \longrightarrow x\mathrm{CO}_2 + \frac{y}{2}\mathrm{H}_2\mathrm{O} + 3.76a\mathrm{N}_2 \tag{8.7}$$

化学恰当比即让反应物恰好反应彻底的配比：

$$\left(\frac{A}{F}\right)_{\mathrm{stoic}} = \left(\frac{m_{\mathrm{air}}}{m_{\mathrm{fuel}}}\right)_{\mathrm{stoic}} = 4.76a \frac{\mathrm{MW}_{\mathrm{air}}}{\mathrm{MW}_{\mathrm{fuel}}} \tag{8.8}$$

其中，$a = x + y/4$。在燃烧学中通常用当量比 (equivalence ratio) 来表征燃烧混合物是富燃还是贫燃，即

$$\phi = \frac{\left(\dfrac{A}{F}\right)_{\text{stoic}}}{\left(\dfrac{A}{F}\right)} \tag{8.9}$$

当 $\phi > 1$ 时富燃，当 $\phi < 1$ 时则为贫燃，$\phi = 1$ 即为化学恰当条件。

反应组分的焓 (enthalpy 或 absolute enthalpy)，通常包含两部分，即标准生成焓 (enthalpy of formation) $h_{\text{f},i}(T_{\text{ref}})$ 与显焓 (sensible enthalpy) $\Delta h_{\text{s},i}(T)$，前者与化学键有关，即打开多原子分子的化学键需要能量或键能，后者则与温度相关：

$$h_i(T) = h_{\text{f},i}(T_{\text{ref}}) + \Delta h_{\text{s},i}(T) \tag{8.10a}$$

其中，

$$\Delta h_{\text{s},i}(T) = \int_{T_{\text{ref}}}^{T} c_{p,i}(T)\,\mathrm{d}T \tag{8.10b}$$

式中，参考温度 T_{ref} 通常为标准状态参数 $T_{\text{ref}} = 298.15\ \text{K}$ 或者绝对零度 $T_{\text{ref}} = 0\ \text{K}$。几种组分的生成焓和显焓见表 8.1。习惯上将在标准状态下自然存在基本组分 (例如 O_2 和 N_2) 的标准生成焓定义为 0 值。图 8.2 以氧原子为例给出了焓值计算的示意图，生成氧原子，需要打断氧分子的化学键 O=O，标准状态下氧分子的键能是 498350 J/mol，因此氧原子的生成焓将是该键能的一半，即 249175 J/mol；在 $T = 4000\ \text{K}$，氧原子还有一部分显焓；以上两部分就构成了氧原子的焓 (绝对焓值)。

标准反应焓 (enthalpy of reaction) 即在标准状态和化学恰当条件的反应系统中，生成物与反应物的焓值差，即

$$\Delta h_{\text{R}} = \sum_{i=1}^{n_p} N_i h_i - \sum_{j=1}^{n_R} N_j h_j \tag{8.11}$$

其值也等于打断反应物的化学键需要输入的能量以及生成物化学键所释放的能量。如果反应过程还伴随着相变，那还应引入相变潜热。

如果反应系统在其反应过程中，伴随着系统容积的变化和环境–系统之间的热传递，则需引入另一能量的概念——吉布斯自由能 g (见第 2 章基本概念)：

$$g = e + pv - Ts = h - Ts \tag{2.11}$$

表 8.1　标准压强条件下几种组分的生成焓和显焓 (单位 J/mol 或者 J/(mol·K))

组分名称	$h(0\ \text{K})$	$h_f(0\ \text{K})$	$h_f(298.15\ \text{K})$	$c_p(298.15\ \text{K})$	$\Delta h_s(298.15\ \text{K})$
e^-	−6197	−6197	0	20.786	6197
Ar	−6197	−6197	0	20.786	6197
CO_2	−402975	−393142	−393510	37.135	9365
C_2H_4	41981	61025	52500	42.887	10519
H_2	−8468	−8468	0	28.836	8468
H_2O	−251730	−238922	−241826	33.588	9904
H	211801	216035	217999	20.786	6197
H^+	1530049	1528085	1536246	20.786	6197
HO_2	2018	14932	12020	34.893	10002
He	−6197	−6197	0	20.786	6197
N_2	−8670	−8670	0	29.124	8670
N	466483	480818	472680	20.786	6197
N^+	1875011	1873149	1882128	21.285	7.117
O_2	−8680	−8680	0	29.378	8680
O	242450	246790	249175	21.912	6725
O^-	95275	105813	101846	21.686	6571
OH	28465	37039	37278	29.886	8813
OH^-	−153862	−139091	−145256	29.141	8606
CO	422082	426853	428442	23.024	6360
NO	82092	90767	91271	29.862	9179

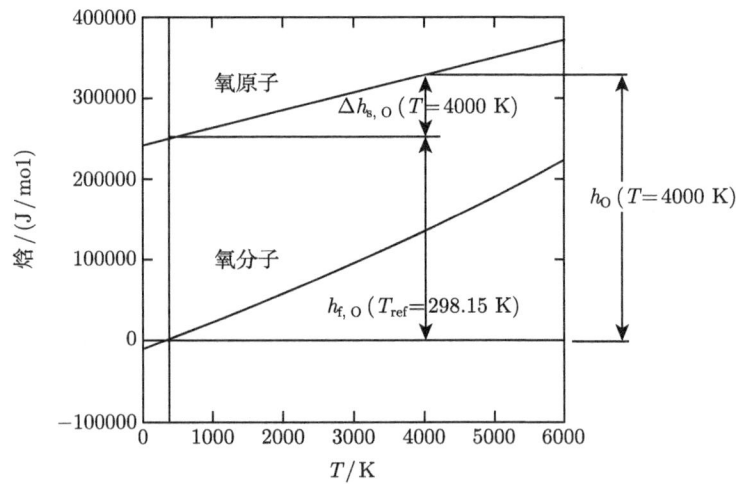

图 8.2　化学组分焓值的计算示意图

在化学反应动力学中，吉布斯自由能有着重要的含义，即粒子反应的驱动力，这两个驱动力的平衡关系决定了粒子反应的方向。吉布斯自由能变小的反应是自发 (favorable 或 spontaneous) 反应，比如焓 h 变小而熵 s 增大的反应。相反，吉布斯自由焓增大的反应就是非自发的，需要附加条件才可以实现。

8.3 化学反应动力学

从 20 世纪开始,化学动力学 (chemical kinetics) 开始转从微观的角度进行探讨,20 世纪初期兴起的化学反应的简单碰撞理论给出了第一个反应速率模型,该模型认为反应物分子必须相互接近,然后发生碰撞,描述这一过程需要计算分子的碰撞频率和活化分子的浓度。20 世纪 30 年代,在简单碰撞理论的基础上,人们借助于量子力学计算分子中原子间势能的方法,求得了反应体系的势能面,形成了化学反应的"过渡态理论",该理论认为反应物分子进行有效碰撞后,首先形成一个过渡态 (活化络合物),然后活化络合物分解为产物。

研究过程中人们逐渐发现,在反应历程中,有一些反应能力强、寿命短的自由基的存在,这一发现迫切要求开发测定和分析自由基的新方法,建立研究快速反应的新领域。自 20 世纪 30 年代起,研究者们开始采用光谱法和质量法来检测 OH\H\CH_2 等自由基;到 20 世纪 50 年代,又出现了用示波管法来研究气相高温快速反应,能够通过闪光光解技术发现寿命特别短的自由基;及至 20 世纪 80 年代,光解技术的分辨率已提高到纳秒和皮秒,可直接观测化学反应的最基本的动态历程。

20 世纪 60 年代后期,将分子束应用于研究化学反应,从而实现了从分子反应的层次上来观察,分子反应动力学应运而生。化学研究者们可以定义出从反应物到生成物的详细化学途径,并测定或者计算它们相应的化学反应速率,利用这些研究成果就可以通过构建计算机模型来模拟反应系统。

8.3.1 化学反应质量作用定律

化学反应都具有一个确定的与系统条件相关的反应速率,其中相关系统因素主要有反应物浓度、温度、催化剂或抑制剂的存在等。化学反应速率可表达为反应物浓度的减少速率或者产物的生成速率。一个具有 N 种组分 (包括反应物和生成物) 的单步化学反应的化学计量关系可以表达为

$$\sum_{i=1}^{N} v'_i \mathrm{M}_i \rightleftharpoons \sum_{j=1}^{N} v''_j \mathrm{M}_j \tag{8.12}$$

其中,v'_i 为反应物组分 M_i 的化学计量系数 (stoichiometric coefficient);v''_j 为生成物组分 M_j 的化学计量系数。如反应

$$\mathrm{H} + \mathrm{HO}_2 \longrightarrow 2\mathrm{OH} \tag{8.13}$$

中,$N = 3$,$\mathrm{M}_1 = \mathrm{H}$,$\mathrm{M}_2 = \mathrm{HO}_2$,$\mathrm{M}_3 = \mathrm{OH}$,$v'_1 = 1$,$v'_2 = 1$,$v'_3 = 0$,$v''_1 = 0$,$v''_2 = 0$,$v''_3 = 1$。

单步化学反应 (8.12) 的反应速率 ω，即反应物浓度减少的速率，质量作用定律 (the law of mass action) 指出，反应速率与所有反应物的摩尔浓度 n 次幂的乘积成正比，n 为相应反应组分的化学计量系数，即

$$\omega_{\mathrm{f}} = k_{\mathrm{f}}(T) \prod_{i=1}^{N} x_i^{v_i'} \tag{8.14}$$

式中，x_i 为反应物组分 M_i 的摩尔浓度；k_{f} 为反应速率常数 (后文将展开叙述)，主要与温度有关。那么组分的摩尔浓度变化率为

$$\omega_i = \frac{\mathrm{d}x_i}{\mathrm{d}t} = (v_i'' - v_i')\omega_{\mathrm{f}} = (v_i'' - v_i')k_{\mathrm{f}}(T) \prod_{i=1}^{N} x_i^{v_i'} \tag{8.15}$$

质量作用定律在微观上反映了组元粒子的碰撞频率，因此与组元的摩尔浓度成正比。例如，反应式 (8.13) 的正反应速率为

$$\omega_{\mathrm{f}} = -\frac{\mathrm{d}x_1}{\mathrm{d}t} = -\frac{\mathrm{d}x_2}{\mathrm{d}t} = \frac{1}{2}\frac{\mathrm{d}x_3}{\mathrm{d}t} = k_{\mathrm{f}}(T) x_1 x_2 \tag{8.16}$$

绝大部分的化学反应都是可逆的，单步化学反应 (8.12) 的逆反应的反应速率 ω_{b} 同理可表达为

$$\omega_{\mathrm{b}} = k_{\mathrm{b}}(T) \prod_{i=1}^{N} x_i^{v_i''} \tag{8.17}$$

那么可逆反应的反应速率为

$$\omega = \omega_{\mathrm{f}} - \omega_{\mathrm{b}} = k_{\mathrm{f}}(T) \prod_{i=1}^{N} x_i^{v_i'} - k_{\mathrm{b}}(T) \prod_{i=1}^{N} x_i^{v_i''} \tag{8.18}$$

可逆反应达到平衡时，有

$$\omega = \omega_{\mathrm{f}} - \omega_{\mathrm{b}} \equiv 0 \tag{8.19}$$

那么可逆反应的平衡常数

$$k_{\mathrm{C}} = \frac{k_{\mathrm{f}}(T)}{k_{\mathrm{b}}(T)} = \prod_{i=1}^{N} x_i^{(v_i'' - v_i')} \tag{8.20}$$

绝大多数的反应都不是单步反应那么简单，而是由若干个基元反应 (elementary reaction) 构成，称为多步基元反应，例如，氢气和氧气的反应，而且反应条

件不同，具体的反应步骤也存在显著差异。对于具有 N 种组分和 R 个基元反应的多步基元反应，其中第 r 个基元反应为

$$\sum_{i=1}^{N} v'_{i,r} M_i \rightleftharpoons \sum_{j=1}^{N} v''_{j,r} M_j, \quad r = 1, 2, \cdots, R \tag{8.21}$$

那么组分 M_i 的变化率为

$$\begin{aligned}\omega_i &= \sum_{r=1}^{R} \left\{ \left(v''_{i,r} - v'_{i,r} \right) \omega_r \right\} \\ &= \sum_{r=1}^{R} \left\{ \left(v''_{i,r} - v'_{i,r} \right) \left[k_{f,r}(T) \prod_{i=1}^{N} x_i^{v'_{i,r}} - k_{b,r}(T) \prod_{i=1}^{N} x_i^{v''_{i,r}} \right] \right\}\end{aligned} \tag{8.22}$$

多步基元反应非常复杂，例如，碳氢燃料的反应模型可包含上百种组分以及上千个基元反应，给实际应用特别是数值模拟带来极大挑战，因为复杂的化学反应模型会引入太多变量，并且，各基元反应的特征时间存在的巨大差异会引起严重刚性问题。根据具体应用场景，一般将复杂多步基元反应模型进行简化，其中遗传算法、人工智能、机器学习等优化和简化数学算法得到发展和应用，这是关于化学反应流动的一个重要研究方向。

8.3.2 化学反应速率常数理论

以上关于化学反应速率以及质量作用定律的阐述，并非基于严格的基础理论，而是通过试验观察和抽象逻辑建立的，称为化学反应速率唯象理论 (phenomenological law)。但是，前文提到一个关键的参数，即化学反应速率常数 k_f 是有其理论基础的，这归功于一个人——阿伦尼乌斯 (Svante August Arrhenius，图 8.3)，他因化学反应速率常数理论的研究成果而获得 1903 年诺贝尔化学奖。

基于粒子碰撞理论，阿伦尼乌斯指出只有能量超过某一阈值的分子之间才能通过碰撞发生

图 8.3 阿伦尼乌斯 (1859—1927)

化学反应，这一阈值称为活化能 (activation energy)，用 E_a 表示。如图 8.4 所示为某放热可逆基元反应的能级示意图，反应物需要通过分子碰撞达到一个高能态的过渡态，然后再反应得到低能态生成物。对于放热化学反应，$Q_c > 0$，那么逆反应的活化能大于正反应的活化能，$E_{a,f} < E_{a,b}$，因此，该反应更易于沿正向反

应进行。阿伦尼乌斯给出了基元反应速率常数与活化能以及温度的关系：

$$\frac{\mathrm{d}\ln[k(T)]}{\mathrm{d}T} = \frac{E_\mathrm{a}}{R_0 T^2} \tag{8.23}$$

如果 E_a 与温度无关，则有

$$k(T) = A\mathrm{e}^{\left(-\frac{E_\mathrm{a}}{R_0 T}\right)} \tag{8.24}$$

式中，R_0 为普适气体常数；通常将 $\mathrm{e}^{\left(-\frac{E_\mathrm{a}}{R_0 T}\right)}$ 称为玻尔兹曼因子；将 $\dfrac{E_\mathrm{a}}{R_0 T}$ 称为阿伦尼乌斯因子来表征基元反应速率对温度的敏感性；指数前的因子 A 反映了分子动理学的碰撞频率，而玻尔兹曼因子则表征能级超过过渡态的碰撞所占的份额。表 8.2 给出一个简单的氢氧基元化学反应模型，含有 6 种反应组分和 8 步基元反应。

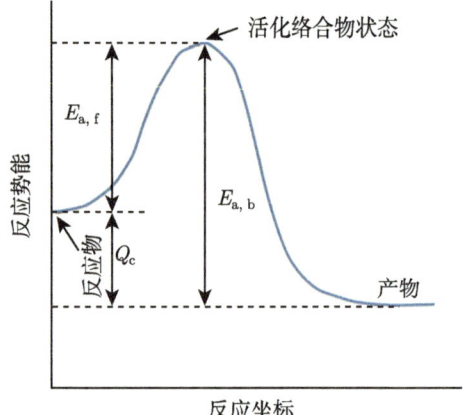

图 8.4 活化能概念示意图

表 8.2 氢氧基元化学反应模型 ($N=6, R=8$)

编号	反应方程式	因子 A	温度指数 n	活化能 E_a
1	$O_2+H \Longrightarrow O+OH$	6.00×10^{14}	0.00	16790.0
2	$H_2+O \Longrightarrow H+OH$	1.07×10^{4}	2.80	5921.0
3	$H_2+OH \Longrightarrow H+H_2O$	7.00×10^{12}	0.00	4400.0
4	$O+H_2O \Longrightarrow 2OH$	1.50×10^{10}	1.14	17190.0
5	$H_2 \Longrightarrow 2H$	2.90×10^{18}	-1.00	104330.0
6	$2O \Longrightarrow O_2$	6.17×10^{15}	-0.50	0.0
7	$O+H \Longrightarrow OH$	1.00×10^{15}	0.00	-497.0
8	$H+OH \Longrightarrow H_2O$	8.80×10^{21}	-2.00	0.0

8.3.3 链式反应机制

绝大部分化学反应的多步基元反应之间都是相互影响，并且是分步进行的，称为链式反应机制 (chain mechnism)。1913 年，Bodenstein 在研究氯化氢的光化合过程中提出链式反应，这一概念的提出打开了化学动力学研究的新领域。此后，苏联的 Semyonov 和英国的 Hinshelwood 分别用不同的实验同时发现了燃烧的"界限"现象，陆续证实了多种燃烧反应都具有链式反应的特征。因 Semyonov 和 Hinshelwood 对链式反应研究所做的突出贡献，1956 年两人同时获得诺贝尔化学奖。图 8.5 给出了链式反应机制的示意图，通常分为直链反应和分支反应。直链反应是指消耗和产生自由基 (free radical) 数目相同的基元反应，包括链起始 (chain initiation)、链传递 (chain carrying) 和链终止 (chain termination) 三步骤，见图 8.5(a)。分支反应，是指产生自由基数目比消耗自由基数目更多的基元反应，包括链起始 (chain initiation)、链传递 (chain carrying)、链分支 (chain branching) 和链终止 (chain termination) 四步骤，见图 8.5(b)。

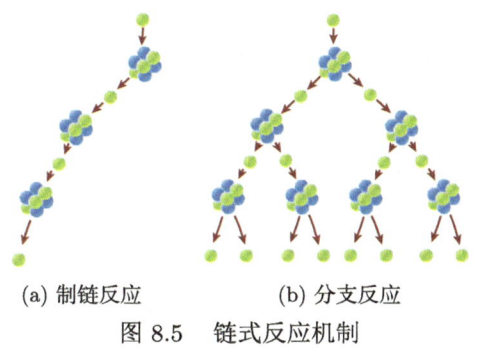

(a) 制链反应　　(b) 分支反应

图 8.5　链式反应机制

分支反应相对于直链反应来说更加剧烈，关键就是其反应机制中包含了后者没有的分支反应，使得反应产生的自由基以指数速度加速 (accelerating)。例如，氢氧爆轰就是分支反应机制，而卤族元素氟 (F_2)、氯 (Cl_2)、溴 (Br_2)、碘 (I_2) 等与氢气的反应就是直链反应。

Br_2 和 H_2 的反应为直链反应，包括以下几步：

$Br_2 + M \longrightarrow Br + Br + M$　链起始

$Br + H_2 \longrightarrow HBr + H$　链传递

$Br_2 + H \longrightarrow HBr + Br$　链传递

$HBr + H \longrightarrow H_2 + Br$　链传递

$Br + Br + M \longrightarrow Br_2 + M$　链终止

以上反应中 M 为三体，可以是反应系统中任意一种组分。直链反应一旦起始就可以自持，随着反应的进行，总是在消耗某种自由基的同时生成另一种自由基，因此，自由基的总数保持不变，如图 8.5(a) 所示，这类反应并不十分剧烈。

O_2 和 H_2 的反应为分支反应，包括 (但并不限于) 以下几个关键基元反应步：

(1) $H_2 + M \longrightarrow H + H + M$ 链起始

(2) $O_2 + M \longrightarrow O + O + M$ 链起始

(3) $O_2 + H \longrightarrow OH + O$ 链分支

(4) $H_2 + O \longrightarrow OH + H$ 链分支

(5) $H_2O + O \longrightarrow OH + OH$ 链分支

(6) $OH + H_2 \longrightarrow H_2O + H$ 链传递

(7) $OH + H + M \longrightarrow H_2O + M$ 链终止

(8) $O + H \longrightarrow OH + M$ 链终止

(9) $H + H + M \longrightarrow H_2 + M$ 链终止

(10) $H + O_2 + M \longrightarrow HO_2 + M$ 链终止 (低温与中等压强环境)

(11) $O_2 + H_2 \longrightarrow HO_2 + H$ 链起始

(12) $HO_2 + H \longrightarrow OH + OH$ 链传递

(13) $HO_2 + H_2 \longrightarrow H_2O_2 + H$ 链传递

(14) $H_2O_2 + H \longrightarrow H_2O + HO_2$ 链传递

(15) $H_2O_2 + OH \longrightarrow H_2O + OH$ 链传递

(16) $H_2O_2 + M \longrightarrow OH + OH + M$ 链分支

分支反应一旦起始就会加速进行，关键因素就是含有分支反应，如第 (3)~(5) 步，消耗某一自由基，同时产生更多的自由基，如图 8.5(b) 所示，使得反应系统中的自由基总数呈指数关系迅速增加，氢氧混合气体的爆炸就源于此。

大部分化学反应的多步基元反应之间都是相互影响的，并且受反应环境的影响，即使相同的反应物，在不同反应环境下，具体的反应步也可能存在显著差异。氢氧混合气体的反 S 形爆炸极限曲线就是一个典型的例子，如图 8.6 所示。例如，假定反应物初始温度为 500 °C 保持不变，不断改变反应物的初始压强，将依次出现三个极限位置。

第一极限约为 1.5 mmHg (毫米汞柱，1 mmHg = 133 Pa)，在此压强值以下，混合物平均分子自由程足够大，H、O、OH 等自由基足以到达容器壁面并失去活性，因此难以与其他粒子发生足够的碰撞，链分支反应难以进行，因此爆炸不会发生。当超过这一极限值时，上述自由基与其他粒子的碰撞足够诱发链分支反应的加速进行，足以弥补器壁损失，使得混合气体发生爆炸。

上述反应 (10) 生成自由基 HO_2 的基元反应比较特殊，它是涉及自由基 HO_2 系列基元反应的启动反应步，但是，在低温和中等压强环境下，它是一个链终止反应，此时 HO_2 的活性比较弱，易于达到器壁并失去活性。当反应物初始压强升

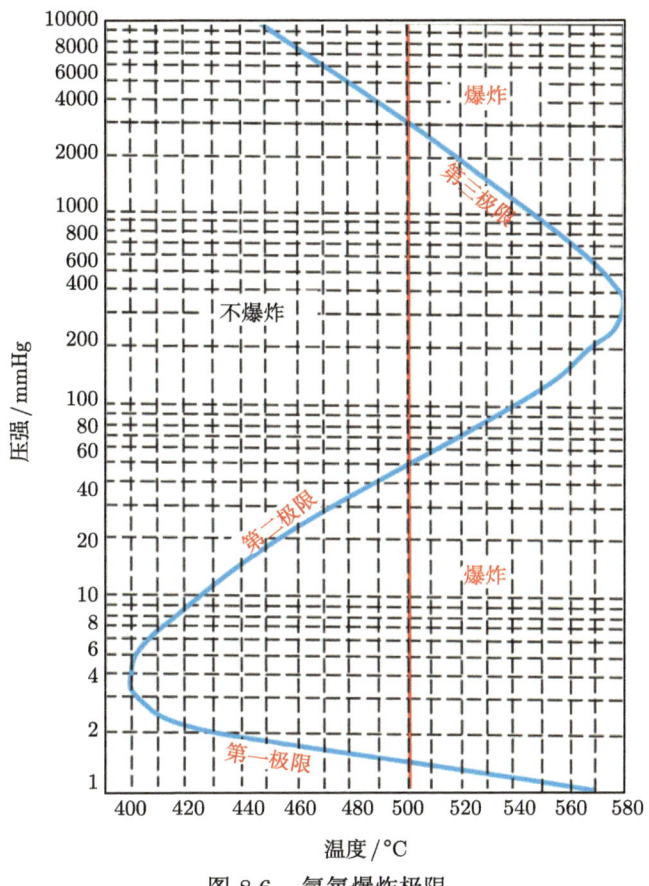

图 8.6 氢氧爆炸极限

高到第一极限后，反应 (10) 开始与反应 (3) 竞争并消耗自由基 H；当反应物初始压强升高到第二极限 (50 mmHg) 后，反应 (10) 比反应 (3) 强势，消耗掉大量的自由基 H，使得链式反应终止。在此压强范围，混合气体不发生爆炸。

当初始混合气体压强增加到第三极限 (3000 mmHg) 后，平均分子自由程足够小，使得自由基 HO_2 与其他粒子发生足够碰撞并发生反应 (12) 和反应 (13)，其中反应 (13) 启动了相关 H_2O_2 的系列基元反应，如反应 (14)~ 反应 (16) 等，使得链反应急剧加速，混合气体发生爆炸。

8.4 化学反应气体流动实例与数值模拟方法——气相爆轰

正如图 8.1 所示，高速化学反应流动的场景很多，如涡扇发动机和火箭发动机等高速飞行推进器的燃料燃烧与做功的内部流动、以超高速进入大气的飞行器头部强激波后的流动、超新星形成过程的爆轰反应流动、可爆气体混合物的极端爆轰反应流动，等等。下文将以气相爆轰为例对高速化学反应流动的研究方法展开论述，当然，将反应系统改成空气及其基元反应模型就可以应用于高温高超声速空气热化学反应流动。

8.4.1 气相爆轰气体动力学基础理论

在可燃预混气体中存在两种可以自持传播的燃烧方式，即爆燃和爆轰波，它们的传播机制不同。爆燃的火焰阵面以亚声速传播，热量或者反应组分从反应区通过分子扩散或湍流输运等机制点燃波面前方的可燃气体，速度可以在一定的范围内连续变化。在碳氢燃料与空气的混合物中，爆燃波通常可产生最低约为 0.5 m/s 的层流火焰，随着输运和湍流作用的加强，火焰连续加速，高速湍流爆燃波的速度可达 1000 m/s 左右。

爆轰波通过前导激波的绝热压缩实现自点火，波阵面以超声速传播，通过迅速的化学反应放热，导致燃烧产物发生热膨胀而实现高速传播。激波压缩波前可燃混合气体，使得其温度达到燃点从而点燃，燃烧释放的能量维持激波阵面的高速传播。爆轰波是气体燃烧中最具破坏力的形式，与爆燃波不同，爆轰波的高速传播并不需要约束。通常在给定可燃混合气体中具有唯一确定的传播速度，而且是超声速的，即以高于波前气体声速的速度持续传播。在大气压强环境中，通常燃料/空气混合气体的爆速可达 1500~2000 m/s，而压强可以达到 15~20 atm。因此，波前气体在爆轰波阵面到达之前是感受不到扰动的。

爆轰波在一百多年前就已经在实验中被研究，Chapman 和 Jouguet 首次给出了爆轰波自持传播的系统理论，即 C-J (Chapman-Jouguet) 理论。该理论把爆轰波简化成一个具有无限反应速率的一维间断面。质量、动量和能量守恒方程可以确定唯一的爆轰波速度 (即 C-J 速度) 以及爆轰波阵面后燃烧产物的热力学状态 (即 C-J 状态)。C-J 理论并不需要可燃混合气体的化学反应速率等化学反应动力学参数，只要给定可燃预混气体反应前后的热力学参数即可计算爆轰波的主要传播参数。

利用 C-J 理论获得处于稳定传播状态的爆轰波的理论解，其过程中并不需要爆轰波阵面热化学非平衡结构，这是其非常成功的一面。但另一方面，C-J 理论无法给出以下信息：爆轰波起始条件、导致爆轰波耦合结构解耦甚至熄爆的边界和约束条件，以及从爆燃向爆轰波转变 (deflagration to detonation transition, DDT) 的临界条件。解决上述问题，必须考虑爆轰波非平衡反应区详细的物理与化学反应过程和机制。

在二战期间，Zeldovich, von Neumann 和 Döring 通过引入反应速率参数分别改进了 C-J 理论，提出了新的爆轰理论模型，即著名的 ZND 理论。如图 8.7

所示，ZND 理论认为爆轰波是由一个前导激波阵面和紧随其后的反应区组成的耦合结构。前导激波压缩预混气体至高温高压状态，诱导快速的化学反应；而高温高压反应产物的膨胀又反过来提供了前导激波传播所需的动量。因此，激波压缩诱导化学反应释热、反应产物膨胀做功，使爆轰波得以自持。化学反应区的厚度由化学反应速率和爆轰波速度决定。ZND 理论也能给出与 C-J 理论相同的爆轰波传播速度和爆压，不同之处在于前者描绘出了爆轰波结构的厚度和传播机制。

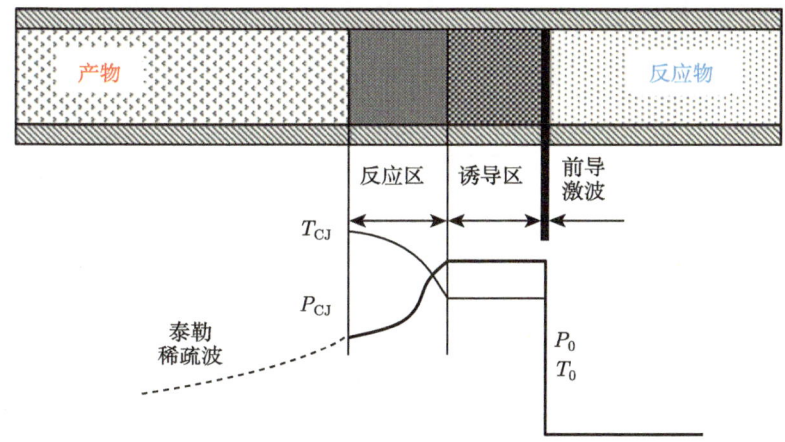

图 8.7 ZND 理论描述的爆轰波结构

考虑某一稳定传播的燃烧波或者气流稳定穿过某一驻定的燃烧区，我们可以给出一维定常流动守恒方程。定常解存在的条件不仅要求流动满足守恒律，而且要求满足燃烧气体流动的边界条件以及维持燃烧波传播的点火机制。对于层流火焰来说，点火机制是通过热量与反应自由基的扩散实现的；对于爆轰波，点火机制是前导激波的绝热压缩。如果火焰或者爆轰波是在封闭管内传播，那么，在封闭端，反应产物的粒子速度需满足零速度边界条件。

我们首先考虑带有放热反应的一维守恒方程的解，如图 8.8 所示，其一维守恒方程可以写为

$$\rho_0 u_0 = \rho_1 u_1 = \dot{m} \tag{8.25a}$$

$$p_0 + \rho_0 u_0^2 = p_1 + \rho_1 u_1^2 \tag{8.25b}$$

$$h_0(T_0) + \frac{1}{2}u_0^2 + Q = h_1(T_1) + \frac{1}{2}u_1^2 \tag{8.25c}$$

这里，$\dot{m}$ 是通过单位面积的质量通量；$h_0(T_0)$ 和 $h_1(T_1)$ 分别是单位质量反应物和生成物的焓；Q 是单位质量反应物的反应热。除了上述方程，我们还需要热完

全气体的状态方程：

$$p = \rho R T \tag{8.25d}$$

其中，R 代表气体常数；下标 0 和 1 分别表示入口和出口状态。通常，焓的表达式包含两部分，参见式 (8.10)，其中，第一项为气体的生成焓，第二项被称为显焓，即与温度相关的部分。需要指出的是，单位质量反应物的反应热 Q 通常不是一个已知量，因为反应物组分及其浓度取决于温度，通常并不是已知的。然而，如果我们假定在特定条件下的反应是平衡的，从而反应产物可以确定，那么，Q 就可以确定。

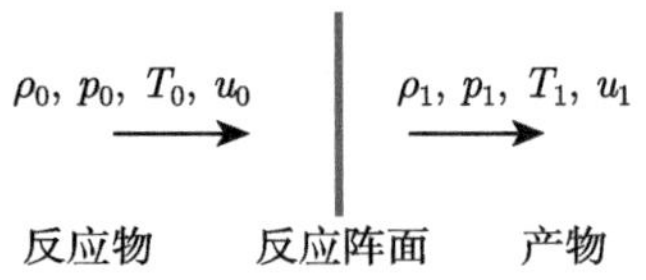

图 8.8 一维燃烧波阵面

从控制方程和状态方程出发，可以推导代数关系式，把燃烧波阵面上下游参数联系起来。从质量和通量守恒方程，即式 (8.25a) 和式 (8.25b) 可以得到

$$\rho_0^2 u_0^2 = \rho_1^2 u_1^2 = \frac{p_1 - p_0}{\nu_0 - \nu_1} = \dot{m}^2 \tag{8.26a}$$

或

$$p_1 = (p_0 + \dot{m}^2 \nu_0) - \dot{m}^2 \nu_1 \tag{8.26b}$$

方程 (8.26b) 在 p-ν 图上代表一条斜率为 $-\dot{m}^2$ 的直线，该直线被称为瑞利 (Rayleigh) 线，表征通过燃烧波前后状态变化的热力学途径。设 $x = \dfrac{\nu_1}{\nu_0}, y = \dfrac{p_1}{p_0}$，上式还可以改写为以下形式：

$$y = \left(1 + \frac{\dot{m}^2 \nu_0}{p_0}\right) - \left(\frac{\dot{m}^2 \nu_0}{p_0}\right) x \tag{8.26c}$$

对于给定的任意上游状态 ($\rho_0 u_0 = \dot{m}$)，Rayleigh 线的斜率是唯一确定的。

从能量方程 (8.25c) 出发，把式 (8.26a) 分别代入能量方程中的速度平方项并稍作化简即可得到

$$h_1 - (h_0 + Q) = \frac{1}{2}(p_1 - p_0)(\nu_0 + \nu_1) \tag{8.27a}$$

假设量热完全气体，即上下游气体比热比分别为常数 γ_0 和 γ_1，那么有

$$h_0 = \frac{\gamma_0}{\gamma_0 - 1} p_0 \nu_0, \quad h_1 = \frac{\gamma_1}{\gamma_1 - 1} p_1 \nu_1 \tag{8.27b}$$

把式 (8.27b) 代入式 (8.27a) 可以得到

$$y = \frac{p_1}{p_0} = \frac{\frac{\gamma_0+1}{\gamma_0-1} - x + \frac{2Q}{p_0\nu_0}}{\frac{\gamma_1+1}{\gamma_1-1}x - 1} \tag{8.27c}$$

其中，$x = \frac{\nu_1}{\nu_0}$。式 (8.27a)~式 (8.27c) 被称作于戈尼奥 (Hugoniot) 曲线，代表给定燃烧波上游速度 "u_0" 以后所得到的下游状态轨迹。上文已经提到，燃烧波上下游状态满足 Rayleigh 线条件，那么燃烧波下游状态的解必然是 p-ν 图上 Hugoniot 曲线和 Rayleigh 线的交点。对于稳定传播的爆轰波和爆燃波而言，下游状态 (ν_1, p_1) 或 (x, y) 就对应 Hugoniot 曲线和 Rayleigh 线的切点，如图 8.9 所示。需要指出的是，爆轰波的解对应上切点，而下切点则对应爆燃波的解。

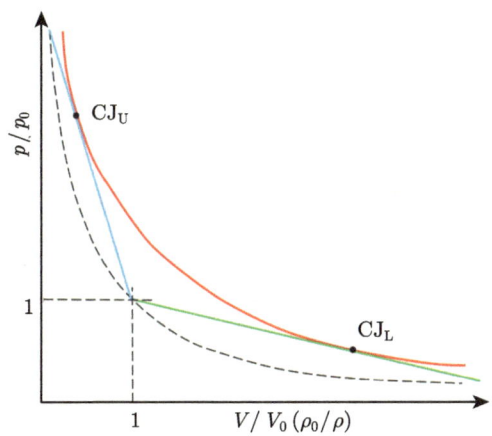

图 8.9 Rayleigh 线与 Hugoniot 曲线

方程 (8.27c) 可以简写为

$$(y + \alpha)(x - \alpha) = \beta \tag{8.27d}$$

其中，

$$\alpha = \frac{\gamma_1-1}{\gamma_1+1}, \quad \beta = \frac{\gamma_1-1}{\gamma_1+1}\left[\frac{\gamma_0+1}{\gamma_0-1} - \frac{\gamma_1-1}{\gamma_1+1} + \frac{2Q}{p_0\nu_0}\right] \tag{8.27e}$$

这表明 Hugoniot 曲线是一条双曲线，注意到 $y = 1$ 代表一个等压爆燃解，而 $x = 1$ 则代表一个等容燃烧解。Hugoniot 曲线的渐近极限为 $\left(y \to \infty, x \to \alpha = \frac{\gamma_1-1}{\gamma_1+1}\right)$，这与强激波的极限压缩状态相同。

如果 $Q=0$,不难看出式 (8.27c) 即为非反应气体中驻激波的 Hugoniot 关系,即

$$y = \frac{p_1}{p_0} = \frac{\dfrac{\gamma_0+1}{\gamma_0-1}-x}{\dfrac{\gamma_1+1}{\gamma_1-1}x-1} \tag{8.27f}$$

对于给定混合气体内稳定传播的爆轰波,其传播速度为

$$U_{\text{CJ}} = \sqrt{\left(\gamma_1^2-1\right)2c_{p1}\left(\frac{Q}{c_{p1}}+\frac{c_{p0}}{c_{p1}}T_0\right)} \tag{8.28a}$$

对于绝大多数爆轰气体来说,反应热的数值非常大,通常 $Q \gg c_{p0}T_0$,因此,式 (8.28a) 可以进一步简化为

$$U_{\text{CJ}} = \sqrt{2\left(\gamma_1^2-1\right)Q} \tag{8.28b}$$

上式表明 C-J 爆速与爆轰气体反应热的平方根成正比。

8.4.2 气相爆轰热化学过程的数学模型

8.4.1 节讲述了爆轰和爆燃的理论解,所依据的是一维理论假设下的控制方程,见式 (8.25a)~ 式 (8.25d),其形式上与一般意义的气体动力学控制方程并无本质差别,仅在能量方程中多了一项,即单位质量反应物的反应热 q。需要指出的是,q 取决于反应物和产物的组分构成、各组分浓度以及反应前后的温度。然而,反应物和产物的组分及其浓度取决于反应的具体温度和压强条件,通常不是已知的,因此 q 通常不是一个已知量。理论解只能假定在特定条件下反应是平衡的,从而反应产物可以确定,从而确定 q 的值。

给定反应物在特定反应条件下的产物组分构成、反应进程及反应热 q 的确定问题,属于化学反应动力学的范畴。所谓化学动力学主要研究两个基本问题——反应速率和反应机制。反应机制是指为了描述一个总体反应所需要的一组基元反应。反应机制可能包含几个步骤,也可以多达几百个反应;而有时又会针对某些特定问题用一种简单唯象反应模型来简化。

总体来说,爆轰不同于一般气体动力学的根本原因就是,爆轰波后反应区发生的热化学反应,通过一系列的数学物理模型来描述,主要解决的关键问题为:反应过程中有哪些具体的反应、每个反应有哪些组分参与,以及反应的速率。从简到繁,一般可以分为单步反应模型、两步反应模型和三步分支反应模型。上述模型属于唯象反应模型范畴,而更为细致的反应模型为基元反应模型。本节主要介

8.4 化学反应气体流动实例与数值模拟方法——气相爆轰

绍上述反应模型。唯象反应模型适用于爆轰波的传播问题,不适用于爆轰波的起爆和熄爆等问题,基元反应模型适用的问题范围更广。

最简单最直观地给出反应物和最终产物来表达化学反应机制的模型是单步爆轰反应模型。这一模型对于解决某些问题是有用的,但并不能真正正确地理解系统中的实际化学过程。不过,利用单步爆轰反应模型也是有优势的,其简单的反应步骤大大提高了计算效率,同时可以灵活地调整化学反应中的某些化学参量,如活化能、反应的放热量等。通过调整这些化学参量也能很好地反映流场的一些特点,并广泛应用于化学反应的流场分析。

应用单步反应模型描述爆轰波反应进程,控制方程中除了传统的气体动力学三大守恒方程外,还需要引入关于放热反应进度因子 β (取值范围 0~1) 的守恒方程。单步反应模型中,化学反应的放热过程通过化学反应进度因子 β 和化学反应速率 $\dot{\omega}$ 来表示:

$$\frac{\mathrm{d}\beta}{\mathrm{d}t} = \dot{\omega} \tag{8.29a}$$

具体的化学反应速率通常采用经验的阿伦尼乌斯公式来表示,即

$$\dot{\omega} = (1-\beta)\, k \exp\left(-\frac{E_\mathrm{a}}{R_\mathrm{u} T}\right) \tag{8.29b}$$

式中,E_a 为化学反应的活化能;k 为化学反应速率常数。采用单步反应模型描述爆轰时,其反应气体的状态方程通过压强 p、单位质量反应气体的放热量 q、放热反应进度因子 β、单位质量气体总能 E 和动能给出,即

$$p = (\gamma - 1)\rho \left[E - \frac{1}{2}\left(u^2 + v^2\right) + \beta q\right] \tag{8.29c}$$

其中,γ 是混合气体的比热比。

基于 ZND 模型进行简化的两步反应模型,在原理上和单步反应模型是一致的,都是通过反应物和生成物直接描述化学反应。不同的是,两步反应模型通过划分诱导反应和放热反应两个阶段来处理化学反应。

应用两步反应模型描述爆轰波反应进程,其控制方程中除了传统的气体动力学三大守恒方程外,还需要分别引入关于诱导反应进程因子 α (取值范围 0~1) 和放热反应进度因子 β(取值范围 0~1) 的守恒方程。诱导反应相当于可燃气体为燃烧做准备的活化过程,诱导反应没有发生时 $\alpha = 0$;随着诱导反应的进行,α 逐渐增大;当诱导反应结束,即反应气体已全部活化时,α 的值为 1。这一阶段的反应速率 $\dot{\omega}_\alpha$ 通过诱导反应进度因子 α 来确定:

$$\frac{\mathrm{d}\alpha}{\mathrm{d}t} = \dot{\omega}_\alpha \tag{8.30a}$$

诱导反应完成后，即 $\alpha = 1$ 时，开始进行放热反应并生成燃烧产物，这一阶段的反应速率 $\dot{\omega}_\beta$ 通过放热反应进度因子 β 来确定：

$$\frac{\mathrm{d}\beta}{\mathrm{d}t} = \dot{\omega}_\beta \tag{8.30b}$$

两步反应模型过程简化如下：前导激波后的气体经过压缩后，温度和压力都得以升高，气体吸收的一部分能量使得气体分子活化。当气体分子活化完成后，放热反应开始进行，大量的热量被释放出来，当参加反应的各个组分达到平衡态后，反应结束。上述反应速率的表达式在形式上也为阿伦尼乌斯公式，针对不同的问题，其中的系数通常不同。两步反应模型经常被用于分析爆轰波的传播问题以及胞格结构等问题。

比较简单的唯象反应模型除了上面提到的单步反应模型和两步反应模型以外，最近也出现了考虑一定链式反应机制的三步反应模型，其不仅包含链起始反应步，还包括了链分支反应和链终止反应。这些简单的分步模型都能够在有效利用计算资源的基础上，通过简单的反应过程来模拟燃烧放热系统。但是，随着实验手段的日益精细化，计算水平的逐渐提高，研究者们逐渐发现，简化的模型无法描述更为详尽的爆轰物理现象。在一个实际的化学反应过程中，会发生一系列连续的包含许多中间组分的反应，详细并尽可能真实地描述一个反应机制，需要几个甚至几百个基元反应，这就是基元反应模型。

基元反应模型是化学反应流体力学中最基本、最重要的化学反应模型。它通过若干基本组元之间的化学反应，即基元反应，描述宏观的化学反应过程。通常的基元反应模型是非常复杂的，例如高链烃的燃烧可能涉及几十种基本粒子和上百种基元反应，其中很多反应的化学动力学过程目前还不清楚。对于最常见的氢氧爆轰，模型相对比较简单，通常涉及大约 10 种基本粒子和大约 20 种的基元反应。基元反应模型在 8.3 节已经给出详细叙述，此处不再赘述。

8.4.3 气相爆轰基元反应控制方程与数值算法

1. 控制方程

爆轰波数值模拟的控制方程可以通过对可压缩纳维–斯托克斯 (NS) 方程进行扩展，添加化学反应源项得到。例如，二维轴对称爆轰波的控制方程可以表示为

$$\frac{\partial \boldsymbol{U}}{\partial t} + \frac{\partial \boldsymbol{F}}{\partial x} + \frac{\partial \boldsymbol{G}}{\partial r} + \boldsymbol{S} + \boldsymbol{S}_{\text{chem}} = \frac{\partial \boldsymbol{F}_v}{\partial x} + \frac{\partial \boldsymbol{G}_v}{\partial r} + \boldsymbol{S}_v \tag{8.31a}$$

其中，

8.4 化学反应气体流动实例与数值模拟方法——气相爆轰

$$U = \begin{pmatrix} \rho C_1 \\ \rho C_2 \\ \vdots \\ \rho C_{ns} \\ \rho u \\ \rho v \\ E \end{pmatrix}, \quad F = \begin{pmatrix} \rho C_1 u \\ \rho C_2 u \\ \vdots \\ \rho C_{ns} u \\ \rho u^2 + p \\ \rho uv \\ (E+p)u \end{pmatrix}, \quad G = \begin{pmatrix} \rho C_1 v \\ \rho C_2 v \\ \vdots \\ \rho C_{ns} v \\ \rho uv \\ \rho v^2 + p \\ (E+p)v \end{pmatrix}$$

$$S = \frac{1}{r}\begin{pmatrix} \rho C_1 v \\ \rho C_2 v \\ \vdots \\ \rho C_{ns} v \\ \rho uv \\ \rho v^2 \\ (E+p)v \end{pmatrix}, \quad F_v = \begin{pmatrix} \rho D_1 C_{1x} \\ \rho D_2 C_{2x} \\ \vdots \\ \rho D_{ns} C_{nsx} \\ \tau_{xx} \\ \tau_{xr} \\ \tau_{xx}u + \tau_{xr}v + q_x \end{pmatrix}, \quad G_v = \begin{pmatrix} \rho D_1 C_{1r} \\ \rho D_2 C_{2r} \\ \vdots \\ \rho D_{ns} C_{nsr} \\ \tau_{xr} \\ \tau_{rr} \\ \tau_{xr}u + \tau_{rr}v + q_r \end{pmatrix}$$

$$S_v = \frac{1}{r}\begin{pmatrix} \rho C_1 v \\ \rho C_2 v \\ \vdots \\ \rho C_{ns} v \\ \tau_{xr} \\ \tau_{rr} \\ u\tau_{xt} + v(\tau_{rr} + \tau_{\theta\theta}) + q_r \end{pmatrix}, \quad S_{\text{chem}} = \begin{pmatrix} \dot{\omega}_1 \\ \dot{\omega}_2 \\ \vdots \\ \dot{\omega}_{ns} \\ 0 \\ 0 \\ 0 \end{pmatrix} \tag{8.31b}$$

式中，ρ 和 p 分别为混合气的密度和压力；u 和 v 分别为 x 和 r 方向的速度；$C_i(i=1,2,\cdots,ns)$ 为组分 i 的质量分数，$C_{ix} = \dfrac{\partial C_i}{\partial x}$；混合气体的总密度为 $\rho = \sum\limits_{i=1}^{ns}\rho_i = \sum\limits_{i=1}^{ns}\rho C_i$，这里 ρ_i 为组分 i 的密度；流场压力 p 可以表示为混合气体各组分分压 p_i 之和，即 $p = \sum\limits_{i=1}^{ns}p_i = \sum\limits_{i=1}^{ns}\rho_i R_i T$，这里 R_i 为组分 i 的气体常数，T 为混合气体的温度。单位体积的总能可以表示为焓值、压力和动能的函数，表达式为

$$E = \sum_{i=1}^{ns}\rho_i h_i - p + \frac{\rho}{2}(u^2 + v^2) \tag{8.31c}$$

其中，h_i 为组分 i 的焓值，可以表示为定压比热 c_{pi} 从参考温度 T_0 到温度 T 的积分与参考温度下的标准生成焓 h_i^0 之和：

$$h_i(T) = \int_{T_0}^{T} c_{pi}(T)\,\mathrm{d}T + h_i^0 \tag{8.31d}$$

式中，定压比热 c_{pi} 一般通过多项式拟合的方法给出。定压比热 c_{pi}、焓值 h_i 及熵 S_i 的表达式分别为

$$\frac{c_{pi}}{R_i} = a_{1i}T^{-2} + a_{2i}T^{-1} + a_{3i} + a_{4i}T + a_{5i}T^2 + a_{6i}T^3 + a_{7i}T^4 \tag{8.31e}$$

$$\frac{h_i}{R_iT} = -a_{1i}T^{-2} + a_{2i}T^{-1}\ln T + a_{3i} + \frac{a_{4i}}{2}T + \frac{a_{5i}}{3}T^2 + \frac{a_{6i}}{4}T^3 + \frac{a_{7i}}{5}T^4 + b_{1i}T^{-1} \tag{8.31f}$$

$$\frac{S_i}{R_i} = -\frac{a_{1i}}{2}T^{-2} - a_{2i}T^{-1} + a_{3i}\ln T + a_{4i}T + \frac{a_{5i}}{2}T^2 + \frac{a_{6i}}{3}T^3 + \frac{a_{7i}}{4}T^4 + b_{2i} \tag{8.31g}$$

其中，$a_{li}(l = 1, 2, \cdots, 7)$，$b_{1i}$ 和 b_{2i} 为拟合常数，对应组分 i，对于常见的基本组分有标准数据库可供查询。化学反应源项中，$\dot{\omega}_i$ 为组分 i 的单位体积的质量生成率，和化学反应模型相关，在 8.4.3 节已经讨论和分析。

方程右侧的黏性项中，$D_i(i = 1, 2, \cdots, ns)$ 为组分 i 的扩散系数；黏性应力为

$$\tau_{xx} = \mu\left(2\frac{\partial u}{\partial x} - \frac{2}{3}\nabla\cdot\boldsymbol{V}\right) \tag{8.31h}$$

$$\tau_{rr} = \mu\left(2\frac{\partial v}{\partial r} - \frac{2}{3}\nabla\cdot\boldsymbol{V}\right) \tag{8.31i}$$

$$\tau_{xr} = \tau_{rx} = \mu\left(\frac{\partial u}{\partial r} + \frac{\partial v}{\partial x}\right) \tag{8.31j}$$

$$\tau_{\theta\theta} = \mu\left(\frac{v}{2r} + \frac{2}{3}\nabla\cdot\boldsymbol{V}\right) \tag{8.31k}$$

$$\nabla\cdot\boldsymbol{V} = \frac{\partial u}{\partial x} + \frac{1}{r}\frac{\partial}{\partial r}(rv) = \frac{\partial u}{\partial x} + \frac{\partial v}{\partial r} + \frac{v}{r} \tag{8.31l}$$

各方向的热流量为

$$q_x = \kappa\frac{\partial T}{\partial x} + \sum_{i=1}^{ns}\rho h_i D_i\frac{\partial C_i}{\partial x} \tag{8.31m}$$

$$q_r = \kappa\frac{\partial T}{\partial r} + \sum_{i=1}^{ns}\rho h_i D_i\frac{\partial C_i}{\partial r} \tag{8.31n}$$

其中，μ 和 κ 分别为混合气体的动力黏性系数和热传导系数，可以通过气体的性质或者一些经验拟合公式得到。

针对具体的问题可以对方程进行简化，从而得到合适的控制方程。例如对于通常的爆轰波传播问题，可以忽略黏性的影响，去掉方程右侧的耗散项，得到二维轴对称欧拉 (Euler) 方程。如果进一步去掉方程左侧的几何源项 (即 S 项)，则可以得到二维平面欧拉方程。

从控制方程组式 (8.31a)~式 (8.31n) 来看，化学反应流动与一般非化学反应流动的表面区别在质量守恒方程，前者需要为反应系统中的每一个组分 (不管参与反应与否) 建立一个该组分的质量守恒方程，该方程包含一个化学反应源项，表征该组分的变化率，由化学反应模型来定义和模化，体现化学反应对对流-耗散宏观流动的作用；但是，动量方程和能量方程在表面上没有太大差别，没有更多的方程引入控制方程组。实际上，化学反应对动量方程和能量方程也存在间接作用，主要体现在化学反应引起的组分构成的改变，带来了输运参数和热力学参数的改变，从而影响到动量方程和能量方程。

2. 计算方法

有限差分方法是计算流体力学最重要的方法之一，其通过选取合适的网格点，能够在离散的网格上通过差分计算求解流体动力学方程组。对于爆轰波问题，强间断的高精度捕捉格式是关键数值模拟技术之一。从二阶 TVD 格式，到三阶 PPM 格式，以及更高阶的 ENO 格式和 WENO 格式，有限差分方法在过去的二三十年得到了巨大的发展。然而，目前大量的基于研究和工程应用背景的数值模拟，最广泛采用的仍然是二阶格式，其中频散控制耗散 (dispersion controlled dissipation, DCD) 格式[1,2]得到了广泛应用。这种格式是从修正方程的色散控制出发，能够消除间断附近的非物理振荡，具有二阶精度。

对流项的 DCD 格式在空间的半离散形式为

$$\mathbf{CONV}_{i,j}^n = \frac{1}{\Delta\xi}\left(\bar{\bar{F}}_{i+1/2,j}^n - \bar{\bar{F}}_{i-1/2,j}^n\right) + \frac{1}{\Delta\eta}\left(\bar{\bar{G}}_{i,j+1/2}^n - \bar{\bar{G}}_{i,j-1/2}^n\right) \quad (8.32\text{a})$$

其中，

$$\begin{cases} \bar{\bar{F}}_{i+1/2,j}^n = \tilde{F}_{i+1/2L,j}^+ + \tilde{F}_{i+1/2R,j}^- \\ \bar{\bar{G}}_{i,j+1/2}^n = \tilde{G}_{i,j+1/2L}^+ + \tilde{G}_{i,j+1/2R}^- \end{cases} \quad (8.32\text{b})$$

$$\begin{cases} \tilde{F}_{i+1/2L,j}^+ = \tilde{F}_{i,j}^+ + \frac{1}{2}\boldsymbol{\Phi}_A^+ \min \bmod \left(\Delta\tilde{F}_{i-1/2,j}^+, \Delta\tilde{F}_{i+1/2,j}^+\right) \\ \tilde{G}_{i,j+1/2L}^+ = \tilde{G}_{i,j}^+ + \frac{1}{2}\boldsymbol{\Phi}_B^+ \min \bmod \left(\Delta\tilde{G}_{i,j-1/2}^+, \Delta\tilde{G}_{i,j+1/2}^+\right) \end{cases} \quad (8.32\text{c})$$

$$\begin{cases} \tilde{F}^-_{i+1/2R,j} = \tilde{F}^-_{i,j} - \dfrac{1}{2}\boldsymbol{\Phi}^-_A \min \operatorname{mod}\left(\Delta \tilde{F}^-_{i+1/2,j}, \Delta \tilde{F}^-_{i+3/2,j}\right) \\ \tilde{G}^-_{i,j+1/2R} = \tilde{G}^-_{i,j} - \dfrac{1}{2}\boldsymbol{\Phi}^-_B \min \operatorname{mod}\left(\Delta \tilde{G}^-_{i,j+1/2}, \Delta \tilde{G}^-_{i,j+3/2}\right) \end{cases} \quad (8.32\text{d})$$

$$\begin{cases} \Delta \tilde{F}^\pm_{i+1/2} = \tilde{F}^\pm_{i+1,j,k} - \tilde{F}^\pm_{i,j} \\ \Delta \tilde{G}^\pm_{j+1/2} = \tilde{G}^\pm_{i,j+1,k} - \tilde{G}^\pm_{i,j} \end{cases} \quad (8.32\text{e})$$

$$\begin{cases} \tilde{\boldsymbol{F}}^\pm = \tilde{\boldsymbol{A}}^\pm \tilde{\boldsymbol{U}} \\ \tilde{\boldsymbol{G}}^\pm = \tilde{\boldsymbol{B}}^\pm \tilde{\boldsymbol{U}} \end{cases} \quad (8.32\text{f})$$

$$\begin{cases} \boldsymbol{\Phi}^\pm_A = \boldsymbol{I} \mp \beta \boldsymbol{\Lambda}^\pm_A \\ \boldsymbol{\Phi}^\pm_B = \boldsymbol{I} \mp \beta \boldsymbol{\Lambda}^\pm_B \end{cases} \quad (8.32\text{g})$$

min mod 函数定义为

$$\min \operatorname{mod}(x,y) = \operatorname{sign}(x) \max\{|x|, y\operatorname{sign}(x)\} \quad (8.32\text{h})$$

其中，雅可比 (Jacobian) 矩阵 $\tilde{\boldsymbol{A}} = \dfrac{\partial \tilde{\boldsymbol{F}}}{\partial \tilde{\boldsymbol{U}}}$，$\tilde{\boldsymbol{B}} = \dfrac{\partial \tilde{\boldsymbol{G}}}{\partial \tilde{\boldsymbol{U}}}$；$\boldsymbol{I}$ 为单位矩阵；$\beta = \dfrac{\Delta t}{\Delta r}$；$\boldsymbol{\Lambda}_A$ 和 $\boldsymbol{\Lambda}_B$ 分别为 $\tilde{\boldsymbol{A}}$ 和 $\tilde{\boldsymbol{B}}$ 的特征值构成的对角矩阵；上标 "+" 和 "−" 分别表示根据 Steger-Warming 通量分裂算法得到的正负通量[3]。一般曲线坐标系下考虑多组分的对流项的通量分裂形式如下[4]：

$$\tilde{\boldsymbol{F}}^\pm = \dfrac{\rho}{2J\tilde{\gamma}} \begin{pmatrix} C_1 \left[2(\tilde{\gamma}-1)\tilde{\lambda}^\pm_1 + \tilde{\lambda}^\pm_{ns+2} + \tilde{\lambda}^\pm_{ns+3}\right] \\ \vdots \\ C_{ns} \left[2(\tilde{\gamma}-1)\tilde{\lambda}^\pm_1 + \tilde{\lambda}^\pm_{ns+2} + \tilde{\lambda}^\pm_{ns+3}\right] \\ u\left[2(\tilde{\gamma}-1)\right]\tilde{\lambda}^\pm_1 + (u-ck_x)\tilde{\lambda}^\pm_{ns+2} + (u+ck_x)\tilde{\lambda}^\pm_{ns+3} \\ v\left[2(\tilde{\gamma}-1)\right]\tilde{\lambda}^\pm_1 + (v-ck_y)\tilde{\lambda}^\pm_{ns+2} + (v+ck_y)\tilde{\lambda}^\pm_{ns+3} \\ 2\left[(\tilde{\gamma}-1)H - c^2\right]\tilde{\lambda}^\pm_1 + (H-c\theta)\tilde{\lambda}^\pm_{ns+2} + (H+c\theta)\tilde{\lambda}^\pm_{ns+3} \end{pmatrix}$$
$$(8.32\text{i})$$

式中，$\tilde{\lambda}^\pm_i = \dfrac{1}{2}(\tilde{\lambda}_i \pm \sqrt{\tilde{\lambda}_i^2 + \varepsilon^2})$，$i = 1, 2, \cdots, ns+3$，为应用 Steger-Warming 方法分裂后的特征值，这里 ε 为一小量。Jacobian 矩阵 $\tilde{\boldsymbol{A}} = \dfrac{\partial \tilde{\boldsymbol{F}}}{\partial \tilde{\boldsymbol{U}}}$ 有如下 $ns+3$ 个特征值：

$$\{\tilde{\lambda}_1, \tilde{\lambda}_2, \cdots, \tilde{\lambda}_{ns}, \tilde{\lambda}_{ns+1}, \tilde{\lambda}_{ns+2}, \tilde{\lambda}_{ns+3}\} = \{\theta, \theta, \cdots, \theta, \theta, \theta - a\Delta, \theta + a\Delta\} \quad (8.32\text{j})$$

其中，$\theta = uk_x + vk_y$，$k_x = \dfrac{\xi_x}{\Delta}$，$k_y = \dfrac{\xi_y}{\Delta}$，$\Delta = \sqrt{\xi_x^2 + \xi_y^2}$。通量 $\tilde{\boldsymbol{G}}$ 的分裂形式与 $\tilde{\boldsymbol{F}}$ 是一致的，只需要改用相应的坐标变换系数即可，其中，$k_x = \dfrac{\eta_x}{\Delta}$，$k_y = \dfrac{\eta_y}{\Delta}$，$\Delta = \sqrt{\eta_x^2 + \eta_y^2}$。

8.4.4 气相爆轰数值模拟与分析案例

爆轰波具有复杂的三维波系结构，是强激波与剧烈放热化学反应的耦合结构，在波阵面前后，气体组分热力学特性、化学反应速率以及流体运动学参数存在尖锐的空间梯度，而且梯度不仅存在于波阵面法向，也存在于横向。这使得关于爆轰波详细结构的理论分析和试验研究异常困难，而随着计算流体力学方法以及计算机硬件技术的发展，通过数值模拟研究爆轰波的传播过程是爆轰物理领域的一个非常重要的研究方向。最初对于爆轰波的传播过程的研究是为了回答一个核心的问题，即爆轰波为什么能够以很高的速度自持传播。C-J 理论和 ZND 模型的提出解决了这个问题，似乎爆轰波传播的问题已经得到了完美的解决，但是人们发现真实的爆轰波传播机制远非这么简单。20 世纪 60 年代，随着高速测量技术的发展，结合烟迹显示技术，人们发现爆轰波的真实结构远比 ZND 模型假设复杂得多。实验结果显示，对于不同的可燃气体，横向激波马赫数相差很大，进而波后湍流的强度变化很大，两者综合作用更是导致胞格尺度有数量级的差距。由于波面后方的流动本质上是一种高速湍流燃烧，所以其涉及流体力学领域很多难题，如流动不稳定性等，整个问题变得异常复杂。然而爆轰波中的关键因素还是激波和燃烧的耦合机制，以及湍流能够对爆轰波产生定量的影响。但是，目前对于爆轰波的传播过程，很多最基本的定性的规律还不清楚。加上湍流特别是高速湍流的燃烧研究非常不成熟，因此目前的研究主要集中在激波/燃烧系统的定性和半定量的规律上。具体来说就是在爆轰波传播过程中，如何通过横向和流向激波系的往复作用点燃可燃气体，从而实现气体放热与膨胀来支持爆轰波的自持传播。

由于定量实验测量手段的局限性以及控制方程的强非线性，爆轰波的实验研究和理论研究遇到了很大的困难。和实验及理论研究相比，近十几年数值模拟技术和能力得到了迅速的发展和提高，并且对爆轰物理的研究起到了关键的推动作用。一维简化的数值模拟[5-7]更能清晰地描述爆轰波内在的波动力学特征，特别是起爆的流体动力学机制。对于爆轰直接起爆模式而言，Echett 等应用单步反应模型的一维数值分析指出，能量释放和不稳定性之间的平衡是关键控制机制[5]，而表征不稳定性的控制参数为单步反应的无量纲活化能。Ng 等利用多步链式反应机制，引入了三个重要的参数，即爆轰波阵面诱导区长度与放热反应区长度之比 δ、分支反应温度和激波波后温度之比，以及无量纲的能量源项，通过数值模拟给出了起爆的三类机制：超临界、临界和亚临界起爆[6]，如图 8.10 所示。参

数 δ 也是描述爆轰稳定性的重要参数之一,一般认为,当 $\delta<1$ 时爆轰是稳定的,而当 $\delta\approx1$ 时不稳定,δ 越大越不稳定。Han 等利用详细基元反应模型,并利用不同摩尔浓度的惰性气体稀释的爆轰反应气体[7],可以模拟不同反应特性的爆轰波阵面,其研究结果也重复使用了三步反应模型的结果,即波阵面的三种振荡模式。从上述三个工作的结论可以看出,爆轰起始的研究及其关键动力学分析与所应用的化学反应模型 (单步反应、多步支链反应和基元反应) 息息相关。另一方面,一维数值模拟也可以抛弃空间其他维结构的影响,给出更为基础性的研究结论。

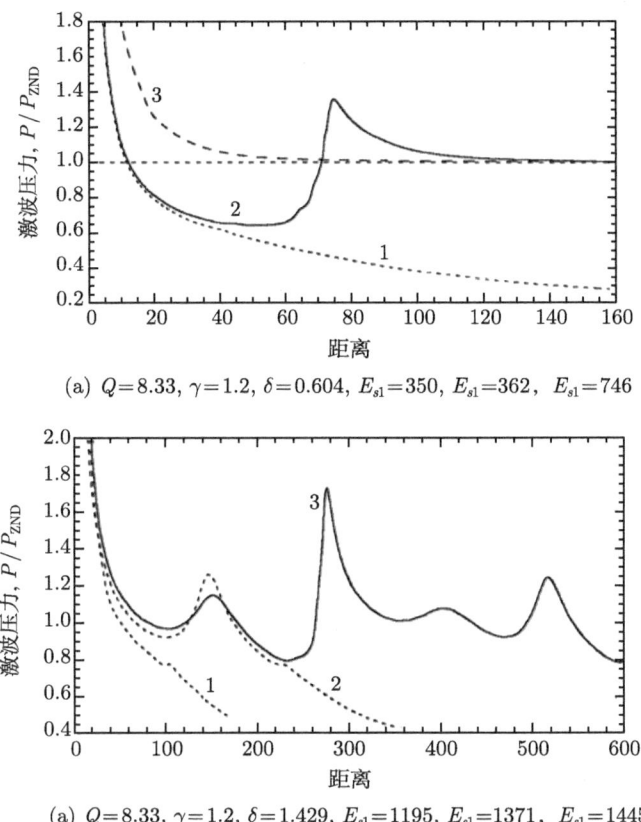

(a) $Q=8.33$, $\gamma=1.2$, $\delta=0.604$, $E_{s1}=350$, $E_{s1}=362$, $E_{s1}=746$

(a) $Q=8.33$, $\gamma=1.2$, $\delta=1.429$, $E_{s1}=1195$, $E_{s1}=1371$, $E_{s1}=1445$

图 8.10 爆轰起爆机制及其关键控制参数[6]

Oran 及其同事利用二维欧拉方程,模拟得到了爆轰波的二维胞格,结果显示,胞格尺度和燃烧反应的活化能密切相关,较高的活化能会使胞格更加不规则[8-10],如图 8.11 所示,这和实验结果是定性吻合的。上述数值模拟也使用了单步反应,关于爆轰的一维阵面稳定性与二维胞格结构稳定性的分析,单步反应数值模拟研究都指出了活化能是关键控制参数。

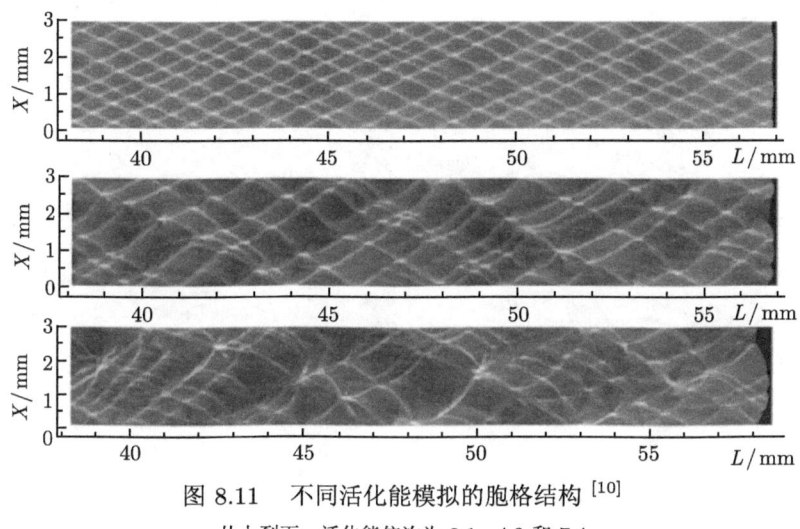

图 8.11　不同活化能模拟的胞格结构[10]

从上到下，活化能依次为 2.1，4.9 和 7.4

随着计算机性能的提高，利用详细基元反应模型的数值模拟成为爆轰波数值模拟的重要内容，甚至开始了三维数值模拟研究。但是，利用详细基元反应模型模拟多维爆轰，对目前的计算机性能来说仍是巨大挑战，因此，绝大多数的爆轰波数值模拟仍限制在二维问题上，特别是爆轰波的传播以及爆燃转爆轰 (DDT) 等经典问题。数值研究相继揭示了热点 (hot spot)、管道障碍物引起的火焰面变形及加速 (flame acceleration，图 8.12)[11-13]、RM (Richtmyer-Meshkov) 不稳定性[14] 等爆燃转爆轰问题的流体力学机制。

多维爆轰波伴随着多种物理因素的复杂相互作用，包括流动与化学反应的耦合、不稳定性，以及激波与边界层的相互作用等，这些因素的共同作用使得爆轰波呈现出非定常、多尺度、非线性、强耦合等特征。其中，不稳定性贯穿了爆轰的起始、发展与传播的整个过程。

Campbell 和 Woodhead 早在 1927 年就发现了实际传播过程中的爆轰波中的多维不稳定结构[15]，后来，Erpenback 等通过求解拉普拉斯 (Laplace) 变换的初值问题得到了爆轰波的稳定边界，开创了对爆轰波稳定性的理论研究[16]。Short 和 Stewart[17] 推广了 Erpenback 的研究，指出以爆轰波后参数无量纲化的化学反应活化能和反应释热是表征爆轰稳定性的关键参数。20 世纪 50~60 年代，随着烟熏膜实验技术和瞬态流场捕捉技术的充分发展，对爆轰波的不稳定性与多维结构的系统研究逐渐开始并不断发展，在这一过程中，伴随着计算机和数值方法的巨大进步，数值模拟在爆轰波[18-21] 的不稳定分析中起到了巨大推进作用。

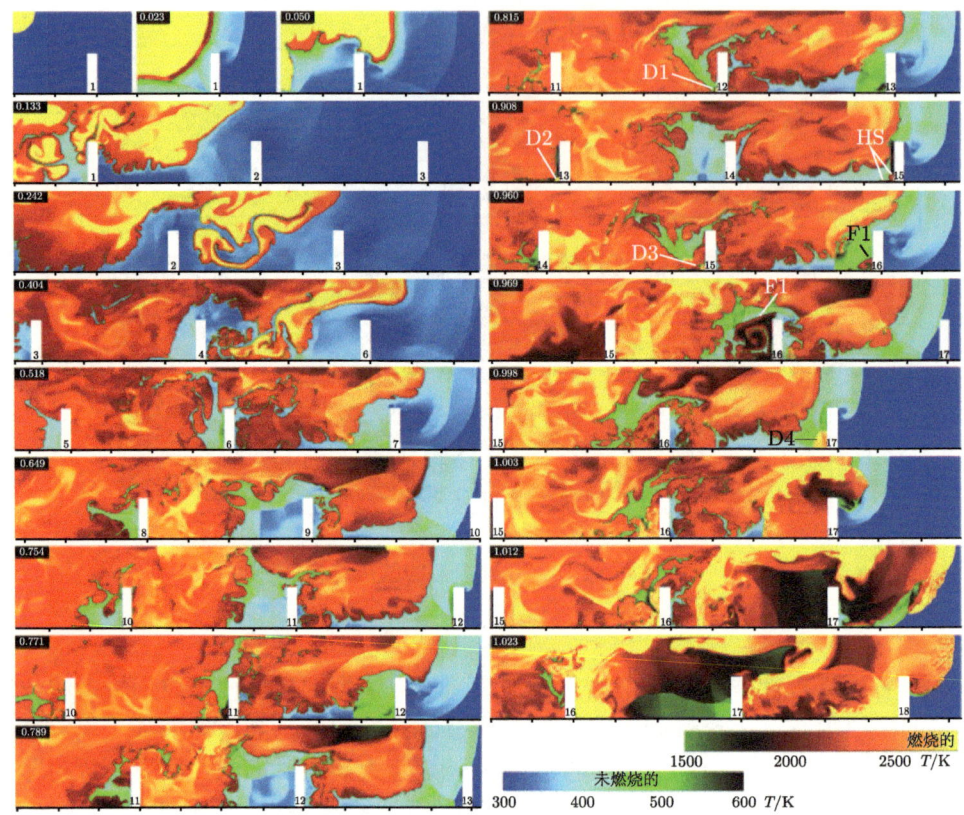

图 8.12　数值模拟管道障碍物引起的火焰面加速与 DDT 过程[11]

Ng 等通过应用多步链式反应机制的一维数值分析,发现了稳定、不稳定和极端不稳定三种情形的爆轰波阵面特征,它们分别对应稳定爆轰、单模态振荡爆轰和多模态振荡爆轰,如图 8.13 所示。上述三种爆轰阵面发生典型振荡模态的重要参数为温度比 R_T,其临界值分别为 0.86,0.92 和 0.945,偏离上述临界值,振荡模态也将可能发生改变,甚至引起爆轰终止[6]。Echett 等应用单步反应模型的一维数值分析发现了单模态振荡爆轰,并且指出化学反应释热、波阵面曲率和不稳定性之间的竞争,是爆轰起始的重要控制因素[5]。而一维爆轰不稳定性的控制参数为单步反应模型中的活化能,在二维爆轰胞格结构的稳定性研究中,也发现活化能是关键控制参数之一[10],如图 8.11 所示。

一维爆轰波阵面是一个前导激波和化学反应区的耦合结构,这是一种简化的理想爆轰波模型,即 ZND 模型。实际上,真实的爆轰波阵面具有复杂的三维特征,同时存在复杂的多波相互作用,多波碰撞的轨迹在管壁留下鱼鳞状图案,即爆轰胞格。所谓多波结构,包括前导激波、马赫干和横波。一维线性稳定性分析

8.4 化学反应气体流动实例与数值模拟方法——气相爆轰

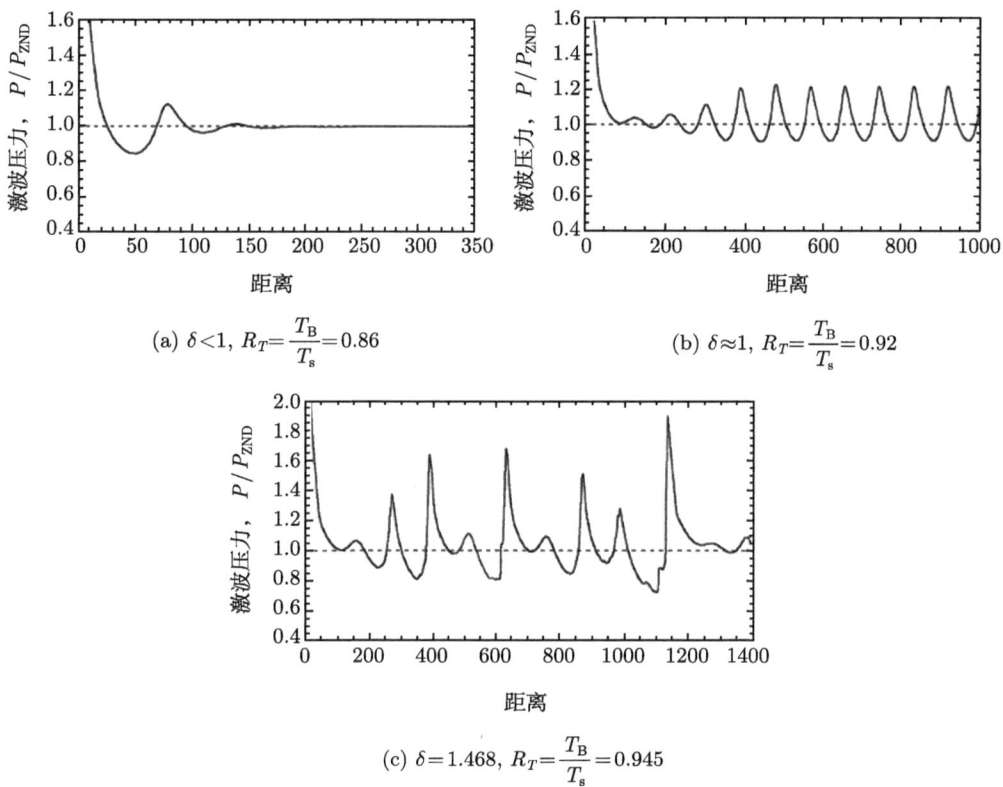

图 8.13 一维爆轰波阵面的不稳定性[6]

发现存在低频不稳定性,是爆轰胞格出现的内在物理机制[17]。在三维爆轰波传播以及爆燃转爆轰等非定常过程是内在不稳定的[22],湍流与化学反应的耦合使问题变得异常复杂。

高超声速吸气推进飞行器是航空航天技术的国际研究热点和发展趋势。超燃冲压发动机得到了广泛关注,人们在飞行马赫数 5～8 区间成功开展了基于碳氢燃料的自主飞行实验,但是更高马赫数条件下存在推力小和燃烧不稳定的问题[23]。利用斜爆轰波进行燃烧组织的斜爆轰发动机具有飞行速域宽广、能量转换迅速、波面燃烧自组织稳定性高等优点,能够在毫米量级尺度上快速实现化学能向热能的转变,可大大减轻燃烧室的结构质量,进一步提高飞行器的工作马赫数。近年来,关于斜爆轰起爆波系结构的驻定特性和爆轰波面的非定常动态特征等基础研究[21,24,25]与试验研究(图 8.14)[26],揭示了斜爆轰发动机中的重要流动机制,从技术与原理层面上验证了斜爆轰发动机应用于高马赫数飞行器动力的可行性。

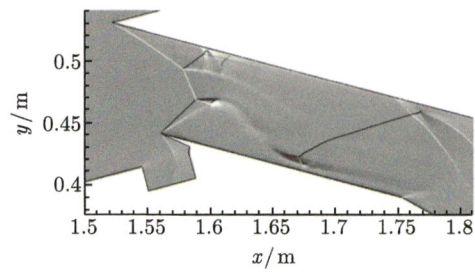

图 8.14　斜爆轰发动机原理性试验 (JF-12 风洞, $M=7$)[26]

参 考 文 献

[1] Jiang Z L, Takayama K, Chen Y S. Dispersion conditions for non-oscillatory shock capturing schemes and its applications. Comp. Fluid Dyn. J., 1995, 4: 137-150.

[2] Jiang Z L. On dispersion-controlled principles for non-oscillatory shock capturing schemes. Acta Mech. Sinaca, 2004, 20: 1-15.

[3] Steger J L, Warming R F. Flux vector splitting of the inviscid gas dynamic equations with applications to finite difference method. J. Comput. Phy., 1981, 40: 263-293.

[4] 胡宗民. COIL 新体系混合与反应流场数值研究. 北京：中国科学院力学研究所, 2006.

[5] Echett C A, Quick J J, Shepherd J E. The role of unsteadiness in direct initiation of gaseous detonations. J. Fluid Mech., 2000, 421: 147-183.

[6] Ng H D, Lee J H S. Direct initiation of detonation with a multi-step reaction scheme. J. Fluid Mech., 2003, 476: 179-211.

[7] Han W H, Wang C, Law C K. Pulsation in one-dimensional H_2-O_2 detonation with detailed reaction mechanism. Combust. Flame, 2019, 200: 242-261.

[8] Gamezo V N, Desbordes D, Oran E S. Two-dimensional reactive flow dynamics in cellular detonation waves. Shock Waves, 1999, 9(1): 11-17.

[9] Oran E S, Weber J W, Stefaniw E I, et al. A numerical study of a two-dimensional H_2-O_2-Ar detonation using a detailed chemical reaction model. Combust. Flame, 1998, 113: 147-163.

[10] Gamezo V N, Desbordes D, Oran E S. Formation and evolution of two-dimensional cellular detonations. Combust. Flame, 1999, 116: 154-165.

[11] Gamezo V N, Ogawa E T, Oran E S. Flame acceleration and DDT in channels with obstacles: Effect of obstacle spacing. Combust. Flame, 2008, 155: 302-315.

[12] Oran E S, Gamezo V N. Origins of the deflagration to detonation transition in gas-phase combustion. Combust. Flame, 2007, 148: 4-47.

[13] Han W H, Gao Y, Law C K. Flame acceleration and deflagration-to-detonation transition in micro- and macro-channels: An integrated mechanistic study. Combust. Flame, 2017, 176: 285-298.

[14] Teng H, Jiang Z, Hu Z. Detonation initiation developing from the Richtmyer-Meshkov instability. Acta Mech. Sinica, 2007, 23 (4): 343-349.

[15] Campbell C, Woodhead D W. The ignition of gases by an explosion wave. Part 1. Carbon monoxide and hydrogen mixtures. J. Chem. Soc., 1926, 129: 3010-3021.

[16] Erpenbeck J J. Stability of steady-state equilibrium detonation. Phys. Fluids, 1962, 5(5): 604-614.

[17] Short M, Stewart D S. Cellular detonation stability. Part 1. A normal-mode linear analysis. J. Fluid Mech., 1998, 368: 229-262.

[18] Wang C, Jiang Z, Hu Z M, et al. Numerical investigation on evolution of cylindrical cellular detonation. App. Math. Mech., 2008, 29(11): 1487-1494.

[19] Jiang Z L, Han G L, Wang C, Zhang F. Self-organized generation of transverse waves in diverging cylindrical detonations. Combust. Flame, 2009, 156: 1653-1661.

[20] Shen H, Parsani M. The role of multidimensional instabilities in direct initiation of gaseous detonations in free space. J. Fluid Mech., 2017, 813.

[21] Teng H H, Jiang Z L, Ng H D. Numerical study on unstable surface of oblique detonations. J. Fluid Mech., 2014, 744: 111-128.

[22] Polidnenko A Y, Chambers J, Ahmed K, et al. A unified mechanism for unconfined deflagration-to-detonation transition in terrestrial chemical systems and type Ia supernovae. Science, 2019, 366, 588.

[23] Urzay J. Supersonic combustion in air-breathing propulsion systems for hypersonic flight. Ann. Rev. Fluid Mech., 2018, 50: 593-627.

[24] Yang P F, Teng H H, Jiang Z L, et al. Effects of inflow Mach number on oblique detoatnion initation with a two-step induction-reaction kinetic model. Combust. Flame, 2018, 193: 246-256.

[25] Teng H H, Tian C, Zhang Y N, et al. Morphology of oblique detonation waves in a stoichiometric hydrogen-air mixture. J. Fluid Mech., 2021, 913: A1-23.

[26] 张子健. 斜爆轰推进理论、技术及其实验验证. 北京：中国科学院力学研究所, 2020.

第 9 章 气体动力学实验

9.1 引言

本章简要介绍气体动力学实验装置与测量技术两大板块,前者主要是风洞这一地面试验装置,后者则是与气体动力学相关的实验与测量技术。

作为延伸阅读,本章还将综述大型高超声速激波风洞的研究进展,这部分内容是基于中国科学院力学研究所最近十年内大型高焓风洞的研发经历展开的。

9.2 风洞及其发展简史

风洞是一种试验装置,通过人工产生并控制气流,用来研究空气流过物体(风洞模型)的过程中所产生的空气动力学效应,即气流与模型的相互作用。

一般情况下,在风洞试验中,模型固定不动,而试验气体高速流过模型,实际上相当于将研究问题的坐标系固定在飞行器上。这种配置模式更易于实现,也便于测量。通常传感器安装在模型上,可以测量试验模型所受到的气动力,以及表面压强、热流或温度等参数分布,还可以测量流体流速运动学参数等。如图 9.1 所示,在风洞试验中,将试验模型置于风洞试验气流中,通过高温气体的自发光现象,可以将关键流动结构显示出来。

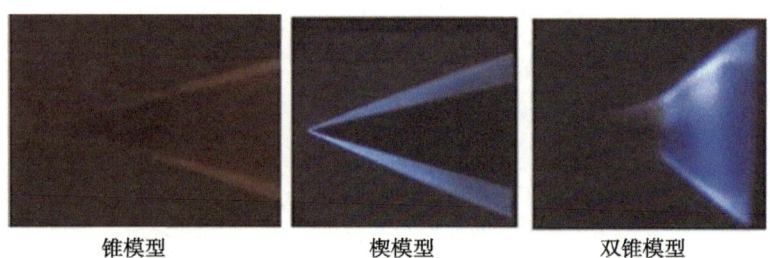

锥模型　　　　　楔模型　　　　　双锥模型

图 9.1　超高速自发光流动显示 ($V_\infty = 8.1$ km/s)

当然,也有一类风洞是气体不动,而模型运动,这更接近实际问题,例如弹道靶。这类风洞试验的困难在于模型的高速发射与回收,以及测量等,此处暂且不展开。

9.2 风洞及其发展简史

风洞有若干分类方法，例如根据气流速度可以分为低速风洞、高速风洞、亚声速风洞、超声速风洞、高超声速风洞，以及超高速风洞等；也可以根据温度或焓值来分，有低温风洞、高温风洞，以及高焓风洞等；如果按照运行模式来分的话，有脉冲式风洞或连续式风洞等。

9.2.1 风洞的诞生

风洞是近代科学的产物，是伴随着人类向往飞行的梦想逐渐发展起来的，并伴随着科技发展的不断完善。风洞的雏形源于一位英国炮弹专家——Benjamin Robins (1707—1751)，他为了研究炮弹飞行过程的空气阻力特性，发明了一个摇臂试验装置，试验过程中将炮弹安装在摇臂末端与摇臂一起做圆周运动。这种装置存在较多缺陷，例如离心力的影响、尾迹流干扰等。虽然严格来讲，这还不算真正意义的风洞，但已经被世界航空之父——英国人 George Cayley (1773—1857) 爵士，以及人类滑翔之父——德国人李林达尔发展和应用。李林达尔通过摇臂试验获得了翼型的升阻数据 (lift-to-drag data)，并设计了滑翔机，实现了人类历史的首次滑翔飞行。在飞行两千多次的飞行试验的基础上，他将飞行与空气动力学结合起来，获得了宝贵的滑翔飞行空气动力学数据。在一次实验新型控制装置时，滑翔机因飞行攻角太大而失速坠落，李林达尔重伤不治而逝。

世界上首座真正意义上的风洞是英国航空科学家 Francis Herbert Wenham (1824—1908) 设计和建造的。他通过风洞试验研究，提出了机翼升力性能的关键控制参数——展面比 $Ar = b^2/s$，即翼展与机翼面积的比值，该参数越大，升力性能越好。如图 9.2 所示，喜欢高空飞翔的信天翁就具有较大的展面比，美国高空侦察机 U2 也是如此，其气体动力学原理是基于上述结论。

图 9.2 高空飞鸟信天翁和美国 U2 高空侦察机

世界飞机之父莱特兄弟 (图 9.3) 非常痴迷飞行，他们起初对李林达尔的滑翔飞行感兴趣，但是并不成功，因此对后者的翼型气动数据表示怀疑。莱特兄弟设计了自行车载翼型升力评估装置 (莱特家父是一家自行车经销商)，如图 9.4(a) 所示，将一对机翼对称安装在水平车轮的两侧，然后从高处沿坡路向下飞速行驶，通过观察水平车轮的转向就可以对比哪个翼型的升力性能更好。莱特兄弟的自行车载实验表明，前人的翼型气动数据并不可靠，他们决定建造自己的风洞，如图 9.4(b) 所示。通过两千多次滑翔实验和一千多次风洞实验，莱特兄弟修正了李林达尔的一些错误的飞行数据，设计出了升力性能更好的翼形，如图 9.5 所示。结合他们研制的控制装置和动力装置，莱特兄弟制造了世界首架飞机——"飞行者一号"，并于 1903 年 12 月 17 日清晨，实现了人类历史上首次带动力的可控的持续飞行。莱特兄弟的成功，与其风洞应用密不可分，风洞在人类追求飞向蓝天的梦想中举足轻重。

图 9.3　奥维尔·莱特 (1871—1948) (左) 和威尔伯·莱特 (1867—1912) (右)

(a) 自行车载升力评估器　　　　　(b) 风洞

图 9.4　莱特兄弟实验翼型气动性能的装置

图 9.5　莱特兄弟翼型改进与其制造的世界首架飞机——"飞行者一号"

9.2.2 亚声速风洞

法国人埃菲尔 (Alexandre Gustave Eiffel，1832—1923) 是世界风洞史上不可或缺的人物，是的，他就是埃菲尔铁塔的设计者，也是自由女神像的设计者，一位世界闻名的建筑设计大师。埃菲尔在设计大型建筑作品的时候，绕不开的一个问题就是风对建筑物的作用力。带着上述经历和疑问，他退休之后，对空气动力学产生了浓厚兴趣。当时没有实验能力来评估风阻问题，但是埃菲尔发现了其重要性，设计了简单的实验评估方法，将建筑模型从埃菲尔铁塔抛下，测量其下落的速度和加速度，发现风阻与速度的平方成正比，这与后来的阻力系数公式不谋而合。1909~1912 年间，已近 80 岁的埃菲尔设计制造了世界首座大功率风洞，如图 9.6 所示，其应用电机驱动，功率 50 kW，实验舱截面 2 m×2 m，用以评估建筑物的风阻等气动参数。这座风洞，开创了大型风洞的历史。这一类风洞被称为埃菲尔类风洞 (Eiffel-type wind tunnel)，是空气动力学基础研究与飞行器性能评估的主力实验装置。埃菲尔类风洞，到目前仍然可以运行。

图 9.6　埃菲尔设计制造的大功率风洞及其结构示意图

在埃菲尔风洞建成之后，随着航空业的发展，一系列的大型风洞应运而生，最具有代表性的当属美国 NASA 建成的几座特大型风洞。其中之一便是 NASA 兰利研究中心 NTF (National Transonic Facility) 全尺度风洞 FSWT，如图 9.7 所示。FSWT 建成于 1931 年，一直运行到 1995 年，其驱动电机功率是 3000 kW，试验舱截面为 10 m×20 m，其性能参数远高于埃菲尔风洞。FSWT 建成后为美国 "海盗船号"、"鹞"、F16 等战斗机，以及波音 (Boeing) 飞机和航天飞机进行大量的性能吹风实验，对美国航空航天工业的发展厥功至伟。NASA 艾姆斯研究中心的国家全尺度风洞 NFAC(National Full-scale Aerodynamics Complex) 是美国另一座全尺度风洞，首次建成于 20 世纪 40 年代，试验舱截面 12 m×24 m，与 FSWT 相当。后来在 20 世纪 80 年代进行了扩建和升级，试验舱截面扩大到 24 m×36 m，如图 9.8 所示，是目前世界上尺度最大的风洞，可以进行波音 737 全尺度飞机 (翼展 ~28 m) 直接吹风实验，而不需要缩比。NFAC 目前仍在运行，可实现的实验空气流速度可以达 150 m/s (较小截面实验舱) 或 50 m/s (较大截面实验舱)。

图 9.7　NASA 兰利研究中心全尺度风洞 FSWT

图 9.8　NASA 艾姆斯研究中心 NFAC 风洞与试验舱中的 F-18 战机全尺度实验模型

亚声速风洞或者低速风洞，与人类社会生活密切相关，应用非常广泛，包括建筑与桥梁工程、汽车与高铁、体育与赛车等领域，当然主要应用还是在航空航天领域。世界范围内，各大工科类高校及科研院所都有自己的风洞，用于教学、科研；另外，国际上重要的航空工业公司，例如波音和空客等，也建有生产型风洞。从数量上讲，拥有风洞最多的国家当属美国，这是与其航空航天大国地位相匹配的。我们国家的风洞建设虽然起步较晚，但随着航空航天事业的发展，越来越多的风洞投入教学、科研与生产中，集中在大型院校以及航空航天领域的集团公司，特别是在哈尔滨、沈阳、绵阳、西安等地，建有先进的现代化风洞，进一步推进了我国航空航天事业的发展。

9.2.3　跨声速风洞

20 世纪 40 年代是人类飞行器跨越声速的关键时期，当时，限于动力系统功率的限制，航空飞行器跨越声速遇到了前所未有的挑战——声障 (sonic barrier)。声障问题反映了高速流动带来的可压缩效应，在飞行器局部出现激波等间断结构，

9.2 风洞及其发展简史

引起升力的骤减和阻力的突增，导致一系列飞行事故。在这阶段，航空界为了克服声障问题，一方面提高动力系统的性能，另一方面提出和发展了一系列的空气动力学新理论、新技术与新概念，如飞行器面积律、后掠翼、超临界翼型等。在这一过程中，跨声速风洞得到了迅速发展。

图 9.9 所示的 ETW 是跨声速风洞的典型代表，它坐落在德国科隆的德国宇航中心 (DLR)，建成于 20 世纪 90 年代，并不断改进。ETW 试验段截面尺寸为 2.4 m×2 m，可实现的试验气流马赫数范围是 0.15~1.3，其利用低温氮气实现的雷诺数 (基于机翼弦长) 可高达 9×10^7，这是 ETW 的优势性能，远高于以常温空气为介质的传统风洞，见图 9.10，我国研发的商用飞机 C919 也在该风洞做过半模试验。

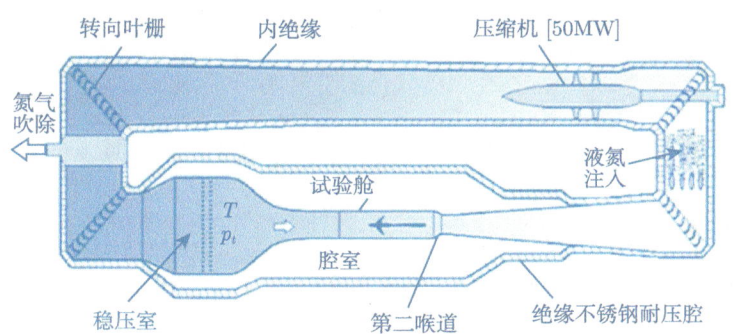

图 9.9 跨声速风洞 ETW 外观及其气动回路 (https://www.etw.de)

美国 NASA 也拥有一系列的跨声速风洞，包括 NASA 艾姆斯研究中心 11 ft (1 ft = 0.3048 m) 跨声速风洞，NASA Glenn 研究中心 8 ft×6 ft 跨声速风洞，NASA 兰利研究中心等，其中以 NTF 最具有代表性。如图 9.11 所示，NTF 试验段截面尺

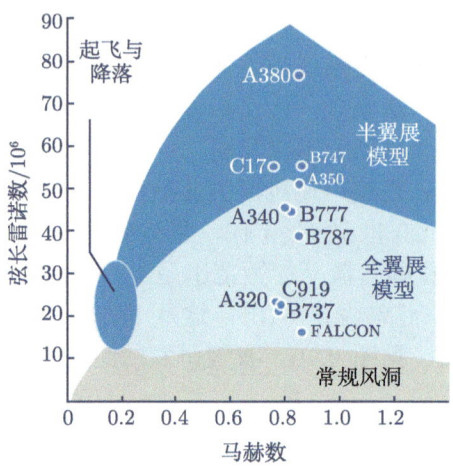

图 9.10　ETW 跨声速风洞性能包络 (https://www.etw.de)

寸为 2.5 m×2.5 m，可实现的试验气流马赫数范围是 0.2~1.2，类似于 ETW，NTF 也可以以低温氮气为工质运行，雷诺数可实现 0.5×10^7，1.98×10^7，3×10^7。

图 9.11　NASA 兰利研究中心 NTF 跨声速风洞

9.2.4　超声速风洞

在理解并克服 "声障" 问题以后，人类对飞行器速度的追求狂热依旧，超声速飞机成为缩短世界距离的旅行工具，作为重要的地面试验装置，超声速风洞得到发展。超声速风洞主要解决的问题就是超声速流动引起的强可压缩效应以及激波这种流场强间断结构引起的气动问题。

如图 9.12 所示，超声速飞机的典型代表有空客的 "协和号"(Concorde)、波音 2707 以及 Blackbird 等。"协和号" 设计飞行马赫数为 2，1969 年第一架下线，并陆续生产了 20 架，并于 1976 年投入商业服务，主要运营英法与纽约之间的跨大西洋航线，2003 年全部退役。超声速飞机的经济效益和噪声污染，使其难以维持商业运营。波音 2707 超声速客机在原型机的建造过程中就停产了。在军用飞机方面，超声速飞机得到充分的发展，Blackbird 最具代表，其飞行马赫数超过 3，主要用作高空侦察机 (SR-71)，由美国洛克希德公司研制成产，1964 年首飞，1998 年退役，一共生产了 32 架。Blackbird 采用"涡喷 + 冲压"双模态发动机，机体表面采用钛合金材料，成本高昂。采用喷气推进发动机的战斗机都具有超声速巡航能力，是超声速风洞的主要实验对象。

图 9.12　超声速飞机

美国 NASA 在艾姆斯、Glenn 和兰利研究中心都装备有超声速风洞，其中 Glenn 研究中心的 Abe Silverstein 10 ft×10 ft 超声速风洞 (图 9.13) 最具代表，其实验气流马赫数包括 0~0.36 以及 2~3.5 两部分，雷诺数 $(0.1 \sim 3.4) \times 10^6$ (气动实验)、$(2.2 \sim 2.7) \times 10^6$ (推进实验)。Abe Silverstein 在推进系统研制中发挥了重要作用，例如目前热门的联合循环发动机 TBCC。我国的超声速风洞主要分布在

图 9.13　NASA Glenn 研究中心 Abe Silverstein 超声速风洞与其试验舱中的联合循环发动机实验模型

绵阳和沈阳的研究院所内，最具代表性的是前者于 2010 年建成的 2 m×2 m 超声速风洞。

9.2.5 高超声速风洞

高超声速风洞是指能实现实验气流马赫数超过 5 的实验装置，是针对航天飞行器或者高超声速飞行器的研发而发展起来的。在高超声速飞行器的发展过程中，由于对高超声速流动物理的认知不足，发生了多起飞行事故，甚至是灾难性的，例如 1967 年美国 X-15 高超声速飞机坠毁、1986 年美国航天飞机"挑战者号"在发射 73 s 后发生爆炸解体事故、2003 年美国航天飞机"哥伦比亚号"在从国际空间站返回途中发生解体事故，两次航天飞机灾难性事故使得十四名宇航员罹难，并最终导致航天飞机系列于 2013 年全部退役。以上事故 (图 9.14) 促使人们重新认识高超声速流动物理，也使得世界上的主要国家加大对高超声速风洞研发的投入。

图 9.14　高超声速飞行器发展过程中的典型事故

最初，高超声速风洞以模拟高超声速飞行的马赫数和雷诺数为目标，通过降低实验气流静温或者声速来实现高马赫数和高雷诺数，这类高超声速风洞的实验气流总温或总焓有限，称为常规高超声速风洞 (conventional hypersonic wind tunnel)，一般按照连续方式运行。图 9.15 是美国 NASA 兰利研究中心和喷气推进实验室 (JPL) 的高超声速风洞，都属于常规高超声速风洞。美国 NASA 在艾姆斯、Glenn 和兰利研究中心都建有多座常规高超声速风洞。我国也建有多座常规高超声速风洞，主要分布在绵阳、北京等地的航天院所中，其中典型代表是中国空气动力研究与发展中心的 ϕ1 m 常规高超风洞 FD-30 以及中国航天空气动力技术研究院 ϕ1.2 m 常规高超风洞 FD-16。

常规高超声速风洞由于气流总温有限，无法模拟高超声速流动中的热化学反应、热辐射、电离等复杂物理化学过程或现象，而这些物理化学过程与现象对高超声速飞行器性能至关重要，因而推动了高焓高超声速风洞的发展。高焓高超声速风洞，在目前仍是比较热门的研究领域，将在 9.5 节给出详细综述——大型高超声速激波风洞研究进展。

图 9.15　NASA 兰利研究中心和 JPL 的高超声速风洞

9.2.6　世界主要风洞群

风洞作为航空航天领域的关键实验装置，在全世界范围内广泛分布，包括实力雄厚的理工科大学以及航空航天研究机构。美国作为航空航天领域的领头羊，建有世界上最多的风洞，在 NASA 的艾姆斯、Glenn、兰利三大研究中心，CUBRC，波音，AEDC 等研究机构都建有强大的风洞群，其中 NASA 艾姆斯研究中心的风洞数量最多、种类最为齐全，图 9.16 给出了美国风洞群分布以及 NASA 艾姆

图 9.16　美国风洞群分布以及 NASA 艾姆斯研究中心风洞群俯瞰图

斯研究中心风洞群俯瞰图,其涵盖了低速风洞、高亚声速风洞、跨声速风洞、超声速风洞以及高超声速风洞。

虽然起步较晚,但是我国也拥有完备的风洞系列,最具代表性的是中国空气动力研究与发展中心 (CARDC) 的风洞群,几乎涵盖了世界上所有的风洞种类,包括低速风洞系列、高速风洞系列和超高速风洞系列,截止到 2016 年 CARDC 主要的风洞设备列于表 9.1 中,之后又建成了多座高性能风洞,包括燃烧驱动高超声速风洞以及轻气体驱动高焓激波风洞等。中国航天空气动力技术研究院 (CAAA) 也建有种类丰富的风洞群,其中电弧风洞和重活塞驱动高焓激波风洞都是国内最具代表性的试验装置。中国科学院力学研究所高温气体动力学国家重点实验室 (LHD) 建成并运行系列爆轰驱动高焓激波风洞,应用爆轰驱动技术研制成功的 JF-12 风洞实现了高焓条件下超过百毫秒的试验时间以及直径 2.5 m 的试验气流,在世界范围内的同类风洞中处于领先地位。关于爆轰驱动高焓激波风洞的详细介绍将安排在 9.5 节。

表 9.1 中国空气动力研究与发展中心试验装置

类别	装置名称
低速	8 m×6 m 风洞 (FL-13)、ϕ3.2 m 风洞 (FL-14)、2 m×2 m 结冰风洞 (FL-16)、5.5 m×4 m 航空声学风洞 (FL-17)
高速	1.2 m×1.2 m 超声速风洞 (FL-24)、2.4 m×2.4 m 跨声速风洞 (FL-26)、2 m×2 m 超声速风洞 (FL-28)
超高速	2 m 激波风洞 (FD-14)、ϕ1 m 高超声速低密度风洞 (FD-17)、ϕ1 m 高超声速风洞 (FD-30)、200m 自由飞弹道靶 (FD-18)、电弧风洞 (FD-15)、等离子体风洞 (FD-31)

9.3 风洞结构及其空气动力学

通过风洞产生并控制气流,为飞行器地面试验提供满足一定相似律的试验环境,这是风洞的运行目的。风洞实验气流满足飞行环境相似律要求,保证马赫数、雷诺数或者总焓等关键参数与飞行条件一致,这是基本需求。针对不同的飞行器的飞行环境,风洞大致可分为:低速风洞、跨声速风洞、超声速风洞、常规高超声速风洞以及高超声速激波风洞等,其主要部件及总体结构分别见图 9.17～图 9.21。

低速风洞结构如图 9.17 所示,主要部件包括稳流器、进气道、试验舱、扩散段以及风机与排气口等,埃菲尔风洞以及 NASA 艾姆斯研究中心的 NFAC 风洞就属于这类风洞。低速风洞通过风机产生气流,并通过截面变化实现气流速度的提升,从一维定常变截面等熵流动微分方程组,得到气流参数与截面变化的微分关系,相应关系在第 4 章已经给出,在此处重新列出,以便于讨论,即

$$\frac{\mathrm{d}p}{p} = \frac{\gamma M^2}{1-M^2}\frac{\mathrm{d}\Sigma}{\Sigma} \tag{4.26a}$$

$$\frac{\mathrm{d}\rho}{\rho} = \frac{M^2}{1-M^2}\frac{\mathrm{d}\Sigma}{\Sigma} \tag{4.26b}$$

$$\frac{\mathrm{d}T}{T} = \frac{(\gamma-1)M^2}{1-M^2}\frac{\mathrm{d}\Sigma}{\Sigma} \tag{4.26c}$$

$$\frac{\mathrm{d}V}{V} = \frac{1}{M^2-1}\frac{\mathrm{d}\Sigma}{\Sigma} \tag{4.26d}$$

$$\frac{\mathrm{d}M}{M} = \frac{1+\dfrac{\gamma-1}{2}M^2}{M^2-1}\frac{\mathrm{d}\Sigma}{\Sigma} \tag{4.26e}$$

以上各微分关系式给出了气流参数随截面变化的规律，显然热力学变量与运动学变量的趋势刚好相反。因为低速风洞全场气流处于低亚声速范围，$M<1$，随着风洞进气口截面的变小，热力学变量 $\dfrac{\mathrm{d}\rho}{\rho}$，$\dfrac{\mathrm{d}p}{p}$，$\dfrac{\mathrm{d}T}{T}$ 逐渐减小；运动学变量 $\dfrac{\mathrm{d}V}{V}$，$\dfrac{\mathrm{d}M}{M}$ 则相反，随着风洞进气口截面的变小而增大，在试验舱可得到需要的气流速度或马赫数。在试验舱下游的扩散段，通道截面积逐渐增大，以上各变量的变化趋势反转，热力学变量逐渐增大，运动学变量逐渐减小，以便于气体排出风洞。

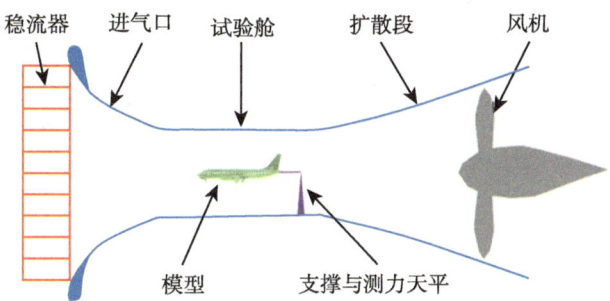

图 9.17　低速风洞结构示意图 (开循环)

跨声速风洞结构如图 9.18 所示，主要部件包括压气机、稳流器、喷管、试验舱、导流器以及闭环管道等，欧洲 ETW 风洞以及 NASA 兰利研究中心 NTF 等风洞就属于这类。其他高亚声速以及低超声速风洞结构也类似。与低速风洞不同，跨声速风洞通常采用闭循环运行模式，甚至通过在压气机上游引入低温氮气来实现高雷诺数条件。与低速风洞一样，跨声速风洞模拟的关键气流参数是雷诺数。另外，压气机的功率和对气流的压缩能力也显著提高，通常采用多级轴流式压缩机。

跨声速风洞通过可更换的"喷管 + 试验舱"组合体来实现不同的运行工况，获得亚声速、跨声速、超声速试验条件，显然，超声速试验气流需要拉瓦尔喷管

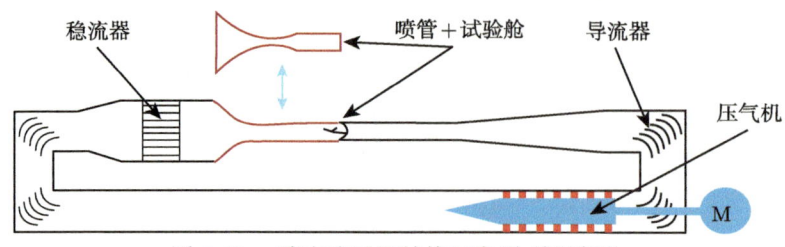

图 9.18　跨声速风洞结构示意图 (闭循环)

(收缩–扩张喷管) 来实现。喷管内的流动特性仍然可以用式 (4.26a)∼ 式 (4.26e) 来描述，当然，气流马赫数的范围扩大了。

超声速风洞结构如图 9.19 所示，主要部件包括压气机、高压罐、稳定段、超声速喷管、试验舱、超声速扩散喷管、真空罐以及真空泵等。根据等熵流的总压关系式 (4.14)

$$\frac{p_0}{p} = \left(1 + \frac{\gamma-1}{2}M^2\right)^{\gamma/(\gamma-1)}$$

可知，$p_0 \propto M^7 p$，要实现静压为 p 和马赫数为 $M>1$ 的超声速试验气流，则对稳定段压力 p_0(试验气流总压) 的要求非常高，图 9.18 所示的轴流式大功率压气机也难胜任，需要高压泵和大容量高压罐来实现。试验前需要先通过高压泵将足量空气压入高压罐，并通过真空泵将真空罐、超声速扩散喷管段、试验舱都抽成高真空状态。对于一般超声速气动问题，超声速风洞模拟的关键相似参数是马赫数 M 和雷诺数 Re，其中前者通过改变超声速喷管的出口–喉道截面比来实现，后者可通过改变调整稳定段压力 p_0 来实现。对于发动机问题，还要兼顾试验气流的动压 p_k：

$$p_k = \frac{1}{2}\rho V^2 = \frac{1}{2}\rho V M^2 c^2 = \frac{1}{2}\rho V M^2 \gamma \frac{p}{\rho} = \frac{1}{2}\gamma p M^2 = \frac{\gamma M^2}{2+(\gamma-1 M^2)}p_0 \quad (9.1)$$

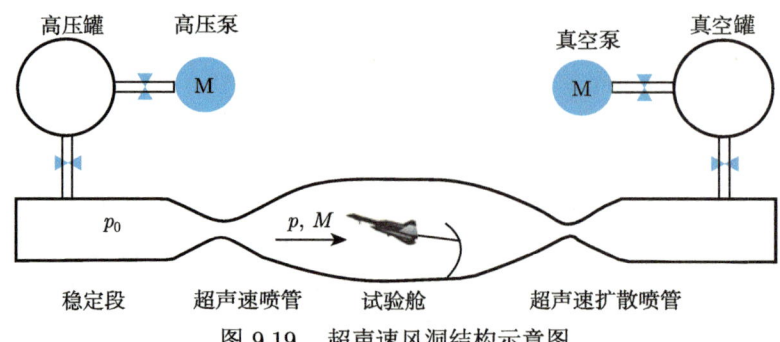

图 9.19　超声速风洞结构示意图

9.3 风洞结构及其空气动力学

高超声速风洞大体上可分为常规高超声速风洞和高超声速激波风洞，其结构和主要部件分别如图 9.20 和图 9.21 所示。常规高超声速风洞，见图 9.20，主要部件包括压气机、高压罐、加热器、稳定段、超声速喷管、试验舱、真空罐以及真空泵等。由绝热流动总温关系式 (4.13)

$$\frac{T_0}{T} = 1 + \frac{\gamma - 1}{2}M^2$$

可知，$T_0 \propto M^2 T$，对于高超声速试验气流，$M \geqslant 5$，这对试验气流总温 T_0 的要求非常苛刻，与超声速风洞不同，常规高超声速风洞必须配备加热装置以提高总温，保证试验气流温度 T 高于凝结温度而不至于发生相变。常规高超声速风洞的总温受限于加热器材料的抗热以及抗腐蚀性能。常规高超声速风洞的关键部件是加热器，除了通常的加热蓄热器，还可以通过电弧加热或者燃烧加热等方式，在 9.5 节中将有更多细节介绍。

高超声速激波风洞，见图 9.21，主要部件包括驱动激波产生装置、驱动段、被驱动段、超声速喷管、试验舱、真空罐以及真空泵等。高超声速激波风洞的关键部件是驱动激波产生装置，它与驱动段在空间结构上可以重合，例如加热轻气体驱动或者爆轰驱动等工作模式，也可以相互独立，例如重活塞驱动模式。关于高超声速激波风洞的驱动模式的更多细节将在 9.5 节中展开。

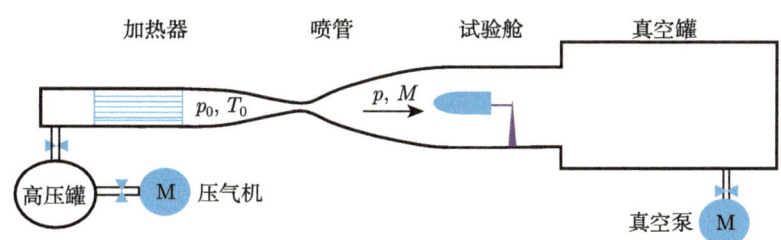

图 9.20 常规高超声速风洞结构示意图

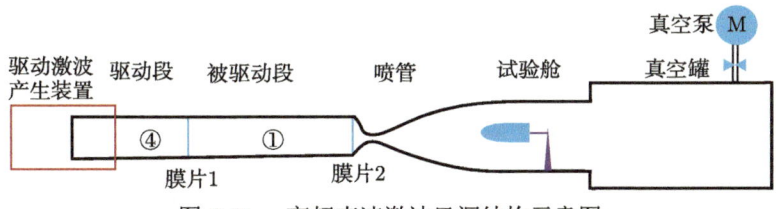

图 9.21 高超声速激波风洞结构示意图

高超声速激波风洞的工作基础是运动激波传播及反射的总焓转移理论，细节见 6.4 节。无论哪一种驱动模式，其目的都是一样的，就是在驱动段获得高温高压的驱动气源，其状态通常用序号④代表；被驱动段冲入试验气体，其状态用序号①代表，如图 9.21 所示。④区高温高压驱动气体冲破膜片 1，在被驱动段产生向右运动的入射激波 S_i，其激波马赫数为 M_s。入射激波继续向右传播，直到运动到膜片 2 处，将其冲破，并在被驱动段末端端壁发生反射。虽然被驱动段末端与喷管相连，但是喷管喉道与被驱动段直径相比通常较小，上述反射接近于全反射，反射激波 S_R 向左运动，反射激波与驱动段末端之间将产生高温高压的滞止气体，其状态通常用序号⑤代表，即驻室状态。在激波风洞驱动段和被驱动段内的波系结构见图 9.22 和图 9.23。

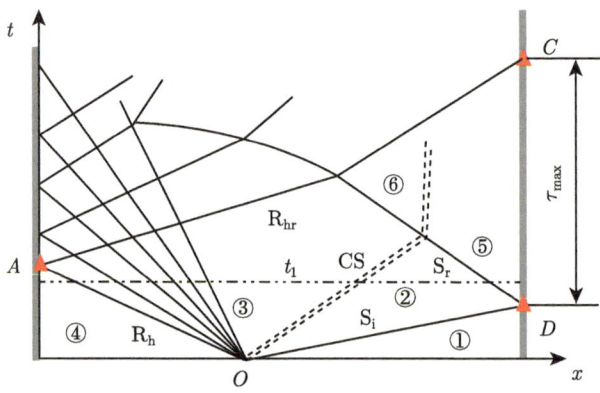

图 9.22　激波风洞运行原理波系示意图

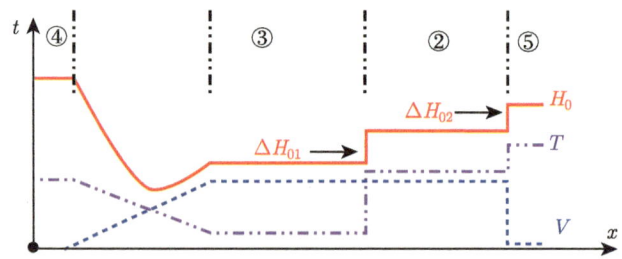

图 9.23　激波风洞瞬时波系结构示意图 (对应图 9.22 中的 t_1 时刻)

高超声速激波风洞⑤区气体参数是根据具体的风洞试验需求确定的，在运行过程中由试验气体初始充填状态①以及驱动气体状态④联合确定，参见式 (6.41)：

$$\frac{p_4}{p_1} = \left[1 - \frac{\gamma_4 - 1}{\gamma_1 + 1}\frac{a_1}{a_4}\left(M_s - \frac{1}{M_s}\right)\right]^{-\frac{2\gamma_4}{\gamma_4 - 1}} \left(\frac{2\gamma_1}{\gamma_1 + 1}M_s^2 - \frac{\gamma_1 - 1}{\gamma_1 + 1}\right)$$

由上式可见，① 和④ 区的气体热力学参数，包括压强 p_1 和 p_4、声速 a_1 和 a_4 以及比热比 γ_1 和 γ_4 决定了入射激波的强度 M_s。

9.3 风洞结构及其空气动力学

入射激波压缩①区试验气体，波后②区气体获得第一次总焓转移 ΔH_{01}，如图 9.23 所示，②区气体状态由自变量为 M_s 的系列公式 (6.29a)~(6.29d) 给出，此处不再重复。入射激波的非定常传播，使得②区试验气体的温度、压强、速度以及总焓得到显著提高。

入射激波在被驱动段末端反射，形成向左运动的反射激波 S_R，将进一步压缩②区试验气体，并使之滞止下来，得到驻室气体，即⑤区。在此过程，试验气体由②区过渡到⑤区，获得第二次总焓转移 ΔH_{02}，如图 9.23 所示。⑤区气体的参数由下式给出：

$$\frac{p_5}{p_1} = \frac{[2\gamma M_s^2 - (\gamma-1)][(3\gamma-1)M_s^2 - 2(\gamma-1)]}{(\gamma+1)[(\gamma-1)M_s^2 + 2]} \tag{9.2a}$$

$$\frac{\rho_5}{\rho_1} = \frac{[2\gamma M_s^2 - (\gamma-1)][(\gamma+1)M_s^2]}{[2(\gamma-1)M_s^2 - (\gamma-3)][(\gamma-1)M_s^2 + 2]} \tag{9.2b}$$

$$\frac{T_5}{T_1} = \frac{[2(\gamma-1)M_s^2 - (\gamma-3)][(3\gamma-1)M_s^2 - 2(\gamma-1)]}{(\gamma+1)^2 M_s^2} \tag{9.2c}$$

$$V_5 = 0 \tag{9.2d}$$

对于激波风洞来说，仅仅获得所需要的⑤区参数还不够，另外一个重要参数是有效试验时间 $\tau_{\max}$，我们当然希望该值越高越好。在激波风洞运行过程中，入射激波后跟随一道接触间断面结构，将驱动气体和试验气体分开，如图 9.22 所示。接触间断面随着②区气体同速向右传播，并最终与反射激波 S_R 相遇。反射激波透射接触间断面，将继续向左传播，同时可能反射一道右行激波或稀疏波，右行激波或稀疏波将很快到达被驱动段末端，使得⑤区的稳定时间大大缩短，这是激波风洞最不想得到的结果。理想情况是反射激波透射接触间断面过程中，没有任何波结构产生，即所谓的缝合界面条件，由界面两侧的声阻抗关系决定，即界面两侧声阻抗相等，缝合界面条件由下式给出：

$$\frac{c_5}{c_1} = \left(\frac{c_5}{c_1}\right)_{\text{tic}} = \frac{\gamma_5 \left[1 + \dfrac{\gamma_1(\gamma_5+1)}{\gamma_5(\gamma_1+1)}(m_s^2 - 1)\right]^{0.5}}{\gamma_1 m_s} \tag{9.3}$$

当 $\dfrac{c_5}{c_1} > \left(\dfrac{c_5}{c_1}\right)_{\text{tic}}$ 时，产生右行稀疏波，即所谓"欠缝合状态"；当 $\dfrac{c_5}{c_1} < \left(\dfrac{c_5}{c_1}\right)_{\text{tic}}$ 时，产生右行激波，即所谓"过缝合状态"。从定性角度来讲，激波风洞有效试验时间与激波马赫数成反比，与被驱动段长度成正比，实际上目前运行高超声速激波风洞的有效试验时间 $\tau_{\max}$ 大都在毫秒量级，最长也仅在百毫秒量级，因此，保证缝合运行条件非常重要。

9.4 气动实验与测量

9.4.1 压力测量

压力测量是气动试验的常规内容,通过压力测量,可以获得流场的重要信息,甚至通过换算间接得到其他参量,例如气流速度、动压或者模型受力等。压力测量一般包括壁面压力测量和流场压力测量,应用特定的测量装置和传感器,要根据特定问题选择合适的传感器灵敏度与量程。

流道边界壁面压力测量方法有很多,图 9.24 给出了其中的几种常见形式,在壁面开孔 (直径 d_c),可以通过导管与远程压力传感器或者压力计相连 (图 9.24(a)),或者直接与压力传感器相连 (图 9.24(b))。前种连接方式通常用于当地安装空间不足以及试验时间足够长的场景,测量参量为平均压力,而后者则适用于安装空间充分、试验时间较短的场景,且适合脉动压力测量。对于迎风区域或者驻点区域压力测量,高灵敏度的压力传感器有可能无法承受高压力冲击,通常需要阻尼结构,如图 9.24(c) 所示。壁面开孔及其连接结构,对当地流场的干扰是不可避免的,上述压力测量的精度,受到连接结构参数的影响,其测量误差 $\Delta p = f(M_e, \mu, d_t, l_t, d_c, l_c)\tau_W$。

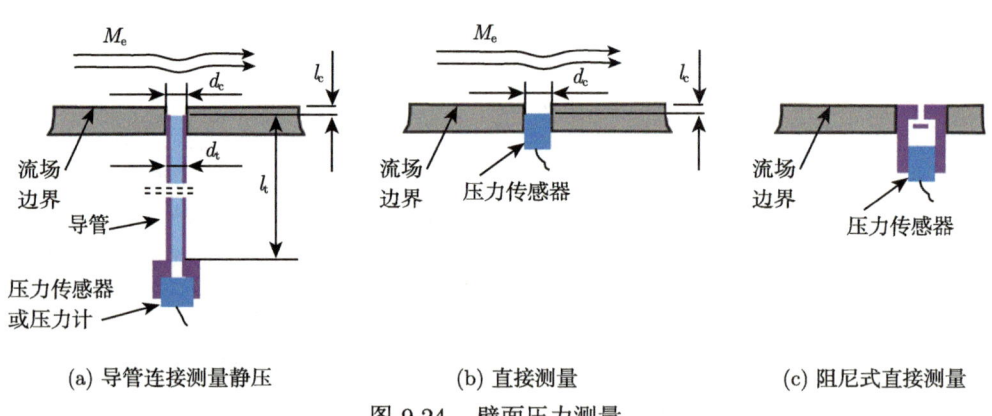

(a) 导管连接测量静压   (b) 直接测量   (c) 阻尼式直接测量

图 9.24 壁面压力测量

以上是壁面压力测量方法,对于流场中间点的压力测量,包括静压和总压测量,其测量方法不同,需要将测量探头 (皮托管) 伸入流场,如图 9.25 所示。图 9.25(a) 是静压管,(b) 则可以同时获得静压 p_∞ 和总压 p_0。正如第 4 章图 4.21 给出的风速管一样,对于亚声速流场,以上方法可以直接得到气流总压,并联合其他测量参数一起换算出气流马赫数或者速度,见式 (4.48a);但是,对于超声速气流,总压管入口将出现弓型激波结构,而激波将引起总压的损失,这样测量值将不再是来流的总压 p_0,而是激波后的总压 p_{0s},见式 (4.48f)。显然连接结构参数也将影响到压力测量的精度。

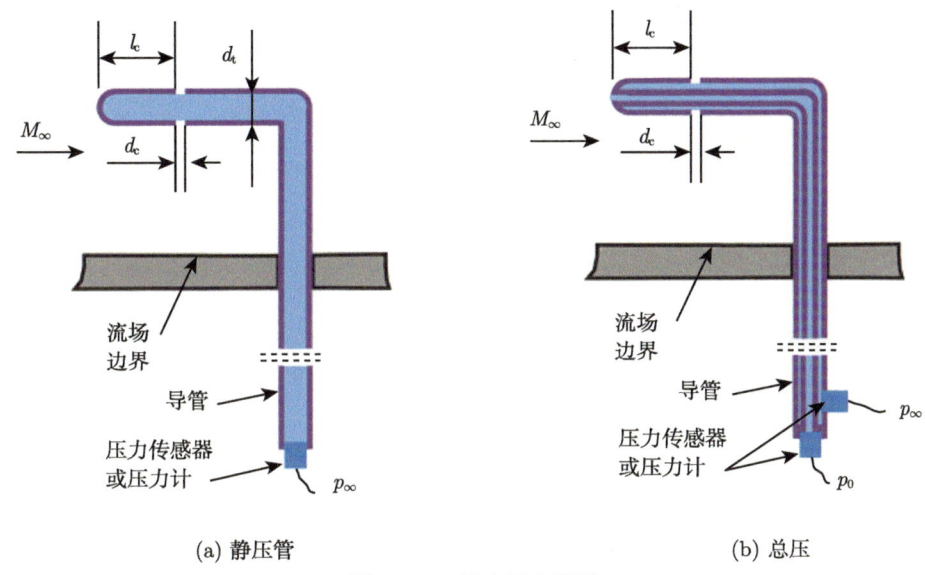

(a) 静压管　　　　　　　　　　　(b) 总压

图 9.25　场中压力测量

压力传感器是压力测量的常用感应元件,根据结构与原理的不同,可分为应变式、压阻式、电容式、压电式、电感式压力传感器等。

应变式压力传感器是一种通过测量弹性元件的应变来间接测量压力的传感器。应变元件的工作原理基于导体和半导体的应变效应,即当导体和半导体材料因受压力而发生变形时,其电阻值将发生变化。

压阻式压力传感器是指利用单晶硅材料的压阻效应 (piezoresistive effect) 而制成的传感器。单晶硅材料在受到力的作用后,电阻率发生变化,通过测量电路就可得到正比于力变化的电信号输出。它直接通过硅膜片感受被测压力,这不同于应变式压力传感器,后者需通过弹性敏感元件间接感受压力。不同于压电效应,压阻效应只产生阻抗变化,并不会产生电荷。

压阻式压力传感器一般通过引线接入惠斯通电桥中 (图 9.26)。平时敏感芯体没有外加压力作用,电桥处于平衡状态 (称为零位),当传感器受压后芯片电阻 R_4 发生变化,电桥将失去平衡。若给电桥加一个恒定电流或电压电源,电桥将输出与压力对应的电压信号,这样传感器的电阻变化通过电桥转换成压力信号输出。为减小温度变化对芯体电阻值的影响,提高测量精度,压力传感器都采用温度补偿措施。

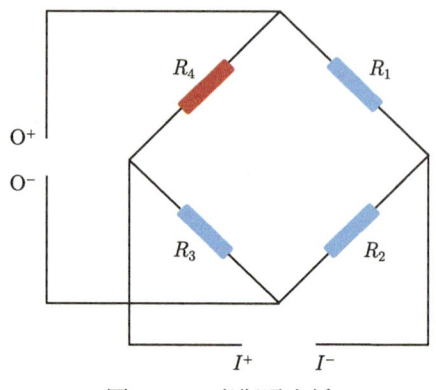

图 9.26 惠斯通电桥

压电式压力传感器主要基于压电效应 (piezoelectric effect)，利用电气元件把待测的压力转换成为电量输出。压电传感器不可以应用在静态的测量当中，并且对温度非常敏感。

电容式压力传感器是一种利用电容作为敏感元件，将被测压力转换成电容值改变的压力传感器。这种压力传感器一般采用圆形金属薄膜或镀金属薄膜作为电容器的一个电极，当薄膜感受压力而变形时，薄膜与固定电极之间形成的电容量发生变化，通过测量电路即可输出与电压呈一定关系的电信号。

电感式压力传感器是多种利用电磁原理传感器的统称，主要包括电感压力传感器、霍尔压力传感器、电涡流压力传感器等。其中，霍尔压力传感器是基于某些半导体材料的霍尔效应 (Hall effect) 制成的。霍尔效应是指当固体导体放置在一个磁场内，且有电流通过时，导体内的电荷受到洛伦兹力而偏向一边，继而产生电压 (霍尔电压) 的现象。

上述传统的压力测量是单点测量，每个传感器只能获得流场一点处的当地压力值，无法实现大体量的测量，空间分辨率有限。另外一种测量方法可以进行三维面测量，即**压力敏感涂层** (pressure-sensitive paint，PSP) 测量技术。PSP 工作原理与过程，见图 9.27，将一种特殊的压力敏感涂料覆盖在模型表面上，利用一定波长的光 (激光或紫外线灯) 照射，诱导涂料发射荧光或磷光，利用空气介质中的氧分子对压力敏感材料发光的"猝熄" (deactivation 或 quenching) 作用，通过电荷耦合器件 (CCD) 相机将模型表面涂层荧光或磷光强度变化转换为彩色图像，应用计算机图形处理技术获取表面压力分布状况。PSP 是一种非介入式表面全域压力分布光学测量技术，其优点就在于可探测范围广，避免了传统介入式测量技术引起的流场干扰问题。PSP 技术的关键是压敏涂料、成像系统以及分析处理系统。

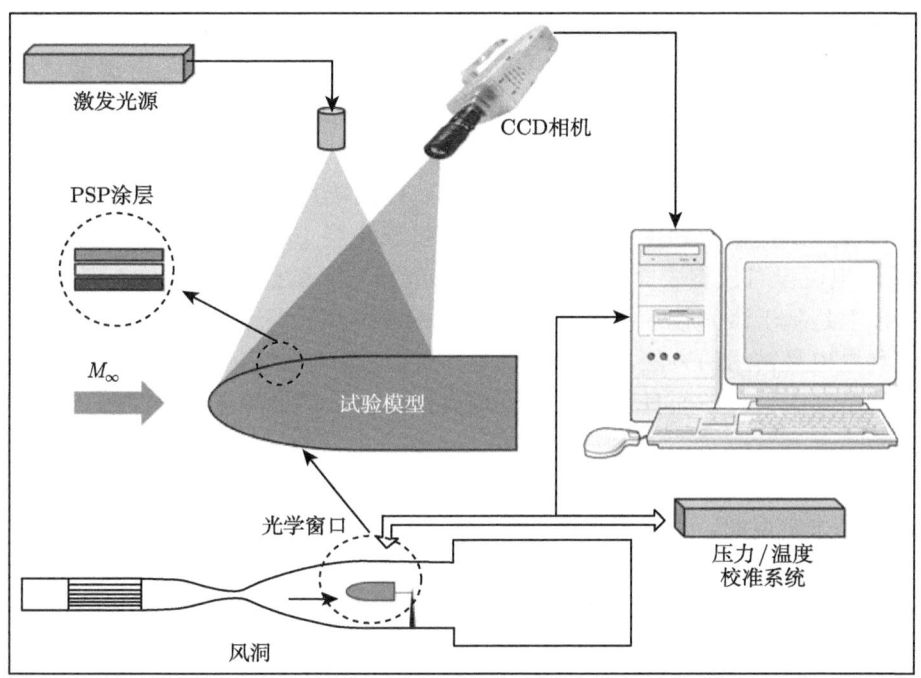

图 9.27 风洞敏感涂层测量系统示意图

9.4.2 温度与热流测量

温度是气体流动中重点关注的参量，对于分析气流中的化学反应和传热等化学物理过程至关重要。对于气体流动问题，目前已经发展了大量的原理各异的基于激光的测温技术。温度测量在原理上大体可分为两类，即基于总数密度的温度依赖性，或者原子/分子不同转动态、振动态或电子态布居的温度依赖性，前者包括瑞利散射测温 (Rayleigh scattering thermometry) 和同步拉曼散射测温 (spontaneous Raman scattering thermometry)，后者包括激光诱导荧光 (laser-induced fluorescence, LIF) 测温和相干反斯托克斯–拉曼散射 (coherent anti-Stokes Raman scattering，CARS) 测温。

尽管温度测量技术种类繁多，各种方法也发展成熟，但是，到目前尚没有一种可靠的多功能的测温技术可以应用到各种试验环境，需要根据实际问题选择特定的测温技术。CARS 通常能够获得最高的测温精度，但是它只能逐点测量。其他方法易于成像，不必逐点测温。瑞利散射法 (Rayleigh scattering thermometry) 可以产生相对较强的信号，可以用于测温或测当地气体成分，但是，瑞利散射法会受到物面或颗粒弹性散射的干扰，因此需要滤波。同步拉曼散射常常用于多组分 (成分确定) 一维温度测量，用于二维成像的信号就很弱。LIF 法可以获得较强的信号，常常用于逐点或者成像测温，可以基于气流自含的组分发光成像，也可以基于另外添加的示踪组分发光成像。吸收光谱测温技术，例如可调谐二极管激光吸收光谱 (tunable diode laser absorption spectroscopy，TDLAS)，已经得到广泛应用，尽管此类技术可以得到局部温度，但是，吸收量实际上反映的是沿激光光路的积分效果，对于均质问题，信号处理比较直接，但是，对于非均质问题就比较麻烦。类似于 PSP 测压，应用温度敏感涂层 (temperature-sensitive paint，TSP)，也可以对模型表面温度分布进行热成像与测量技术。

以上是基于激光技术的非介入式温度测量技术，当然，跟压力测量一样，介入式测温也是常用的方法，例如，应用各种温度计，热电偶 (thermal couple) 温度计就是其中一种，而且常用的热流测量技术也是基于热电偶测温的。下文将主要介绍热流测量技术。

如图 9.28 所示，高速气流对模型表面的加热方式都是通过对流 q_{conv} 与辐射 q_{radi} 传热来实现的，并向模型材料内部传导，$q_{\text{cond}} = q_{\text{conv}} + q_{\text{radi}}$，因此，绝大多数的热流测量方法都是通过测量热传导来得到气动加热量，也就是说，热流测量实际上是一个热传导问题。热流测量技术可主要分为三类：温度梯度类 (基于傅里叶定律，如戈登计)、量热计类 (基于能量平衡原理，如塞式量热计) 和表面温度计类 (基于瞬态热传导原理，如薄膜电阻温度计、同轴热电偶等)。

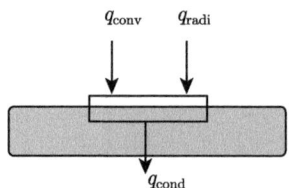

图 9.28　高速气流对模型表面的气动加热方式

如图 9.29 所示，表面温度计类热流测量原理基于非稳态均质半无限体热传导理论，表面温度与热流的关系为

$$T(t) = \frac{1}{\sqrt{\pi}\sqrt{\rho c k}} \int_0^t \frac{\dot{q}(\tau)}{\sqrt{t-\tau}} \mathrm{d}\tau \tag{9.4}$$

根据上式给出的表面温度的变化，可以反算表面热流：

$$\dot{q}(t) = \frac{\sqrt{\rho c k}}{\sqrt{\pi}} \frac{1}{2} \int_0^t \frac{\mathrm{d}T}{\mathrm{d}t} \frac{1}{\sqrt{t-\tau}} \mathrm{d}\tau \tag{9.5}$$

影响热流测量精度的主要因素是表面温度测量精度与均质半无限体假设的准确性。

9.4 气动实验与测量

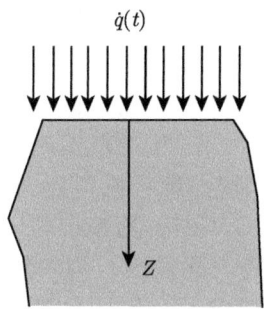

图 9.29　非稳态均质半无限体热传导示意图

基于瞬态热传导原理的表面温度计类热流测量方法，在风洞试验中得到广泛应用，特别是在脉冲型风洞以及高焓脉冲风洞中，面对高热流、强冲刷以及试验时间短等苛刻试验环境，这类热流测量方法最具优势。薄膜电阻热流传感器、同轴热电偶热流传感器是其典型代表。

薄膜电阻热流传感器的表面温度测量应用薄膜电阻温度计 (thin film resistance thermometer)，其利用在衬底材料表面上形成的金属薄膜来测量表面瞬时温度的变化，然后根据式 (9.5) 反算表面热流。薄膜电阻温度计结构如图 9.30 所示，其要求薄膜材料性能稳定、抗氧化、电阻系数高等，铂是最理想的材料；衬底材料要求电绝缘、稳定、均质，一般选用玻璃或陶瓷。薄膜电阻温度计的关键技术环节是薄膜涂层的制备，要求足够薄、附着好，一般通过溅射或蒸发实现。薄膜电阻热流传感器的优点在于容易满足表面温度计测量热流的原理需求，灵敏度高、输出信号大、响应时间短。但是，其缺点也比较明显，抗气流冲刷能力不强，在高超声速高焓风洞试验中的存活率不高。

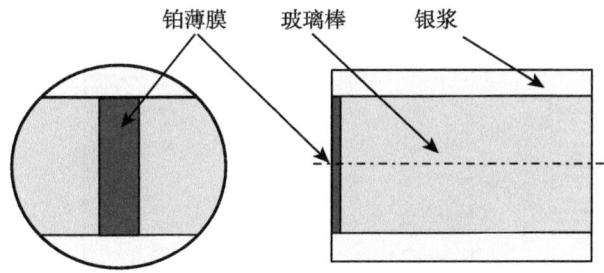

图 9.30　薄膜电阻温度计结构简图

高速高焓风洞开展热流测量实验研究通常采用脉冲型实验设备，如激波管、激波风洞等。这类设备的优点是能够提供具有足够高焓值的气流，但实验时间都很短，一般在毫秒到百毫秒量级，而且高焓气流冲刷侵蚀的能力很强，常规测热传感器技术很难满足高焓流动热流测量的需求，薄膜电阻热流传感器也很难胜任，表面结点型热电偶是少数几种能够满足高焓流动气动热测量的传感器之一，图 9.31 给出了同轴装配方式，称为同轴热电偶，其左端面与模型表面装平并接触被测气流。两种热电偶材料 (管材和芯材) 在长度方向绝缘，为了使之能在轴端形成尺度很小的结点并导通，一般采用砂纸打磨的方式。一旦两种热电偶材料导通，依据泽贝克 (Seebeck) 效应，热电偶输出电势差 ∇V 与结点温度差 ∇T 之间存在如下关系：$\nabla V = -S(T)\nabla T$，其中，$S(T)$ 为 Seebeck 系数，根据此式可以测量模型表面温度，并通过式 (9.5) 反算表面热流。同轴热电偶的这种结构形式不仅能满足表面温度计测量热流的原理需求，而且具有响应迅速和抗冲刷能力强的优点。

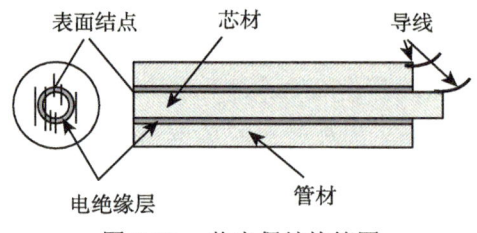

图 9.31　热电偶结构简图

Seebeck 系数 $S(T)$ 与热电偶材料 (管材和芯材) 的特性有关，一般与结点温度呈非线性依赖，非线性关系使得热流传感器性能降低，选择合适的热电偶材料可以使得 Seebeck 系数呈近似线性关系，如图 9.32 所示，以 E 型，J 型，K 型，M 型，N 型，T 型热电偶的 Seebeck 系数线性化最好，其中 E 型 (镍铬–康铜) 输出信号强。图 9.33 给出了两种规格的 E 型同轴热电偶实物与端面电镜图像，由于端面尚未打磨，绝缘层清晰可见。

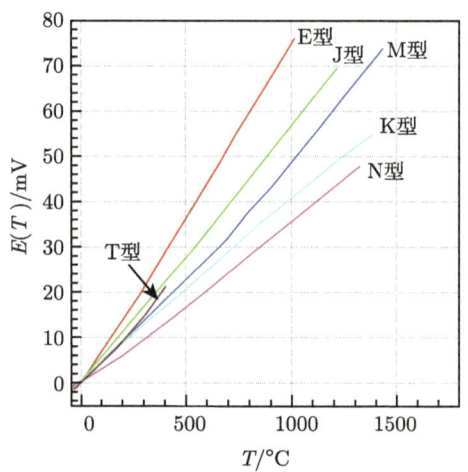

图 9.32　热电偶材料的输出特性与 Seebeck 系数

  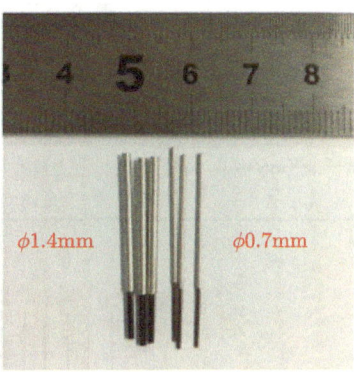

图 9.33　小型化 E 型同轴热电偶实物及其表面

根据均质一维半无限体瞬时热传导理论，表面热流与结点温度的关系如下：

$$\dot{q}(t) = \frac{\sqrt{\rho c k}}{\sqrt{\pi}} \left[\frac{T(t)}{\sqrt{t}} + \frac{1}{2} \int_0^t \frac{T(t) - T(\tau)}{(t-\tau)^{3/2}} \mathrm{d}\tau \right] \tag{9.6}$$

式中，ρ, c, k 分别代表热电偶表面结点材料的密度、比热容以及导热系数，三者乘积通常称为热电偶的热乘积，是热电偶的关键性能参数。针对风洞测量得到的表面温度的离散数据，上式可以改写成以下离散数据的积分形式：

$$\dot{q}(t_n) = \frac{2\sqrt{\rho c k}}{\pi} \sum_{i=1}^{n} \frac{T(t_i) - T(t_{i-1})}{(t_n - t_i)^{1/2} - (t_n - t_{i-1})^{1/2}} \tag{9.7}$$

表 9.2 给出了 E 型热电偶结点的材料性能，两种金属材料的热乘积非常接近，这满足热电偶的性能需求。然而绝缘层的热乘积远小于金属材料，在实际测量过程中，如图 9.34 所示，沿着结点-绝缘层法线方向的热传导必然受阻，结点温度将显著高于其两侧的金属材料，引起横向传热问题，破坏均质一维半无限体假设，引起热流测量误差。另外，热电偶的响应时间 τ_{res} 与绝缘层尺度平方 d_N^2 成正比：

$$\tau_{\text{res}} = \frac{\rho c d_N^2}{k} \tag{9.8}$$

因此，在保证电绝缘的前提下，热电偶绝缘层尺度越小越好，一般控制在 10 μm 量级以下，才能适用于有效试验时间为毫秒量级的风洞试验。实际上，通过砂纸打磨结点的热电偶制作工艺，很难控制结点尺度，同一批热流传感器的一致性以及同一传感器的重复性，都是不确定的，但是，结点尺度对 E 型热电偶测热传感器的影响较小，这使得该型传感器在高焓风洞试验中得到广泛应用。

表 9.2　E 型热电偶结点的材料性能

	康铜	镍铬	环氧树脂绝缘层
导热系数 $\kappa/(\mathrm{J}/(\mathrm{s}\cdot\mathrm{m}^2\cdot\mathrm{K}))$	21.17	19.25	0.2
比热 $c/(\mathrm{J}/(\mathrm{kg}\cdot\mathrm{K}))$	393.1	447.5	1960
密度 $\rho/(\mathrm{kg}/\mathrm{m}^3)$	8920	8730	1060
$\sqrt{\rho c k}$	8616	8672	645

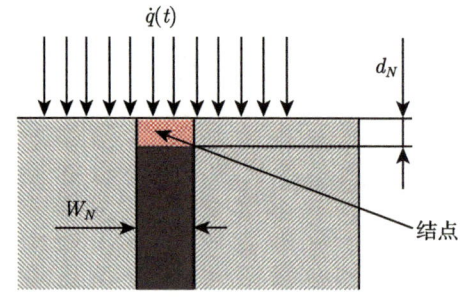

图 9.34　热电偶结点结构与尺度

9.4.3　速度测量

气流速度也是风洞试验测量的重要内容之一，测量方法包括基于压力的速度测量，热流速仪，基于粒子的速度测量，以及分子标记测速 (molecular tagging velocimetry，MTV) 等。

基于压力的速度测量方法就是通过压力测量来间接推算出速度，其根本手段就是压力测量，见 9.4.1 节。如图 9.25 所示，利用皮托管同时测量流场的静压 p_∞ 和总压 p_0。对于亚声速流场，根据测量得到的静压 p_∞ 和总压 p_0，通过式 (4.48a) 换算得到气流马赫数，结合温度测量 (获得气流当地声速)，换算得到气流速度；但是，对于超声速气流，总压管入口将出现弓型激波结构，测量值将不再是来流的总压 p_0，而是通过激波损失后的总压 $p_{0\mathrm{s}}$，利用式 (4.48d) 也可以得到来流的马赫数。更多细节内容见第 4 章。

热风速仪 (thermal anemometry)，例如热丝流速仪 (hot-wire anemometry)，常常用来测量变化剧烈的瞬态速度，并拥有较好的时空分辨率，适用于亚声速流动直至超声速流动问题，特别是在湍流边界层的流动测量中，热丝流速仪的应用最广。这类方法基于暴露于气流中的受热敏感元件的热流变化。敏感元件的电阻与温度相关，一般做成柱状细丝或薄膜状。应用这种方法，还可以测量剪切应力、温度、密度以及成分等。

基于粒子的速度测量是光学测速方法，需要在流场中投放足够数量的示踪粒子 (tracer particles)，主要包括粒子成像测速 (particle image velocimetry，PIV)、

9.4 气动实验与测量 · 317 ·

激光多普勒测速 (laser Doppler velocimetry, LDV) 等。该类方法依赖于示踪粒子的气流的跟随性, 粒子尺度越小越好; 另外, 光散射强度则要求粒子尺度越大越好, 因此, 粒子尺度需要根据流动问题的实际特性来优化选择。基于粒子的速度测量方法的核心技术就是示踪粒子的制备以及成像与分析系统。如图 9.35 所示, PIV 技术通过跟踪粒子在 t 和 t' 两个时刻的位移来近似换算气流速度。分子标记测速与 PIV 原理上类似, 但是示踪粒子被换成可激发的分子, 可以是气流自身存在的, 也可以外部添加。

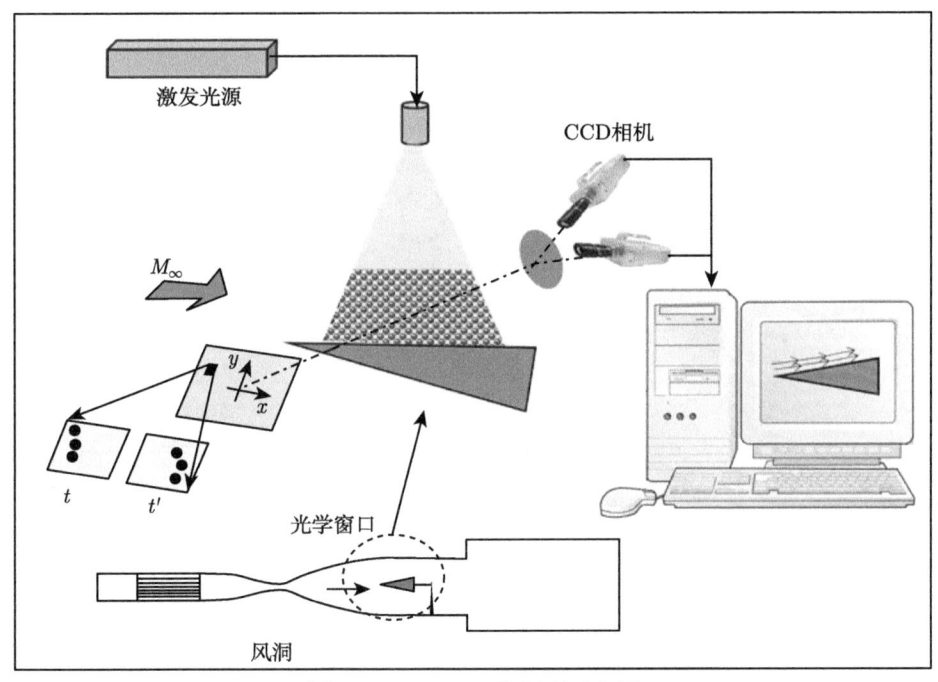

图 9.35 PIV 工作原理示意图

9.4.4 气动力测量

多分量气动力与力矩测量是风洞试验的重要内容之一, 多分量气动力与力矩测量系统的关键装置是天平 (balance)。世界上第一套风洞测力天平是由法国著名建筑师埃菲尔建造的, 应用在他建造的世界上首座大型风洞上, 见图 9.6。通常测力天平根据其能同步测量的力/力矩的分量数目可分为单分量天平或者多分量天平 (可以是 1~6 分量); 按照安装位置可分为内置式天平或者外置式天平, 前者安装在模型内部, 后者在外部; 按照天平外形可以分为杆式或盒式天平; 按照敏感元件可分为应变天平或应力天平等。内置式天平通常安装在模型的重心位置, 并由单体金属材料制成, 不同分量上分别贴响应的敏感元件——应变片或应变片组。

如图 9.36 所示，飞行器所受到的气动载荷有六个分量，即沿三个空间方向上的三个气动力分量及三个转矩分量，包括沿/绕 X 轴 (飞行方向) 的轴向力和滚转力矩、沿/绕 Y 轴 (垂直飞行器方向) 的侧向力和俯仰力矩、沿/绕 Z 轴的法向力和偏航力矩。平稳飞行状态下，气动力的轴向力分量即阻力 D，与发动机推力平衡；法向力即升力 L，与重力平衡。风洞测力天平的目的就是测量飞行器模型的气动载荷。通常风洞气流方向模拟飞行方向，风洞的空间坐标系与飞行时的真实坐标系一致，而飞行器模型姿态并不一定与风洞坐标系平行，如图 9.37 所示，风洞与飞行器结构坐标轴之间可能存在一定角度，例如攻角 α、偏航角 β 和滚转角 θ。测力天平的测量结果是针对模型与天平所在的模型坐标系，即法向力 N、轴向力 A 等，存在姿态角的时候，飞行器模型的升力 L/阻力 D 与法向力 N/轴向力 A 等并不等价，例如，存在攻角 α 时有以下关系：

$$L = N\cos\alpha - A\sin\alpha, \quad D = A\cos\alpha + N\sin\alpha \tag{9.9}$$

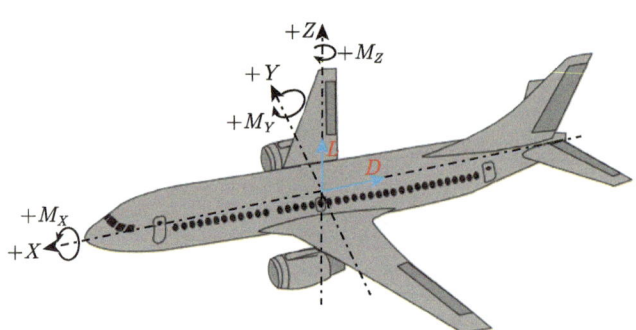

图 9.36　飞行器气动力/力矩与坐标系示意图

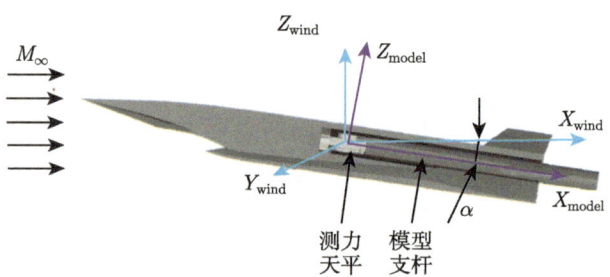

图 9.37　风洞中飞行器的安装姿态

风洞测力天平要根据具体的模型与风洞运行特性进行一对一设计，要根据模型气动载荷各分量的范围确定天平各测力分量的量程，对于脉冲风洞来说，还要根据风洞有效试验时间来确定测力系统("模型 + 天平 + 支撑")的响应时间和振动特性等参数。图 9.38 给出了一个杆式应变天平的结构,在一块钢材料上,通过特殊工艺加工出各气动载荷分量的结构单元,并贴上响应的应变片。各单元的几何结构差异显著,以保证足够强的变形和信号输出。模型安装形式多样,有尾支撑、腹支撑、背支撑或侧面支撑等形式,图 9.39 给出了应用内置杆式应变天平、模型采用尾支撑安装的实例,这是高速风洞测力试验最常见的安装方式。

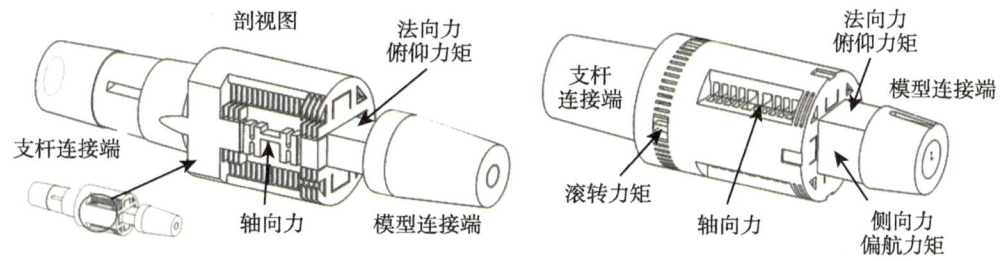

图 9.38　风洞测力天平结构与功能 (内置杆式应变天平)

图 9.39　应用内置杆式应变天平、模型尾支撑安装实例

9.4.5　流场显示

利用光学成像技术可以获得流场信息,并且这种技术的优点是对流场的干扰很小,甚至没有,该类技术称为光学流场显示 (optical flow visualization)。

平面激光诱导荧光 (planar laser-induced fluorescence,PLIF) 技术是一种常用的流场诊断或显示技术,特别是在燃烧流场诊断中应用广泛。在应用 PLIF 试验过程中,特定频率的激光通过片状透镜投射到流场中,激发被探测组分的特定能级,诱导发光并在高速相机中记录成像,成像的强度与组分浓度成正比。常用的探测组分是化学反应流场中存在的,例如 NO、OH 等。PLIF 可以用来测量特定组分的浓度,并可以进一步扩展到温度、速度的测量。

上文提到的 TDLAS、TSP 成像、PSP、PIV、CARS 测温等都属于光学流场显示的范畴。

在超声速或高超声速流场显示技术中，阴影 (shadowgraphy)、纹影 (schlieren)、相干条纹 (interferometry) 等方法是经典的流场结构显示技术。该类方法的原理是光折射率随其穿过流场密度的不均匀性而发生改变，折射率的不均匀性反映流场的不均匀性，通过光学的方法反演出来。纹影系统的布局方法有很多种，一般会受到试验区的空间限制，图 9.40 是一种纹影显示系统的构成，包括光源、透镜、平镜、反射镜、刀片、CCD 相机等。

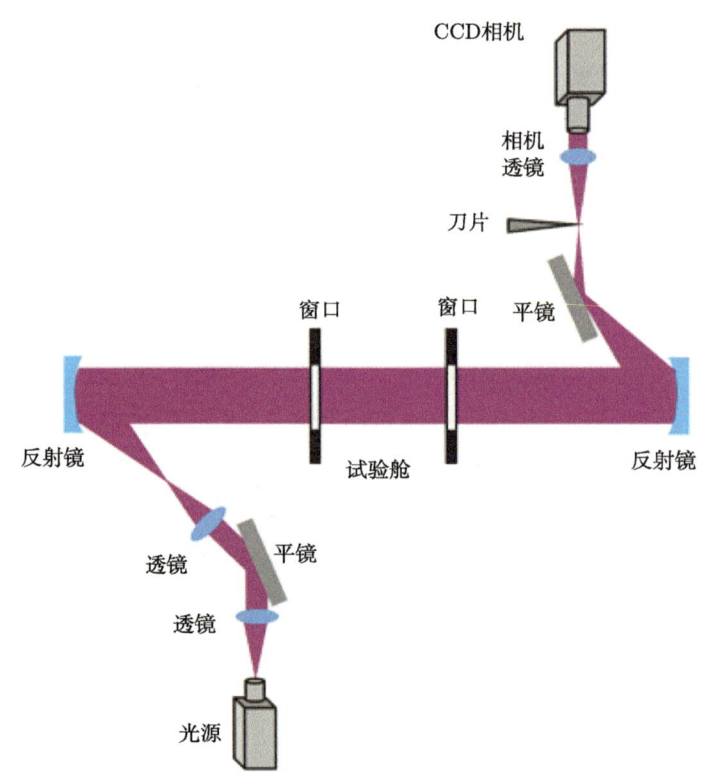

图 9.40　纹影显示系统的构成示意图

光源可以选激光光源 (如 Nd:YAG 激光光源)，或者氙灯光源等，对于流场具有自发光的情形，如高焓高超声速流动，激光光源是最佳选择。光源发出的平行光通过平镜、透镜以及球面反射镜形成与试验气流垂直的平行光束，穿过试验舱窗口、过流场后到达另外一个球面反射镜，再经过平镜和刀口到达 CCD 相机。最终，流场的密度梯度场将成像在相机内，当然，成像反映出的梯度是流场在刀口法线方向的密度梯度。

9.4.6 高超声速气动试验案例

气动试验是飞行器设计过程中重要的环节之一，用于对气动外形设计进行考核，或者对理论与数值模拟方法或结果进行验证。这里以激波-激波干扰问题为例，给出气动试验过程的简单描述。

激波-激波干扰是高超声速飞行器流动领域的经典问题之一，由于激波-激波干扰的流场结构复杂，可能引起极端的气动力/热载荷，对飞行器结构受力或热防护都带来极大挑战。本例试验是在中国科学院力学研究所的大型高超声速风洞——JF-12 上开展的，该设备全长 285 m，试验舱直径 3.5 m，喷管出口直径 2.5 m，图 9.41 给出了其试验舱、喷管以及部分被驱动段。JF-12 风洞可以复现马赫数 5~9，高度 25~50 km 的高超声速飞行的真实条件，试验气流是纯净空气。其最具特色之处是其有效试验可达 100 ms 以上，在目前的同类风洞中是最长的。

图 9.41 爆轰驱动复现高超声速飞行条件激波风洞 JF-12

试验模型如图 9.42 所示，由一个半柱面筒与一个楔面组成，楔面位置在垂直方向可调。将模型置于 JF-12 风洞的高超声速试验气流中，前者诱导弓型激波，后者诱导斜激波。斜激波-弓型激波相互作用，在柱面前诱导复杂的干扰流场结构。通过调整楔面的高度，可以改变斜激波与弓型激波的相对位置。根据斜激波-弓型激波的相对位置，激波干扰结构可以划分为六大主类，即 Type Ⅰ~Ⅵ，其中每个主类还可以进一步细分。激波干扰结构不同，在柱面上的气动力/热载荷也存在剧烈变化，甚至是突变。研究发现，Type Ⅳ 干扰结构中，在近壁面处诱发超声速射流冲击，在冲击点的壁面热流极高，极具破坏力。为了捕捉 Type Ⅳ 干扰的射流冲击区域的热流，沿柱面圆周每度布置一个热流测点，安装 $\phi 1.4$ mm 和 $\phi 0.7$ mm 两种规格的热流传感器，并在局部加密安装规格 $\phi 0.12$ mm 的一体式测热传感器，如图 9.43 所示。另外，也安装了一排压力传感器。

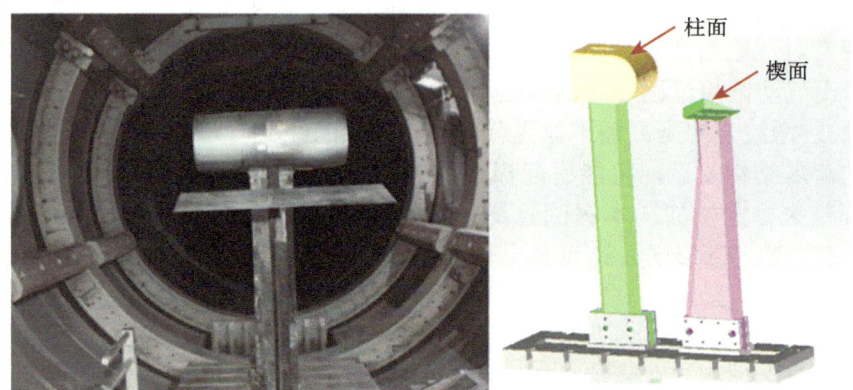

图 9.42　高超声速强激波干扰试验模型

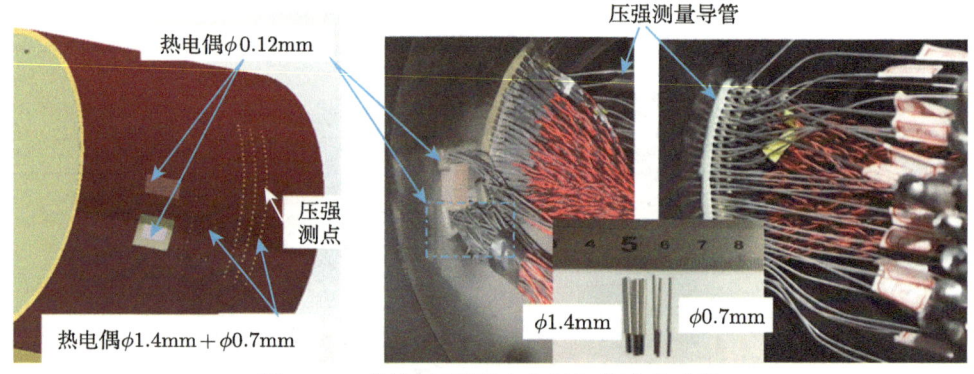

图 9.43　热流/压强测点布置与热流传感器

本次试验是在 JF-12 风洞的 $M_\infty = 8$ 试验条件下进行的，试验过程中应用了纹影系统对激波干扰结构进行流场显示，采用竖直刀口可以获得柱面附近沿流向的密度梯度。没有斜激波干扰的柱面弓型激波结构以及 Type Ⅳ 型激波–激波干扰结构的纹影结果在图 9.44 给出。在图 9.44(b) 中可以清晰地看到 Type Ⅳ 干扰用法的超声速冲击射流结构，射流结构中的压缩波–膨胀波交替排列引起的局部明–暗区段也能看出来。Type Ⅳ 型激波–激波干扰在射流冲击点引起的极端气动热分布由图 9.45 给出，该图显示峰值热流远高于其他区域的热流，而且，三种规格 ($\phi 1.4$ mm, $\phi 0.7$ mm, $\phi 0.12$ mm) 的热流传感器都捕捉到了峰值热流，图 9.46 中的温度曲线也印证了这一点。在大型激波风洞的运行过程中，其有效试验时间比较短，同时，大尺度试验模型的流场建立也要消耗一定量的有效试验时间，这是对脉冲型风洞的试验技术的挑战，对传感器的极端环境的生存能力、响应时间、灵敏度等性能都具有更高要求。

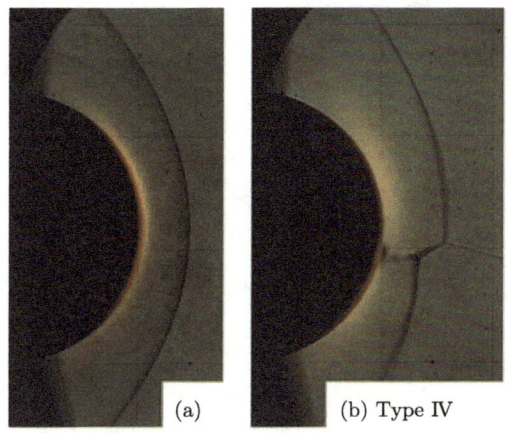

图 9.44　(a) 无干扰和 (b) Type IV 型激波-激波干扰的流场纹影图像

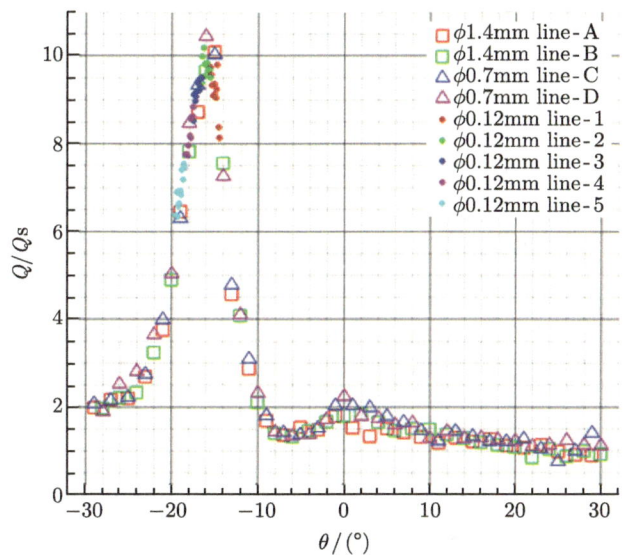

图 9.45　Type IV 型激波-激波干扰区域的极端气动热载荷

JF-12 风洞于 2012 年建成后，在高超声速吸气飞行器、星际探测飞行器 (如火星着陆探测器)、新型爆轰推进发动机机制以及其他高超声速飞行器领域开展了大量的气体动力学试验研究，图 9.47 和图 9.48 给出了部分试验结果。相关爆轰驱动高焓激波风洞及其应用研究进展，将在 9.5 节中详细介绍，限于篇幅，此处暂不赘述。

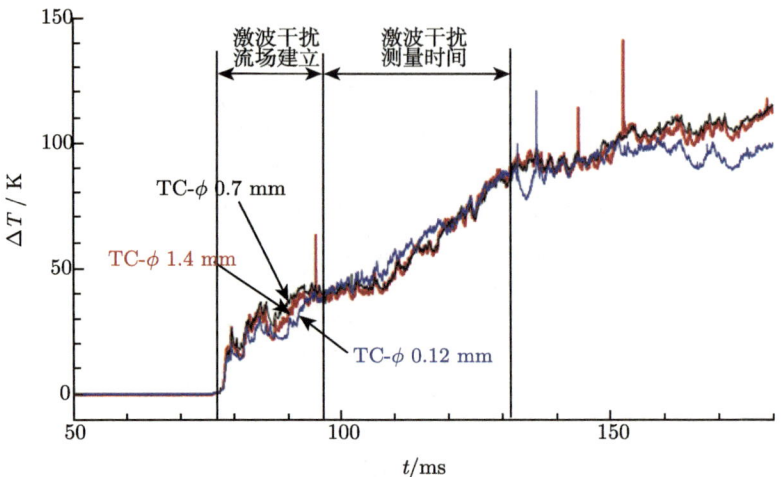

图 9.46 激波干扰区同轴热电偶典型信号 (采样频率 200 kHz)

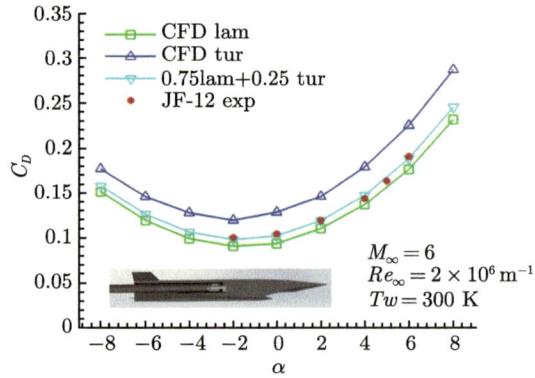

图 9.47 高超声速吸气飞行器气动力试验 ($M_\infty = 6$)

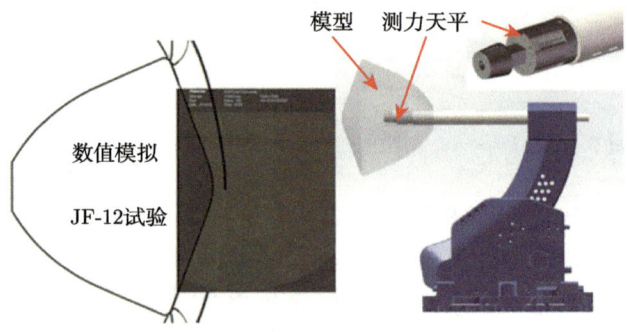

图 9.48 火星着陆器模型试验 ($M_\infty = 7.3$)

9.5 大型高超声速激波风洞研究进展

9.5.1 概述

高焓气体流动主要是指运动速度极快、动能极高的一类流动。1946 年,钱学森先生在 "Similarity laws of hypersonic flows" (高超声速流动相似律) 的论文中首次使用 hypersonic (高超声速) 这个术语来描述气体运动速度远大于环境声速的流动状态 [1],至今,在发展先进空天飞行器的航空航天重大工程需求的推动下,关于高焓气体流动研究已经有 60 多年的历史了 [2]。高焓流动试验装备就是用来产生高总温高超声速气流的地面模拟试验设备,并同时发展了一类相关高温气体测量技术以满足高焓流动的诊断与空天飞行器的气动特性研究的需求 [3]。

高焓气体流动的特点是气体介质的动能大、滞止温度高,物理现象源于空天飞行器大气再入的物理过程。空天飞行器,诸如大气再入的宇宙飞船和航天飞机,其在大气层里以高超声速飞行时,强烈的头部激波和黏性摩擦阻力,使得飞行器周围的空气被加热到数千、甚至上万度的高温。高温导致了空气分子的振动能激发、解离、复合甚至电离,使得普通空气变成一种随着气体温度变化而不断进行着热化学反应的复杂介质。高焓流动介质的本质变化改变了气体运动的本构方程,孕育并推动了高超声速与高温气体动力学的发展 [4]。高焓气体流动的微观物理化学现象通过热力学、传热学和激波动力学过程,对空天飞行器的气动力/热规律及其周围流场的气动物理特性产生重要影响,高焓流动成为发展航空航天高新技术的挑战性研究领域。相对于传统的亚、超声速气体流动,高焓热化学反应气体流动表现出了非线性、非平衡、非连续的多尺度流动特征,使得对高温气体动力学的认知极其困难,至今依然缺乏适当精度的数学物理方程去描述这种类型的复杂流动,所以,发展先进的高焓气体流动试验装备和测试技术依然是目前高焓流动研究的主要手段 [3,5]。

高焓流动试验装备的研制必须面对三个关键问题。其一是如何模拟给定飞行条件下试验气流的总温。总温的复现使得人们可以模拟不同飞行条件下的热化学反应进程:例如,在高度 30 km、马赫数 7 的飞行条件下,假定应用理想气体模型,如果来流静温度为 227 K,那么试验气体总温应该为 2130 K,此时氧气已经开始解离;对于马赫数 10 的流动,气体总温可为 3690 K,氮气分子开始解离;对于马赫数 20 的流动,气体总温可以高达上万摄氏度,氮和氧原子已经电离。其二是由于热化学反应进程并不随模型尺度的大小变化而改变,并且高超声速流动速度大大缩小了地面模拟实验的特征流动长度,所以高焓流动试验往往要求大尺度的飞行器模型以减小尺度效应的影响,从而纯空气介质和足够大尺度的流场是模拟热化学反应进程的基本要求。其三是如何实现流动速度的模拟。空天飞行器气动特性对飞行器的设计与控制至关重要,高超声速的摩擦阻力在总阻力中占的比重越来越大,只有模拟了流动速度才能更准确地模拟摩擦阻力。然而,在地面试验设备上实现高超声速飞行环境下的热化学反应机制模拟与大尺度模型试验,并具有适当的有效实验时间,这是极具挑战性的研究问题。譬如,如果需要复现 30 km 高空、马赫数为 8 的飞行状态,此时试验气流的总温将近 3000 K,长时间维持这样的高温气源而不损害实验装备是极其困难的。如果需要的高超声速风洞试验段有效流场直径为 3 m,那么完成这样的实验,风洞需要的输出功率约为 90 MW!对比葛洲坝水电站的总装机容量 2720 MW,可知如此高的总温和功率需求使得连续式、大型高超声速风洞的建设与运行几乎是不现实的。几十年的科研经验表明:相对于下吹式连续型风洞,脉冲型激波风洞具有投资相对少、可模拟的气流总温高、能模拟的马赫数范围广、运行成本低等优点,因而在国际高超声速研究领域得到了广泛的发展和应用[3,6]。

现代先进空天飞行器预期的飞行高度范围是 30~100 km,飞行马赫数范围为 5~30。那么地面模拟试验需要获得的高焓流动的总温和总压分别高达 10000 K 和 100 MPa,流动速度为 1.5~10 km/s。在这样高温、高速和高压的极端流动条件下,发展能够诊断具有热化学反应流动的测量技术,其难度是不言而喻的。高焓流动测量技术主要有三类:气动力测试技术、气动热测试技术和光学技术。空天飞行器的气动力特性测量主要应用天平技术,由于高温气流对实验装备的损坏,极大地限制了高焓流动试验时间,而太短的试验时间和实验装备的脉冲性是制约天平技术发展和影响测量精度的主要问题。气动热测量技术发展的关键是研制各种高频响和高精度的热流传感器,而边界层内的高温、强冲刷和气体电离特性是影响传感器寿命与精度的主要因素。光学技术包括流动显示与流场特性诊断,具有非接触与无干扰的特点。应用各种光学技术能够测量流场结构、气流温度、组分和速度。虽然目前获得的高焓流动的试验结果中定性的多一些,定量的少一些,但是从长远的发展来看,该类技术具有良好的发展前景与试验需求。

高焓流动地面模拟试验不当而产生的问题是严重的。例如,美国早期航天飞机的气动试验未考虑真实气体效应的影响,在试飞中出现了配平攻角高出设计值一倍多的气动异常现象[7]。另外一个故事发生在 20 世纪 60 年代早期,来自美国两大科研组织的科技人员受命发展解析方法和实验设备,来研究超轨道速度飞行器滞止点的热流规律。经过努力工作,两组科技人员各自独立地给出了研究结果。尽管研究结果的差别是非常明显的,但是两组科技人员都声称其研究结果的计算和实验符合良好[2]。进一步的分析研究表明:产生差别的原因在于他们的实验测量结果只反映各自实验设备能够模拟的高超声速流动特点,其计算结果都受制于各自发展的物理模型,而他们的物理模型又受其依据的实验数据的影响。这种研究反映出的高焓地面试验模拟问题,以及其对于研究获得的物理规律认知的影响是极具启示性意义的。

世界上目前尚没有任何一个高焓气动装备能够产生同时满足上述三个主要需求的马赫数 7 以上的高焓流动，而且各种相关测量技术都具有各自的局限性和不确定性。几十年来，虽然高焓流动地面模拟试验已经为高超声速科技发展提供了重要数据与技术支撑，但是依然不能满足航空航天工程日益发展的需求，所以，高焓流动试验装备与测试技术的研制与发展，一直是空天飞行器发展过程中最困难、最耗费经费的研究领域。随着先进空天飞行器发展对高焓流动试验模拟近似程度的要求越来越高，对测量结果精度的要求越来越高，先进高焓流动试验装备与测试技术的研制与发展应该得到越来越强的支持。

高超声速科技已经成为 21 世纪航空航天领域的制高点，具有广阔的军民两用背景，对一个国家的科学技术的发展、国民经济的提升、综合国力的增强将产生重大影响。所以，作为高超声速科技发展的一种必不可少的关键支撑技术，高焓流动试验装备与测试技术的重要性是不需要特别强调的。

9.5.2 高焓流动设备研制进展

为了开展各种空天飞行器研究，高焓流动地面模拟试验设备的研制获得了高度重视，几十年来各国成功地发展了不同类型的试验装备[3]。发展高焓流动试验装备的基本问题是如何加热试验气体，并获得需要的流动速度。因此，应用什么样的驱动方法，并在不损害实验装备的前提下获得需要的总温和总压，是高焓流动装备发展的关键技术，即风洞驱动模式。NASA 的 HYPULSE、亚琛工业大学的 TH2-D、中国科学院力学研究所的 JF-10、JF-12 和 JF-16，应用了爆轰驱动模式。德国宇航中心 (DLR) 研究院的 HEG、日本国家航天实验中心 (角田) 的 HIEST、昆士兰大学高超声速研究中心的 T4，加州理工学院的 T5，这类风洞应用自由活塞驱动模式。美国 Calspan-UB 研究中心的 LENS 系列激波风洞和俄罗斯中央机械制造研究院 (TsNIIMash) 的 U-12 应用了加热轻气体驱动模式。NASA Glenn 研究中心的 HTF 应用加热氮气再补氧气的方法获得高焓气体，属于常规加热驱动模式。另外，NASA 兰利研究中心的 8 英尺 HTT 应用燃烧加热，NASA 艾姆斯研究中心发展了系列电弧加热风洞。考虑到，燃烧加热型风洞应用污染气体作为试验气体，而且仅仅能够模拟马赫数 7 以下的流动以及电弧加热型风洞巨大的电能需求以及其对试验气体的污染，所以在诸多高焓流动实验装备的研制中，激波管类的脉冲设备以其能够模拟的总温、总压高，运行成本低，在超高速地面试验设备发展中占有主流地位。近年来欧美国家投入大量经费，以扩展激波风洞的尺度并提升其性能指标，旨在尽可能地复现超高速飞行条件[8,9]。

激波风洞属于脉冲型的，其基本原理是产生一定强度的入射激波，适当压缩激波管内的试验气体，产生满足高超声速流动条件要求的驻室状态。对于不同的驱动模式,其关键技术是产生高压、高声速的驱动气体进而产生强入射激波。目前国际上发展的高焓激波风洞主要应用三种驱动方式:加热轻气体(如氢气和氦气)、自由活塞和爆轰驱动方式。图 9.49 给出了目前世界范围内正在运行的高焓激波风洞,它们具有不同的试验能力和试验时间。这些激波风洞是目前国际高焓流动研究应用的主力试验装备,获得了大量的高焓气体流动试验数据。回顾不同类型高焓风洞的发展历程、探讨进一步发展的潜在问题,对于研制先进的高焓流动试验装备具有重要的意义。

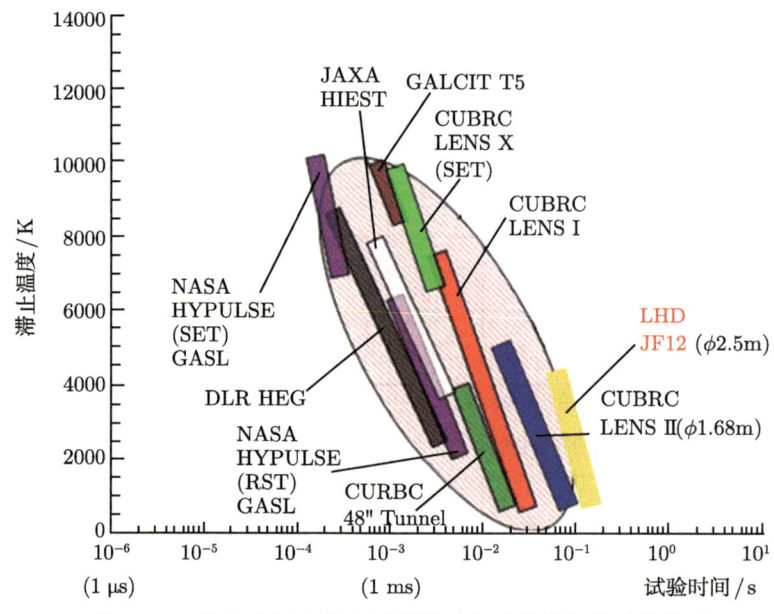

图 9.49　世界上运行的主要激波风洞试验设备的试验能力

1. 常规加热型高焓风洞

沿用传统的超声速风洞运行模式,一种产生高焓气流的常规方法就是加热试验气体。常规加热型高焓风洞一般采用电能将试验气源在高压条件下预热到需要的温度状态,然后经过喷管加速膨胀,在风洞试验区里获得高速高焓流动。由于高温条件下加热时间长,对加热器系统及气源容器的材料有较高的耐热要求,通常选用耐高温且蓄热性能好的材料进行蓄热。常用的有镍铬电阻加热器(加热温度 ~1000 K)、铁铬铝电阻加热器(加热温度 ~1450 K)、氮气/钨电阻加热器(加热温度 ~2200 K),以及近年来发展的石墨电阻加热器(加热温度 ~2800 K)。通常采用氧化铝卵石蓄热器(最高温度 ~1670 K)或者氧化锆卵石蓄热器(最高温度 ~2500 K)。常规加热型高焓风洞的试验时间通常为几十秒到分钟量级,可模拟的飞行高度为 20~40 km，飞行马赫数一般小于 10。

美国 NASA Glenn 研究中心研制了 HTF 高超声速装置，其应用电加热氮气再补氧气的方法获得高焓气体，是一种典型的常规加热型高焓风洞[3]。1966 年建成的 HTF 设备计划应用于原子能火箭发动机实验，1969 年改建为高超声速风洞，应用于吸气式发动机实验，并应用石墨蓄热器替代了原来采用的卵石蓄热器。采用电加热氮气然后再补氧气的运行模式大大改善了加热器和蓄热器的热力学环境，避免了直接加热空气带来的氧化问题。HTF 能够模拟的高焓流动的马赫数为 5~7，模拟的飞行高度为 20~30 km，获得的气流总温为 1200~2200 K。该风洞建成后开展了 HRE (hypersonic research engine) 的实验研究工作，包括全长度、水冷却和氢/氧燃料的实验模型。该风洞也适用于气体热力学和结构方面的实验。

由于常规加热型高焓风洞采用连续运行模式，能够提供较长的试验时间和较宽的马赫数范围，所以在高超声速气动试验中得到广泛应用。但由于加热器系统较为复杂，造价昂贵，且加热过程中热损耗极其严重，电能消耗极大。同时，电极和蓄热器受高温空气的侵蚀，对试验气体存在一定的污染，在不同程度上影响了试验结果。另外，由于加热器能力有限，很难获得总温高于 2500 K 的高焓流动，因此无法开展含热化学反应的地面模拟试验。虽然如此，在高超声速飞行器气动试验，特别是气动力试验中，常规加热型高焓风洞依然具有非常重要的作用。

2. 加热轻气体驱动高焓激波风洞

应用入射激波加热试验气体是另外一种风洞运行模式，称为高焓激波风洞。相对于传统的下吹式连续运行方式，属于脉冲型风洞。相对于普通的激波管与激波风洞，高焓激波风洞要求更高的入射激波马赫数。激波动力学理论表明：提高驱动气体压力和声速都能够提高入射激波马赫数，所以加热轻气体驱动激波风洞采用了高声速的轻气体作为驱动气体，再利用加热方法进一步提高驱动气体的声速。国际上应用加热轻气体驱动模式的激波风洞有美国 Calspan-UB 研究中心的 LENS 系列激波风洞和俄罗斯中央机械制造研究院的 U-12 激波风洞。LENS I 采用电加热氢气或氦气作为驱动气体；LENS II 直接采用氦气/氮气作为驱动气体[8-11]。U-12 是一座大型激波风洞，长达 200 多米，可采用轻气体和氢氧燃烧两种驱动模式[7]。

LENS 系列激波风洞的研制始于 1986 年，原来计划的研制目的是提供高质量、长时间的试验气流，应用于高雷诺数和高马赫数的复杂湍流实验。当时的风洞设计指标为：总压 1800 atm、总焓 35 MJ/kg，总温 12000 K[8]。按照所提出的技术指标，他们采用了加热到很高温度的氢气作驱动气体。由于高温氢气对金属具有严重的侵蚀破坏作用，因而风洞调试发生了严重事故。而后，他们修改了研制计划，建造了 LENS (large energy national shock tunnels) 系列的激波风洞，试验气流总焓最高为 12.5 MJ/kg[9]。后来，为了配合 NASP 计划开展超燃冲压发动机的研究，对风洞进行了改进以模拟马赫数 6~15 的飞行条件。该激波风洞设计的主要技术参数为来流总焓、给定飞行高度的静压和飞行速度，作为 NASP 主要的试验装备也能够开展高超声速飞行器的气动热和气动光学研究。最后的一次风洞改进在于提高其模拟低飞行高度的性能，使得也能够开展辐射场和传感器附近流场变化导致的气动光学问题研究。LENS I 的试验模拟能力为马赫数 7~14；LENS II 为马赫数 3~7；LENS X 是膨胀管风洞，具有模拟马赫数 12 以上飞行条件的能力。LENS I 的被驱动段长 18.5 m、内径 200 mm；采用的电加热驱动器，长 7.71 m、内径 226 mm；风洞最高运行压力 200 MPa，驱动气体为氦气和氢气；在满足界面缝合运行条件下，获得的试验气流速度高达 4.6 km/s。LENS II 的被驱动段长 30 m、内径 600 mm；驱动器长 18.5 mm、内径 600 mm；应用氦/氮混合气作为驱动气体来匹配风洞运行条件，试验运行时间长达 30~80 ms。LENS X 是一座大型膨胀风洞，目的是产生低解离度的空气，能够产生 2.5~4.6 km/s 的高超声速气流，也具有模拟总压 70 MPa、流速 7 km/s 超高速流动的能力。LENS X 是利用 LENS II 的主要部件装配的，大约有 60 m 长，采用一个特殊设计的喷管把试验段与被驱动段连接起来。为了满足美国星际深空探测的需要，Calspan-UB 在 2009 年还建造了 LENS XX 膨胀风洞，具有能够产生最大滞止焓 90 MJ/kg、流速 13 km/s、马赫数 30 的超高速流动的能力。LENS 系列的高焓激波风洞采用双膜片技术，保证了风洞试验状态具有良好的可重复性。

应用 LENS 系列激波风洞，Calspan-UB 研究中心开展了大量的超高速流动的基础实验研究工作，包括激波/边界层相互作用、双锥体气动热流、表面催化效应、气动光学特性等[10,11]。另外，几乎所有的美国高超声速项目都在 LENS 系列风洞上开展过气动实验，包括全尺度的 X-51 和 HTV-2。LENS 系列激波风洞的研制是成功的，是世界上能够应用于复现高超声速飞行条件的少数试验装备之一。但是，由于 LENS 系列激波风洞采用了加热轻气体驱动模式，每次试验需要大量的轻气体作为驱动气体，运行成本相对很高；而且大量轻气体的储存、运输、加热和排放存在诸多不安全因素，这对进一步增大风洞尺寸、提高风洞性能具有很大局限性。

3. 自由活塞驱动高焓激波风洞

自由活塞驱动高焓激波风洞是利用高速运动的自由活塞压缩产生高压驱动气体的运行模式。在激波风洞里，首先把很重的自由活塞 (HIEST 的活塞接近 1 t 重) 加速到很高的速度，有时可以达到声速，然后依靠自由活塞的动能压缩激波管里的驱动气体。当驱动气体压力达到设定压力时，主膜破膜，形成入射激波，完成试验气体的压缩过程。1967 年，Stalker[12] 首次提出应用自由活塞压缩产生驱动气体能在激波管里产生更强的入射激波。目前自由活塞驱动方式已经在世界范围内得到了广泛的应用[12-23]。已经建造的主要自由活塞驱动高焓激波风洞有澳大利亚国立大学的 T3 和昆士兰大学的 T4[13]，美国加州理工学院的 T5[14,15]，德国宇航中心的 HEG[16]，日本国家航天实验中心的 HEK 和 HIEST[17,18]。已经发展的这些自由活塞驱动激波风洞为高焓流动研究提供了重要实验数据。例如，1994 年 Eitelberg 等应用 HEG 风洞对欧洲各风洞常用的细长 ELECTRE 锥部的测量结果表明：热流率纵向衰减速率与计算结果不同[19]；Hornung 等在研究激波/激波相互作用时也发现了真实气体效应使得热流增强的激波投射区域加宽的物理现象[20]。这些研究结果凸显了高温空气动力学研究的重要性。

在目前发展的自由活塞驱动激波风洞中，日本国家航天实验中心的 HIEST 因其尺度最大、技术成熟、试验时间长而具有代表性。HIEST 的压缩管长 42 m、内径 600 mm；激波管长 17 m、内径 180 mm；活塞质量分别为 220 kg、290 kg、580 kg、780 kg；锥型喷管出口直径为 1.2 m、喉道直径为 24~50 mm；型面喷管出口直径 0.8 m、喉道直径 50 mm；最高驻室压力 150 MPa；最高焓值 25 MJ/kg；稳定试验时间 2 ms 以上，在低焓值试验条件下试验时间可以更长一些。HIEST 的主要性能范围：流动速度 3~7 km/s；飞行马赫数 8~16、动力学压力 50~100 kPa。在 HIEST 的发展过程中，Itoh 等提出一种运行调制理论 (tuned operation theory)，旨在实现重活塞的软着陆 (soft landing)，以降低活塞突然强制停止可能给实验装备带来的损害。计算和试验都表明运行调制是成功的，这对于激波风洞的安全运行有着重要意义[21]。应用 HIEST，日本国家航天实验中心开展了一系列的高焓流动试验，如真实气体效应对日本太空飞行器 (Hope-X) 俯仰力矩的影响、热化学反应流动的表面催化效应、马赫数 8 的超燃冲压发动机试验等[22]。

自由活塞驱动高焓激波风洞技术的发展是成功的，已经成为高焓风洞的国际主流装备之一。这种驱动技术虽然具有产生高焓高压试验气流的能力，但是产生的试验气流品质不高、重复性差，而且试验时间太短。根本原因是自由活塞移动缺乏控制机制，不存在定常压缩过程，造成驻室压力波动严重。例如 HIEST 的压缩段和激波管总共有 60 m 长，能提供的试验时间仅为 ~2 ms，而且在这段试验时间内驻室压力降低高达 20%~30%。另外，自由活塞驱动激波风洞技术相对复杂，风洞运行成本高，也在一定程度上限制了自由活塞驱动技术的应用与扩展。

4. 爆轰驱动高焓激波风洞

激波风洞的爆轰驱动模式是应用可燃混合气爆轰后的高压燃气作为驱动气体产生入射激波。由于气相爆轰压力远高于可燃混合气的初始压力，所以爆轰驱动模式是一种更方便有效的驱动气体产生方法。1957 年，Bird 首先分析了爆轰驱动激波管的基本概念，并对驱动段上游末端和主膜处起爆的驱动模式进行了计算分析,讨论了爆轰驱动应用的可行性[23]。驱动段上游末端起爆的爆轰驱动方式称为正向爆轰驱动,由于泰勒(Taylor)稀疏波的干扰,入射激波速度不断下降,造成波后流动无定常区,不宜直接应用于激波风洞[23,24]。在驱动段主膜处起爆称为反向爆轰驱动模式。由于应用了爆轰波后热力学状态均匀的部分燃气,所以能够生产稳定的入射激波,而且这部分气体占据了驱动段一半的长度,有利于获得更长时间的试验气流。但是反向爆轰驱动模式的爆轰波向上游传播,极高的末端反射压力给设备运行带来了严重的不安全因素。俞鸿儒提出应用反向驱动模式,建议在驱动段上游末端添设卸爆段以消除反射高压对实验装备造成的危害,从而使得反向爆轰成为能够工程应用的激波风洞驱动技术,并于1998年研制成功了JF-10爆轰驱动高焓激波风洞[25-30]。德国亚琛(Aachen)工业大学和中国科学院力学研究所合作建成了应用反向爆轰驱动的TH2-D高焓激波风洞[31,32]。美国NASA经过论证,把计划建设的HYPULSE激波风洞也采用了爆轰驱动模式[33,34]。这些激波风洞已经成功地应用于高超声速气动力/热、真实气体效应、气动物理和超燃推进方面的试验研究。

在爆轰驱动方法的探索中,中国科学院力学研究所做出了出色的工作。实际上自20世纪60年代起,俞鸿儒的项目组就开展了爆轰驱动技术的系统研究。他们在原JF-8激波风洞上开展了氢氧爆轰试验,并成功地产生了高温、高压驱动气源[25]。随后于1990年建立了BBF100爆轰实验激波管,开展了系统的反向爆轰驱动技术研究,并重点解决了可燃气起爆[26]、反向爆轰高反射峰压消除[27]、高初始压力的充气均匀混合[28]等关键技术。应用这些创新技术,他们于1998年研制成功了JF-10爆轰驱动高焓激波风洞[29]。JF-10激波风洞的驱动段长10 m、内径150 mm;被驱动段长12.5 m、内径100 mm;卸爆段长4.3 m、内径250 mm,并配置了出口直径500 mm的锥型喷管。应用JF-10激波风洞能够产生的试验气流总温高达8000 K,总压高达800 atm,气流速度为6 km/s。

图9.50给出了爆轰驱动的两种运行模式,其中,正向爆轰驱动模式利用爆轰波阵面后高温高压气体作为驱动气源,而反向爆轰驱动模式仅应用了爆轰波后动能为零的部分高压燃气,而且这部分气体的压力不到爆轰压力的一半,所以正向爆轰具有更强的驱动能力。但是,正如Bird指出的那样,爆轰波后稀疏波的影响使得入射波严重衰减,这是正向爆轰驱动模式工程应用必须克服的问题。姜宗林和俞鸿儒等提出了一种基于激波反射概念具有反射腔结构的正向爆轰驱动方法(forward detonation cavity driver,FDC驱动器),并通过计算模拟和试验研究优化了FDC驱动器的尺度[35,36]。新型的FDC驱动器由三部分组成:驱动段、反射腔和辅助驱动段。其基本原理是应用反射腔产生一个很强的上行激波,弥补由膨胀波引起的驱动气流的压力降低,确保驱动气流的平稳性。他们应用FDC驱动器进一步改进了JF-10高焓激波风洞,在大大降低驱动器初始压力的情况下,获

得的风洞驻室压力平台和喷管平稳自由流超过 6 ms[37]。

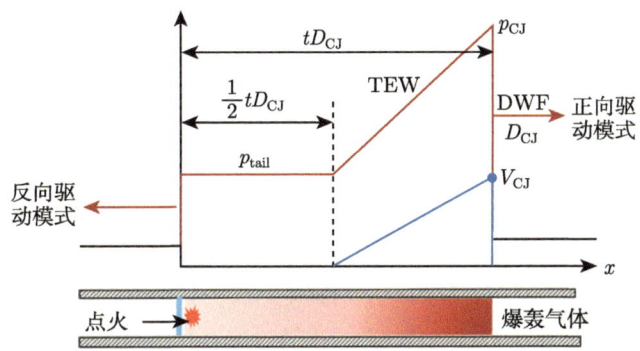

图 9.50 爆轰驱动的正向驱动模式和反向驱动模式

假定爆轰波后面跟随着一个运动活塞,就可以改变爆轰驱动器的零速度边界,降低稀疏波的强度。如果活塞速度达到或者超过爆轰气体速度,则爆轰波后将不出现稀疏波。Coates 等[24] 在爆轰驱动段上游增加辅助驱动段,采用氢气作驱动气体形成高速运动的气柱用来替代活塞。如果要使气柱速度等于爆轰气体速度,则要求氢气与爆轰段中氢氧混合气的初始压力比超过百倍。Bakos 等[34] 采用氦作为辅助驱动气体,则要求氦气与氢氧混合气初始压力比高达 600 倍以上。这种高压比除了需要配备昂贵的高压气源和充气设备外,还给辅助驱动段的结构和破膜技术带来了困难。陈宏等提出利用氢氧爆轰代替轻气体作为辅助驱动段的驱动气体,辅助驱动段与主驱动段初始压力比只需数倍就能消除主爆轰段中爆轰波后的稀疏波[38],从而提出了一种具有工程应用价值的双爆轰驱动方法。

1) 正向爆轰驱动高焓激波风洞 JF-10

JF-10 爆轰驱动高焓激波风洞是为了研究再入物理而发展的[25],可以按照正向或者反向模式运行,正向运行模式可以得到更高焓值的试验气流。为了提高试验气流的质量,姜宗林等[36] 在原驱动段上添加了环形腔结构。JF-10 的原结构及改进后的结构见图 9.51,主要包含三个部分,其中,原驱动段长 10 mm,而带环形腔的爆轰驱动段总长 8.225 m,内径 150 mm;被驱动段或者激波管段长 12.5 m,内径 100 mm;锥形喷管出口直径 500 mm。

对于激波风洞来说,驻室压力 p_5 是关键性能参数之一,图 9.52(a) 给出了 JF-10 驻室压力曲线,此时驱动段 p_{4i} 和被驱动段 p_1 的初始压力分别为 3.0 MPa 和 11 kPa,所对应被驱动段内的激波马赫数约为 11.8。图 9.52(b) 给出了 JF-10 喷管出口试验气流的皮托压力。由此图可以看出 JF-10 拥有 6 ms 的平稳运行时间,在可以实现高达 8000 K 总温试验气流的激波风洞中,通过环形腔改进的 JF-10 的试验时间是相当可观的,足以开展高焓气流条件下的模型表面热流和压力测量,

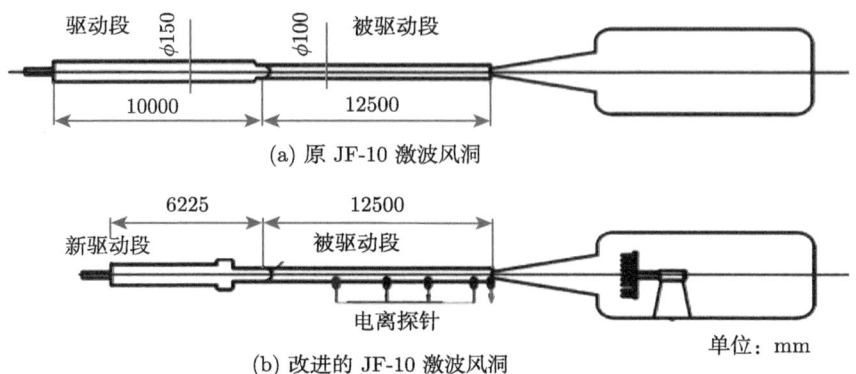

(a) 原 JF-10 激波风洞

(b) 改进的 JF-10 激波风洞

图 9.51　正向爆轰驱动高焓激波风洞结构简图 (图 (b) 驱动段带有环型腔优化结构)

甚至可以开展较小模型的气动力测量。一般情况下，囿于太短的试验时间，脉冲激波风洞测力试验是非常困难的。图 9.53 给出了原 JF-10 的驻室压力曲线，显然其试验气流的平稳性不如通过环形腔改进的新 JF-10 风洞。

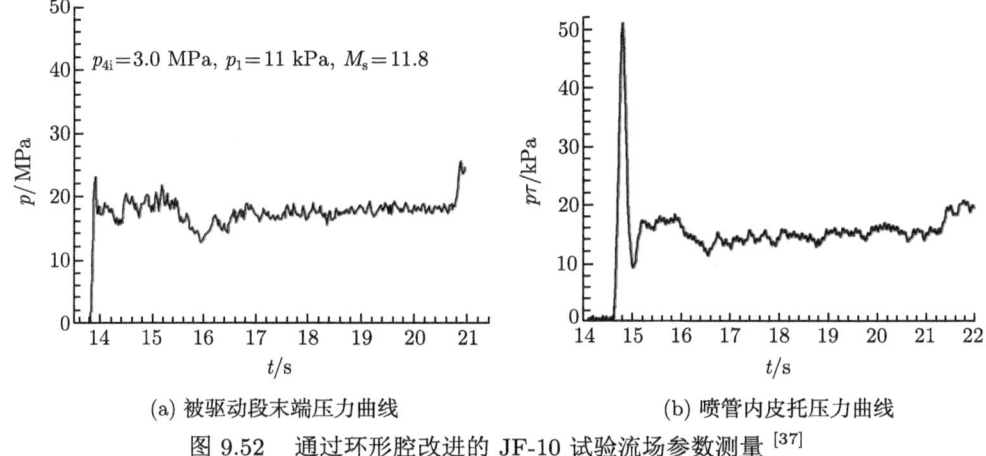

(a) 被驱动段末端压力曲线　　　　　(b) 喷管内皮托压力曲线

图 9.52　通过环形腔改进的 JF-10 试验流场参数测量 [37]

通过皮托耙 (图 9.54) 可以测量试验流场不同位置的流场均匀性，图 9.55 给出了 (a) $L=100$ mm 和 (b) $L=400$ mm 两处流场垂直和水平两个方向的压力分布，其中 L 从喷管出口算起。从皮托耙测量结果可以粗略估计 JF-10 锥形试验流场的直径约为 400 mm，长度约为 700 mm。

JF-10 被驱动段内的激波衰减是激波风洞的重要特性之一，这也是影响激波风洞运行的问题之一。在新 JF-10 被驱动段开展了初始条件不同的两次试验 (case A、case B)，在原 JF-10 被驱动段开展了一次试验 (case C)，试验条件见表 9.3。试验中利用电离探针测量激波速度，所得结果汇总于图 9.56。可以看出

9.5 大型高超声速激波风洞研究进展

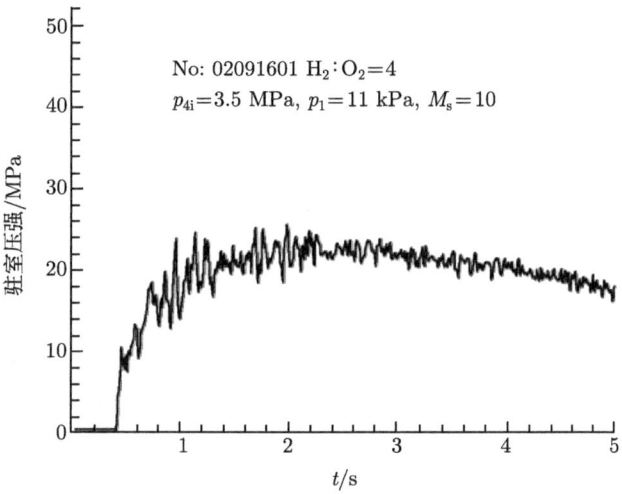

图 9.53 原 JF-10 试验流场参数测量

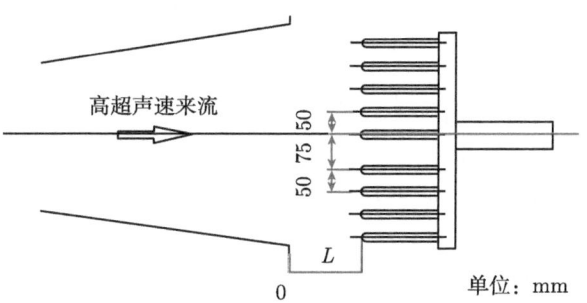

图 9.54 试验流场测量皮托耙

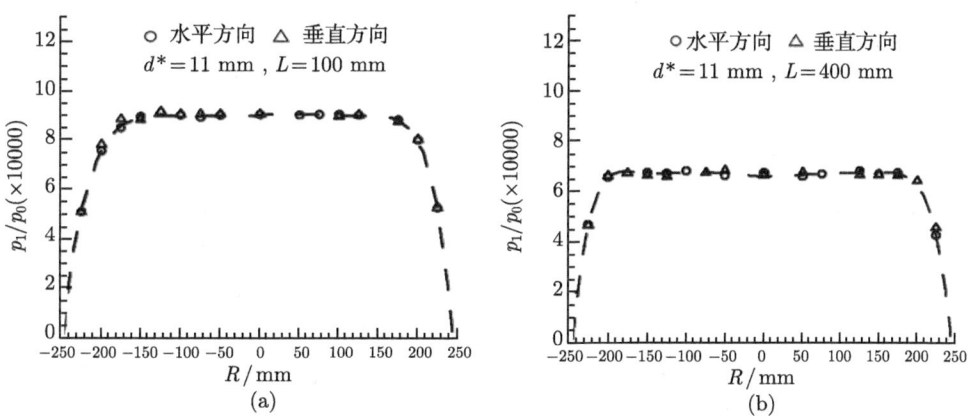

图 9.55 JF-10 试验流场不同位置的均匀性测量

改进后的 JF-10 在每个管径相当长度上的激波衰减约为 3‰，而原 JF-10 激波衰减约为 4‰。case A 和 case B 得到的曲线几乎重合，这说明激波衰减特性与初始条件无关。

表 9.3 JF-10 激波风洞激波衰减试验条件

试验条件	p_{4i}/MPa	p_1/kPa	p_{50}/MPa	T_{50}/K
A	1.5	4.5	8.0	7480
B	3.0	11	19.4	7920
C	1.5	4.7	8.3	7200

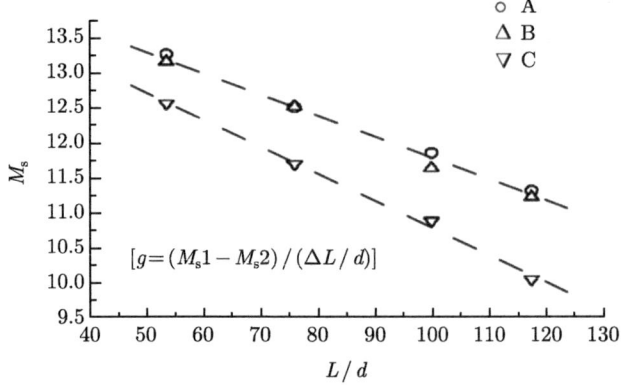

图 9.56 JF-10 风洞被驱动段激波衰减特性 [37]

综上所述，与原 JF-10 风洞相比，通过添加环形腔改进的新 JF-10 正向爆轰驱动激波风洞的性能更佳，在相同的初始条件下，可以产生更强的入射激波，而且激波的衰减较弱。需要说明的是，改进后的 JF-10 激波风洞的爆轰驱动段比原风洞短 40%，但是把试验时间延长了一倍，至 6 ms，而且总温约达 8000 K，其不仅可以开展高焓条件下的热流测量试验，而且使小模型气动力测量试验成为可能。ϕ400 mm×700 mm 的锥形试验流场非常均匀，已经为我国的神舟系列飞船的再入研究开展了大量的测热试验 [37]。

2) 反向爆轰驱动高焓激波风洞 JF-12

依据反向爆轰驱动方法 (图 9.50)，针对满足超燃试验的有效时间要求，姜宗林和俞鸿儒的项目组进一步发展了爆轰驱动激波风洞运行缝合条件、喷管启动激波干扰控制和激波管末端激波边界层相互作用控制技术，研制成功了超大型爆轰驱动高超声速激波风洞，见图 9.57，并获得长达 100 ms 的有效试验时间，具有复现 25～50 km 高空、马赫数 5～9 范围高超声速飞行条件的能力，喷管出口直径 2.5 m [39]。爆轰驱动激波风洞近十几年来发展迅速，突破了一些重要的关键技术，其产生高焓试验气流的能力强、提供的有效试验时间长、运行成本低、扩展性好，

9.5 大型高超声速激波风洞研究进展

是一种具有良好发展前途的高焓流动设备。

图 9.57 JF-12 风洞照片

图 9.58 是 JF-12 风洞的整体结构概略图,按照从左到右的顺序,首先为真空系统,其容积约为 600 m³,长度为 50 m,真空系统的作用是让喷管起动激波得以衰减并容纳试验排气,特别是其 E 形的结构,使得起动激波的反射的影响减弱。试验段长 15 m,直径 ϕ3.5 m,与之相连的是 15 m 长的型面喷管,出口直径 ϕ2.5 m,标称运行马赫数范围 6~9;另配出口直径 ϕ1.5 m 的小喷管,标称运行马赫数 5~7。喷管上游是驱动段,也叫激波管段,其长度为 80 m,直径 ϕ720 mm,爆轰驱动段长度 108 m,直径 ϕ400 mm。不同于上文所述 JF-10 高焓激波风洞通常以正向驱动模式运行,JF-12 激波风洞是以反向驱动模式运行的,即起爆管安装在爆轰驱动段的左侧,爆轰波形成后向右传播。注意到驱动段和被驱动段直径不同,其间有一个 ϕ400 mm → ϕ720 mm 过渡段。在驱动段上游是 25 m 长的卸爆段,承受爆轰波阵面的强大作用力。被驱动段和喷管之间、驱动段和被驱动段之间、驱动段和卸爆段之间分别安装三个不同材料和尺寸的膜片,以保证为初始条件充入不同压力和成分的起爆气体和试验气体。

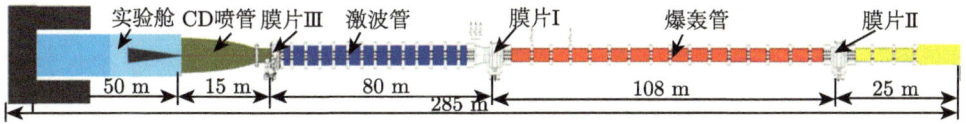

图 9.58 JF-12 风洞结构尺寸示意图

JF-12 配备了 384 通道的试验数据采集系统,可以实时完成数据的获取、放大、模数转换和存储,每次试验结束后即可发送至中央处理单元进行数据分析和后处理。目前,已开发了多套六分量测力天平和数百套新型测热传感器,以便开展高超声速气动力/热测量试验。

除了气动力/热试验外,因其试验时间长、试验气体为纯净空气、可以复现飞行条件的动压和气流温度等非凡特点,JF-12 激波风洞可以开展高超声速吸气式发动机的机制研究,目前已经开展了相关项目的试验研究。如此没有污染效应的试验环境,是其他燃烧类风洞无法比拟的,这使得 JF-12 激波风洞拥有良好的应用前景[40]。

$\phi 2.0\ m \times 9\ m$ 锥形试验流场可以开展高超声速飞行器的尺度效应研究,特别是吸气式飞行器内道特性研究。目前,已开展的大尺度模型见图 9.59,远大于其他风洞模型的尺度。

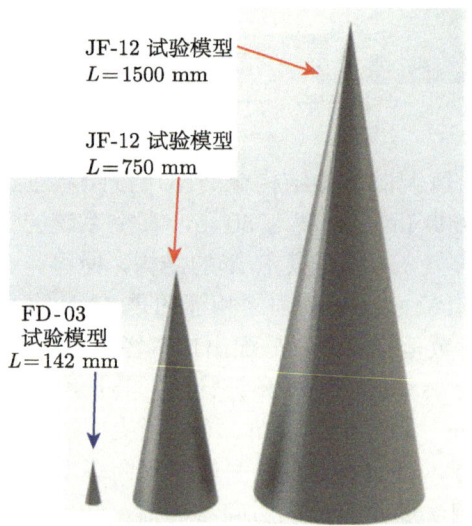

图 9.59　JF-12 风洞试验模型尺寸与传统风洞模型尺寸的对比[41]

缝合运行是 JF-12 风洞的一个重要问题,所谓缝合运行是指入射激波在被驱动段末端反射后,反射激波上行与驱动气体-试验气体接触面相撞,不产生任何反射而完全透射,这样被驱动段末端即⑤区的试验气流不受干扰,因而可以保持较长的试验时间。如图 9.60(a) 所示,非缝合运行时,从接触面反射的 V_{RR} 激波很快到达被驱动段末端而提前终止试验气流,所以试验时间较短;而缝合运行时,由于不存在 V_{RR} 激波,试验时间由主膜片处的稀疏波波头的到达时间确定,所以可以大大延长试验时间[39]。缝合运行及非缝合运行时 p_5 压力曲线分别如图 9.60(b) 和 (c) 所示。

为得到 JF-12 风洞的缝合运行,接触面两侧驱动气体 (爆轰产物) 和被驱动气体的声速要满足式 (6.56),其中主要控制参数如下:a_4 和 γ_4 分别为驱动气体的声速及比热比,a_1 和 γ_1 分别是被驱动的声速及比热比,M_s 是入射激波马赫数。基于式 (6.56),缝合运行条件下的声速比与入射激波马赫数的关系绘制在图 9.61 中,可以看出,驱动气体比热比 γ_4 越高,缝合声速比越高,也就是说驱动气体的温度要求就越高,这对加热轻气体驱动的激波风洞提出了更加严峻的挑战。JF-12

9.5 大型高超声速激波风洞研究进展

试验气体通常用室温空气,因此只要调整爆轰驱动段内的爆轰气体的成分就可以得到不同入射激波所需求的缝合运行条件;对高焓流动试验,要求较强的入射激波马赫数 M_s,因此通常使用富氢的氢/氧爆轰混合气体作为驱动气体;对于较低焓值流动的试验,可以选用乙炔/氧气爆轰混合气体作为驱动气体;当然可以在驱动气体内添加氦气或者氮气以进一步调整其声速值。还有一种方法是,可以调整驱动气体和被驱动气体的声速比,即在驱动段和被驱动段之间另加一段扩张过渡段,使驱动气体膨胀后再进入被驱动段,JF-12 激波风洞就采用了这一技术。

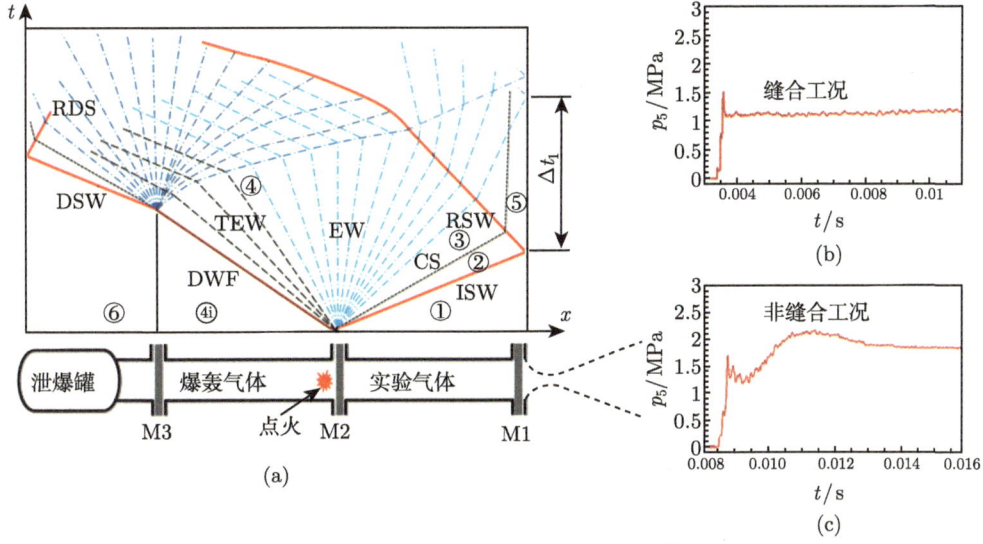

图 9.60　JF-12 风洞缝合运行 [40]

RDS:反射卸爆激波;DSW:卸爆激波;TEW:泰勒稀疏波;DWF:爆轰波阵面

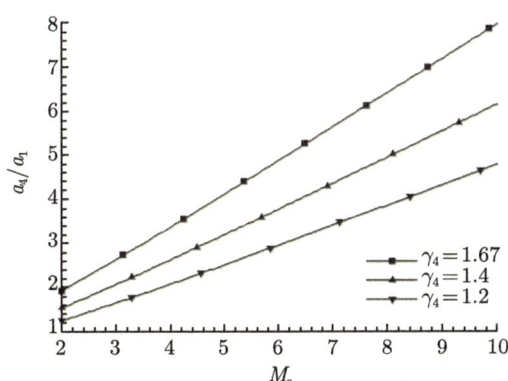

图 9.61　JF-12 风洞缝合运行状态驱动气体和被驱动气体的声速比 [39] (被驱动气体为室温空气)

JF-12 爆轰驱动长时间激波风洞从 2008 年开始研制,然后在 2011 年完成安装,并开始进行性能调试试验,图 9.62 给出了在被驱动段末端测量得到的 JF-12 风洞以马赫数 7 运行时的驻室压力 p_5 曲线,同时测量得到的入射激波马赫数为 4.57,可以计算得到总温约为 2468 K,此时的试验时间约为 130 ms。图 9.63 给出了同一次试验中在喷管出口处测量得到的皮托压力曲线,可以看出和驻室压力相似,皮托压力的平稳时间约为 130 ms。

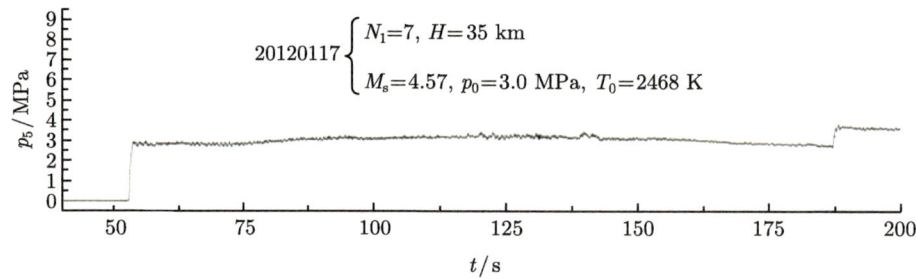

图 9.62 JF-12 风洞以马赫数 7 运行时的驻室压力 p_5 曲线[40]

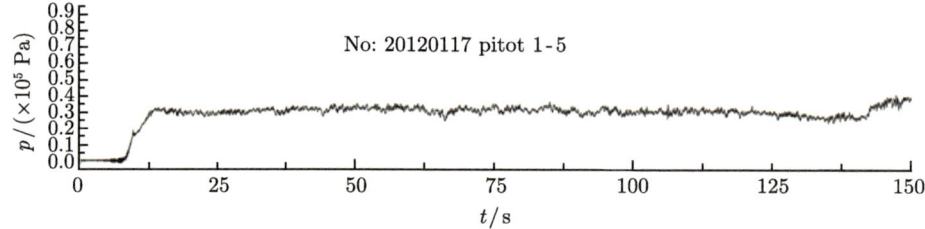

图 9.63 JF-12 风洞以马赫数 7 运行时的喷管出口处的皮托压力曲线[40]

JF-12 风洞试验流场测量用皮托耙共有 40 只传感器,横向和纵向各 20 只,可以在两个方向上分别测量 2.5 m 内的流场,图 9.64 为测量结果。从图中可以

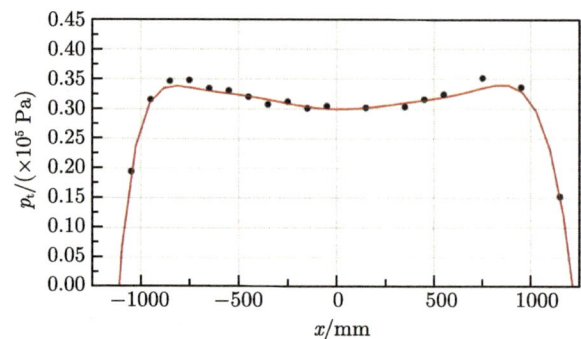

图 9.64 JF-12 风洞以马赫数 7 运行时的喷管出口平面的皮托压力[40]

看出，流场核心区的皮托压力要略低于外层，这是因为流场中存在一些弱波结构。流场的均匀区直径约为 2.0 m，两侧边界层厚度约为 0.5 m。

JF-12 长试验时间激波风洞不仅应用上述的反向爆轰驱动技术、大驱小变截面驱动技术、缝合运行技术以及 E 形真空消波技术，还采用了其他一系列革新技术，如边界层污染气体的隔离技术等[39]。该风洞可以复现马赫数 5~9、高度 25~50 km 的真实飞行条件。相对于活塞驱动激波风洞，JF-12 爆轰驱动激波风洞的运行成本低得多。运用该风洞，模型尺度效应试验、高超声速边界层发展特性试验、高超声速推进试验、机体-发动机一体化试验等前沿试验都成为可能。

3) 正向爆轰驱动高焓激波膨胀管 JF-16

由于驱动能力或者高温高压气源的限制，以及设备材料的强度束缚，目前，在地面上完整复现真实超高速飞行 (一般指 $V_\infty \geq 5$ km/s) 的来流条件和尺度，仍然是一个非常具有挑战性的课题。因此，针对高超声速飞行关键流动现象以及复杂作用过程的实验模拟仍然很难实现。在地面模拟超高速流动环境，特别是近轨道或超轨道速度，需要实验气流的总焓达 35 MJ/kg 以上，反射型激波风洞由于其驻室材料的限制，已很难胜任。激波-膨胀管或激波-膨胀风洞技术可以在一定程度上缓解上述问题。激波-膨胀管通过去除反射型激波风洞的驻室和喉道等结构，在激波管下游串联一个等截面的膨胀加速段 (压力抽成超低真空)，主激波波后的试验气体通过在膨胀加速段的非定常膨胀过程进一步加速，得到更高的气流速度和总焓，这种现象称为焓的倍增[42]。在膨胀加速段，主激波波后气流不需滞止，其能量可以通过上述非定常膨胀过程直接转移到膨胀波后的试验气流和加速气流中，避免了反射型激波风洞在驻室内发生的气体解离等剧烈的高温真实气体效应以及喉道材料的严重烧蚀等，使得试验设备能安全工作，而且试验气流更接近真实飞行条件[42-45]。

膨胀管的概念是由 Resler 和 Bloxsom[46] 于 20 世纪 50 年代首先提出的，但是，此后多年的研究一直没有得到稳定的试验气流，直到 70 年代末，NASA 兰利实验室实现了在某些特定条件下可用的稳定试验气流[47]。80 年代末，Stalker 等将自由活塞驱动与膨胀管相结合，改善了膨胀管的性能[48,49]。90 年代，澳大利亚昆士兰 (Queensland) 大学发展了自由活塞驱动 X-系列膨胀管，试验气流最高焓值超过 100 MJ/kg，最大速度超过 13 km/s[50]，然而，试验时间仍很短，例如，X1 的有效试验时间只有 50 μs 左右。日本采用自由活塞驱动方式建立了 JX-1 膨胀管[51]。目前，世界上运行的激波-膨胀管/风洞主要还有美国 CURBC 研究中心的 LENS 系列高超声速风洞中的 LENS-X/LENS-XX[43-45] 膨胀风洞，NASA 的 GASL 实验室超声速风洞 HYPULSE 也可以在膨胀风洞模式下运行[52]。

产生超高速试验气流的主要限制因素是驱动能力。自由活塞驱动膨胀管虽然理论上能实现定压驱动，但数值计算和实验结果表明主激波后试验气流的定常性不理想[53]，这对膨胀管的试验气流品质和试验时间会产生不利影响。而且，自由活塞驱动膨胀管/风洞的造价与运行费用高昂。与自由活塞驱动相比，爆轰驱动[25-27]的驱动能力更强，能够产生更高品质的稳定试验气流，对膜片的要求也没有活塞驱动那么高，实验的重复性也容易得到保证。应用爆轰驱动技术，中国高温气体动力学国家重点实验室在 2008 年首次建成了正向爆轰驱动[54]的激波–膨胀管 JF-16，实现了超轨道速度的高焓试验气流，并通过典型模型试验对流场进行了诊断与流场显示研究[55-58]。爆轰驱动激波–膨胀管 JF-16 利用了正向爆轰驱动能力强的优点，并且引入环形扩容腔结构，削弱了泰勒稀疏波的影响[36]。图 9.65 为 JF-16 的照片，其结构见图 9.66。

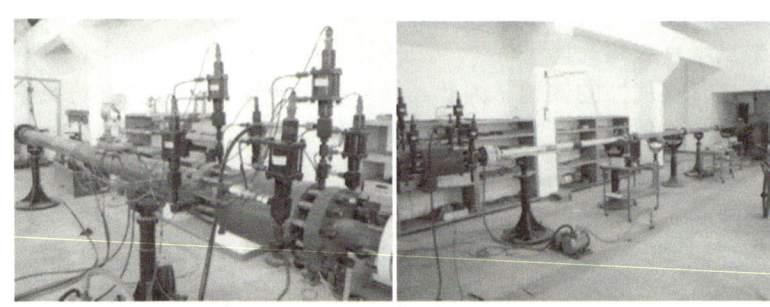

图 9.65　爆轰驱动激波–膨胀管：JF-16

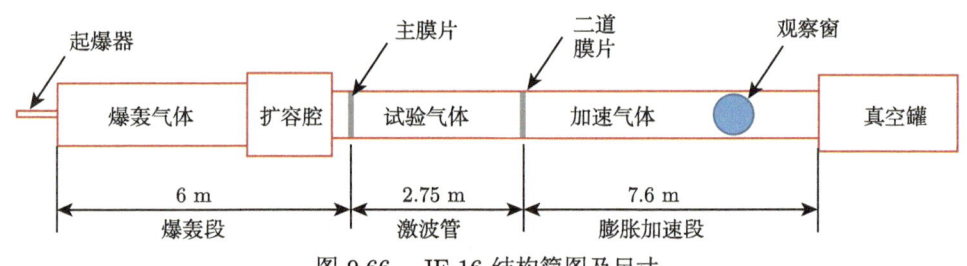

图 9.66　JF-16 结构简图及尺寸

爆轰驱动激波–膨胀管 JF-16 主要包括四个部分，即爆轰段 (detonation tube, $\phi 105 \text{ mm} \times 5600 \text{ mm}$)、激波管 (shock tube, $\phi 68 \text{ mm} \times 2750 \text{ mm}$)、膨胀加速段 (acceleration tube, $60 \text{ mm} \times 60 \text{ mm} \times 7600 \text{ mm}$) 和真空罐 (vacuum tank)，其中试验段嵌入膨胀加速段。爆轰段、激波管和膨胀加速段之间通过两道膜片分开，膜片对激波–膨胀管的性能至关重要[54-56]。爆轰段充入氢氧混合物，激波管内充入试验气体，膨胀加速段内一般为处于高真空度的空气，称为加速气体。该设备的关键工作参数主要包括爆轰段充气压力 p_{4i}、激波管段初始压力 p_1 以及膨胀加速段初始压力 p_7。通过上述三个参数的调整和匹配，可以得到不同速度或者总焓的试验条件。

爆轰驱动激波–膨胀管 JF-16 利用电离探针来测量激波速度，并由压力传感器测量静压，另外，利用光学系统可以进行模型的流场显示。

自由活塞驱动是高超声速激波风洞的另外一种驱动方式，虽然理论上能实现定压驱动，但实验结果表明主激波后试验气流的定常性并不够理想[53]。这对膨胀管的试验气流品质和试验时间会产生不利的影响。其次，自由活塞驱动方式需要特制的膜片，实验的重复性也较不容易得到保证。与自由活塞驱动相比，爆轰驱动能够产生更高品质的试验气流，且运行与维护成本相对低廉。

通过匹配调整爆轰管初始填充的压力 p_{4i}、激波管初始压力 p_1 和膨胀加速管初始压力 p_7 可以实现不同的速度或焓值的试验气流，其中爆轰管段填充气体为物质的量混合比为 4:1 的氢氧混合物，激波管和膨胀加速段内都是空气。图 9.67 和图 9.68 分别给出了两种试验条件下得到的膨胀加速段气流压力的历史纪录，其中，Case 1 的 $p_{4i} = 1.0$ MPa，$p_1 = 20$ mmHg，$p_7 = 0.2$ mmHg；Case 2 的 $p_{4i} = 1.5$ MPa，$p_1 = 30$ mmHg，其他参数同 Case 1。上述两种试验条件的试验气流总焓分别约为 30 MJ/kg 和 40 MJ/kg，分别对应亚轨道和超轨道速度。在距第二道膜片 1612 mm、2447 mm、3247 mm、3847 mm 处的四个位置分别布置压力传感器测点。两次试验在膨胀加速段不同位置处的压力曲线都存在一个平台，说明得到了平稳试验气流。两种条件得到的平稳试验气流的有效试验时间分别为 100 μs 和 70 μs，试验段气流速度分别可达 8.97 km/s 和 8.1 km/s。由此可见，为得到更高的试验气流速度，必然伴随着有效试验时间的减少。表 9.4 分别列出了两种工作条件下膨胀加速段不同位置处的流场参数，其中，u_c 和 u_{ssw} 分别试验气流速度和激波速度，l_{max} 和 l 分别为激波阵面与接触间段面的最大距离和实际距离。上述各参数中，入射激波速度 u_{ssw} 由电离探针直接测得，而其他参数是通过低密度激波管理论[59]计算得到的。由此可见，入射激波沿膨胀加速段是不断衰减的。膨胀管的性能不仅受各分段初始压力的支配，试验结果表明两道膜片特别是第二道膜片对膨胀管性能的影响也很大[56,58]，上述试验条件都应用了以下膜片组合：第一道膜片为 0.3 mm 有效厚度的钢膜，第二道膜片为 0.025 mm 厚的涤纶膜。

性能调试研究还发现，激波管段的初始压力 p_1 和爆轰驱动段初始压力的比例对入射激波后的流场非常重要。以下试验把 p_{4i} 固定在 1.0 MPa，而 p_1 分别选为 10 mmHg, 20 mmHg 和 50 mmHg。在激波管同一位置处通过压力传感器测量得到的壁面压力曲线绘制在图 9.69 中。从图 (a) 和 (b) 中可以看出，压力曲线分为非常清晰的两部分，一段高幅高频振荡区和一段相对平稳段，前者为驱动气体流动区，而后者为试验气体流动区。对比两张图可以发现，随着 p_1 的增加，试验气体流动区的振荡加强。研究表明，图中所谓的"振荡"主要来源于主膜片破裂过程产生的扰动，并透过驱动–试验气体界面从驱动气体一侧传向试验气体一侧。因此，该界面两侧气体的气动声学特性决定了扰动透射程度。上述三种 p_1 条件下的界面两侧的声速比(驱动气体/试验气体)分别为 0.826, 0.877 和 1.086。更多的试验研究表明,把此界面两侧气体的声速比控制在 1 以下,可以得到比较平稳的试验气流。

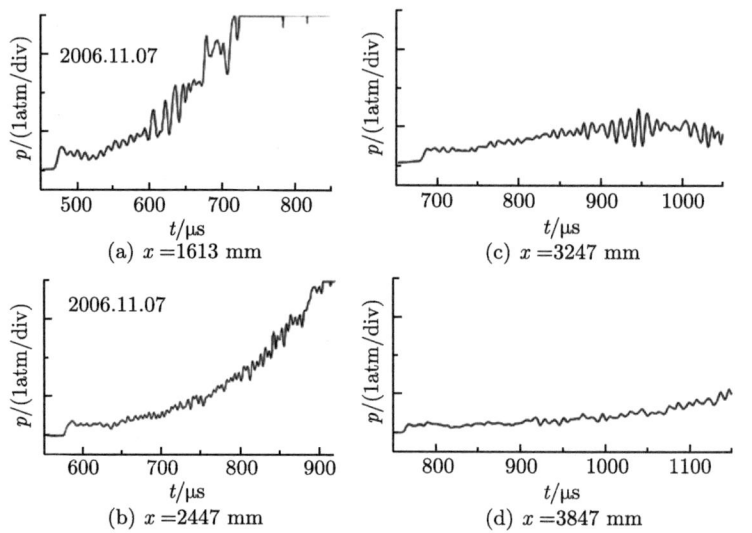

图 9.67 激波–膨胀管 JF-16 膨胀加速段不同位置处压力传感器信号[56,58]

JF-16 Case1, $p_{4i} = 1.0$ MPa, $p_1 = 20$ mmHg, $p_7 = 0.2$ mmHg

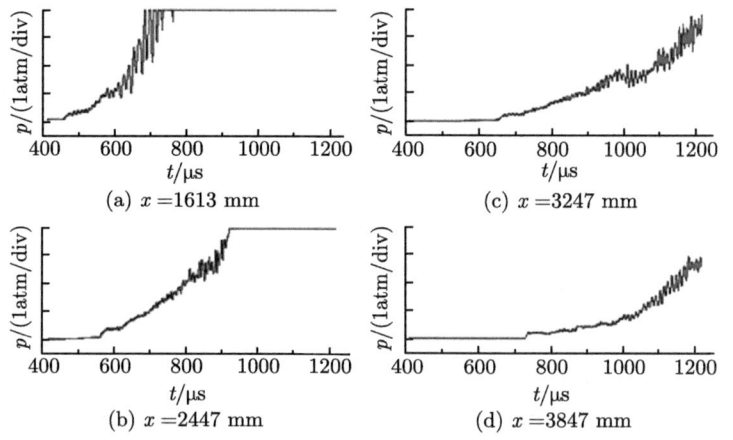

图 9.68 激波–膨胀管 JF-16 膨胀加速段不同位置处压力传感器信号[56,58]

JF-16 Case2, $p_{4i} = 1.5$ MPa, $p_1 = 30$ mmHg, $p_7 = 0.2$ mmHg

9.5 大型高超声速激波风洞研究进展

表 9.4 激波–膨胀管 JF-16 膨胀加速段不同位置处的流场参数 [58]

	2m		4m	
	Case1	Case2	Case1	Case2
$u_{ssw}/(m/s)$	7512	8472	7168	8163
l/l_{max}	0.51	0.83	0.81	0.99
l_{max}/mm	89	25.3	90	25.3
l/mm	45	21	73	25
u_c/u_{ssw}	0.957	0.964	0.973	0.973
$u_c/(m/s)$	7190	8336	6971	8108

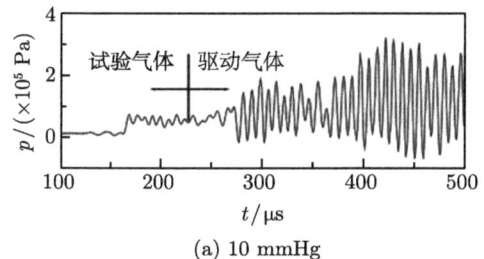
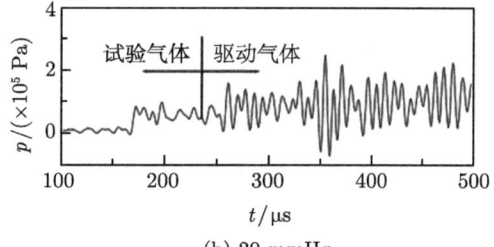

(a) 10 mmHg　　　　　　　　(b) 20 mmHg

图 9.69　不同激波管压力 p_1 条件下主入射激波后压力曲线 [56,58]

在上述三种不同激波管初始压力条件下 (膨胀管初始压力都相同, 即 $p_7 = 0.2$ mmHg), 入射激波在膨胀段的衰减特性在图 9.70 中给出, 图中横坐标是离开第二道膜片的距离。可以看出, 入射激波沿膨胀管的衰减率几乎相同, 约为 3% 每米。系列试验表明, $p_1 = 20$ mmHg 时, 膨胀管内入射激波速度最大。膜片材料和厚度对入射激波衰减也有显著影响, 见图 9.71, 分别使用 90 μm 和 60 μm 涤纶膜以及 25 μm 玻璃纸。从膜片对入射激波衰减的影响来看, 25 μm 玻璃纸的表现最好, 在后续试验中一直使用它作为第二膜片的首选。

通过性能调试, JF-16 爆轰驱动激波膨胀管能得到的最大入射激波速度为 8100 m/s, 对应流动总焓为 39 MJ/kg。试验气流的速度达到近轨道速度, 在此条件下研究者开展了一系列典型模型的流场显示试验, 图 9.72 给出了半楔角为 15° 的尖楔在不同时刻的流场图像, 相邻两幅图之间的时差为 25 μs, 高速相机 FASTCAM SA4 的曝光时间为 1 μs。图中斜激波后的气体颜色变化反映了来流条件的改变, 深蓝色对应着高速试验气流中形成的斜激波波后气体中较大份额的氮分子被解离, 而浅黄色则对应着较低驱动气流中的爆轰产物。上述试验结果可以为超高速热化学非平衡流动的数值模拟提供可靠的验证数据和图像。研究者还开展了其他典型模型试验, 如球头体、尖锥、双锥和双楔等, 形成了复杂的激波结构, 波后气体的颜色变化也很丰富, 这反映了复杂的热化学反应过程。

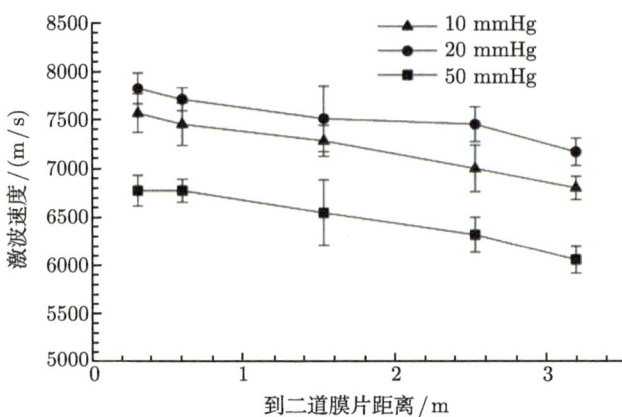

图 9.70　不同激波管压力 p_1 条件下膨胀管内入射激波衰减特性[56,58]

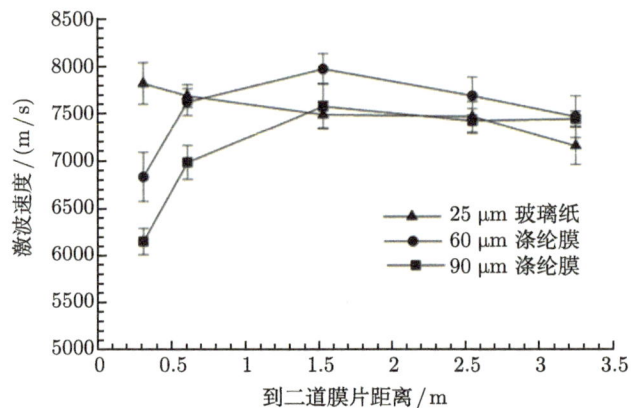

图 9.71　不同膜片对膨胀管内入射激波衰减的影响[56,58]

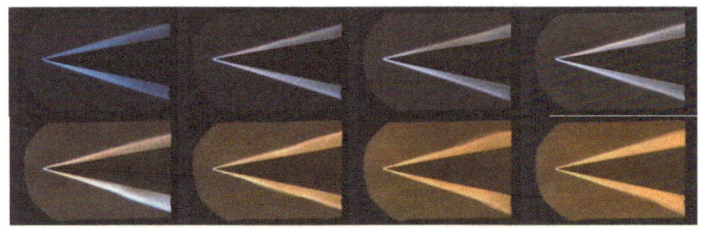

图 9.72　尖楔超高速流动显示

入射激波速度为 8100 m/s，总焓 39 MJ/kg，每相邻两帧时差为 25 μs[57]

9.5.3　高焓流动测量与诊断技术

高焓气体流动过程中，气体微团具有分子内部自由度激发，原子、分子间不断发生解离、电离、复合等化学反应,乃至出现辐射和电磁效应等一类物理化学过程。而这些微观物理化学变化通过热力学、传热学和激波动力学过程对高焓流动宏观规律产生重要影响,所以,发展能够诊断具有这种热化学反应流动的测量技术,其困难是可想而知的。根据空天飞行器研制和气动物理探索的需求,高焓流动测量技术主要包括气动热测量技术、气动力测量技术和化学反应流动特性测量技术。

1. 气动热测量技术

气动加热是高超声速飞行面临的一个严峻问题,是空天飞行器的设计过程中必须考虑的主要因素之一,准确地得出飞行器表面热流率,是工程设计部门确定防热措施、选用可靠防热材料以及进行合理结构设计的重要依据。受气流焓值的限制,空天飞行器气动热环境的地面模拟实验通常在激波管、激波风洞等脉冲型设备中进行[60]。由于这类脉冲型的设备所提供的试验时间很短,通常为毫秒量级,所以需要具有灵敏度高、响应迅速的热流测量传感器。按其工作原理,能够满足上述要求、常用的测热传感器可分为两大类:表面温度计类和量热计类[61]。前者利用表面温度计测出半无限体的表面温度随时间的变化历史,然后根据热传导理论计算出表面热流率;后者利用量热元件吸收出入其中的热量,测量量热元件的平均温度变化率,再计算表面热流率。

JF-12 激波风洞由于复现了高焓气流的温度以及速度,气流冲刷侵蚀的能力很强,所以常规测热传感器技术无法满足高焓流动热流测量的需求,高温气体动力学国家重点实验室进一步发展了响应迅速且抗冲刷能力强的高精度测热传感器技术。

表面结点型热电偶是少数几种能够满足高焓流动气动热测量的传感器之一,图 9.73 给出了同轴装配方式,称为同轴热电偶,其左端面与模型表面装平并接触被测气流。两种热电偶材料在长度方向绝缘,为了使之能在轴端形成尺度很小的结点并导通,一般采用砂纸打磨的方式。一旦两种热电偶材料导通,结点的温度可根据输出的电势确定 (Seebeck 效应)。同轴热电偶的这种结构形式不仅可以保证测出表面温度,而且具有响应迅速和抗冲刷能力强的优点。

受加工工艺的限制,不同热电偶传感器其绝缘层的厚度可能是不同的,这会直接导致结点的尺寸发生变化。从量纲分析可知,温度场趋于一维半无限长热传导理论值所需的时间与热结构特征尺度的平方成正比,而与加载的热流无关。因此减小绝缘层的厚度是提高热电偶传感器性能非常有效的方法,该方法虽然不能完全消除结点的影响,但可以大幅度减小结点影响的持续时间。高温气体动力学国家重点实验室通过优化研究得到了满足毫秒量级的测量需求的热电偶,绝缘层的厚度在 10 μm 左右,其外径为 1.4 mm,热电偶材料为镍铬与康铜,如图 9.73 所示。

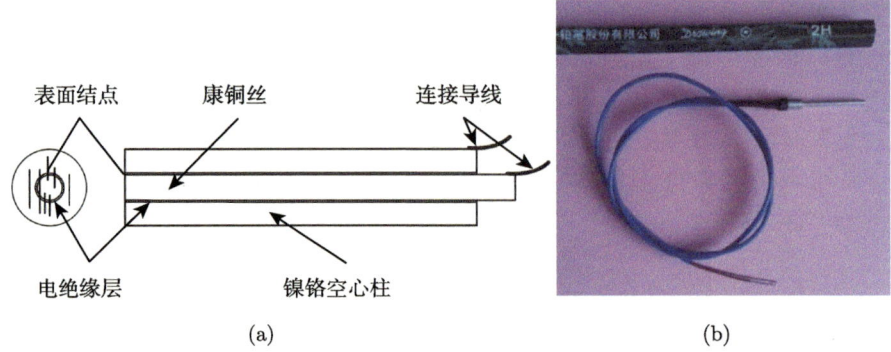

图 9.73　同轴热电偶 (a) 示意图及 (b) 照片

在高总温、强冲刷、大尺度等条件下，通过一系列尖锥标模测热试验，见图 9.74，可知其测热重复性误差小于 10%，而且与标模理论相吻合。在强冲刷高总温气流环境中，主要测热难点在于传感器极易被冲坏短路或者被烧损。

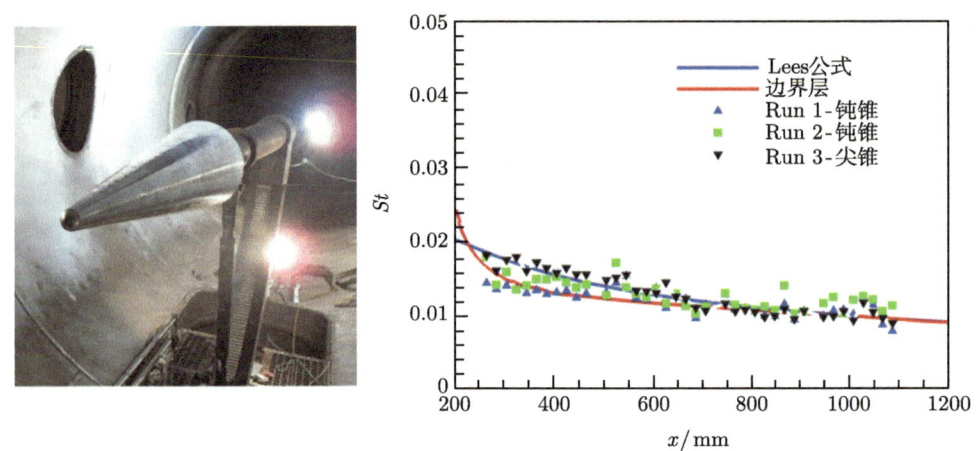

图 9.74　钝锥/尖锥标模测热试验

$M_\infty = 6.84$，半锥角 $7°$，长度 1.1 m，头部半径分别为 20 mm、2.2 mm，热电偶布置：驻点 1 个，沿母线共 40 个，间隔 20 mm；St：无量纲、热流系数

薄膜热电阻温度计和同轴热电偶是最典型、常用的两种表面温度计类测热传感器，两者具有各自的优缺点。薄膜电阻温度计的优点是灵敏度高，但抗冲刷能力弱，适用于热流较低的场合。同轴热电偶的灵敏度较低，但抗冲刷能力强，适用于热流较高的场合。塞型铜箔量热计是量热计类传感器的代表，它具有稳定性好、抗冲刷能力强的特点，但其热响应特性受加工工艺显著影响，而且难以做到小型化。尽管已有多种传感器可用于瞬态热流测量，但都存在着散差较大、测量精度不高的问题[62]。目前比较先进的热流传感器的测量精度一般为 10% 左右，如何

进一步提高传感器的测量精度和使用寿命还需进一步的探索。

2. 气动力测量技术

飞行器气动力试验是风洞试验的最基本项目之一,而风洞天平系统则是测力试验的必备装置。风洞天平按测量气动力载荷分量的数目可分为单分量天平和多分量天平。在风洞实验中大部分使用六分量测力天平,在发动机推力实验中也应用单分量天平。按天平工作原理可分为机械天平 (通过天平上的机械构件进行力的分解与传递,用机械平衡元件或测力传感器来测量气动力)、应变天平 (基于天平上的弹性元件表面的应变,用应变计组成的惠斯顿电桥来测量作用在模型上的气动力)、压电天平 (通过天平上的压电元件的压电效应来测量气动力)[63]。在早期的气动力实验中,一般在低速风洞中使用机械式天平,高速风洞中使用应变式天平。从 20 世纪 70 年代开始,因电阻应变计以及自动化测量和控制技术的发展,低速风洞也已普遍使用了应变天平。在一些高超声速等特种风洞设备中,压电天平也开始应用[64]。

常规的连续下吹式风洞常常应用具有常规支撑形式 (尾撑、腹撑和背撑) 的六分量杆式应变天平。杆式天平的外形一般为圆柱形,也有方柱形,其一端与模型连接,另一端与支杆连接。在两端之间设置不同结构形式的测量元件,用于测量不同分量的载荷。杆式天平按天平与模型的相对位置分为内式天平和外式天平。外式天平将一部分天平元件设置在模型腔内,而将另一部分设置在模型腔外,或者全部都设置在腔外。内式天平将全部天平元件都设置在模型腔内。现在一般杆式天平都采用内式天平,具有如下优点[63]:

(1) 内式天平无需模型尾部整流罩,无须对天平腔进行密封,减少了天平设计、使用和维护的工作量。在天平支杆直径尺寸相同时,模型尾部尺寸较小,有利于模型尾部的几何模拟。另外,在相同模型尾部尺寸的情况下,天平支杆直径尺寸较大,有利于提高天平的整体刚度,扩大实验迎角范围。

(2) 测量元件可设置在模型压力中心附近,改善天平元件的受力条件,有利于提高天平的精度与准度。

(3) 结构紧凑、几何尺寸小、加工周期短、加工费用相对较低。而且容易实现天平的系列化,满足不同实验的需求。

脉冲型风洞一般采用应变式脉冲天平,这主要是因为脉冲型风洞运行时间短,一般仅为几十毫秒,所以要求天平固有频率高 (1000 Hz 以上),响应快。脉冲型风洞驻室压力高,天平必须能承受很大的启动载荷。脉冲型风洞动压变化范围大,还需要天平具有较宽的测量范围。另外,脉冲天平测量信号中含有因模型测力系统振动产生的惯性力信号,因此在测量电路中要采用惯性补偿与滤波措施[65]。

应变式脉冲天平进行惯性补偿时,常在天平适当的位置上安放一定数量的加速度计，将其测量的信号与天平测量的各分量信号在模拟加法器上进行调节与加减，以便从天平信号中消除惯性力信号，得到需要测量的气动力信号。有惯性补偿的应变天平除要进行常规的静态校准外，还要在振动台上进行动态校准。动态校准时，对各种实验模型要分别进行水平和垂直方向上的激振，针对要补偿的频率范围，找出补偿系数。

天平的常规支撑形式都存在着不同程度的支架干扰，在高超声速飞行器/发动机一体化试验中表现得极为严重。支架干扰不仅改变飞行器尾部的流态，还可能影响发动机喷管的正常工作。另外，在飞行器大迎角实验时，作用在模型上的非定常气动力还会引起支撑系统的振动。为解决这些问题，人们发展了一种张线式天平测量装置，在结构上采用与常规天平不同的支撑。张线式天平的模型以双支点形式与单分量应变天平连接，通过几根张线悬挂在风洞试验段两侧的张线支架上。由于张线支撑对流场干扰小，刚度大，所以模型迎角的修正量也较尾撑小。为了降低支架干扰，人们还提出过一种磁悬挂天平。这种天平利用磁力将模型悬挂在风洞中，通过电流与位置测量来测量气动力。

JF-12 激波风洞的有效试验时间超过 100 ms，锥形试验流场区域约为 $\phi 2.0$ m × 9 m，这为在激波风洞中进行大尺度模型气动力测量提供了高端试验条件。高温气体动力学国家重点实验室最新研发了低干扰脉冲式六分量应变测力天平，以及大型弯刀支撑系统，如图 9.75 所示。通过在 JF-12 激波风洞上开展的长 1.5 m、半锥

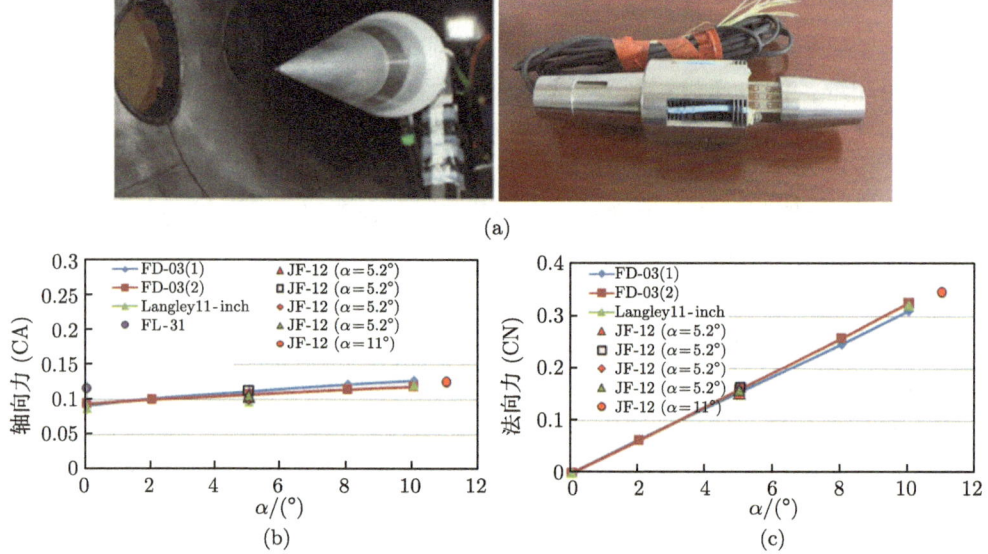

图 9.75 (a) JF-12 风洞尖锥模型及测力天平 (长 1500 mm，半锥角 10°)；(b),(c) 模型测力与其他风洞结果的对比 ($M_\infty = 7$, $T_\infty = 2200$ K)[41]

角 $10°$ 的尖锥标模测力试验,发现在较低总温条件下,例如 $M_\infty = 7, T_\infty = 2200$ K,其法向和轴向力系数同其他风洞相同模型 (尺度小得多) 的测力结果吻合良好；但是在较高总温条件下,例如 $M_\infty = 7$, $T_\infty = 3500$ K, JF-12 风洞测力试验发现了明显的差异,在此总温条件下,高温真实气体效应会对气动力测量带来一定的影响。

3. 化学反应流动特性测量技术

对于高焓气体流动,由于其流动的超声速特征,任何浸入式的诊断都不可避免地在探针区域诱导出激波干扰,所以测量获得的参数偏离实际的非扰动当地流动参数。激光诊断技术以其非接触 (不干扰流动)、多参数测量 (温度、组分浓度和速度)、高的时间和空间分辨等特点,得到了越来越广泛的重视。目前国内外已经发展了多种应用于高焓流动的光学技术,应用比较成功的有吸收光谱诊断技术和平面激光诱导荧光技术。

不同的高温气体具有不同的光谱特性,这种特性相当于每种气体的身份特征。而且,气体的吸收光谱特性与其温度紧密相关,所以利用吸收光谱诊断技术能够进行组分识别与温度测量。中国科学院力学研究所目前发展的多通道可调谐激光吸收光谱诊断技术,采用分时扫描–直接探测策略组建多光路吸收测量系统[66]。其可以在 4 kHz 的测量频率下,定量测量超燃冲压发动机燃烧室气流的静温、水蒸气浓度和流向速度；利用自动控制的位移机构,在以 C_2H_4 为燃料的超燃直连式试验台中,单次试验中同时诊断了燃烧室内某截面和燃烧室出口截面的多种气流参数分布；利用燃烧室出口截面的水蒸气浓度分布和壁面静压测量结果可以预测燃烧效率；利用燃烧室出口截面的静温和速度分布,可以获得出口气流马赫数分布；利用凹腔后部某截面的温度和水蒸气浓度分布,可以判读凹腔附近流场特征。通过分析 CN 发射谱线的分布特点,还能够发展基于谱线拟合的转动温度和振动温度测量技术,可以获得 CO-N$_2$ 中激波波后不同距离的转动温度和振动温度的分布；再结合可调谐激光吸收光谱技术,能够测量激波波后 CO 的浓度,对于验证大气再入化学反应模型有重要意义。

吸收光谱技术已经成功应用于二维流场测量,但是三维积分效应影响了吸收光谱技术在复杂流程的应用,而平面激光诱导荧光技术 (PLIF) 是一种很有发展前途的三维高焓流动的诊断手段。应用特别调制的平面脉冲激光,能够激发高温气体某种特定组分电子的能级跳跃[67]。平面脉冲激光消失后,被激发的流场截面内电子的能级回跳,能够发出不同强度的荧光,荧光强度与被测量组分的浓度相关。利用先进的摄像技术,可以获得流场截面内的荧光分布,其中包含了定量和定性的流场信息。目前,PLIF 技术已经应用于高焓流动 NO 和 OH 浓度分布的定量测量。

9.5.4 展望

伴随着高超声速科技的发展，高焓流动试验装备与测试技术几十年的研制与发展表明：脉冲型激波风洞以其能够产生的试验气流的总温与总压高、运行成本低的优势，在高焓流动地面试验模拟设备中占有重要地位。加热轻气体驱动技术能够产生的试验气流稳定、重复性好，但是需要克服大量轻气体的加热、运输、存储与排放给风洞运行带来的安全方面的困难；自由活塞驱动技术的驱动能力强、设计技术成熟，但是重活塞运动控制与试验气流稳定时间短是该驱动技术进一步发展的主要限制；爆轰驱动激波风洞近十几年来发展迅速，突破了一些重要的关键技术，具有产生高焓试验气流的能力强、提供的有效试验时间长、实验运行成本低、扩展性好的特点，是一种具有良好发展前途的高超声速激波风洞。随着新型空天飞行器的研制和新概念飞行器的探索，以及对高焓流动规律的深入理解，对地面模拟气动实验设备提出的需求也越来越高。尽管高焓流动试验装备和测试技术研究已经取得了重大进展，但是要满足复现高超声速飞行条件要求的自由流马赫数、自由流雷诺数、流动速度、飞行高度压力、来流总焓、跨过激波的密度比、试验气体组分、壁温/总温比、精确的化学反应进程等气动特征，并获得足够精度的试验数据，则还有一定的差距。所以，在高焓流动试验装备和测试技术领域需要重视下述三个方向的研究工作。

1) 发展先进的高焓流动试验装备

高温气体动力学的完善与高超声速科技的发展要求提供更先进的高焓流动试验装备，这种装备应该具有复现高超声速飞行条件的能力，至少能够复现某些关键参数。实际飞行速度的复现能够使飞行器气动力/热性能的预测更可靠；纯空气作为试验气体使高焓流动的热化学反应机制得以模拟；适当大的试验流场可以避免化学反应过程对缩比模型流场的不相似性产生重要影响；静压与静温的复现能够大大提升高超声速推进系统性能预测的可靠性。另外，试验时间的长短应该依据研究目的与测量技术水平而定。试验时间太短不足以捕捉正确的物理现象并获得足够高精度的测量结果；试验时间太长，则可能由于高温造成实验装备的损坏，并大大提高试验研究成本。钱学森先生建议："发展高超声速装备，应该重视脉冲型风洞；超燃冲压发动机制论研究，1/10s 的试验时间已经足够了"。

2) 发展高精度高焓流动诊断技术

高焓流动试验具有试验时间短、流动速度快、激波强度大、气流总温度高并含有带电粒子的特点。实验时间短要求测量传感器的频率响应高；流动速度快要求传感器耐冲刷；强度激波能够显著改变流场状态，无干扰和小干扰技术值得倡导；高焓气流总温高是一个非常严酷的要求，耐高温传感器与尽可能短的试验时间是关键问题；热化学反应流动的带电粒子干扰传感器测量信号，也可能降低试验结果的可靠性。高焓流动测量技术的研发是极具挑战性的工作，其难度不亚于高焓流动模拟实验技术的发展。目前来看，小型和柔性热流传感器受到了重视，其耐高温与冲刷特性需要改进；脉冲型风洞的大模型天平技术需要重视，气动力测量系统的刚性与流场冲击带来的信号干扰问题需要解决。对于高焓流动，光学诊断技术极具发展前途，原因是该技术对高焓流动试验无干扰，应用范围广泛。目前，流动结构显示技术、吸收光谱技术、发射光谱技术、平面激光诱导荧光技术等都获得了不同程度的进展，但是其定量化测量及其测量精度是需要改进的方向。

3) 发展高焓流动计算模拟平台

高焓流动试验装备的研制和测量技术的发展极为困难，需要投入大量的人力与物力资源。高焓流动的非线性特点又要求在高超声速飞行器的研制过程中开展大量的地面实验模拟，所以发展不同的研究手段是非常必要的，其中发展高焓流动计算模拟平台应当是首要选择。建设能够提供工程应用的计算模拟平台需要开展三个主要方面的工作。首先，应该进一步发展高温化学激波管技术，深入开展高温热化学反应动力学的研究，完善高温高压下的高焓流动物理数学模型。其次，需要发展针对多组分控制方程、化学反应的刚性、高超声速边界层和复杂飞行器外形的计算方法，提升对复杂飞行器外形的计算模拟能力。最后，应用高焓流动试验装备和测量技术开展系列的典型飞行器模型与典型飞行状态的系列试验测量，完成高焓流动计算模拟平台的可靠性验证。由于高焓流动的复杂性，发展实验与计算相结合的研究手段应该是空天飞行器研制的必由之路。

参 考 文 献

[1] Tsien H S. Similarity laws of hypersonic flows. J Math. Phys., 1946, 25: 247-251.

[2] Bertin J J, Cummings R M. Fifty years of hypersonics: where we've been, where we're going. Prog. Aerosp. Sci., 2003, 39: 511-536.

[3] Lu F K, Marren D E. Advanced hypersonic test facilities. Progress in Astronautics and Aeronautics, 2002.

[4] Anderson J D Jr. Hypersonic and High Temperature Gas Dynamics. New York: McGraw-Hill Book Company, 1989.

[5] Bertin J J, Cummings R M. Critical hypersonic aerothermodynamic phenomena. Annu. Rev. Fluid Mech., 2006, 38: 129-157.

[6] 钱学森. 我对今日力学的认识. 力学与实践，1995, 4: 1.

[7] Young J C. Space shuttle entry aerodynamic comparison of flight preflight predictions//The First Flight Testing Conference, Las Vegas, AIAA Paper 81-2476, 1981: 11-13.

[8] Dumm M G, Moller J C, Steele R C. Development of a new high-enthalpy shock tunnel. AIAA Paper 88-2782, 1988.

[9] Holden M S. Recent advances in hypersonic test facilities and experimental research. AIAA Paper 93-5005, 1993.

[10] Holden M S, WadhamsT P, Candler G V. A review of experimental studies in the LENS shock tunnel and expansion tunnel to examine real-gas effects in hypervelocity flows. AIAA Paper 2004-0916, 2004.

[11] Holden M S, Chadwick K M, Kolly J M. Hypersonic studies in the LENS facilities. AIAA Paper 95-6040, 1995.

[12] Stalker R J. A Study of the free-piston shock tunnel. AIAA J., 1967, 5: 2160-2165.

[13] Stalker R T, Morrson W R D. New generation of free piston shock tunnel facilities//Proceeding of 17th International Symposium on Shock Tube and Waves, Bethem, 1989.

[14] Hornung H G. The piston motion in a free-piston driver for shock tubes and tunnels. GALCIT Rep. FM88-1, 1988.

[15] Hornung H. Role and techniques of ground testing for simulation of flows up to orbital speeds//AIAA 16th Ground Testing Conf Seattle, AIAA 90–1377, 1990.

[16] Hannemann K, Schramm J M, Wagner A, et al. The high enthalpy shock tunnel Göttingen of the German aerospace center (DLR). Journal of large-scale research facilities, 2018, 4:A133.

[17] Miyajima H. Design concept of the NAL/NASDA high-enthalpy shock tunnel//4th International Workshop on Shock Tube Technologies, Japan, 1994.

[18] Itoh K, Tani K, Tanno H, et al. A numerical and experimental study of the free piston shock tunnel//Brun R, Dumitrescu L Z. Shock Waves at Marseille, Proc 19th Int Symp on Shock Waves. Berlin Heidelburg: Springer, 1993, I: 257-262.

[19] Eitelberg G. First results of calibration and use of the HEG. AIAA Paper 94-2525, 1994.

[20] Hornung H G, Cummings E B, et al. Recent results from hypervelocity research in T5. AIAA Paper 94-2523,1994.

[21] Itoh K, Ueda S, Komura T, et al. Improvement of a free piston driver for a high-enthalpy shock tunnel. Shock Waves, 1998, 8: 215-233.

[22] Itoh K, Ueda S, Tanno H, et al. Hypersonic aerothermodynamic and scramjet research using high-enthalpy shock tunnel. Shock Waves, 2002, 12: 93-98.

[23] Bird G A. A Note on combustion driven tubes. Royal Aircraft Establishment, AGARD Rep., 1957.

[24] Coates P B, Gaydon A G. A simple shock tube with detonating driver gas. Proc. Roy. Soc., London, 1965, A283:18-32.

[25] 俞鸿儒, 赵伟. 氢氧爆轰驱动激波风洞性能. 流体力学测量与控制, 1993, 7(3):3, 38-42.

[26] 张欣玉, 俞鸿儒, 赵伟, 等. 氢氧爆轰直接起始实验研究. 流体力学测量与控制, 1996, 10(3):63-68.

[27] 赵伟, 李仲发, 谷笳华, 等. 氢氧爆轰波与界面的相互作用. 流体力学测量与控制, 1996, 10(3):41-46.

[28] 赵伟, 俞鸿儒. 过临界喷管充气混合装置. 空气动力学学报, 1999, 17(3):279-284.

[29] Zhao W, Jiang Z L, Saito T, et al. Performance of a detonation driven shock tunnel. Shock Waves, 2005, 14: 53-59.

[30] Yu H R, Chen H, Zhao W. Advances in detonation driving techniques for a shock tube/tunnel. Shock Waves, 2006, 15(6): 399-405.

[31] Yu H R, Esser B, Lenartz M, et al. Gaseous detonation driver for a shock tunnel. Shock Waves, 1992, 2: 245-254.

[32] Habermann M, Olivier H, Grong H. Operation of a high performance detonation driver in upstream propagation mode for a hypersonic shock tunnel//Proceedings of the 22nd International Symposium on Shock Waves, 1999, 1: 447-452.

[33] Erdos J I, Calleja J, Tamagno J. Increases in the hypervelocity test envelope of the HyPULSE shock-expansion tube. AIAA Paper 94-2524, 1994.

[34] Bakos R J, Erdos J I. Options for enhancement of the performance of shock-expansion tubes and tunnels. AIAA Paper 95-0799, 1995.

[35] Jiang Z L, Yu H R, Takayama K. Investigation into converging gaseous detonation drivers//Proceedings of 22nd International Symposium on Shock Waves, London, 1999.

[36] Jiang Z L, Zhao W, Wang C. Forward-running detonation drivers for high-enthalpy shock tunnels. AIAA J., 2002, 40: 2009-2016.

[37] Jiang Z L, Lin J, Zhao W. Performance tests of jf-10 high-enthalpy shock tunnel with a FDC driver. Int. J. Hypersonics, 2011, 2: 29-35.

[38] 陈宏, 冯珩, 俞鸿儒. 用于激波管/风洞的双爆轰驱动段. 中国科学 (G 辑), 2004, 43(2):1-6.

[39] 姜宗林, 李进平, 赵伟, 等. 长试验时间爆轰驱动激波风洞技术研究. 力学学报, 2012, 44(5):824-831.

[40] Jiang Z L. Experiments and development of long-test-duration hypervelocity detonation-driven shock tunnel (LHDst). AIAA SciTech 2014, 2014.

[41] 汪运鹏. 低干扰脉冲风洞应变天平研制. 中国科学院力学研究所博士后出站报告, 2013.

[42] Trimpi R L. A preliminary theoretical study of the expansion tube, a new device for producing high-enthalpy short-duration hypersonic gas flows. Tech Rep R-133, NASA, 1962.

[43] Holden M S, Wadhams T P, Candler G V. Experimental studies in the LENS shock tunnel and expansion tunnel to examine real-gas effects in hypervelocity flows. AIAA 2004-0916, 2004.

[44] MacLean M, Wadhams T P, Holden M S. Integration of CFD and experiments in the CUBRC LENS shock tunnel facilities to understand the physics of hypersonic and hyper-velocity flows//4th Symposium on Integrating CFD and Experiments in Aerodynamics, von Karman Institute, 2009.

[45] Holden M S. Development of experimental facilities coupled with CFD to research key aerothermal phenomena in hypervelocity flight//AIAA Aero Space Planes Meeting,

2011.

[46] Resler E L, Bloxsom D E. Very high Mach number flows by unsteady flow principles. Cornell University Graduate School of Aeronautical Engineering, Limited Circulation Monograph, 1952.

[47] Miller C G. Operational experience in the Langley expansion tube with various test gases. NASA TM 78637, 1977.

[48] Stalker R J, Paull A, Stringer I. Experiments on an expansion tube with a free-piston driver – Phase 1. Department of Mechanical Engineering Report, The University of Queensland, 1987.

[49] Paull A, Stalker R J. Experiments on an expansion tube with a free-piston driver –Phase 2. Department of Mechanical Engineering Report, The University of Queensland, 1989.

[50] Neely A J, Morgan R G. The superorbital expansion tube concept, experiment and analysis. Aeronaut. J., 1994, 98(973):97-105.

[51] Sasoh A, Ohnishi Y, Ramjaun D, et al. Effective test time evaluation in high-enthalpy expansion tube. AIAA J., 2001, 39(11):2141-2147.

[52] Foelsche R O, Rogers R C, Tsai C Y, et al. Hypervelocity capability of the HyPULSE shock-expansion tunnel for scramjet testing. ISSW23, paper-1047, 2001.

[53] Hornung H G. Performance data of the new free-piston shock tunnel at GALCIT. AIAA Paper 92-3943, 1992.

[54] Jiang Z L, Gao Y L, Zhao W. Performance study on detonation-driven expansion tube//Proc. 16th AIAA/DLR/DGLR International Space Planes and Hypersonic Systems and Technologies Conference, Bremen, Germany, 2009.

[55] Jiang Z L. Developing the detonation-driven expansion tube for orbital speed experiments//The sixth Across-strait Workshop on Shock/Vortex Interaction, 2012.

[56] 高云亮. 超高速流动实验模拟方法及基础气动问题研究. 北京：中国科学院力学研究所, 2008.

[57] 武博. 强激波现象与超高速流动实验技术研究. 北京：中国科学院力学研究所, 2012.

[58] Jiang Z L. Near-orbital speed flow generation and its diagnostics//The 9th Pacific Symposium on Flow visualization and image Processing, 2013.

[59] Mirels H. Mach reflection flow fields associated with strong waves. AIAA J., 1962, 23(4):522-529.

[60] Schultz D L, Jones T V. Heat-transfer measurements in short-duration hypersonic facilities. AGARDograph No. 165, 1973.

[61] 俞鸿儒, 李仲发, 李静美, 等. 激波管风洞传热测量用的塞形铜箔量热计. 力学进展, 1976, 6(4):117-126.

[62] Buttsworth D R. Assessment of effective thermal product of surface junction thermocouples on millisecond and microsecond time scales. Exp. Thermal Fluid Sci., 2001, 25: 409-420.

[63] 贺德馨. 风洞天平. 北京: 国防工业出版社, 2001.

[64] 杨耀栋, 王复, 郭大华. 用于脉冲型高超声速风洞的六分量压电天平//中国航空学会全国风洞技术交流会, 1986.
[65] Bernstein L. Force measurement in short-duration hypersonic facilities. AGARDograph No. 214, 1975.
[66] 余西龙. 高焓非平衡流的诊断技术研究. 北京：中国科学院力学研究所, 2002.
[67] Eckbreth A C. Laser Diagnostics for Combustion Temperature and Species. Boca Raton: CRC Press, 1996.

附　　录

附录 1　一维等熵流动参数表 (量热完全气体，$\gamma = 1.4$)

M	λ	T/T_0	p/p_0	ρ/ρ_0	σ/σ^*
0.01	0.010954	0.99998	0.99993	0.99995	57.874
0.02	0.021908	0.99992	0.99972	0.99980	28.942
0.03	0.032860	0.99982	0.99937	0.99955	19.301
0.04	0.043811	0.99968	0.99888	0.99920	14.481
0.05	0.054759	0.99950	0.99825	0.99875	11.591
0.06	0.065703	0.99928	0.99748	0.99820	9.6659
0.07	0.076644	0.99902	0.99658	0.99755	8.2915
0.08	0.087580	0.99872	0.99553	0.99681	7.2616
0.09	0.098510	0.99838	0.99435	0.99596	6.4613
0.10	0.109435	0.99800	0.99303	0.99502	5.8218
0.11	0.120353	0.99759	0.99158	0.99398	5.2992
0.12	0.131265	0.99713	0.98998	0.99284	4.8643
0.13	0.142168	0.99663	0.98826	0.99160	4.4969
0.14	0.153063	0.99610	0.98640	0.99027	4.1824
0.15	0.163948	0.99552	0.98441	0.98884	3.9103
0.16	0.174824	0.99491	0.98228	0.98731	3.6727
0.17	0.185690	0.99425	0.98003	0.98569	3.4635
0.18	0.196544	0.99356	0.97765	0.98398	3.2779
0.19	0.207387	0.99283	0.97514	0.98218	3.1123
0.20	0.218218	0.99206	0.97250	0.98028	2.9635
0.21	0.229036	0.99126	0.96973	0.97829	2.8293
0.22	0.239840	0.99041	0.96685	0.97620	2.7076
0.23	0.250630	0.98953	0.96383	0.97403	2.5968
0.24	0.261405	0.98861	0.96070	0.97177	2.4956
0.25	0.272166	0.98765	0.95745	0.96942	2.4027
0.26	0.282910	0.98666	0.95408	0.96698	2.3173
0.27	0.293637	0.98563	0.95060	0.96446	2.2385
0.28	0.304348	0.98456	0.94700	0.96185	2.1656
0.29	0.315041	0.98346	0.94329	0.95916	2.0979
0.30	0.325715	0.98232	0.93947	0.95638	2.0351
0.31	0.336371	0.98114	0.93554	0.95352	1.9765
0.32	0.347007	0.97993	0.93150	0.95058	1.9219
0.33	0.357623	0.97868	0.92736	0.94756	1.8707
0.34	0.368219	0.97740	0.92312	0.94446	1.8229
0.35	0.378794	0.97609	0.91877	0.94128	1.7780

附录 1　一维等熵流动参数表 (量热完全气体，$\gamma = 1.4$)

续表

M	λ	T/T_0	p/p_0	ρ/ρ_0	σ/σ^*
0.36	0.389347	0.97473	0.91433	0.93803	1.7358
0.37	0.399877	0.97335	0.90979	0.93470	1.6961
0.38	0.410385	0.97193	0.90516	0.93130	1.6587
0.39	0.420870	0.97048	0.90043	0.92782	1.6234
0.40	0.431331	0.96899	0.89561	0.92427	1.5901
0.41	0.441768	0.96747	0.89071	0.92066	1.5587
0.42	0.452180	0.96592	0.88572	0.91697	1.5289
0.43	0.462566	0.96434	0.88065	0.91322	1.5007
0.44	0.472927	0.96272	0.87550	0.90940	1.4740
0.45	0.483261	0.96108	0.87027	0.90551	1.4487
0.46	0.493569	0.95940	0.86496	0.90157	1.4246
0.47	0.503849	0.95769	0.85958	0.89756	1.4018
0.48	0.514102	0.95595	0.85413	0.89349	1.3801
0.49	0.524327	0.95418	0.84861	0.88936	1.3595
0.50	0.534522	0.95238	0.84302	0.88517	1.3398
0.51	0.544689	0.95055	0.83737	0.88093	1.3212
0.52	0.554826	0.94869	0.83165	0.87663	1.3034
0.53	0.564934	0.94681	0.82588	0.87228	1.2865
0.54	0.575011	0.94489	0.82005	0.86788	1.2703
0.55	0.585057	0.94295	0.81417	0.86342	1.2549
0.56	0.595072	0.94098	0.80823	0.85892	1.2403
0.57	0.605055	0.93898	0.80224	0.85437	1.2263
0.58	0.615006	0.93696	0.79621	0.84978	1.2130
0.59	0.624925	0.93491	0.79013	0.84514	1.2003
0.60	0.634811	0.93284	0.78400	0.84045	1.1882
0.61	0.644664	0.93073	0.77784	0.83573	1.1767
0.62	0.654483	0.92861	0.77164	0.83096	1.1656
0.63	0.664269	0.92646	0.76540	0.82616	1.1552
0.64	0.674020	0.92428	0.75913	0.82132	1.1451
0.65	0.683737	0.92208	0.75283	0.81644	1.1356
0.66	0.693419	0.91986	0.74650	0.81153	1.1265
0.67	0.703066	0.91762	0.74014	0.80659	1.1179
0.68	0.712677	0.91535	0.73376	0.80162	1.1097
0.69	0.722252	0.91306	0.72735	0.79661	1.1018
0.70	0.731792	0.91075	0.72093	0.79158	1.0944
0.71	0.741295	0.90841	0.71448	0.78652	1.0873
0.72	0.750761	0.90606	0.70803	0.78143	1.0806
0.73	0.760190	0.90369	0.70155	0.77632	1.0742
0.74	0.769582	0.90129	0.69507	0.77119	1.0681
0.75	0.778936	0.89888	0.68857	0.76604	1.0624
0.76	0.788253	0.89644	0.68207	0.76086	1.0570
0.77	0.797531	0.89399	0.67556	0.75567	1.0519
0.78	0.806772	0.89152	0.66905	0.75046	1.0471
0.79	0.815974	0.88903	0.66254	0.74523	1.0425

续表

M	λ	T/T_0	p/p_0	ρ/ρ_0	σ/σ^*
0.80	0.825137	0.88652	0.65602	0.73999	1.0382
0.81	0.834261	0.88400	0.64951	0.73474	1.0342
0.82	0.843347	0.88146	0.64300	0.72947	1.0305
0.83	0.852392	0.87890	0.63650	0.72419	1.0270
0.84	0.861399	0.87633	0.63000	0.71891	1.0237
0.85	0.870365	0.87374	0.62351	0.71361	1.0207
0.86	0.879292	0.87114	0.61703	0.70831	1.0179
0.87	0.888179	0.86852	0.61057	0.70300	1.0153
0.88	0.897026	0.86589	0.60412	0.69768	1.0129
0.89	0.905832	0.86324	0.59768	0.69236	1.0108
0.90	0.914598	0.86059	0.59126	0.68704	1.0089
0.91	0.923323	0.85791	0.58486	0.68172	1.0071
0.92	0.932007	0.85523	0.57848	0.67640	1.0056
0.93	0.940650	0.85253	0.57211	0.67108	1.0043
0.94	0.949253	0.84982	0.56578	0.66576	1.0031
0.95	0.957814	0.95595	0.85413	0.89349	1.3801
0.96	0.966334	0.95418	0.84861	0.88936	1.3595
0.97	0.974813	0.95238	0.84302	0.88517	1.3398
0.98	0.983250	0.95055	0.83737	0.88093	1.3212
0.99	0.991646	0.94869	0.83165	0.87663	1.3034
1.00	1.000000	0.94681	0.82588	0.87228	1.2865
1.01	1.008312	0.83055	0.52213	0.62866	1.0001
1.02	1.016583	0.82776	0.51602	0.62339	1.0003
1.03	1.024812	0.82496	0.50994	0.61813	1.0007
1.04	1.032999	0.82215	0.50389	0.61289	1.0013
1.05	1.041145	0.81934	0.49787	0.60765	1.0020
1.06	1.049248	0.81651	0.49189	0.60243	1.0029
1.07	1.057309	0.81368	0.48595	0.59722	1.0039
1.08	1.065328	0.81085	0.48005	0.59203	1.0051
1.09	1.073306	0.80800	0.47418	0.58686	1.0064
1.10	1.081241	0.80515	0.46835	0.58170	1.0079
1.11	1.089134	0.80230	0.46257	0.57655	1.0095
1.12	1.096985	0.79944	0.45682	0.57143	1.0113
1.13	1.104794	0.79657	0.45111	0.56632	1.0132
1.14	1.112561	0.79370	0.44545	0.56123	1.0153
1.15	1.120286	0.79083	0.43983	0.55616	1.0175
1.16	1.127969	0.78795	0.43425	0.55112	1.0198
1.17	1.135610	0.78506	0.42872	0.54609	1.0222
1.18	1.143209	0.78218	0.42322	0.54108	1.0248
1.19	1.150766	0.77929	0.41778	0.53610	1.0276
1.20	1.158281	0.77640	0.41238	0.53114	1.0304
1.21	1.165754	0.77350	0.40702	0.52620	1.0334
1.22	1.173185	0.77061	0.40171	0.52129	1.0366
1.23	1.180575	0.76771	0.39645	0.51640	1.0398

附录 1　一维等熵流动参数表 (量热完全气体，$\gamma = 1.4$)

续表

M	λ	T/T_0	p/p_0	ρ/ρ_0	σ/σ^*
1.24	1.187923	0.76481	0.39123	0.51154	1.0432
1.25	1.195229	0.76190	0.38606	0.50670	1.0468
1.26	1.202493	0.75900	0.38093	0.50189	1.0504
1.27	1.209716	0.75610	0.37586	0.49710	1.0542
1.28	1.216897	0.75319	0.37083	0.49234	1.0581
1.29	1.224037	0.75029	0.36585	0.48761	1.0621
1.30	1.231136	0.74738	0.36091	0.48290	1.0663
1.31	1.238193	0.74448	0.35603	0.47822	1.0706
1.32	1.245209	0.74158	0.35119	0.47357	1.0750
1.33	1.252184	0.73867	0.34640	0.46895	1.0796
1.34	1.259118	0.73577	0.34166	0.46436	1.0842
1.35	1.266011	0.73287	0.33697	0.45980	1.0890
1.36	1.272864	0.72997	0.33233	0.45526	1.0940
1.37	1.279675	0.72707	0.32773	0.45076	1.0990
1.38	1.286447	0.72418	0.32319	0.44628	1.1042
1.39	1.293177	0.72128	0.31869	0.44184	1.1095
1.40	1.299867	0.71839	0.31424	0.43742	1.1149
1.41	1.306517	0.71550	0.30984	0.43304	1.1205
1.42	1.313127	0.71262	0.30549	0.42869	1.1262
1.43	1.319697	0.70973	0.30118	0.42436	1.1320
1.44	1.326227	0.70685	0.29693	0.42007	1.1379
1.45	1.332717	0.70398	0.29272	0.41581	1.1440
1.46	1.339168	0.70110	0.28856	0.41158	1.1501
1.47	1.345579	0.69824	0.28445	0.40739	1.1565
1.48	1.351951	0.83055	0.52213	0.62866	1.0001
1.49	1.358283	0.82776	0.51602	0.62339	1.0003
1.50	1.364576	0.82496	0.50994	0.61813	1.0007
1.51	1.370831	0.82215	0.50389	0.61289	1.0013
1.52	1.377047	0.81934	0.49787	0.60765	1.0020
1.53	1.383224	0.81651	0.49189	0.60243	1.0029
1.54	1.389362	0.67828	0.25700	0.37890	1.2042
1.55	1.395462	0.67545	0.25326	0.37495	1.2116
1.56	1.401524	0.67262	0.24957	0.37105	1.2190
1.57	1.407548	0.66980	0.24593	0.36717	1.2266
1.58	1.413534	0.66699	0.24233	0.36332	1.2344
1.59	1.419483	0.66418	0.23878	0.35951	1.2422
1.60	1.425393	0.66138	0.23527	0.35573	1.2502
1.61	1.431267	0.65858	0.23181	0.35198	1.2584
1.62	1.437103	0.65579	0.22839	0.34827	1.2666
1.63	1.442902	0.65301	0.22501	0.34458	1.2750
1.64	1.448664	0.65023	0.22168	0.34093	1.2836
1.65	1.454389	0.64746	0.21839	0.33731	1.2922
1.66	1.460078	0.64470	0.21515	0.33372	1.3010
1.67	1.465730	0.64194	0.21195	0.33017	1.3100

续表

M	λ	T/T_0	p/p_0	ρ/ρ_0	σ/σ^*
1.68	1.471346	0.63919	0.20879	0.32664	1.3190
1.69	1.476926	0.63645	0.20567	0.32315	1.3283
1.70	1.482470	0.63371	0.20259	0.31969	1.3376
1.71	1.487979	0.63099	0.19956	0.31626	1.3471
1.72	1.493452	0.62827	0.19656	0.31287	1.3567
1.73	1.498889	0.62556	0.19361	0.30950	1.3665
1.74	1.504292	0.62285	0.19070	0.30617	1.3764
1.75	1.509659	0.62016	0.18782	0.30287	1.3865
1.76	1.514991	0.61747	0.18499	0.29959	1.3967
1.77	1.520289	0.61479	0.18219	0.29635	1.4070
1.78	1.525552	0.61211	0.17944	0.29315	1.4175
1.79	1.530781	0.60945	0.17672	0.28997	1.4282
1.80	1.535976	0.60680	0.17404	0.28682	1.4390
1.81	1.541137	0.60415	0.17140	0.28370	1.4499
1.82	1.546265	0.60151	0.16879	0.28061	1.4610
1.83	1.551358	0.59888	0.16622	0.27756	1.4723
1.84	1.556418	0.59626	0.16369	0.27453	1.4836
1.85	1.561446	0.59365	0.16119	0.27153	1.4952
1.86	1.566440	0.59104	0.15873	0.26857	1.5069
1.87	1.571401	0.58845	0.15631	0.26563	1.5187
1.88	1.576329	0.58586	0.15392	0.26272	1.5308
1.89	1.581226	0.58329	0.15156	0.25984	1.5429
1.90	1.586089	0.58072	0.14924	0.25699	1.5553
1.91	1.590921	0.57816	0.14695	0.25417	1.5677
1.92	1.595721	0.57561	0.14470	0.25138	1.5804
1.93	1.600489	0.57307	0.14247	0.24861	1.5932
1.94	1.605226	0.57054	0.14028	0.24588	1.6062
1.95	1.609931	0.56802	0.13813	0.24317	1.6193
1.96	1.614605	0.56551	0.13600	0.24049	1.6326
1.97	1.619248	0.56301	0.13390	0.23784	1.6461
1.98	1.623860	0.56051	0.13184	0.23521	1.6597
1.99	1.628442	0.55803	0.12981	0.23262	1.6735
2.00	1.632993	0.55556	0.12780	0.23005	1.6875
2.01	1.637514	0.55309	0.12583	0.22751	1.7016
2.02	1.642005	0.67828	0.25700	0.37890	1.2042
2.03	1.646466	0.67545	0.25326	0.37495	1.2116
2.04	1.650898	0.67262	0.24957	0.37105	1.2190
2.05	1.655299	0.66980	0.24593	0.36717	1.2266
2.06	1.659672	0.66699	0.24233	0.36332	1.2344
2.07	1.664015	0.66418	0.23878	0.35951	1.2422
2.08	1.668330	0.53611	0.11282	0.21045	1.8056
2.09	1.672616	0.53373	0.11107	0.20811	1.8212
2.10	1.676873	0.53135	0.10935	0.20580	1.8369
2.11	1.681101	0.52898	0.10766	0.20352	1.8529

续表

M	λ	T/T_0	p/p_0	ρ/ρ_0	σ/σ^*
2.12	1.685302	0.52663	0.10599	0.20126	1.8690
2.13	1.689474	0.52428	0.10434	0.19902	1.8853
2.14	1.693619	0.52194	0.10273	0.19681	1.9018
2.15	1.697736	0.51962	0.10113	0.19463	1.9185
2.16	1.701825	0.51730	0.09956	0.19247	1.9354
2.17	1.705887	0.51499	0.09802	0.19033	1.9525
2.18	1.709922	0.51269	0.09650	0.18821	1.9698
2.19	1.713930	0.51041	0.09500	0.18612	1.9873
2.20	1.717911	0.50813	0.09352	0.18405	2.0050
2.21	1.721866	0.50586	0.09207	0.18200	2.0229
2.22	1.725794	0.50361	0.09064	0.17998	2.0409
2.23	1.729696	0.50136	0.08923	0.17798	2.0592
2.24	1.733572	0.49912	0.08785	0.17600	2.0777
2.25	1.737422	0.49689	0.08648	0.17404	2.0964
2.26	1.741246	0.49468	0.08514	0.17211	2.1153
2.27	1.745044	0.49247	0.08382	0.17020	2.1345
2.28	1.748817	0.49027	0.08252	0.16830	2.1538
2.29	1.752565	0.48809	0.08123	0.16643	2.1734
2.30	1.756288	0.48591	0.07997	0.16458	2.1931
2.31	1.759986	0.48374	0.07873	0.16275	2.2131
2.32	1.763659	0.48158	0.07751	0.16095	2.2333
2.33	1.767308	0.47944	0.07631	0.15916	2.2538
2.34	1.770933	0.47730	0.07512	0.15739	2.2744
2.35	1.774533	0.47517	0.07396	0.15564	2.2953
2.36	1.778109	0.47305	0.07281	0.15391	2.3164
2.37	1.781661	0.47095	0.07168	0.15221	2.3377
2.38	1.785190	0.46885	0.07057	0.15052	2.3593
2.39	1.788695	0.46676	0.06948	0.14885	2.3811
2.40	1.792176	0.46468	0.06840	0.14720	2.4031
2.41	1.795635	0.46262	0.06734	0.14556	2.4254
2.42	1.799070	0.46056	0.06630	0.14395	2.4479
2.43	1.802482	0.45851	0.06527	0.14235	2.4706
2.44	1.805872	0.45647	0.06426	0.14078	2.4936
2.45	1.809239	0.45444	0.06327	0.13922	2.5168
2.46	1.812584	0.45242	0.06229	0.13768	2.5403
2.47	1.815907	0.45041	0.06133	0.13615	2.5640
2.48	1.819207	0.44841	0.06038	0.13465	2.5880
2.49	1.822485	0.44642	0.05945	0.13316	2.6122
2.50	1.825742	0.44444	0.05853	0.13169	2.6367
2.51	1.828977	0.44247	0.05762	0.13023	2.6615
2.52	1.832190	0.44051	0.05674	0.12879	2.6865
2.53	1.835382	0.43856	0.05586	0.12737	2.7117
2.54	1.838553	0.43662	0.05500	0.12597	2.7372
2.55	1.841703	0.53611	0.11282	0.21045	1.8056

续表

M	λ	T/T_0	p/p_0	ρ/ρ_0	σ/σ^*
2.56	1.844832	0.53373	0.11107	0.20811	1.8212
2.57	1.847941	0.53135	0.10935	0.20580	1.8369
2.58	1.851029	0.52898	0.10766	0.20352	1.8529
2.59	1.854096	0.52663	0.10599	0.20126	1.8690
2.6	1.857143	0.52428	0.10434	0.19902	1.8853
2.7	1.886529	0.40683	0.04295	0.10557	3.1830
2.8	1.914041	0.38941	0.03685	0.09463	3.5001
2.9	1.939810	0.37286	0.03165	0.08489	3.8498
3	1.963961	0.35714	0.02722	0.07623	4.2346
3.1	1.986608	0.34223	0.02345	0.06852	4.6573
3.2	2.007859	0.32808	0.02023	0.06165	5.1210
3.3	2.027812	0.31466	0.01748	0.05554	5.6286
3.4	2.046560	0.30193	0.01513	0.05009	6.1837
3.5	2.064187	0.28986	0.01311	0.04523	6.7896
3.6	2.080774	0.27840	0.01139	0.04089	7.4501
3.7	2.096393	0.26752	0.00990	0.03702	8.1691
3.8	2.111111	0.25720	0.00863	0.03355	8.9506
3.9	2.124991	0.24740	0.00753	0.03045	9.799
4	2.138090	0.23810	0.00659	0.02766	10.719
4.1	2.150461	0.22925	0.00577	0.02516	11.715
4.2	2.162154	0.22085	0.00506	0.02292	12.792
4.3	2.173214	0.21286	0.00445	0.02090	13.955
4.4	2.183683	0.20525	0.00392	0.01909	15.210
4.5	2.193600	0.19802	0.00346	0.01745	16.562
4.6	2.203000	0.19113	0.00305	0.01597	18.018
4.7	2.211918	0.18457	0.00270	0.01464	19.583
4.8	2.220383	0.17832	0.00239	0.01343	21.264
4.9	2.228424	0.17235	0.00213	0.01233	23.067
5	2.236068	0.16667	0.00189	0.01134	25.000
5.1	2.243339	0.16124	0.00168	0.01044	27.070
5.2	2.250260	0.15605	0.00150	0.00962	29.283
5.3	2.256852	0.15110	0.00134	0.00888	31.649
5.4	2.263135	0.14637	0.00120	0.00820	34.175
5.5	2.269127	0.14184	0.00107	0.00758	36.869
5.6	2.274844	0.13751	0.00096	0.00701	39.740
5.7	2.280304	0.13337	0.00087	0.00650	42.797
5.8	2.285520	0.12940	0.00078	0.00602	46.050
5.9	2.290507	0.12560	0.00070	0.00559	49.507
6	2.295276	0.12195	0.00063	0.00519	53.180
6.1	2.299841	0.11846	0.00057	0.00483	57.077
6.2	2.304212	0.11510	0.00052	0.00449	61.210
6.3	2.308400	0.11188	0.00047	0.00419	65.590
6.4	2.312414	0.10879	0.00042	0.00390	70.227
6.5	2.316264	0.10582	0.00039	0.00364	75.134

续表

M	λ	T/T_0	p/p_0	ρ/ρ_0	σ/σ^*
6.6	2.319959	0.10297	0.00035	0.00340	80.323
6.7	2.323505	0.10022	0.00032	0.00318	85.805
6.8	2.326912	0.09758	0.00029	0.00297	91.594
6.9	2.330186	0.09504	0.00026	0.00278	97.702
7	2.333333	0.09259	0.00024	0.00261	104.14
8	2.359071	0.07246	0.00010	0.00141	190.11
9	2.377217	0.05814	0.00005	0.00082	327.19
10	2.390457	0.04762	0.00002	0.00049	535.94

附录 2　正激波气流参数表 (量热完全气体，$\gamma = 1.4$)

M_1	M_2	p_2/p_1	$\rho_2/\rho_1 = V_1/V_2$	T_2/T_1	p_{02}/p_{01}	p_{02}/p_1
1.00	1.00000	1.00000	1.00000	1.00000	1.00000	1.89293
1.01	0.99013	1.02345	1.01669	1.00664	1.00000	1.91521
1.02	0.98052	1.04713	1.03344	1.01325	0.99999	1.93790
1.03	0.97115	1.07105	1.05024	1.01981	0.99997	1.96097
1.04	0.96203	1.09520	1.06709	1.02634	0.99992	1.98442
1.05	0.95313	1.11958	1.08398	1.03284	0.99985	2.00825
1.06	0.94445	1.14420	1.10092	1.03931	0.99975	2.03245
1.07	0.93598	1.16905	1.11790	1.04575	0.99961	2.05702
1.08	0.92771	1.19413	1.13492	1.05217	0.99943	2.08194
1.09	0.91965	1.21945	1.15199	1.05856	0.99920	2.10722
1.10	0.91177	1.24500	1.16908	1.06494	0.99893	2.13285
1.11	0.90408	1.27078	1.18621	1.07129	0.99860	2.15882
1.12	0.89656	1.29680	1.20338	1.07763	0.99821	2.18513
1.13	0.88922	1.32305	1.22057	1.08396	0.99777	2.21178
1.14	0.88204	1.34953	1.23779	1.09027	0.99726	2.23877
1.15	0.87502	1.37625	1.25504	1.09658	0.99669	2.26608
1.16	0.86816	1.40320	1.27231	1.10287	0.99605	2.29372
1.17	0.86145	1.43038	1.28961	1.10916	0.99535	2.32169
1.18	0.85488	1.45780	1.30693	1.11544	0.99457	2.34998
1.19	0.84846	1.48545	1.32426	1.12172	0.99372	2.37858
1.20	0.84217	1.51333	1.34161	1.12799	0.99280	2.40750
1.21	0.83601	1.54145	1.35898	1.13427	0.99180	2.43674
1.22	0.82999	1.56980	1.37636	1.14054	0.99073	2.46628
1.23	0.82408	1.59838	1.39376	1.14682	0.98958	2.49613
1.24	0.81830	1.62720	1.41116	1.15309	0.98836	2.52629
1.25	0.81264	1.65625	1.42857	1.15938	0.98706	2.55676
1.26	0.80709	1.68553	1.44599	1.16566	0.98568	2.58753
1.27	0.80164	1.71505	1.46341	1.17195	0.98422	2.61860
1.28	0.79631	1.74480	1.48084	1.17825	0.98268	2.64996
1.29	0.79108	1.77478	1.49827	1.18456	0.98107	2.68163

续表

M_1	M_2	p_2/p_1	$\rho_2/\rho_1 = V_1/V_2$	T_2/T_1	p_{02}/p_{01}	p_{02}/p_1
1.30	0.78596	1.80500	1.51570	1.19087	0.97937	2.71359
1.31	0.78093	1.83545	1.53312	1.19720	0.97760	2.74585
1.32	0.77600	1.86613	1.55055	1.20353	0.97575	2.77840
1.33	0.77116	1.89705	1.56797	1.20988	0.97382	2.81125
1.34	0.76641	1.92820	1.58538	1.21624	0.97182	2.84438
1.35	0.76175	1.95958	1.60278	1.22261	0.96974	2.87781
1.36	0.75718	1.99120	1.62018	1.22900	0.96758	2.91152
1.37	0.75269	2.02305	1.63757	1.23540	0.96534	2.94552
1.40	0.73971	2.12000	1.68966	1.25469	0.95819	3.04924
1.41	0.73554	2.15278	1.70699	1.26116	0.95566	3.08438
1.42	0.73144	2.18580	1.72430	1.26764	0.95306	3.11980
1.43	0.72741	2.21905	1.74160	1.27414	0.95039	3.15551
1.44	0.72345	2.25253	1.75888	1.28066	0.94765	3.19149
1.45	0.71956	2.28625	1.77614	1.28720	0.94484	3.22776
1.46	0.71574	2.32020	1.79337	1.29377	0.94196	3.26431
1.47	0.71198	2.35438	1.81058	1.30035	0.93901	3.30113
1.48	0.70829	2.38880	1.82777	1.30695	0.93600	3.33823
1.49	0.70466	2.42345	1.84493	1.31357	0.93293	3.37562
1.50	0.70109	2.45833	1.86207	1.32022	0.92979	3.41327
1.51	0.69758	2.49345	1.87918	1.32688	0.92659	3.45121
1.52	0.69413	2.52880	1.89626	1.33357	0.92332	3.48942
1.53	0.69073	2.56438	1.91331	1.34029	0.92000	3.52791
1.54	0.68739	2.60020	1.93033	1.34703	0.91662	3.56667
1.55	0.68410	2.63625	1.94732	1.35379	0.91319	3.60570
1.56	0.68087	2.67253	1.96427	1.36057	0.90970	3.64501
1.57	0.67768	2.70905	1.98119	1.36738	0.90615	3.68459
1.58	0.67455	2.74580	1.99808	1.37422	0.90255	3.72445
1.59	0.67147	2.78278	2.01493	1.38108	0.89890	3.76457
1.60	0.66844	2.82000	2.03175	1.38797	0.89520	3.80497
1.61	0.66545	2.85745	2.04852	1.39488	0.89145	3.84564
1.62	0.66251	2.89513	2.06526	1.40182	0.88765	3.88658
1.63	0.65962	2.93305	2.08197	1.40879	0.88381	3.92780
1.64	0.65677	2.97120	2.09863	1.41578	0.87992	3.96928
1.65	0.65396	3.00958	2.11525	1.42280	0.87599	4.01103
1.66	0.65119	3.04820	2.13183	1.42985	0.87201	4.05305
1.67	0.64847	3.08705	2.14836	1.43693	0.86800	4.09535
1.68	0.64579	3.12613	2.16486	1.44403	0.86394	4.13791
1.69	0.64315	3.16545	2.18131	1.45117	0.85985	4.18074
1.70	0.64054	3.20500	2.19772	1.45833	0.85572	4.22383
1.71	0.63798	3.24478	2.21408	1.46552	0.85156	4.26720
1.72	0.63545	3.28480	2.23040	1.47274	0.84736	4.31083
1.73	0.63296	3.32505	2.24667	1.47999	0.84312	4.35473
1.74	0.63051	3.36553	2.26289	1.48727	0.83886	4.39890
1.75	0.62809	3.40625	2.27907	1.49458	0.83457	4.44334

附录 2　正激波气流参数表 (量热完全气体，$\gamma = 1.4$)

续表

M_1	M_2	p_2/p_1	$\rho_2/\rho_1 = V_1/V_2$	T_2/T_1	p_{02}/p_{01}	p_{02}/p_1
1.76	0.62570	3.44720	2.29520	1.50192	0.83024	4.48804
1.77	0.62335	3.48838	2.31128	1.50929	0.82589	4.53301
1.78	0.62104	3.52980	2.32731	1.51669	0.82151	4.57825
1.79	0.61875	3.57145	2.34329	1.52412	0.81711	4.62375
1.80	0.61650	3.61333	2.35922	1.53158	0.81268	4.66952
1.81	0.61428	3.65545	2.37510	1.53907	0.80823	4.71555
1.82	0.61209	3.69780	2.39093	1.54659	0.80376	4.76185
1.83	0.60993	3.74038	2.40671	1.55415	0.79927	4.80841
1.84	0.60780	3.78320	2.42244	1.56173	0.79476	4.85524
1.85	0.60570	3.82625	2.43811	1.56935	0.79023	4.90234
1.86	0.60363	3.86953	2.45373	1.57700	0.78569	4.94970
1.87	0.60158	3.91305	2.46930	1.58468	0.78112	4.99732
1.88	0.59957	3.95680	2.48481	1.59239	0.77655	5.04521
1.89	0.59758	4.00078	2.50027	1.60014	0.77196	5.09336
1.90	0.59562	4.04500	2.51568	1.60792	0.76736	5.14178
1.91	0.59368	4.08945	2.53103	1.61573	0.76274	5.19046
1.92	0.59177	4.13413	2.54633	1.62357	0.75812	5.23940
1.93	0.58988	4.17905	2.56157	1.63144	0.75349	5.28861
1.94	0.58802	4.22420	2.57675	1.63935	0.74884	5.33808
1.95	0.58618	4.26958	2.59188	1.64729	0.74420	5.38782
1.96	0.58437	4.31520	2.60695	1.65527	0.73954	5.43782
1.97	0.58258	4.36105	2.62196	1.66328	0.73488	5.48808
1.98	0.58082	4.40713	2.63692	1.67132	0.73021	5.53860
1.99	0.57907	4.45345	2.65182	1.67939	0.72555	5.58939
2.00	0.57735	4.50000	2.66667	1.68750	0.72087	5.64044
2.01	0.57565	4.54678	2.68145	1.69564	0.71620	5.69175
2.02	0.57397	4.59380	2.69618	1.70382	0.71153	5.74333
2.03	0.57231	4.64105	2.71085	1.71203	0.70685	5.79517
2.04	0.57068	4.68853	2.72546	1.72027	0.70218	5.84727
2.05	0.56906	4.73625	2.74002	1.72855	0.69751	5.89963
2.06	0.56747	4.78420	2.75451	1.73686	0.69284	5.95226
2.07	0.56589	4.83238	2.76895	1.74521	0.68817	6.00514
2.08	0.56433	4.88080	2.78332	1.75359	0.68351	6.05829
2.09	0.56280	4.92945	2.79764	1.76200	0.67885	6.11170
2.10	0.56128	4.97833	2.81190	1.77045	0.67420	6.16537
2.11	0.55978	5.02745	2.82610	1.77893	0.66956	6.21931
2.12	0.55829	5.07680	2.84024	1.78745	0.66492	6.27351
2.13	0.55683	5.12638	2.85432	1.79601	0.66029	6.32796
2.14	0.55538	5.17620	2.86835	1.80459	0.65567	6.38268
2.15	0.55395	5.22625	2.88231	1.81322	0.65105	6.43766
2.16	0.55254	5.27653	2.89621	1.82188	0.64645	6.49290
2.17	0.55115	5.32705	2.91005	1.83057	0.64185	6.54841
2.18	0.54977	5.37780	2.92383	1.83930	0.63727	6.60417
2.19	0.54840	5.42878	2.93756	1.84806	0.63270	6.66019

续表

M_1	M_2	p_2/p_1	$\rho_2/\rho_1 = V_1/V_2$	T_2/T_1	p_{02}/p_{01}	p_{02}/p_1
2.20	0.54706	5.48000	2.95122	1.85686	0.62814	6.71648
2.21	0.54572	5.53145	2.96482	1.86569	0.62359	6.77303
2.22	0.54441	5.58313	2.97837	1.87456	0.61905	6.82983
2.23	0.54311	5.63505	2.99185	1.88347	0.61453	6.88690
2.24	0.54182	5.68720	3.00527	1.89241	0.61002	6.94423
2.25	0.54055	5.73958	3.01863	1.90138	0.60553	7.00182
2.26	0.53930	5.79220	3.03194	1.91040	0.60105	7.05967
2.27	0.53805	5.84505	3.04518	1.91944	0.59659	7.11778
2.28	0.53683	5.89813	3.05836	1.92853	0.59214	7.17616
2.29	0.53561	5.95145	3.07149	1.93765	0.58771	7.23479
2.30	0.53441	6.00500	3.08455	1.94680	0.58329	7.29368
2.31	0.53322	6.05878	3.09755	1.95599	0.57890	7.35283
2.32	0.53205	6.11280	3.11049	1.96522	0.57452	7.41225
2.33	0.53089	6.16705	3.12338	1.97448	0.57015	7.47192
2.34	0.52974	6.22153	3.13620	1.98378	0.56581	7.53185
2.35	0.52861	6.27625	3.14897	1.99311	0.56148	7.59205
2.36	0.52749	6.33120	3.16167	2.00249	0.55718	7.65250
2.37	0.52638	6.38638	3.17432	2.01189	0.55289	7.71321
2.38	0.52528	6.44180	3.18690	2.02134	0.54862	7.77419
2.39	0.52419	6.49745	3.19943	2.03082	0.54437	7.83542
2.40	0.52312	6.55333	3.21190	2.04033	0.54014	7.89691
2.41	0.52206	6.60945	3.22430	2.04988	0.53594	7.95867
2.42	0.52100	6.66580	3.23665	2.05947	0.53175	8.02068
2.43	0.51996	6.72238	3.24894	2.06910	0.52758	8.08295
2.44	0.51894	6.77920	3.26117	2.07876	0.52344	8.14549
2.45	0.51792	6.83625	3.27335	2.08846	0.51931	8.20828
2.46	0.51691	6.89353	3.28546	2.09819	0.51521	8.27133
2.47	0.51592	6.95105	3.29752	2.10797	0.51113	8.33464
2.48	0.51493	7.00880	3.30951	2.11777	0.50707	8.39821
2.49	0.51395	7.06678	3.32145	2.12762	0.50303	8.46205
2.50	0.51299	7.12500	3.33333	2.13750	0.49901	8.52614
2.51	0.51203	7.18345	3.34516	2.14742	0.49502	8.59049
2.52	0.51109	7.24213	3.35692	2.15737	0.49105	8.65510
2.53	0.51015	7.30105	3.36863	2.16737	0.48711	8.71996
2.54	0.50923	7.36020	3.38028	2.17739	0.48318	8.78509
2.55	0.50831	7.41958	3.39187	2.18746	0.47928	8.85048
2.56	0.50741	7.47920	3.40341	2.19756	0.47540	8.91613
2.57	0.50651	7.53905	3.41489	2.20770	0.47155	8.98203
2.58	0.50562	7.59913	3.42631	2.21788	0.46772	9.04820
2.59	0.50474	7.65945	3.43767	2.22809	0.46391	9.11462
2.60	0.50387	7.72000	3.44898	2.23834	0.46012	9.18131
2.61	0.50301	7.78078	3.46023	2.24863	0.45636	9.24825
2.62	0.50216	7.84180	3.47143	2.25896	0.45263	9.31545
2.63	0.50131	7.90305	3.48257	2.26932	0.44891	9.38291

附录 2 正激波气流参数表 (量热完全气体，$\gamma = 1.4$)

续表

M_1	M_2	p_2/p_1	$\rho_2/\rho_1 = V_1/V_2$	T_2/T_1	p_{02}/p_{01}	p_{02}/p_1
2.64	0.50048	7.96453	3.49365	2.27972	0.44522	9.45064
2.65	0.49965	8.02625	3.50468	2.29015	0.44156	9.51862
2.66	0.49883	8.08820	3.51565	2.30063	0.43792	9.58685
2.67	0.49802	8.15038	3.52657	2.31114	0.43430	9.65535
2.68	0.49722	8.21280	3.53743	2.32168	0.43070	9.72411
2.69	0.49642	8.27545	3.54824	2.33227	0.42714	9.79312
2.70	0.49563	8.33833	3.55899	2.34289	0.42359	9.86240
2.71	0.49485	8.40145	3.56969	2.35355	0.42007	9.93193
2.72	0.49408	8.46480	3.58033	2.36425	0.41657	10.00173
2.73	0.49332	8.52838	3.59092	2.37498	0.41310	10.07178
2.74	0.49256	8.59220	3.60146	2.38576	0.40965	10.14209
2.75	0.49181	8.65625	3.61194	2.39657	0.40623	10.21266
2.76	0.49107	8.72053	3.62237	2.40741	0.40283	10.28349
2.77	0.49033	8.78505	3.63274	2.41830	0.39945	10.35457
2.78	0.48960	8.84980	3.64307	2.42922	0.39610	10.42592
2.79	0.48888	8.91478	3.65334	2.44018	0.39277	10.49752
2.80	0.48817	8.98000	3.66355	2.45117	0.38946	10.56939
2.81	0.48746	9.04545	3.67372	2.46221	0.38618	10.64151
2.82	0.48676	9.11113	3.68383	2.47328	0.38293	10.71389
2.83	0.48606	9.17705	3.69389	2.48439	0.37969	10.78653
2.84	0.48538	9.24320	3.70389	2.49554	0.37649	10.85943
2.85	0.48469	9.30958	3.71385	2.50672	0.37330	10.93258
2.86	0.48402	9.37620	3.72375	2.51794	0.37014	11.00600
2.87	0.48335	9.44305	3.73361	2.52920	0.36700	11.07967
2.88	0.48269	9.51013	3.74341	2.54050	0.36389	11.15361
2.89	0.48203	9.57745	3.75316	2.55183	0.36080	11.22780
2.90	0.48138	9.64500	3.76286	2.56321	0.35773	11.30225
2.91	0.48073	9.71278	3.77251	2.57462	0.35469	11.37695
2.92	0.48010	9.78080	3.78211	2.58607	0.35167	11.45192
2.93	0.47946	9.84905	3.79167	2.59755	0.34867	11.52715
2.94	0.47884	9.91753	3.80117	2.60908	0.34570	11.60263
2.95	0.47821	9.98625	3.81062	2.62064	0.34275	11.67837
2.96	0.47760	10.05520	3.82002	2.63224	0.33982	11.75438
2.97	0.47699	10.12438	3.82937	2.64387	0.33692	11.83064
2.98	0.47638	10.19380	3.83868	2.65555	0.33404	11.90715
2.99	0.47578	10.26345	3.84794	2.66726	0.33118	11.98393
3.00	0.47519	10.33333	3.85714	2.67901	0.32834	12.06096
3.10	0.46953	11.04500	3.94661	2.79860	0.30121	12.84553
3.20	0.46435	11.78000	4.03150	2.92199	0.27623	13.65592
3.30	0.45959	12.53833	4.11202	3.04919	0.25328	14.49214
3.40	0.45520	13.32000	4.18841	3.18021	0.23223	15.35417
3.50	0.45115	14.12500	4.26087	3.31505	0.21295	16.24200
3.60	0.44741	14.95333	4.32962	3.45373	0.19531	17.15564
3.70	0.44395	15.80500	4.39486	3.59624	0.17919	18.09507

M_1	M_2	p_2/p_1	$\rho_2/\rho_1 = V_1/V_2$	T_2/T_1	p_{02}/p_{01}	p_{02}/p_1
3.80	0.44073	16.68000	4.45679	3.74260	0.16447	19.06029
3.90	0.43774	17.57833	4.51559	3.89281	0.15103	20.05129
4.00	0.43496	18.50000	4.57143	4.04688	0.13876	21.06808
4.10	0.43236	19.44500	4.62448	4.20479	0.12756	22.11065
4.20	0.42994	20.41333	4.67491	4.36657	0.11733	23.17899
4.30	0.42767	21.40500	4.72286	4.53221	0.10800	24.27311
4.40	0.42554	22.42000	4.76847	4.70171	0.09948	25.39300
4.50	0.42355	23.45833	4.81188	4.87509	0.09170	26.53867
4.60	0.42168	24.52000	4.85321	5.05233	0.08459	27.71010
4.70	0.41992	25.60500	4.89258	5.23343	0.07809	28.90729
4.80	0.41826	26.71333	4.93010	5.41842	0.07214	30.13026
4.90	0.41670	27.84500	4.96587	5.60727	0.06670	31.37898
5.00	0.41523	29.00000	5.00000	5.80000	0.06172	32.65347
5.50	0.40897	35.12500	5.14894	6.82180	0.04236	39.41235
6.00	0.40416	41.83333	5.26829	7.94059	0.02965	46.81521
6.50	0.40038	49.12500	5.36508	9.15643	0.02115	54.86198
7.00	0.39736	57.00000	5.44444	10.46939	0.01535	63.55263
8.00	0.39289	74.50000	5.56522	13.38672	0.00849	82.86547
9.00	0.38980	94.33333	5.65116	16.69273	0.00496	104.75360
10.00	0.38758	116.50000	5.71429	20.38750	0.00304	129.21697

附录 3 斜激波气流参数表 (量热完全气体, $\gamma = 1.4$)

M_1	θ	β_w	p_2w/p_1	M_2w	β_s	p_2s/p_1	M_2s
1.05	0	72.247	1.000	1.050	90.000	1.120	0.953
1.05	0.558	79.937	1.080	0.984	79.937	1.080	0.984
1.1	0	65.380	1.000	1.100	90.000	1.245	0.912
1.1	1	69.803	1.077	1.039	83.574	1.227	0.925
1.1	1.515	76.296	1.166	0.971	76.296	1.166	0.971
1.2	0	56.443	1.000	1.200	90.000	1.513	0.842
1.2	1	58.548	1.056	1.158	87.041	1.509	0.845
1.2	2	61.050	1.120	1.111	83.861	1.494	0.855
1.2	3	64.339	1.198	1.056	80.029	1.463	0.876
1.2	3.944	71.975	1.352	0.950	71.975	1.352	0.950
1.3	0	50.285	1.000	1.300	90.000	1.805	0.786
1.3	1	51.812	1.051	1.263	88.053	1.803	0.787
1.3	2	53.474	1.107	1.224	86.058	1.796	0.792
1.3	3	55.317	1.167	1.184	83.953	1.783	0.800
1.3	4	57.423	1.233	1.140	81.649	1.763	0.812
1.3	5	59.961	1.311	1.090	78.966	1.733	0.831
1.3	6	63.458	1.411	1.027	75.372	1.679	0.864
1.3	6.662	69.395	1.561	0.936	69.395	1.561	0.936

附录 3 斜激波气流参数表 (量热完全气体，$\gamma = 1.4$)

续表

M_1	θ	β_w	p_2w/p_1	M_2w	β_s	p_2s/p_1	M_2s
1.4	0	45.585	1.000	1.400	90.000	2.120	0.740
1.4	1	46.842	1.050	1.365	88.547	2.119	0.741
1.4	2	48.173	1.103	1.329	87.075	2.114	0.743
1.4	3	49.591	1.159	1.293	85.564	2.106	0.748
1.4	4	51.117	1.219	1.255	83.988	2.095	0.754
1.4	5	52.782	1.283	1.216	82.312	2.079	0.764
1.4	6	54.633	1.354	1.174	80.485	2.058	0.776
1.4	7	56.762	1.433	1.128	78.413	2.028	0.793
1.4	8	59.367	1.526	1.074	75.893	1.984	0.818
1.4	9	63.187	1.655	1.002	72.188	1.906	0.863
1.4	9.427	67.714	1.791	0.927	67.714	1.791	0.927
1.5	0	41.810	1.000	1.500	90.000	2.458	0.701
1.5	1	42.913	1.050	1.466	88.838	2.457	0.702
1.5	2	44.065	1.103	1.432	87.667	2.454	0.704
1.5	3	45.272	1.158	1.397	86.477	2.448	0.707
1.5	4	46.543	1.216	1.362	85.255	2.440	0.711
1.5	5	47.889	1.278	1.325	83.989	2.430	0.717
1.5	6	49.326	1.343	1.288	82.661	2.416	0.725
1.5	7	50.876	1.413	1.249	81.247	2.398	0.735
1.5	8	52.572	1.489	1.208	79.712	2.375	0.748
1.5	9	54.470	1.572	1.164	77.997	2.345	0.764
1.5	10	56.679	1.666	1.114	75.995	2.305	0.785
1.5	11	59.465	1.781	1.055	73.436	2.245	0.817
1.5	12	64.359	1.967	0.961	68.790	2.115	0.885
1.5	12.113	66.589	2.044	0.921	66.589	2.044	0.921
1.6	0	38.682	1.000	1.600	90.000	2.820	0.668
1.6	1	39.684	1.051	1.566	89.030	2.819	0.669
1.6	2	40.724	1.105	1.532	88.054	2.817	0.670
1.6	3	41.805	1.160	1.498	87.067	2.812	0.673
1.6	4	42.931	1.219	1.464	86.061	2.806	0.676
1.6	5	44.108	1.280	1.429	85.031	2.798	0.681
1.6	6	45.344	1.345	1.393	83.967	2.787	0.686
1.6	7	46.647	1.412	1.357	82.858	2.774	0.693
1.6	8	48.030	1.484	1.320	81.692	2.758	0.702
1.6	9	49.511	1.561	1.281	80.448	2.738	0.712
1.6	10	51.115	1.643	1.240	79.102	2.713	0.725
1.6	11	52.884	1.732	1.196	77.610	2.683	0.741
1.6	12	54.889	1.832	1.148	75.900	2.643	0.761
1.6	13	57.283	1.948	1.094	73.819	2.588	0.789
1.6	14	60.537	2.097	1.023	70.895	2.500	0.832
1.6	14.652	65.828	2.319	0.919	65.828	2.319	0.919
1.7	0	36.032	1.000	1.700	90.000	3.205	0.641
1.7	1	36.964	1.052	1.666	89.164	3.204	0.641
1.7	2	37.927	1.107	1.632	88.325	3.202	0.642

续表

M_1	θ	β_w	p_{2w}/p_1	M_{2w}	β_s	p_{2s}/p_1	M_{2s}
1.7	3	38.924	1.164	1.598	87.478	3.198	0.644
1.7	4	39.957	1.224	1.564	86.620	3.193	0.647
1.7	5	41.029	1.286	1.529	85.745	3.186	0.650
1.7	6	42.145	1.351	1.495	84.848	3.178	0.655
1.7	7	43.309	1.420	1.459	83.924	3.167	0.660
1.7	8	44.528	1.491	1.423	82.966	3.154	0.667
1.7	9	45.811	1.567	1.386	81.963	3.139	0.675
1.7	10	47.167	1.647	1.348	80.906	3.121	0.684
1.7	11	48.612	1.731	1.309	79.777	3.099	0.695
1.7	12	50.169	1.822	1.267	78.555	3.072	0.708
1.7	13	51.869	1.920	1.223	77.205	3.040	0.724
1.7	14	53.771	2.027	1.176	75.670	2.998	0.744
1.7	15	55.984	2.150	1.122	73.839	2.944	0.770
1.7	16	58.794	2.300	1.057	71.426	2.863	0.808
1.7	17	64.632	2.586	0.932	66.001	2.647	0.905
1.7	17.012	65.318	2.617	0.918	65.318	2.617	0.918
1.8	0	33.749	1.000	1.800	90.000	3.613	0.617
1.8	1	34.630	1.054	1.766	89.264	3.613	0.617
1.8	2	35.538	1.110	1.731	88.525	3.611	0.618
1.8	3	36.475	1.169	1.697	87.781	3.608	0.619
1.8	4	37.443	1.231	1.662	87.028	3.603	0.622
1.8	5	38.444	1.295	1.628	86.264	3.597	0.625
1.8	6	39.480	1.361	1.593	85.484	3.590	0.628
1.8	7	40.556	1.431	1.558	84.686	3.581	0.633
1.8	8	41.673	1.504	1.523	83.865	3.570	0.638
1.8	9	42.839	1.581	1.486	83.014	3.557	0.644
1.8	10	44.057	1.661	1.449	82.128	3.542	0.652
1.8	11	45.336	1.745	1.412	81.199	3.525	0.660
1.8	12	46.686	1.835	1.373	80.215	3.504	0.670
1.8	13	48.121	1.929	1.332	79.162	3.480	0.682
1.8	14	49.661	2.029	1.290	78.020	3.450	0.696
1.8	15	51.337	2.138	1.245	76.757	3.415	0.712
1.8	16	53.198	2.257	1.196	75.324	3.371	0.733
1.8	17	55.340	2.391	1.141	73.623	3.313	0.759
1.8	18	57.995	2.552	1.077	71.424	3.230	0.796
1.8	19	62.307	2.797	0.977	67.580	3.063	0.867
1.8	19.183	64.985	2.937	0.920	64.985	2.937	0.920
1.9	0	31.757	1.000	1.900	90.000	4.045	0.596
1.9	1	32.599	1.056	1.865	89.340	4.044	0.596
1.9	2	33.466	1.114	1.830	88.678	4.043	0.597
1.9	3	34.359	1.175	1.795	88.011	4.040	0.598
1.9	4	35.279	1.238	1.760	87.339	4.036	0.600
1.9	5	36.229	1.304	1.725	86.657	4.031	0.603
1.9	6	37.209	1.374	1.690	85.965	4.024	0.606

附录 3 斜激波气流参数表 (量热完全气体，$\gamma = 1.4$)

续表

M_1	θ	β_w	p_{2w}/p_1	M_{2w}	β_s	p_{2s}/p_1	M_{2s}
1.9	7	38.223	1.446	1.655	85.258	4.016	0.610
1.9	8	39.272	1.521	1.619	84.534	4.007	0.614
1.9	9	40.360	1.600	1.583	83.789	3.996	0.620
1.9	10	41.490	1.682	1.546	83.020	3.983	0.626
1.9	11	42.668	1.768	1.509	82.219	3.968	0.633
1.9	12	43.898	1.858	1.471	81.383	3.950	0.641
1.9	13	45.189	1.953	1.432	80.501	3.930	0.650
1.9	14	46.550	2.053	1.391	79.565	3.907	0.661
1.9	15	47.995	2.159	1.349	78.559	3.879	0.674
1.9	16	49.544	2.272	1.305	77.463	3.847	0.688
1.9	17	51.228	2.393	1.258	76.248	3.807	0.706
1.9	18	53.095	2.526	1.208	74.861	3.758	0.727
1.9	19	55.242	2.676	1.151	73.208	3.694	0.755
1.9	20	57.901	2.856	1.083	71.057	3.601	0.793
1.9	21	62.253	3.132	0.979	67.224	3.414	0.869
1.9	21.168	64.782	3.280	0.922	64.782	3.280	0.922
2	0	30.000	1.000	2.000	90.000	4.500	0.577
2	1	30.811	1.058	1.964	89.400	4.499	0.578
2	2	31.646	1.118	1.928	88.798	4.498	0.578
2	3	32.506	1.181	1.892	88.193	4.495	0.580
2	4	33.390	1.247	1.857	87.582	4.492	0.581
2	5	34.302	1.315	1.821	86.965	4.487	0.584
2	6	35.241	1.387	1.786	86.339	4.481	0.586
2	7	36.210	1.462	1.750	85.702	4.474	0.590
2	8	37.210	1.540	1.714	85.052	4.465	0.594
2	9	38.244	1.621	1.677	84.386	4.455	0.598
2	10	39.314	1.707	1.641	83.700	4.444	0.604
2	11	40.423	1.795	1.603	82.992	4.431	0.610
2	12	41.575	1.888	1.565	82.257	4.415	0.617
2	13	42.775	1.986	1.526	81.490	4.398	0.625
2	14	44.029	2.088	1.487	80.684	4.378	0.634
2	15	45.344	2.195	1.446	79.832	4.355	0.644
2	16	46.731	2.308	1.403	78.921	4.328	0.656
2	17	48.204	2.427	1.359	77.939	4.296	0.669
2	18	49.785	2.555	1.313	76.862	4.259	0.685
2	19	51.506	2.692	1.264	75.657	4.214	0.704
2	20	53.423	2.843	1.210	74.270	4.157	0.728
2	21	55.644	3.014	1.150	72.591	4.082	0.758
2	22	58.457	3.223	1.076	70.332	3.971	0.802
2	22.974	64.667	3.646	0.924	64.667	3.646	0.924
2.1	0	28.437	1.000	2.100	90.000	4.978	0.561
2.1	2	30.033	1.122	2.026	88.894	4.976	0.562
2.1	4	31.723	1.256	1.953	87.778	4.971	0.565
2.1	6	33.513	1.402	1.880	86.639	4.961	0.569

续表

M_1	θ	β_w	p_{2w}/p_1	M_{2w}	β_s	p_{2s}/p_1	M_{2s}
2.1	8	35.413	1.561	1.807	85.463	4.946	0.576
2.1	10	37.433	1.734	1.733	84.237	4.926	0.585
2.1	12	39.592	1.923	1.656	82.938	4.901	0.596
2.1	14	41.912	2.129	1.578	81.539	4.867	0.611
2.1	16	44.431	2.355	1.495	80.001	4.823	0.630
2.1	18	47.210	2.604	1.408	78.258	4.765	0.654
2.1	20	50.365	2.885	1.312	76.190	4.685	0.687
2.1	22	54.169	3.215	1.202	73.521	4.564	0.735
2.1	24	59.768	3.674	1.049	69.103	4.324	0.824
2.1	24.614	64.619	4.033	0.927	64.619	4.033	0.927
2.2	0	27.036	1.000	2.200	90.000	5.480	0.547
2.2	2	28.592	1.127	2.124	88.974	5.478	0.548
2.2	4	30.238	1.265	2.049	87.938	5.473	0.550
2.2	6	31.981	1.417	1.974	86.883	5.463	0.554
2.2	8	33.827	1.583	1.899	85.798	5.450	0.561
2.2	10	35.786	1.764	1.823	84.670	5.431	0.569
2.2	12	37.869	1.961	1.745	83.483	5.407	0.579
2.2	14	40.095	2.176	1.666	82.216	5.376	0.592
2.2	16	42.489	2.410	1.583	80.839	5.337	0.609
2.2	18	45.092	2.666	1.496	79.308	5.286	0.630
2.2	20	47.976	2.949	1.404	77.549	5.218	0.657
2.2	22	51.277	3.270	1.301	75.420	5.122	0.694
2.2	24	55.356	3.655	1.181	72.559	4.973	0.749
2.2	26	62.695	4.292	0.979	66.480	4.581	0.885
2.2	26.103	64.618	4.442	0.931	64.618	4.442	0.931
2.3	0	25.771	1.000	2.300	90.000	6.005	0.534
2.3	2	27.294	1.131	2.221	89.039	6.003	0.535
2.3	4	28.906	1.275	2.144	88.070	5.998	0.537
2.3	6	30.611	1.434	2.067	87.085	5.989	0.541
2.3	8	32.415	1.607	1.990	86.074	5.976	0.547
2.3	10	34.326	1.796	1.912	85.026	5.959	0.554
2.3	12	36.354	2.002	1.833	83.928	5.936	0.564
2.3	14	38.510	2.226	1.751	82.764	5.907	0.576
2.3	16	40.815	2.470	1.668	81.510	5.870	0.591
2.3	18	43.299	2.736	1.580	80.133	5.824	0.609
2.3	20	46.007	3.028	1.488	78.583	5.763	0.633
2.3	22	49.026	3.351	1.389	76.770	5.682	0.663
2.3	24	52.536	3.722	1.279	74.512	5.565	0.706
2.3	26	57.077	4.182	1.143	71.264	5.368	0.774
2.3	27.454	64.652	4.874	0.934	64.652	4.874	0.934
2.4	0	24.624	1.000	2.400	90.000	6.553	0.523
2.4	2	26.119	1.136	2.318	89.095	6.552	0.524
2.4	4	27.702	1.286	2.238	88.182	6.547	0.526
2.4	6	29.377	1.450	2.159	87.255	6.538	0.530

附录 3　斜激波气流参数表 (量热完全气体，$\gamma = 1.4$)

续表

M_1	θ	$\beta_{\rm w}$	$p_{2{\rm w}}/p_1$	$M_{2{\rm w}}$	$\beta_{\rm s}$	$p_{2{\rm s}}/p_1$	$M_{2{\rm s}}$
2.4	8	31.149	1.631	2.079	86.306	6.525	0.535
2.4	10	33.023	1.829	1.999	85.324	6.509	0.542
2.4	12	35.007	2.045	1.918	84.299	6.487	0.550
2.4	14	37.112	2.280	1.835	83.217	6.460	0.561
2.4	16	39.352	2.535	1.750	82.060	6.425	0.575
2.4	18	41.748	2.813	1.661	80.801	6.382	0.592
2.4	20	44.336	3.115	1.569	79.402	6.326	0.613
2.4	22	47.174	3.448	1.471	77.803	6.253	0.640
2.4	24	50.371	3.820	1.364	75.888	6.154	0.675
2.4	26	54.184	4.252	1.243	73.399	6.005	0.726
2.4	28	59.656	4.838	1.078	69.291	5.713	0.820
2.4	28.681	64.706	5.327	0.937	64.706	5.327	0.937
2.5	0	23.578	1.000	2.500	90.000	7.125	0.513
2.5	2	25.050	1.141	2.415	89.142	7.123	0.514
2.5	4	26.609	1.296	2.333	88.277	7.118	0.516
2.5	6	28.260	1.468	2.251	87.400	7.110	0.519
2.5	8	30.005	1.657	2.169	86.502	7.098	0.524
2.5	10	31.851	1.864	2.086	85.576	7.082	0.530
2.5	12	33.802	2.090	2.002	84.612	7.061	0.539
2.5	14	35.866	2.336	1.917	83.598	7.034	0.549
2.5	16	38.057	2.604	1.830	82.518	7.001	0.562
2.5	18	40.389	2.895	1.739	81.352	6.960	0.577
2.5	20	42.890	3.211	1.646	80.070	6.908	0.596
2.5	22	45.602	3.556	1.548	78.625	6.841	0.620
2.5	24	48.600	3.936	1.443	76.939	6.753	0.651
2.5	26	52.037	4.366	1.327	74.856	6.627	0.693
2.5	28	56.335	4.884	1.189	71.949	6.425	0.757
2.5	29.797	64.780	5.801	0.940	64.780	5.801	0.940
2.6	0	22.620	1.000	2.600	90.000	7.720	0.504
2.6	2	24.071	1.145	2.512	89.182	7.718	0.505
2.6	4	25.611	1.307	2.427	88.359	7.714	0.506
2.6	6	27.242	1.486	2.342	87.524	7.705	0.510
2.6	8	28.967	1.683	2.257	86.671	7.693	0.514
2.6	10	30.789	1.900	2.172	85.792	7.678	0.520
2.6	12	32.714	2.137	2.085	84.879	7.657	0.528
2.6	14	34.749	2.395	1.997	83.921	7.632	0.538
2.6	16	36.901	2.677	1.908	82.906	7.600	0.550
2.6	18	39.185	2.982	1.815	81.816	7.560	0.564
2.6	20	41.621	3.313	1.720	80.625	7.511	0.582
2.6	22	44.242	3.672	1.621	79.299	7.448	0.604
2.6	24	47.102	4.066	1.516	77.778	7.367	0.631
2.6	26	50.305	4.503	1.402	75.955	7.256	0.667
2.6	28	54.088	5.007	1.274	73.590	7.091	0.719
2.6	30	59.352	5.671	1.106	69.779	6.778	0.811

续表

M_1	θ	β_w	p_{2w}/p_1	M_{2w}	β_s	p_{2s}/p_1	M_{2s}
2.6	30.814	64.863	6.297	0.943	64.863	6.297	0.943
2.7	0	21.738	1.000	2.700	90.000	8.338	0.496
2.7	2	23.173	1.150	2.609	89.218	8.337	0.496
2.7	4	24.696	1.318	2.520	88.430	8.332	0.498
2.7	6	26.310	1.504	2.432	87.632	8.324	0.501
2.7	8	28.019	1.710	2.344	86.816	8.312	0.506
2.7	10	29.823	1.937	2.256	85.978	8.296	0.511
2.7	12	31.728	2.186	2.167	85.109	8.277	0.519
2.7	14	33.739	2.457	2.076	84.199	8.251	0.528
2.7	16	35.862	2.752	1.984	83.238	8.220	0.539
2.7	18	38.109	3.073	1.889	82.210	8.182	0.553
2.7	20	40.496	3.420	1.792	81.095	8.135	0.569
2.7	22	43.049	3.796	1.690	79.862	8.075	0.589
2.7	24	45.809	4.206	1.585	78.466	7.998	0.614
2.7	26	48.853	4.656	1.472	76.828	7.897	0.647
2.7	28	52.334	5.163	1.349	74.789	7.753	0.691
2.7	30	56.687	5.773	1.202	71.914	7.519	0.759
2.7	31.741	64.956	6.814	0.946	64.956	6.814	0.946
2.8	10	28.940	1.975	2.340	86.140	8.939	0.503
2.8	12	30.830	2.236	2.248	85.309	8.919	0.510
2.8	14	32.822	2.521	2.154	84.441	8.894	0.519
2.8	16	34.923	2.831	2.059	83.525	8.864	0.530
2.8	18	37.141	3.168	1.961	82.550	8.826	0.543
2.8	20	39.490	3.532	1.861	81.496	8.780	0.558
2.8	22	41.990	3.927	1.758	80.340	8.722	0.577
2.8	24	44.676	4.355	1.651	79.042	8.650	0.600
2.8	26	47.605	4.822	1.538	77.543	8.554	0.630
2.8	28	50.886	5.340	1.416	75.727	8.424	0.668
2.8	30	54.786	5.939	1.278	73.328	8.227	0.724
2.8	32	60.433	6.753	1.091	69.212	7.828	0.831
2.8	32.588	65.049	7.352	0.949	65.049	7.352	0.949
2.9	0	20.171	1.000	2.900	90.000	9.645	0.481
2.9	2	21.578	1.160	2.802	89.275	9.643	0.482
2.9	4	23.076	1.341	2.706	88.546	9.639	0.484
2.9	6	24.666	1.542	2.612	87.808	9.631	0.486
2.9	8	26.350	1.766	2.518	87.055	9.619	0.491
2.9	10	28.130	2.014	2.423	86.283	9.604	0.496
2.9	12	30.007	2.287	2.327	85.484	9.584	0.503
2.9	14	31.985	2.586	2.230	84.651	9.560	0.511
2.9	16	34.069	2.912	2.132	83.776	9.530	0.521
2.9	18	36.265	3.266	2.031	82.845	9.493	0.533
2.9	20	38.584	3.650	1.928	81.844	9.448	0.548
2.9	22	41.044	4.064	1.823	80.750	9.391	0.566
2.9	24	43.672	4.512	1.714	79.533	9.321	0.588

附录 3 斜激波气流参数表 (量热完全气体，$\gamma = 1.4$)

续表

M_1	θ	β_w	p_{2w}/p_1	M_{2w}	β_s	p_{2s}/p_1	M_{2s}
2.9	26	46.515	4.998	1.600	78.142	9.231	0.615
2.9	28	49.655	5.533	1.479	76.490	9.110	0.650
2.9	30	53.274	6.136	1.345	74.392	8.935	0.699
2.9	32	57.931	6.879	1.183	71.287	8.635	0.777
2.9	33.363	65.145	7.912	0.952	65.145	7.912	0.952
3	0	19.471	1.000	3.000	90.000	10.333	0.475
3	2	20.867	1.166	2.898	89.299	10.332	0.476
3	4	22.354	1.352	2.799	88.594	10.327	0.477
3	6	23.936	1.562	2.701	87.881	10.319	0.480
3	8	25.611	1.795	2.603	87.154	10.307	0.484
3	10	27.383	2.054	2.505	86.408	10.292	0.489
3	12	29.251	2.340	2.406	85.638	10.273	0.496
3	14	31.219	2.654	2.306	84.837	10.248	0.504
3	16	33.289	2.996	2.204	83.995	10.218	0.514
3	18	35.467	3.368	2.100	83.103	10.182	0.525
3	20	37.764	3.771	1.994	82.147	10.137	0.539
3	22	40.192	4.206	1.886	81.107	10.082	0.556
3	24	42.775	4.676	1.774	79.955	10.014	0.577
3	26	45.551	5.184	1.659	78.652	9.927	0.602
3	28	48.586	5.739	1.537	77.126	9.812	0.635
3	30	52.014	6.356	1.406	75.239	9.652	0.678
3	32	56.182	7.081	1.254	72.642	9.399	0.743
3	34	63.673	8.268	1.003	66.749	8.697	0.908
3	34.073	65.241	8.492	0.954	65.241	8.492	0.954
3.1	0	18.819	1.000	3.100	90.000	11.045	0.470
3.1	2	20.205	1.171	2.994	89.321	11.043	0.470
3.1	4	21.684	1.364	2.891	88.637	11.039	0.472
3.1	6	23.258	1.582	2.789	87.946	11.031	0.474
3.1	8	24.927	1.825	2.688	87.241	11.019	0.478
3.1	10	26.692	2.096	2.586	86.520	11.004	0.483
3.1	12	28.554	2.395	2.484	85.775	10.984	0.489
3.1	14	30.513	2.724	2.380	85.001	10.960	0.497
3.1	16	32.574	3.083	2.274	84.190	10.930	0.507
3.1	18	34.739	3.474	2.167	83.331	10.894	0.518
3.1	20	37.017	3.897	2.058	82.413	10.850	0.531
3.1	22	39.421	4.354	1.947	81.418	10.795	0.548
3.1	24	41.968	4.847	1.833	80.323	10.728	0.567
3.1	26	44.692	5.379	1.715	79.092	10.644	0.591
3.1	28	47.646	5.956	1.593	77.666	10.533	0.621
3.1	30	50.935	6.592	1.462	75.937	10.383	0.661
3.1	32	54.800	7.320	1.316	73.662	10.158	0.717
3.1	34	60.205	8.277	1.124	69.872	9.717	0.820
3.1	34.727	65.332	9.092	0.956	65.332	9.092	0.956
3.2	0	18.210	1.000	3.200	90.000	11.780	0.464

续表

M_1	θ	β_w	p_{2w}/p_1	M_{2w}	β_s	p_{2s}/p_1	M_{2s}
3.2	2	19.587	1.176	3.090	89.340	11.778	0.465
3.2	4	21.059	1.376	2.983	88.675	11.774	0.466
3.2	6	22.627	1.602	2.878	88.004	11.766	0.469
3.2	8	24.292	1.855	2.772	87.320	11.754	0.473
3.2	10	26.052	2.138	2.667	86.619	11.739	0.478
3.2	12	27.909	2.451	2.561	85.897	11.719	0.484
3.2	14	29.863	2.795	2.453	85.148	11.695	0.491
3.2	16	31.916	3.172	2.344	84.363	11.665	0.500
3.2	18	34.071	3.583	2.233	83.534	11.629	0.511
3.2	20	36.335	4.027	2.120	82.649	11.584	0.524
3.2	22	38.719	4.507	2.006	81.694	11.531	0.540
3.2	24	41.238	5.024	1.889	80.646	11.464	0.558
3.2	26	43.920	5.582	1.769	79.475	11.381	0.581
3.2	28	46.811	6.184	1.645	78.131	11.275	0.610
3.2	30	49.994	6.843	1.514	76.526	11.131	0.646
3.2	32	53.651	7.583	1.371	74.475	10.924	0.697
3.2	34	58.350	8.491	1.198	71.409	10.566	0.779
3.2	35.328	65.427	9.714	0.959	65.427	9.714	0.959
3.3	0	17.640	1.000	3.300	90.000	12.538	0.460
3.3	2	19.009	1.181	3.186	89.357	12.537	0.460
3.3	4	20.475	1.388	3.075	88.710	12.532	0.462
3.3	6	22.039	1.622	2.965	88.056	12.524	0.464
3.3	8	23.700	1.886	2.856	87.390	12.512	0.468
3.3	10	25.457	2.181	2.747	86.709	12.497	0.472
3.3	12	27.311	2.508	2.636	86.007	12.477	0.478
3.3	14	29.261	2.869	2.525	85.278	12.452	0.486
3.3	16	31.308	3.264	2.412	84.517	12.422	0.495
3.3	18	33.456	3.695	2.297	83.714	12.386	0.505
3.3	20	35.710	4.162	2.181	82.859	12.342	0.518
3.3	22	38.077	4.666	2.064	81.938	12.288	0.533
3.3	24	40.573	5.208	1.944	80.931	12.223	0.551
3.3	26	43.222	5.792	1.822	79.812	12.141	0.572
3.3	28	46.062	6.421	1.696	78.535	12.036	0.599
3.3	30	49.163	7.106	1.564	77.030	11.898	0.634
3.3	32	52.668	7.866	1.422	75.148	11.704	0.680
3.3	34	56.963	8.762	1.257	72.501	11.390	0.750
3.4	0	17.105	1.000	3.400	90.000	13.320	0.455
3.4	2	18.467	1.187	3.281	89.372	13.318	0.456
3.4	4	19.928	1.400	3.166	88.741	13.314	0.457
3.4	6	21.488	1.643	3.053	88.103	13.305	0.460
3.4	8	23.147	1.917	2.940	87.453	13.293	0.463
3.4	10	24.902	2.225	2.826	86.789	13.278	0.468
3.4	12	26.754	2.566	2.711	86.105	13.258	0.474
3.4	14	28.702	2.944	2.596	85.396	13.233	0.481

附录 3　斜激波气流参数表 (量热完全气体，$\gamma = 1.4$)

续表

M_1	θ	β_{w}	$p_{2\text{w}}/p_1$	$M_{2\text{w}}$	β_{s}	$p_{2\text{s}}/p_1$	$M_{2\text{s}}$
3.4	16	30.746	3.358	2.479	84.656	13.203	0.489
3.4	18	32.889	3.810	2.360	83.876	13.167	0.500
3.4	20	35.134	4.300	2.241	83.047	13.122	0.512
3.4	22	37.489	4.829	2.119	82.156	13.069	0.526
3.4	24	39.967	5.398	1.997	81.185	13.003	0.544
3.4	26	42.588	6.010	1.872	80.110	12.922	0.565
3.4	28	45.386	6.668	1.743	78.891	12.819	0.590
3.4	30	48.422	7.380	1.610	77.467	12.685	0.623
3.4	32	51.810	8.165	1.469	75.717	12.499	0.665
3.4	34	55.838	9.067	1.310	73.353	12.213	0.728
3.4	36	61.915	10.331	1.087	68.961	11.582	0.856
3.4	36.393	65.601	11.019	0.963	65.601	11.019	0.963
3.5	0	16.602	1.000	3.500	90.000	14.125	0.451
3.5	2	17.958	1.192	3.377	89.386	14.123	0.452
3.5	4	19.415	1.413	3.257	88.769	14.118	0.453
3.5	6	20.972	1.664	3.140	88.145	14.110	0.455
3.5	8	22.629	1.949	3.022	87.511	14.098	0.459
3.5	10	24.384	2.269	2.904	86.862	14.082	0.463
3.5	12	26.236	2.626	2.786	86.194	14.062	0.469
3.5	14	28.182	3.021	2.666	85.503	14.037	0.476
3.5	16	30.225	3.455	2.545	84.781	14.007	0.485
3.5	18	32.363	3.928	2.422	84.022	13.970	0.495
3.5	20	34.602	4.442	2.299	83.216	13.926	0.506
3.5	22	36.947	4.997	2.174	82.352	13.872	0.521
3.5	24	39.410	5.594	2.048	81.413	13.806	0.537
3.5	26	42.009	6.234	1.920	80.376	13.726	0.557
3.5	28	44.774	6.923	1.789	79.207	13.624	0.582
3.5	30	47.755	7.665	1.655	77.851	13.492	0.613
3.5	32	51.052	8.478	1.513	76.207	13.313	0.653
3.5	34	54.888	9.397	1.357	74.049	13.046	0.710
3.5	36	60.090	10.572	1.159	70.545	12.540	0.810
3.5	36.867	65.689	11.703	0.964	65.689	11.703	0.964
3.6	0	16.128	1.000	3.600	90.000	14.953	0.447
3.6	2	17.479	1.197	3.472	89.399	14.952	0.448
3.6	4	18.932	1.425	3.348	88.794	14.947	0.449
3.6	6	20.488	1.686	3.226	88.184	14.938	0.452
3.6	8	22.144	1.982	3.104	87.563	14.926	0.455
3.6	10	23.899	2.315	2.982	86.928	14.910	0.460
3.6	12	25.751	2.687	2.859	86.275	14.890	0.465
3.6	14	27.698	3.100	2.735	85.599	14.864	0.472
3.6	16	29.739	3.554	2.609	84.894	14.834	0.480
3.6	18	31.876	4.050	2.483	84.154	14.797	0.490
3.6	20	34.110	4.588	2.355	83.369	14.752	0.501
3.6	22	36.448	5.170	2.227	82.528	14.698	0.515

续表

M_1	θ	β_w	p_{2w}/p_1	M_{2w}	β_s	p_{2s}/p_1	M_{2s}
3.6	24	38.898	5.795	2.097	81.617	14.632	0.531
3.6	26	41.479	6.466	1.966	80.614	14.551	0.551
3.6	28	44.215	7.186	1.834	79.488	14.450	0.575
3.6	30	47.153	7.961	1.697	78.190	14.320	0.604
3.6	32	50.376	8.804	1.555	76.633	14.145	0.642
3.6	34	54.066	9.746	1.400	74.634	13.892	0.695
3.6	36	58.793	10.894	1.215	71.618	13.450	0.780
3.6	37.306	65.767	12.406	0.966	65.767	12.406	0.966
3.7	0	15.680	1.000	3.700	90.000	15.805	0.444
3.7	2	17.027	1.203	3.567	89.410	15.803	0.444
3.7	4	18.478	1.438	3.439	88.818	15.798	0.446
3.7	6	20.032	1.707	3.312	88.219	15.790	0.448
3.7	8	21.688	2.015	3.186	87.610	15.777	0.451
3.7	10	23.444	2.361	3.059	86.988	15.761	0.456
3.7	12	25.297	2.750	2.931	86.348	15.740	0.461
3.7	14	27.245	3.181	2.803	85.687	15.715	0.468
3.7	16	29.287	3.655	2.673	84.997	15.684	0.476
3.7	18	31.423	4.174	2.542	84.274	15.646	0.486
3.7	20	33.654	4.738	2.410	83.508	15.601	0.497
3.7	22	35.985	5.348	2.278	82.688	15.546	0.510
3.7	24	38.426	6.003	2.145	81.802	15.480	0.526
3.7	26	40.991	6.705	2.011	80.828	15.399	0.545
3.7	28	43.704	7.458	1.876	79.740	15.298	0.568
3.7	30	46.605	8.266	1.738	78.492	15.169	0.596
3.7	32	49.768	9.142	1.594	77.009	14.998	0.632
3.7	34	53.344	10.112	1.440	75.136	14.754	0.681
3.7	36	57.760	11.260	1.262	72.443	14.352	0.758
3.7	37.713	65.843	13.130	0.968	65.843	13.130	0.968
3.8	0	15.258	1.000	3.800	90.000	16.680	0.441
3.8	2	16.600	1.208	3.662	89.421	16.678	0.441
3.8	4	18.048	1.450	3.529	88.839	16.673	0.443
3.8	6	19.602	1.729	3.398	88.251	16.664	0.445
3.8	8	21.259	2.048	3.267	87.653	16.652	0.448
3.8	10	23.016	2.409	3.135	87.043	16.635	0.452
3.8	12	24.871	2.813	3.003	86.415	16.614	0.458
3.8	14	26.821	3.263	2.870	85.767	16.588	0.464
3.8	16	28.864	3.759	2.735	85.091	16.557	0.472
3.8	18	31.000	4.302	2.600	84.383	16.519	0.482
3.8	20	33.229	4.892	2.464	83.634	16.473	0.493
3.8	22	35.556	5.530	2.328	82.833	16.418	0.506
3.8	24	37.989	6.216	2.192	81.969	16.351	0.521
3.8	26	40.541	6.951	2.055	81.022	16.270	0.540
3.8	28	43.234	7.738	1.917	79.967	16.169	0.562
3.8	30	46.105	8.581	1.776	78.763	16.040	0.589

附录 3 斜激波气流参数表 (量热完全气体, $\gamma = 1.4$)

续表

M_1	θ	β_w	p_2w/p_1	M_2w	β_s	p_2s/p_1	M_2s
3.8	32	49.218	9.492	1.631	77.342	15.871	0.624
3.8	34	52.702	10.494	1.478	75.572	15.634	0.670
3.8	36	56.894	11.654	1.304	73.114	15.259	0.739
3.8	38	64.192	13.487	1.029	67.568	14.227	0.913
3.8	38.092	65.920	13.876	0.969	65.920	13.876	0.969
3.9	0	14.857	1.000	3.900	90.000	17.578	0.438
3.9	2	16.196	1.214	3.757	89.431	17.577	0.438
3.9	4	17.642	1.463	3.619	88.858	17.571	0.440
3.9	6	19.196	1.752	3.483	88.280	17.562	0.442
3.9	8	20.854	2.082	3.347	87.693	17.550	0.445
3.9	10	22.614	2.457	3.211	87.093	17.533	0.449
3.9	12	24.471	2.878	3.074	86.477	17.511	0.455
3.9	14	26.424	3.347	2.936	85.840	17.485	0.461
3.9	16	28.469	3.865	2.797	85.177	17.453	0.469
3.9	18	30.605	4.433	2.657	84.483	17.414	0.478
3.9	20	32.833	5.050	2.517	83.749	17.368	0.489
3.9	22	35.157	5.717	2.377	82.966	17.312	0.502
3.9	24	37.584	6.435	2.237	82.121	17.245	0.517
3.9	26	40.126	7.203	2.097	81.198	17.163	0.535
3.9	28	42.802	8.026	1.956	80.172	17.061	0.556
3.9	30	45.646	8.906	1.813	79.007	16.933	0.583
3.9	32	48.717	9.854	1.667	77.640	16.765	0.616
3.9	34	52.126	10.890	1.513	75.956	16.533	0.660
3.9	36	56.149	12.072	1.343	73.678	16.177	0.724
3.9	38	62.088	13.690	1.111	69.501	15.402	0.853
3.9	38.445	65.988	14.640	0.971	65.988	14.640	0.971
4	0	14.478	1.000	4.000	90.000	18.500	0.435
4	2	15.813	1.219	3.852	89.440	18.498	0.435
4	4	17.258	1.476	3.709	88.876	18.493	0.437
4	6	18.812	1.774	3.568	88.307	18.484	0.439
4	8	20.472	2.117	3.427	87.729	18.471	0.442
4	10	22.234	2.506	3.286	87.139	18.454	0.446
4	12	24.095	2.944	3.144	86.533	18.432	0.452
4	14	26.051	3.433	3.001	85.907	18.405	0.458
4	16	28.098	3.974	2.857	85.256	18.372	0.466
4	18	30.236	4.567	2.713	84.574	18.333	0.475
4	20	32.464	5.212	2.569	83.854	18.286	0.485
4	22	34.786	5.909	2.425	83.087	18.230	0.498
4	24	37.207	6.659	2.281	82.261	18.162	0.513
4	26	39.740	7.463	2.137	81.359	18.079	0.530
4	28	42.402	8.321	1.994	80.359	17.977	0.551
4	30	45.224	9.240	1.849	79.228	17.848	0.577
4	32	48.259	10.226	1.701	77.908	17.681	0.609
4	34	51.605	11.300	1.546	76.297	17.452	0.651

续表

M_1	θ	β_w	p_{2w}/p_1	M_{2w}	β_s	p_{2s}/p_1	M_{2s}
4	36	55.496	12.510	1.378	74.161	17.110	0.711
4	38	60.827	14.065	1.164	70.601	16.441	0.820
4	38.774	66.057	15.426	0.972	66.057	15.426	0.972
4.2	0	13.774	1.000	4.200	90.000	20.413	0.430
4.2	2	15.104	1.231	4.041	89.455	20.412	0.430
4.2	4	16.547	1.503	3.888	88.908	20.406	0.432
4.2	6	18.103	1.820	3.736	88.355	20.396	0.434
4.2	8	19.768	2.187	3.585	87.794	20.383	0.437
4.2	10	21.537	2.607	3.434	87.221	20.365	0.441
4.2	12	23.405	3.081	3.282	86.633	20.342	0.446
4.2	14	25.368	3.611	3.128	86.026	20.315	0.452
4.2	16	27.422	4.198	2.975	85.396	20.281	0.460
4.2	18	29.564	4.843	2.821	84.736	20.240	0.468
4.2	20	31.794	5.546	2.668	84.040	20.192	0.479
4.2	22	34.114	6.307	2.516	83.300	20.133	0.491
4.2	24	36.529	7.125	2.365	82.505	20.063	0.505
4.2	26	39.048	8.001	2.215	81.641	19.978	0.522
4.2	28	41.688	8.936	2.065	80.686	19.874	0.542
4.2	30	44.474	9.934	1.915	79.612	19.744	0.567
4.2	32	47.451	11.003	1.764	78.369	19.577	0.597
4.2	34	50.700	12.157	1.607	76.876	19.352	0.636
4.2	36	54.395	13.438	1.441	74.954	19.026	0.689
4.2	38	59.074	14.978	1.244	72.063	18.462	0.777
4.4	0	13.137	1.000	4.400	90.000	22.420	0.426
4.4	2	14.461	1.242	4.230	89.469	22.418	0.426
4.4	4	15.905	1.530	4.065	88.935	22.412	0.427
4.4	6	17.464	1.868	3.903	88.396	22.402	0.429
4.4	8	19.135	2.260	3.742	87.849	22.388	0.432
4.4	10	20.912	2.711	3.579	87.291	22.370	0.436
4.4	12	22.789	3.222	3.416	86.719	22.346	0.441
4.4	14	24.761	3.795	3.252	86.128	22.317	0.447
4.4	16	26.822	4.432	3.088	85.515	22.282	0.455
4.4	18	28.971	5.132	2.925	84.874	22.240	0.463
4.4	20	31.205	5.896	2.763	84.199	22.189	0.473
4.4	22	33.525	6.723	2.602	83.482	22.129	0.485
4.4	24	35.936	7.613	2.444	82.713	22.057	0.499
4.4	26	38.446	8.566	2.287	81.879	21.969	0.515
4.4	28	41.069	9.582	2.131	80.962	21.863	0.535
4.4	30	43.828	10.665	1.977	79.934	21.730	0.558
4.4	32	46.762	11.821	1.821	78.753	21.561	0.587
4.4	34	49.938	13.064	1.663	77.350	21.337	0.623
4.4	36	53.496	14.427	1.496	75.581	21.020	0.673
4.4	38	57.813	16.011	1.307	73.069	20.505	0.748
4.4	39.890	66.296	18.770	0.976	66.296	18.770	0.976

附录 3　斜激波气流参数表 (量热完全气体，$\gamma = 1.4$)

续表

M_1	θ	$\beta_{\rm w}$	$p_{2\rm w}/p_1$	$M_{2\rm w}$	$\beta_{\rm s}$	$p_{2\rm s}/p_1$	$M_{2\rm s}$
4.6	0	12.556	1.000	4.600	90.000	24.520	0.422
4.6	2	13.877	1.253	4.418	89.481	24.518	0.422
4.6	4	15.321	1.557	4.242	88.959	24.512	0.423
4.6	6	16.885	1.916	4.069	88.432	24.502	0.425
4.6	8	18.563	2.335	3.896	87.897	24.487	0.428
4.6	10	20.349	2.818	3.722	87.351	24.467	0.432
4.6	12	22.236	3.368	3.547	86.792	24.443	0.437
4.6	14	24.217	3.987	3.372	86.215	24.412	0.443
4.6	16	26.288	4.675	3.198	85.617	24.376	0.450
4.6	18	28.443	5.434	3.025	84.992	24.332	0.458
4.6	20	30.682	6.261	2.853	84.335	24.280	0.468
4.6	22	33.005	7.158	2.685	83.638	24.217	0.480
4.6	24	35.414	8.123	2.518	82.891	24.142	0.493
4.6	26	37.918	9.156	2.355	82.083	24.052	0.509
4.6	28	40.529	10.258	2.193	81.197	23.942	0.528
4.6	30	43.267	11.431	2.034	80.207	23.806	0.550
4.6	32	46.167	12.679	1.874	79.077	23.634	0.578
4.6	34	49.288	14.017	1.713	77.744	23.408	0.613
4.6	36	52.745	15.473	1.545	76.091	23.094	0.659
4.6	38	56.826	17.129	1.361	73.829	22.605	0.726
4.6	40	62.997	19.431	1.107	69.490	21.490	0.868
4.6	40.349	66.402	20.564	0.978	66.402	20.564	0.978
4.8	0	12.025	1.000	4.800	90.000	26.713	0.418
4.8	2	13.343	1.265	4.605	89.491	26.711	0.419
4.8	4	14.789	1.585	4.418	88.979	26.705	0.420
4.8	6	16.357	1.965	4.232	88.462	26.694	0.422
4.8	8	18.043	2.412	4.047	87.938	26.679	0.425
4.8	10	19.839	2.929	3.862	87.404	26.658	0.429
4.8	12	21.736	3.520	3.675	86.856	26.633	0.433
4.8	14	23.728	4.186	3.489	86.292	26.601	0.439
4.8	16	25.809	4.928	3.304	85.706	26.563	0.446
4.8	18	27.972	5.747	3.120	85.095	26.517	0.454
4.8	20	30.217	6.642	2.940	84.453	26.462	0.464
4.8	22	32.543	7.612	2.762	83.773	26.397	0.475
4.8	24	34.953	8.656	2.589	83.045	26.319	0.488
4.8	26	37.453	9.773	2.418	82.259	26.226	0.504
4.8	28	40.054	10.965	2.251	81.399	26.112	0.522
4.8	30	42.777	12.231	2.087	80.441	25.972	0.544
4.8	32	45.650	13.578	1.923	79.352	25.796	0.571
4.8	34	48.727	15.017	1.759	78.078	25.566	0.604
4.8	36	52.107	16.574	1.590	76.515	25.252	0.647
4.8	38	56.022	18.318	1.408	74.432	24.777	0.709
4.8	40	61.373	20.543	1.179	70.924	23.842	0.823
4.8	40.756	66.496	22.438	0.980	66.496	22.438	0.980

续表

M_1	θ	β_w	p_{2w}/p_1	M_{2w}	β_s	p_{2s}/p_1	M_{2s}
5	0	11.537	1.000	5.000	90.000	29.000	0.415
5	2	12.853	1.277	4.792	89.500	28.998	0.416
5	4	14.301	1.613	4.592	88.997	28.991	0.417
5	6	15.876	2.016	4.395	88.489	28.980	0.419
5	8	17.570	2.491	4.197	87.975	28.964	0.422
5	10	19.376	3.044	3.999	87.450	28.942	0.425
5	12	21.285	3.677	3.801	86.912	28.915	0.430
5	14	23.287	4.392	3.603	86.358	28.882	0.436
5	16	25.377	5.191	3.406	85.784	28.842	0.443
5	18	27.550	6.073	3.212	85.185	28.795	0.451
5	20	29.801	7.037	3.022	84.556	28.738	0.460
5	22	32.131	8.084	2.836	83.891	28.670	0.471
5	24	34.542	9.210	2.655	83.180	28.589	0.484
5	26	37.040	10.416	2.478	82.412	28.492	0.499
5	28	39.635	11.701	2.305	81.574	28.374	0.517
5	30	42.344	13.067	2.136	80.643	28.229	0.538
5	32	45.196	14.517	1.968	79.590	28.048	0.564
5	34	48.239	16.062	1.801	78.363	27.813	0.596
5	36	51.558	17.726	1.630	76.873	27.496	0.637
5	38	55.349	19.571	1.449	74.925	27.027	0.695
5	40	60.259	21.822	1.232	71.869	26.176	0.794
5	41.118	66.584	24.394	0.981	66.584	24.394	0.981
5.2	0	11.087	1.000	5.200	90.000	31.380	0.413
5.2	2	12.402	1.288	4.979	89.507	31.378	0.413
5.2	4	13.853	1.642	4.766	89.013	31.371	0.414
5.2	6	15.434	2.067	4.555	88.513	31.359	0.416
5.2	8	17.137	2.572	4.345	88.007	31.342	0.419
5.2	10	18.954	3.162	4.134	87.490	31.320	0.423
5.2	12	20.874	3.838	3.923	86.962	31.291	0.427
5.2	14	22.888	4.605	3.713	86.417	31.257	0.433
5.2	16	24.988	5.463	3.505	85.853	31.215	0.440
5.2	18	27.169	6.411	3.300	85.264	31.165	0.448
5.2	20	29.427	7.448	3.101	84.647	31.105	0.457
5.2	22	31.762	8.574	2.906	83.994	31.035	0.468
5.2	24	34.175	9.787	2.717	83.297	30.950	0.480
5.2	26	36.672	11.085	2.534	82.546	30.849	0.495
5.2	28	39.262	12.468	2.356	81.727	30.727	0.513
5.2	30	41.961	13.937	2.181	80.820	30.577	0.533
5.2	32	44.796	15.494	2.010	79.796	30.390	0.558
5.2	34	47.810	17.151	1.840	78.609	30.150	0.589
5.2	36	51.081	18.930	1.667	77.179	29.827	0.629
5.2	38	54.776	20.886	1.486	75.337	29.359	0.684
5.2	40	59.400	23.206	1.277	72.577	28.552	0.772
5.2	41.441	66.662	26.429	0.983	66.662	26.429	0.983

附录 3　斜激波气流参数表 (量热完全气体，$\gamma = 1.4$)

续表

M_1	θ	β_{w}	$p_{2\mathrm{w}}/p_1$	$M_{2\mathrm{w}}$	β_{s}	$p_{2\mathrm{s}}/p_1$	$M_{2\mathrm{s}}$
5.4	0	10.672	1.000	5.400	90.000	33.853	0.410
5.4	2	11.986	1.300	5.165	89.514	33.851	0.410
5.4	4	13.439	1.671	4.938	89.027	33.844	0.412
5.4	6	15.027	2.120	4.714	88.534	33.831	0.414
5.4	8	16.740	2.656	4.491	88.035	33.813	0.416
5.4	10	18.568	3.283	4.266	87.526	33.790	0.420
5.4	12	20.499	4.005	4.042	87.005	33.761	0.425
5.4	14	22.524	4.826	3.819	86.469	33.724	0.430
5.4	16	24.635	5.744	3.600	85.913	33.681	0.437
5.4	18	26.824	6.761	3.385	85.334	33.628	0.445
5.4	20	29.090	7.875	3.176	84.727	33.566	0.454
5.4	22	31.430	9.084	2.973	84.085	33.492	0.464
5.4	24	33.845	10.386	2.776	83.401	33.404	0.477
5.4	26	36.342	11.780	2.587	82.664	33.299	0.491
5.4	28	38.928	13.265	2.403	81.862	33.172	0.509
5.4	30	41.620	14.841	2.224	80.975	33.016	0.529
5.4	32	44.441	16.511	2.049	79.977	32.823	0.553
5.4	34	47.431	18.285	1.875	78.824	32.575	0.583
5.4	36	50.663	20.184	1.701	77.444	32.245	0.622
5.4	38	54.282	22.259	1.519	75.687	31.774	0.674
5.4	40	58.702	24.672	1.314	73.139	30.991	0.755
5.6	0	10.287	1.000	5.600	90.000	36.420	0.408
5.6	2	11.599	1.312	5.350	89.521	36.417	0.408
5.6	4	13.057	1.701	5.109	89.039	36.410	0.409
5.6	6	14.652	2.174	4.872	88.553	36.397	0.411
5.6	8	16.375	2.741	4.634	88.060	36.378	0.414
5.6	10	18.214	3.408	4.396	87.558	36.354	0.418
5.6	12	20.156	4.178	4.158	87.044	36.323	0.422
5.6	14	22.193	5.053	3.923	86.515	36.285	0.428
5.6	16	24.313	6.035	3.691	85.967	36.239	0.434
5.6	18	26.512	7.124	3.466	85.396	36.184	0.442
5.6	20	28.785	8.316	3.247	84.798	36.119	0.451
5.6	22	31.130	9.612	3.036	84.166	36.042	0.462
5.6	24	33.548	11.007	2.832	83.493	35.950	0.474
5.6	26	36.045	12.501	2.636	82.769	35.840	0.488
5.6	28	38.629	14.092	2.447	81.981	35.708	0.505
5.6	30	41.315	15.780	2.263	81.112	35.547	0.525
5.6	32	44.124	17.567	2.084	80.136	35.346	0.549
5.6	34	47.095	19.463	1.908	79.012	35.091	0.578
5.6	36	50.293	21.487	1.732	77.674	34.753	0.616
5.6	38	53.851	23.689	1.549	75.987	34.275	0.666
5.6	40	58.118	26.214	1.347	73.600	33.504	0.742
5.6	41.991	66.799	30.742	0.985	66.799	30.742	0.985
5.8	0	9.928	1.000	5.800	90.000	39.080	0.406

续表

M_1	θ	β_w	p_{2w}/p_1	M_{2w}	β_s	p_{2s}/p_1	M_{2s}
5.8	2	11.241	1.325	5.535	89.526	39.077	0.406
5.8	4	12.702	1.731	5.280	89.050	39.069	0.407
5.8	6	14.305	2.229	5.028	88.570	39.056	0.409
5.8	8	16.038	2.829	4.776	88.083	39.036	0.412
5.8	10	17.888	3.536	4.523	87.587	39.010	0.416
5.8	12	19.842	4.355	4.272	87.079	38.978	0.420
5.8	14	21.889	5.288	4.023	86.556	38.938	0.426
5.8	16	24.020	6.336	3.780	86.015	38.890	0.432
5.8	18	26.228	7.499	3.544	85.452	38.833	0.440
5.8	20	28.508	8.773	3.315	84.861	38.765	0.449
5.8	22	30.858	10.158	3.096	84.238	38.684	0.459
5.8	24	33.280	11.651	2.885	83.575	38.589	0.471
5.8	26	35.778	13.248	2.683	82.862	38.474	0.485
5.8	28	38.360	14.949	2.488	82.087	38.336	0.502
5.8	30	41.040	16.753	2.300	81.234	38.168	0.521
5.8	32	43.840	18.662	2.118	80.277	37.961	0.545
5.8	34	46.794	20.685	1.939	79.179	37.697	0.574
5.8	36	49.965	22.841	1.760	77.876	37.349	0.610
5.8	38	53.472	25.176	1.577	76.248	36.862	0.658
5.8	40	57.620	27.824	1.377	73.988	36.094	0.730
5.8	42	64.167	31.628	1.093	69.336	34.193	0.892
5.8	42.227	66.856	33.017	0.986	66.856	33.017	0.986
6	0	9.594	1.000	6.000	90.000	41.833	0.404
6	2	10.906	1.337	5.719	89.531	41.831	0.405
6	4	12.372	1.761	5.449	89.060	41.822	0.406
6	6	13.982	2.285	5.182	88.585	41.808	0.408
6	8	15.725	2.918	4.915	88.103	41.787	0.410
6	10	17.587	3.668	4.648	87.612	41.760	0.414
6	12	19.553	4.538	4.382	87.110	41.727	0.418
6	14	21.611	5.531	4.120	86.593	41.685	0.424
6	16	23.752	6.647	3.865	86.058	41.635	0.430
6	18	25.968	7.886	3.618	85.501	41.575	0.438
6	20	28.255	9.246	3.380	84.918	41.504	0.446
6	22	30.611	10.724	3.153	84.303	41.419	0.457
6	24	33.036	12.316	2.935	83.648	41.319	0.469
6	26	35.536	14.021	2.726	82.945	41.200	0.483
6	28	38.117	15.836	2.527	82.182	41.056	0.499
6	30	40.793	17.760	2.335	81.342	40.882	0.518
6	32	43.584	19.796	2.149	80.402	40.666	0.541
6	34	46.524	21.950	1.967	79.326	40.393	0.570
6	36	49.672	24.243	1.786	78.055	40.034	0.605
6	38	53.136	26.718	1.602	76.476	39.537	0.652
6	40	57.188	29.501	1.403	74.319	38.765	0.720
6	42	63.105	33.239	1.140	70.304	37.063	0.859

M_1	θ	β_w	$p_{2\text{w}}/p_1$	$M_{2\text{w}}$	β_s	$p_{2\text{s}}/p_1$	$M_{2\text{s}}$
6	42.440	66.910	35.374	0.987	66.910	35.374	0.987

附录 4 二维超声速等熵流动参数表 (量热完全气体, $\gamma = 1.4$)

θ	M	α	λ	T/T_0	p/p_0	ρ/ρ_0	μ
0	1.000	0.000	1.000	0.8333	0.5283	0.6339	90.000
1	1.082	23.425	1.067	0.8103	0.4790	0.5911	67.575
2	1.133	30.003	1.107	0.7958	0.4496	0.5650	61.997
3	1.177	34.820	1.141	0.7831	0.4249	0.5426	58.180
4	1.218	38.796	1.172	0.7713	0.4029	0.5224	55.204
5	1.256	42.261	1.200	0.7600	0.3827	0.5036	52.739
6	1.294	45.381	1.227	0.7492	0.3640	0.4858	50.619
7	1.330	48.248	1.252	0.7387	0.3464	0.4689	48.752
8	1.366	50.918	1.277	0.7284	0.3298	0.4528	47.082
9	1.400	53.434	1.300	0.7183	0.3140	0.4372	45.566
10	1.435	55.823	1.323	0.7083	0.2991	0.4222	44.177
11	1.469	58.106	1.345	0.6985	0.2848	0.4077	42.894
12	1.503	60.299	1.367	0.6887	0.2711	0.3937	41.701
13	1.537	62.415	1.388	0.6791	0.2581	0.3800	40.585
14	1.571	64.463	1.408	0.6695	0.2456	0.3668	39.537
15	1.605	66.453	1.428	0.6601	0.2336	0.3540	38.547
16	1.639	68.389	1.448	0.6506	0.2222	0.3415	37.611
17	1.672	70.279	1.467	0.6413	0.2112	0.3293	36.721
18	1.706	72.126	1.486	0.6319	0.2006	0.3175	35.874
19	1.741	73.935	1.505	0.6227	0.1905	0.3060	35.065
20	1.775	75.710	1.523	0.6135	0.1808	0.2948	34.290
21	1.810	77.452	1.541	0.6043	0.1715	0.2838	33.548
22	1.844	79.166	1.559	0.5951	0.1626	0.2732	32.834
23	1.879	80.852	1.576	0.5860	0.1541	0.2629	32.148
24	1.915	82.514	1.593	0.5770	0.1459	0.2529	31.486
25	1.950	84.153	1.610	0.5679	0.1381	0.2431	30.847
26	1.986	85.771	1.627	0.5590	0.1306	0.2336	30.229
27	2.023	87.368	1.643	0.5500	0.1234	0.2243	29.632
28	2.059	88.948	1.659	0.5411	0.1165	0.2154	29.052
29	2.096	90.510	1.675	0.5322	0.1100	0.2066	28.490
30	2.134	92.055	1.691	0.5234	0.1037	0.1982	27.945
31	2.172	93.585	1.707	0.5146	0.0977	0.1899	27.415
32	2.210	95.101	1.722	0.5058	0.0920	0.1819	26.899
33	2.249	96.603	1.737	0.4971	0.0866	0.1742	26.397
34	2.289	98.092	1.752	0.4884	0.0814	0.1667	25.908
35	2.329	99.570	1.767	0.4797	0.0765	0.1594	25.430

续表

θ	M	α	λ	T/T_0	p/p_0	ρ/ρ_0	μ
36	2.369	101.035	1.781	0.4711	0.0718	0.1523	24.965
37	2.410	102.490	1.796	0.4625	0.0673	0.1455	24.510
38	2.452	103.934	1.810	0.4540	0.0630	0.1389	24.066
39	2.495	105.369	1.824	0.4455	0.0590	0.1325	23.631
40	2.538	106.794	1.838	0.4370	0.0552	0.1263	23.206
41	2.582	108.210	1.852	0.4286	0.0516	0.1203	22.790
42	2.626	109.618	1.865	0.4203	0.0481	0.1145	22.382
43	2.671	111.017	1.878	0.4120	0.0449	0.1089	21.983
44	2.718	112.409	1.891	0.4037	0.0418	0.1036	21.591
45	2.764	113.793	1.904	0.3955	0.0389	0.0984	21.207
46	2.812	115.170	1.917	0.3873	0.0362	0.0934	20.830
47	2.861	116.541	1.930	0.3792	0.0336	0.0886	20.459
48	2.910	117.904	1.942	0.3712	0.0312	0.0839	20.096
49	2.961	119.262	1.955	0.3632	0.0289	0.0795	19.738
50	3.013	120.614	1.967	0.3552	0.0267	0.0752	19.386
51	3.065	121.959	1.979	0.3473	0.0247	0.0711	19.041
52	3.119	123.299	1.991	0.3395	0.0228	0.0672	18.701
53	3.174	124.634	2.002	0.3317	0.0210	0.0634	18.366
54	3.230	125.964	2.014	0.3240	0.0194	0.0598	18.036
55	3.287	127.289	2.025	0.3164	0.0178	0.0563	17.711
56	3.346	128.609	2.037	0.3088	0.0164	0.0530	17.391
57	3.406	129.924	2.048	0.3012	0.0150	0.0498	17.076
58	3.467	131.235	2.058	0.2938	0.0137	0.0468	16.765
59	3.530	132.542	2.069	0.2864	0.0126	0.0439	16.458
60	3.594	133.845	2.080	0.2791	0.0115	0.0411	16.155
61	3.660	135.144	2.090	0.2718	0.0105	0.0385	15.856
62	3.728	136.439	2.101	0.2646	0.0095	0.0360	15.561
63	3.797	137.730	2.111	0.2575	0.0087	0.0337	15.270
64	3.868	139.017	2.121	0.2505	0.0079	0.0314	14.983
65	3.941	140.302	2.130	0.2435	0.0071	0.0293	14.698
66	4.016	141.583	2.140	0.2366	0.0064	0.0272	14.417
67	4.094	142.860	2.150	0.2298	0.0058	0.0253	14.140
68	4.173	144.135	2.159	0.2231	0.0052	0.0235	13.865
69	4.255	145.407	2.168	0.2164	0.0047	0.0218	13.593
70	4.339	146.675	2.177	0.2098	0.0042	0.0202	13.325
71	4.426	147.941	2.186	0.2034	0.0038	0.0186	13.059
72	4.515	149.205	2.195	0.1969	0.0034	0.0172	12.795
73	4.608	150.465	2.204	0.1906	0.0030	0.0159	12.535
74	4.703	151.723	2.212	0.1844	0.0027	0.0146	12.277
75	4.801	152.979	2.220	0.1782	0.0024	0.0134	12.021
76	4.903	154.232	2.229	0.1722	0.0021	0.0123	11.768
77	5.009	155.483	2.237	0.1662	0.0019	0.0113	11.517
78	5.118	156.732	2.245	0.1603	0.0016	0.0103	11.268
79	5.231	157.978	2.252	0.1545	0.0015	0.0094	11.022

续表

θ	M	α	λ	T/T_0	p/p_0	ρ/ρ_0	μ
80	5.348	159.223	2.260	0.1488	0.0013	0.0085	10.777
81	5.470	160.465	2.267	0.1432	0.0011	0.0078	10.535
82	5.596	161.706	2.275	0.1377	0.0010	0.0070	10.294
83	5.727	162.944	2.282	0.1323	0.0008	0.0064	10.056
84	5.864	164.181	2.289	0.1269	0.0007	0.0057	9.819
85	6.006	165.416	2.296	0.1217	0.0006	0.0052	9.584
86	6.155	166.650	2.302	0.1166	0.0005	0.0046	9.350
87	6.310	167.881	2.309	0.1116	0.0005	0.0042	9.119
88	6.472	169.112	2.315	0.1066	0.0004	0.0037	8.888
89	6.642	170.340	2.321	0.1018	0.0003	0.0033	8.660
90	6.819	171.567	2.328	0.0971	0.0003	0.0029	8.433
91	7.005	172.793	2.333	0.0925	0.0002	0.0026	8.207
92	7.201	174.017	2.339	0.0880	0.0002	0.0023	7.983
93	7.406	175.240	2.345	0.0835	0.0002	0.0020	7.760
94	7.623	176.462	2.350	0.0792	0.0001	0.0018	7.538
95	7.851	177.682	2.356	0.0750	0.0001	0.0015	7.318
96	8.092	178.901	2.361	0.0709	0.0001	0.0013	7.099
97	8.347	180.119	2.366	0.0670	0.0001	0.0012	6.881
98	8.618	181.336	2.371	0.0631	0.0001	0.0010	6.664
99	8.905	182.552	2.376	0.0593	0.0001	0.0009	6.448
100	9.210	183.767	2.380	0.0557	0.0000	0.0007	6.233
101	9.536	184.981	2.385	0.0521	0.0000	0.0006	6.019
102	9.885	186.194	2.389	0.0487	0.0000	0.0005	5.806
103	10.258	187.406	2.393	0.0454	0.0000	0.0004	5.594
104	10.659	188.617	2.397	0.0422	0.0000	0.0004	5.383
105	11.091	189.827	2.401	0.0391	0.0000	0.0003	5.173
130.45	∞	220.450	2.449	0.0000	0.0000	0.0000	0.00

附录 5 等截面绝热摩擦管流参数表 (量热完全气体，$\gamma=1.4$)

M	T/T^*	p/p^*	ρ/ρ^*	F/F^*	p_0/p_0^*	$(s-s^*)/R$	$4fL^*/D$
0.01	1.2000	109.5434	91.2880	45.6495	57.8738	-4.0583	7134.405
0.05	1.1994	21.9034	18.2620	9.1584	11.5914	-2.4503	280.020
0.1	1.1976	10.9435	9.1378	4.6236	5.8218	-1.7616	66.922
0.15	1.1946	7.2866	6.0995	3.1317	3.9103	-1.3636	27.932
0.2	1.1905	5.4554	4.5826	2.4004	2.9635	-1.0864	14.533
0.25	1.1852	4.3546	3.6742	1.9732	2.4027	-0.8766	8.483
0.3	1.1788	3.6191	3.0702	1.6979	2.0351	-0.7105	5.299
0.35	1.1713	3.0922	2.6400	1.5094	1.7780	-0.5755	3.452
0.4	1.1628	2.6958	2.3184	1.3749	1.5901	-0.4638	2.308
0.45	1.1533	2.3865	2.0693	1.2763	1.4487	-0.3706	1.566

续表

M	T/T^*	p/p^*	ρ/ρ^*	F/F^*	p_0/p_0^*	$(s-s^*)/R$	$4fL^*/D$
0.5	1.1429	2.1381	1.8708	1.2027	1.3398	−0.2926	1.069
0.55	1.1315	1.9341	1.7092	1.1471	1.2549	−0.2271	0.728
0.6	1.1194	1.7634	1.5753	1.1050	1.1882	−0.1724	0.491
0.65	1.1065	1.6183	1.4626	1.0731	1.1356	−0.1272	0.325
0.7	1.0929	1.4935	1.3665	1.0492	1.0944	−0.0902	0.208
0.75	1.0787	1.3848	1.2838	1.0314	1.0624	−0.0605	0.127
0.8	1.0638	1.2893	1.2119	1.0185	1.0382	−0.0375	0.072
0.85	1.0485	1.2047	1.1489	1.0097	1.0207	−0.0205	0.036
0.90	1.0327	1.1291	1.0934	1.0040	1.0089	−0.0088	0.015
0.95	1.0165	1.0613	1.0440	1.0009	1.0021	−0.0021	0.003
1.00	1.0000	1.0000	1.0000	1.0000	1.0000	0.0000	0.000
1.10	0.9662	0.8936	0.9249	1.0031	1.0079	−0.0079	0.010
1.20	0.9317	0.8044	0.8633	1.0108	1.0304	−0.0300	0.034
1.30	0.8969	0.7285	0.8123	1.0217	1.0663	−0.0642	0.065
1.40	0.8621	0.6632	0.7693	1.0346	1.1149	−0.1088	0.100
1.50	0.8276	0.6065	0.7328	1.0487	1.1762	−0.1623	0.136
1.60	0.7937	0.5568	0.7016	1.0635	1.2502	−0.2233	0.172
1.70	0.7605	0.5130	0.6745	1.0785	1.3376	−0.2909	0.208
1.80	0.7282	0.4741	0.6511	1.0935	1.4390	−0.3639	0.242
1.90	0.6969	0.4394	0.6305	1.1083	1.5553	−0.4416	0.274
2.00	0.6667	0.4082	0.6124	1.1227	1.6875	−0.5232	0.305
2.10	0.6376	0.3802	0.5963	1.1366	1.8369	−0.6081	0.334
2.20	0.6098	0.3549	0.5821	1.1500	2.0050	−0.6956	0.361
2.30	0.5831	0.3320	0.5694	1.1628	2.1931	−0.7853	0.386
2.40	0.5576	0.3111	0.5580	1.1751	2.4031	−0.8768	0.410
2.50	0.5333	0.2921	0.5477	1.1867	2.6367	−0.9695	0.432
2.60	0.5102	0.2747	0.5385	1.1978	2.8960	−1.0633	0.453
2.70	0.4882	0.2588	0.5301	1.2083	3.1830	−1.1578	0.472
2.80	0.4673	0.2441	0.5225	1.2182	3.5001	−1.2528	0.490
2.90	0.4474	0.2307	0.5155	1.2277	3.8498	−1.3480	0.507
3.00	0.4286	0.2182	0.5092	1.2366	4.2346	−1.4433	0.522
3.10	0.4107	0.2067	0.5034	1.2450	4.6573	−1.5384	0.537
3.20	0.3937	0.1961	0.4980	1.2530	5.1210	−1.6333	0.550
3.30	0.3776	0.1862	0.4931	1.2605	5.6286	−1.7279	0.563
3.40	0.3623	0.1770	0.4886	1.2676	6.1837	−1.8219	0.575
3.50	0.3478	0.1685	0.4845	1.2743	6.7896	−1.9154	0.586
3.60	0.3341	0.1606	0.4806	1.2807	7.4501	−2.0082	0.597
3.70	0.3210	0.1531	0.4770	1.2867	8.1691	−2.1004	0.607
3.80	0.3086	0.1462	0.4737	1.2924	8.9506	−2.1917	0.616
3.90	0.2969	0.1397	0.4706	1.2978	9.7990	−2.2823	0.625
4.00	0.2857	0.1336	0.4677	1.3029	10.7188	−2.3720	0.633
4.10	0.2751	0.1279	0.4650	1.3077	11.7147	−2.4608	0.641
4.20	0.2650	0.1226	0.4625	1.3123	12.7916	−2.5488	0.648
4.30	0.2554	0.1175	0.4601	1.3167	13.9549	−2.6358	0.655

附录 6 等截面无摩擦加热管流参数表 (量热完全气体，$\gamma=1.4$)

续表

M	T/T^*	p/p^*	ρ/ρ^*	F/F^*	$p_0/p_0{}^*$	$(s-s^*)/R$	$4fL^*/D$
4.40	0.2463	0.1128	0.4579	1.3208	15.2099	−2.7219	0.661
4.50	0.2376	0.1083	0.4559	1.3247	16.5622	−2.8071	0.668
4.60	0.2294	0.1041	0.4539	1.3285	18.0178	−2.8914	0.673
4.70	0.2215	0.1001	0.4521	1.3320	19.5828	−2.9747	0.679
4.80	0.2140	0.0964	0.4504	1.3354	21.2637	−3.0570	0.684
4.90	0.2068	0.0928	0.4487	1.3386	23.0671	−3.1384	0.689
5.00	0.2000	0.0894	0.4472	1.3416	25.0000	−3.2189	0.694
5.10	0.1935	0.0862	0.4458	1.3446	27.0696	−3.2984	0.698
5.20	0.1873	0.0832	0.4444	1.3473	29.2833	−3.3770	0.702
5.30	0.1813	0.0803	0.4431	1.3500	31.6491	−3.4547	0.707
5.40	0.1756	0.0776	0.4419	1.3525	34.1748	−3.5315	0.710
5.50	0.1702	0.0750	0.4407	1.3549	36.8690	−3.6074	0.714
5.60	0.1650	0.0725	0.4396	1.3572	39.7402	−3.6824	0.717
5.70	0.1600	0.0702	0.4385	1.3594	42.7974	−3.7565	0.721
5.80	0.1553	0.0679	0.4375	1.3615	46.0500	−3.8297	0.724
5.90	0.1507	0.0658	0.4366	1.3635	49.5075	−3.9021	0.727
6.00	0.1463	0.0638	0.4357	1.3655	53.1798	−3.9737	0.730
6.50	0.1270	0.0548	0.4317	1.3740	75.1343	−4.3193	0.743
7.00	0.1111	0.0476	0.4286	1.3810	104.1429	−4.6458	0.753
7.50	0.0980	0.0417	0.4260	1.3867	141.8415	−4.9547	0.761
8.00	0.0870	0.0369	0.4239	1.3915	190.1094	−5.2476	0.768
8.50	0.0777	0.0328	0.4221	1.3955	251.0862	−5.5258	0.774
9.00	0.0698	0.0293	0.4207	1.3989	327.1893	−5.7905	0.779
10.00	0.0571	0.0239	0.4183	1.4044	535.9375	−6.2840	0.787

附录 6 等截面无摩擦加热管流参数表 (量热完全气体，$\gamma=1.4$)

M	T/T^*	p/p^*	ρ/ρ^*	$p_0/p_0{}^*$	$T_0/T_0{}^*$	$(s-s^*)/R$	$Q^*/(C_p T_{01})$
0.01	0.0006	2.3997	4167.2500	1.2678	0.0005	−26.9842	2082.875
0.05	0.0143	2.3916	167.2500	1.2657	0.0119	−15.7383	82.876
0.1	0.0560	2.3669	42.2500	1.2591	0.0468	−10.9487	20.378
0.15	0.1218	2.3267	19.1019	1.2486	0.1020	−8.2131	8.808
0.2	0.2066	2.2727	11.0000	1.2346	0.1736	−6.3402	4.762
0.25	0.3044	2.2069	7.2500	1.2177	0.2568	−4.9545	2.894
0.3	0.4089	2.1314	5.2130	1.1985	0.3469	−3.8870	1.883
0.35	0.5141	2.0487	3.9847	1.1779	0.4389	−3.0457	1.278
0.4	0.6151	1.9608	3.1875	1.1566	0.5290	−2.3740	0.890
0.45	0.7080	1.8699	2.6409	1.1351	0.6139	−1.8343	0.629
0.5	0.7901	1.7778	2.2500	1.1141	0.6914	−1.3998	0.446
0.55	0.8599	1.6860	1.9607	1.0940	0.7599	−1.0508	0.316
0.6	0.9167	1.5957	1.7407	1.0753	0.8189	−0.7717	0.221

续表

M	T/T^*	p/p^*	ρ/ρ^*	p_0/p_0^*	T_0/T_0^*	$(s-s^*)/R$	$Q^*/(C_p T_{01})$
0.65	0.9608	1.5080	1.5695	1.0582	0.8683	−0.5507	0.152
0.7	0.9929	1.4235	1.4337	1.0431	0.9085	−0.3781	0.101
0.75	1.0140	1.3427	1.3241	1.0301	0.9401	−0.2459	0.064
0.8	1.0255	1.2658	1.2344	1.0193	0.9639	−0.1477	0.037
0.85	1.0285	1.1931	1.1600	1.0109	0.9810	−0.0781	0.019
0.90	1.0245	1.1246	1.0977	1.0049	0.9921	−0.0327	0.008
0.95	1.0146	1.0603	1.0450	1.0012	0.9981	−0.0077	0.002
1.00	1.0000	1.0000	1.0000	1.0000	1.0000	0.0000	0.000
1.10	0.9603	0.8909	0.9277	1.0049	0.9939	−0.0262	0.006
1.20	0.9118	0.7958	0.8727	1.0194	0.9787	−0.0945	0.022
1.30	0.8592	0.7130	0.8299	1.0437	0.9580	−0.1930	0.044
1.40	0.8054	0.6410	0.7959	1.0777	0.9343	−0.3128	0.070
1.50	0.7525	0.5783	0.7685	1.1215	0.9093	−0.4476	0.100
1.60	0.7017	0.5236	0.7461	1.1756	0.8842	−0.5926	0.131
1.70	0.6538	0.4756	0.7275	1.2402	0.8597	−0.7444	0.163
1.80	0.6089	0.4335	0.7119	1.3159	0.8363	−0.9003	0.196
1.90	0.5673	0.3964	0.6988	1.4033	0.8141	−1.0585	0.228
2.00	0.5289	0.3636	0.6875	1.5031	0.7934	−1.2176	0.260
2.10	0.4936	0.3345	0.6778	1.6162	0.7741	−1.3764	0.292
2.20	0.4611	0.3086	0.6694	1.7434	0.7561	−1.5342	0.323
2.30	0.4312	0.2855	0.6621	1.8860	0.7395	−1.6905	0.352
2.40	0.4038	0.2648	0.6557	2.0451	0.7242	−1.8448	0.381
2.50	0.3787	0.2462	0.6500	2.2218	0.7101	−1.9968	0.408
2.60	0.3556	0.2294	0.6450	2.4177	0.6970	−2.1463	0.435
2.70	0.3344	0.2142	0.6405	2.6343	0.6849	−2.2931	0.460
2.80	0.3149	0.2004	0.6365	2.8731	0.6738	−2.4373	0.484
2.90	0.2969	0.1879	0.6329	3.1359	0.6635	−2.5787	0.507
3.00	0.2803	0.1765	0.6296	3.4245	0.6540	−2.7173	0.529
3.10	0.2650	0.1660	0.6267	3.7408	0.6452	−2.8532	0.550
3.20	0.2508	0.1565	0.6240	4.0871	0.6370	−2.9863	0.570
3.30	0.2377	0.1477	0.6216	4.4655	0.6294	−3.1168	0.589
3.40	0.2255	0.1397	0.6194	4.8783	0.6224	−3.2446	0.607
3.50	0.2142	0.1322	0.6173	5.3280	0.6158	−3.3699	0.624
3.60	0.2037	0.1254	0.6155	5.8173	0.6097	−3.4926	0.640
3.70	0.1939	0.1190	0.6138	6.3488	0.6040	−3.6128	0.656
3.80	0.1848	0.1131	0.6122	6.9256	0.5987	−3.7307	0.670
3.90	0.1763	0.1077	0.6107	7.5505	0.5937	−3.8463	0.684
4.00	0.1683	0.1026	0.6094	8.2268	0.5891	−3.9595	0.698
4.10	0.1609	0.0978	0.6081	8.9579	0.5847	−4.0706	0.710
4.20	0.1539	0.0934	0.6070	9.7473	0.5807	−4.1796	0.722
4.30	0.1473	0.0893	0.6059	10.5985	0.5768	−4.2865	0.734
4.40	0.1412	0.0854	0.6049	11.5155	0.5732	−4.3914	0.745
4.50	0.1354	0.0818	0.6039	12.5023	0.5698	−4.4944	0.755
4.60	0.1300	0.0784	0.6030	13.5629	0.5666	−4.5955	0.765

附录 7 大气参数表

续表

M	T/T^*	p/p^*	ρ/ρ^*	p_0/p_0^*	T_0/T_0^*	$(s-s^*)/R$	$Q^*/(C_p T_{01})$
4.70	0.1248	0.0752	0.6022	14.7017	0.5636	−4.6948	0.774
4.80	0.1200	0.0722	0.6014	15.9234	0.5608	−4.7923	0.783
4.90	0.1154	0.0693	0.6007	17.2325	0.5581	−4.8881	0.792
5.00	0.1111	0.0667	0.6000	18.6339	0.5556	−4.9822	0.800
5.10	0.1070	0.0641	0.5994	20.1328	0.5532	−5.0748	0.808
5.20	0.1032	0.0618	0.5987	21.7344	0.5509	−5.1658	0.815
5.30	0.0995	0.0595	0.5982	23.4442	0.5487	−5.2552	0.822
5.40	0.0960	0.0574	0.5976	25.2679	0.5467	−5.3432	0.829
5.50	0.0927	0.0554	0.5971	27.2113	0.5447	−5.4298	0.836
5.60	0.0896	0.0534	0.5966	29.2806	0.5429	−5.5150	0.842
5.70	0.0866	0.0516	0.5962	31.4821	0.5411	−5.5988	0.848
5.80	0.0838	0.0499	0.5957	33.8223	0.5394	−5.6814	0.854
5.90	0.0811	0.0483	0.5953	36.3079	0.5378	−5.7627	0.859
6.00	0.0785	0.0467	0.5949	38.9459	0.5363	−5.8427	0.865
6.50	0.0673	0.0399	0.5932	54.6830	0.5297	−6.2256	0.888
7.00	0.0583	0.0345	0.5918	75.4138	0.5244	−6.5824	0.907
7.50	0.0509	0.0301	0.5907	102.2875	0.5200	−6.9162	0.923
8.00	0.0449	0.0265	0.5898	136.6235	0.5165	−7.2298	0.936
8.50	0.0399	0.0235	0.5891	179.9236	0.5135	−7.5254	0.947
9.00	0.0356	0.0210	0.5885	233.8840	0.5110	−7.8048	0.957
9.50	0.0321	0.0188	0.5880	300.4072	0.5088	−8.0698	0.965
10.00	0.0290	0.0170	0.5875	381.6149	0.5070	−8.3217	0.972

附录 7 大气参数表

H/km	T/K	p/Pa	$\rho/(\text{kg/m}^3)$	$\mu/(\times 10^{-5}\text{kg/(m·s)})$
1	281.65	89876.3	1.111660	1.75785
2	275.15	79501.4	1.006550	1.72598
3	268.66	70121.2	0.909250	1.69376
4	262.17	61660.4	0.819350	1.66119
5	255.68	54048.3	0.736490	1.62825
6	249.19	47217.6	0.660110	1.59493
7	242.70	41105.3	0.590020	1.56122
8	236.21	35651.6	0.525790	1.52712
9	229.73	30800.7	0.467060	1.49260
10	223.25	26499.9	0.413510	1.45766
11	216.77	22700.0	0.364800	1.42229
12	216.65	19399.4	0.311938	1.42161
13	216.65	16579.6	0.266596	1.42161
14	216.65	14170.4	0.227856	1.42161
15	216.65	12111.8	0.194750	1.42161
16	216.65	10352.8	0.166470	1.42161
17	216.65	8849.7	0.142300	1.42161

续表

H/km	T/K	p/Pa	ρ/(kg/m^3)	μ/($\times 10^{-5}$kg/(m·s))
18	216.65	7565.2	0.121650	1.42161
19	216.65	6467.5	0.103990	1.42161
20	216.65	5529.3	0.088910	1.42161
21	217.58	4728.9	0.075715	1.42672
22	218.57	4047.5	0.064510	1.43217
23	219.57	3466.9	0.055006	1.43760
24	220.56	2971.7	0.046938	1.44302
25	221.55	2549.2	0.040084	1.44842
26	222.54	2188.4	0.034257	1.45382
27	223.54	1879.9	0.029298	1.45920
28	224.53	1616.2	0.025076	1.46457
29	225.52	1390.4	0.021478	1.46993
30	226.51	1197.0	0.018410	1.47528
31	227.50	1031.3	0.015792	1.48061
32	228.49	889.1	0.013555	1.48593
33	230.97	767.3	0.011573	1.49924
34	233.74	663.4	0.009887	1.53125
35	236.51	574.6	0.008463	1.52869
36	239.28	498.5	0.007258	1.54330
37	242.05	433.2	0.006236	1.55782
38	244.82	377.1	0.005367	1.57227
39	247.58	328.8	0.004627	1.58664
40	250.35	287.1	0.003996	1.60093
41	253.11	251.1	0.003456	1.61514
42	255.88	219.9	0.002995	1.62928
43	258.64	193.0	0.002599	1.64335
44	261.40	169.5	0.002259	1.65734
45	264.16	149.1	0.001966	1.67125
46	266.92	131.3	0.001714	1.68510
47	269.68	115.9	0.001497	1.69887
48	270.00	102.3	0.001317	1.70368
49	270.65	90.3	0.001163	1.70368
50	270.65	79.8	0.001027	1.70368
51	270.65	70.5	0.000907	1.70368
52	269.03	62.2	0.000806	1.69562
53	266.28	54.9	0.000718	1.68186
54	263.52	47.7	0.000639	1.66803
55	260.77	42.5	0.000568	1.65414
56	258.02	37.4	0.000504	1.64019
57	255.27	32.8	0.000447	1.62617
58	252.52	28.7	0.000396	1.61209
59	249.77	25.1	0.000351	1.59794
60	247.02	22.0	0.000310	1.58372
61	244.27	19.2	0.000273	1.56940

附录 7 大气参数表

续表

H/km	T/K	p/Pa	ρ/(kg/m^3)	μ/($\times 10^{-5}$kg/(m·s))
62	241.53	16.7	0.000241	1.55508
63	238.78	14.5	0.000212	1.54066
64	236.04	12.6	0.000186	1.52617
65	233.29	10.9	0.000163	1.51160
66	230.54	9.46	0.000143	1.49697
67	227.81	8.18	0.000125	1.48226
68	225.07	7.05	0.000109	1.46748
69	222.32	6.07	0.000096	1.45263
70	219.58	5.22	0.000083	1.43770
71	216.85	4.48	0.000072	1.42269
72	214.26	3.84	0.000062	1.40846
73	212.31	3.28	0.000054	1.39764
74	210.35	2.80	0.000046	1.38679
75	208.40	2.39	0.000040	1.37589
76	206.44	2.03	0.000034	1.36496
77	204.49	1.73	0.000029	1.35398
78	202.54	1.47	0.000025	1.34296
79	200.59	1.24	0.000022	1.33191
80	198.64	1.05	0.000018	1.32081